第 3 版

数理ベクトル解析

－付録　微分方程式－

吉 本 武 史 著

学術図書出版社

序　文

人類最大の財産である言語は，数概念とともにコミュニケーションの手段として，また，思考の基礎として形成され，思考法の発展にともなって言語も発展し，さまざまな分野で数多くの概念が作られるようになった．これらの概念は，具体的な事柄に直接結びついて用いられる場合もあれば，理想化されて使われる場合もある．ところで，数学は（主に 17 世紀以後さらなる発展にともなって）理想化された体系になっている．また，科学的な概念も本来リアリティに密接に結びついてはいるものの，実際は（単純化され）理想化されたものになっている（たとえば，力学における質点という概念の導入）．このことが科学的な概念を数学的な体系へと，その結びつきを容易にした要因でもある．いまでは，われわれは数学という言語を通して（とくに自然）科学の思想を共有している．現代の科学・科学技術の目の当たりに見る目覚しい発展のなかで，科学への関心を呼び覚まし，科学の進歩にともなうさまざまな発展法則を認識することはとても大切なことである．そして，その法則には本質的な部分において数学が深くかかわっている．それゆえに，数学の発展が科学のさらなる飛躍的進歩をもたらしたといっても過言ではない．

しかしながら，科学の発展は人類（あるいはもっと広く生命体）にとって光（善）の部分を生み出すだけでなく，陰の側面（悪）をも生み出している．実際，この宿命とも思われる両側面は（さしあたり）地球上のすべての生命体に（プラスにもマイナスにも）大きく影響を与えている．それでもなお，人間の知的活動としての自然や社会の探求には，科学的な見方や考え方をベースにした探求方法，法則の研究が重要であり，数学という言語が必要不可欠である．ちなみに，時代の偉人たちは，「宇宙は数学という言語で書かれており，数学は科学へとつながるドアの鍵である」（ガリレイ），「数学は自然の言語」（ギブス），また，科学は「人間と自然の対話」（プリゴジン）であり，「数学は言葉であり論理のようなもので，思考のための武器」（ファインマン）であるといったような名言を残したほどである．さまざまな自然現象の理解に，神秘的とも思われる場合をも含めて，その本質的な部分を数学の言葉で語ることができるとは「数学はすばらしい」の驚異の一言に尽きる．

現代科学の数学化が進むにつれて，数学的方法の利用がますます重要になってきており，数学がこれまでに果たしてきた役割や将来果たすべき役割はきわめて大きい．なかでもベクトル解析は，カバーする領域が自然科学全般に及んでおり，数学の役割を理解する上で最も重要な総合的数学の一分野でもある．

本書は理工系向けのベクトル解析の教科書および参考書として，「わかり易さ」をモットーに，その基礎を平易にかつ本質的な部分を詳細に解説することを意図して書かれたものである．ベクトル解析の知識は近年数学を学ぶ人々はもちろん，物理学を学ぶ人々や技術系の人々など，とくに (宇宙科学をも含めて) 自然科学を志す人々にとってますます必須のものになってきている．また，その手法は数学の応用分野，とくに力学や流体力学，電磁気学，量子力学などにおいて重要な役割を果たしている．たとえば，ケプラーの法則にあるように，地球は (おおむね) 太陽を 1 つの焦点として楕円軌道を描きながら運動するという事実や，ニュートンの第二運動法則のオイラーによる「特筆すべき」数学を用いた表現式，マクスウェルがかの有名な電磁方程式を編み出し，その方程式の解として電磁波の存在を予言し，光の波動説に一石を投じたことは科学史においてたいへん有名な話である．電磁方程式はベクトル解析で学ぶ発散や回転の概念を用いて記述され，なかでも回転という操作による方程式は電場と磁場の統一を保証している．

このように，ベクトル解析の手法はさまざまな物理学的現象の数理解析において欠かせないほど重要である．さらに物理学的な考え方を数学的な考え方に翻訳することによって現象の本質が直感的に理解しやすくなる．

本書はこのような精神のもとで書かれており，理論と応用とが直結するように展開されている．予備知識としては微分積分学と線形代数学の基礎的な知識だけを仮定し，それだけで内容が十分理解できるようにつとめた．

一般に数学解析を 3 次元までの空間に制限すると，理論の普遍性を追求する立場から見れば，問題の本質を見失わせる結果になりかねない．したがって，普遍性を追求する場合は任意の次元の空間で議論することになる．しかし応用する立場からすれば現象のイメージが現実的で具体的な空間での議論の方が効率的でわかりやすい．本書では次元数を増やし，いたずらに数学的論理の抽象性に走ることは避け，物理学や工学への応用に配慮し，数学の本質も生かしつつ，イメージをともなう具体的な3次元ユークリッド空間での議論にとどめることにした．しかし，主題を扱う上で論理の厳密性を忘れず，応用や計算技術にも十分配慮し，力学や流体力学，電磁気学への応用へのベクトル解析の手法の具体的なプロセスも示した．また，問題の解答や定理の証明については，たとえ少々面倒なものであっても，本書でとりあげたものに対しては「数学の考え方を学ぶ」ことの大切さから，あえて答だけではなく丁寧にその解法と証明をも与えることにした．したがって，他の標準的な教科書の補習書としても使用することができると信じている．

なお，数学科の学生にとっても，現代数学の抽象性に慣れ理論の普遍性を追求することが重要であることはいうまでもないが，ベクトル解析の誕生の由来からその背景を理解するためにも，自然科学のさまざまな分野へのベクトル解析の応用を学ぶことは非常に重要である．本書は，このように理論面のみならず，応用面において必要なベクトル解析の基礎固めの役割を担うものである．ベクトル解析のさらに進んだ理論は外微分解析およびテンソル解析を駆使した多様体の解析学に包摂される．これらの高級な理論を志向される読者にはそれ相応の自発的努力を願わなければならない．そのような読者への細やかな手助けとして，付録において微分形式やテンソルについてのごく初歩的な解説を加えることにした．本書が幅広い読者のベクトル解析の学力増進に役立ち，さらには数学解析への興味を引き起こすようより良く機能することを願いつつ，読者諸賢のご批判，ご教示を頂ければ誠に幸いである．本書の執筆にあたり多くの書物を参考にさせて頂いた．これらは参考文献として掲げ，それぞれの著者に深い謝意を表する次第である．

本書の草稿を熟読玩味され，補筆訂正し，多大なご助力をいただいた東京工業大学（物理学教室）の岡本清美氏に対し，また，校正刷を点検し貴重なご助言をいただいた東洋大学（数学教室）の豊泉正男氏に対し深い感謝の意を表する．また，学術図書出版社の発田孝夫氏は多大なご理解とご尽力を惜しまれなかった．ここに特筆して深甚の謝意を表すものである．

1995年10月

吉本武史

改訂にあたり

改訂の主な趣旨は初版に含まれている誤植や誤謬を一掃することにある．また，本文中の若干の部分に説明を加え，式の流れをわかり易く書き直した．思わぬ過ちがないことを祈りつつ，諸賢の忌憚なきご指摘を期待したい．本書には，通常の教科書や参考書に盛られている内容はもちろん，さらに多くの興味深い応用が含まれている．

1997 年 10 月

吉本武史

第 3 版第 2 刷発行にあたり

幸い読者の支持を得てこのたび増刷発行に至り，読者の期待に応えるべく補足説明と内容の充実，誤植や誤謬の一掃に努めた．本書をさらによくするために，読者の忌憚なきご指摘を期待しております．いくつかのミスをご指摘いただいた本書の大切な読者の一人である高垣征男さんに心から感謝いたします．

2013 年 2 月

吉本武史

目　　次

1 ベクトル代数

§1.1　スカラー，ベクトル，場

数学を含めた自然科学の（実質的？）発展は，源流を遡ること紀元前 600 年代（古代ギリシアの）ターレスの時代に始まったといわれている．ギリシア時代に培われた精神は現代に至ってもなお模範となって生き続けており，それゆえに，ギリシア時代はまさに「古典ギリシア」と呼ぶにふさわしい．自然科学はこの時代の哲学（自然観）に支えられたり，深刻な問題にも試行錯誤しながら，方向性を前向きに捕らえて発展したきた．自然科学の発展にはベクトル解析法は不可欠である．ベクトルの実体は古くからあったものの，その概念の出現は 19 世紀になってからである．ベクトル概念の出現までには，ギリシア時代の自然観に縛られた部分もあって，いろいろと紆余曲折があった．実際，ガリレオは速度の概念を持ってはいたが，瞬間速度の適切な定義を与えるまでには至らなかった．また，加速度の概念を排斥し，そのために力の概念も欠如していたといわれている．力の概念はケプラーによって導入されるが（いまでいう運動量止まりで），これまた定義が十分ではなく，最終的にはニュートンに至ってはじめて瞬間速度や力の概念（定義）が確定することになる．このように，ベクトルの概念は物体の運動に関わる速度や力を数学的に取り扱う必要性から望まれた概念だったかも知れない．直線や平面運動を記述する量としての数概念の発展の中で，複素数は実数を含めた提示される自然な要求をすべて満たすように形成されている．そこでさらに進んで，空間運動を記述する上で必要な数概念の研究が求められるようになり，そのような状況の中で，1843 年に乗法の可換性は断念したものの，ハミルトンによって四元数が発見された．つまり，ハミルトンは，次の関係式

$$i^2 = j^2 = k^2 = -1,\ ij = -ji = k,\ jk = -kj = i,\ ki = -ik = j$$

を満たす特殊な3つの数 i, j, k を用いて

$$\alpha = a + bi + cj + dk\ (a, b, c, d \text{ は実数})$$

のように表される特別な数 α を四元数（4次元の数という意味）と名づけ，a を α のスカラー部，$bi+cj+dk$ を α のベクトル部と呼んだ．ここではじめてベクトルの概念が現れた．四元数は代数学における多元体論において重要であるが，複素数から複素関数論への発展のように，関数論までには発展しなかった．しかも（ハミルトンが当初目論んでいたかも知れない）物理学や力学への支持も得られなかったといわれている．四元数的には，空間内の原点 O(0, 0, 0) と点 P(x, y, z) に対して，有効線分 $\overrightarrow{\mathrm{OP}}$ に四元数のベクトル部 $xi+yj+zk$ を対応させる．数学ではグラスマンらによる今日でいう線形空間論や，物理学ではヘビサイド，ギブスらによって，ベクトル部分だけが注目され，いわば改訂版的（？）ベクトル代数の体系化がもたらされた．上の有効線分は，いまではこの空間の**基本ベクトル**と呼ばれる $\boldsymbol{i}, \boldsymbol{j}, \boldsymbol{k}$ を用いて，$\overrightarrow{\mathrm{OP}} = x\boldsymbol{i} + y\boldsymbol{j} + z\boldsymbol{k}$ と表される．数理物理学においてもその重要性が（圧倒的な支持のもとで）実証され，理論の発展にともなって，ベクトル解析の根底をなすベクトル代数が確立された．いまでは，**ベクトル**は「大きさと向き」をもち，「平行四辺形の法則」に従う量で特徴づけられる．たとえば，変位，速度，加速度，力，力のモーメント，運動量，角速度，角運動量，電気力，磁気力などはすべてベクトルであり，物理的ベクトルと呼ばれるものである．また，**スカラー**はある単位とこれを用いて測った数値だけで完全に表すことのできる量として特徴づけられる．たとえば，実数，長さ，時間，速さ（＝速度の大きさ），質量，密度，温度，エネルギー，電気量，電位などはすべてスカラーである．

ところで，「測定が始まるとき，科学が始まる」といわれている．測定に深く結びついている計量は自然界のさまざまな現象を認識する上でたいへん重要な道具であり，数学はその解析に深くかかわっている．以後，数学的ベクトルについて話を進めるために，実数全体の集合（数直線）を $\mathbf{R}^1$，平面を $\mathbf{R}^2$，空間を $\mathbf{R}^3$ で表す．ベクトル解析を応用するときは3次元までの議論で十分である．したがって，以下の議論では空間の場合を考える．

空間に2点 P, Q が与えられているとき，点 P から点 Q に向かって向きづけ

をして線分 $\overrightarrow{\mathrm{PQ}}$ を**有向線分**といい，P を**始点**，Q を**終点**という．単に有向線分というだけではまだベクトルとはいわない！　[有向線分 $\overrightarrow{\mathrm{PQ}}$ を，その大きさ（線分 PQ の長さ）と向きを変えずに，平行移動して得られるものはすべて等しい] という「規約」のもとで，有向線分 $\overrightarrow{\mathrm{PQ}}$ はベクトルであるといい，別名矢線ベクトルと呼ばれる．また，質点が点 P の位置から点 Q の位置に移動したとき，その間の位置の変化は矢線ベクトル $\overrightarrow{\mathrm{PQ}}$ で表され，**変位ベクトル**ともいう．さて，空間におけるすべての矢線ベクトルを，始点がすべて座標原点になるように，大きさと向きを変えずに平行移動する．このとき，すべての矢線ベクトルは，終点の座標によってのみ区別される．この場合，終点の座標をベクトルと同一視してよく，この方が自然である．このように，始点を座標原点 O に制限したとき，$\overrightarrow{\mathrm{OQ}}$ を**点 Q の位置ベクトル**（または**動径ベクトル**）という．ベクトルは矢線の他に，太文字 $\boldsymbol{A}, \boldsymbol{B}, \boldsymbol{C}, \cdots, \boldsymbol{a}, \boldsymbol{b}, \boldsymbol{c}, \cdots$ などで表される．

空間に直交（直線）座標系 Oxyz が定められているとする．点 P の座標が (a, b, c) であることと，$\overrightarrow{\mathrm{OP}}$ の成分表示が (a, b, c) であることとは同じ内容を意味するものとし

$$\mathrm{P}(a, b, c), \qquad \overrightarrow{\mathrm{OP}} = (a, b, c)$$

と記す．このとき，a, b, c をそれぞれ $\overrightarrow{\mathrm{OP}}$ の x 成分，y 成分，z 成分という．2 点 $\mathrm{P}(a_1, b_1, c_1)$，$\mathrm{Q}(a_2, b_2, c_2)$ が与えられれば

$$\overrightarrow{\mathrm{PQ}} = (a_2 - a_1, b_2 - b_1, c_2 - c_1)$$

$$|\overrightarrow{\mathrm{PQ}}|\,(\overrightarrow{\mathrm{PQ}} \text{ の大きさ}) = \sqrt{(a_2 - a_1)^2 + (b_2 - b_1)^2 + (c_2 - c_1)^2}$$

となる．$\overrightarrow{\mathrm{PQ}}$ の大きさは**線分 PQ の長さ**で決められる．成分がすべて 0 であるベクトルを**零ベクトル**といって $\boldsymbol{O}$ で表し，向きは任意とする．したがって，零ベクトルの向きを考えることはほとんど無意味である．逆ベクトルやベクトルの相等性は次のように定められる．

$$\boldsymbol{A} = (A_x, A_y, A_z) \Longleftrightarrow -\boldsymbol{A} = (-A_x, -A_y, -A_z),$$

$$\boldsymbol{A} = (A_x, A_y, A_z), \qquad \boldsymbol{B} = (B_x, B_y, B_z) \text{ であるとき}$$

$$\boldsymbol{A} = \boldsymbol{B} \Longleftrightarrow A_x = B_x \text{ かつ } A_y = B_y \text{ かつ } A_z = B_z.$$

長さが 1 であるベクトルを**単位ベクトル**という．もし $\boldsymbol{A} \neq \boldsymbol{O}$ ならば，$\boldsymbol{A}/|\boldsymbol{A}|$ はベクトル $\boldsymbol{A}$ と同じ向きの単位ベクトルである．3 点 $\mathrm{E}_1(1, 0, 0)$，$\mathrm{E}_2(0, 1, 0)$，$\mathrm{E}_3(0, 0, 1)$ に対して

$$\boldsymbol{i} = \overrightarrow{\mathrm{OE_1}}, \quad \boldsymbol{j} = \overrightarrow{\mathrm{OE_2}}, \quad \boldsymbol{k} = \overrightarrow{\mathrm{OE_3}}$$

で与えられる3つの単位ベクトル $\boldsymbol{i}, \boldsymbol{j}, \boldsymbol{k}$ を座標系 Oxyz における**基本ベクトル**であるという．この基本ベクトルを用いると，ベクトル $\boldsymbol{A}$ の**成分表示**は

$$\boldsymbol{A} = (A_x, A_y, A_z) = A_x\boldsymbol{i} + A_y\boldsymbol{j} + A_z\boldsymbol{k}$$

とかかれる(図1.1)．D を $\mathbf{R}^3$ の部分集合とする (D $= \mathbf{R}^3$ の場合も含む)．D の各点 P に実数 $f(\mathrm{P})$ を対応させる写像

$$f : \mathrm{D} \longrightarrow \mathbf{R}^1$$

を D で定義された**スカラー場**という．また，D の各点 P に**空間ベクトル** $\boldsymbol{F}(\mathrm{P})$ を対応させる写像

$$\boldsymbol{F} : \mathrm{D} \longrightarrow \mathbf{R}^3$$

を D で定義された**ベクトル場**という．$f(\mathrm{P})$ や $\boldsymbol{F}(\mathrm{P})$ は，点 P の代わりに点 P の位置ベクトル $\boldsymbol{r} = \boldsymbol{r}(\overrightarrow{\mathrm{OP}}) = \overrightarrow{\mathrm{OP}}$ を用いて，$f(\boldsymbol{r})$，$\boldsymbol{F}(\boldsymbol{r})$ のようにもかかれる．したがって，スカラー場 f とは実数値関数 $f = f(x, y, z)$ のことであり，ベクトル場 $\boldsymbol{F}$ とはベクトル値関数 $\boldsymbol{F} = \boldsymbol{F}(x, y, z)$ のことである．ベクトル解析とはこのようなスカラー場とベクトル場についての解析である．

注意1　方向と向きは区別して用いる場合がある．たとえば，x 軸方向というときは正の向き，負の向きの区別はなく，x 軸である数直線上にあることを意味する．ベクトルの概念では「向き」が大切である．本書では，特に断りがない限り，向きをも含めて方向ということにする．

注意2　ベクトルは，向きと長さを変えなければ，移動しても位置に関係なく相等しい．このように位置に無関係なベクトルを**自由ベクトル**という．数学での議論は主として自由ベクトルに関するものである．特に，始点の位置が固定されているベクトルを**束縛ベクトル**という．物理学などに現われるベクトルの多くは束縛ベクトルである．たとえば，力は向きと大きさが同じであっても，力の作用する点の位置によってその効果が異なる場合がある．このように，数学としてのベクトル解析を物理学などに応用するときには注意を要する．

注意3　ベクトルには，変位，速度，力などのように，始めからその向きが定まっているものがある．このようなベクトルを**極性ベクトル**という．また，角速度，力のモーメント，角運動量などのように，始めからその向きが定まっているのではなく，適当な規約によって回転の方向が定められたベクトルを**軸性ベクトル**という．ベクトルの極性と軸性は物理的ベクトルの特性といってもよい．

注意4　本書では，**数学的ベクトル**という表現について，ベクトル解析の誕生の由来やその具体的な応用の面から空間的表象を重視し，3次元ユークリッド空間の中に

えがかれた矢印を思い浮かばせる立場をとった．しかし，現代数学におけるベクトルの概念は，空間的表象をこえてかなり抽象化されたものになっている．ここでは，一般的な $\mathbf{R}^1$ 上の数学的ベクトルの定義だけを述べておく．

集合 $\mathbf{V}$ の任意の元 $\boldsymbol{a}, \boldsymbol{b}, \boldsymbol{c}$ と任意の実数 $\alpha, \beta\ (\in \mathbf{R}^1)$ に対して和＋，スカラー倍と呼ばれる演算があって，$\boldsymbol{a}+\boldsymbol{b}$ および $\alpha\boldsymbol{a}$ が再び $\mathbf{V}$ の元となり，次の条件 (1)～(8) が成り立つとき，$\mathbf{V}$ を**ベクトル空間**（または**線形空間**）といい，$\mathbf{V}$ の元を**ベクトル**という．

(1) $\boldsymbol{a}+\boldsymbol{b} = \boldsymbol{b}+\boldsymbol{a}$.　　(2) $(\boldsymbol{a}+\boldsymbol{b})+\boldsymbol{c} = \boldsymbol{a}+(\boldsymbol{b}+\boldsymbol{c})$.

(3) $\boldsymbol{a}+\boldsymbol{o} = \boldsymbol{o}+\boldsymbol{a} = \boldsymbol{a}$ となる零元 $\boldsymbol{o}$ が $\mathbf{V}$ の中にただ1つ存在する．

(4) $\boldsymbol{a}+\boldsymbol{x} = \boldsymbol{x}+\boldsymbol{a} = \boldsymbol{o}$ となる元 $\boldsymbol{x}$ が $\mathbf{V}$ の中にただ1つ存在して，$\boldsymbol{x} = -\boldsymbol{a}$.

(5) $\alpha(\boldsymbol{a}+\boldsymbol{b}) = \alpha\boldsymbol{a}+\alpha\boldsymbol{b}$.　　(6) $(\alpha+\beta)\boldsymbol{a} = \alpha\boldsymbol{a}+\beta\boldsymbol{a}$.

(7) $\alpha(\beta\boldsymbol{a}) = (\alpha\beta)\boldsymbol{a}$.　　(8) $1\,\boldsymbol{a} = \boldsymbol{a}$.

このようにして定義された一般的（抽象）ベクトル空間では，「(i) 加法とスカラー倍の演算の可能性，(ii) 条件 (1)-(8) の成立」のすべてが要請される（これが一般的，抽象的であると呼ばれる所以である）．

例 1　物質の密度分布関数や温度分布関数はスカラー場である．

例 2　$\boldsymbol{r} = \overrightarrow{\mathrm{OP}}\ (r = |\boldsymbol{r}| > 0)$ である空間の点 P にある質量 m の質点と，原点 O にある質量 M の質点の間の**万有引力**

$$\boldsymbol{F}(\boldsymbol{r}) = -G\frac{Mm}{r^2}\frac{\boldsymbol{r}}{r} \qquad (G \text{ は万有引力の定数})$$

によって定まる $\boldsymbol{F}$ はベクトル場である．

例 3　真空中に静止している電荷を考える．原点 O にある電荷 q の点電荷が $\boldsymbol{r} = \overrightarrow{\mathrm{OP}}\ (r = |\boldsymbol{r}| > 0)$ となる点 P にある電荷 q' の点電荷に及ぼす**電気的クーロン力**

$$\boldsymbol{F}(\boldsymbol{r}) = \frac{1}{4\pi\varepsilon_0}\frac{qq'}{r^2}\frac{\boldsymbol{r}}{r} \qquad (\varepsilon_0 \text{ は真空中の誘電率})$$

によって定まる $\boldsymbol{F}$ はベクトル場である．電荷を磁荷で置き換え，ε_0 を真空中の透磁率 μ_0 で置き換えると，電気的クーロン力と全く同じ公式で**磁気的クーロン力**（これもベクトル場）が得られる．

ベクトル $\boldsymbol{A} = (A_x, A_y, A_z)$　$(|\boldsymbol{A}| > 0)$ の向きが x 軸，y 軸，z 軸となす角をそれぞれ α, β, γ とするとき

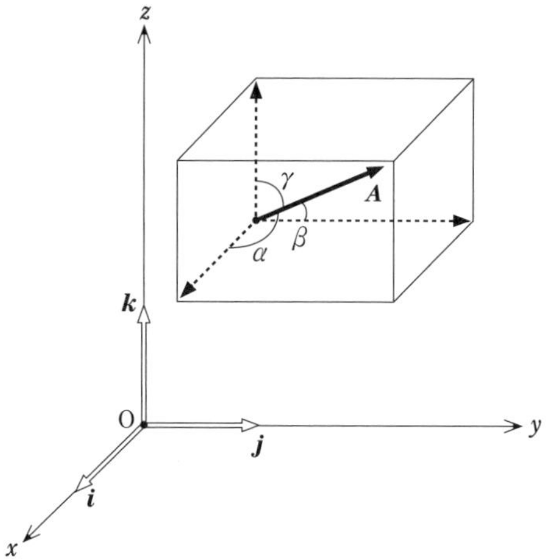

図 1-1　$\boldsymbol{A} = A_x\boldsymbol{i}+A_y\boldsymbol{j}+A_z\boldsymbol{k}$

$$\cos\alpha, \qquad \cos\beta, \qquad \cos\gamma$$

を $\boldsymbol{A}$ の**方向余弦**という．いま

$$l = \cos\alpha, \qquad m = \cos\beta, \qquad n = \cos\gamma$$

とおくと

$$l = \frac{A_x}{|\boldsymbol{A}|}, \qquad m = \frac{A_y}{|\boldsymbol{A}|}, \qquad n = \frac{A_z}{|\boldsymbol{A}|}$$

$$|\boldsymbol{A}| = \sqrt{A_x{}^2+A_y{}^2+A_z{}^2}$$

$$l^2+m^2+n^2 = (|\boldsymbol{A}|/|\boldsymbol{A}|)^2 = 1$$

が成り立つ．

問 1　ベクトル $\boldsymbol{A} = 3\boldsymbol{i}-5\boldsymbol{j}+4\boldsymbol{k}$ の大きさ，方向余弦，単位ベクトルを求めよ．

問 2　2 点 A(2, 3, −5)，B(5, −3, 7) に対して，ベクトル $\overrightarrow{\mathrm{AB}}$ の大きさ，方向余弦，単位ベクトルを求めよ．

問 3　長さが 5，方向余弦が $\dfrac{1}{\sqrt{14}}$, $\dfrac{2}{\sqrt{14}}$, $\dfrac{3}{\sqrt{14}}$ であるベクトル $\boldsymbol{A}$ を基本ベクトル $\boldsymbol{i}$, $\boldsymbol{j}$, $\boldsymbol{k}$ を用いて表せ．

§1.2　ベクトルの加法，減法，スカラー倍

質点 P が時刻 t_{A} に点 A の位置にあって，時刻 t_{B} に点 B に移動したとすると，その間の位置の変化は**変位ベクトル** $\overrightarrow{\mathrm{AB}}$ で表すことができる．さらに，時刻 t_{C} に点 C に移動したとすると，時刻 t_{B} から t_{C} までの位置の変化は $\overrightarrow{\mathrm{BC}}$

で表される．このとき，時刻 t_{A} から t_{C} までの位置の変化を表すベクトル $\overrightarrow{\mathrm{AC}}$ は

$$\overrightarrow{\mathrm{AC}} = \overrightarrow{\mathrm{AB}} + \overrightarrow{\mathrm{BC}}$$

で与えられる．$\overrightarrow{\mathrm{AC}}$ は $\overrightarrow{\mathrm{AB}}$ と $\overrightarrow{\mathrm{BC}}$ の**合成**（和）であるといい，また，$\overrightarrow{\mathrm{AC}}$ は $\overrightarrow{\mathrm{AB}}$ と $\overrightarrow{\mathrm{BC}}$ に**分解**されると解釈することができる．$\overrightarrow{\mathrm{AB}}$，$\overrightarrow{\mathrm{BC}}$ の逆ベクトル $-\overrightarrow{\mathrm{AB}}, -\overrightarrow{\mathrm{BC}}$ を用いると

$$\overrightarrow{\mathrm{AB}} = \overrightarrow{\mathrm{AC}} + (-\overrightarrow{\mathrm{BC}}) = \overrightarrow{\mathrm{AC}} - \overrightarrow{\mathrm{BC}}$$
$$\overrightarrow{\mathrm{BC}} = \overrightarrow{\mathrm{AC}} + (-\overrightarrow{\mathrm{AB}}) = \overrightarrow{\mathrm{AC}} - \overrightarrow{\mathrm{AB}}$$

となる．

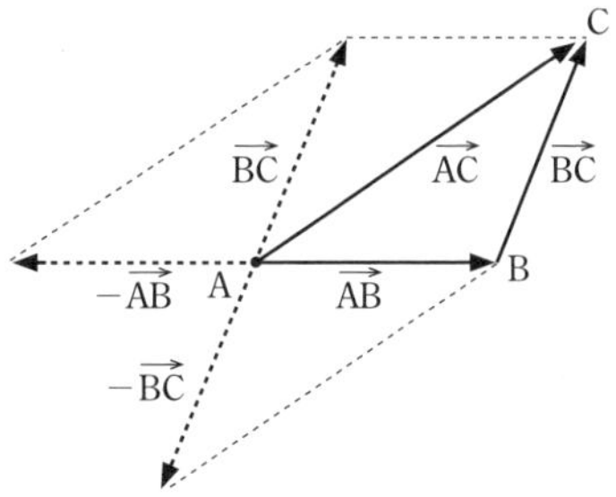

図 1-2

2 つのベクトル $\boldsymbol{A} = (A_x, A_y, A_z)$，$\boldsymbol{B} = (B_x, B_y, B_x)$ とスカラー α に対して和 $\boldsymbol{A}+\boldsymbol{B}$，差 $\boldsymbol{A}-\boldsymbol{B}$，スカラー倍 $\alpha\boldsymbol{A}$ は

$$\begin{aligned}
\boldsymbol{A}+\boldsymbol{B} &= (A_x + B_x, A_y + B_y, A_z + B_z) \\
&= (A_x + B_x)\boldsymbol{i} + (A_y + B_y)\boldsymbol{j} + (A_z + B_z)\boldsymbol{k} \\
\boldsymbol{A}-\boldsymbol{B} &= (A_x - B_x, A_y - B_y, A_z - B_z) \\
&= (A_x - B_x)\boldsymbol{i} + (A_y - B_y)\boldsymbol{j} + (A_z - B_z)\boldsymbol{k} \\
\alpha\boldsymbol{A} &= (\alpha A_x, \alpha A_y, \alpha A_z) = \alpha A_x\boldsymbol{i} + \alpha A_y\boldsymbol{j} + \alpha A_z\boldsymbol{k} \\
\boldsymbol{A} &= (\boldsymbol{A}\text{ の大きさ}) \times (\boldsymbol{A}\text{ の向きの単位ベクトル}) \\
&= |\boldsymbol{A}|\frac{\boldsymbol{A}}{|\boldsymbol{A}|} \quad (\boldsymbol{A} \neq \boldsymbol{O}\text{ のとき})
\end{aligned}$$

で定義される．一般に，任意のベクトル $\boldsymbol{A}, \boldsymbol{B}, \boldsymbol{C}$ と任意のスカラー α, β に対して次の関係が成り立つ．

（i）　$\boldsymbol{A}+\boldsymbol{B}=\boldsymbol{B}+\boldsymbol{A}$.

（ii）　$(\boldsymbol{A}+\boldsymbol{B})+\boldsymbol{C}=\boldsymbol{A}+(\boldsymbol{B}+\boldsymbol{C})$.

（iii）　$\boldsymbol{A}+\boldsymbol{O}=\boldsymbol{A}$.

（iv）　$\boldsymbol{A}+(-\boldsymbol{A})=\boldsymbol{O}$.

（v）　$\boldsymbol{A}-\boldsymbol{B}=\boldsymbol{A}+(-\boldsymbol{B})$.

（vi）　$(\alpha+\beta)\boldsymbol{A}=\alpha\boldsymbol{A}+\beta\boldsymbol{A}$.

（vii）　$(\alpha\beta)\boldsymbol{A}=\alpha(\beta\boldsymbol{A})$.

（viii）　$\alpha(\boldsymbol{A}+\boldsymbol{B})=\alpha\boldsymbol{A}+\alpha\boldsymbol{B}$.

例1（ベクトルのスカラー倍）　質量 m，速度 $\boldsymbol{v}$ の質点の運動量を $\boldsymbol{P}$ とすると，$\boldsymbol{P}=\boldsymbol{P}(\boldsymbol{v})=m\boldsymbol{v}$ である．また，質点の加速度を $\boldsymbol{a}$，質点に作用する力を $\boldsymbol{F}$ とすると，**ニュートンの第2運動法則**により $\boldsymbol{F}=\boldsymbol{F}(\boldsymbol{a})=m\boldsymbol{a}$ である．

例2（力の釣り合い）　一点Pに交わる**作用線**（力が作用する点を通って力の方向に引いた直線）をもっている n 個の力 $\boldsymbol{F}_1, \boldsymbol{F}_2, \cdots, \boldsymbol{F}_n$ が，ある物体に作用しているとき，その効果はこれらの力の合力（合成＝和）$\boldsymbol{G}=\boldsymbol{F}_1+\boldsymbol{F}_2+\cdots+\boldsymbol{F}_n$ が点Pを通って作用するのと同じである．特に

$$\boldsymbol{G}=\boldsymbol{O}, \quad \text{すなわち} \quad \boldsymbol{F}_1+\boldsymbol{F}_2+\cdots+\boldsymbol{F}_n=\boldsymbol{O}$$

が成り立つとき，これらの n 個の力は釣り合っているという．

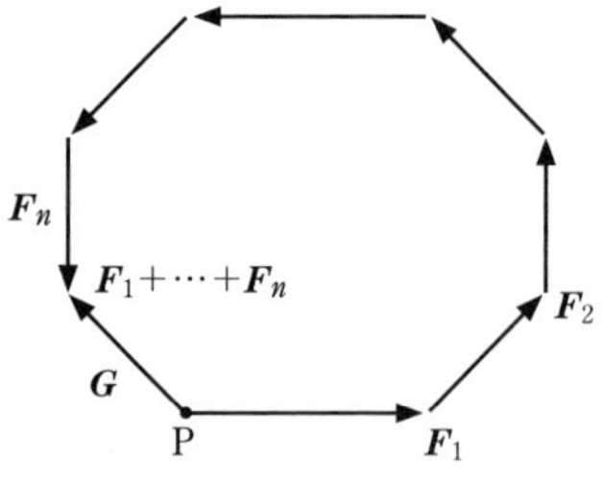

図 1-3　$\boldsymbol{G}=\boldsymbol{F}_1+\boldsymbol{F}_2+\cdots+\boldsymbol{F}_n$

問1　15kg重の重さの物体を細い紐で天井からつり，さらに，1本の細い紐を物体に結んで水平に引き，天井からの紐が鉛直線と $\dfrac{\pi}{6}$ の角をなすようにする．このとき，それぞれの紐の張力の大きさを求めよ．

ベクトル $\boldsymbol{A}, \boldsymbol{B}, \boldsymbol{C}$ とスカラー α, β, γ に対して

$$\alpha\boldsymbol{A}+\beta\boldsymbol{B}+\gamma\boldsymbol{C} = \boldsymbol{O} \Longleftrightarrow \alpha=\beta=\gamma=0$$

が成り立つならば，$\boldsymbol{A}, \boldsymbol{B}, \boldsymbol{C}$ は**一次独立**（または**線形独立**）であるという．$\boldsymbol{A}, \boldsymbol{B}, \boldsymbol{C}$ が一次独立でないとき，すなわち，α, β, γ のうち 0 でないものが少なくとも 1 つ存在して

$$\alpha\boldsymbol{A}+\beta\boldsymbol{B}+\gamma\boldsymbol{C} = \boldsymbol{O} \qquad ((\alpha,\beta,\gamma)\neq(0,0,0))$$

が成り立つならば，$\boldsymbol{A}, \boldsymbol{B}, \boldsymbol{C}$ は**一次従属**（または**線形従属**）であるという．

相異なる 3 点 A, B, C に対して $\overrightarrow{\mathrm{OA}}=\boldsymbol{A}$，$\overrightarrow{\mathrm{OB}}=\boldsymbol{B}$，$\overrightarrow{\mathrm{OC}}=\boldsymbol{C}$ とおくとき

$\boldsymbol{A}, \boldsymbol{B}, \boldsymbol{C}$ が一次独立 $\Longleftrightarrow$ 4 点 O, A, B, C を含む同一平面が存在しない

$\boldsymbol{A}, \boldsymbol{B}, \boldsymbol{C}$ が一次従属 $\Longleftrightarrow$ 4 点 O, A, B, C を含む同一平面が存在する

が成り立つ．座標系 Oxyz の基本ベクトル $\boldsymbol{i}, \boldsymbol{j}, \boldsymbol{k}$ は一次独立である．

V をベクトルの集合であるとする．**V** に属する任意の 2 つのベクトル $\boldsymbol{A}, \boldsymbol{B}$ と任意のスカラー α, β に対して，**一次結合**

$$\alpha\boldsymbol{A}+\beta\boldsymbol{B}$$

が再び **V** に属するならば，**V** は**ベクトル空間**であるという．ベクトル空間 **V** に属するベクトル $\boldsymbol{A}, \boldsymbol{B}, \boldsymbol{C}$ が一次独立で，**V** に属する任意のベクトル $\boldsymbol{P}$ がこれらのベクトルの一次結合で表されるならば，すなわち

$$\boldsymbol{P} = \alpha\boldsymbol{A}+\beta\boldsymbol{B}+\gamma\boldsymbol{C} \qquad (\alpha,\beta,\gamma \text{ はスカラー})$$

とかけるならば，**V** は**3 次元ベクトル空間**であるという．この場合 $\boldsymbol{A}, \boldsymbol{B}, \boldsymbol{C}$ は単位ベクトルである必要もなければ互いに直交する必要もない．しかし，$\boldsymbol{A}, \boldsymbol{B}, \boldsymbol{C}$ が互いに直交する単位ベクトルであるならば，ベクトルの組 $\{\boldsymbol{A}, \boldsymbol{B}, \boldsymbol{C}\}$ を **V** の**直交基底**という．$\mathbf{R}^3$ は座標系 Oxyz における基本ベクトルの組 $\{\boldsymbol{i}, \boldsymbol{j}, \boldsymbol{k}\}$ を直交基底にもつ 3 次元（数）ベクトル空間である．（$\mathbf{R}^2$ は座標系 Oxy における基本ベクトルの組 $\{\boldsymbol{i}, \boldsymbol{j}\}$ を直交基底にもつ 2 次元（数）ベクトル空間である）

定理 1　座標系 Oxyz におけるベクトル $\boldsymbol{A}=(A_x, A_y, A_z)$，$\boldsymbol{B}=(B_x, B_y, B_z)$，$\boldsymbol{C}=(C_x, C_y, C_z)$ が一次独立であるための必要十分条件は

$$D(\boldsymbol{A}, \boldsymbol{B}, \boldsymbol{C}) \equiv \begin{vmatrix} A_x & B_x & C_x \\ A_y & B_y & C_y \\ A_z & B_z & C_z \end{vmatrix} \neq 0$$

が成り立つことである．

証明　ベクトル $\boldsymbol{A}, \boldsymbol{B}, \boldsymbol{C}$ についての方程式 $\alpha\boldsymbol{A}+\beta\boldsymbol{B}+\gamma\boldsymbol{C}=\boldsymbol{O}$ は，成分ごとに分けると，次の連立方程式と同値である．

$$\begin{cases} A_x\alpha+B_x\beta+C_x\gamma=0 \\ A_y\alpha+B_y\beta+C_y\gamma=0 \\ A_z\alpha+B_z\beta+C_z\gamma=0. \end{cases}$$

しかるに

$\{\boldsymbol{A}, \boldsymbol{B}, \boldsymbol{C}$ が一次独立$\} \Longleftrightarrow \{$この連立方程式の解が $\alpha=\beta=\gamma=0$ に限る$\}$

である．線形代数学においてよく知られているように，上の連立方程式の解が $\alpha=\beta=\gamma=0$ に限るための必要十分条件は $D(\boldsymbol{A}, \boldsymbol{B}, \boldsymbol{C}) \neq 0$ である．したがって

$$\boldsymbol{A}, \boldsymbol{B}, \boldsymbol{C} \text{ が一次独立} \Longleftrightarrow D(\boldsymbol{A}, \boldsymbol{B}, \boldsymbol{C}) \neq 0.$$

▨

注意　基本ベクトル $\boldsymbol{i}, \boldsymbol{j}, \boldsymbol{k}$ に対しては $D(\boldsymbol{i}, \boldsymbol{j}, \boldsymbol{k})=1$．特に，$\boldsymbol{A}$，$\boldsymbol{B}$ が平面ベクトルで，$\boldsymbol{A}=\overrightarrow{\mathrm{OA}}=(A_x, A_y)$，$\boldsymbol{B}=\overrightarrow{\mathrm{OB}}=(B_x, B_y)$ であるならば

$\boldsymbol{A}$，$\boldsymbol{B}$ が一次独立 $\Longleftrightarrow$ 3点O，A，Bを含む同一直線が存在しない

$$\Longleftrightarrow D(\boldsymbol{A}, \boldsymbol{B}) = \begin{vmatrix} A_x & B_x \\ A_y & B_y \end{vmatrix} \neq 0.$$

$\boldsymbol{A}$，$\boldsymbol{B}$ が一次従属 $\Longleftrightarrow$ 3点O，A，Bを含む同一直線が存在する

$$\Longleftrightarrow D(\boldsymbol{A}, \boldsymbol{B}) = \begin{vmatrix} A_x & B_x \\ A_y & B_y \end{vmatrix} = 0.$$

問2　次のベクトルは一次独立であるか否かを判定せよ．

（i）$(1, -1, 2)$，$(3, 2, 1)$，$(0, 1, -4)$

（ii）$(1, 2, 3)$，$(4, 5, 6)$，$(7, 8, 9)$

（iii）$(1, a, a^2)$，$(a, 1, b)$，(a^2, b, b^2)

問3　ベクトル $(1, x, x^2)$，$(x, x^2, 1)$，$(x^2, 1, x)$ が一次従属になるように x の値（実数値）を求めよ．

（I） 直線のベクトル方程式

定点Aを通り，ベクトル $\boldsymbol{u}\,(\neq \boldsymbol{o})$ に平行な直線のベクトル方程式は，求める直線上の動点をPとし，A, Pの位置ベクトルを $\boldsymbol{a}, \boldsymbol{r}$ とすると

$$\boldsymbol{r} = \boldsymbol{a} + t\boldsymbol{u} \qquad (-\infty < t < \infty)$$

である．2点A, Bを通る直線は，A, Bの位置ベクトルを $\boldsymbol{a}, \boldsymbol{b}$ として，$\boldsymbol{u}$ を $\boldsymbol{u} = \boldsymbol{b} - \boldsymbol{a}$ にとればよい．特に，$\boldsymbol{r} = (x, y, z)$，$\boldsymbol{a} = (x_0, y_0, z_0)$，$\boldsymbol{u} = (l, m, n)$ であるようにとると，上の直線のベクトル方程式は，よく見なれた式

$$\begin{cases} x = x_0 + lt \\ y = y_0 + mt \\ z = z_0 + nt \end{cases} \quad \text{または} \quad \frac{x - x_0}{l} = \frac{y - y_0}{m} = \frac{z - z_0}{n}$$

になる．

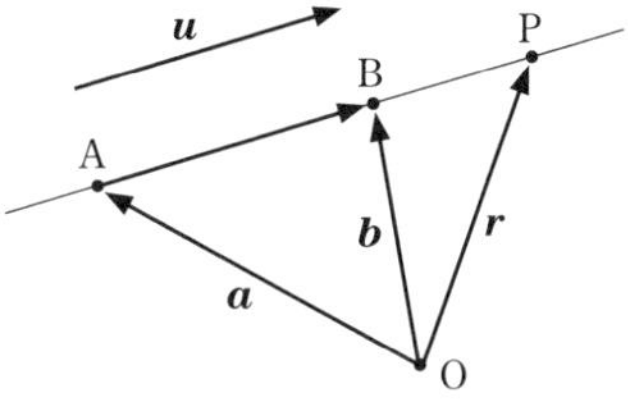

図 1-4

例 3 $\overrightarrow{\mathrm{OA}} = \boldsymbol{a}$，$\overrightarrow{\mathrm{OB}} = \boldsymbol{b}$，$\overrightarrow{\mathrm{OC}} = \boldsymbol{c}$ となる相異なる3点A, B, Cが同一直線上にあるための必要十分条件は

$$l\boldsymbol{a} + m\boldsymbol{b} + n\boldsymbol{c} = \boldsymbol{o} \quad \text{かつ} \quad l + m + n = 0$$

をみたすような同時に0でない実数 l, m, n が存在することである．

問 4 例3を証明せよ．

問 5 例3のベクトル $\boldsymbol{a}, \boldsymbol{b}$ が一次独立であるための必要十分条件は，相異なる3点O, A, Bが同一直線上にないことである．このことを証明せよ．

問 6 2点A(1, 0, 1)，B(0, 2, 3)を通る直線のベクトル方程式を求めよ．

（II） 平面のベクトル方程式

定点Aを通り，一次独立なベクトル $\boldsymbol{u}, \boldsymbol{v}$ に平行な平面のベクトル方程式

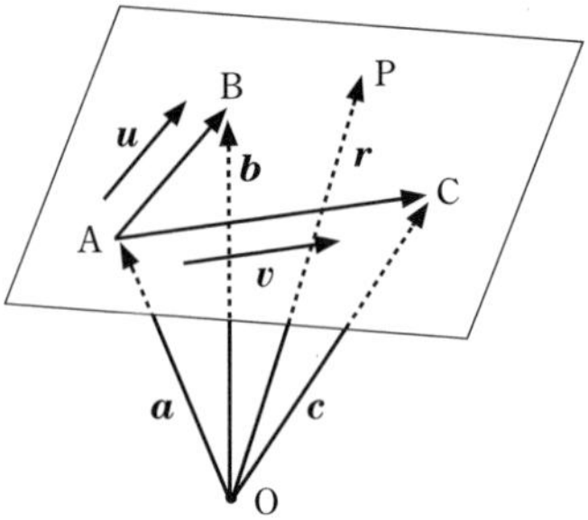

図 1-5

は，求める平面上の動点をPとし，A, Pの位置ベクトルを $\boldsymbol{a}, \boldsymbol{r}$ とすると

$$\boldsymbol{r} = \boldsymbol{a} + s\boldsymbol{u} + t\boldsymbol{v} \qquad (-\infty < s, t < \infty)$$

である．同一直線上にない3点A, B, Cを通る平面は，A, B, Cの位置ベクトルを $\boldsymbol{a}, \boldsymbol{b}, \boldsymbol{c}$ として，$\boldsymbol{u}, \boldsymbol{v}$ を $\boldsymbol{u} = \boldsymbol{b} - \boldsymbol{a}$，$\boldsymbol{v} = \boldsymbol{c} - \boldsymbol{a}$ であるようにとればよい．特に，$\boldsymbol{r} = (x, y, z)$，$\boldsymbol{a} = (x_0, y_0, z_0)$，$\boldsymbol{u} = (l, m, n)$，$\boldsymbol{v} = (\xi, \eta, \zeta)$ であるようにとると，上の平面のベクトル方程式は，よく見なれた式

$$a(x - x_0) + b(y - y_0) + c(z - z_0) = 0$$

$$\left(a = \begin{vmatrix} m & n \\ \eta & \zeta \end{vmatrix}, \qquad b = \begin{vmatrix} n & l \\ \zeta & \xi \end{vmatrix}, \qquad c = \begin{vmatrix} l & m \\ \xi & \eta \end{vmatrix} \right)$$

になる．

例4　$\overrightarrow{\mathrm{OA}} = \boldsymbol{a}$，$\overrightarrow{\mathrm{OB}} = \boldsymbol{b}$，$\overrightarrow{\mathrm{OC}} = \boldsymbol{c}$，$\overrightarrow{\mathrm{OD}} = \boldsymbol{d}$ となる相異なる4点A, B, C, Dが同一平面上にあるための必要十分条件は

$$k\boldsymbol{a} + l\boldsymbol{b} + m\boldsymbol{c} + n\boldsymbol{d} = \boldsymbol{o} \quad \text{かつ} \quad k + l + m + n = 0$$

をみたすような同時に0でない実数 k, l, m, n が存在することである．

問7　例4を証明せよ．

問8　例4のベクトル $\boldsymbol{a}, \boldsymbol{b}, \boldsymbol{c}$ が一次独立であるための必要十分条件は，相異なる4点O, A, B, Cが同一平面上にないことである．このことを証明せよ．

問9　3点A(1, 0, 0)，B(0, 1, 0)，C(0, 0, 1)を通る平面のベクトル方程式を求めよ．

(III)　質点系の重心

質点系に働く重力の合力が作用する点をその質点系の**重心**（または**質量中

心）という．いま，質量 $m_1, m_2, \cdots, m_N$ の N 個の質点がそれぞれ位置ベクトル $\boldsymbol{r}_1 = (x_1, y_1, z_1), \boldsymbol{r}_2 = (x_2, y_2, z_2), \cdots, \boldsymbol{r}_N = (x_N, y_N, z_N)$ のところに分布しているとき，この質点系の重心 G_N の座標 $(g_{x\mathrm{N}}, g_{y\mathrm{N}}, g_{z\mathrm{N}})$ は

$$g_{x\mathrm{N}} = \frac{1}{M}\sum_{i=1}^{N} m_i x_i, \qquad g_{y\mathrm{N}} = \frac{1}{M}\sum_{i=1}^{N} m_i y_i, \qquad g_{z\mathrm{N}} = \frac{1}{M}\sum_{i=1}^{N} m_i z_i$$

（M は全質量で，$M = m_1 + m_2 + \cdots + m_N$）

で与えられる．重心 G_N の位置ベクトルを $\boldsymbol{G}_\mathrm{N}$ で表すならば，上の式は

$$\boldsymbol{G}_\mathrm{N} = \frac{m_1\boldsymbol{r}_1 + m_2\boldsymbol{r}_2 + \cdots + m_N\boldsymbol{r}_N}{m_1 + m_2 + \cdots + m_N} = \frac{1}{M}\sum_{i=1}^{N} m_i \boldsymbol{r}_i$$

となる．重心は位置ベクトルの原点のとり方には無関係で，本質的には位置ベクトルの終点のみに依存する．

実際，他の点 O′ を原点にとり，O′ に対する各質点の位置ベクトルをそれぞれ $\boldsymbol{r}_1', \boldsymbol{r}_2', \cdots, \boldsymbol{r}_N'$ とし，$\overrightarrow{\mathrm{O'O}} = \boldsymbol{r}$ とおくと $\boldsymbol{r}_i' = \boldsymbol{r} + \boldsymbol{r}_i$ であるから

$$\boldsymbol{G}_\mathrm{N}' = \frac{1}{M}\sum_{i=1}^{N} m_i \boldsymbol{r}_i' = \frac{1}{M}\sum_{i=1}^{N} m_i(\boldsymbol{r} + \boldsymbol{r}_i) = \boldsymbol{r} + \boldsymbol{G}_\mathrm{N}$$

となる．ゆえに，$\boldsymbol{G}_\mathrm{N}$ と $\boldsymbol{G}_\mathrm{N}'$ の終点としての重心の点は同じ点である．

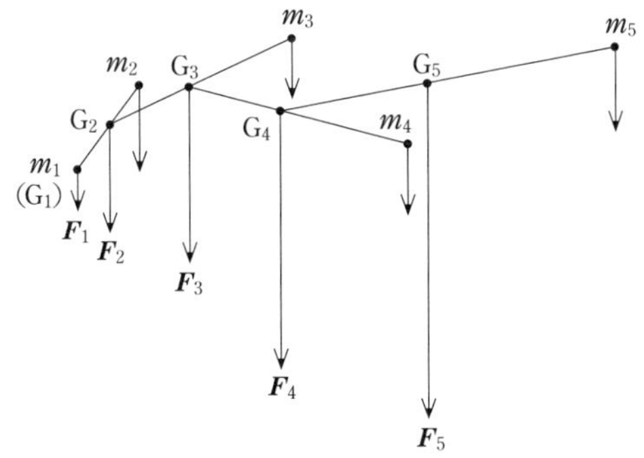

図 1-6　重心と合力

例 5　CH_3Cl の重心を求めよう．3 個の H 原子 $(H_{(1)} = H_{(2)} = H_{(3)} = H)$ を xy 平面上で中心 O，半径 a の円周を 3 等分するように置くと，$\overrightarrow{\mathrm{CCl}}$ はこの平面に垂直であることが知られているから，C, Cl は z 軸上にあると考えてよい．

$$\overline{\mathrm{CH}}_{(1)} = \overline{\mathrm{CH}}_{(2)} = \overline{\mathrm{CH}}_{(3)} = r$$
$$\overline{\mathrm{OC}} = b, \qquad \overline{\mathrm{CCl}} = r'$$

とすると，$\mathrm{H}_{(1)}, \mathrm{H}_{(2)}, \mathrm{H}_{(3)}, \mathrm{C}, \mathrm{Cl}$ の位置ベクトルは

$$\overrightarrow{\mathrm{OH}}_{(1)} = (a, 0, 0)$$
$$\overrightarrow{\mathrm{OH}}_{(2)} = \left(-\frac{1}{2}a, \frac{\sqrt{3}}{2}a, 0\right)$$
$$\overrightarrow{\mathrm{OH}}_{(3)} = \left(-\frac{1}{2}a, -\frac{\sqrt{3}}{2}a, 0\right)$$
$$\overrightarrow{\mathrm{OC}} = (0, 0, b)$$
$$\overrightarrow{\mathrm{OCl}} = (0, 0, b+r')$$

のようになる．H, C, Cl の質量（単位は省略）は $m_{\mathrm{H}} = 1$，$m_{\mathrm{C}} = 12$，$m_{\mathrm{Cl}} = 35$ にとってよいことも知られている．重心は明らかに z 軸上にあるから，重心点を G とすると，$\overrightarrow{\mathrm{OG}} = (0, 0, g_z)$ としてよい．したがって，$\overrightarrow{\mathrm{OG}}$ の z 成分 g_z を求めると

$$g_z = \frac{m_{\mathrm{C}}b + m_{\mathrm{Cl}}(b+r')}{3m_{\mathrm{H}} + m_{\mathrm{C}} + m_{\mathrm{Cl}}} = \frac{1}{50}(47b + 35r')$$

となり

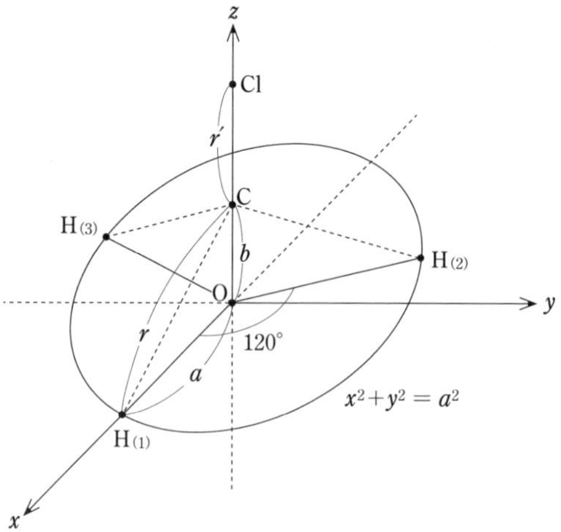

図 1-7

$$\mathrm{G}\left(0, 0, \frac{47b+35r'}{50}\right)$$

を得る．マイクロ波分光の結果によれば，$r = 1.101\,\text{Å}$，$r' = 1.781\,\text{Å}$，$\angle \mathrm{H}_{(1)}\mathrm{CH}_{(2)} = 110°13'$ であることが知られており，$\cos\angle \mathrm{H}_{(1)}\mathrm{CH}_{(2)} = -0.3456$を用いると，$a = 1.043\,\text{Å}$，$b = 0.353\,\text{Å}$となることがわかる．ゆえに，$g_z = 1.579\,\text{Å}$を得る．

問 10　$\overrightarrow{\mathrm{OA}} = \boldsymbol{a}$，$\overrightarrow{\mathrm{OB}} = \boldsymbol{b}$，$\overrightarrow{\mathrm{OC}} = \boldsymbol{c}$ となる点 A, B, C からなる△ABC の重心の位置ベクトルを求めよ．

問 11　位置ベクトルが $\boldsymbol{a}, \boldsymbol{b}, 5\boldsymbol{a}-2\boldsymbol{b}$ である相異なる 3 点は同一直線上にあるといえるか．

問 12　位置ベクトルが $\boldsymbol{a}, \boldsymbol{b}, 5\boldsymbol{a}-4\boldsymbol{b}$ である相異なる 3 点は同一直線上にあるといえるか．

問 13　位置ベクトルが $\boldsymbol{a}, \boldsymbol{b}, \boldsymbol{c}, 4\boldsymbol{a}-5\boldsymbol{b}+2\boldsymbol{c}$ である相異なる 4 点は同一平面上にあるといえるか．

問 14　原点 O から点 A に作用する力を $\boldsymbol{F}_1$ とする．O からある点に作用する力 $\boldsymbol{F}_2$ があって，$\boldsymbol{F}_1$ と $\boldsymbol{F}_2$ の合力 $\boldsymbol{F}$ は大きさが $\boldsymbol{F}_1$ の大きさに等しく，その向きが $\boldsymbol{F}_1$ に垂直であるとき，$\boldsymbol{F}_2$ およびその大きさを求めよ．

問 15　酸素原子 O を xy 平面上の半径 a の円周上に置き，S, Cu を z 軸上で座標が S$(0, 0, b)$，Cu$(0, 0, b+r')$ となるように置く．このとき，$\mathrm{CuSO_4}$ の重心を b と r で表せ．

§1.3　ベクトルの内積，外積

空間において，2 つのベクトル $\boldsymbol{A}, \boldsymbol{B}$ のなす角を $\theta\,(0 \leqq \theta \leqq \pi)$ とするとき，$\boldsymbol{A}$ と $\boldsymbol{B}$ で決まる実数（スカラー）

$$|\boldsymbol{A}||\boldsymbol{B}|\cos\theta \quad (\theta \text{ は } 0 \leqq \theta \leqq \pi \text{ の範囲に限定})$$

を $\boldsymbol{A}$ と $\boldsymbol{B}$ の**内積**（または**スカラー積，ドット積**）といい，

$$\boldsymbol{A}\cdot\boldsymbol{B},\ (\boldsymbol{A}, \boldsymbol{B}),\ \langle\boldsymbol{A}, \boldsymbol{B}\rangle,\ \boldsymbol{AB},\ (\boldsymbol{AB})$$

などの記号で表す．$\boldsymbol{A}$ または $\boldsymbol{B}$ が $\boldsymbol{O}$ であるときは，θ は任意にとってよい．

本書では $\boldsymbol{A}$ と $\boldsymbol{B}$ の内積を $\boldsymbol{A}\cdot\boldsymbol{B}$ で表し，特に断りがない限り $\boldsymbol{A}\cdot\boldsymbol{A}$ と $\boldsymbol{A}^2$ を同一視する．定義により

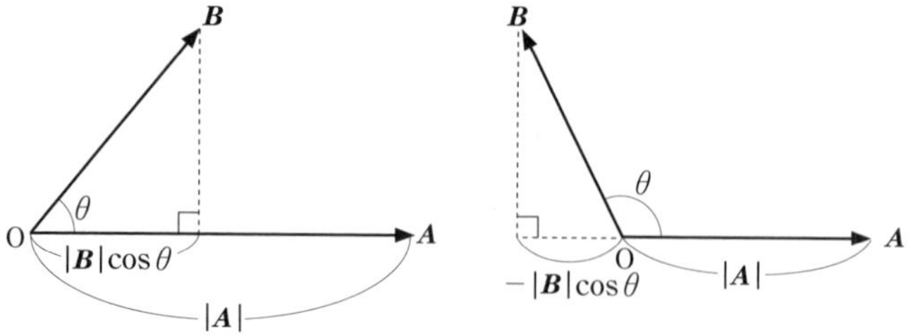

図 1-8

> ($\boldsymbol{A}$ と $\boldsymbol{B}$ が直交) または ($\boldsymbol{A}$, $\boldsymbol{B}$ のいずれかが $\boldsymbol{O}$) $\Longleftrightarrow \boldsymbol{A}\cdot\boldsymbol{B} = 0$,
>
> $\boldsymbol{A}$ と $\boldsymbol{B}$ が同じ向き $\Longleftrightarrow \boldsymbol{A}\cdot\boldsymbol{B} = |\boldsymbol{A}||\boldsymbol{B}|$, ($\boldsymbol{A}^2 = |\boldsymbol{A}|^2$),
>
> $\boldsymbol{A}$ と $\boldsymbol{B}$ が反対向き $\Longleftrightarrow \boldsymbol{A}\cdot\boldsymbol{B} = -|\boldsymbol{A}||\boldsymbol{B}|$.

基本ベクトル $\boldsymbol{i}$, $\boldsymbol{j}$, $\boldsymbol{k}$ に対しては

$$\boldsymbol{i}\cdot\boldsymbol{i} = \boldsymbol{j}\cdot\boldsymbol{j} = \boldsymbol{k}\cdot\boldsymbol{k} = 1,\quad \boldsymbol{i}\cdot\boldsymbol{j} = \boldsymbol{j}\cdot\boldsymbol{k} = \boldsymbol{k}\cdot\boldsymbol{i} = 0.$$

したがって，$\boldsymbol{A} = A_x\boldsymbol{i}+A_y\boldsymbol{j}+A_z\boldsymbol{k}$, $\boldsymbol{B} = B_x\boldsymbol{i}+B_y\boldsymbol{j}+B_z\boldsymbol{k}$ であるならば

> $\boldsymbol{A}\cdot\boldsymbol{B} = A_xB_x+A_yB_y+A_zB_z$, また，$\boldsymbol{A} \neq \boldsymbol{O}$, $\boldsymbol{B} \neq \boldsymbol{O}$ のとき
>
> $$\cos(\boldsymbol{A}\text{ と }\boldsymbol{B}\text{ のなす角 }\theta) = \frac{\boldsymbol{A}\cdot\boldsymbol{B}}{|\boldsymbol{A}||\boldsymbol{B}|} = \frac{A_xB_x+A_yB_y+A_zB_z}{\sqrt{A_x{}^2+A_y{}^2+A_z{}^2}\sqrt{B_x{}^2+B_y{}^2+B_z{}^2}}$$

となる．このように，内積が定義された数ベクトル空間を (同じ次元の) ユークリッド空間という．

任意のベクトル $\boldsymbol{A}, \boldsymbol{B}, \boldsymbol{C}$ と，任意のスカラー α に対して次の関係が成り立つ．

> (i)　$\boldsymbol{A}\cdot\boldsymbol{B} = \boldsymbol{B}\cdot\boldsymbol{A}$.
>
> (ii)　$(\boldsymbol{A}+\boldsymbol{B})\cdot\boldsymbol{C} = \boldsymbol{A}\cdot\boldsymbol{C}+\boldsymbol{B}\cdot\boldsymbol{C}$.
>
> (iii)　$(\alpha\boldsymbol{A})\cdot\boldsymbol{C} = \alpha(\boldsymbol{A}\cdot\boldsymbol{C})$.

例1 ベクトル $\boldsymbol{A} = A_x\boldsymbol{i}+A_y\boldsymbol{j}+A_z\boldsymbol{k}$ の $\boldsymbol{s}$ 方向に対する成分を A_s とし，$\boldsymbol{s}$ 方向の単位ベクトルを $\boldsymbol{u}_\mathrm{s}$，その方向余弦を λ, μ, ν とすれば（$\boldsymbol{u}_\mathrm{s} = \lambda\boldsymbol{i}+\mu\boldsymbol{j}+\nu\boldsymbol{k}$）

$$A_\mathrm{s} = \boldsymbol{A}\cdot\boldsymbol{u}_\mathrm{s} = A_x\lambda+A_y\mu+A_z\nu.$$

例2 $\overrightarrow{\mathrm{OP}} = \boldsymbol{r}$ となる点Pのところにある質点が，力 $\boldsymbol{F}$ の作用によって $\overrightarrow{\mathrm{OQ}} = \boldsymbol{r}+\Delta\boldsymbol{r}$ となる点Qのところに変位したならば

$$\text{変位 } \Delta\boldsymbol{r} \text{ の間に } \boldsymbol{F} \text{ のなす仕事} = \boldsymbol{F}\cdot\Delta\boldsymbol{r},$$

$$\boldsymbol{F} \text{ と } \Delta\boldsymbol{r} \text{ が同じ向き} \Rightarrow \boldsymbol{F}\cdot\Delta\boldsymbol{r} = |\boldsymbol{F}||\Delta\boldsymbol{r}|,$$

$$\boldsymbol{F} \text{ と } \Delta\boldsymbol{r} \text{ が垂直} \Rightarrow \boldsymbol{F}\cdot\Delta\boldsymbol{r} = 0.$$

例3 ベクトル $\boldsymbol{A}, \boldsymbol{B}, \boldsymbol{C}$ が一次独立ならば，これから互いに直交する3つの単位ベクトルを作ることができる．実際，仮定により $\boldsymbol{A} \neq \boldsymbol{O}$ であるから，$\boldsymbol{e}_1 = \boldsymbol{A}/|\boldsymbol{A}|$ で単位ベクトル $\boldsymbol{e}_1$ を定義する．$\boldsymbol{B}-(\boldsymbol{B}\cdot\boldsymbol{e}_1)\boldsymbol{e}_1$ を作ると，これは $\boldsymbol{A}, \boldsymbol{B}$ が一次独立であるから $\boldsymbol{O}$ ではない．したがって，単位ベクトル $\boldsymbol{e}_2$ を

$$\boldsymbol{e}_2 = \frac{\boldsymbol{B}-(\boldsymbol{B}\cdot\boldsymbol{e}_1)\boldsymbol{e}_1}{|\boldsymbol{B}-(\boldsymbol{B}\cdot\boldsymbol{e}_1)\boldsymbol{e}_1|}$$

で定義する．このとき，$\boldsymbol{e}_2\cdot\boldsymbol{e}_1 = 0$ となることが容易に確かめられ，$\boldsymbol{e}_1$ と $\boldsymbol{e}_2$ は直交する．次に $\boldsymbol{C}-(\boldsymbol{C}\cdot\boldsymbol{e}_1)\boldsymbol{e}_1-(\boldsymbol{C}\cdot\boldsymbol{e}_2)\boldsymbol{e}_2$ を作ると，これは $\boldsymbol{A}, \boldsymbol{B}, \boldsymbol{C}$ が一次独立であるから $\boldsymbol{O}$ ではない．したがって，次式

$$\boldsymbol{e}_3 = \frac{\boldsymbol{C}-(\boldsymbol{C}\cdot\boldsymbol{e}_1)\boldsymbol{e}_1-(\boldsymbol{C}\cdot\boldsymbol{e}_2)\boldsymbol{e}_2}{|\boldsymbol{C}-(\boldsymbol{C}\cdot\boldsymbol{e}_1)\boldsymbol{e}_1-(\boldsymbol{C}\cdot\boldsymbol{e}_2)\boldsymbol{e}_2|}$$

で単位ベクトル $\boldsymbol{e}_3$ を定義すると，$\boldsymbol{e}_3\cdot\boldsymbol{e}_1 = \boldsymbol{e}_3\cdot\boldsymbol{e}_2 = 0$ であることが確かめられる．$\{\boldsymbol{e}_1\ \boldsymbol{e}_2\ \boldsymbol{e}_3\}$ を**正規直交系**という．以上のようにして直交する単位ベクトルを作る方法を**シュミットの直交化法**という．

問1 ベクトル $\boldsymbol{A} = \boldsymbol{i}+2\boldsymbol{j}+\boldsymbol{k}$ と $\boldsymbol{B} = 2\boldsymbol{i}+2\boldsymbol{j}+\boldsymbol{k}$ の内積および，$\boldsymbol{A}, \boldsymbol{B}$ のなす角を求めよ．

問2 位置ベクトルが $\overrightarrow{\mathrm{OP}} = 2\boldsymbol{i}+\boldsymbol{j}+3\boldsymbol{k}$ となる点Pにある質点が，2つの力 $\boldsymbol{F}_1 = 3\boldsymbol{i}+\boldsymbol{j}-2\boldsymbol{k}$ と $\boldsymbol{F}_2 = 2\boldsymbol{i}-3\boldsymbol{j}+5\boldsymbol{k}$ の作用によって $\overrightarrow{\mathrm{OQ}} = 4\boldsymbol{i}+3\boldsymbol{j}+2\boldsymbol{k}$ となる点Qに変位するとき，これらの力によってなされる仕事を求めよ．

問3 次の一次独立なベクトル $\boldsymbol{A} = (3, 2, 1)$，$\boldsymbol{B} = (0, 1, -4)$，$\boldsymbol{C} = (3, 0, 1)$ から3

つの互いに直交する単位ベクトルを作れ（シュミットの方法を用いよ）.

空間に 3 つの一次独立なベクトル $\boldsymbol{a}, \boldsymbol{b}, \boldsymbol{c}$ が与えられているとする．いま，左右の手の中指のさす向きが，ひらいた（直角でなくてもよい）親指と人さし指の向きと必ず直交するようにしておく．$\boldsymbol{a}, \boldsymbol{b}, \boldsymbol{c}$ の向きがそれぞれ右手の親指，人さし指，中指で表される向きと一致するとき，順序組 $\{\boldsymbol{a}, \boldsymbol{b}, \boldsymbol{c}\}$ は**右手系**を成すという．$\boldsymbol{a}, \boldsymbol{b}, \boldsymbol{c}$ の向きがそれぞれ左手の親指，人さし指，中指で表される向きと一致するとき，順序組 $\{\boldsymbol{a}, \boldsymbol{b}, \boldsymbol{c}\}$ は**左手系**を成すという．このことから

$$\{\boldsymbol{a}, \boldsymbol{b}, \boldsymbol{c}\} \text{ が右手系} \Longleftrightarrow \{\boldsymbol{a}, \boldsymbol{b}, -\boldsymbol{c}\} \text{ が左手系}$$

であることが分る．ベクトルの極性と軸性は，ベクトルの鏡像によってその違いを知ることができる．力のような極性ベクトルは，その向きに垂直な平面鏡に映して見ると，向きが反対になり，角速度のような軸性ベクトルでは向きが変わらない．次に，力をその向きに平行な平面鏡に映して見ると，その向きは変わらないが，角速度をそれを表すベクトルの向きに平行な平面鏡に映して見ると，その回転の向きが逆になる．このように，右手系の座標系は鏡の映像では左手系に変わる．本書では右手系の場合を考えている．

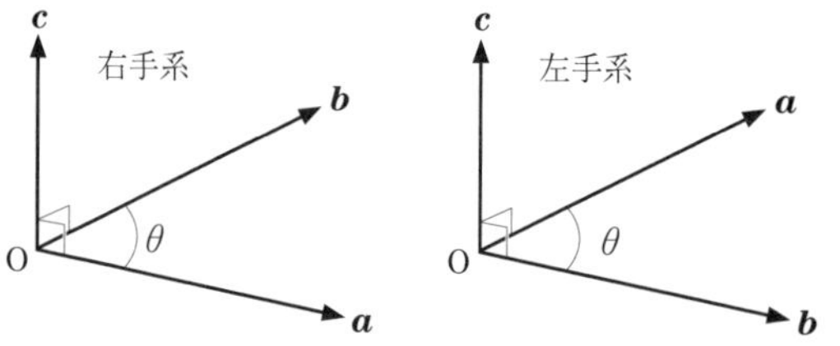

図 1-9

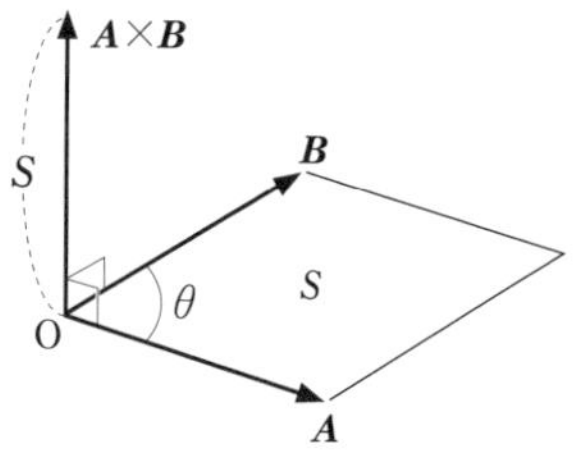

図 1-10　$S = |\boldsymbol{A}||\boldsymbol{B}|\sin\theta$

2 つのベクトル $\boldsymbol{A}, \boldsymbol{B}$ に対して，ベクトル $\boldsymbol{X}$ の長さ（大きさ）は $\boldsymbol{A}$，$\boldsymbol{B}$ の作る平行四辺形の面積に等しく，向きは順序組 $\{\boldsymbol{A}, \boldsymbol{B}, \boldsymbol{X}\}$ が右手系をなす向きになっているとき，ベクトル $\boldsymbol{X}$ を $\boldsymbol{A}$ と $\boldsymbol{B}$ の**外積**（または**ベクトル積**，**クロス積**）といい，$\boldsymbol{A}\times\boldsymbol{B}$ で表す．$\boldsymbol{A}$ と $\boldsymbol{B}$ が平行のときは $\boldsymbol{A}\times\boldsymbol{B} = \boldsymbol{O}$ とおく．$\boldsymbol{A}$ と $\boldsymbol{B}$ が平行でないときは

$$\boldsymbol{X} = \boldsymbol{A}\times\boldsymbol{B}$$
$$|\boldsymbol{A}\times\boldsymbol{B}| = |\boldsymbol{A}||\boldsymbol{B}|\sin\theta \quad (\theta \text{ は } \boldsymbol{A} \text{ と } \boldsymbol{B} \text{ のなす角})$$
$$(\boldsymbol{A}\times\boldsymbol{B})\cdot\boldsymbol{A} = 0, \qquad (\boldsymbol{A}\times\boldsymbol{B})\cdot\boldsymbol{B} = 0$$
$$\{\boldsymbol{A}, \boldsymbol{B}, \boldsymbol{X}\} \equiv \{\boldsymbol{A}, \boldsymbol{B}, \boldsymbol{A}\times\boldsymbol{B}\} \text{ は右手系}$$

となる．

直交座標系 Oxyz は基本ベクトル $\boldsymbol{i}, \boldsymbol{j}, \boldsymbol{k}$ の順序組 $\{\boldsymbol{i}, \boldsymbol{j}, \boldsymbol{k}\}$ が右手系になるようにとられているので

$$\boldsymbol{i}\times\boldsymbol{i} = \boldsymbol{j}\times\boldsymbol{j} = \boldsymbol{k}\times\boldsymbol{k} = \boldsymbol{o},$$
$$\boldsymbol{i}\times\boldsymbol{j} = -(\boldsymbol{j}\times\boldsymbol{i}) = \boldsymbol{k}, \quad \boldsymbol{j}\times\boldsymbol{k} = -(\boldsymbol{k}\times\boldsymbol{j}) = \boldsymbol{i}, \quad \boldsymbol{k}\times\boldsymbol{i} = -(\boldsymbol{i}\times\boldsymbol{k}) = \boldsymbol{j}.$$

したがって，$\boldsymbol{A} = A_x\boldsymbol{i}+A_y\boldsymbol{j}+A_z\boldsymbol{k}$，$\boldsymbol{B} = B_x\boldsymbol{i}+B_y\boldsymbol{j}+B_z\boldsymbol{k}$ ならば

$$\begin{aligned}\boldsymbol{A}\times\boldsymbol{B} &= (A_yB_z-A_zB_y, A_zB_x-A_xB_z, A_xB_y-A_yB_x)\\ &= (A_yB_z-A_zB_y)\boldsymbol{i}+(A_zB_x-A_xB_z)\boldsymbol{j}+(A_xB_y-A_yB_x)\boldsymbol{k}\\ &= \begin{vmatrix} A_y & A_z \\ B_y & B_z \end{vmatrix}\boldsymbol{i}+\begin{vmatrix} A_z & A_x \\ B_z & B_x \end{vmatrix}\boldsymbol{j}+\begin{vmatrix} A_x & A_y \\ B_x & B_y \end{vmatrix}\boldsymbol{k}\\ &= \begin{vmatrix} \boldsymbol{i} & \boldsymbol{j} & \boldsymbol{k} \\ A_x & A_y & A_z \\ B_x & B_y & B_z \end{vmatrix},\end{aligned}$$

また，$\boldsymbol{A} \neq \boldsymbol{O}$，$\boldsymbol{B} \neq \boldsymbol{O}$ のとき

$$\begin{aligned}\sin(\boldsymbol{A} \text{ と } \boldsymbol{B} \text{ のなす角 } \theta) &= \frac{|\boldsymbol{A}\times\boldsymbol{B}|}{|\boldsymbol{A}||\boldsymbol{B}|}\\ &= \frac{\sqrt{(A_yB_z-A_zB_y)^2+(A_zB_x-A_xB_z)^2+(A_xB_y-A_yB_x)^2}}{\sqrt{A_x{}^2+A_y{}^2+A_z{}^2}\sqrt{B_x{}^2+B_y{}^2+B_z{}^2}}\end{aligned}$$

となる．

任意のベクトル $\boldsymbol{A}$，$\boldsymbol{B}$，$\boldsymbol{C}$ と任意のスカラー α, β に対して次の関係が成り立つ．

(i) $\boldsymbol{A}\times\boldsymbol{B} = -(\boldsymbol{B}\times\boldsymbol{A})$.

（ii）　$\boldsymbol{A}\times(\alpha\boldsymbol{B}+\beta\boldsymbol{C}) = \alpha(\boldsymbol{A}\times\boldsymbol{B})+\beta(\boldsymbol{A}\times\boldsymbol{C})$.

（iii）　$(\alpha\boldsymbol{A}+\beta\boldsymbol{B})\times\boldsymbol{C} = \alpha(\boldsymbol{A}\times\boldsymbol{C})+\beta(\boldsymbol{B}\times\boldsymbol{C})$.

注意　左手直交系の基本ベクトルを $\boldsymbol{i}', \boldsymbol{j}', \boldsymbol{k}'$ とし

$$\boldsymbol{A} = A_x\boldsymbol{i}+A_y\boldsymbol{j}+A_z\boldsymbol{k} = A_x'\boldsymbol{i}'+A_y'\boldsymbol{j}'+A_z'\boldsymbol{k}',$$
$$\boldsymbol{B} = B_x\boldsymbol{i}+B_y\boldsymbol{j}+B_z\boldsymbol{k} = B_x'\boldsymbol{i}'+B_y'\boldsymbol{j}'+B_z'\boldsymbol{k}',$$

とするならば

$$\boldsymbol{i}'\cdot\boldsymbol{i}' = \boldsymbol{j}'\cdot\boldsymbol{j}' = \boldsymbol{k}'\cdot\boldsymbol{k}' = 1,\ \ \boldsymbol{i}'\times\boldsymbol{i}' = \boldsymbol{j}'\times\boldsymbol{j}' = \boldsymbol{k}'\times\boldsymbol{k}' = \boldsymbol{o},$$
$$\boldsymbol{i}'\times\boldsymbol{j}' = -\boldsymbol{k}',\ \ \boldsymbol{j}'\times\boldsymbol{k}' = -\boldsymbol{i}',\ \ \boldsymbol{k}'\times\boldsymbol{i}' = -\boldsymbol{j}',$$
$$\boldsymbol{A}\times\boldsymbol{B} = -(A_y'B_z'-A_z'B_y')\boldsymbol{i}'-(A_z'B_x'-A_x'B_z')\boldsymbol{j}'-(A_x'B_y'-A_y'B_x')\boldsymbol{k}',$$
$$= (A_yB_z-A_zB_y)\boldsymbol{i}+(A_zB_x-A_xB_z)\boldsymbol{j}+(A_xB_y-A_yB_x)\boldsymbol{k}.$$

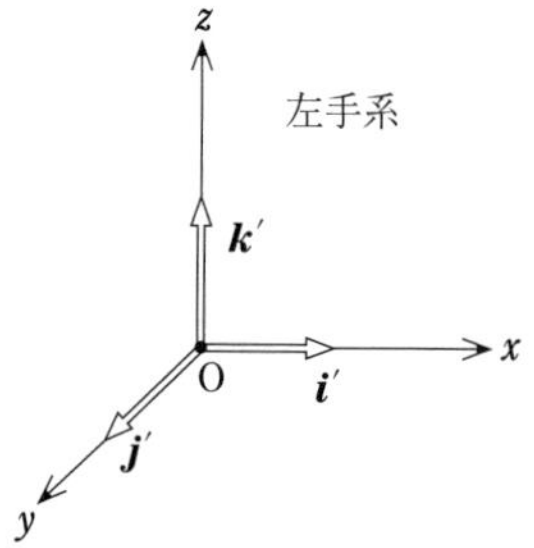

図 1-11

（I）　スカラー三重積，ベクトル三重積

空間における3つのベクトル $\boldsymbol{A}, \boldsymbol{B}, \boldsymbol{C}$ に対して，**スカラー三重積**，**ベクトル三重積**は次のように定義される．

スカラー三重積：$[\boldsymbol{A}, \boldsymbol{B}, \boldsymbol{C}] = \boldsymbol{A}\cdot(\boldsymbol{B}\times\boldsymbol{C})$,

ベクトル三重積：$\boldsymbol{A}\times(\boldsymbol{B}\times\boldsymbol{C})$.

$\boldsymbol{A} = (A_x, A_y, A_z)$，$\boldsymbol{B} = (B_x, B_y, B_z)$，$\boldsymbol{C} = (C_x, C_y, C_z)$ とすると

$$[\boldsymbol{A}, \boldsymbol{B}, \boldsymbol{C}] = A_x\begin{vmatrix} B_y & B_z \\ C_y & C_z \end{vmatrix} - A_y\begin{vmatrix} B_x & B_z \\ C_x & C_z \end{vmatrix} + A_z\begin{vmatrix} B_x & B_y \\ C_x & C_y \end{vmatrix}$$

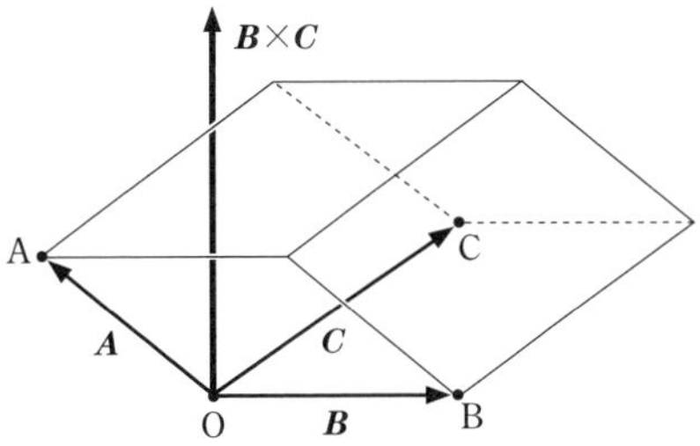

図 1-12

$$= \begin{vmatrix} A_x & A_y & A_z \\ B_x & B_y & B_z \\ C_x & C_y & C_z \end{vmatrix} \quad$$ （$[\boldsymbol{A}, \boldsymbol{B}, \boldsymbol{C}]$ を**グラスマンの記号**という）

となる．特に，$\boldsymbol{A} = \overrightarrow{\mathrm{OA}}$，$\boldsymbol{B} = \overrightarrow{\mathrm{OB}}$，$\boldsymbol{C} = \overrightarrow{\mathrm{OC}}$ が OA, OB, OC を 3 つの稜とする**平行六面体**を作るならば

$$\text{この平行六面体の体積} = |[\boldsymbol{A}, \boldsymbol{B}, \boldsymbol{C}]|$$

となる．三重積については次の関係が成り立つ．

（i） $[\boldsymbol{A}, \boldsymbol{B}, \boldsymbol{C}] = [\boldsymbol{B}, \boldsymbol{C}, \boldsymbol{A}] = [\boldsymbol{C}, \boldsymbol{A}, \boldsymbol{B}]$.
（ii） $\boldsymbol{A}\times(\boldsymbol{B}\times\boldsymbol{C}) = (\boldsymbol{A}\cdot\boldsymbol{C})\boldsymbol{B} - (\boldsymbol{A}\cdot\boldsymbol{B})\boldsymbol{C}$.
（iii） $\boldsymbol{A}\times(\boldsymbol{B}\times\boldsymbol{C}) + \boldsymbol{B}\times(\boldsymbol{C}\times\boldsymbol{A}) + \boldsymbol{C}\times(\boldsymbol{A}\times\boldsymbol{B}) = \boldsymbol{O}$.

例 4 内積によるベクトル方程式 $\boldsymbol{A}\cdot\boldsymbol{x} = \mathrm{c}\ (\boldsymbol{A} \neq \boldsymbol{O})$ の一般解を求めてみよう．

$$\boldsymbol{A}\cdot\frac{c\boldsymbol{A}}{\boldsymbol{A}\cdot\boldsymbol{A}} = c$$

が成り立つから，$\boldsymbol{u} = \dfrac{c\boldsymbol{A}}{\boldsymbol{A}\cdot\boldsymbol{A}}$ は与えられたベクトル方程式の解の 1 つである．

いま，求める一般解を $\boldsymbol{x}$ とすると

$$\boldsymbol{A}\cdot(\boldsymbol{x}-\boldsymbol{u}) = c - c = 0$$

したがって，ベクトル $\boldsymbol{x}-\boldsymbol{u}$ はベクトル $\boldsymbol{A}$ と直交している．すなわち，任意のベクトル $\boldsymbol{C}$ を用いて $\boldsymbol{x}-\boldsymbol{u} = \boldsymbol{C}\times\boldsymbol{A}$ とかける．ゆえに，一般解は

$$\boldsymbol{x} = \frac{c\boldsymbol{A}}{\boldsymbol{A}\cdot\boldsymbol{A}} + \boldsymbol{C}\times\boldsymbol{A} \quad (\boldsymbol{C}\ \text{は任意ベクトル}).$$

例 5　外積によるベクトル方程式 $\boldsymbol{A}\times\boldsymbol{x}=\boldsymbol{B}$ ($\boldsymbol{A}\neq\boldsymbol{O}$) の一般解を求めてみよう．与えられたベクトル方程式が解をもつための必要十分条件は $\boldsymbol{A}\cdot\boldsymbol{B}=0$ である．実際，外積およびベクトルの3重積の性質 ((ii) をみよ) により

$$\boldsymbol{A}\times\boldsymbol{x}=\boldsymbol{B}\quad \text{ならば}\quad \boldsymbol{A}\cdot\boldsymbol{B}=\boldsymbol{A}\cdot(\boldsymbol{A}\times\boldsymbol{x})=0,$$

$$\boldsymbol{A}\cdot\boldsymbol{B}=0\quad \text{ならば}\quad \boldsymbol{A}\times(\boldsymbol{B}\times\boldsymbol{A})=(\boldsymbol{A}\cdot\boldsymbol{A})\boldsymbol{B}-(\boldsymbol{A}\cdot\boldsymbol{B})\boldsymbol{A}=(\boldsymbol{A}\cdot\boldsymbol{A})\boldsymbol{B}.$$

したがって，$\boldsymbol{A}\cdot\boldsymbol{B}\neq 0$ ならば，$0=\boldsymbol{A}\cdot(\boldsymbol{A}\times\boldsymbol{x})=\boldsymbol{A}\cdot\boldsymbol{B}\neq 0$ (矛盾) で解なし．また $\boldsymbol{A}\cdot\boldsymbol{B}=0$ ならば $\boldsymbol{u}=\dfrac{\boldsymbol{B}\times\boldsymbol{A}}{\boldsymbol{A}\cdot\boldsymbol{A}}$ は与えられたベクトル方程式の解の1つである．このとき，求める一般解を $\boldsymbol{x}$ とすると

$$\boldsymbol{A}\times(\boldsymbol{x}-\boldsymbol{u})=\boldsymbol{B}-\boldsymbol{B}=\boldsymbol{O}.$$

したがって，ベクトル $\boldsymbol{A}$, $\boldsymbol{x}-\boldsymbol{u}$ は平行になっている．だから任意の定数 c を用いて $\boldsymbol{x}-\boldsymbol{u}=c\boldsymbol{A}$ とかける．ゆえに，一般解は

$$\boldsymbol{x}=\frac{\boldsymbol{B}\times\boldsymbol{A}}{\boldsymbol{A}\cdot\boldsymbol{A}}+c\boldsymbol{A}\quad (c\ \text{は任意定数}).$$

例 6　原点Oから $\overrightarrow{\mathrm{OP}}=\boldsymbol{r}$ となる点Pにある質点に力 $\boldsymbol{F}$ が作用しているとき，Oに関する力 $\boldsymbol{F}$ のモーメント $\boldsymbol{N}$ は

$$\boldsymbol{N}=\boldsymbol{r}\times\boldsymbol{F}$$

で与えられる．また，質点の質量を m，速度を $\boldsymbol{v}$ とすると，質点の**運動量**は $\boldsymbol{P}=m\boldsymbol{v}$ である．この質点のOに関する**運動量モーメント** $\boldsymbol{L}$ は

$$\boldsymbol{L}=\boldsymbol{r}\times\boldsymbol{P}=m(\boldsymbol{r}\times\boldsymbol{v})$$

で与えられる．運動量モーメント $\boldsymbol{L}$ をこの質点のOに関する**角運動量**という．

例 7　1つの直線を軸にして剛体が角速度 $\boldsymbol{\omega}$ で回転しているとする．回転によって右ネジが進む向きを $\boldsymbol{\omega}$ の向きにとる．このとき，回転する剛体内の1点Pの速度 $\boldsymbol{v}$ は，軸上の定点をOとし，$\overrightarrow{\mathrm{OP}}=\boldsymbol{r}$ とすれば

$$\boldsymbol{v}=\boldsymbol{\omega}\times\boldsymbol{r}$$

で与えられる．

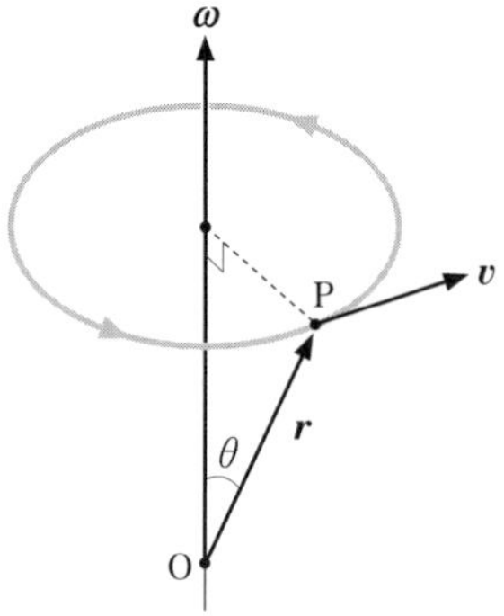

図 1-13

問 4　$\boldsymbol{A}\times(\boldsymbol{B}\times\boldsymbol{C})=(\boldsymbol{A}\cdot\boldsymbol{C})\boldsymbol{B}-(\boldsymbol{A}\cdot\boldsymbol{B})\boldsymbol{C}$ を証明せよ．

問 5　$\boldsymbol{A}=3\boldsymbol{i}-\boldsymbol{j}+2\boldsymbol{k}$ に対して，ベクトル方程式 $\boldsymbol{A}\cdot\boldsymbol{x}=5$ の一般解を求めよ．

問 6　$\boldsymbol{A}=3\boldsymbol{i}-\boldsymbol{j}+2\boldsymbol{k}$，$\boldsymbol{B}=\boldsymbol{i}+\boldsymbol{j}-\boldsymbol{k}$ に対して，ベクトル方程式 $\boldsymbol{A}\times\boldsymbol{x}=\boldsymbol{B}$ の一般解を求めよ．

問 7　直交（直線）座標系 Oxyz において，剛体が点 P$(0,1,\sqrt{3})$ を通り，毎秒 4 の角速度の速さで z 軸のまわりを反時計向きに回転している．このとき，点 P における速度を求めよ．

（II）　ベクトルの相反系

ベクトルの 2 つの集合 $\mathscr{A}=\{\boldsymbol{A}_1,\boldsymbol{A}_2,\boldsymbol{A}_3\}$，$\mathscr{B}=\{\boldsymbol{B}_1,\boldsymbol{B}_2,\boldsymbol{B}_3\}$ が，**クロネッカーのデルタ**と呼ばれる記号 δ_{ij}：

$$\delta_{ij}=\begin{cases}1 & (i=j\text{ のとき})\\ 0 & (i\neq j\text{ のとき})\end{cases}$$

を用いて

$$\boldsymbol{A}_i\cdot\boldsymbol{B}_j=\delta_{ij}\qquad(i,j=1,2,3)$$

をみたすならば，$\mathscr{A}$ と $\mathscr{B}$ は互いに（$\mathscr{A}$ は $\mathscr{B}$ の，また，$\mathscr{B}$ は $\mathscr{A}$ の）**相反系**であるという．たとえば，座標系 Oxyz における基本ベクトルの集合 $\{\boldsymbol{i},\boldsymbol{j},\boldsymbol{k}\}$ はベクトルの**自己相反系**である．

定理 1　$\mathscr{A}=\{\boldsymbol{A}_1,\boldsymbol{A}_2,\boldsymbol{A}_3\}$ と $\mathscr{B}=\{\boldsymbol{B}_1,\boldsymbol{B}_2,\boldsymbol{B}_3\}$ とがベクトルの相反系であるならば，次の関係が成り立つ．

（i）　$[\boldsymbol{A}_1,\boldsymbol{A}_2,\boldsymbol{A}_3]\neq 0$ かつ $[\boldsymbol{B}_1,\boldsymbol{B}_2,\boldsymbol{B}_3]\neq 0$．

（ii）　$$\boldsymbol{A}_1=\frac{\boldsymbol{B}_2\times\boldsymbol{B}_3}{[\boldsymbol{B}_1,\boldsymbol{B}_2,\boldsymbol{B}_3]},\quad \boldsymbol{A}_2=\frac{\boldsymbol{B}_3\times\boldsymbol{B}_1}{[\boldsymbol{B}_1,\boldsymbol{B}_2,\boldsymbol{B}_3]},$$

$$\boldsymbol{A}_3=\frac{\boldsymbol{B}_1\times\boldsymbol{B}_2}{[\boldsymbol{B}_1,\boldsymbol{B}_2,\boldsymbol{B}_3]},$$

$$\boldsymbol{B}_1=\frac{\boldsymbol{A}_2\times\boldsymbol{A}_3}{[\boldsymbol{A}_1,\boldsymbol{A}_2,\boldsymbol{A}_3]},\quad \boldsymbol{B}_2=\frac{\boldsymbol{A}_3\times\boldsymbol{A}_1}{[\boldsymbol{A}_1,\boldsymbol{A}_2,\boldsymbol{A}_3]},$$

$$\boldsymbol{B}_3 = \frac{\boldsymbol{A}_1 \times \boldsymbol{A}_2}{[\boldsymbol{A}_1, \boldsymbol{A}_2, \boldsymbol{A}_3]}.$$

（iii）　$[\boldsymbol{A}_1, \boldsymbol{A}_2, \boldsymbol{A}_3][\boldsymbol{B}_1, \boldsymbol{B}_2, \boldsymbol{B}_3] = 1.$

証明　（ⅰ）　$[\boldsymbol{A}_1, \boldsymbol{A}_2, \boldsymbol{A}_3] = 0$ と仮定してみる．そうすると，§1.2，定理1によって $\boldsymbol{A}_1$，$\boldsymbol{A}_2$，$\boldsymbol{A}_3$ は一次従属である．このとき

$$\boldsymbol{A}_3 = \alpha \boldsymbol{A}_1 + \beta \boldsymbol{A}_2 \qquad ((\alpha, \beta) \neq (0, 0))$$

となるスカラー α，β が存在する．よって，相反系の性質により

$$1 = \boldsymbol{A}_3 \cdot \boldsymbol{B}_3 = \alpha \boldsymbol{A}_1 \cdot \boldsymbol{B}_3 + \beta \boldsymbol{A}_2 \cdot \boldsymbol{B}_3 = 0 \qquad \text{（不合理）}.$$

この不合理性は結局 $[\boldsymbol{A}_1, \boldsymbol{A}_2, \boldsymbol{A}_3] \neq 0$ が成り立たなくてはならないことを意味している．同様にして，$[\boldsymbol{B}_1, \boldsymbol{B}_2, \boldsymbol{B}_3] \neq 0$ であることもわかる．

（ⅱ）　はじめに，$\boldsymbol{B}_1 \neq \boldsymbol{0}$ かつ $\boldsymbol{B}_2 \neq \boldsymbol{0}$ かつ $\boldsymbol{B}_3 \neq \boldsymbol{0}$ であることに注意しよう．$\boldsymbol{A}_1 \cdot \boldsymbol{B}_2 = \boldsymbol{A}_1 \cdot \boldsymbol{B}_3 = 0$ であるから，$\boldsymbol{A}_1$ は $\boldsymbol{B}_2$ および $\boldsymbol{B}_3$ に直交している．したがって

$$\boldsymbol{A}_1 = k(\boldsymbol{B}_2 \times \boldsymbol{B}_3) \qquad (k \text{ はスカラー})$$

とおくことができる．相反系の性質により $\boldsymbol{A}_1 \cdot \boldsymbol{B}_1 = 1$ であるから

$$1 = \boldsymbol{B}_1 \cdot \boldsymbol{A}_1 = k \boldsymbol{B}_1 \cdot (\boldsymbol{B}_2 \times \boldsymbol{B}_3) = k[\boldsymbol{B}_1, \boldsymbol{B}_2, \boldsymbol{B}_3].$$

ゆえに，（ⅰ）より $[\boldsymbol{B}_1, \boldsymbol{B}_2, \boldsymbol{B}_3] \neq 0$ であるから

$$k = \frac{1}{[\boldsymbol{B}_1, \boldsymbol{B}_2, \boldsymbol{B}_3]}, \qquad \boldsymbol{A}_1 = \frac{\boldsymbol{B}_2 \times \boldsymbol{B}_3}{[\boldsymbol{B}_1, \boldsymbol{B}_2, \boldsymbol{B}_3]}$$

同様にして

$$\boldsymbol{A}_2 = \frac{\boldsymbol{B}_3 \times \boldsymbol{B}_1}{[\boldsymbol{B}_1, \boldsymbol{B}_2, \boldsymbol{B}_3]}, \qquad \boldsymbol{A}_3 = \frac{\boldsymbol{B}_1 \times \boldsymbol{B}_2}{[\boldsymbol{B}_1, \boldsymbol{B}_2, \boldsymbol{B}_3]}$$

を得る．上記の式で $\boldsymbol{B}_1$，$\boldsymbol{B}_2$，$\boldsymbol{B}_3$ をそれぞれ $\boldsymbol{A}_1$，$\boldsymbol{A}_2$，$\boldsymbol{A}_3$ で置き換えると後半の関係式が得られる．

（iii）（ⅱ）の関係式および§1.3，（Ⅰ）の公式（ⅰ），（ⅱ）を用いると

$$\begin{aligned}[\boldsymbol{A}_1, \boldsymbol{A}_2, \boldsymbol{A}_3] &= \boldsymbol{A}_1 \cdot (\boldsymbol{A}_2 \times \boldsymbol{A}_3) \\ &= [\boldsymbol{B}_1, \boldsymbol{B}_2, \boldsymbol{B}_3]^{-3} (\boldsymbol{B}_2 \times \boldsymbol{B}_3) \cdot \{(\boldsymbol{B}_3 \times \boldsymbol{B}_1) \times (\boldsymbol{B}_1 \times \boldsymbol{B}_2)\}\end{aligned}$$

$$
\begin{aligned}
&= [\boldsymbol{B}_1, \boldsymbol{B}_2, \boldsymbol{B}_3]^{-3}(\boldsymbol{B}_2\times\boldsymbol{B}_3)\cdot\{((\boldsymbol{B}_3\times\boldsymbol{B}_1)\cdot\boldsymbol{B}_2)\boldsymbol{B}_1 \\
&\quad -((\boldsymbol{B}_3\times\boldsymbol{B}_1)\cdot\boldsymbol{B}_1)\boldsymbol{B}_2\} \\
&= [\boldsymbol{B}_1, \boldsymbol{B}_2, \boldsymbol{B}_3]^{-3}(\boldsymbol{B}_2\times\boldsymbol{B}_3)\cdot[\boldsymbol{B}_2, \boldsymbol{B}_3, \boldsymbol{B}_1]\boldsymbol{B}_1 \\
&= [\boldsymbol{B}_1, \boldsymbol{B}_2, \boldsymbol{B}_3]^{-1}.
\end{aligned}
$$

【参考】 基本ベクトルが $\boldsymbol{A}_1, \boldsymbol{A}_2, \boldsymbol{A}_3$ で与えられる**空間格子**に対して，その相反系 $\boldsymbol{B}_1, \boldsymbol{B}_2, \boldsymbol{B}_3$ を基本ベクトルとする別の空間格子は，もとの（実際の）格子の**逆格子**と呼ばれ，**結晶格子**とともに固体物理学において極めて重要な概念になっている．固体物理学における結晶の特徴は，結晶格子を構成する原子間に働く力にポテンシャルが与えられたとき，**原子の平衡位置**がポテンシャルを最小にするように決められ，極めて規則正しく，周期的に同じ様式を繰り返すように配列しているということである．結晶の基本ベクトルを $\boldsymbol{A}_1, \boldsymbol{A}_2, \boldsymbol{A}_3$ とすると，格子点の位置ベクトル（**格子ベクトル**）は

$$\boldsymbol{\xi}(l, m, n) = l\boldsymbol{A}_1 + m\boldsymbol{A}_2 + n\boldsymbol{A}_3 \qquad (l, m, n \text{ は整数})$$

と表せる．ただし，位置ベクトルの原点は格子点上にとってある．このとき，$\boldsymbol{A}_1, \boldsymbol{A}_2, \boldsymbol{A}_3$ の相反系 $\boldsymbol{B}_1, \boldsymbol{B}_2, \boldsymbol{B}_3$ を基本ベクトルとして，**逆格子ベクトル**は

$$\boldsymbol{\eta}(\alpha, \beta, \gamma) = \alpha\boldsymbol{B}_1 + \beta\boldsymbol{B}_2 + \gamma\boldsymbol{B}_3 \qquad (\alpha, \beta, \gamma \text{ は整数})$$

と表せる．原子の行う格子振動の固有モードは，**波数ベクトル $\boldsymbol{k}$** をもって結晶内を伝わる波動の形をとり，固有モードを用いることによって原子の運動による固体の物理的性質を調べることができる．ここでは **X 線の回折**を例にとり，ベクトルの相反系および逆格子ベクトルがどのように使われるかを見ることにする．

波数ベクトル $\boldsymbol{k}$，**角周波数** w の**平面波**（**平行光線**）の X 線が結晶に入射する場合を考えると，空間内の点（の位置ベクトル）$\boldsymbol{x}$ における X 線の振動は，F_0 を振幅とするとき

$$F(\boldsymbol{x}) = F_0 \exp(i\boldsymbol{k}\cdot\boldsymbol{x} - iwt)$$

で表される．以後，$t = 0$ の場合を考えることにする．したがって，結晶の格子点（の位置ベクトル）$\boldsymbol{\rho}$ での振動は

$$F(\boldsymbol{\rho}) = F_0 \exp(i\boldsymbol{k}\cdot\boldsymbol{\rho})$$

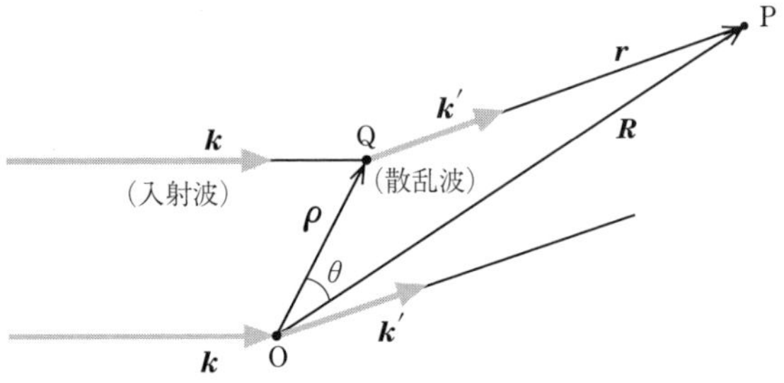

図 1-14　格子点における入射波と散乱波

となる．

図1-14に示すように，格子点(OやQ)にある原子はX線の一部を散乱する．いま，結晶外の十分遠方の点P($\overrightarrow{\mathrm{OP}} = \boldsymbol{R}$)で**散乱波**の強度を観測するとしよう．格子点Qの原子からの散乱波は，散乱の瞬間に格子点Oとは

$\exp(i\boldsymbol{k}\cdot\boldsymbol{\rho})$だけの**位置因子**の違いがあるので，

$$|\boldsymbol{k}| = k, \qquad |\boldsymbol{k}'| = k', \qquad |\boldsymbol{\rho}| = \rho, \qquad |\boldsymbol{r}| = r, \qquad |\boldsymbol{R}| = R$$

とおくとき，点Pで観測される散乱波の位相因子は

$$\exp(i\boldsymbol{k}\cdot\boldsymbol{\rho})\exp(i\boldsymbol{k}'\cdot\boldsymbol{r}) = \exp(i\boldsymbol{k}\cdot\boldsymbol{\rho} + ik'r)$$

となる．点Pが十分遠方にあるならば，余弦定理によって

$$r = \sqrt{R^2 + \rho - 2\rho R\cos\theta} \fallingdotseq R - \rho\cos\theta$$

であるから，格子点Qから散乱波の(点Pでの)位相因子は

$$\exp(i\boldsymbol{k}\cdot\boldsymbol{\rho} + ik'R - ik'\rho\cos\theta) = \exp(-i\boldsymbol{\rho}\cdot\varDelta\boldsymbol{k})\exp(ik'R),$$

$$\varDelta\boldsymbol{k} \equiv \boldsymbol{k}' - \boldsymbol{k}$$

である．ところで，格子点Qは

$$\boldsymbol{\rho} = l\boldsymbol{A}_1 + m\boldsymbol{A}_2 + n\boldsymbol{A}_3 (= \boldsymbol{\rho}(l, m, n))$$

で表されるから

$$\exp(-i\boldsymbol{\rho}\cdot\varDelta\boldsymbol{k}) = \exp(-il\boldsymbol{A}_1\cdot\varDelta\boldsymbol{k})\exp(-im\boldsymbol{A}_2\cdot\varDelta\boldsymbol{k})\exp(-in\boldsymbol{A}_3\cdot\varDelta\boldsymbol{k}).$$

点Pで観測される散乱波は，すべての格子点からの散乱波の寄与を加え合わせたものであるから，振幅を$F_1(= F_1(\varDelta\boldsymbol{k}))$として

$$\sum_{l,m,n} F_1 \exp[-i\boldsymbol{\rho}(l, m, n)\cdot\boldsymbol{\varDelta k}]\exp(ik'R)$$

となり，その強度は

$$\left|\sum_{l,m,n} \exp[-i\boldsymbol{\rho}(l, m, n)\cdot\boldsymbol{\varDelta k}]\exp(ik'R)\right|^2$$

に比例する．したがって，$\boldsymbol{A}_1\cdot\boldsymbol{\varDelta k}$，$\boldsymbol{A}_2\cdot\boldsymbol{\varDelta k}$，$\boldsymbol{A}_3\cdot\boldsymbol{\varDelta k}$ が 2π の整数倍のとき，すなわち，α, β, γ を整数として

$$\boldsymbol{A}_1\cdot\boldsymbol{\varDelta k} = 2\pi\alpha, \qquad \boldsymbol{A}_2\cdot\boldsymbol{\varDelta k} = 2\pi\beta, \qquad \boldsymbol{A}_3\cdot\boldsymbol{\varDelta k} = 2\pi\gamma$$

が同時に成立するとき，強い散乱波が観測される．そこで

$$\boldsymbol{\varDelta k} = 2\pi\alpha\boldsymbol{B}_1 + 2\pi\beta\boldsymbol{B}_2 + 2\pi\gamma\boldsymbol{B}_3$$

とおくと

$$\boldsymbol{A}_i\cdot\boldsymbol{B}_j = \delta_{ij} \qquad (i, j = 1, 2, 3)$$

を得るが，これは$\{\boldsymbol{A}_1, \boldsymbol{A}_2, \boldsymbol{A}_3\}$と$\{\boldsymbol{B}_1, \boldsymbol{B}_2, \boldsymbol{B}_3\}$とが互いに他の相反系であることの定義に他ならない．結局，$(2\pi)^{-1}\boldsymbol{\varDelta k}$ が逆格子ベクトル系の格子点であるときに強い散乱波が観測できるという訳である．

（III） 面積ベクトル

面積 S の平面図形に法線の向きが定められると，長さが S で法線ベクトルと同じ向きをもつベクトルが考えられる．このようなベクトルを**面積ベクトル**といい，$\boldsymbol{S}$ で表す．平面図形の周辺をまわる向きは 2 つあるが，ある方向にネジをまわすとき，ネジが進む向きが面積ベクトルの向きと同じであるような向きを正の向きといい，反対の向きを負の向きという．このように，面積ベクトルは回転の向きと深く結びついており，ときには，図形の周辺の正の向きに矢印をつけて表すこともある．単位法線ベクトルを $\boldsymbol{n}$ とすれば $\boldsymbol{S} = S\boldsymbol{n}$ となる．したがって，$\boldsymbol{S}$ の成分表示を $\boldsymbol{S} = S_x\boldsymbol{i} + S_y\boldsymbol{j} + S_z\boldsymbol{k}$ とし，$\boldsymbol{n}$ の方向余弦を $\cos\theta_x$，$\cos\theta_y$，$\cos\theta_z$ とすると

$$S_x = S\cos\theta_x, \quad S_y = S\cos\theta_y, \quad S_z = S\cos\theta_z.$$

面積ベクトル $\boldsymbol{S}$ の各成分の図形的意味を単純な場合について説明しよう．3 点 A $(a, 0, 0)$，B $(0, b, 0)$，C $(0, 0, c)$ $(a, b, c > 0)$ を頂点にもつ△ABC を

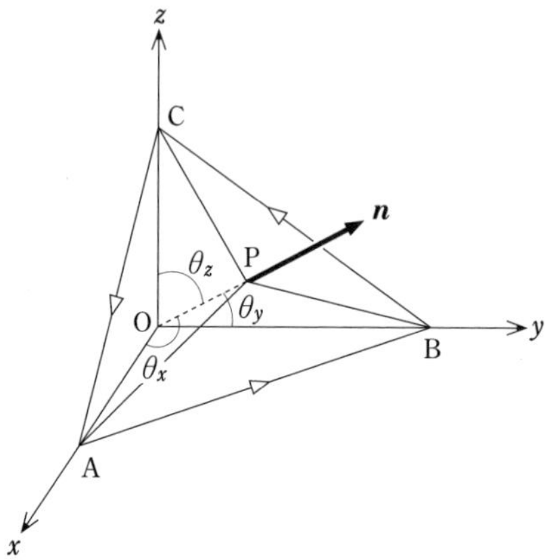

図 1-15

考える．△ABC が作る平面を π とし，原点から π に下した垂線の足を P とする．$\overrightarrow{\mathrm{OP}}$ の方向余弦を $\cos\theta_x$，$\cos\theta_y$，$\cos\theta_z$，△ABC の面積を S，△ABC の xy 平面，yz 平面，zx 平面への正射影△OAB，△OBC，△OCA の面積をそれぞれ S_{xy}，S_{yz}，S_{zx} とすると，$\overline{\mathrm{OP}} = \overline{\mathrm{OA}}\cos\theta_x = \overline{\mathrm{OB}}\cos\theta_y = \overline{\mathrm{OC}}\cos\theta_z$ および四面体 OABC の体積 $= \dfrac{1}{3}S\overline{\mathrm{OP}}$ より

$$S_{yz}\overline{\mathrm{OA}} = S\overline{\mathrm{OA}}\cos\theta_x,\quad S_{zx}\overline{\mathrm{OB}} = S\overline{\mathrm{OB}}\cos\theta_y,\quad S_{xy}\overline{\mathrm{OC}} = S\overline{\mathrm{OC}}\cos\theta_z$$

を得る．したがって

$$S_{yz} = S\cos\theta_x,\quad S_{zx} = S\cos\theta_y,\quad S_{xy} = S\cos\theta_z$$

$$S_{yz}{}^2 + S_{zx}{}^2 + S_{xy}{}^2 = S^2.$$

平面 π の単位法線ベクトルを $\boldsymbol{n} = \overrightarrow{\mathrm{OP}}/|\overrightarrow{\mathrm{OP}}|$ とすると，△ABC が作る面積ベクトル $\boldsymbol{S} = S\boldsymbol{n}$ の x, y, z 成分 S_x, S_y, S_z は

$$S_x = S_{yz},\qquad S_y = S_{zx},\qquad S_z = S_{xy}$$

となる．このことはもっと一般的な平面図形に対しても成り立つ．

定理 1　面積をもち周辺が反時計の向きをもつ任意の平面図形を D と

し，D の単位法線ベクトル $\boldsymbol{n}$ の方向余弦を $\cos\theta_x$，$\cos\theta_y$，$\cos\theta_z$ とする．D を xy 平面，yz 平面，zx 平面に正射影した図形をそれぞれ D_{xy}，D_{yz}，D_{zx} とすると，次の関係が成り立つ．

(D の面積)×($\pm\cos\theta_x$) = D_{yz} の面積 = D の面積ベクトルの x 成分，

(D の面積)×($\pm\cos\theta_y$) = D_{zx} の面積 = D の面積ベクトルの y 成分，

(D の面積)×($\pm\cos\theta_z$) = D_{xy} の面積 = D の面積ベクトルの z 成分，

(D_{yz} の面積)^2+(D_{zx} の面積)^2+(D_{xy} の面積)^2 = (D の面積)^2.

ただし，符号±は $\cos\theta_x$，$\cos\theta_y$，$\cos\theta_z$ の符号と一致するようにとる．

証明　図形 D を含む平面を Π とし，正射影による D の像 D′ を含む平面を Π' とする．ここでは，平面 Π' として xy 平面，yz 平面，zx 平面を考えればよい．2 つの平面 Π, Π' の交線を l，D′ の単位法線ベクトルを $\boldsymbol{n}'$ とし，平面 Π，Π' 上にそれぞれ座標系 $\mathrm{O}\xi\eta$，$\mathrm{O}\xi'\eta'$（η 軸 = η' 軸）を図のように定める．正射影によって D の点 $\mathrm{P}(\xi, \eta)$ が D′ の点 $\mathrm{P}'(\xi', \eta')$ に移るならば，Π と Π' のなす角を θ とすると

$$\xi' = \xi\cos\theta,\quad \eta' = \eta,\quad \boldsymbol{n}\cdot\boldsymbol{n}' = \cos\theta$$

$$\frac{\partial(\xi', \eta')}{\partial(\xi, \eta)} \equiv \begin{vmatrix} \dfrac{\partial\xi'}{\partial\xi} & \dfrac{\partial\xi'}{\partial\eta} \\[2ex] \dfrac{\partial\eta'}{\partial\xi} & \dfrac{\partial\eta'}{\partial\eta} \end{vmatrix} = \cos\theta.$$

したがって，積分の変数変換の公式を用いて

$$\begin{aligned} \mathrm{D}' \text{の面積} &= \int_{\mathrm{D}'} d\xi'\,d\eta' = \int_{\mathrm{D}} \left|\frac{\partial(\xi', \eta')}{\partial(\xi, \eta)}\right| d\xi\,d\eta \\ &= \int_{\mathrm{D}} |\cos\theta|\,d\xi\,d\eta = (\mathrm{D}\text{の面積})\times|\cos\theta| \end{aligned}$$

を得る．特に

平面 Π' が xy 平面である $\Rightarrow \mathrm{D}' = \mathrm{D}_{xy}$，$\theta = \theta_z$

平面 Π' が yz 平面である $\Rightarrow \mathrm{D}' = \mathrm{D}_{yz}$，$\theta = \theta_x$

平面 Π' が zx 平面である $\Rightarrow \mathrm{D}' = \mathrm{D}_{zx}$，$\theta = \theta_y$

$$\cos^2\theta_x + \cos^2\theta_y + \cos^2\theta_z = 1$$

であることに注意すれば，それぞれの場合に上の結果を適用することによって

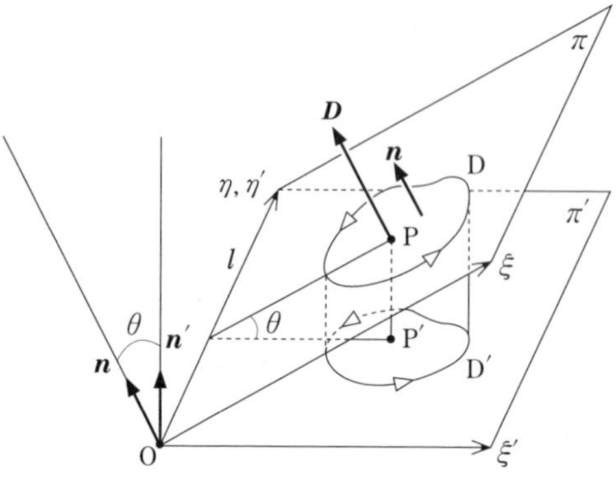

図 1-16

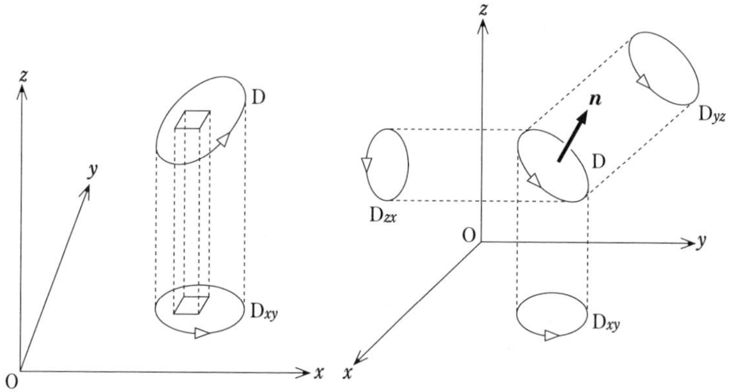

図 1-17

定理が証明される．　▨

問 8　$\overrightarrow{\mathrm{OA}}=(2,1,1)$，$\overrightarrow{\mathrm{OB}}=(1,2,1)$，$\overrightarrow{\mathrm{OC}}=(1,1,2)$ のとき，3 点 A, B, C からなる △ABC の面積ベクトル $\dfrac{1}{2}(\overrightarrow{\mathrm{AB}}\times\overrightarrow{\mathrm{AC}})$ の成分表示を求めよ．

問 9　問 8 の位置ベクトルに対して，△OAC の面の単位法線ベクトル $\dfrac{\overrightarrow{\mathrm{OA}}\times\overrightarrow{\mathrm{OC}}}{|\overrightarrow{\mathrm{OA}}\times\overrightarrow{\mathrm{OC}}|}$ の方向余弦を求めよ．

問 10　問 8 の位置ベクトルで与えられる 3 点 A, B, C に対して，△ABC，△OAC，△OAB のそれぞれの面積ベクトル $\dfrac{1}{2}(\overrightarrow{\mathrm{AB}}\times\overrightarrow{\mathrm{AC}})$，$\dfrac{1}{2}(\overrightarrow{\mathrm{OA}}\times\overrightarrow{\mathrm{OC}})$，

$\frac{1}{2}(\overrightarrow{OA}\times\overrightarrow{OB})$ の和を求めよ．

(Ⅳ)　直交座標変換

空間における 2 つの直交（直線）座標系 $\{Oxyz : \boldsymbol{i}, \boldsymbol{j}, \boldsymbol{k}\}$ と $\{O'x'y'z' : \boldsymbol{i}', \boldsymbol{j}', \boldsymbol{k}'\}$ を考える．$\overrightarrow{OO'} = (\alpha, \beta, \gamma)$ とし，座標系 $O'x'y'z'$ における基本ベクトル $\boldsymbol{i}', \boldsymbol{j}', \boldsymbol{k}'$ の座標系 $Oxyz$ に対する方向余弦をそれぞれ

$$l_1, m_1, n_1 ; l_2, m_2, n_2 ; l_3, m_3, n_3$$

とすると

$$\begin{aligned}\overrightarrow{OO'} &= \alpha\boldsymbol{i}+\beta\boldsymbol{j}+\gamma\boldsymbol{k},\\ \boldsymbol{i}' &= l_1\boldsymbol{i}+m_1\boldsymbol{j}+n_1\boldsymbol{k},\\ \boldsymbol{j}' &= l_2\boldsymbol{i}+m_2\boldsymbol{j}+n_2\boldsymbol{k},\\ \boldsymbol{k}' &= l_3\boldsymbol{i}+m_3\boldsymbol{j}+n_3\boldsymbol{k}.\end{aligned}$$

点 P の 2 つの座標系に関する座標を (x, y, z)，(x', y', z') とする．したがって，P の原点 O に対する位置ベクトルを $\boldsymbol{r}$，原点 O′ に対する位置ベクトルを $\boldsymbol{r}'$ とすれば，$\boldsymbol{r} = \overrightarrow{OP} = (x, y, z)$，$\boldsymbol{r}' = \overrightarrow{O'P} = (x', y', z')$ になる．

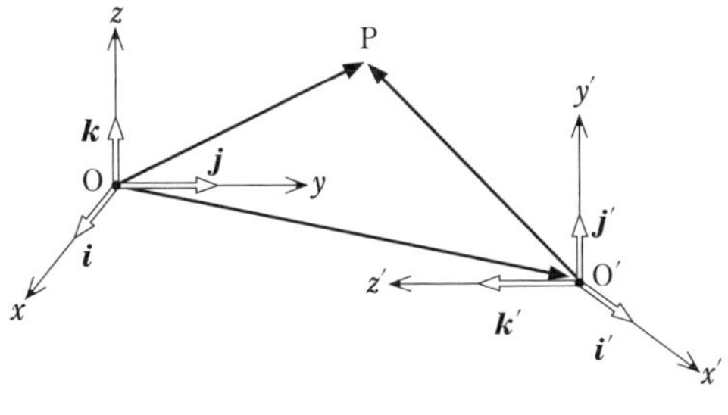

図 1-18

まず，x', y', z' の x, y, z による表示は，$\boldsymbol{r}'\cdot\boldsymbol{i}' = x'$，$\boldsymbol{r}'\cdot\boldsymbol{j}' = y'$，$\boldsymbol{r}'\cdot\boldsymbol{k}' = z'$，および，$\overrightarrow{O'P} = \overrightarrow{O'O}+\overrightarrow{OP}$ であることから

$$\begin{aligned}x' &= -(\alpha l_1+\beta m_1+\gamma n_1)+l_1x+m_1y+n_1z\\ y' &= -(\alpha l_2+\beta m_2+\gamma n_2)+l_2x+m_2y+n_2z\\ z' &= -(\alpha l_3+\beta m_3+\gamma n_3)+l_3x+m_3y+n_3z\end{aligned}$$

となる．次に，x, y, z の x', y', z' による表示は，$\overrightarrow{\mathrm{OP}} = x\boldsymbol{i}+y\boldsymbol{j}+z\boldsymbol{k}$ および $\overrightarrow{\mathrm{OP}} = \overrightarrow{\mathrm{OO'}}+\overrightarrow{\mathrm{O'P}}$ であることから

$$
\begin{aligned}
x &= \alpha+l_1x'+l_2y'+l_3z' \\
y &= \beta+m_1x'+m_2y'+m_3z' \\
z &= \gamma+n_1x'+n_2y'+n_3z'
\end{aligned}
$$

となる．以上が**点の座標変換**の公式である．

同様に，ベクトル $\boldsymbol{A}$ に対して，座標系 $\mathrm{O}xyz$ において $\overrightarrow{\mathrm{OA}} = \boldsymbol{A}$ となる点Aの座標を (A_x, A_y, A_z)，座標系 $\mathrm{O'}x'y'z'$ において $\overrightarrow{\mathrm{O'A'}} = \boldsymbol{A}$ になる点A′の座標を $(A_{x'}, A_{y'}, A_{z'})$ とすると

$$\boldsymbol{A} = A_x\boldsymbol{i}+A_y\boldsymbol{j}+A_z\boldsymbol{k} = A_{x'}\boldsymbol{i}'+A_{y'}\boldsymbol{j}'+A_{z'}\boldsymbol{k}'$$

であるから，次の関係式

$$
\begin{aligned}
A_{x'} &= A_xl_1+A_ym_1+A_zn_1, \qquad & A_x &= A_{x'}l_1+A_{y'}l_2+A_{z'}l_3 \\
A_{y'} &= A_xl_2+A_ym_2+A_zn_2, \qquad & A_y &= A_{x'}m_1+A_{y'}m_2+A_{z'}m_3 \\
A_{z'} &= A_xl_3+A_ym_3+A_zn_3, \qquad & A_z &= A_{x'}n_1+A_{y'}n_2+A_{z'}n_3
\end{aligned}
$$

が成り立つ．これは**ベクトルの成分に対する座標変換**の公式である．このことから直交座標系において次のことがわかる．

> ベクトルは座標変換を受ける数の組で表される量であり，スカラーは座標変換によってその値が変わらない量である．

これらの事実を確かめるために，以下の議論において便宜上座標 x，y，z；x'，y'，z' をそれぞれ x_1，x_2，x_3；x_1'，x_2'，x_3' とかき，ベクトル $\boldsymbol{A}$，$\boldsymbol{A}'$ の成分 A_x，A_y，A_z；$A_{x'}$，$A_{y'}$，$A_{z'}$ をそれぞれ A_1，A_2，A_3；A_1'，A_2'，A_3' とかくことにする．さて，同じ原点をもつ2つの直交座標系 $\{\mathrm{O}x_1x_2x_3 : \boldsymbol{i}, \boldsymbol{j}, \boldsymbol{k}\}$，$\{\mathrm{O}x_1'x_2'x_3' : \boldsymbol{i}', \boldsymbol{j}', \boldsymbol{k}'\}$ に対して，$\boldsymbol{i}'$，$\boldsymbol{j}'$，$\boldsymbol{k}'$ の座標系 $\mathrm{O}x_1x_2x_3$ に関する方向余弦をそれぞれ

$$a_{11}, a_{12}, a_{13}\ ;\ a_{21}, a_{22}, a_{23}\ ;\ a_{31}, a_{32}, a_{33}$$

とすれば

$$\boldsymbol{i}' = a_{11}\boldsymbol{i}+a_{12}\boldsymbol{j}+a_{13}\boldsymbol{k}, \qquad \boldsymbol{i} = a_{11}\boldsymbol{i}'+a_{21}\boldsymbol{j}'+a_{31}\boldsymbol{k}'$$

$$\boldsymbol{j}' = a_{21}\boldsymbol{i}+a_{22}\boldsymbol{j}+a_{23}\boldsymbol{k}, \qquad \boldsymbol{j} = a_{12}\boldsymbol{i}'+a_{22}\boldsymbol{j}'+a_{32}\boldsymbol{k}'$$

$$\boldsymbol{k}' = a_{31}\boldsymbol{i}+a_{32}\boldsymbol{j}+a_{33}\boldsymbol{k}, \qquad \boldsymbol{k} = a_{13}\boldsymbol{i}'+a_{23}\boldsymbol{j}'+a_{33}\boldsymbol{k}'$$

$$x_i{}' = \sum_{j=1}^{3} a_{ij}x_j, \qquad x_i = \sum_{j=1}^{3} a_{ji}x_j{}' \qquad (i=1,2,3)$$

$$A_i{}' = \sum_{j=1}^{3} a_{ij}A_j, \qquad A_j = \sum_{j=1}^{3} a_{ji}A_j{}' \qquad (i=1,2,3)$$

$$\sum_{j=1}^{3} a_{ij}{}^2 = 1, \qquad \sum_{k=1}^{3} a_{ik}a_{jk} = 0, \qquad \sum_{k=1}^{3} a_{ki}a_{kj} = 0$$

$$(i, j=1,2,3\ ;\ i \neq j)$$

となる．方向余弦に対する性質は，クロネッカーのデルタ δ_{ij} を用いると

$$\sum_{k=1}^{3} a_{ik}a_{jk} = \delta_{ij}, \qquad \sum_{k=1}^{3} a_{ki}a_{kj} = \delta_{ij}.$$

このことは行列を用いて次のように述べることもできる：

$$P = \begin{bmatrix} a_{11} & a_{12} & a_{13} \\ a_{21} & a_{22} & a_{23} \\ a_{31} & a_{32} & a_{33} \end{bmatrix}, \qquad {}^tP = \begin{bmatrix} a_{11} & a_{21} & a_{31} \\ a_{12} & a_{22} & a_{32} \\ a_{13} & a_{23} & a_{33} \end{bmatrix}$$

とおくと

$${}^tPP = P{}^tP = E(E \text{ は 3 次の単位行列}), \qquad {}^tP = P^{-1}.$$

すなわち，P は直交行列である．いま，座標系 $\mathrm{O}x_1x_2x_3$ におけるベクトル $\boldsymbol{A} = (A_1, A_2, A_3)$，$\boldsymbol{B} = (B_1, B_2, B_3)$ に対して，上記の座標変換によって得られる座標系 $\mathrm{O}x_1{}'x_2{}'x_3{}'$ におけるベクトルをそれぞれ $\boldsymbol{A}'$，$\boldsymbol{B}'$ とすると

$$\begin{aligned}\boldsymbol{A}'\cdot\boldsymbol{B}' &= \sum_{i=1}^{3} A_i{}'B_i{}' = \sum_{i=1}^{3}\left(\sum_{j=1}^{3} a_{ij}A_j \sum_{k=1}^{3} a_{ik}B_k\right) \\ &= \sum_{j=1}^{3}\sum_{k=1}^{3}\left(\sum_{i=1}^{3} a_{ij}a_{ik}\right)A_jB_k = \sum_{j=1}^{3}\sum_{k=1}^{3} \delta_{jk}A_jB_k \\ &= \sum_{k=1}^{3}\left(\sum_{j=1}^{3} \delta_{jk}A_j\right)B_k = \sum_{k=1}^{3} A_kB_k = \boldsymbol{A}\cdot\boldsymbol{B}.\end{aligned}$$

よって，スカラー $\boldsymbol{A}\cdot\boldsymbol{B}$ は直交座標系の変換によってその値は変わらない．ま

た，座標系 $\{Ox_1'x_2'x_3' : \boldsymbol{i}', \boldsymbol{j}', \boldsymbol{k}'\}$ が右手系であることに注意すれば

$$a_{11} = \begin{vmatrix} a_{22} & a_{23} \\ a_{32} & a_{33} \end{vmatrix}, \qquad a_{12} = \begin{vmatrix} a_{23} & a_{21} \\ a_{33} & a_{31} \end{vmatrix}, \qquad a_{13} = \begin{vmatrix} a_{21} & a_{22} \\ a_{31} & a_{32} \end{vmatrix}$$

$$a_{21} = \begin{vmatrix} a_{32} & a_{33} \\ a_{12} & a_{13} \end{vmatrix}, \qquad a_{22} = \begin{vmatrix} a_{33} & a_{31} \\ a_{13} & a_{11} \end{vmatrix}, \qquad a_{23} = \begin{vmatrix} a_{31} & a_{32} \\ a_{11} & a_{12} \end{vmatrix}$$

$$a_{31} = \begin{vmatrix} a_{12} & a_{13} \\ a_{22} & a_{23} \end{vmatrix}, \qquad a_{32} = \begin{vmatrix} a_{13} & a_{11} \\ a_{23} & a_{21} \end{vmatrix}, \qquad a_{33} = \begin{vmatrix} a_{11} & a_{12} \\ a_{21} & a_{22} \end{vmatrix}$$

であるから，ベクトル $\boldsymbol{A}' \times \boldsymbol{B}'$ について

$$\begin{aligned}
A_2'B_3' - A_3'B_2' &= \sum_{j=1}^{3}\sum_{k=1}^{3} a_{2j}a_{3k}(A_jB_k - A_kB_j) \\
&= a_{11}(A_2B_3 - A_3B_2) + a_{12}(A_3B_1 - A_1B_3) \\
&\quad + a_{13}(A_1B_2 - A_2B_1), \\
A_3'B_1' - A_1'B_3' &= \sum_{j=1}^{3}\sum_{k=1}^{3} a_{3j}a_{1k}(A_jB_k - A_kB_j) \\
&= a_{21}(A_2B_3 - A_3B_2) + a_{22}(A_3B_1 - A_1B_3) \\
&\quad + a_{23}(A_1B_2 - A_2B_1), \\
A_1'B_2' - A_2'B_1' &= \sum_{j=1}^{3}\sum_{k=1}^{3} a_{1j}a_{2k}(A_jB_k - A_kB_j) \\
&= a_{31}(A_2B_3 - A_3B_2) + a_{32}(A_3B_1 - A_1B_3) \\
&\quad + a_{33}(A_1B_2 - A_2B_1)
\end{aligned}$$

が成り立つ．よって，$\boldsymbol{A} \times \boldsymbol{B}$ と $\boldsymbol{A}' \times \boldsymbol{B}'$ のそれぞれの成分は座標変換の影響を受ける．

例 8　同じ原点をもつ 2 つの直交座標系 $\{Oxyz : \boldsymbol{i}, \boldsymbol{j}, \boldsymbol{k}\}$，$\{Ox'y'z' : \boldsymbol{i}', \boldsymbol{j}', \boldsymbol{k}'\}$ に対して，$\boldsymbol{i}'$，$\boldsymbol{j}'$，$\boldsymbol{k}'$ の座標系 $Oxyz$ に関する方向余弦を

$$0, 1, 0\ ;\ 1, 0, 0\ ;\ 0, 0, -1$$

とする．座標系 $Oxyz$ におけるベクトル $\boldsymbol{A} = (A_x, A_y, A_z)$，$\boldsymbol{B} = (B_x, B_y, B_z)$ について，成分に関する座標変換の公式を用いると

$$\begin{aligned}
&A_x' = A_y, \qquad A_y' = A_x, \qquad A_z' = -A_z, \\
&B_x' = B_y, \qquad B_y' = B_x, \qquad B_z' = -B_z, \\
&(\boldsymbol{A}' = (A_x', A_y', A_z'), \qquad \boldsymbol{B}' = (B_x', B_y', B_z')).
\end{aligned}$$

したがって

$$\boldsymbol{A}'\cdot\boldsymbol{B}' = A_x{}'B_x{}' + A_y{}'B_y{}' + A_z{}'B_z{}' = A_yB_y + A_xB_x + A_zB_z$$
$$= \boldsymbol{A}\cdot\boldsymbol{B},$$
$$A_y{}'B_z{}' - A_z{}'B_y{}' = A_zB_x - A_xB_z,$$
$$A_z{}'B_x{}' - A_x{}'B_z{}' = A_yB_z - A_zB_y,$$
$$A_x{}'B_y{}' - A_y{}'B_x{}' = -(A_xB_y - A_yB_x).$$

例 9　直交座標系 $\{\mathrm{O}xyz : \boldsymbol{i}, \boldsymbol{j}, \boldsymbol{k}\}$ と $\{\mathrm{O}'x'y'z' : \boldsymbol{i}', \boldsymbol{j}', \boldsymbol{k}'\}$ の間の座標変換の式は，$\overrightarrow{\mathrm{OO'}} = (1, 1, 1)$ で，$\boldsymbol{i}', \boldsymbol{j}', \boldsymbol{k}'$ の座標系 Oxyz に対する方向余弦が

$$-1, 0, 0\ ;\ 0, -1, 0\ ;\ 0, 0, -1$$

であるならば，点の座標変換の公式により

$$\begin{cases} x' = 1 - x \\ y' = 1 - y \\ z' = 1 - z \end{cases} \quad \text{または} \begin{cases} x = 1 - x' \\ y = 1 - y' \\ z = 1 - z' \end{cases}$$

となる．

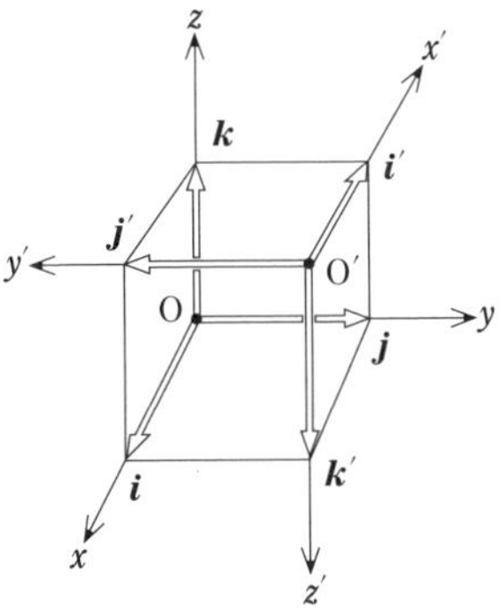

図 1-19

問 11　例 9 において位置ベクトルが $\frac{1}{2}(\boldsymbol{i} + \boldsymbol{k})$ である点を P，位置ベクトルが $\frac{1}{2}(\boldsymbol{j} + \boldsymbol{k})$ である点を Q とするとき，次の問に答えよ．

（i）　ベクトル $\overrightarrow{\mathrm{O'P}}$，$\overrightarrow{\mathrm{O'Q}}$ の Oxyz に関する成分を求めよ．

（ii）　ベクトル $\overrightarrow{\mathrm{O'P}}$，$\overrightarrow{\mathrm{O'Q}}$ の O$'x'y'z'$ に関する成分を求めよ．

第1章の問題

1．$\overrightarrow{\mathrm{OA}} = \boldsymbol{A}$, $\overrightarrow{\mathrm{OB}} = \boldsymbol{B}$, $\overrightarrow{\mathrm{OC}} = 2\boldsymbol{A}+3\boldsymbol{B}$, $\overrightarrow{\mathrm{OD}} = 2\boldsymbol{A}-\boldsymbol{B}$ とするとき，$\overrightarrow{\mathrm{AC}}, \overrightarrow{\mathrm{DB}}, \overrightarrow{\mathrm{BC}}, \overrightarrow{\mathrm{CD}}$ を $\boldsymbol{A}$, $\boldsymbol{B}$ で表せ．

2．ベクトル $\boldsymbol{A}$ とスカラー α に対して $|\alpha\boldsymbol{A}| = |\alpha||\boldsymbol{A}|$ であることを証明せよ．

3．異なる位置ベクトル $\boldsymbol{A}, \boldsymbol{B}$ が表す2点A, Bを通る直線のベクトル方程式は，その直線上の任意の点Pの位置ベクトルを $\boldsymbol{r}$ としたとき，

$$(\boldsymbol{r}-\boldsymbol{A})\times(\boldsymbol{B}-\boldsymbol{A}) = \boldsymbol{O}$$

であることを証明せよ．

4．$\overrightarrow{\mathrm{OA}} = \boldsymbol{i}-2\boldsymbol{j}+\boldsymbol{k}$, $\overrightarrow{\mathrm{OB}} = 3\boldsymbol{k}-2\boldsymbol{j}$ となる2点A, Bを通る直線のベクトル方程式を求めよ．また，この直線と，原点および $\overrightarrow{\mathrm{OC}} = \boldsymbol{i}+4\boldsymbol{j}$, $\overrightarrow{\mathrm{OD}} = 2\boldsymbol{i}+\boldsymbol{k}$ を通る平面との交点の位置ベクトルを求めよ．

5．$\overrightarrow{\mathrm{OA}} = 6\boldsymbol{i}-3\boldsymbol{j}+2\boldsymbol{k}$, $\overrightarrow{\mathrm{OB}} = 2\boldsymbol{i}-5\boldsymbol{j}-\boldsymbol{k}$, $\overrightarrow{\mathrm{OC}} = 2\boldsymbol{i}+8\boldsymbol{j}-\boldsymbol{k}$ となる3点A, B, Cを通る平面のベクトル方程式を求めよ．

6．位置ベクトル $\boldsymbol{A}(\neq \boldsymbol{O})$ に垂直で，原点からの距離が $p(>0)$ である平面のベクトル方程式は，その平面上の任意の点Pの位置ベクトルを $\boldsymbol{r}$ としたとき

$$\boldsymbol{A}\cdot\boldsymbol{r} = \pm p|\boldsymbol{A}|$$

であることを証明せよ．

7．空間において互いに平行でなく，同一平面上にない3つのベクトル $\boldsymbol{A}, \boldsymbol{B}, \boldsymbol{C}$ に対して，任意のベクトル $\boldsymbol{P}$ は $\boldsymbol{A}, \boldsymbol{B}, \boldsymbol{C}$ の一次結合で一通りに表されることを証明せよ．

8．一次独立なベクトル $\boldsymbol{A}, \boldsymbol{B}, \boldsymbol{C}$ に対して，ベクトル $\boldsymbol{P}, \boldsymbol{Q}$ が

$$\boldsymbol{P} = (a+2b+c-2)\boldsymbol{A}+(a-b+c+1)\boldsymbol{B}+(3a-b+2c+2)\boldsymbol{C},$$
$$\boldsymbol{Q} = (a+b+c)\boldsymbol{A}+(2a-3b-c+3)\boldsymbol{B}+(a+b-3c-2)\boldsymbol{C}$$

であるとする．$\boldsymbol{P} = 2\boldsymbol{Q}$ となるように a, b, c の値を求めよ．

9．ベクトル $\boldsymbol{A} = 2\boldsymbol{i}+4\boldsymbol{j}+6\boldsymbol{k}$, $\boldsymbol{B} = \boldsymbol{i}-3\boldsymbol{j}+2\boldsymbol{k}$ に対して次を求めよ．

（i）$\boldsymbol{A}\cdot\boldsymbol{B}$　　（ii）$\boldsymbol{A}\times\boldsymbol{B}$　　（iii）$\cos$（$\boldsymbol{A}$ と $\boldsymbol{B}$ のなす角 θ）

10．ベクトル $\boldsymbol{A} = 4\boldsymbol{i}+\boldsymbol{j}-3\boldsymbol{k}$, $\boldsymbol{B} = 3\boldsymbol{i}+\boldsymbol{j}-\boldsymbol{k}$ の両方に直交する単位ベクトル $\boldsymbol{u}$，および，$\boldsymbol{u}$ の方向余弦を求めよ．

11．$\boldsymbol{A} = (1, 1, 1)$, $\boldsymbol{B} = (1, -1, 1)$, $\boldsymbol{C} = (0, 0, 2)$ について次の問に答えよ．

（i）$\boldsymbol{A}, \boldsymbol{B}, \boldsymbol{C}$ は一次独立であることを示せ．

（ii）$\boldsymbol{A}, \boldsymbol{B}, \boldsymbol{C}$ から互いに直交する3つの単位ベクトル $\boldsymbol{e}_1, \boldsymbol{e}_2, \boldsymbol{e}_3$ を求めよ．

（iii）基本ベクトル $\boldsymbol{i}, \boldsymbol{j}, \boldsymbol{k}$ を $\boldsymbol{e}_1, \boldsymbol{e}_2, \boldsymbol{e}_3$ を用いて表せ．

12．任意の2つのベクトル $\boldsymbol{A}, \boldsymbol{B}$ に対して，次の**コーシー・シュワルツの不等式**

$$|\boldsymbol{A}\cdot\boldsymbol{B}| \leqq |\boldsymbol{A}||\boldsymbol{B}|$$

を証明せよ．

13．任意の2つのベクトル $\boldsymbol{A}, \boldsymbol{B}$ に対して，次の**ラグランジュの恒等式**

$$|\boldsymbol{A}\times\boldsymbol{B}|^2 = |\boldsymbol{A}|^2|\boldsymbol{B}|^2-(\boldsymbol{A}\cdot\boldsymbol{B})^2$$

を証明せよ．

14．平行四辺形 ABCD において，D から AB に下した垂線の足を E とする．ベクトルを用いて次のことを証明せよ．

（i）$AC^2+BD^2=2(AB^2+AD^2)$．　（ii）$|AC^2-BD^2|=4(AB)(AE)$．

15．1つの頂点を原点 O にとり，3稜を座標軸上にとって作られた立方体を考える．O を通り xy 平面，yz 平面，zx 平面上の対角線方向に 2 トン，3 トン，4 トンの力が作用しているとき，それらの合力 $\boldsymbol{F}$ を求めよ．また，位置ベクトル $2\boldsymbol{i}-3\boldsymbol{j}+\boldsymbol{k}$ の点にある物体が，この力 $\boldsymbol{F}$ によって位置ベクトル $4\boldsymbol{i}+\boldsymbol{j}+3\boldsymbol{k}$ の点に変位したとき，$\boldsymbol{F}$ のなす仕事を求めよ．

16．直交座標系 Oxyz において，剛体が点 P(3,5,0) を通り，毎秒 5 の角速度の速さで y 軸のまわりを反時計の向きに回転している．点 P における速度を求めよ．

17．ベクトル $\boldsymbol{A}=\boldsymbol{i}+\boldsymbol{j}-\boldsymbol{k}$，$\boldsymbol{B}=2\boldsymbol{i}-\boldsymbol{j}+\boldsymbol{k}$，$\boldsymbol{C}=3\boldsymbol{i}-2\boldsymbol{j}+\boldsymbol{k}$ に対して，次のベクトル方程式の一般解を求めよ

（i）$\boldsymbol{A}\times\boldsymbol{x}=\boldsymbol{B}$．　（ii）$\boldsymbol{B}\times\boldsymbol{x}=\boldsymbol{C}$．　（iii）$\boldsymbol{A}\cdot\boldsymbol{x}=3$．

18．直交座標系 Oxyz において，$\boldsymbol{i}+\boldsymbol{j}+\boldsymbol{k}$ を法線ベクトルにもつ面積 9π の円の面積ベクトル $\boldsymbol{S}$ を求めよ．

19．直交座標系 Oxyz において，平面 α：$3y-4z=6$ 上に点 P(0,6,3) を中心とする半径 2 の円を C とする．円 C を xy 平面，yz 平面，zx 平面に正射影して得られる図形の面積を求めよ．

20．直交座標系 $\{Oxyz：\boldsymbol{i},\boldsymbol{j},\boldsymbol{k}\}$ において，$O'=O$ とし，

$$\alpha_1\boldsymbol{i}+\beta_1\boldsymbol{j}+\gamma_1\boldsymbol{k} \text{ の方向に } x' \text{ 軸}$$
$$\alpha_2\boldsymbol{i}+\beta_2\boldsymbol{j}+\gamma_2\boldsymbol{k} \text{ の方向に } y' \text{ 軸}$$
$$\alpha_3\boldsymbol{i}+\beta_3\boldsymbol{j}+\gamma_3\boldsymbol{k} \text{ の方向に } z' \text{ 軸}$$
$$({\alpha_i}^2+{\beta_i}^2+{\gamma_i}^2>0,\ \alpha_i\alpha_j+\beta_i\beta_j+\gamma_i\gamma_j=0\quad(i\neq j))$$

をとって新しい直交座標系 $\{Ox'y'z'：\boldsymbol{i}',\boldsymbol{j}',\boldsymbol{k}'\}$ を作る．このとき，両座標系の間の座標変換の式を求めよ．

2

ベクトル値関数の微分積分

§2.1　ベクトル値関数の微分積分

数直線 ($\mathbf{R}^1$) 上のある区間 I の各点 t に対しそれぞれ 1 つの空間ベクトル $\boldsymbol{A}(t)$ が定まるとき，$\boldsymbol{A}(t)$ を I で定義された**1 変数のベクトル値関数**という．さて，$\boldsymbol{A}(t)$ をベクトル値関数であるとし，その定義域を I とする．1 つのベクトル $\boldsymbol{B}$ が存在して

$$\lim_{t\to t_0}|\boldsymbol{A}(t)-\boldsymbol{B}|=0$$

がなりたつならば，$\boldsymbol{B}$ を $t\to t_0$ のときの $\boldsymbol{A}(t)$ の**極限ベクトル**といい，$\lim\limits_{t\to t_0}\boldsymbol{A}(t)=\boldsymbol{B}$ とかく．極限の場合，t_0 は必ずしも I の点であるとは限らない．特に，t_0 が必ず I の点であって

$$\lim_{t\to t_0}|\boldsymbol{A}(t)-\boldsymbol{A}(t_0)|=0 \qquad (\lim_{t\to t_0}\boldsymbol{A}(t)=\boldsymbol{A}(t_0))$$

が成り立つならば，$\boldsymbol{A}(t)$ は $t=t_0$ で**連続**であるという．また，I の各点で $\boldsymbol{A}(t)$ が連続であるとき $\boldsymbol{A}(t)$ は (単に) I で連続であるという．次に，$\boldsymbol{A}(t)$ の微分可能性の定義について述べる．I の点 t_0 に対して極限ベクトル

$$\lim_{h\to 0}\frac{\boldsymbol{A}(t_0+h)-\boldsymbol{A}(t_0)}{h}$$

が存在するならば，$\boldsymbol{A}(t)$ は $t=t_0$ で微分可能であるといい，この極限ベクトルを

$$\frac{d\boldsymbol{A}}{dt}(t_0),\ \text{または，}\ \boldsymbol{A}'(t_0) \qquad (t\ \text{が時間を表す場合は}\ \dot{\boldsymbol{A}}(t_0))$$

と記し，$\boldsymbol{A}(t)$ の $t=t_0$ における**ベクトル微分係数**という．$\boldsymbol{A}(t)$ が I の各点で微分可能であるとき，$\boldsymbol{A}(t)$ は (単に) I で**微分可能**であるという．このと

き，I の各点 t にベクトル $\boldsymbol{A}'(t)$ を対応させることによって1つの新しいベクトル値関数が得られる．これを $\boldsymbol{A}(t)$ の**ベクトル導関数**といい，

$$\frac{d\boldsymbol{A}}{dt},\ \frac{d\boldsymbol{A}}{dt}(t),\ \boldsymbol{A}',\ \boldsymbol{A}'(t) \qquad (t\text{ が時間を表す場合は}\dot{\boldsymbol{A}}(t))$$

などの記号で表す．$\boldsymbol{A}'(t)$ の導関数 $\boldsymbol{A}''(t)$ を $\boldsymbol{A}(t)$ の **2 次のベクトル導関数**といい，$\boldsymbol{A}''(t)$ の導関数 $\boldsymbol{A}'''(t)$ を $\boldsymbol{A}(t)$ の **3 次のベクトル導関数**という．同様にして，一般に **n 次のベクトル導関数** $\boldsymbol{A}^{(n)}(t)$ $(\neq \boldsymbol{A}^n(t))$ が定義される．

直交座標系 $\{\mathrm{O}xyz : \boldsymbol{i}, \boldsymbol{j}, \boldsymbol{k}\}$ に関する $\boldsymbol{A}(t)$，$\boldsymbol{B}$ の成分表示を

$$\boldsymbol{A}(t) = (A_x(t), A_y(t), A_z(t)) = A_x(t)\boldsymbol{i} + A_y(t)\boldsymbol{j} + A_z(t)\boldsymbol{k}$$

$$\boldsymbol{B} = (B_x, B_y, B_z) = B_x\boldsymbol{i} + B_y\boldsymbol{j} + B_z\boldsymbol{k}$$

とすると，x, y, z 成分である $A_x(t)$，$A_y(t)$，$A_z(t)$ は I で定義された実数値関数であり，次の関係が成り立つ．

ベクトル値関数 $\boldsymbol{A}(t)$ を与える $\Longleftrightarrow$ 成分関数 $A_x(t)$，$A_y(t)$，$A_z(t)$ を与える．

$$\lim_{t\to t_0} \boldsymbol{A}(t) = \boldsymbol{B} \Longleftrightarrow \lim_{t\to t_0} A_x(t) = B_x \text{ かつ } \lim_{t\to t_0} A_y(t) = B_y \text{ かつ } \lim_{t\to t_0} A_z(t) = B_z.$$

$$\lim_{t\to t_0} \boldsymbol{A}(t) = \boldsymbol{A}(t_0) \Longleftrightarrow \lim_{t\to t_0} A_x(t) = A_x(t_0) \text{ かつ } \lim_{t\to t_0} A_y(t) = A_y(t_0) \text{ かつ } \lim_{t\to t_0} A_z(t) = A_z(t_0).$$

$$\boldsymbol{A}'(t) = (A_x{}'(t), A_y{}'(t), A_z{}'(t)) = A_x{}'(t)\boldsymbol{i} + A_y{}'(t)\boldsymbol{j} + A_z{}'(t)\boldsymbol{k}.$$

$$\boldsymbol{A}^{(n)}(t) = (A_x{}^{(n)}(t), A_y{}^{(n)}(t), A_z{}^{(n)}(t)) = A_x{}^{(n)}(t)\boldsymbol{i} + A_y{}^{(n)}(t)\boldsymbol{j} + A_z{}^{(n)}(t)\boldsymbol{k}.$$

区間 I で定義されたベクトル値関数 $\boldsymbol{A}(t)$ が n 次までの連続なベクトル導関数をもつとき，$\boldsymbol{A}(t)$ は $\boldsymbol{C}^n$ 級（または $\boldsymbol{C}^n(\mathrm{I})$ 級）であるという．

例題 1　$\boldsymbol{A}(t)$ は定ベクトルならば $\boldsymbol{A}'(t) = \boldsymbol{O}$ となり，逆に，$\boldsymbol{A}'(t) = \boldsymbol{O}$ ならば，$\boldsymbol{A}(t)$ は定ベクトルであることを示せ．

解　$\boldsymbol{A}(t)$ が定ベクトルのとき $\boldsymbol{A}'(t)=\boldsymbol{O}$ となることはベクトル導関数の定義により明らかである．$\boldsymbol{A}'(t)=\boldsymbol{O}$ ならば，$\boldsymbol{A}(t)$ の成分関数を $A_x(t)$，$A_y(t)$，$A_z(t)$ とすると，

$$A_x{}'(t)=A_y{}'(t)=A_z{}'(t)=0$$

であるから，$A_x(t)=$ 定数，$A_y(t)=$ 定数，$A_z(t)=$ 定数を得る．よって，$\boldsymbol{A}(t)$ は定ベクトルである．

例題 2　$\boldsymbol{A}(t)=3t\boldsymbol{i}+(2t^2+t)\boldsymbol{j}+(t^3-4t)\boldsymbol{k}$ の 4 次までのベクトル導関数を求めよ．

解　$\boldsymbol{A}'(t)=3\boldsymbol{i}+(4t+1)\boldsymbol{j}+(3t^2-4)\boldsymbol{k}$，$\boldsymbol{A}''(t)=4\boldsymbol{j}+6t\boldsymbol{k}$
$\boldsymbol{A}'''(t)=6\boldsymbol{k}$，$\boldsymbol{A}^{(4)}(t)=\boldsymbol{O}$．

ベクトル値関数を微分するには成分関数を微分すればよい．したがって，実数値関数の**微分法則**に類似な法則がベクトル値関数の場合についても成り立つ．

定理 1　$\boldsymbol{A}(t)$，$\boldsymbol{B}(t)$ が微分可能なベクトル値関数，$f(t)$ が微分可能な実数値関数，α, β が実数であれば

$\alpha\boldsymbol{A}(t)+\beta\boldsymbol{B}(t)$，$f(t)\boldsymbol{A}(t)$，$\boldsymbol{A}(t)\cdot\boldsymbol{B}(t)$，$\boldsymbol{A}(t)\times\boldsymbol{B}(t)$，$\boldsymbol{A}(f(u))$

も微分可能であり，次の公式が成り立つ．

（i）　$\dfrac{d}{dt}(\alpha\boldsymbol{A}(t)+\beta\boldsymbol{B}(t))=\alpha\boldsymbol{A}'(t)+\beta\boldsymbol{B}'(t)$．

（ii）　$\dfrac{d}{dt}(f(t)\boldsymbol{A}(t))=f'(t)\boldsymbol{A}(t)+f(t)\boldsymbol{A}'(t)$．

（iii）　$\dfrac{d}{dt}(\boldsymbol{A}(t)\cdot\boldsymbol{B}(t))=\boldsymbol{A}'(t)\cdot\boldsymbol{B}(t)+\boldsymbol{A}(t)\cdot\boldsymbol{B}'(t)$．

（iv）　$\dfrac{d}{dt}(\boldsymbol{A}(t)\times\boldsymbol{B}(t))=\boldsymbol{A}'(t)\times\boldsymbol{B}(t)+\boldsymbol{A}(t)\times\boldsymbol{B}'(t)$．

（v）　$\dfrac{d}{dt}(\boldsymbol{A}(f(u))=\left(\dfrac{dt}{du}(u)\right)\dfrac{d\boldsymbol{A}}{dt}(t)\qquad(t=f(u))$．

問 1　定理 1（i），（ii），（iii），（iv），（v）を証明せよ．

例題 3　$\boldsymbol{A}'(t)\neq\boldsymbol{O}$ となるベクトル値関数 $\boldsymbol{A}(t)$ の大きさが常に一定，すな

わち，$|\boldsymbol{A}(t)| = c$ ならば，$\boldsymbol{A}(t)$ と $\boldsymbol{A}'(t)$ とは直交することを示せ．

解　$\boldsymbol{A}(t)\cdot\boldsymbol{A}(t) = |\boldsymbol{A}(t)|^2 = c^2$ であるから，定理 1 (iii) によって

$$0 = \frac{d}{dt}c^2 = \frac{d}{dt}(\boldsymbol{A}(t)\cdot\boldsymbol{A}(t)) = 2\,\boldsymbol{A}'(t)\cdot\boldsymbol{A}(t).$$

ゆえに，$\boldsymbol{A}(t)$ と $\boldsymbol{A}'(t)$ とは直交する．

例題 4　$\boldsymbol{A}(t) = t^2\boldsymbol{i} - t\boldsymbol{j} + t^3\boldsymbol{k}$ に対して $\boldsymbol{A}'(1)$ を求めよ．

解　$\boldsymbol{A}'(t) = 2t\boldsymbol{i} - \boldsymbol{j} + 3t^2\boldsymbol{k}$ であるから

$$\boldsymbol{A}'(1) = (2, -1, 3) = 2\boldsymbol{i} - \boldsymbol{j} + 3\boldsymbol{k}.$$

問 2　$\boldsymbol{A}(t) = t^2\boldsymbol{i} - t\boldsymbol{j} + t^3\boldsymbol{k}$，$\boldsymbol{B}(t) = t\boldsymbol{i} + (1-t)\boldsymbol{j} + \sqrt{t}\,\boldsymbol{k}$ に対して，次を求めよ．

$$\text{(i)}\quad \frac{d(\boldsymbol{A}\cdot\boldsymbol{B})}{dt}(1). \qquad \text{(ii)}\quad \frac{d(\boldsymbol{A}\times\boldsymbol{B})}{dt}(1).$$

問 3　微分可能なベクトル値関数 $\boldsymbol{A}(t)$，$\boldsymbol{B}(t)$，$\boldsymbol{C}(t)$ に対して，次の等式

$$\frac{d}{dt}[\boldsymbol{A}(t), \boldsymbol{B}(t), \boldsymbol{C}(t)] = [\boldsymbol{A}'(t), \boldsymbol{B}(t), \boldsymbol{C}(t)] + [\boldsymbol{A}(t), \boldsymbol{B}'(t), \boldsymbol{C}(t)] + [\boldsymbol{A}(t), \boldsymbol{B}(t), \boldsymbol{C}'(t)]$$

が成り立つことを示せ．

問 4　$\boldsymbol{A}(t) = e^{mt}\boldsymbol{i} + \cos t\,\boldsymbol{j} + \sin t\,\boldsymbol{k}$（$m$ は自然数）に対して，$\boldsymbol{A}^{(10)}(t)$ を求めよ．

問 5　$\boldsymbol{A}(t) = t\boldsymbol{i} + \sin t\,\boldsymbol{j} + e^{3t}\boldsymbol{k}$，$t = u^2 + u$ のとき，$\dfrac{d\boldsymbol{A}}{du}(t)$，$\dfrac{d^2\boldsymbol{A}}{du^2}(t)$ を求めよ．

ベクトル値関数 $\boldsymbol{A}(t)$ に対して，$\boldsymbol{F}'(t) = \boldsymbol{A}(t)$ となるベクトル値関数 $\boldsymbol{F}(t)$ の一般形を $\boldsymbol{A}(t)$ の**ベクトル不定積分**といって，記号

$$\int \boldsymbol{A}(t)dt = \boldsymbol{F}(t) + \boldsymbol{C}$$

で表す．ここに，$\boldsymbol{C}$ は t に無関係な任意の定ベクトルである．

ベクトル値関数の定積分も普通の関数の場合と同様に定義される．すなわち，$\boldsymbol{A}(t)$ を区間 $[a, b]$ で連続なベクトル値関数であるとする．区間 $[a, b]$ を n 個の小区間 $\mathrm{I}_1, \mathrm{I}_2, \cdots, \mathrm{I}_n$ に分割し，各小区間の長さをそれぞれ $\varDelta t_1, \varDelta t_2, \cdots, \varDelta t_n$ とする．各小区間 $\mathrm{I}_i (i = 1, 2, \cdots, n)$ 内に任意の点 t_i をとり，次のような和を作る：

$$\sum_{i=1}^{n} \boldsymbol{A}(t_i)\varDelta t_i = \boldsymbol{A}(t_1)\varDelta t_1 + \boldsymbol{A}(t_2)\varDelta t_2 + \cdots + \boldsymbol{A}(t_n)\varDelta t_n.$$

区間 $[a, b]$ の分割を限りなく細かくしていったとき，この和は収束し，極限値をもつ．この極限値を $t = a$ から b までの $\boldsymbol{A}(t)$ の**ベクトル定積分**といい，記号

$$\int_a^b \boldsymbol{A}(t)dt$$

で表す．

連続なベクトル値関数 $\boldsymbol{A}(t)$ に対して，$\boldsymbol{A}(t) = (A_x(t), A_y(t), A_z(t))$，$\boldsymbol{C} = (C_x, C_y, C_z)$，$\boldsymbol{F}'(t) = \boldsymbol{G}'(t) = \boldsymbol{A}(t)$ であれば

$$\int \boldsymbol{A}(t)dt = \left(\int A_x(t)dt,\ \int A_y(t)dt,\ \int A_z(t)dt\right)$$

$$\int_a^b \boldsymbol{A}(t)dt = \left(\int_a^b A_x(t)dt, \int_a^b A_y(t)dt, \int_a^b A_z(t)dt\right)$$

$$\boldsymbol{F}(t) - \boldsymbol{G}(t) = \boldsymbol{C} \qquad (\boldsymbol{C}\ \text{は定ベクトル})$$

$$\int_a^b \boldsymbol{A}(t)dt = [\boldsymbol{F}(t)]_a^b = \boldsymbol{F}(b) - \boldsymbol{F}(a)$$

が成り立つ．

定理2　$\boldsymbol{A}(t)$，$\boldsymbol{B}(t)$ が連続なベクトル値関数，$\boldsymbol{K}$ が定ベクトル，α，β が実数であれば，次の公式が成り立つ．

(i)　$\int (\alpha\boldsymbol{A}(t) + \beta\boldsymbol{B}(t))dt = \alpha\int \boldsymbol{A}(t)dt + \beta\int \boldsymbol{B}(t)dt.$

(ii)　$\int (\boldsymbol{K}\cdot\boldsymbol{A}(t))dt = \boldsymbol{K}\cdot\int \boldsymbol{A}(t)dt.$

(iii)　$\int (\boldsymbol{K}\times\boldsymbol{A}(t))dt = \boldsymbol{K}\times\int \boldsymbol{A}(t)dt.$

(iv)　$\int_a^b (\alpha\boldsymbol{A}(t) + \beta\boldsymbol{B}(t))dt = \alpha\int_a^b \boldsymbol{A}(t)dt + \beta\int_a^b \boldsymbol{B}(t)dt.$

(v)　$\int_a^b (\boldsymbol{K}\cdot\boldsymbol{A}(t))dt = \boldsymbol{K}\cdot\int_a^b \boldsymbol{A}(t)dt.$

(vi)　$\int_a^b (\boldsymbol{K}\times\boldsymbol{A}(t))dt = \boldsymbol{K}\times\int_a^b \boldsymbol{A}(t)dt.$

(vii)　$\dfrac{d}{dt}\int_a^t \boldsymbol{A}(u)du = \boldsymbol{A}(t).$

例1　$\boldsymbol{A}(t)$，$\boldsymbol{B}(t)$ を微分可能なベクトル値関数，$\boldsymbol{K}, \boldsymbol{C}$ を定ベクトル，α

を定数とすると

（1） $\int(\boldsymbol{A}(t)\cdot\boldsymbol{B}'(t)+\boldsymbol{A}'(t)\cdot\boldsymbol{B}(t))dt=\boldsymbol{A}(t)\cdot\boldsymbol{B}(t)+a.$

（2） $\int(\boldsymbol{A}(t)\cdot\boldsymbol{A}'(t))dt=\dfrac{1}{2}\boldsymbol{A}(t)\cdot\boldsymbol{A}(t)+a.$

（3） $\int(\boldsymbol{A}(t)\times\boldsymbol{A}''(t))dt=\boldsymbol{A}(t)\times\boldsymbol{A}'(t)+\boldsymbol{C}.$

（4） $\int(\boldsymbol{K}\cdot\boldsymbol{A}'(t))dt=\boldsymbol{K}\cdot\boldsymbol{A}(t)+a.$

（5） $\int(\boldsymbol{K}\times\boldsymbol{A}'(t))dt=\boldsymbol{K}\times\boldsymbol{A}(t)+\boldsymbol{C}.$

（6） $\int(\boldsymbol{A}(t)\times\boldsymbol{B}'(t)+\boldsymbol{A}'(t)\times\boldsymbol{B}(t))dt=\boldsymbol{A}(t)\times\boldsymbol{B}(t)+\boldsymbol{C}.$

例 2 $\displaystyle\int_0^1(t^2\boldsymbol{i}+e^t\boldsymbol{j}+\sin t\,\boldsymbol{k})dt=\left[\frac{t^3}{3}\boldsymbol{i}+e^t\boldsymbol{j}-\cos t\,\boldsymbol{k}\right]_0^1$

$$=\frac{1}{3}\boldsymbol{i}+(e-1)\boldsymbol{j}+(1-\cos 1)\boldsymbol{k}.$$

例題 5 $\boldsymbol{A}'(t)=t^2\boldsymbol{i}+e^t\boldsymbol{j}+\sin t\,\boldsymbol{k}$，$\boldsymbol{A}(0)=\boldsymbol{O}$ をみたす $\boldsymbol{A}(t)$ を求めよ．

解 $\displaystyle\boldsymbol{A}(t)=\int\boldsymbol{A}'(t)dt=\frac{t^3}{3}\boldsymbol{i}+e^t\boldsymbol{j}-\cos t\,\boldsymbol{k}+\boldsymbol{C}$ （$\boldsymbol{C}$：定ベクトル）．

しかるに，$\boldsymbol{A}(0)=\boldsymbol{O}$ より $\boldsymbol{j}-\boldsymbol{k}+\boldsymbol{C}=\boldsymbol{O}$，すなわち，$\boldsymbol{C}=-\boldsymbol{j}+\boldsymbol{k}$ を得る．ゆえに

$$\boldsymbol{A}(t)=\frac{t^3}{3}\boldsymbol{i}+(e^t-1)\boldsymbol{j}+(1-\cos t)\boldsymbol{k}.$$

例題 6 次の式をみたす $\boldsymbol{r}=\boldsymbol{r}(t)$ を求めよ．ただし，$\boldsymbol{A}$，$\boldsymbol{B}$ は定ベクトルであるとする．

（i） $\boldsymbol{r}''(t)=\boldsymbol{A}.$　　（ii） $\boldsymbol{A}\times\boldsymbol{r}''(t)=\boldsymbol{B}$　（$\boldsymbol{A}\neq\boldsymbol{O}$）．

解 （i） $\boldsymbol{r}'(t)=t\boldsymbol{A}+\boldsymbol{C}$，$\boldsymbol{r}(t)=\dfrac{t^2}{2}\boldsymbol{A}+t\boldsymbol{C}+\boldsymbol{D}$ （$\boldsymbol{C},\boldsymbol{D}$：任意の定ベクトル）．

（ii） $\boldsymbol{A}\times\boldsymbol{r}''(t)=(\boldsymbol{A}\times\boldsymbol{r}(t))''=\boldsymbol{B}$，$(\boldsymbol{A}\times\boldsymbol{r}(t))'=t\boldsymbol{B}+\boldsymbol{C}$，

$\boldsymbol{A}\times\boldsymbol{r}(t)=\dfrac{t^2}{2}\boldsymbol{B}+t\boldsymbol{C}+\boldsymbol{D}$ （$\boldsymbol{C},\boldsymbol{D}$：任意の定ベクトル）．

したがって，仮定により $\boldsymbol{A}\cdot\boldsymbol{B}=0$ だから，$\boldsymbol{A}\cdot\boldsymbol{C}=\boldsymbol{A}\cdot\boldsymbol{D}=0$ となるように $\boldsymbol{C}$，$\boldsymbol{D}$ をえらぶと

$$\boldsymbol{r}(t)=-\frac{\boldsymbol{A}}{\boldsymbol{A}\cdot\boldsymbol{A}}\times\left\{\frac{t^2}{2}\boldsymbol{B}+t\boldsymbol{C}+\boldsymbol{D}\right\}+c\boldsymbol{A}\qquad(c\text{ は任意定数}).$$

問 6 定理 2（i），（ii），（iii），（iv），（v），（vi），（vii）を証明せよ．

問7　$\boldsymbol{A}''(t)=3\,\boldsymbol{i}+\sin t\,\boldsymbol{j}-e^t\,\boldsymbol{k}$，$\boldsymbol{A}(0)=\boldsymbol{i}+\boldsymbol{k}$，$\boldsymbol{A}'(0)=\boldsymbol{i}-\boldsymbol{k}$ をみたす $\boldsymbol{A}(t)$ を求めよ．

問8　ベクトル微分方程式 $\boldsymbol{r}''(t)=-k\boldsymbol{r}(t)$（$k$ は正の定数）を解け．

平面（R^2）上のある領域 U の各点 (u,v) に対し，それぞれ1つのベクトル $\boldsymbol{A}(u,v)$ が定まるとき，$\boldsymbol{A}(u,v)$ を U で定義された**2変数のベクトル値関数**という．U の点 (u_0,v_0) における $\boldsymbol{A}(u,v)$ の**ベクトル偏微分係数** $\dfrac{\partial \boldsymbol{A}}{\partial u}(u_0,v_0)$，$\dfrac{\partial \boldsymbol{A}}{\partial v}(u_0,v_0)$ を，次の極限が存在するとき，それぞれ

$$\frac{\partial \boldsymbol{A}}{\partial u}(u_0,v_0)=\lim_{h\to 0}\frac{\boldsymbol{A}(u_0+h,v_0)-\boldsymbol{A}(u_0,v_0)}{h}$$

$$\frac{\partial \boldsymbol{A}}{\partial v}(u_0,v_0)=\lim_{k\to 0}\frac{\boldsymbol{A}(u_0,v_0+k)-\boldsymbol{A}(u_0,v_0)}{k}$$

で定義する．U の各点 (u,v) に $\boldsymbol{A}(u,v)$ のベクトル偏微分係数を対応させることによってベクトル偏導関数 $\dfrac{\partial \boldsymbol{A}}{\partial u}(u,v)$，$\dfrac{\partial \boldsymbol{A}}{\partial v}(u,v)$ が定義され，さらに，高次のベクトル偏導関数が定義される．また，1変数の場合の微分法則に類似な法則が2変数のベクトル偏導関数の場合にも成り立つ．$\boldsymbol{A}(u,v)$ の成分表示を

$$\begin{aligned}\boldsymbol{A}(u,v)&=(A_x(u,v),A_y(u,v),A_z(u,v))\\&=A_x(u,v)\boldsymbol{i}+A_y(u,v)\boldsymbol{j}+A_z(u,v)\boldsymbol{k}\end{aligned}$$

とすると，x,y,z 成分である $A_x(u,v)$，$A_y(u,v)$，$A_z(u,v)$ は U で定義された2変数の実数値関数であり，次の関係が成り立つ．

ベクトル値関数 $\boldsymbol{A}(u,v)$ を与える $\Longleftrightarrow$ 成分関数 $A_x(u,v)$，$A_y(u,v)$，$A_z(u,v)$ を与える．

$\boldsymbol{A}(u,v)$ は連続である $\Longleftrightarrow$ 3つの成分関数がすべて連続である．

$$\begin{aligned}\frac{\partial \boldsymbol{A}}{\partial u}(u,v)&=\left(\frac{\partial A_x}{\partial u}(u,v),\frac{\partial A_y}{\partial u}(u,v),\frac{\partial A_z}{\partial u}(u,v)\right)\\&=\left(\frac{\partial A_x}{\partial u}(u,v)\right)\boldsymbol{i}+\left(\frac{\partial A_y}{\partial u}(u,v)\right)\boldsymbol{j}+\left(\frac{\partial A_z}{\partial u}(u,v)\right)\boldsymbol{k}.\end{aligned}$$

$$\frac{\partial \boldsymbol{A}}{\partial v}(u,v)=\left(\frac{\partial A_x}{\partial v}(u,v),\frac{\partial A_y}{\partial v}(u,v),\frac{\partial A_z}{\partial v}(u,v)\right)$$

$$= \left(\frac{\partial A_x}{\partial v}(u, v)\right)\boldsymbol{i} + \left(\frac{\partial A_y}{\partial v}(u, v)\right)\boldsymbol{j} + \left(\frac{\partial A_z}{\partial v}(u, v)\right)\boldsymbol{k}.$$

例題 7　$\boldsymbol{A}(u, v) = (a \sin u \cos v)\boldsymbol{i} + (a \sin u \sin v)\boldsymbol{j} + (a \cos u)\boldsymbol{k}$ のベクトル偏導関数を求めよ．ただし，a は正の定数である．

解　$\dfrac{\partial \boldsymbol{A}}{\partial u}(u, v) = (a \cos u \cos v)\boldsymbol{i} + (a \cos u \sin v)\boldsymbol{j} - (a \sin u)\boldsymbol{k}$,

$\dfrac{\partial \boldsymbol{A}}{\partial v}(u, v) = -(a \sin u \sin v)\boldsymbol{i} + (a \sin u \cos v)\boldsymbol{j}$.

問 9　$\boldsymbol{A}(u, v) = e^{uv}\boldsymbol{i} + (u - v)\boldsymbol{j} + (u \sin v)\boldsymbol{k}$ のとき，次を求めよ．

（i）$\dfrac{\partial \boldsymbol{A}}{\partial u}(u, v)$.　（ii）$\dfrac{\partial \boldsymbol{A}}{\partial v}(u, v)$.　（iii）$\dfrac{\partial^2 \boldsymbol{A}}{\partial u\, \partial v}(u, v)$.

（iv）$\left(\dfrac{\partial \boldsymbol{A}}{\partial u}(u, v)\right)\cdot\left(\dfrac{\partial \boldsymbol{A}}{\partial v}(u, v)\right)$.　（v）$\left(\dfrac{\partial \boldsymbol{A}}{\partial u}(u, v)\right)\times\left(\dfrac{\partial \boldsymbol{A}}{\partial v}(u, v)\right)$.

1 変数ベクトル値関数のパラメータ表示で，パラメータを動かすと，このベクトルは曲線をえがく．また，2 変数ベクトル値関数のパラメータ表示で，パラメータを動かすと，このベクトルは曲面をえがく．

微分積分学で学んだ曲面は実数値関数 $z = f(x, y)$ のグラフとして定義されるものが多いが，この定義では少々不十分で，たとえば，**円環面**（**ドーナツ面**）のように関数のグラフでない曲面もある．しかし，この円環面も 2 変数のベクトル値関数を用いることによってパラメータ表示が可能である．

次節では，パラメータ表示による曲線と曲面の性質について考察する．

§2.2　曲線のパラメータ表示と接線ベクトル

$\mathbf{R}^1$ 上の区間 I から $\mathbf{R}^3$ への連続写像 P：I → $\mathbf{R}^3$ を考える．I の各点 t に対応する $\mathbf{R}^3$ の点 P(t) の位置ベクトルを $\boldsymbol{r}(t)$ とする．t が I を動くとき，$\boldsymbol{r}(t)$ は**空間曲線**をえがく．このように，空間曲線 C の方程式が実数変数 t を用いて

$$\mathrm{C} : \boldsymbol{r} = \boldsymbol{r}(t) \qquad (t \in \mathrm{I})$$

で表されるとき，これを t をパラメータとする**曲線 C のパラメータ表示**であるという．ベクトル値関数 $\boldsymbol{r}(t)$ の成分表示を

$$\boldsymbol{r}(t) = (x(t), y(t), z(t)) = x(t)\boldsymbol{i} + y(t)\boldsymbol{j} + z(t)\boldsymbol{k} \qquad (t \in \mathrm{I})$$

とする．このとき，曲線Cの方程式は

$$\mathrm{C}:\begin{cases} x = x(t) \\ y = y(t) \qquad (t \in \mathrm{I}) \\ z = z(t) \end{cases}$$

ともかける．ベクトル値関数 $\boldsymbol{r}(t)$ が C^n 級の関数であるとき，曲線Cを $\boldsymbol{C^n}$ **級曲線**という．

例1（**楕円**）　a，b を正の数とする．c を実数として

$$\boldsymbol{r}(t) = (a\cos t)\boldsymbol{i} + (b\sin t)\boldsymbol{j} + c\boldsymbol{k} \qquad (0 \leqq t \leqq 2\pi)$$

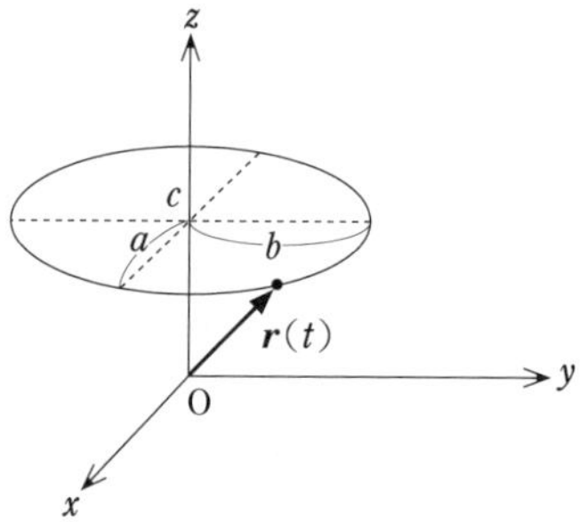

図 2-1

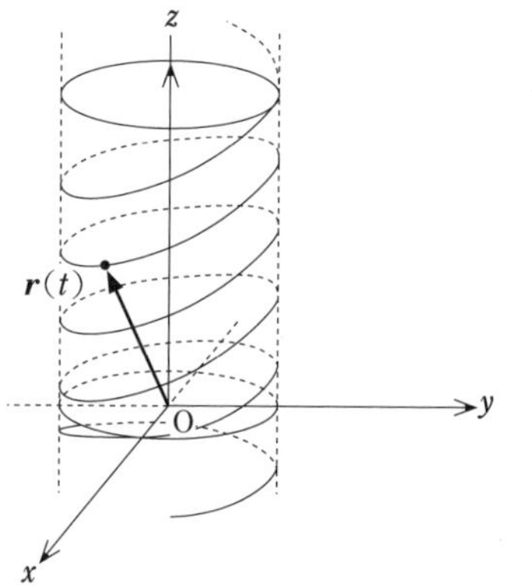

図 2-2

は点 $(0, 0, c)$ を中心とし，平面 $z = c$ 上にある楕円のパラメータ表示である．

例2（**螺線**（らせん））　$a, b > 0$，$c \neq 0$ とする．

$$\boldsymbol{r}(t) = (a\cos t)\boldsymbol{i} + (b\sin t)\boldsymbol{j} + ct\boldsymbol{k} \qquad (-\infty < t < \infty)$$

は楕円柱 $\dfrac{x^2}{a^2} + \dfrac{y^2}{b^2} = 1$ 上にある螺線のパラメータ表示である．

問1　円柱 $x^2 + y^2 = 1$ と平面 $x + y + z = 3$ とが交わってできる曲線のパラメータ表示を求めよ．

問2　座標系 $\{\mathrm{O}xyz : \boldsymbol{i}, \boldsymbol{j}, \boldsymbol{k}\}$ において，長さ a の線分ABが一端Aで z 軸と垂直に交わりながら z 軸のまわりを一定の角速度の大きさ $\omega(>0)$ で反時計向きに回転し，Aは z 軸上を正の向きに一定の速度の大きさ $k(>0)$ で運動するものとする．$t \geqq 0$ とし，$t = 0$ のとき $\mathrm{A} = \mathrm{O}$（原点），$\mathrm{B} = \mathrm{B}(a, 0, 0)$ とする．ABを $u : 1-u\ (0 \leqq u \leqq 1)$ に内分する点Mのえがく曲線のパラメータ表示を求めよ．

曲線C：$\boldsymbol{r} = \boldsymbol{r}(t)$　$(t \in \mathrm{I})$ に対して，導関数 $\boldsymbol{r}'(t)$ はこの曲線への接線ベクトルを与える．つまり，$\boldsymbol{r}'(t)$ の $t = a$ における値 $\boldsymbol{r}'(a)$（ベクトル微分係数）は $\boldsymbol{r}(a)$ を位置ベクトルとする曲線C上の点P(a) における接線の方向ベクトルであり，この方向ベクトルを曲線Cの点P(a) における**接線ベクトル**（または**接ベクトル**）という．

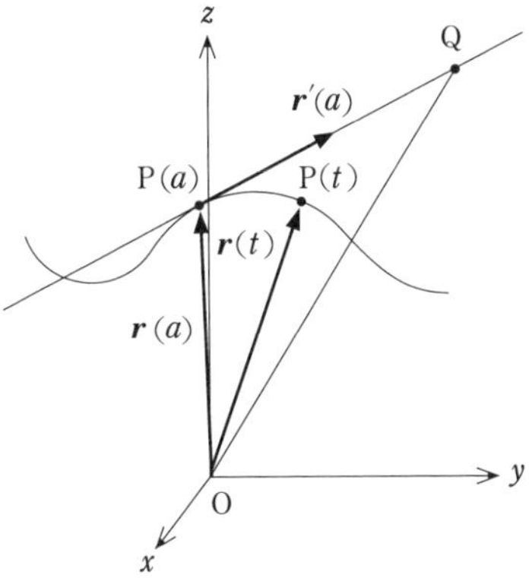

図 2-3

$\boldsymbol{r}'(a) = \boldsymbol{o}$ となる a に対応するC上の点をCの**特異点**という．特異点では接線を定義しない．C上の特異点でない点をCの**通常点**という．曲線C上の通常点P(a) における**接線方程式**は，接線上の任意の点をQ(X, Y, Z) とすると，パラメータ u を用いて

$$\overrightarrow{\mathrm{OQ}} = \boldsymbol{r}(a) + \boldsymbol{r}'(a)u \qquad (-\infty < u < \infty)$$

とかかれる．曲線Cのパラメータ表示を $\boldsymbol{r}(t)$ の成分を用いて

$$\boldsymbol{r} = \boldsymbol{r}(t) = (x(t), y(t), z(t)) = x(t)\boldsymbol{i} + y(t)\boldsymbol{j} + z(t)\boldsymbol{k} \qquad (t \in \mathrm{I})$$

とすると，接線方程式は

$$\frac{X - x(a)}{x'(a)} = \frac{Y - y(a)}{y'(a)} = \frac{Z - z(a)}{z'(a)}$$

となる．

特異点をもたない C^1 級の曲線を**滑らかな曲線**であるという．滑らかな曲線C上の点P(a) からP(t) までの弧長は，$\mathrm{I} = [a, b]$ にとると

$$s = l(t) = \int_a^t |\boldsymbol{r}'(\tau)|\,d\tau = \int_a^t \sqrt{(x'(\tau))^2 + (y'(\tau))^2 + (z'(\tau))^2}\,d\tau$$

となる．この場合，**曲線Cの長さ**は $L(\mathrm{C}) = l(b)$ である．曲線Cが滑らかならば，特異点はなく

$$\frac{ds}{dt} = l'(t) = |\boldsymbol{r}'(t)| > 0$$

であるから，$l(t)$ は単調増加で，逆関数 $t = l^{-1}(s)$ が存在し，$\boldsymbol{r}(t) = \boldsymbol{r}(l^{-1}(s))$ となる．すなわち，滑らかな曲線Cは弧長 s をパラメータとして表すことができる．この s を曲線Cの**標準パラメータ**という．s は以後（特に断りがない限り）曲線の標準パラメータに用いる．

$t(s) = l^{-1}(s)$，$\boldsymbol{r}^*(s) = \boldsymbol{r}(l^{-1}(s))$ とすると $\boldsymbol{r}^*(s) = \boldsymbol{r}(t(s))$
$(t = t(s))$，

$$\frac{d\boldsymbol{r}^*}{ds}(s) = \frac{d\boldsymbol{r}}{dt}(t)\frac{dt}{ds} = \frac{\boldsymbol{r}'(t)}{|\boldsymbol{r}'(t)|}, \qquad \left|\frac{d\boldsymbol{r}^*}{ds}(s)\right| = 1$$

となり，$\dfrac{d\boldsymbol{r}^*}{ds}(s)$ はC上の位置ベクトル $\boldsymbol{r}^*(s)$ の点における単位接線ベクトルであることがわかる．**弧長関数** $s = l(t)$ の微分 $ds (= l'(t)dt)$ を**線素**という．

例題1　曲線C：$\boldsymbol{r}(t) = (3\cos t)\boldsymbol{i} + (2\sin t)\boldsymbol{j} + (5t+1)\boldsymbol{k}$ 上の点 $(3, 0, 1)$ における接線方程式を求めよ．

解　点 $(3, 0, 1)$ は $t = 0$ に対応する点であることに注意しよう．したがって，

$$\boldsymbol{r}'(t) = (-3\sin t)\boldsymbol{i} + (2\cos t)\boldsymbol{j} + 5\,\boldsymbol{k}, \quad \boldsymbol{r}'(0) = 2\boldsymbol{j} + 5\boldsymbol{k}.$$

よって，求める接線方程式は

$$x = 3, \quad \frac{y}{2} = \frac{z-1}{5}$$

あるいは，パラメータ u を用いると

$$x = 3, \quad y = 2u, \quad z = 1 + 5u$$

となる．

例題2　曲線C：$\boldsymbol{r}(t) = (2\cos t)\boldsymbol{i} + (2\sin t)\boldsymbol{j} + t\boldsymbol{k}$ の $0 \leqq t \leqq 2\pi$ の部分の長さを求めよ．

解　$\boldsymbol{r}'(t) = (-2\sin t)\boldsymbol{i} + (2\cos t)\boldsymbol{j} + \boldsymbol{k}$ より $|\boldsymbol{r}'(t)| = \sqrt{5}$ であるから

$$L(C) = \int_0^{2\pi} |\boldsymbol{r}'(t)|\,dt = 2\sqrt{5}\,\pi.$$

例題 3　例題 2 における曲線 C $(0 \leqq t \leqq 2\pi)$ を標準パラメータ（弧長によるパラメータ）で表せ．

解　$|\boldsymbol{r}'(t)| = \sqrt{5}$ であるから $s = l(t) = \int_0^t |\boldsymbol{r}'(\tau)|\,d\tau = \sqrt{5}\,t$．これより

$$t = \frac{s}{\sqrt{5}},\quad 0 \leqq s \leqq 2\sqrt{5}\,\pi.$$

したがって，求める表示は

$$\boldsymbol{r}^*(s) = \left(2\cos\frac{s}{\sqrt{5}}\right)\boldsymbol{i} + \left(2\sin\frac{s}{\sqrt{5}}\right)\boldsymbol{j} + \frac{s}{\sqrt{5}}\boldsymbol{k} \qquad (0 \leqq s \leqq 2\sqrt{5}\,\pi).$$

問 3　次の曲線の点 P における接線方程式を求めよ．

（i）　$\boldsymbol{r}(t) = (2t+1)\boldsymbol{i} + t^2\boldsymbol{j} + (3t-2)\boldsymbol{k}$,　　P(3, 1, 1).

（ii）　$\boldsymbol{r}(t) = e^{2t}\boldsymbol{i} + (2\sin t)\boldsymbol{j} + (3t^2+1)\boldsymbol{k}$,　　P(1, 0, 1).

（iii）　$\boldsymbol{r}(t) = (\log t)\boldsymbol{i} + (e^{-t})\boldsymbol{j} + (t\log t)\boldsymbol{k}$,　　$\mathrm{P}(0, e^{-1}, 0)$.

問 4　次の曲線の長さを求めよ．

（i）　$\boldsymbol{r}(t) = t\boldsymbol{i} + \dfrac{t^2}{\sqrt{2}}\boldsymbol{j} + \dfrac{t^3}{3}\boldsymbol{k}$,　　$0 \leqq t \leqq 2$.

（ii）　$\boldsymbol{r}(t) = t\boldsymbol{i} + \dfrac{3t^2}{2}\boldsymbol{j} + \dfrac{3t^3}{2}\boldsymbol{k}$,　　$0 \leqq t \leqq 2$.

（iii）　$\boldsymbol{r}(t) = (t\cos t)\boldsymbol{i} + (t\sin t)\boldsymbol{j} + t\boldsymbol{k}$,　　$0 \leqq t \leqq \dfrac{\pi}{2}$.

問 5　曲線 $\boldsymbol{r}(t) = (1+t)\boldsymbol{i} + (3-t)\boldsymbol{j} + (2t+4)\boldsymbol{k}$ $(t \geqq 0)$ を標準パラメータを用いて表せ．

§2.3　曲線の曲率と捩率（れいりつ）

曲線 C を C^2 級の滑らかな曲線とし，標準パラメータ（弧長によるパラメータ）s による C の表示を

$$\boldsymbol{r}^* = \boldsymbol{r}^*(s)$$

とする．s をパラメータにもつベクトル値関数 $\boldsymbol{t} = \boldsymbol{t}(s)$，$\boldsymbol{n} = \boldsymbol{n}(s)$，$\boldsymbol{b} = \boldsymbol{b}(s)$ を次のように定義する．

$$\boldsymbol{t}(s) = \frac{d\boldsymbol{r}^*}{ds}(s) \quad \left(\frac{d^2\boldsymbol{r}^*}{ds^2}(s) = \boldsymbol{o} \text{ でも，} \neq \boldsymbol{o} \text{ でもよい}\right),$$

$$\boldsymbol{n}(s) = \left|\frac{d\boldsymbol{t}}{ds}(s)\right|^{-1}\frac{d\boldsymbol{t}}{ds}(s) = \left|\frac{d^2\boldsymbol{r}^*}{ds^2}(s)\right|^{-1}\frac{d^2\boldsymbol{r}^*}{ds^2}(s)$$

$$\left(\frac{d^2\boldsymbol{r}^*}{ds^2}(s) \neq \boldsymbol{o}\text{ のとき}\right),$$

$$\boldsymbol{b}(s) = \boldsymbol{t}(s)\times\boldsymbol{n}(s) \qquad \left(\frac{d^2\boldsymbol{r}^*}{ds^2}(s) \neq \boldsymbol{o}\text{ のとき}\right)$$

§2.2で述べたように，$\boldsymbol{t}(s)$ はC上の $\boldsymbol{r}^*(s)$ の点における**単位接線ベクトル**である．したがって，$|\boldsymbol{t}(s)| = 1$ より

$$\frac{d}{ds}(\boldsymbol{t}(s)\cdot\boldsymbol{t}(s)) = 2\,\boldsymbol{t}(s)\cdot\frac{d\boldsymbol{t}}{ds}(s) = 0.$$

もし，$\dfrac{d^2\boldsymbol{r}^*}{ds^2}(s) = \boldsymbol{o}$ が常に成り立つならば，曲線Cは直線になる．すなわち，

$$\boldsymbol{r}^*(s) = s\boldsymbol{a}+\boldsymbol{b} \qquad (\boldsymbol{a}, \boldsymbol{b}\text{ は定ベクトル}).$$

以下では $\dfrac{d\boldsymbol{t}}{ds}(s) = \dfrac{d^2\boldsymbol{r}^*}{ds^2}(s) \neq \boldsymbol{o}$ となる場合を考える．$\dfrac{d\boldsymbol{t}}{ds}(s)$ は $\boldsymbol{t}(s)$ と直交し，向きは曲線の湾曲する内側に向いている．ベクトル $\dfrac{d\boldsymbol{t}}{ds}(s)$ の向きの単位ベクトルが $\boldsymbol{n}(s)$ であるから，外積の定義により明らかに次の関係が成り立つ．

$$|\boldsymbol{t}(s)| = |\boldsymbol{n}(s)| = |\boldsymbol{b}(s)| = 1,$$

順序組 $\{\boldsymbol{t}(s), \boldsymbol{n}(s), \boldsymbol{b}(s)\}$ は右手直交系をなす．

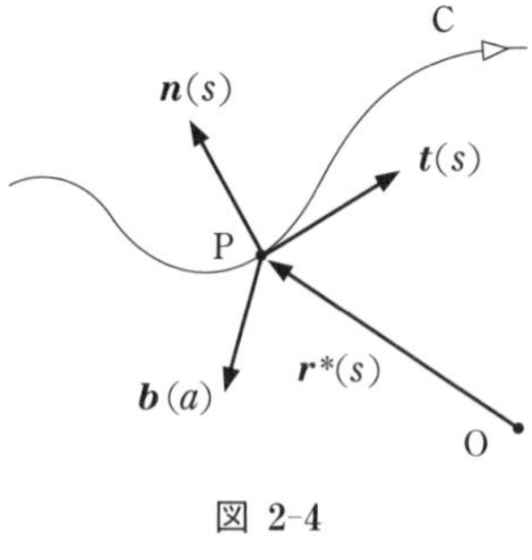

図 2-4

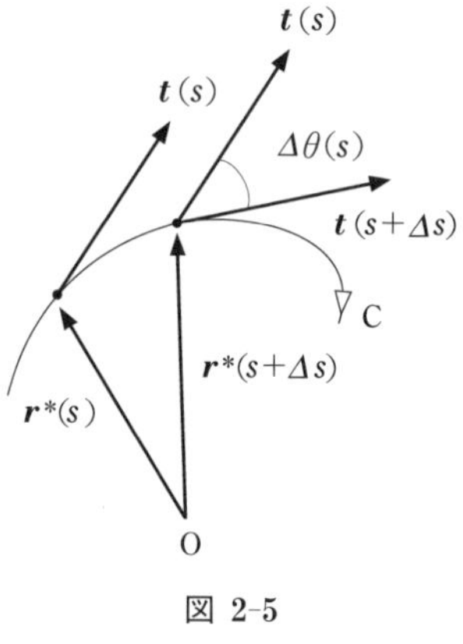

図 2-5

$\boldsymbol{n}(s)$ はCの $\boldsymbol{r}^*(s)$ の点における**単位主法線ベクトル**であるといい，$\boldsymbol{b}(s)$ はCの $\boldsymbol{r}^*(s)$ の点における**単位従法線ベクトル**であるという．

曲線Cの各点における単位接線ベクトル $\boldsymbol{t}(s)$ に対して，$\boldsymbol{t}(s)$ と $\boldsymbol{t}(s+\varDelta s)$ のなす角を $\varDelta\theta(s)$ とするとき，$\kappa(s)$ を次の極限値

$$\kappa(s)=\lim_{\varDelta s\to 0}\left|\frac{\varDelta\theta(s)}{\varDelta s}\right|$$

で定義する．明らかに

$$\kappa(s)=\lim_{\varDelta s\to 0}\frac{|\varDelta\theta(s)|}{|\varDelta\boldsymbol{t}(s)|}\frac{|\varDelta\boldsymbol{t}(s)|}{|\varDelta s|}=\left|\frac{d\boldsymbol{t}}{ds}(s)\right|=\left|\frac{d^2\boldsymbol{r}^*(s)}{ds^2}\right|$$

となる．この $\kappa(s)$ を $\boldsymbol{r}^*(s)$ の点における曲線Cの**曲率**という．曲率の逆数

$$\rho(s)=\frac{1}{\kappa(s)}$$

を $\boldsymbol{r}^*(s)$ の点における曲線Cの**曲率半径**といい，このとき，**曲率の中心**は

$$\boldsymbol{r}^*(s)+\rho(s)\boldsymbol{n}(s)$$

で与えられる．$\boldsymbol{r}^*(s)$ の成分表示を $\boldsymbol{r}^*(s)=(x(s),y(s),z(s))$ とすると

$$\boldsymbol{t}(s)=\left(\frac{dx}{ds}(s),\frac{dy}{ds}(s),\frac{dz}{ds}(s)\right),\quad \frac{d\boldsymbol{t}}{ds}(s)=\kappa(s)\boldsymbol{n}(s),$$

$$\boldsymbol{n}(s)=\frac{1}{\kappa(s)}\frac{d\boldsymbol{t}}{ds}(s)=\left(\frac{1}{\kappa(s)}\frac{d^2x}{ds^2}(s),\frac{1}{\kappa(s)}\frac{d^2y}{ds^2}(s),\frac{1}{\kappa(s)}\frac{d^2z}{ds^2}(s)\right),$$

$$\boldsymbol{b}(s)=\left(\frac{1}{\kappa(s)}\begin{vmatrix}\dfrac{dy}{ds}(s) & \dfrac{dz}{ds}(s)\\ \dfrac{d^2y}{ds^2}(s) & \dfrac{d^2z}{ds^2}(s)\end{vmatrix},\frac{1}{\kappa(s)}\begin{vmatrix}\dfrac{dz}{ds}(s) & \dfrac{dx}{ds}(s)\\ \dfrac{d^2z}{ds^2}(s) & \dfrac{d^2x}{ds^2}(s)\end{vmatrix},\right.$$

$$\left.\frac{1}{\kappa(s)}\begin{vmatrix}\dfrac{dx}{ds}(s) & \dfrac{dy}{ds}(s)\\ \dfrac{d^2x}{ds^2}(s) & \dfrac{d^2y}{ds^2}(s)\end{vmatrix}\right),$$

$$\kappa(s)=\sqrt{\left(\frac{d^2x}{ds^2}(s)\right)^2+\left(\frac{d^2y}{ds^2}(s)\right)^2+\left(\frac{d^2z}{ds^2}(s)\right)^2}.$$

$\boldsymbol{r}^*(s)$ の点 P におけるベクトル $\boldsymbol{t}(s)$ と $\boldsymbol{n}(s)$ の定める平面を P における**接触平面**といい，ベクトル $\boldsymbol{n}(s)$ と $\boldsymbol{b}(s)$ の定める平面を**法平面**という．

曲率は曲線の接線方向の変化の割り合いを表す量で，曲率が大きくなれば曲線の湾曲の度合も大きくなる．

次に，単位従法線ベクトル $\boldsymbol{b}(s)$ に対して，$\boldsymbol{b}(s)\cdot\boldsymbol{t}(s)=0$，$\boldsymbol{b}(s)\cdot\boldsymbol{b}(s)=1$．これより

$$\begin{aligned} 0 &= \left(\frac{d\boldsymbol{b}}{ds}(s)\right)\cdot\boldsymbol{t}(s)+\boldsymbol{b}(s)\cdot\left(\frac{d\boldsymbol{t}}{ds}(s)\right) \\ &= \left(\frac{d\boldsymbol{b}}{ds}(s)\right)\cdot\boldsymbol{t}(s)+\kappa(s)\boldsymbol{b}(s)\cdot\boldsymbol{n}(s) \\ &= \left(\frac{d\boldsymbol{b}}{ds}(s)\right)\cdot\boldsymbol{t}(s), \\ 0 &= \left(\frac{d\boldsymbol{b}}{ds}(s)\right)\cdot\boldsymbol{b}(s) \end{aligned}$$

であるから，ベクトル $\dfrac{d\boldsymbol{b}}{ds}(s)$ と $\boldsymbol{n}(s)$ は平行であり，したがって

$$\boxed{\frac{d\boldsymbol{b}}{ds}(s)=-\tau(s)\boldsymbol{n}(s)}$$

とかける．このことを証明するために，まず，$\boldsymbol{b}(s)=\boldsymbol{t}(s)\times\boldsymbol{n}(s)$ より

$$\begin{aligned} \frac{d\boldsymbol{b}}{ds}(s) &= \left(\frac{d\boldsymbol{t}}{ds}(s)\right)\times\boldsymbol{n}(s)+\boldsymbol{t}(s)\times\left(\frac{d\boldsymbol{n}}{ds}(s)\right) \\ &= \kappa(s)\boldsymbol{n}(s)\times\boldsymbol{n}(s)+\boldsymbol{t}(s)\times\left(\frac{d\boldsymbol{n}}{ds}(s)\right) \\ &= \boldsymbol{t}(s)\times\left(\frac{d\boldsymbol{n}}{ds}(s)\right). \end{aligned}$$

また，$\dfrac{d\boldsymbol{n}}{ds}(s)$ は $\{\boldsymbol{t}(s),\boldsymbol{n}(s),\boldsymbol{b}(s)\}$ を用いて

$$\frac{d\boldsymbol{n}}{ds}(s)=\alpha(s)\boldsymbol{t}(s)+\beta(s)\boldsymbol{n}(s)+\tau(s)\boldsymbol{b}(s)$$

と表すことができる．ここに $\alpha(s),\beta(s),\tau(s)$ はスカラーである．このとき

$$\alpha(s)=\left(\frac{d\boldsymbol{n}}{ds}(s)\right)\cdot\boldsymbol{t}(s),\qquad \beta(s)=\left(\frac{d\boldsymbol{n}}{ds}(s)\right)\cdot\boldsymbol{n}(s)$$

$$\tau(s) = \left(\frac{d\boldsymbol{n}}{ds}(s)\right)\cdot\boldsymbol{b}(s)$$

を得る．さらに，$\boldsymbol{n}(s)\cdot\boldsymbol{n}(s) = 1$，$\boldsymbol{n}(s)\cdot\boldsymbol{t}(s) = 0$ を微分すると

$$\left(\frac{d\boldsymbol{n}}{ds}(s)\right)\cdot\boldsymbol{n}(s) = 0$$

$$\left(\frac{d\boldsymbol{n}}{ds}(s)\right)\cdot\boldsymbol{t}(s) + \boldsymbol{n}(s)\cdot\left(\frac{d\boldsymbol{t}}{ds}(s)\right) = 0$$

となるから

$$\alpha(s) = -\boldsymbol{n}(s)\cdot(\kappa(s)\boldsymbol{n}(s)) = -\kappa(s), \qquad \beta(s) = 0.$$

よって

$$\frac{d\boldsymbol{n}}{ds}(s) = -\kappa(s)\boldsymbol{t}(s) + \tau(s)\boldsymbol{b}(s).$$

したがって

$$\frac{d\boldsymbol{b}}{ds}(s) = \boldsymbol{t}(s)\times\left(\frac{d\boldsymbol{n}}{ds}(s)\right) = \tau(s)\boldsymbol{t}(s)\times\boldsymbol{b}(s) = -\tau(s)\boldsymbol{n}(s)$$

が得られる．スカラー $\tau(s)$ を $\boldsymbol{r}^*(s)$ の点における曲線Cの**捩率**という．$|\tau(s)| = \left|\frac{d\boldsymbol{b}}{ds}(s)\right|$ であるから，$|\tau(s)|$ は単位従法線ベクトルの変化率を表している．あるいは，捩率は $\boldsymbol{r}^*(s)$ の点を通り，$\boldsymbol{t}(s)$ と $\boldsymbol{n}(s)$ で張られる接触平面のねじれの度合を表していると考えてもよい．

$$\boldsymbol{\omega}(s) = \tau(s)\boldsymbol{t}(s) + \kappa(s)\boldsymbol{b}(s)$$

で定義されるベクトル $\boldsymbol{\omega}(s)$ を曲線Cの**ダルブー・ベクトル**という．ダルブー・ベクトル $\boldsymbol{\omega}$ を用いて以上のことをまとめて書くと次の**フルネー・セレーの公式**が得られる．

$$\frac{d\boldsymbol{t}}{ds}(s) = \boldsymbol{\omega}(s)\times\boldsymbol{t}(s) = \kappa(s)\boldsymbol{n}(s),$$

$$\frac{d\boldsymbol{n}}{ds}(s) = \boldsymbol{\omega}(s)\times\boldsymbol{n}(s) = -\kappa(s)\boldsymbol{t}(s) + \tau(s)\boldsymbol{b}(s),$$

$$\frac{d\boldsymbol{b}}{ds}(s) = \boldsymbol{\omega}(s)\times\boldsymbol{b}(s) = -\tau(s)\boldsymbol{n}(s).$$

> **定理1**　C^2 級の滑らかな曲線Cが直線であるための必要十分条件は，曲率 $\kappa = \kappa(s)$ が常に0であることである．

証明　曲線Cが直線であるとしよう．このとき，$\dfrac{d^2\boldsymbol{r}^*}{ds^2}(s)$ は常に $\boldsymbol{o}$ であるから $\boldsymbol{t}(s)$ は定ベクトルとなり，フルネー・セレーの公式により常に

$$\frac{d\boldsymbol{t}}{ds}(s) = \kappa(s)\boldsymbol{n}(s) = \boldsymbol{o}.$$

これより $\kappa = 0$ を得る．逆に $\kappa = 0$ とする．したがって，常に $\dfrac{d\boldsymbol{t}}{ds}(s) = \boldsymbol{o}$ が成り立つから，$\boldsymbol{t}(s)$ は定ベクトルとなり，$\dfrac{d^2\boldsymbol{r}^*}{ds^2}(s)$ は常に $\boldsymbol{o}$ になる．すなわち，Cは直線である．　▨

> **定理2**　C^2 級の滑らかな曲線Cが，$\kappa \neq 0$ のもとで，**平面曲線**であるための必要十分条件は，捩率 $\tau = \tau(s)$ が常に0であることである．

証明　曲線Cが1つの平面内にあるとしよう．そして，平面の原点を，ベクトル $\dfrac{d\boldsymbol{r}^*}{ds}(s)$，$\dfrac{d^2\boldsymbol{r}^*}{ds^2}(s)$ がまたこの平面内にあるようにとる．したがって，$\boldsymbol{t}(s)$，$\boldsymbol{n}(s)$ はこの平面内にあり，$\boldsymbol{b}(s) = \boldsymbol{t}(s)\times\boldsymbol{n}(s)$ は定ベクトルであるからフルネー・セレーの公式により常に

$$\frac{d\boldsymbol{b}}{ds}(s) = -\tau(s)\boldsymbol{n}(s) = \boldsymbol{o}$$

が成り立つ．これから $\tau = 0$ を得る．逆に $\tau = 0$ とする．したがって，常に $\dfrac{d\boldsymbol{b}}{ds}(s) = -\tau(s)\boldsymbol{n}(s) = \boldsymbol{o}$ となり，$\boldsymbol{b}(s)$ は定ベクトルになる．このとき，常に

$$\frac{d}{ds}(\boldsymbol{r}^*(s)\cdot\boldsymbol{b}(s)) = \boldsymbol{t}(s)\cdot\boldsymbol{b}(s) - \tau(s)\boldsymbol{r}^*(s)\cdot\boldsymbol{n}(s) = 0.$$

よって，$\boldsymbol{r}^*(s)\cdot\boldsymbol{b}(s) =$（一定）が $\boldsymbol{r}^*(s)$ の定義域内のすべての s に対して成

り立つから

$$(\boldsymbol{r}^*(s)-\boldsymbol{r}^*(0))\cdot\boldsymbol{b}(s)=0.$$

これは定ベクトル $\boldsymbol{b}$ に垂直な平面の方程式であるから，C は平面曲線である．

▒

空間曲線で平面曲線でないものを**ねじれ曲線**という．定理 2 によれば，ねじれ曲線の場合，$\kappa \neq 0$ のもとで，$\tau(s) \neq 0$ となる部分が必ず存在する．

例題 4　C^2 級の滑らかな曲線 C：$\boldsymbol{r}=\boldsymbol{r}(t)$（$t$ は一般のパラメータ）に対して，C 上の任意の点（$\mathrm{P}(t)=\mathrm{P}(s(t))$）における曲率は

$$\kappa=\frac{|\boldsymbol{r}'(t)\times\boldsymbol{r}''(t)|}{|\boldsymbol{r}'(t)|^3}$$

であることを証明せよ．

解　$s=s(t)$ を弧長として $\boldsymbol{r}(t)=\boldsymbol{r}^*(s(t))$ とすれば

$$\boldsymbol{r}'(t)=\frac{d\boldsymbol{r}}{dt}(t)=\frac{d\boldsymbol{r}^*}{ds}(s)\frac{ds}{dt}(t)=\boldsymbol{t}(s)\frac{ds}{dt}(t),\quad |\boldsymbol{r}'(t)|=\left|\frac{ds}{dt}(t)\right|.$$

フルネー・セレーの公式を用いれば

$$\boldsymbol{r}''(t)=\frac{d}{dt}\left(\boldsymbol{t}(s)\frac{ds}{dt}(t)\right)=\frac{d\boldsymbol{t}}{ds}(s)\left(\frac{ds}{dt}(t)\right)^2+\boldsymbol{t}(s)\frac{d^2s}{dt^2}(t)$$

$$=\left(\frac{d^2s}{dt^2}(t)\right)\boldsymbol{t}(s)+\kappa(s)\left(\frac{ds}{dt}(t)\right)^2\boldsymbol{n}(s).$$

したがって

$$\boldsymbol{r}'(t)\times\boldsymbol{r}''(t)=\kappa(s)\left(\frac{ds}{dt}(t)\right)^3\boldsymbol{t}(s)\times\boldsymbol{n}(s)=\kappa(s)\left(\frac{ds}{dt}(t)\right)^3\boldsymbol{b}(s),$$

$$|\boldsymbol{r}'(t)\times\boldsymbol{r}''(t)|=\left|\frac{ds}{dt}(t)\right|^3\kappa(s)=|\boldsymbol{r}'(t)|^3\kappa(s).$$

これより，$\boldsymbol{r}'(t)\neq 0$ であるから，求める関係式が得られる．

例題 5　C^3 級の滑らかな曲線 C：$\boldsymbol{r}=\boldsymbol{r}(t)$（$t$ は一般のパラメータ）に対して，C 上の任意の点（$\mathrm{P}(t)=\mathrm{P}(s(t))$）における捩率は，$\boldsymbol{r}''(t)\neq\boldsymbol{o}$ のもとで

$$\tau=\frac{[\boldsymbol{r}'(t),\boldsymbol{r}''(t),\boldsymbol{r}'''(t)]}{|\boldsymbol{r}'(t)\times\boldsymbol{r}''(t)|^2}$$

であることを証明せよ．

解　$s=s(t)$ を弧長として $\boldsymbol{r}(t)=\boldsymbol{r}^*(s(t))$ とすれば

$$\boldsymbol{r}'''(t)=\frac{d\boldsymbol{r}''}{dt}(t)=\frac{d}{dt}\left[\frac{d^2s}{dt^2}(t)\boldsymbol{t}(s)+\kappa(s)\left(\frac{ds}{dt}(t)\right)^2\boldsymbol{n}(s)\right]$$
$$=\left[\frac{d^3s}{dt^3}(t)-\kappa(s)^2\left(\frac{ds}{dt}(t)\right)^3\right]\boldsymbol{t}(s)$$
$$+\left[3\kappa(s)\frac{ds}{dt}(t)\frac{d^2s}{dt^2}(t)+\frac{d\kappa}{ds}(s)\left(\frac{ds}{dt}(t)\right)^3\right]\boldsymbol{n}(s)$$
$$+\kappa(s)\tau(s)\left(\frac{ds}{dt}(t)\right)^3\boldsymbol{b}(s).$$

したがって

$$[\boldsymbol{r}'(t),\boldsymbol{r}''(t),\boldsymbol{r}'''(t)]=[\boldsymbol{r}'''(t),\boldsymbol{r}'(t),\boldsymbol{r}''(t)]=\boldsymbol{r}'''(t)\cdot(\boldsymbol{r}'(t)\times\boldsymbol{r}''(t))$$
$$=\left(\frac{ds}{dt}(t)\right)^6\kappa(s)^2\tau(s).$$

しかるに

$$\boldsymbol{r}'(t)\times\boldsymbol{r}''(t)=\left(\frac{ds}{dt}(t)\right)^3\kappa(s)\boldsymbol{b}(s)$$

であるから，求める関係式が得られる．

例題6　半径 a の円

$$\boldsymbol{r}^*(s)=\left(a\cos\frac{s}{a}\right)\boldsymbol{i}+\left(a\sin\frac{s}{a}\right)\boldsymbol{j}$$

について，$\boldsymbol{t}(s)$，$\boldsymbol{n}(s)$，$\boldsymbol{b}(s)$，$\kappa(s)$，$\rho(s)$，$\tau(s)$ を求めよ．

解　$\boldsymbol{t}(s)=\left(-\sin\frac{s}{a}\right)\boldsymbol{i}+\left(\cos\frac{s}{a}\right)\boldsymbol{j}$，$\frac{d\boldsymbol{t}}{ds}(s)=\left(-\frac{1}{a}\cos\frac{s}{a}\right)\boldsymbol{i}+\left(-\frac{1}{a}\sin\frac{s}{a}\right)\boldsymbol{j}$

であるから，$\kappa(s)=\left|\frac{d\boldsymbol{t}}{ds}(s)\right|=\frac{1}{a}$，$\rho(s)=\frac{1}{\kappa(s)}=a$ となる．次に

$$\boldsymbol{n}(s)=\frac{1}{\kappa(s)}\frac{d\boldsymbol{t}}{ds}(s)=\left(-\cos\frac{s}{a}\right)\boldsymbol{i}+\left(-\sin\frac{s}{a}\right)\boldsymbol{j},$$
$$\boldsymbol{b}(s)=\boldsymbol{t}(s)\times\boldsymbol{n}(s)=\boldsymbol{k}$$

である．よって，$\boldsymbol{b}(s)$ が定ベクトルであるから常に

$$\frac{d\boldsymbol{b}}{ds}(s)=-\tau(s)\boldsymbol{n}(s)=\boldsymbol{o}$$

が成り立つ．ゆえに，$\tau(s)=0$ を得る．

例題7　常螺線

$$\boldsymbol{r}(t)=(a\cos t)\boldsymbol{i}+(a\sin t)\boldsymbol{j}+bt\boldsymbol{k}$$

について，$s=s(t)$ を弧長として $\boldsymbol{r}(t)=\boldsymbol{r}^*(s(t))$ とするとき，$\kappa(s)$，$\tau(s)$ を求めよ．

解　$\boldsymbol{r}'(t)=(-a\sin t)\boldsymbol{i}+(a\cos t)\boldsymbol{j}+b\boldsymbol{k},$

$$\boldsymbol{r}''(t) = (-a\cos t)\boldsymbol{i} + (-a\sin t)\boldsymbol{j},$$
$$\boldsymbol{r}'''(t) = (a\sin t)\boldsymbol{i} + (-a\cos t)\boldsymbol{j}$$

であるから

$$\boldsymbol{r}'(t)\times\boldsymbol{r}''(t) = (ab\sin t)\boldsymbol{i} + (-ab\cos t)\boldsymbol{j} + a^2\boldsymbol{k}.$$

よって,

$$|\boldsymbol{r}'(t)| = \sqrt{a^2+b^2},\quad |\boldsymbol{r}'(t)\times\boldsymbol{r}''(t)| = a\sqrt{a^2+b^2}.$$

また，簡単な計算により

$$[\boldsymbol{r}'(t), \boldsymbol{r}''(t), \boldsymbol{r}'''(t)] = a^2 b$$

となるから

$$\kappa = \frac{|\boldsymbol{r}'(t)\times\boldsymbol{r}''(t)|}{|\boldsymbol{r}'(t)|^3} = \frac{a}{a^2+b^2},$$
$$\tau = \frac{[\boldsymbol{r}'(t),\ \boldsymbol{r}''(t),\ \boldsymbol{r}'''(t)]}{|\boldsymbol{r}'(t)\times\boldsymbol{r}''(t)|^2} = \frac{b}{a^2+b^2}$$

を得る.

問 1　曲線 $\boldsymbol{r}^*(s) = \left(2\cos\frac{s}{\sqrt{5}}\right)\boldsymbol{i} + \left(2\sin\frac{s}{\sqrt{5}}\right)\boldsymbol{j} + \frac{s}{\sqrt{5}}\boldsymbol{k}$ に対して，$\boldsymbol{t}(\pi)$, $\boldsymbol{n}(\pi)$, $\boldsymbol{b}(\pi)$, $\kappa(\pi)$, $\tau(\pi)$ を求めよ.

問 2　曲線 $\boldsymbol{r}(t) = (3t-t^3)\boldsymbol{i} + 3t^2\boldsymbol{j} + (3t+t^3)\boldsymbol{k}$ の $t = t$ に対応する点で，κ, τ を求めよ.

問 3　曲線 $\boldsymbol{r}(t) = (2\sin^2 t)\boldsymbol{i} + (2\sin t\cos t)\boldsymbol{j} + (2\cos t)\boldsymbol{k}$ $(0 \leqq t < 2\pi)$ において捩率が 0 になる点を求めよ.

問 4　曲線 $\boldsymbol{r}(t) = (3\cos t)\boldsymbol{i} + (4\sin t)\boldsymbol{j} + (\sin t + \cos t)\boldsymbol{k}$ は平面曲線であることを示せ.

§2.4　質点の運動

古典力学では，物理体系の状態を記述するのに，与えられた時刻において系のすべての座標と速度を定めればよい．運動方程式は，これらの初期条件によって未来のすべての時刻における系の状態を完全に決定し，質点の軌道が確定する．(量子力学では，座標とそれに対応する速度が同時には存在しないため，原理的にはこのような記述は不可能であり，粒子の軌道という概念がない．これは**ハイゼンベルクの不確定性原理**の内容でもある．)

空間内を動く質点 P の位置ベクトル $\overrightarrow{\mathrm{OP}} = \boldsymbol{r}(t)$ は時刻 t によって位置が定まり，$\boldsymbol{r}(t)$ は t の関数である．$\boldsymbol{r} = \boldsymbol{r}(t)$ は P がえがく曲線 C の方程式で，曲線 C のことを P の**軌道**という．P の**速度ベクトル** $\boldsymbol{v}(t)$，**加速度ベクトル**

$\boldsymbol{a}(t)$，**接線加速度ベクトル** $\boldsymbol{a}_t(t)$，**法線加速度ベクトル** $\boldsymbol{a}_n(t)$ は，次式によって定められる．

$$\boldsymbol{r}(t)=x(t)\boldsymbol{i}+y(t)\boldsymbol{j}+z(t)\boldsymbol{k} \qquad (\text{成分表示}),$$
$$\boldsymbol{v}(t)=\boldsymbol{r}'(t)=|\boldsymbol{r}'(t)|\,\boldsymbol{t},$$
$$\boldsymbol{a}(t)=\boldsymbol{v}'(t)=\boldsymbol{r}''(t)=\left(\frac{d}{dt}|\boldsymbol{r}'(t)|\right)\boldsymbol{t}+\left(\frac{1}{\rho}|\boldsymbol{r}'(t)|^2\right)\boldsymbol{n},$$
$$\boldsymbol{a}_t(t)=\left(\frac{d}{dt}|\boldsymbol{r}'(t)|\right)\boldsymbol{t},$$
$$\boldsymbol{a}_n(t)=\left(\frac{1}{\rho}|\boldsymbol{r}'(t)|^2\right)\boldsymbol{n} \qquad (\rho\ \text{は曲率半径}).$$

定直線 l があり，l から一定の距離 a の位置を保って質点 P が l のまわりを回転しているとする．P の軌道は円形をなし，角の位置 $\theta(t)$ は時刻 t の関数である．P が円周を反時計向きに回転するとき，P の**角速度ベクトル**（**回転ベクトル**ともいう）$\boldsymbol{\omega}(t)$，**角加速度ベクトル** $\boldsymbol{\alpha}(t)$，**速度ベクトル** $\boldsymbol{v}(t)$，**加速度ベクトル** $\boldsymbol{a}(t)$ は次のように定められる．

$$\boldsymbol{\omega}(t):|\boldsymbol{\omega}(t)|=\frac{d\theta(t)}{dt},\ \text{向きは右ネジが進む向き},$$
$$\boldsymbol{\alpha}(t)=\frac{d\boldsymbol{\omega}}{dt}(t),$$
$$\boldsymbol{v}(t)=\boldsymbol{\omega}(t)\times\boldsymbol{r}(t)\quad(\boldsymbol{r}(t)\ \text{は}\ l\ \text{上に原点をもつ質点 P の位置ベクトル}),$$
$$\boldsymbol{a}(t)=\boldsymbol{v}'(t)=\boldsymbol{\omega}(t)\times\boldsymbol{v}(t)(\textbf{求心加速度})+\boldsymbol{\alpha}(t)\times\boldsymbol{r}(t)(\textbf{接線加速度}).$$

質点 P が曲線 $\boldsymbol{r}=\boldsymbol{r}(t)$ 上を速度 $\boldsymbol{v}(t)$ で運動しているとする．微小時間 Δt の間に P が P′ に変位するとすれば

$$\begin{aligned}&\text{図形 OPP}'\ \text{の面積ベクトル}\\&\quad\fallingdotseq \triangle\text{OPP}'\ \text{の面積ベクトル}\\&\quad=\frac{1}{2}(\boldsymbol{r}(t)\times\boldsymbol{v}(t))\Delta t.\end{aligned}$$

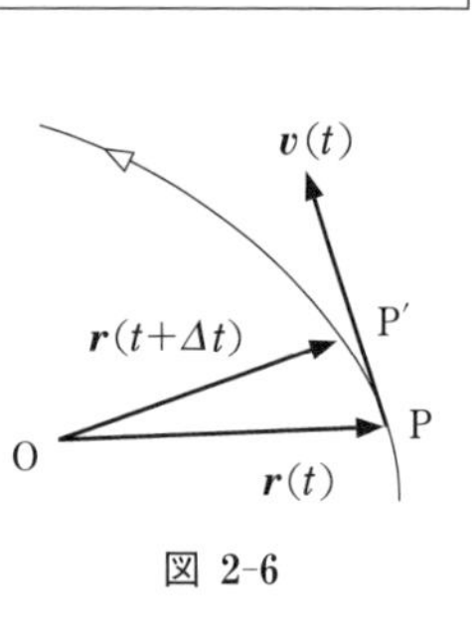

図 2-6

したがって，動径のえがく面積ベクトルの変化率として

> 原点Oのまわりの時刻 t における**面積速度ベクトル** $= \dfrac{1}{2}(\boldsymbol{r}(t)\times\boldsymbol{v}(t))$.

質点に作用する力の作用線が常に定点を通るような力を**中心力**といい，その定点を**力の中心**という．たとえば，惑星は太陽から万有引力という中心力を受けて運動する．この場合，力の中心は太陽であり，これを不動とみて原点にとる．

> **定理3**　質量が m で位置ベクトル $\boldsymbol{r}(t)$ の質点Pが原点Oを力の中心にもつ中心力を受けて運動するとき，面積速度ベクトルは一定であり，Pの運動は平面運動である．

証明　中心力の作用線は原点Oを通るから，Pの加速度は

$$\boldsymbol{a}(t)=\boldsymbol{r}''(t)=h\boldsymbol{r}(t) \qquad (h \text{ はスカラー}).$$

これより

$$\frac{d}{dt}\frac{1}{2}(\boldsymbol{r}(t)\times\boldsymbol{v}(t))=\frac{1}{2}(\boldsymbol{v}(t)\times\boldsymbol{v}(t))+\frac{1}{2}(\boldsymbol{r}(t)\times\boldsymbol{a}(t))=\boldsymbol{o}.$$

ゆえに，面積速度ベクトルは定ベクトルである．また，$\boldsymbol{r}(t)\times\boldsymbol{v}(t)$ は $\boldsymbol{r}(t)$ と $\boldsymbol{v}(t)$ の両方に垂直であるから，$\boldsymbol{r}(t)\times\boldsymbol{v}(t)$ が定ベクトルであるということは，$\boldsymbol{r}(t)\times\boldsymbol{v}(t)$ に垂直な平面内に $\boldsymbol{r}(t)$ も $\boldsymbol{v}(t)$ も常に存在することを意味している．したがって，Pの運動は平面運動である．▨

原点Oのまわりの面積速度ベクトル $\dfrac{1}{2}(\boldsymbol{r}(t)\times\boldsymbol{v}(t))$ と角運動量 $\boldsymbol{L}(t)=\boldsymbol{r}(t)\times(m\boldsymbol{v}(t))$ の間には次の関係式

$$\boldsymbol{L}(t)=2m\left(\frac{1}{2}(\boldsymbol{r}(t)\times\boldsymbol{v}(t))\right)$$

が成立するから，力の中心のまわりの角運動量も一定である．

問1　質点Pの速度ベクトル $\boldsymbol{v}(t)$，加速度ベクトル $\boldsymbol{a}(t)$ を，Pの軌道Cの単位接線ベクトル $\boldsymbol{t}$，単位主法線ベクトル $\boldsymbol{n}$ を用いて表せ．

問2　平面内で運動する質点Pが曲線

$$\boldsymbol{r}(t) = (a\cos\omega t)\boldsymbol{i} + (b\sin\omega t)\boldsymbol{j} \qquad (a,\ b\text{ は正の定数})$$

をえがくとする．このとき，P の加速度ベクトルは常に原点に向いていることを示せ．

問 3　N 個の質点 $\mathrm{P}_1, \cdots, \mathrm{P}_N$ のそれぞれの質量を $m_1, \cdots, m_N$，位置ベクトルを $\boldsymbol{r}_1(t), \cdots, \boldsymbol{r}_N(t)$ とする．各質点 P_i に外力 $\boldsymbol{F}_i$ が働いているとする．このとき，質点系の運動量は全質量が重心に集まり，重心と同じ速度で運動していると考えたときと同じであり，質点系の運動は，全質量が重心に集まり，質点系に作用するすべての外力の合力が重心に作用すると考えたときの加速度で重心が運動するのと同じである．このことを示せ．

（I）　力積，エネルギー，仕事

質量 m の質点 P が速度ベクトル $\boldsymbol{v}(t)$ で運動しているとする．一般に，力は時間的に持続して働くが，その累積効果として力と時間をかけて加え合わせたものが**力積**である．すなわち，力 $\boldsymbol{F}(t)$ が時刻 t_0 から t_1 まで作用するとき，その間における $\boldsymbol{F}(t)$ の力積（ベクトル）は

$$\int_{t_0}^{t_1} \boldsymbol{F}(t)\,dt$$

で与えられる．$\boldsymbol{F}(t) = m\dfrac{d\boldsymbol{v}}{dt}(t)$ ならば

$$\int_{t_0}^{t_1} \boldsymbol{F}(t)\,dt = m(\boldsymbol{v}(t_1) - \boldsymbol{v}(t_0))\text{（運動量の変化高）}$$

となり，これは時刻 t_0 から t_1 までの間に $\boldsymbol{F}(t)$ が及ぼした**力の累積効果**を表している．

質点 P の**運動エネルギー**（スカラー）は

$$T(t) = \frac{1}{2}m\boldsymbol{v}(t)\cdot\boldsymbol{v}(t) = \frac{1}{2}m|\boldsymbol{v}(t)|^2$$

で与えられる．また

$$\frac{dT}{dt}(t) = m\boldsymbol{a}(t)\cdot\boldsymbol{v}(t) = \boldsymbol{F}(t)\cdot\boldsymbol{v}(t)$$

であるから

$$T(t_1) - T(t_0) = \int_{t_0}^{t_1} \frac{dT}{dt}(t)\,dt = \int_{t_0}^{t_1} \boldsymbol{F}(t)\cdot\boldsymbol{v}(t)\,dt = \int_{t_0}^{t_1} \boldsymbol{F}(t)\cdot d\boldsymbol{r}(t).$$

これは時刻 t_0 から t_1 までの間に力 $\boldsymbol{F}(t)$ のなした**仕事**を表す．つまり，この間の仕事は時刻 t_0 から t_1 までの間の**運動エネルギーの変化高**に等しい．

(II) 惑星の運動

惑星は太陽から万有引力という中心力を受けて運動する．太陽を力の中心とし，不動とみてこれを原点にとる．太陽および惑星の質量を M, m，万有引力定数を G，惑星の位置ベクトルを $\boldsymbol{r}(t)$ とすると，**惑星の運動方程式**は

$$\frac{d^2\boldsymbol{r}}{dt^2}(t) = -\frac{GM}{r(t)^3}\boldsymbol{r}(t) \qquad (r(t) = |\boldsymbol{r}(t)|).$$

原点のまわりの面積速度ベクトル $\frac{1}{2}(\boldsymbol{r}(t)\times\boldsymbol{v}(t))$ は定ベクトルであるから，惑星はベクトル $\boldsymbol{h} = \boldsymbol{r}(t)\times\boldsymbol{v}(t)$ に垂直な平面上を運動する（定理 3 を見よ）．ところで

$$\frac{d^2\boldsymbol{r}}{dt^2}(t)\times\boldsymbol{h} = -\frac{GM}{r(t)^3}\{(\boldsymbol{r}(t)\cdot\boldsymbol{v}(t))\boldsymbol{r}(t) - (\boldsymbol{r}(t)\cdot\boldsymbol{r}(t))\boldsymbol{v}(t)\}.$$

しかるに，$\boldsymbol{r}(t)\cdot\boldsymbol{r}(t) = r(t)^2$，$\boldsymbol{r}(t)\cdot\boldsymbol{v}(t) = r(t)r'(t)$ であるから

$$\frac{d^2\boldsymbol{r}}{dt^2}(t)\times\boldsymbol{h} = -\frac{GM}{r(t)^3}\{r(t)r'(t)\boldsymbol{r}(t) - r(t)^2\boldsymbol{v}(t)\}.$$

さらに，$\frac{d\boldsymbol{r}}{dt}(t)\times\frac{d\boldsymbol{h}}{dt} = \boldsymbol{o}$ であるから

$$\frac{d}{dt}(\boldsymbol{v}(t)\times\boldsymbol{h}) = GM\frac{d}{dt}\left(\frac{\boldsymbol{r}(t)}{r(t)}\right)$$

となり，積分して

$$\boldsymbol{v}(t)\times\boldsymbol{h} = GM\left(\frac{\boldsymbol{r}(t)}{r(t)} + e\boldsymbol{c}\right).$$

ここに，$e\boldsymbol{c}$ はベクトル積分定数で，e はスカラー，$\boldsymbol{c}$ は単位ベクトルである．明らかに，$\boldsymbol{c}$ は $\boldsymbol{h}$ に垂直であるから，$\boldsymbol{c}$ の始点を原点にとれば，$\boldsymbol{c}$ は惑星が運動する平面内にある．上の式から

$$\boldsymbol{h}\cdot\boldsymbol{h} = [\boldsymbol{h}, \boldsymbol{r}(t), \boldsymbol{v}(t)] = [\boldsymbol{r}(t), \boldsymbol{v}(t), \boldsymbol{h}] = GM\{r(t) + e\boldsymbol{r}(t)\cdot\boldsymbol{c}\}.$$

ここで，$h = |\boldsymbol{h}|$ とおき，$\boldsymbol{r}(t)$ と $\boldsymbol{c}$ のなす角を $\theta(t)$ とすると

$$h^2 = GM\{r(t) + er(t)\cos\theta(t)\}.$$

したがって，$\lambda = h^2/GM$ とおけば

$$r(t) = \frac{\lambda}{1 + e\cos\theta(t)}.$$

これは太陽を焦点とする円錐曲線の方程式で，e はその**離心率**を表している．この方程式は

$$
\begin{aligned}
e &= 0 \text{ ならば円軌道,}\\
0 < e &< 1 \text{ ならば楕円軌道,}\\
e &= 1 \text{ ならば放物線軌道,}\\
e &> 1 \text{ ならば双曲線軌道}
\end{aligned}
$$

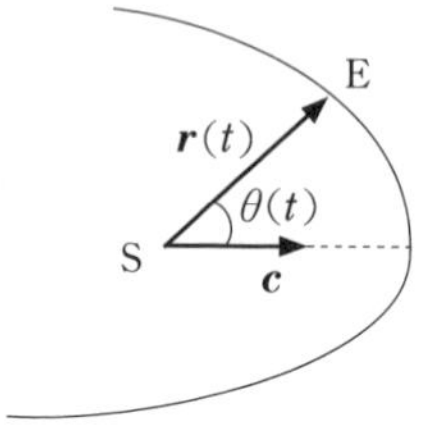

図 2-7

をえがく．常に有限の範囲を運動している惑星の軌道は楕円である．惑星の運動に関する以上の事実は**ケプラー**(1571-1630)**の法則**として知られている．ちなみに

ケプラーの第1法則：惑星の軌道は太陽をひとつの焦点とする楕円である．

ケプラーの第2法則：惑星の運動で面積速度は常に一定である．このことは惑星と太陽を結ぶ直線が等しい時間に等しい面積を掃過することと同値である．

ケプラーの第3法則：$\dfrac{\{\text{惑星の公転周期}\}^2}{\{\text{太陽からの平均距離}\}^3}$ はすべての惑星に対して常に一定である．

§2.5　曲面のパラメータ表示と接平面

$\mathbf{R}^2$ の領域 U から $\mathbf{R}^3$ への連続写像 P：U $\to \mathbf{R}^3$ を考える．U の各点 (u,v) に対応する $\mathbf{R}^3$ の点 $\mathrm{P}(u, v)$ の位置ベクトルを $\boldsymbol{r}(u, v)$ とする．点 (u, v) が U を動くとき，$\boldsymbol{r}(u, v)$ は空間内の曲面をえがく．このように，曲面 S の方程式が 2 つの実数 u, v を用いて

$$\mathrm{S}：\boldsymbol{r} = \boldsymbol{r}(u, v) \qquad ((u, v) \in \mathrm{U})$$

で表されるとき，これを，(u, v) をパラメータとする**曲面 S のパラメータ表示**という．ベクトル値関数 $\boldsymbol{r}(u, v)$ の成分表示を

$$\boldsymbol{r}(u, v) = (x(u, v), y(u, v), z(u, v)) = x(u, v)\boldsymbol{i} + y(u, v)\boldsymbol{j} + z(u, v)\boldsymbol{k}$$

とする．成分関数 $x(u,v)$，$y(u,v)$，$z(u,v)$ は U で定義された 2 変数の実数値関数で，このとき，曲面 S の方程式は

$$\mathrm{S}:\begin{cases} x = x(u,v) \\ y = y(u,v) \qquad ((u,v)\in \mathrm{U}) \\ z = z(u,v) \end{cases}$$

のようにもかける．

例 1（平面） $\boldsymbol{a}, \boldsymbol{b}, \boldsymbol{p}$ を定ベクトルとし，$\boldsymbol{a}$ と $\boldsymbol{b}$ は一次独立であるとする．位置ベクトル $\boldsymbol{p}$ の点を通り，$\boldsymbol{a}, \boldsymbol{b}$ に平行な平面のパラメータ表示は

$$\boldsymbol{r}(u,v) = u\boldsymbol{a}+v\boldsymbol{b}+\boldsymbol{p} \qquad (-\infty < u, v < \infty).$$

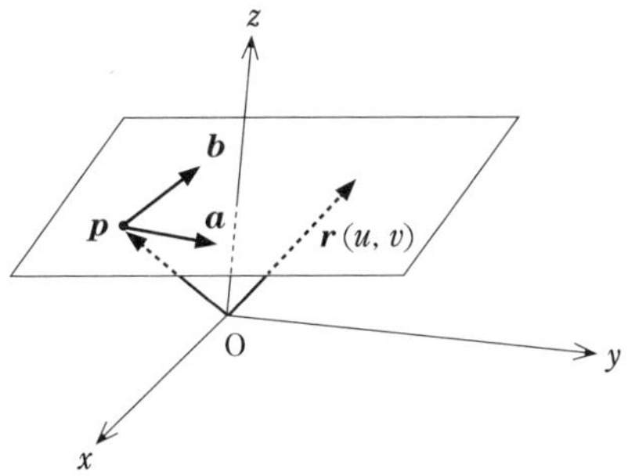

図 2-8

例 2（球面） 原点を中心とする半径 ρ の球面のパラメータ表示は

$$\boldsymbol{r}(\theta,\varphi) = (\rho\sin\theta\cos\varphi)\boldsymbol{i}+(\rho\sin\theta\sin\varphi)\boldsymbol{j}+(\rho\cos\theta)\boldsymbol{k}$$
$$(0 \leqq \theta \leqq \pi, 0 \leqq \varphi \leqq 2\pi).$$

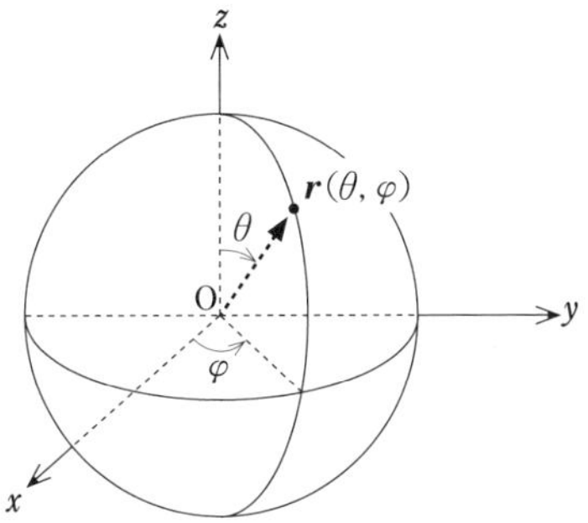

図 2-9

例 3（円柱）　原点を中心とする半径 ρ の円の円柱面のパラメータ表示は

$$\boldsymbol{r}(\varphi, v) = (\rho\cos\varphi)\boldsymbol{i} + (\rho\sin\varphi)\boldsymbol{j} + v\boldsymbol{k}$$
$$(0 \leqq \varphi \leqq 2\pi,\ -\infty < v < \infty).$$

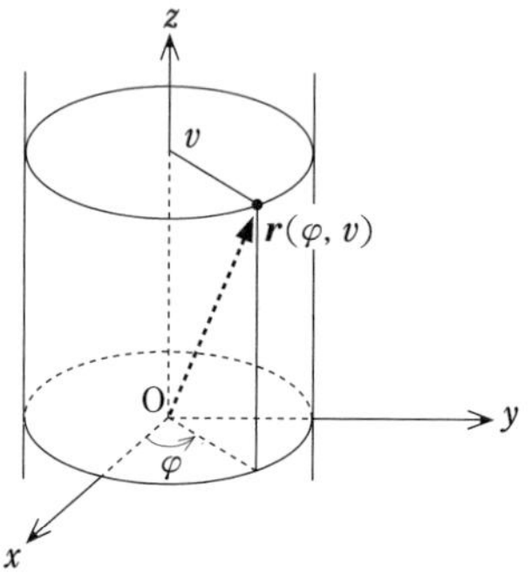

図 2-10

例 4（円錐）　原点を頂点とし，z 軸を軸として頂角 2θ の z の正の方向にひろがる円錐面のパラメータ表示は，$0 < \theta < \pi/2$ として

$$\boldsymbol{r}(u, \varphi) = (u\sin\theta\cos\varphi)\boldsymbol{i} + (u\sin\theta\sin\varphi)\boldsymbol{j} + (u\cos\theta)\boldsymbol{k}$$
$$(u \geqq 0,\ 0 \leqq \varphi \leqq 2\pi).$$

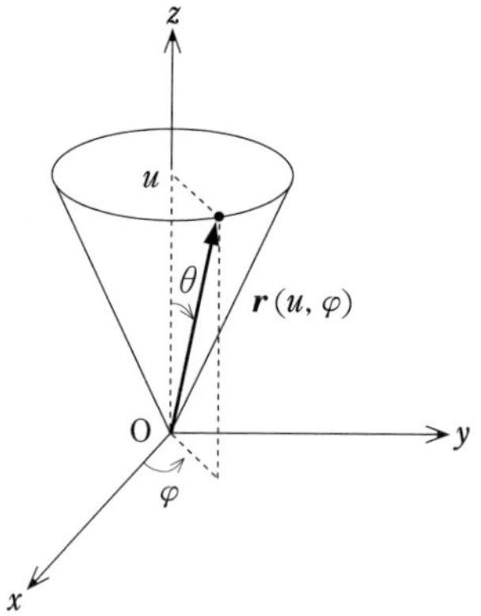

図 2-11

例 5（円環面）　断面の半径が b で，中心と原点との距離が a であるとし，中心が，xy 平面上で原点を中心，半径 a の円をえがくようにして得られる円

環面のパラメータ表示は

$$\boldsymbol{r}(\varphi, \phi) = \{(a+b\cos\phi)\cos\varphi\}\boldsymbol{i} + \{(a+b\cos\phi)\sin\varphi\}\boldsymbol{j} + (b\sin\phi)\boldsymbol{k}$$
$$(0 \leqq \varphi \leqq 2\pi,\ 0 \leqq \phi \leqq 2\pi).$$

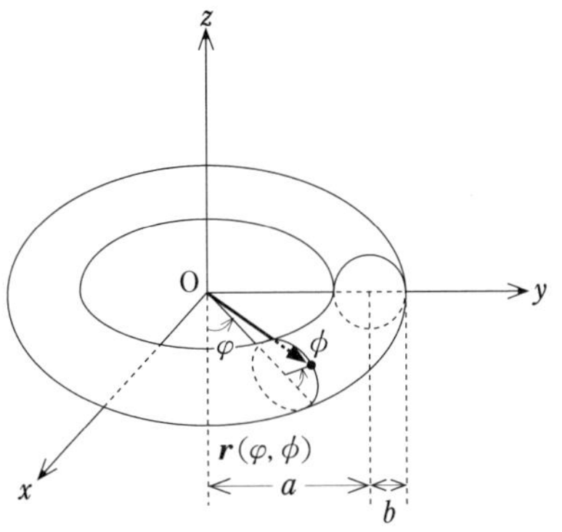

図 2-12

問 1 グラフ状曲面 $z = f(x, y)$ のパラメータ表示を求めよ．

問 2 楕円柱 $\dfrac{x^2}{a^2} + \dfrac{y^2}{b^2} = 1$ のパラメータ表示を求めよ．

問 3 zx 平面上の曲線 $x = t^2$，$z = t^3\ (0 \leqq t \leqq 3)$ を z 軸のまわりに回転して得られる回転面のパラメータ表示を求めよ．

問 4 次の曲面の方程式を $f(x, y, z) = 0$ の形にかけ．

（i） $\boldsymbol{r}(u, v) = u\boldsymbol{i} + v\boldsymbol{j} + (3u^2 + v^2)\boldsymbol{k}$.

（ii） $\boldsymbol{r}(u, v) = 3u\boldsymbol{i} + v\boldsymbol{j} + 4v^2\boldsymbol{k}$.

曲面 S：$\boldsymbol{r} = \boldsymbol{r}(u, v)\ ((u, v) \in U)$ を C^1 級とし，以後，簡略化のために

$$\boldsymbol{r}_u = \frac{\partial \boldsymbol{r}}{\partial u}, \qquad \boldsymbol{r}_v = \frac{\partial \boldsymbol{r}}{\partial v}$$

とかくことにする．U の点 (u_0, v_0) を固定しておく．$v = v_0$ として u だけを動かすと，$\boldsymbol{r}(u, v_0)$ は S 上の 1 つの曲線をえがく．この曲線を点 $\mathrm{P}(u_0, v_0)$ における u **曲線**という．同様に，$u = u_0$ として v だけを動かすと，$\boldsymbol{r}(u_0, v)$ は S 上の 1 つの曲線をえがく．この曲線を点 $\mathrm{P}(u_0, v_0)$ における v **曲線**という．

点 $\mathrm{P}(u_0, v_0)$ における u 曲線，v 曲線の接線ベクトルは，それぞれ

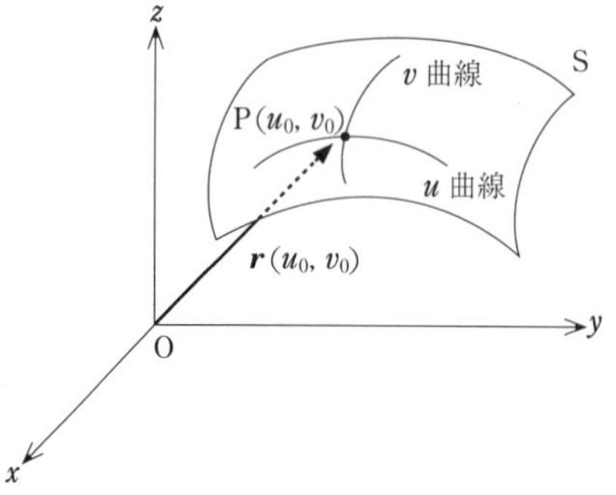

図 2-13

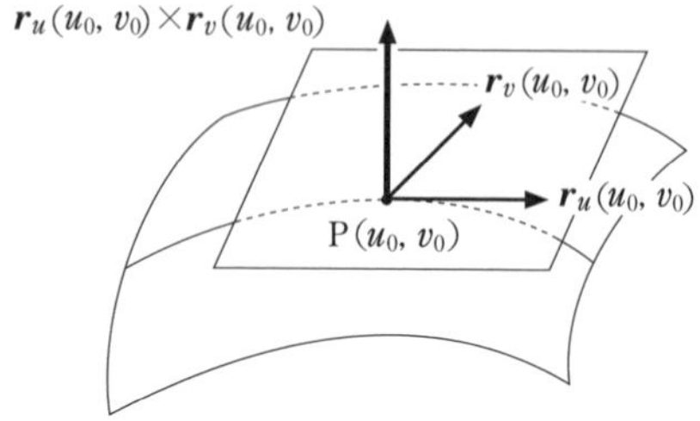

図 2-14

$$\begin{aligned}\boldsymbol{r}_u(u_0, v_0) &= (x_u(u_0, v_0), y_u(u_0, v_0), z_u(u_0, v_0)) \\ &= x_u(u_0, v_0)\boldsymbol{i} + y_u(u_0, v_0)\boldsymbol{j} + z_u(u_0, v_0)\boldsymbol{k} \\ \boldsymbol{r}_v(u_0, v_0) &= (x_v(u_0, v_0), y_v(u_0, v_0), z_v(u_0, v_0)) \\ &= x_v(u_0, v_0)\boldsymbol{i} + y_v(u_0, v_0)\boldsymbol{j} + z_v(u_0, v_0)\boldsymbol{k}\end{aligned}$$

である．偏導関数（ベクトル）$\boldsymbol{r}_u$ と $\boldsymbol{r}_v$ の外積は，**ヤコビ行列式**を用いると

$$\boldsymbol{r}_u \times \boldsymbol{r}_v = \frac{\partial(y, z)}{\partial(u, v)}\boldsymbol{i} + \frac{\partial(z, x)}{\partial(u, v)}\boldsymbol{j} + \frac{\partial(x, y)}{\partial(u, v)}\boldsymbol{k}$$

となる．ここに，ヤコビ行列式は（**ヤコビアン**ともいう）

$$\frac{\partial(y, z)}{\partial(u, v)} = \begin{vmatrix} \dfrac{\partial y}{\partial u} & \dfrac{\partial y}{\partial v} \\ \dfrac{\partial z}{\partial u} & \dfrac{\partial z}{\partial v} \end{vmatrix}, \quad \frac{\partial(z, x)}{\partial(u, v)} = \begin{vmatrix} \dfrac{\partial z}{\partial u} & \dfrac{\partial z}{\partial v} \\ \dfrac{\partial x}{\partial u} & \dfrac{\partial x}{\partial v} \end{vmatrix}, \quad \frac{\partial(x, y)}{\partial(u, v)} = \begin{vmatrix} \dfrac{\partial x}{\partial u} & \dfrac{\partial x}{\partial v} \\ \dfrac{\partial y}{\partial u} & \dfrac{\partial y}{\partial v} \end{vmatrix}.$$

ところで

$$\boldsymbol{r}_u(u_0, v_0) \times \boldsymbol{r}_v(u_0, v_0) = \boldsymbol{o}$$

となる点 $\mathrm{P}(u_0, v_0)$ を**曲面 S の特異点**という．特異点をもたない C^1 級の曲面を**滑らかな曲面**という．滑らかな曲面 S 上の点 $\mathrm{P}(u_0, v_0)$ を通り，$\boldsymbol{r}_u(u_0, v_0) \times \boldsymbol{r}_v(u_0, v_0)$ に垂直な平面を点 $\mathrm{P}(u_0, v_0)$ における S の**接平面**という．仮定により，$\boldsymbol{r}_u(u_0, v_0)$，$\boldsymbol{r}_v(u_0, v_0)$ は一次独立であるから，点 $\mathrm{P}(u_0, v_0)$ における接平面は $\boldsymbol{r}_u(u_0, v_0)$ と $\boldsymbol{r}_v(u_0, v_0)$ で張られる平面と一致する．

$\boldsymbol{r}_u(u_0, v_0) \times \boldsymbol{r}_v(u_0, v_0)$ は点 $\mathrm{P}(u_0, v_0)$ における接平面の法線ベクトルであるから，**接平面の方程式**は，この平面上の任意の点を $\mathrm{Q}(X, Y, Z)$ とすると

$$\frac{\partial(y,z)}{\partial(u,v)}(u_0,v_0)(X-x(u_0,v_0))+\frac{\partial(z,x)}{\partial(u,v)}(u_0,v_0)(Y-y(u_0,v_0))+\frac{\partial(x,y)}{\partial(u,v)}(u_0,v_0)(Z-z(u_0,v_0))=0.$$

この方程式はスカラー三重積を用いると，次のように書きなおすことができる：

$$\begin{vmatrix} X-x(u_0,v_0) & Y-y(u_0,v_0) & Z-z(u_0,v_0) \\ x_u(u_0,v_0) & y_u(u_0,v_0) & z_u(u_0,v_0) \\ x_v(u_0,v_0) & y_v(u_0,v_0) & z_v(u_0,v_0) \end{vmatrix}=0.$$

例題 1 曲面 $\boldsymbol{r}(u,v)=(u+v)\boldsymbol{i}+(u-v)\boldsymbol{j}+f(u,v)\boldsymbol{k}$ において，$\boldsymbol{r}_u$, $\boldsymbol{r}_v$, $\boldsymbol{r}_u\times\boldsymbol{r}_v$ を求めよ．ただし，$f(u,v)$ は偏微分可能な実数値関数である．

解 $\boldsymbol{r}_u=\boldsymbol{i}+\boldsymbol{j}+f_u\boldsymbol{k}$, $\qquad \boldsymbol{r}_v=\boldsymbol{i}-\boldsymbol{j}+f_v\boldsymbol{k}$.

したがって

$$\begin{aligned}\boldsymbol{r}_u\times\boldsymbol{r}_v&=(\boldsymbol{i}+\boldsymbol{j}+f_u\boldsymbol{k})\times(\boldsymbol{i}-\boldsymbol{j}+f_v\boldsymbol{k})\\&=(f_v+f_u)\boldsymbol{i}+(f_u-f_v)\boldsymbol{j}-2\,\boldsymbol{k}\neq\boldsymbol{o}.\end{aligned}$$

例題 2 球面 $\boldsymbol{r}(\theta,\varphi)=(\sqrt{3}\sin\theta\cos\varphi)\boldsymbol{i}+(\sqrt{3}\sin\theta\sin\varphi)\boldsymbol{j}+(\sqrt{3}\cos\theta)\boldsymbol{k}$ を直交座標による方程式で表せ．さらに，この球面上の点 P(1, 1, 1) における $\boldsymbol{r}_\theta$, $\boldsymbol{r}_\varphi$, $\boldsymbol{r}_\theta\times\boldsymbol{r}_\varphi$, および，接平面の方程式を求めよ．

解 $x=\sqrt{3}\sin\theta\cos\varphi$, $y=\sqrt{3}\sin\theta\sin\varphi$, $z=\sqrt{3}\cos\theta$ とおくことによって

$$x^2+y^2+z^2=3$$

を得る．また，$\boldsymbol{r}(\theta,\varphi)$ を θ,φ で偏微分すると

$$\begin{aligned}\boldsymbol{r}_\theta(\theta,\varphi)&=(\sqrt{3}\cos\theta\cos\varphi)\boldsymbol{i}+(\sqrt{3}\cos\theta\sin\varphi)\boldsymbol{j}-(\sqrt{3}\sin\theta)\boldsymbol{k},\\ \boldsymbol{r}_\varphi(\theta,\varphi)&=-(\sqrt{3}\sin\theta\sin\varphi)\boldsymbol{i}+(\sqrt{3}\sin\theta\cos\varphi)\boldsymbol{j}.\end{aligned}$$

点 P(1, 1, 1) を $(\theta,\varphi)=(\theta_0,\varphi_0)$ に対応する点とすると，$\varphi_0=\pi/4$ であるから

$$\sqrt{3}\sin\theta_0\cos\varphi_0=1,\qquad \sqrt{3}\sin\theta_0\sin\varphi_0=1,\qquad \sqrt{3}\cos\theta_0=1$$

より

$$\cos\theta_0=\frac{1}{\sqrt{3}},\qquad \sin\theta_0=\sqrt{\frac{2}{3}},\qquad \cos\varphi_0=\sin\varphi_0=\frac{1}{\sqrt{2}}.$$

したがって

$$\boldsymbol{r}_\theta(\theta_0,\varphi_0)=\frac{1}{\sqrt{2}}\boldsymbol{i}+\frac{1}{\sqrt{2}}\boldsymbol{j}-\sqrt{2}\,\boldsymbol{k},\quad \boldsymbol{r}_\varphi(\theta_0,\varphi_0)=-\boldsymbol{i}+\boldsymbol{j},$$

$$\begin{aligned}\boldsymbol{r}_\theta(\theta_0,\varphi_0)\times\boldsymbol{r}_\varphi(\theta_0,\varphi_0) &= \left(\frac{1}{\sqrt{2}}\boldsymbol{i}+\frac{1}{\sqrt{2}}\boldsymbol{j}-\sqrt{2}\,\boldsymbol{k}\right)\times(-\boldsymbol{i}+\boldsymbol{j})\\ &= \sqrt{2}\,(\boldsymbol{i}+\boldsymbol{j}+\boldsymbol{k}).\end{aligned}$$

ゆえに，求める接平面の方程式は

$$(x-1)+(y-1)+(z-1) = 0,$$

すなわち，$x+y+z = 3$ である．

問5　例5の曲面において，$\boldsymbol{r}_\varphi, \boldsymbol{r}_\phi, \boldsymbol{r}_\varphi\times\boldsymbol{r}_\phi$ を求めよ．

問6　曲面 $\boldsymbol{r}(u,v) = u^2\,\boldsymbol{i}+(2uv)\boldsymbol{j}-v^2\,\boldsymbol{k}$ について，$\boldsymbol{r}_u, \boldsymbol{r}_v, \boldsymbol{r}_u\times\boldsymbol{r}_v$，および，点P $(1,2,-1)$ における接平面の方程式を求めよ．また，この曲面を直交座標による方程式で表せ．

問7　原点Oを中心とする半径1の球面 $\boldsymbol{r}(\theta,\varphi) = (\sin\theta\cos\varphi)\boldsymbol{i}+(\sin\theta\sin\varphi)\boldsymbol{j}+(\cos\theta)\boldsymbol{k}$ 上の点 $\mathrm{P}\left(\frac{1}{2},\frac{1}{2},\frac{1}{\sqrt{2}}\right)$ において，$\boldsymbol{r}_\theta, \boldsymbol{r}_\varphi, \boldsymbol{r}_\theta\times\boldsymbol{r}_\varphi$ を求めよ．

§2.6　第1基本量と曲面積

滑らかな曲面Sが与えられているとし，Sのパラメータ表示を

$$\boldsymbol{r}(u,v) = x(u,v)\boldsymbol{i}+y(u,v)\boldsymbol{j}+z(u,v)\boldsymbol{k} \qquad ((u,v)\in U)$$

とする．u，v の実数値関数として，次式

$$E = \boldsymbol{r}_u\cdot\boldsymbol{r}_u, \qquad F = \boldsymbol{r}_u\cdot\boldsymbol{r}_v, \qquad G = \boldsymbol{r}_v\cdot\boldsymbol{r}_v$$

で定義されるスカラー場 E, F, G を曲面Sの**第1基本量**という．

$$|\boldsymbol{r}_u\times\boldsymbol{r}_v|^2 = EG-F^2 \quad \text{より} \quad \boldsymbol{r}_u\times\boldsymbol{r}_v \neq \boldsymbol{o} \Longleftrightarrow EG-F^2 > 0.$$

曲面S上に曲線

$$\mathrm{C}:\boldsymbol{r} = \boldsymbol{r}(u(t),v(t)) \qquad (a \leqq t \leqq b)$$

が与えられているとする．このとき，E, F, G は t の関数であり

$$\begin{aligned}\left|\frac{d\boldsymbol{r}}{dt}(u(t),v(t))\right|^2 &= |\boldsymbol{r}_u(u(t),v(t))u'(t)+\boldsymbol{r}_v(u(t),v(t))v'(t)|^2\\ &= E(u'(t))^2+2Fu'(t)v'(t)+G(v'(t))^2\end{aligned}$$

となる．したがって，**曲線Cの長さ** $L(\mathrm{C})$ は

$$L(\mathrm{C}) = \int_a^b \left|\frac{d\boldsymbol{r}}{dt}(u(t),v(t))\right| dt$$

$$= \int_a^b \sqrt{E(u'(t))^2 + 2Fu'(t)v'(t) + G(v'(t))^2}\, dt.$$

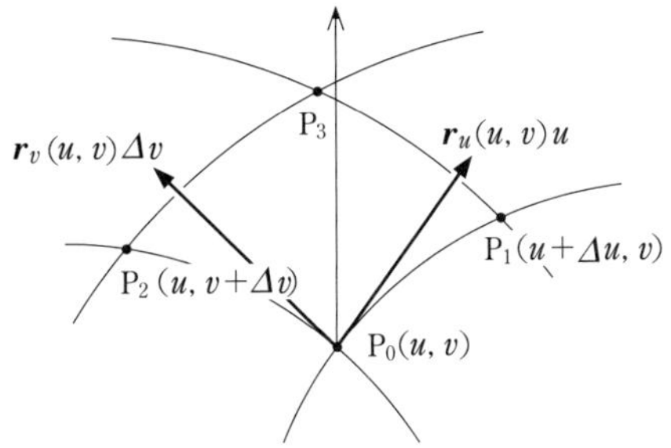

図 2-15

次に，U を閉領域とする．曲面 S を u 曲線と v 曲線によって細分して得られる微小曲面四角形の 1 つを $P_0P_1P_3P_2$ とし，その面積を ΔS とする．そこで

$$P_0(u, v),\ P_1(u+\Delta u, v),\ P_2(u, v+\Delta v)$$

とし，Δu，Δv を十分に小さくすると

$$\overrightarrow{P_0P_1} = \boldsymbol{r}(u+\Delta u, v) - \boldsymbol{r}(u, v) \fallingdotseq \boldsymbol{r}_u(u, v)\Delta u$$

$$\overrightarrow{P_0P_2} = \boldsymbol{r}(u, v+\Delta v) - \boldsymbol{r}(u, v) \fallingdotseq \boldsymbol{r}_v(u, v)\Delta v$$

であるから，$\boldsymbol{r}_u(u, v)\Delta u$ と $\boldsymbol{r}_v(u, v)\Delta v$ の作る平行四辺形の面積は近似的に ΔS に等しい，すなわち

$$\Delta S \fallingdotseq |\overrightarrow{P_0P_1} \times \overrightarrow{P_0P_2}| \fallingdotseq |\boldsymbol{r}_u \times \boldsymbol{r}_v|\Delta u\, \Delta v = \sqrt{EG-F^2}\,\Delta u\, \Delta v.$$

ΔS の総和が S の**曲面積**であるから

$$\text{S の曲面積} = \iint_{\mathrm{U}} |\boldsymbol{r}_u(u, v) \times \boldsymbol{r}_v(u, v)|\, du\, dv$$

$$= \iint_{\mathrm{U}} \sqrt{E(u, v)G(u, v) - F(u, v)^2}\, du\, dv.$$

積分記号内の量

$$dS = |\boldsymbol{r}_u \times \boldsymbol{r}_v| du\, dv = \sqrt{EG-F^2}\, du\, dv$$

を曲面 S の**面素**（あるいは**面積素**，**面積要素**）という．

一般に，連続なスカラー場 $f = f(\boldsymbol{r})$ の定義域が U になっているとき，曲

面Sに沿うスカラー場 f に対して

$$\int_{\mathrm{S}} f(\boldsymbol{r})dS = \iint_{\mathrm{U}} f(\boldsymbol{r}(u, v))|\boldsymbol{r}_u(u, v)\times\boldsymbol{r}_v(u, v)|\,du\,dv$$
$$= \iint_{\mathrm{U}} f(\boldsymbol{r}(u, v))\sqrt{E(u, v)G(u, v)-F(u, v)^2}\,du\,dv$$

を**面素に関する面積分**という．たとえば，$f=1$ にとれば

$$\text{S の曲面積} = \int_{\mathrm{S}} dS$$

（面積分の詳細については第4章を見よ）．

例題3　$z=f(x, y)$ で定義されるグラフ状曲面Sの曲面積は，$f(x, y)$ の定義域をDとすれば

$$\text{S の曲面積} = \iint_{\mathrm{D}} \sqrt{1+f_x(x, y)^2+f_y(x, y)^2}\,dx\,dy$$

で与えられることを示せ．

解　$u=x$，$v=y$ として曲面Sのパラメータ表示は

$$\boldsymbol{r}(x, y) = x\boldsymbol{i}+y\boldsymbol{j}+f(x, y)\boldsymbol{k}.$$

よって

$$\boldsymbol{r}_x(x, y) = \boldsymbol{i}+f_x(x, y)\boldsymbol{k}, \qquad \boldsymbol{r}_y(x, y) = \boldsymbol{j}+f_y(x, y)\boldsymbol{k}$$
$$E(x, y) = 1+f_x(x, y)^2, \qquad F(x, y) = f_x(x, y)f_y(x, y),$$
$$G(x, y) = 1+f_y(x, y)^2,$$
$$E(x, y)G(x, y)-F(x, y)^2 = 1+f_x(x, y)^2+f_y(x, y)^2.$$

したがって，Sの曲面積に関する等式が成り立つ．

例題4　曲面Sを

$$\boldsymbol{r}(\theta, \varphi) = (\sin\theta\cos\varphi)\boldsymbol{i}+(\sin\theta\sin\varphi)\boldsymbol{j}+(\cos\theta)\boldsymbol{k}$$
$$\left(\frac{\pi}{4} \leqq \theta \leqq \frac{\pi}{2},\ 0 \leqq \varphi \leqq \frac{\pi}{2}\right)$$

とするとき，曲面Sに沿う関数 $f(x, y)=\sqrt{x^2+y^2}$ の面素に関する面積分を求めよ．

解　$x(\theta, \varphi) = \sin\theta\cos\varphi$，$y(\theta, \varphi) = \sin\theta\sin\varphi$ であるから $f(\boldsymbol{r}(\theta, \varphi)) = \sin\theta$.

$$\boldsymbol{r}_\theta(\theta, \varphi) = (\cos\theta\cos\varphi)\boldsymbol{i}+(\cos\theta\sin\varphi)\boldsymbol{j}-(\sin\theta)\boldsymbol{k},$$
$$\boldsymbol{r}_\varphi(\theta, \varphi) = -(\sin\theta\sin\varphi)\boldsymbol{i}+(\sin\theta\cos\varphi)\boldsymbol{j}$$

より

$E(\theta,\varphi)G(\theta,\varphi)-F(\theta,\varphi)^2=\sin^2\theta,\ \sqrt{E(\theta,\varphi)G(\theta,\varphi)-F(\theta,\varphi)^2}=\sin\theta.$

したがって

$$\int_S f(\boldsymbol{r})dS=\int_0^{\frac{\pi}{2}}\left\{\int_{\frac{\pi}{4}}^{\frac{\pi}{2}}\sin^2\theta\,d\theta\right\}d\varphi=\frac{\pi(\pi+2)}{16}.$$

問1　半径 a の球の表面積を求めよ．

問2　xy 平面上の円板 $x^2+y^2\leqq 4$ の上の曲面 $z=x^2+y^2$ を考える．この曲面の曲面積を求めよ．

問3　平面S：$x+y+z=1,\ x\geqq 0,\ y\geqq 0,\ z\geqq 0$, に対して

$$\int_S (x^2+yz)dS$$

を求めよ．

滑らかな曲面S上の各点での単位法線ベクトルの選び方は，その向きに応じて2通りある．曲面の各点で適当に単位法線ベクトルの向きの一方を正の向き，他方を負の向きと定める．正の向きの単位法線ベクトルを $\boldsymbol{n}$ で表し，$\boldsymbol{n}$ が曲面上で連続的にかわるようにできるとき，**曲面Sは向きがつけられる**という．向きづけられた滑らかな曲面Sのパラメータ表示 $\boldsymbol{r}=\boldsymbol{r}(u,v)$ に対して，Sの単位法線ベクトルは一般に

$$\pm\frac{\boldsymbol{r}_u\times\boldsymbol{r}_v}{|\boldsymbol{r}_u\times\boldsymbol{r}_v|}$$

である．そこで，正の符号は $(\boldsymbol{r}_u\times\boldsymbol{r}_v)/|\boldsymbol{r}_u\times\boldsymbol{r}_v|$ がSの正の向きの単位法線ベクトル $\boldsymbol{n}$ であるようにとる．このとき，$\boldsymbol{n}$ が向かう側を曲面の**表**（あるいは**正の側**），反対側を**裏**（あるいは**負の側**）という．たとえば，球面は内部から外部に向かう向きを，単位法線ベクトルの正の向きと定める．たとえ滑らかな曲面が局所的に向きづけが可能であっても，曲面全体で向きづけが可能であるとは限らない．**メービウスの帯**は向きがつけられない曲面の典型的な例である．

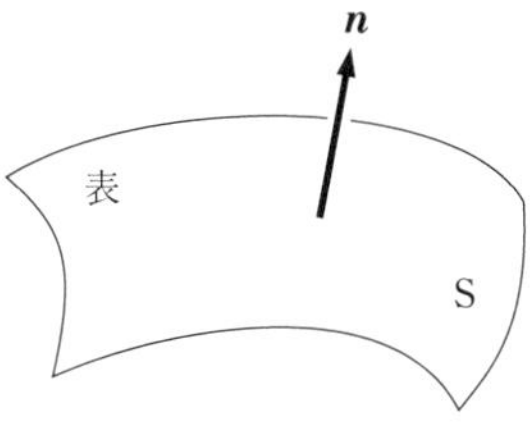

図 2-16

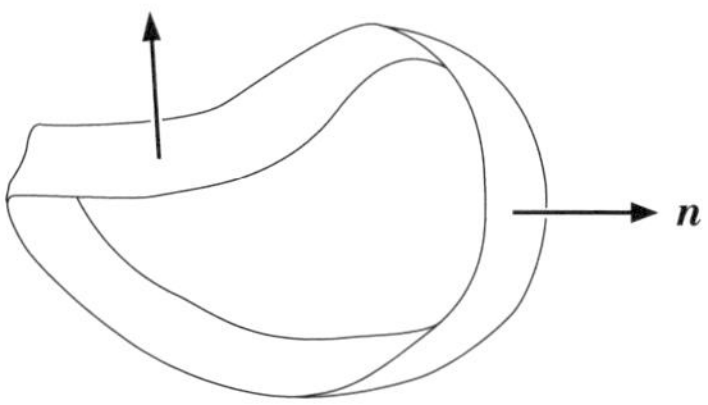

図 2-17　メービウスの帯

Uは閉領域とし，曲面Sは向きがつけられているとする．Sの単位法線ベクトル $\boldsymbol{n}=\boldsymbol{n}(\boldsymbol{r}(u,v))$ と面素 dS に対して，ベクトル

$$d\boldsymbol{S}=\boldsymbol{n}\,dS$$

を**面素ベクトル**という．スカラー場 $f=f(\boldsymbol{r})$ の $d\boldsymbol{S}$ による面積分

$$\int_{\mathrm{S}} f\,d\boldsymbol{S}=\int_{\mathrm{S}} f\boldsymbol{n}\,dS=\iint_{\mathrm{U}} f(\boldsymbol{r}(u,v))\times\boldsymbol{n}(\boldsymbol{r}(u,v))\sqrt{E(u,v)G(u,v)-F(u,v)^2}\,du\,dv$$

はベクトルである．$\boldsymbol{n}=(\cos\theta_x,\cos\theta_y,\cos\theta_z)=(\cos\theta_x)\boldsymbol{i}+(\cos\theta_y)\boldsymbol{j}+(\cos\theta_z)\boldsymbol{k}$ とするとき

$$dS_{yz}=\cos\theta_x\,dS,\quad dS_{zx}=\cos\theta_y\,dS,\quad dS_{xy}=\cos\theta_z\,dS$$

とおくと，$d\boldsymbol{S}=(dS_{yz},dS_{zx},dS_{xy})=(dS_{yz})\boldsymbol{i}+(dS_{zx})\boldsymbol{j}+(dS_{xy})\boldsymbol{k}$．したがって，

$$\int_{\mathrm{S}} f\,d\boldsymbol{S}=\left(\int_{\mathrm{S}} f\,dS_{yz},\int_{\mathrm{S}} f\,dS_{zx},\int_{\mathrm{S}} f\,dS_{xy}\right)$$
$$=\left(\int_{\mathrm{S}} f\,dS_{yz}\right)\boldsymbol{i}+\left(\int_{\mathrm{S}} f\,dS_{zx}\right)\boldsymbol{j}+\left(\int_{\mathrm{S}} f\,dS_{xy}\right)\boldsymbol{k}.$$

例題5　平面S：$x+y+z=1$，$x\geqq 0$，$y\geqq 0$，$z\geqq 0$ で，原点を含まない側を表として，次の面積分

$$\int_{\mathrm{S}}(x+y)d\boldsymbol{S}$$

を求めよ．

解　x，y をパラメータにとると，Sのパラメータ表示は

$$\boldsymbol{r}(x,y)=x\boldsymbol{i}+y\boldsymbol{i}+(1-x-y)\boldsymbol{k}\qquad(x\geqq 0,\ y\geqq 0,\ x+y\leqq 1).$$

これより

$$\boldsymbol{r}_x(x,y)=\boldsymbol{i}-\boldsymbol{k},\quad \boldsymbol{r}_y(x,y)=\boldsymbol{j}-\boldsymbol{k},\quad E(x,y)G(x,y)-F(x,y)^2=3.$$

Sの単位法線ベクトルは $\boldsymbol{n}=\boldsymbol{n}(\boldsymbol{r}(x,y)=\dfrac{1}{\sqrt{3}}(\boldsymbol{i}+\boldsymbol{j}+\boldsymbol{k})$ であるから

$$d\boldsymbol{S}=\boldsymbol{n}\,dS=\frac{1}{\sqrt{3}}dS(\boldsymbol{i}+\boldsymbol{j}+\boldsymbol{k}).$$

$\mathrm{D}=\{(x,y):x\geqq 0,y\geqq 0,x+y\leqq 1\}$ とおくと，D K $\{(x,y):0\leqq x\leqq 1-y,0\leqq y\leqq 1\}$ より

$$\int_S (x+y)d\boldsymbol{S} = \iint_D (x+y)\boldsymbol{n}\sqrt{EG-F^2}\,dx\,dy$$
$$= \left(\int_0^1 \left\{\int_0^{1-y} (x+y)dx\right\}dy\right)(\boldsymbol{i}+\boldsymbol{j}+\boldsymbol{k})$$
$$= \frac{1}{3}(\boldsymbol{i}+\boldsymbol{j}+\boldsymbol{k}).$$

問 4　例題5のSに対して，$\int_S (x^2-y)d\boldsymbol{S}$ を求めよ．

問 5　S：$x^2+y^2+z^2=1$，$x \geqq 0$，$y \geqq 0$，$z \geqq 0$ とするとき，原点を含まない側を表として，次の面積分を求めよ．

（i）$\int_S x\,d\boldsymbol{S}$．　　（ii）$\int y\,d\boldsymbol{S}$．

第2章の問題

1．$\boldsymbol{A}(t) = e^{2t}\boldsymbol{i}+t^2\boldsymbol{j}+\log(t+1)\boldsymbol{k}$，$\boldsymbol{B}(t) = \boldsymbol{i}+t\boldsymbol{j}+(1-t)\boldsymbol{k}$，$\boldsymbol{C}(t) = t^2\boldsymbol{i}+e^{-t}\boldsymbol{j}+t\boldsymbol{k}$ に対して次の導関数を求めよ．

（i）$\dfrac{d}{dt}(\boldsymbol{A}(t)\times\boldsymbol{B}(t))$．　　（ii）$\dfrac{d}{dt}\{\boldsymbol{A}(t)\cdot(\boldsymbol{B}(t)\times\boldsymbol{C}(t))\}$．

2．次の問に答えよ．

（i）$\boldsymbol{A}'(t) = t^3\boldsymbol{i}+e^{2t}\boldsymbol{j}+\dfrac{1}{t+1}\boldsymbol{k}$，$\boldsymbol{A}(0) = \boldsymbol{O}$ をみたす $\boldsymbol{A}(t)$ を求めよ．

（ii）$\boldsymbol{A}''(t) = e^{2t}\,\boldsymbol{i}+t^2\,\boldsymbol{j}-3\,\boldsymbol{k}$，$\boldsymbol{A}(0) = \boldsymbol{i}+\boldsymbol{j}$，$\boldsymbol{A}'(0) = \boldsymbol{i}-\boldsymbol{k}$ をみたす $\boldsymbol{A}(t)$ を求めよ．

3．次のベクトル微分方程式を解け．

（i）$\boldsymbol{r}'(t)+2t\boldsymbol{r}(t) = e^{-t^2}\boldsymbol{a}$　（$\boldsymbol{a}$ は定ベクトル）．

（ii）$\boldsymbol{r}''(t)-5\,\boldsymbol{r}'(t)+6\,\boldsymbol{r}(t) = \boldsymbol{o}$．

4．$\boldsymbol{A}(u,v) = (u\sin v)\boldsymbol{i}+e^{uv}\boldsymbol{j}+(u-v)\boldsymbol{k}$ に対して，次のものを求めよ．

（i）$\boldsymbol{A}_{uv}(u,v)$．　（ii）$\boldsymbol{A}_u(u,v)\cdot\boldsymbol{A}_v(u,v)$．　（iii）$\boldsymbol{A}_u(u,v)\times\boldsymbol{A}_v(u,v)$．

5．円柱 $x^2+y^2=4$ と平面 $x+y+z=1$ の交線のパラメータ表示を求めよ．

6．次の曲線を標準パラメータ（弧長によるパラメータ）を用いて表せ．

（i）$\boldsymbol{r}(t) = (\sin t)\boldsymbol{i}+(\cos t)\boldsymbol{j}+2t\boldsymbol{k}$，$0 \leqq t \leqq 2\pi$．

（ii）$\boldsymbol{r}(t) = (e^t\sin t)\boldsymbol{i}-(e^t\cos t)\boldsymbol{j}+e^t\boldsymbol{k}$，$t \geqq 0$．

7．次の曲線の点Pにおける接線方程式を求めよ．

（i）$\boldsymbol{r}(t) = (t^2+1)\boldsymbol{i}+e^{2t}\boldsymbol{j}+e^{3t}\boldsymbol{k}$，P(1, 1, 1)．

（ii）$\boldsymbol{r}(t) = (2\cos t)\boldsymbol{i}+(3\sin t)\boldsymbol{j}+\dfrac{2t}{\pi}\boldsymbol{k}$，P(0, 3, 1)．

8．次の曲線の長さを求めよ．

（i）$\boldsymbol{r}(t) = (\cos t)\boldsymbol{i}+(\sin t)\boldsymbol{j}+\dfrac{t^2}{2}\boldsymbol{k}$，$0 \leqq t \leqq 1$．

（ii）　$\boldsymbol{r}(t)=\dfrac{t^2}{\sqrt{2}}\boldsymbol{i}+\dfrac{4}{3}t^{\frac{3}{2}}\boldsymbol{j}+\sqrt{2}\,t\boldsymbol{k},\ 0\leqq t\leqq 2.$

9．曲線 $\boldsymbol{r}^*(s)=\left(\sin\dfrac{s}{\sqrt{5}}\right)\boldsymbol{i}+\left(\cos\dfrac{s}{\sqrt{5}}\right)\boldsymbol{j}+\dfrac{2s}{\sqrt{5}}\boldsymbol{k}$（$s$ は標準パラメータ）に対して，$\boldsymbol{t}(s)$，$\boldsymbol{n}(s)$，$\boldsymbol{b}(s)$，$\varkappa(s)$，$\tau(s)$を求めよ．

10．曲線 $\boldsymbol{r}(t)=(t^3-2t)\boldsymbol{i}+t^2\boldsymbol{j}+(t^2-1)\boldsymbol{k}$ について $\varkappa$，τ を求めよ．

11．$\dfrac{d^3\boldsymbol{r}^*(s)}{ds^3}=\dfrac{d\varkappa(s)}{ds}\boldsymbol{n}(s)-(\varkappa(s))^2\,\boldsymbol{t}(s)+\varkappa(s)\tau(s)\boldsymbol{b}(s)$ が成り立つことを示せ．

12．$\dfrac{d\boldsymbol{t}(s)}{ds}\times\dfrac{d^2\boldsymbol{t}(s)}{ds^2}$ をダルブー・ベクトル $\boldsymbol{\omega}$ を用いて表せ．

13．曲線 $\boldsymbol{r}=\boldsymbol{r}(t)$（$t\geqq 0$）に沿って運動する質点の加速度ベクトルは，$t>0$ のとき

$$\boldsymbol{a}(t)=\left(\frac{d}{dt}|\,\boldsymbol{r}'(t)|\right)\boldsymbol{t}+\varkappa\,|\,\boldsymbol{r}'(t)\,|^2\boldsymbol{n}=\left(\frac{d}{dt}|\,\boldsymbol{r}'(t)|\right)\boldsymbol{t}+\left(\frac{1}{\rho}|\,\boldsymbol{r}'(t)|^2\right)\boldsymbol{n}$$

と表すことができることを証明せよ．

14．質点Pが曲線 $\boldsymbol{r}(t)=\dfrac{2}{3}t^3\boldsymbol{i}+\dfrac{3}{2}t^2\boldsymbol{j}+t\boldsymbol{k}$ をえがいて運動しているとする．

（i）　軌道の曲率 $\varkappa$ を求めよ．

（ii）　質点Pの接線加速度ベクトルを求めよ．

15．固定軸 l のまわりを反時計向きに回転する（l 上に原点をもつ）位置ベクトル $\boldsymbol{r}(t)$ の質点Pの角速度ベクトルを $\boldsymbol{\omega}(t)$，角加速度ベクトルを $\boldsymbol{\alpha}(t)$ とするとき

速度ベクトルは $\boldsymbol{v}(t)=\boldsymbol{\omega}(t)\times\boldsymbol{r}(t)$,

加速度ベクトルは $\boldsymbol{a}(t)=\boldsymbol{\omega}(t)\times\boldsymbol{v}(t)+\boldsymbol{\alpha}(t)\times\boldsymbol{r}(t)$

と表すことができることを証明せよ．

16．円錐面 $\boldsymbol{r}(u,\varphi)=(u\sin\theta\cos\varphi)\boldsymbol{i}+(u\sin\theta\sin\varphi)\boldsymbol{j}+(u\cos\theta)\boldsymbol{k}$（$u\geqq 0$, $0\leqq\varphi\leqq 2\pi, 0<\theta<\pi/2$）において，$\boldsymbol{r}_u, \boldsymbol{r}_\varphi, \boldsymbol{r}_u\times\boldsymbol{r}_\varphi$ を求めよ．

また，点 P($\sqrt{2}\sin\theta$，$\sqrt{2}\sin\theta$，$2\cos\theta$) における接平面の方程式を求めよ．

17．S：$\boldsymbol{r}(u,v)=(u\cos v)\boldsymbol{i}+(u\sin v)\boldsymbol{j}+\boldsymbol{k}$，$0\leqq u\leqq 1$，$0\leqq v\leqq\pi/2$ に対し $\boldsymbol{n}=\dfrac{\boldsymbol{r}_u\times\boldsymbol{r}_v}{|\,\boldsymbol{r}_u\times\boldsymbol{r}_v|}$ を正の向きの単位法線ベクトルとして，次の面積分を求めよ．

（i）　$\displaystyle\int_{\mathrm{S}}(x^2+y^2)dS.$　　（ii）　$\displaystyle\int_{\mathrm{S}}(x^2+y^2)d\boldsymbol{S}.$

18．平面 $x+2y+z=6$ から平面 $x=0$，$x=2$，$y=0$，$y=2$ で切りとった部分をSとし，原点を含まない側を表にして，次の面積分を求めよ．

（i）　$\displaystyle\int_{\mathrm{S}}(5x-6y+z)dS.$　　（ii）　$\displaystyle\int_{\mathrm{S}}(5x-6y+z)d\boldsymbol{S}.$

3

スカラー場とベクトル場

§3.1　スカラー場の勾配と方向微分係数

物質の密度分布や温度分布，大気の気圧分布，電位分布などのように，スカラーが分布している区域がスカラー場である．これらの分布は実数値関数によって関数表示が可能である．**スカラー場** $f = f(x, y, z)$ の値が一定値 c に等しい点 $\mathrm{P}(x, y, z)$ は曲面

$$f(x, y, z) = c$$

の上にある．この曲面を**等位面**という．$\mathbf{R}^3$ 上のスカラー場のグラフをかくには，4 次元空間が必要になる．このとき，$w = f(x, y, z)$ のグラフ上で w の値が同じである点 (x, y, z, w) から成る 4 次元の図形を，3 次元の xyz 空間に正射影したものが $f(x, y, z)$ の等位面であると解釈する．特に，f が温度や

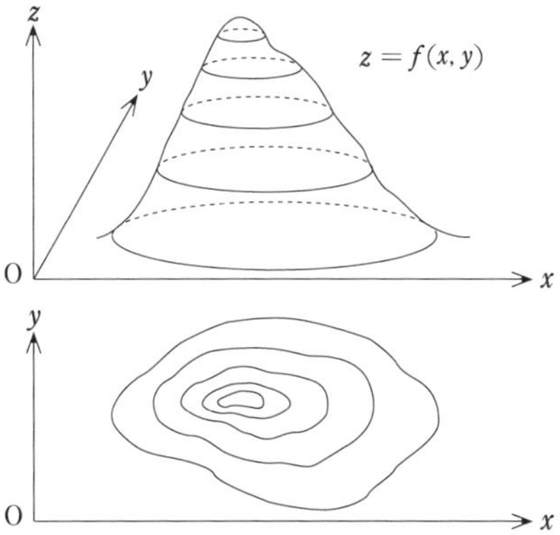

図 3-1　2 次元スカラー場 $f(x, y)$ の等高線

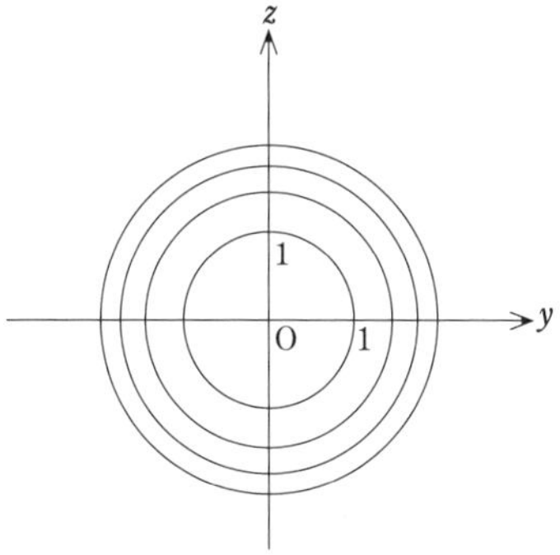

図 3-2　3 次元スカラー場 $f(x, y, z) = x^2+y^2+z^2$ の等位面の yz 平面による断面図

圧力，電位の分布を表すときは，等位面のことをそれぞれ**等温面**，**等圧面**，**等電位面**という．同様に，平面上のスカラー場 $f = f(x, y)$ の値が一定値 c に等しい点 $\mathrm{P}(x, y)$ は曲線 $f(x, y) = c$ の上にある．この曲線を**等高線**という．つまり，曲面 $z = f(x, y)$ 上で z の値が同じである点 (x, y, z) から成る曲線を，xy 平面に正射影したものが $f(x, y)$ の等高線である．スカラーの値 c をパラメータと考えて，差が一定となるように変化させると，等位面（平面の場合，等高線）の群が得られ，これからスカラーの分布状態を知ることができる．実際，スカラーの変化は等位面（平面の場合，等高線）が密なところでは急であり，疎のところでは緩やかである．通常，スカラー関数は一価であると仮定される．このことから，c の異なる値に対応する等位面（平面の場合，等高線）は交わらない．

気温の高さや気圧の大きさは生活に重大な影響をおよぼすが，温度差や気圧差の激しい変動はもっと深刻である．この例からもわかるように，スカラーの大きさだけではなく，**スカラー場の勾配**（急激な変化）を知ることは重要なことである．

f を $\mathbf{R}^3$ の領域 U で定義された微分可能なスカラー場とする．U の点 P における f の x, y, z に関する偏微分係数

$$\left(\frac{\partial f}{\partial x}\right)_{\mathrm{P}}, \quad \left(\frac{\partial f}{\partial y}\right)_{\mathrm{P}}, \quad \left(\frac{\partial f}{\partial z}\right)_{\mathrm{P}}$$

を x, y, z 成分とするベクトルを，**点 P における f の勾配**（あるいは**勾配ベクトル**）といい

$$\begin{aligned}(\nabla f)_{\mathrm{P}} = (\mathrm{grad}\, f)_{\mathrm{P}} &= \left(\left(\frac{\partial f}{\partial x}\right)_{\mathrm{P}}, \left(\frac{\partial f}{\partial y}\right)_{\mathrm{P}}, \left(\frac{\partial f}{\partial z}\right)_{\mathrm{P}}\right) \\ &= \left(\frac{\partial f}{\partial x}\right)_{\mathrm{P}}\boldsymbol{i} + \left(\frac{\partial f}{\partial y}\right)_{\mathrm{P}}\boldsymbol{j} + \left(\frac{\partial f}{\partial z}\right)_{\mathrm{P}}\boldsymbol{k}\end{aligned}$$

とかく．U の各点 P に $(\mathrm{grad}\, f)_{\mathrm{P}}$ を対応させることによって新しいベクトル場が得られる．これを f の**勾配**（あるいは**勾配ベクトル場**）といって

$$\mathrm{grad}\, f \quad \text{または} \quad \nabla f$$

と記す．すなわち

$$\nabla f = \mathrm{grad}\, f = \left(\frac{\partial f}{\partial x},\ \frac{\partial f}{\partial y},\ \frac{\partial f}{\partial z}\right) = \left(\frac{\partial}{\partial x},\ \frac{\partial}{\partial y},\ \frac{\partial}{\partial z}\right) f$$
$$= \frac{\partial f}{\partial x}\boldsymbol{i} + \frac{\partial f}{\partial y}\boldsymbol{j} + \frac{\partial f}{\partial z}\boldsymbol{k} = \left(\boldsymbol{i}\frac{\partial}{\partial x} + \boldsymbol{j}\frac{\partial}{\partial y} + \boldsymbol{k}\frac{\partial}{\partial z}\right) f.$$

$$\nabla = \left(\frac{\partial}{\partial x},\ \frac{\partial}{\partial y},\ \frac{\partial}{\partial z}\right) = \boldsymbol{i}\frac{\partial}{\partial x} + \boldsymbol{j}\frac{\partial}{\partial y} + \boldsymbol{k}\frac{\partial}{\partial z}$$

はスカラー場 f に作用させる（ベクトル）**微分演算子**とみなされる．記号 ∇ は**ハミルトン演算子**と呼ばれ，∇ の形がヘブライの楽器に似ていることからその楽器の名前にちなんで**ナブラ**と読み，$\mathrm{grad}\, f$ は gradient f と読む．

例 1　位置ベクトル $\boldsymbol{r} = x\boldsymbol{i} + y\boldsymbol{j} + z\boldsymbol{k}$ に対して $r = |\boldsymbol{r}|$ とおき，$f(r)$ を r の微分可能な関数とすると

$$\nabla f(r) = \boldsymbol{i}\frac{\partial f(r)}{\partial x} + \boldsymbol{j}\frac{\partial f(r)}{\partial y} + \boldsymbol{k}\frac{\partial f(r)}{\partial z} = \frac{df(r)}{dr}\left(\frac{\partial r}{\partial x}\boldsymbol{i} + \frac{\partial r}{\partial y}\boldsymbol{j} + \frac{\partial r}{\partial z}\boldsymbol{k}\right).$$

しかるに

$$\frac{\partial r}{\partial x} = \frac{x}{r}, \qquad \frac{\partial r}{\partial y} = \frac{y}{r}, \qquad \frac{\partial r}{\partial z} = \frac{z}{r}$$

であるから

$$\nabla f(r) = \frac{df(r)}{dr}\left(\frac{x}{r}\boldsymbol{i} + \frac{y}{r}\boldsymbol{j} + \frac{z}{r}\boldsymbol{k}\right) = \frac{df(r)}{dr}\frac{\boldsymbol{r}}{r}.$$

スカラー場 f に対して $\nabla f = \mathrm{grad}\, f$ が定義されているとき，∇f や $\mathrm{grad}\, f$ の成分表示を

$$\nabla f = ((\nabla f)_x, (\nabla f)_y, (\nabla f)_z) = (\nabla f)_x\boldsymbol{i} + (\nabla f)_y\boldsymbol{j} + (\nabla f)_z\boldsymbol{k}$$
$$\mathrm{grad}\, f = ((\mathrm{grad}\, f)_x, (\mathrm{grad}\, f)_y, (\mathrm{grad}\, f)_z)$$
$$= (\mathrm{grad}\, f)_x\boldsymbol{i} + (\mathrm{grad}\, f)_y\boldsymbol{j} + (\mathrm{grad}\, f)_z\boldsymbol{k}$$

とかくこともある．f, g は U で微分可能なスカラー場とし，c を定数とすると，次のことが成り立つ．

$$\nabla(cf) = c\,\nabla f \qquad (\nabla c = \boldsymbol{o}),$$
$$\nabla(f+g) = \nabla f + \nabla g,$$
$$\nabla(f \cdot g) = g\,\nabla f + f\,\nabla g,$$

$$\nabla\left(\frac{f}{g}\right) = \frac{1}{g^2}(g\,\nabla f - f\,\nabla g) \qquad (g \neq 0).$$

問1　次のスカラー場の点Pにおける勾配を求めよ．

（i）　$f = x^3+2xy, \quad \mathrm{P}(1,-1,2)$.

（ii）　$f = x^2y+y^2z+z^2x, \quad \mathrm{P}(-1,1,1)$.

（iii）　$f = (x+y+z)\sin(xyz), \quad \mathrm{P}\left(0,\pi,\dfrac{1}{3}\right)$.

問2　次のことを証明せよ．

（i）　領域Uで $\nabla f = \boldsymbol{o}$ ならば f はUで定数である．

（ii）　$\boldsymbol{a}$ を定ベクトル，$\boldsymbol{r} = x\boldsymbol{i}+y\boldsymbol{j}+z\boldsymbol{k}$ とすると，$\nabla(\boldsymbol{a}\cdot\boldsymbol{r}) = \boldsymbol{a}$ である．

次に，関数の偏微分係数の一般化であるスカラー場の**方向微分係数**を定義しよう．引きつづき，f をUで定義された微分可能なスカラー場とする．Uの点Pと単位ベクトル $\boldsymbol{u}$ が与えられているとし，Pを通り $\boldsymbol{u}$ を方向ベクトルにもつ直線を l とする．点Pから $\boldsymbol{u}$ の向きに距離 s のところの l 上の点をQとし，Qの位置ベクトルを $\boldsymbol{r}(s)$ とすると

$$\boldsymbol{r}(s) = x(s)\boldsymbol{i}+y(s)\boldsymbol{j}+z(s)\boldsymbol{k} = \overrightarrow{\mathrm{OP}}+s\boldsymbol{u}.$$

このとき，s の関数 $f(x(s),y(s),z(s))$ の $s=0$ における微分係数

$$\lim_{s\to 0}\frac{f(\mathrm{Q})-f(\mathrm{P})}{s} = \lim_{s\to 0}\frac{f(\overrightarrow{\mathrm{OP}}+s\boldsymbol{u})-f(\overrightarrow{\mathrm{OP}})}{s}$$

を**点Pにおけるスカラー場 f の $\boldsymbol{u}$ 方向の方向微分係数**といい，$(\partial f/\partial u)_{\mathrm{P}}$ とかく．したがって

$$\begin{aligned}\left(\frac{\partial f}{\partial u}\right)_{\mathrm{P}} &= \left[\frac{d}{ds}f(x(s),\ y(s),\ z(s))\right]_{s=0}\\ &= \left[\frac{\partial f}{\partial x}\frac{dx}{ds}+\frac{\partial f}{\partial y}\frac{dy}{ds}+\frac{\partial f}{\partial z}\frac{dz}{ds}\right]_{s=0}\\ &= (\mathrm{grad}\,f)_{\mathrm{P}}\cdot\left(\frac{d\boldsymbol{r}}{ds}\right)_{s=0} = (\mathrm{grad}\,f)_{\mathrm{P}}\cdot\boldsymbol{u}.\end{aligned}$$

単位ベクトル $\boldsymbol{u}$ を固定したとき，Uの各点Pに方向微分係数 $(\partial f/\partial u)_{\mathrm{P}}$ を対応させることによって，新しい偏導関数 $\partial f/\partial u$ が得られる．これを f の **$\boldsymbol{u}$ 方**

向の**方向偏導関数**と呼ぶことにする．

例 2　f を領域 U で定義された微分可能なスカラー場とする．このとき，

$$\boldsymbol{u}=\boldsymbol{i} \quad \text{ならば} \quad \frac{\partial f}{\partial u}=\frac{\partial f}{\partial x},$$

$$\boldsymbol{u}=\boldsymbol{j} \quad \text{ならば} \quad \frac{\partial f}{\partial u}=\frac{\partial f}{\partial y},$$

$$\boldsymbol{u}=\boldsymbol{k} \quad \text{ならば} \quad \frac{\partial f}{\partial u}=\frac{\partial f}{\partial z},$$

$$\boldsymbol{u}=u_1\boldsymbol{i}+u_2\boldsymbol{j}+u_3\boldsymbol{k}\ (|\boldsymbol{u}|=1) \quad \text{ならば} \quad \frac{\partial f}{\partial u}=u_1\frac{\partial f}{\partial x}+u_2\frac{\partial f}{\partial y}+u_3\frac{\partial f}{\partial z}.$$

例題 1　スカラー場 $f=2x^3+3y-5z^3$ の点 $\mathrm{P}(1,-1,0)$ における $\boldsymbol{a}=\boldsymbol{i}+2\boldsymbol{j}-\boldsymbol{k}$ の方向への方向微分係数を求めよ．

解　$\boldsymbol{a}$ の方向の単位ベクトルは $\boldsymbol{u}=\dfrac{\boldsymbol{a}}{|\boldsymbol{a}|}=\dfrac{1}{\sqrt{6}}(\boldsymbol{i}+2\boldsymbol{j}-\boldsymbol{k})$．また

$$(\nabla f)_{\mathrm{P}}=6\,\boldsymbol{i}+3\,\boldsymbol{j}$$

であるから

$$\left(\frac{\partial f}{\partial u}\right)_{\mathrm{P}}=(\nabla f)_{\mathrm{P}}\cdot\boldsymbol{u}=2\sqrt{6}.$$

例題 2　スカラー場 $f(x,y,z)=\sin xyz$ の $\boldsymbol{a}=2\boldsymbol{i}+2\boldsymbol{j}-\boldsymbol{k}$ の方向偏導関数を求めよ．

解　$\boldsymbol{a}$ の方向の単位ベクトルは $\boldsymbol{u}=\dfrac{1}{3}(2\boldsymbol{i}+2\boldsymbol{j}-\boldsymbol{k})$．また

$$\nabla f=(yz\cos xyz)\boldsymbol{i}+(xz\cos xyz)\boldsymbol{j}+(xy\cos xyz)\boldsymbol{k}$$

であるから

$$\frac{\partial f}{\partial u}=(\nabla f)\cdot\boldsymbol{u}=\frac{1}{3}\cos xyz(2yz+2xz-xy).$$

問 3　次のスカラー場 f の点 P における $\boldsymbol{a}$ の方向の方向微分係数を求めよ．

（i）　$f=3x^2y+4y^2z$,　　$\mathrm{P}(1,1,1)$,　　$\boldsymbol{a}=\boldsymbol{i}+\boldsymbol{j}-2\,\boldsymbol{k}$.

（ii）　$f=e^x\sin yz$,　　$\mathrm{P}\left(0,1,\dfrac{\pi}{4}\right)$,　　$\boldsymbol{a}=2\boldsymbol{i}-\boldsymbol{j}+\boldsymbol{k}$.

（iii）　$f=x\sin y+y\sin z$,　　$\mathrm{P}(1,\pi,\pi)$,　　$\boldsymbol{a}=\boldsymbol{i}+3\boldsymbol{j}+\boldsymbol{k}$.

問 4　次のスカラー場 f の $\boldsymbol{a}=\boldsymbol{i}+3\boldsymbol{j}+\boldsymbol{k}$ の方向の方向偏導関数を求めよ．

（i）　$f=x^2\sin y+y^2\cos z$.　　　（ii）　$f=e^{xyz}$.

スカラー場 f の等位面と ∇f との関係は次の定理で与えられる．

定理1　$f = f(x, y, z)$ を $\boldsymbol{R}^3$ の領域Uで定義された微分可能なスカラー場とし，$(\nabla f)_{\mathrm{P}} \neq \boldsymbol{O}$ となるUの点Pを通る f の等位面をSとする．このとき，$(\nabla f)_{\mathrm{P}}$ は点Pにおいて曲面Sに垂直である．

証明　等位面Sの方程式を

$$f(x, y, z) = c \quad (c \text{ は定数})$$

とし，点Pを通り曲面Sに含まれる曲線Cのパラメータ表示を

$$\boldsymbol{r}(t) = x(t)\boldsymbol{i} + y(t)\boldsymbol{j} + z(t)\boldsymbol{k}$$

$$\mathrm{P} = \mathrm{P}(x(0), y(0), z(0)) \qquad (t = 0 \text{ のとき})$$

とする．このとき，CはSに含まれているから

$$f(x(t), y(t), z(t)) = c.$$

したがって

$$\left[\frac{d}{dt} f(x(t), y(t), z(t))\right]_{\mathrm{P}} = (\nabla f)_{\mathrm{P}} \cdot \boldsymbol{r}'(0) = 0.$$

$\boldsymbol{r}'(0)$ は点Pにおける曲線Cの接線ベクトルであるから，$(\nabla f)_{\mathrm{P}}$ は点PでCに垂直である．このような方法で $(\nabla f)_{\mathrm{P}}$ は点Pにおいてすべてのこうした曲線に垂直であるから，$(\nabla f)_{\mathrm{P}}$ は点Pにおいて曲面Sに垂直である．　▨

別証明　$\varphi(x, y, z) = f(x, y, z) - c = 0$,　$\mathrm{P}(x_0, y_0, z_0)$ とおく．$(\nabla f)_{\mathrm{P}} \neq \boldsymbol{o}$ より $(\nabla \varphi)_{\mathrm{P}} \neq \boldsymbol{o}$．このことから $\varphi_z(\mathrm{P}) \neq 0$ と仮定してよい．また，$\varphi(x, y, z) = 0$ は z を x, y に関する陰関数として表されていると考える．このとき，曲面 $\varphi(x, y, z) = 0$ は

$$\boldsymbol{r}(x, y) = x\boldsymbol{i} + y\boldsymbol{j} + z(x, y)\boldsymbol{k}$$

のようにパラメータ表示ができる．したがって

$$\boldsymbol{r}_x(x_0, y_0) = \boldsymbol{i} - \frac{\varphi_x(\mathrm{P})}{\varphi_z(\mathrm{P})}\boldsymbol{k}, \qquad \boldsymbol{r}_y(x_0, y_0) = \boldsymbol{j} - \frac{\varphi_y(\mathrm{P})}{\varphi_z(\mathrm{P})}\boldsymbol{k},$$

$$\boldsymbol{r}_x(x_0, y_0) \times \boldsymbol{r}_y(x_0, y_0) = \frac{1}{\varphi_z(\mathrm{P})}(\varphi_x(\mathrm{P})\boldsymbol{i} + \varphi_y(\mathrm{P})\boldsymbol{j} + \varphi_z(\mathrm{P})\boldsymbol{k}).$$

よって，点Pにおける単位法線ベクトルは

$$\boldsymbol{n}_{\mathrm{P}} = \frac{\boldsymbol{r}_x(x_0, y_0) \times \boldsymbol{r}_y(x_0, y_0)}{|\boldsymbol{r}_x(x_0, y_0) \times \boldsymbol{r}_y(x_0, y_0)|} = \frac{(\nabla \varphi)_{\mathrm{P}}}{|(\nabla \varphi)_{\mathrm{P}}|} = \frac{(\nabla f)_{\mathrm{P}}}{|(\nabla f)_{\mathrm{P}}|}.$$

$\varphi_x(\mathrm{P}) \neq 0$，または，$\varphi_y(\mathrm{P}) \neq 0$ の場合も同様の結果を得る．このことは点 P において $(\nabla f)_\mathrm{P}$ が曲面 S に垂直であることを示している．　▨

定理 2　f を $\mathbf{R}^3$ の領域 U で定義された微分可能なスカラー場とする．U の点 P に対して $(\nabla f)_\mathrm{P} \neq \boldsymbol{O}$ ならば，$(\nabla f)_\mathrm{P}$ の大きさは P における f の方向微分係数の最大値に等しく，$(\nabla f)_\mathrm{P}$ の向きは f の増加率が最大になる向き（**最大増加の向き**）である．すなわち

$$|(\nabla f)_\mathrm{P}| = \max_{\boldsymbol{u}} \left(\frac{\partial f}{\partial u}\right)_\mathrm{P} \quad \left(\min_{\boldsymbol{u}} \left(\frac{\partial f}{\partial u}\right)_\mathrm{P} = -|(\nabla f)_\mathrm{P}|\right),$$

$$(\nabla f)_\mathrm{P} \text{ の向き} = \left(\frac{\partial f}{\partial u}\right)_\mathrm{P} \text{ が最大になるときの } \boldsymbol{u} \text{ の向き}.$$

証明　$(\nabla f)_\mathrm{P}$ と単位ベクトル $\boldsymbol{u}$ とがなす角を $\theta(0 \leqq \theta \leqq \pi)$ とすると，方向微分係数の定義により

$$\left(\frac{\partial f}{\partial u}\right)_\mathrm{P} = (\nabla f)_\mathrm{P} \cdot \boldsymbol{u} = |(\nabla f)_\mathrm{P}| \cos\theta.$$

よって，$0 \leqq \theta \leqq \pi$ より $-1 \leqq \cos\theta \leqq 1$ であるから，$\cos\theta = 1 (\theta = 0)$ のとき $(\partial f/\partial u)_\mathrm{P}$ は最大になり，最大値は $|(\nabla f)_\mathrm{P}|$ である．すなわち，$(\nabla f)_\mathrm{P}$ と同じ向きの単位ベクトルを $\boldsymbol{u}_0$ とすると

$$\max_{\boldsymbol{u}} \left(\frac{\partial f}{\partial u}\right)_\mathrm{P} = |(\nabla f)_\mathrm{P}| = \left(\frac{\partial f}{\partial u_0}\right)_\mathrm{P}$$

$$\left(\min_{\boldsymbol{u}} \left(\frac{\partial f}{\partial u}\right)_\mathrm{P} = -|(\nabla f)_\mathrm{P}| \qquad (\cos\theta = -1,\ \text{すなわち},\ \theta = \pi \text{ のとき})\right).$$

▨

空間の場合と類似なことが平面におけるスカラー場 $f = f(x, y)$ についてもいえる．つまり，f の定義域内の点 P において

$$(\nabla_{(2)} f)_\mathrm{P} = \left(\frac{\partial f}{\partial x}\right)_\mathrm{P} \boldsymbol{i} + \left(\frac{\partial f}{\partial y}\right)_\mathrm{P} \boldsymbol{j} \neq \boldsymbol{o}$$

ならば，$(\nabla_{(2)} f)_\mathrm{P}$ は点 P において P を通る等高線に垂直で，$(\nabla_{(2)} f)_\mathrm{P}$ の大きさは $(\partial f/\partial u)_\mathrm{P}$ の最大値に等しく，$(\nabla_{(2)} f)_\mathrm{P}$ の向きは $(\partial f/\partial u)_\mathrm{P}$ が最大になる

ときの単位ベクトル $\boldsymbol{u}$ の向きと同じである．

3次元の空間に話をもどそう．点Pにおけるスカラー場 f の勾配 $(\nabla f)_{\mathrm{P}}$ に対して $(\nabla f)_{\mathrm{P}} \neq \boldsymbol{o}$ ならば，

$$\boldsymbol{n}_{\mathrm{P}} = \frac{(\nabla f)_{\mathrm{P}}}{|(\nabla f)_{\mathrm{P}}|}$$

で定義される $\boldsymbol{n}_{\mathrm{P}}$ は定理1，定理2により，点Pを通る f の等位面の単位法線ベクトルで，$\boldsymbol{n}_{\mathrm{P}}$ の向きはスカラー場 f の最大増加の向きである．また，点Pにおける f の $\boldsymbol{n}_{\mathrm{P}}$ 方向の方向微分係数を $(\partial f/\partial n)_{\mathrm{P}}$ とかく．このとき

$$|(\nabla f)_{\mathrm{P}}| = \left(\frac{\partial f}{\partial n}\right)_{\mathrm{P}}, \qquad (\nabla f)_{\mathrm{P}} = \left(\frac{\partial f}{\partial n}\right)_{\mathrm{P}} \boldsymbol{n}_{\mathrm{P}}.$$

例題3　スカラー場 $f = x^2+y^2+z^2$ に対して，次の問に答えよ．

（i）　点 $\mathrm{P}(1,-1,0)$ から点 $\mathrm{Q}(0,1,1)$ への変位ベクトル $\overrightarrow{\mathrm{PQ}}$ の方向における点Pでの f の方向微分係数を求めよ．

（ii）　点 $\mathrm{P}(1,-1,0)$ における（i）の方向微分係数の最大値，および，f の最大増加の向きを求めよ．

解　（i）　$\overrightarrow{\mathrm{PQ}}$ の方向への単位ベクトルを $\boldsymbol{u}$ とすると，$\boldsymbol{u} = -\dfrac{1}{\sqrt{6}}(\boldsymbol{i}-2\boldsymbol{j}-\boldsymbol{k})$．したがって

$$\left(\frac{\partial f}{\partial u}\right)_{\mathrm{P}} = (\nabla f)_{\mathrm{P}}\cdot\boldsymbol{u} = -\frac{2}{\sqrt{6}}(\boldsymbol{i}-\boldsymbol{j})\cdot(\boldsymbol{i}-2\boldsymbol{j}-\boldsymbol{k}) = -\sqrt{6}.$$

（ii）　$(\nabla f)_{\mathrm{P}} = 2(\boldsymbol{i}-\boldsymbol{j}), \quad |(\nabla f)_{\mathrm{P}}| = 2\sqrt{2}$ であるから

$$\left(\frac{\partial f}{\partial u}\right)_{\mathrm{P}} \text{の最大値} = |(\nabla f)_{\mathrm{P}}| = 2\sqrt{2}.$$

また，f の最大増加の向き，すなわち，$(\partial f/\partial u)_{\mathrm{P}}$ が最大になるときの向きは $(\nabla f)_{\mathrm{P}} = 2(\boldsymbol{i}-\boldsymbol{j})$ の向きである．

例題4　点 $\mathrm{P}(1,-1,2)$ における曲面 $x^2+2y^2+3z^2=4$ の単位法線ベクトルおよび接平面の方程式を求めよ．

解　$f(x,y,z) = x^2+2y^2+3z^2-4$ とおくと，与えられた曲面は f の等位面 $f=0$ である．このとき

$$(\nabla f)_{\mathrm{P}} = 2\boldsymbol{i}-4\boldsymbol{j}+12\boldsymbol{k}, \qquad |(\nabla f)_{\mathrm{P}}| = 2\sqrt{41},$$

$$\text{単位法線ベクトル}\ \boldsymbol{n}_{\mathrm{P}} = \frac{(\nabla f)_{\mathrm{P}}}{|(\nabla f)_{\mathrm{P}}|} = \frac{1}{\sqrt{41}}(\boldsymbol{i}-2\boldsymbol{j}+6\boldsymbol{k}).$$

よって点 P における接平面の方程式は

$$(x-1)-2(y+1)+6(z-2)=0, \quad \text{すなわち，} x-2y+6z=15.$$

問 5　次のスカラー場 $f=f(x,y,z)$ の点 P における最大増加の向きの単位ベクトルを求めよ．

（i）$f=3x^2-5y^3+2z^2$,　$\mathrm{P}(1,0,1)$.

（ii）$f=x^2+xy+yz^2$,　$\mathrm{P}(0,1,1)$.

（iii）$f=x\sin y+y\sin z+z\sin x$,　$\mathrm{P}\left(0,\dfrac{\pi}{2},0\right)$.

問 6　次の曲面上の点 P における曲面の単位法線ベクトル，および，接平面の方程式を求めよ．

（i）$x^3+xy-z^2=1$,　$\mathrm{P}(2,1,3)$.

（ii）$z=x^2+y^2$,　$\mathrm{P}(1,2,5)$.

問 7　次の 2 曲面の点 P における交角（P における法線ベクトルの交角）の余弦の値を求めよ．

（i）$x^2-xy+z^2=3$,　$z=x(1+y)-1$,　$\mathrm{P}(1,2,2)$.

（ii）$x^2+y^2+z^2=6$,　$x^2-y^2+z^2=4$,　$\mathrm{P}(-1,1,2)$.

§3.2　ベクトル場の流線と方向微分係数

水や空気のように流体が流れている場には速度が分布している．帯電体があれば，そのまわりには電場が生じている．その他にも，磁場や重力場などのように，ベクトルが分布している区域をベクトル場という．ベクトルの分布状態を知ることは重要であるが，それには，図表によって視覚化する便利な方法がある．その 1 つは，ベクトル場 $\boldsymbol{F}=\boldsymbol{F}(\boldsymbol{r})$ が与えられたとき，位置ベクトルが $\boldsymbol{r}$ の点 $\mathrm{P}(\boldsymbol{r})$ にベクトル $\boldsymbol{F}(\boldsymbol{r})$ を矢印で書き入れる．もう 1 つは，ベクトル場においてその向きを追って書いた曲線である．このとき，各曲線の接線ベクトルは各点でベクトルの向きと一致する．このような曲線を流体力学の用語を借りて**流線**という．この流線は，たとえば，水流の場合は水の流れであり，電場ならば**電気力線**，磁場ならば**磁力線**，重力場ならば**力線**である．流線を数多くえがいて得られる流線群はベクトル場の向きを示す．たとえば，物体の引力の表す力線は物体の中心方向に向いており，電気力線は正の電荷から出て負の電荷に入り常に縮まろうとするが，同じ向きの電気力線は反発し，逆向きの電気力線は吸引し合うような配置をとる．流線をえがく方法でベクトル場の大きさを表すには，流線を密にまたは疎にえがき，各点における流線の密度（ベク

トル場の向きと直角な単位面積を通過する流線の本数）がその点におけるベクトルの大きさに比例するようにすればよい．たとえば，万有引力場における力線の密度は力の大きさに比例する．真空中で点電荷 q が位置ベクトル $\boldsymbol{r}(r=|\boldsymbol{r}|)$ のところに作る電場ベクトル $\boldsymbol{E}(\boldsymbol{r})$ は

$$\boldsymbol{E}(\boldsymbol{r})=\frac{q}{4\pi\varepsilon_0 r^2}\frac{\boldsymbol{r}}{r}.$$

電荷を中心とする半径 r の球を考えると，電気力線の（面積）密度は，単位面積を通過する電気力線の本数は電荷量が q のとき q/ε_0 本とされているので，

$$\frac{q}{4\pi\varepsilon_0 r^2}\text{本}$$

となり，$\boldsymbol{E}(\boldsymbol{r})$ の大きさに等しい．磁力線の場合にも類似のことがいえる．

このように，電磁気学では流線の方法がよく用いられ，流線の具体的なえがき方を知ることは，電気力線や電場，磁力線や磁場の性質を理解する上でとても大切である．

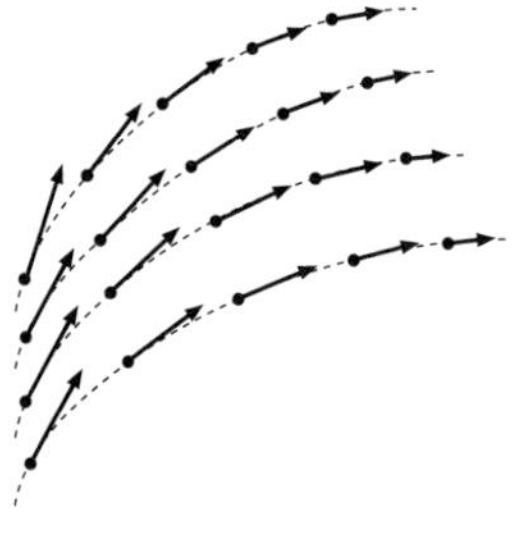

図 3-3　矢印による各点でのベクトル

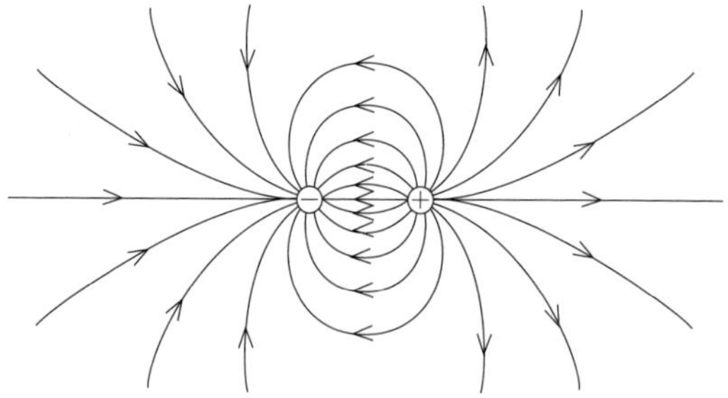

図 3-4　同じ電荷量をもつ正と負の電荷が作る電気力線

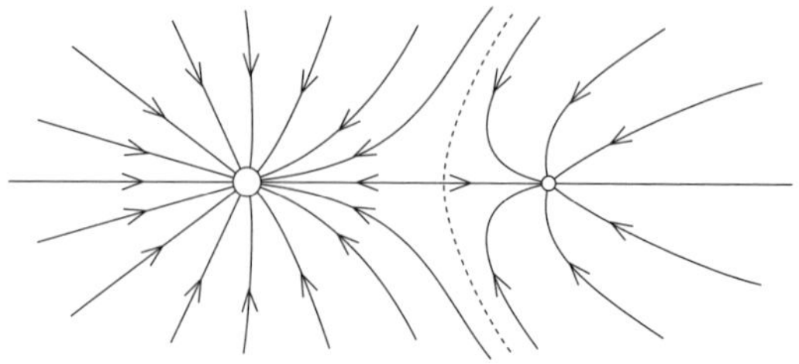

図 3-5　質量の異なる2個の物体が作る力線

ベクトル場 $\boldsymbol{F} = \boldsymbol{F}(\boldsymbol{r})$ の流線Cをパラメータ表示するには，一般のパラメータ t による表示と，流線の弧長 s によるパラメータ表示がよく用いられる．いずれの表示も微分方程式

$$\frac{d\boldsymbol{r}}{dt} = \boldsymbol{F}(\boldsymbol{r}), \qquad \frac{d\boldsymbol{r}}{ds} = \varphi(s)\boldsymbol{F}(\boldsymbol{r}) \quad (\varphi(s)\text{ は正の連続関数})$$

が解ければよい．実際，ベクトル場 $\boldsymbol{F} = \boldsymbol{F}(\boldsymbol{r})$ の流線の表す曲線Cのパラメータ表示が $\boldsymbol{r} = \boldsymbol{r}(u)$ であれば，これが流線であるための条件は

$$\frac{d\boldsymbol{r}}{du} = \varphi(u)\boldsymbol{F}(\boldsymbol{r}), \qquad \varphi > 0$$

となる連続関数 $\varphi = \varphi(u)$ が存在することである．パラメータ u を

$$t = \int \varphi(u)\, du$$

によってパラメータ t に換えると，$dt/du = \varphi(u) > 0$ より，t は u の単調増加関数である．よって，逆関数 $u = u(t)$ が存在して，上の式から $d\boldsymbol{r}/dt = \boldsymbol{F}(\boldsymbol{r})$ を得る．

$$\boldsymbol{r}(t) = x(t)\boldsymbol{i} + y(t)\boldsymbol{j} + z(t)\boldsymbol{k}$$
$$\boldsymbol{F}(\boldsymbol{r}(t)) = F_x(\boldsymbol{r}(t))\boldsymbol{i} + F_y(\boldsymbol{r}(t))\boldsymbol{j} + F_z(\boldsymbol{r}(t))\boldsymbol{k}$$

とすれば，微分方程式 $\dfrac{d\boldsymbol{r}}{dt} = \boldsymbol{F}(\boldsymbol{r})$ は

$$\frac{dx}{dt} = F_x(\boldsymbol{r}), \qquad \frac{dy}{dt} = F_y(\boldsymbol{r}), \qquad \frac{dz}{dt} = F_z(\boldsymbol{r})$$

となる．また，流線Cの弧長 s をベクトル場の方向に向かって増加するようにとれば

$$\frac{dx}{ds} : \frac{dy}{ds} : \frac{dz}{ds} = F_x(\boldsymbol{r}) : F_y(\boldsymbol{r}) : F_z(\boldsymbol{r})$$

を解くことによって，**流線の方程式**が得られる．

これを全微分の形式に書き換えると，流線を定める微分方程式は

$$\frac{dx}{F_x(\boldsymbol{r})} = \frac{dy}{F_y(\boldsymbol{r})} = \frac{dz}{F_z(\boldsymbol{r})}$$

のようにも書かれる．

例題1　$\boldsymbol{F}(\boldsymbol{r}(t)) = (x(t)+e^t)\boldsymbol{i}+(y(t)+e^{2t})\boldsymbol{j}+(z(t)+e^{3t})\boldsymbol{k}$ で与えられるベクトル場 $\boldsymbol{F} = \boldsymbol{F}(\boldsymbol{r})$ の流線を求めよ．

解　微分方程式

$$\frac{dx}{dt} = x+e^t, \qquad \frac{dy}{dt} = y+e^{2t}, \qquad \frac{dz}{dt} = z+e^{3t}$$

を解くと

$$x(t) = te^t + c_1e^t, \qquad y(t) = e^{2t}+c_2e^t,$$

$$z(t) = \frac{1}{2}e^{3t}+c_3e^t \quad (c_1, c_2, c_3 \text{ は任意定数}).$$

ゆえに，求める流線の方程式は

$$\boldsymbol{r}(t) = (te^t+c_1e^t)\boldsymbol{i}+(e^{2t}+c_2e^t)\boldsymbol{j}+\left(\frac{1}{2}e^{3t}+c_3e^t\right)\boldsymbol{k}.$$

例題2　曲線 $\boldsymbol{r}(t) = \cos t\,\boldsymbol{i}+\sin t\,\boldsymbol{j}+\sqrt{3}\,t\boldsymbol{k}$　$(t \geqq 0)$ を流線にもつベクトル場 $\boldsymbol{F}$ の（流線の）弧長 s によるパラメータ表示を求めよ．

解　まず，$\boldsymbol{r}(t)$ を t で微分すると

$$\boldsymbol{r}'(t) = -\sin t\,\boldsymbol{i}+\cos t\,\boldsymbol{j}+\sqrt{3}\,\boldsymbol{k}, \qquad |\boldsymbol{r}'(t)| = 2.$$

曲線 $\boldsymbol{r} = \boldsymbol{r}(t)$ 上で $t=0$ に対応する点から $t=t$ に対応する点までの弧の長さを $s = s(t)$ とすれば

$$s(t) = \int_0^t |\boldsymbol{r}'(\tau)|\,d\tau = 2t, \qquad \varphi(s) = \frac{1}{2}.$$

これより

$$\boldsymbol{F} = 2\frac{d\boldsymbol{r}}{ds} = 2\frac{d\boldsymbol{r}}{dt}\frac{dt}{ds} = -\sin\frac{s}{2}\,\boldsymbol{i}+\cos\frac{s}{2}\,\boldsymbol{j}+\sqrt{3}\,\boldsymbol{k}, \quad (s \geqq 0).$$

問1　次のベクトル場 $\boldsymbol{F}$ の流線を求めよ

（i）　$\boldsymbol{F} = (t^2+1)\boldsymbol{i}+t\boldsymbol{j}+t^3\boldsymbol{k}$.

（ii）　$F = t\,\boldsymbol{i}+\cos t\,\boldsymbol{j}+\sin t\,\boldsymbol{k}$.

問2　ベクトル場 $\boldsymbol{F} = (y+z)\boldsymbol{i}+(z+x)\boldsymbol{j}+(x+y)\boldsymbol{k}$ の流線を求めよ．

問3　次の曲線 $\boldsymbol{r} = \boldsymbol{r}(t)$ を流線にもつベクトル場 $\boldsymbol{F}$ の（流線の）弧長 s によるパラメータ表示を求めよ．

$$\boldsymbol{r}(t) = (3\cos 2t)\boldsymbol{i}+(3\sin 2t)\boldsymbol{j}+t\boldsymbol{k} \qquad (t \geqq 0).$$

次に，ベクトル値関数の偏微分係数の一般化である**ベクトル場の方向微分係**

数を定義する．U を $\mathbf{R}^3$ の領域とし，$\boldsymbol{F}$ を U で定義された微分可能なベクトル場とする．U の点 P と単位ベクトル $\boldsymbol{u}$ が与えられるとし，点 P を通り $\boldsymbol{u}$ を方向ベクトルにもつ直線を l とする．点 P から $\boldsymbol{u}$ の向きに距離 s のところの l 上の点を Q とし，点 Q の位置ベクトルを $\boldsymbol{r}(s)$ とすれば，$\boldsymbol{r}(s) = \overrightarrow{\mathrm{OP}} + s\boldsymbol{u}$ となる．このとき，ベクトル値関数 $\boldsymbol{F}(x(s), y(s), z(s))$ の $s = 0$ における微分係数

$$\lim_{s\to 0}\frac{\boldsymbol{F}(Q)-\boldsymbol{F}(\mathrm{P})}{s} = \lim_{s\to 0}\frac{\boldsymbol{F}(\overrightarrow{\mathrm{OP}}+s\boldsymbol{u})-\boldsymbol{F}(\overrightarrow{\mathrm{OP}})}{s}$$

を**点 P におけるベクトル場 $\boldsymbol{F}$ の $\boldsymbol{u}$ 方向の方向微分係数**といい，$(\partial \boldsymbol{F}/\partial u)_{\mathrm{P}}$ とかく．いま，ベクトル場 $\boldsymbol{F} = \boldsymbol{F}(x(s), y(s), z(s))$ の成分表示を $\boldsymbol{F} = F_x\,\boldsymbol{i} + F_y\boldsymbol{j} + F_z\boldsymbol{k}$ とすれば

$$F_x = F_x(x(s), y(s), z(s)), \qquad F_y = F_y(x(s), y(s), z(s)),$$
$$F_z = F_z(x(s), y(s), z(s))$$

は U で微分可能なスカラー場であるから，点 P におけるこれらの関数の $\boldsymbol{u}$ 方向の方向微分係数は

$$\left(\frac{\partial F_x}{\partial u}\right)_{\mathrm{P}} = (\nabla F_x)_{\mathrm{P}}\cdot\boldsymbol{u}, \qquad \left(\frac{\partial F_y}{\partial u}\right)_{\mathrm{P}} = (\nabla F_y)_{\mathrm{P}}\cdot\boldsymbol{u}, \qquad \left(\frac{\partial F_z}{\partial u}\right)_{\mathrm{P}} = (\nabla F_z)_{\mathrm{P}}\cdot\boldsymbol{u}$$

であり，

$$\left(\frac{\partial \boldsymbol{F}}{\partial u}\right)_{\mathrm{P}} = \left(\frac{\partial F_x}{\partial u}\right)_{\mathrm{P}}\boldsymbol{i} + \left(\frac{\partial F_y}{\partial u}\right)_{\mathrm{P}}\boldsymbol{j} + \left(\frac{\partial F_z}{\partial u}\right)_{\mathrm{P}}\boldsymbol{k}.$$

単位ベクトル $\boldsymbol{u}$ の方向余弦を l, m, n とすると，$(\partial \boldsymbol{F}/\partial u)_{\mathrm{P}}$ は

$$\begin{aligned}
\left(\frac{\partial \boldsymbol{F}}{\partial u}\right)_{\mathrm{P}} &= \left\{l\left(\frac{\partial F_x}{\partial x}\right)_{\mathrm{P}} + m\left(\frac{\partial F_x}{\partial y}\right)_{\mathrm{P}} + n\left(\frac{\partial F_x}{\partial z}\right)_{\mathrm{P}}\right\}\boldsymbol{i} \\
&\quad + \left\{l\left(\frac{\partial F_y}{\partial x}\right)_{\mathrm{P}} + m\left(\frac{\partial F_y}{\partial y}\right)_{\mathrm{P}} + n\left(\frac{\partial F_y}{\partial z}\right)_{\mathrm{P}}\right\}\boldsymbol{j} \\
&\quad + \left\{l\left(\frac{\partial F_z}{\partial x}\right)_{\mathrm{P}} + m\left(\frac{\partial F_z}{\partial y}\right)_{\mathrm{P}} + n\left(\frac{\partial F_z}{\partial z}\right)_{\mathrm{P}}\right\}\boldsymbol{k} \\
&= l\left(\frac{\partial \boldsymbol{F}}{\partial x}\right)_{\mathrm{P}} + m\left(\frac{\partial \boldsymbol{F}}{\partial y}\right)_{\mathrm{P}} + n\left(\frac{\partial \boldsymbol{F}}{\partial z}\right)_{\mathrm{P}} = \Big[(\boldsymbol{u}\cdot\nabla)\boldsymbol{F}\Big]_{\mathrm{P}}
\end{aligned}$$

となる．単位ベクトル $\boldsymbol{u}$ を固定したとき，Uの各点Pに方向微分係数 $(\partial \boldsymbol{F}/\partial u)_{\mathrm{P}}$ を対応させることによって新しい偏導関数 $\partial \boldsymbol{F}/\partial u$ が得られる．これを $\boldsymbol{F}$ の $\boldsymbol{u}$ **方向の方向偏導関数**と呼ぶことにする．上の式からただちに次のことが分る．

$$\boldsymbol{u}=\boldsymbol{i} \quad \text{ならば} \quad \frac{\partial \boldsymbol{F}}{\partial u}=\frac{\partial \boldsymbol{F}}{\partial x},$$

$$\boldsymbol{u}=\boldsymbol{j} \quad \text{ならば} \quad \frac{\partial \boldsymbol{F}}{\partial u}=\frac{\partial \boldsymbol{F}}{\partial y},$$

$$\boldsymbol{u}=\boldsymbol{k} \quad \text{ならば} \quad \frac{\partial \boldsymbol{F}}{\partial u}=\frac{\partial \boldsymbol{F}}{\partial z}.$$

例題3　ベクトル場 $\boldsymbol{F}=x^3\boldsymbol{i}+x^2y^2\boldsymbol{j}+z^3\boldsymbol{k}$ の点 $\mathrm{P}(1,-1,1)$ における $\boldsymbol{a}=2\boldsymbol{i}+\boldsymbol{j}-\boldsymbol{k}$ の方向への方向微分係数を求めよ．

解　$\boldsymbol{a}$ の方向の単位ベクトルは $\boldsymbol{u}=\left(\dfrac{2}{\sqrt{6}},\dfrac{1}{\sqrt{6}},\dfrac{-1}{\sqrt{6}}\right)$ で，また

$$\frac{\partial \boldsymbol{F}}{\partial x}=3x^2\boldsymbol{i}+2xy^2\boldsymbol{j}, \qquad \frac{\partial \boldsymbol{F}}{\partial y}=2x^2y\boldsymbol{j}, \qquad \frac{\partial \boldsymbol{F}}{\partial z}=3z^2\boldsymbol{k}$$

であるから

$$\left(\frac{\partial \boldsymbol{F}}{\partial u}\right)_{\mathrm{P}}=[(\boldsymbol{u}\cdot\nabla)\boldsymbol{F}]_{\mathrm{P}}=\left[\frac{2}{\sqrt{6}}(3x^2\boldsymbol{i}+2xy^2\boldsymbol{j})+\frac{1}{\sqrt{6}}(2x^2y\boldsymbol{j})-\frac{1}{\sqrt{6}}(3z^2\boldsymbol{k})\right]_{\mathrm{P}}$$

$$=\sqrt{6}\,\boldsymbol{i}+\frac{\sqrt{6}}{3}\boldsymbol{j}-\frac{\sqrt{6}}{2}\boldsymbol{k}.$$

問4　次のベクトル場 $\boldsymbol{F}$ の点Pにおけるベクトル $\boldsymbol{a}$ 方向への方向微分係数を求めよ．

（i）　$\boldsymbol{F}=(x^2+y^2+z^2)\boldsymbol{i}+(xy+yz+zx)\boldsymbol{j}+xyz\boldsymbol{k}$,　$\mathrm{P}(1,0,1)$,　$\boldsymbol{a}=(2,3,1)$.

（ii）　$\boldsymbol{F}=\sin x\,\boldsymbol{i}+\cos y\,\boldsymbol{j}+\tan z\,\boldsymbol{k}$,　$\mathrm{P}\left(\pi,\dfrac{\pi}{2},0\right)$,　$\boldsymbol{a}=(1,1,1)$.

（iii）　$F=e^{2x}\boldsymbol{i}+\log(y^2+1)\boldsymbol{j}+\sqrt{z}\,\boldsymbol{k}$,　$\mathrm{P}(0,-1,1)$,　$\boldsymbol{a}=(1,2,1)$.

§3.3　保存ベクトル場とスカラー・ポテンシャル

一様な重力場では，どこでも力は一定であるが，人工衛星を考えるときは，重力も一定の力ではなく，位置によって変わる．物体を動かして位置 $\boldsymbol{r}$ のところに移動させると，そこに働く力も $\boldsymbol{r}$ の関数として，たとえば，$\boldsymbol{F}(\boldsymbol{r})$ のように与えられる．力によってはその成分 F_x, F_y, F_z が1つのスカラー関数 $\varphi(\boldsymbol{r})=\varphi(x,y,z)$ を用いて

$$F_x = -\frac{\partial \varphi}{\partial x}, \qquad F_y = -\frac{\partial \varphi}{\partial y}, \qquad F_z = -\frac{\partial \varphi}{\partial z}$$

のように与えられるものがある．これは力を与える方法の1つでもある．

一般に，ベクトル場 $\boldsymbol{F} = \boldsymbol{F}(\boldsymbol{r})$ に対して

$$\boldsymbol{F} = -\nabla\varphi$$

をみたすスカラー場 $\varphi = \varphi(\boldsymbol{r})$ が存在するならば，$\boldsymbol{F}$ を**保存ベクトル場**といい，φ を $\boldsymbol{F}$ の**スカラー・ポテンシャル**（あるいは，単に**ポテンシャル**）という．

定理1 スカラー・ポテンシャルは定数を除いて一意的に決まる．

証明 スカラー・ポテンシャルの定義域をUとする．2つのスカラー・ポテンシャル φ_1, φ_2 がUのすべての点Pで等式

$$(\nabla\varphi_1)_{\mathrm{P}} = (\nabla\varphi_2)_{\mathrm{P}}$$

をみたしているとする．このとき，$(\nabla(\varphi_1 - \varphi_2))_{\mathrm{P}} = \boldsymbol{o}$．したがって，U上で $(\nabla\varphi)_{\mathrm{P}} = \boldsymbol{o}$ が常に成り立つとき，φ がU上で定数であることを示せばよい．Uの1点 $\mathrm{P_0}$ を固定し，PをUの任意の点として，2点 $\mathrm{P_0}$, P を通るU内の任意の滑らかな曲線Cのパラメータ表示を

$$\mathrm{C}: \boldsymbol{r} = \boldsymbol{r}(t), \quad t \in \mathrm{I} \quad (\boldsymbol{r}(\alpha) = \overrightarrow{\mathrm{OP_0}}, \quad \boldsymbol{r}(\beta) = \overrightarrow{\mathrm{OP}}, \quad \alpha, \beta \in \mathrm{I})$$

とする．$h(t) = \varphi(\boldsymbol{r}(t))$ とおくと

$$h'(t) = (\nabla\varphi)_{\mathrm{P}(\boldsymbol{r}(t))} \cdot \boldsymbol{r}'(t) = 0, \quad t \in \mathrm{I}.$$

したがって，$h(t)$ はI上で定数であり，$\varphi(\boldsymbol{r}(\alpha)) = \varphi(\boldsymbol{r}(\beta))$．点Pと曲線Cの任意性により φ はU上で一定である． ▨

定理2 $\boldsymbol{r} = x\boldsymbol{i} + y\boldsymbol{j} + z\boldsymbol{k}$, $r = |\boldsymbol{r}|$ とすると，ベクトル場 $\boldsymbol{F} = \boldsymbol{F}(\boldsymbol{r})$ に対して，次の2つの条件は同値である．

（i） $\boldsymbol{F}$ は r の連続関数 $h(r)$ によって $\boldsymbol{F} = h(r)\boldsymbol{r}$ と表される．

（ii）$\boldsymbol{F}$ は C^1 級関数 $\varphi = \varphi(\boldsymbol{r})(=\zeta(r))$ によって $\boldsymbol{F} = -\nabla\varphi$ と表される．

証明　まず，$r = \sqrt{x^2+y^2+z^2}$ より

$$\frac{\partial r}{\partial x} = \frac{x}{r}, \qquad \frac{\partial r}{\partial y} = \frac{y}{r}, \qquad \frac{\partial r}{\partial z} = \frac{z}{r}.$$

（i）を仮定して（ii）を示そう．

$$\varphi(\boldsymbol{r}) = -\int rh(r)dr(=\zeta(r)) \quad とおくと \quad \frac{d}{dr}\left(-\int rh(r)dr\right) = -rh(r)$$

であるから

$$\frac{\partial \varphi}{\partial x} = -h(r)x, \qquad \frac{\partial \varphi}{\partial y} = -h(r)y, \qquad \frac{\partial \varphi}{\partial z} = -h(r)z.$$

したがって，h の連続性により φ は C^1 級であり

$$\nabla\varphi = -\frac{1}{r}\frac{d\zeta}{dr}\boldsymbol{r}, \qquad \boldsymbol{F} = -\nabla\varphi.$$

次に（ii）を仮定して（i）を示す．合成関数の微分法により $\nabla\varphi = \dfrac{1}{r}\dfrac{d\zeta}{dr}\boldsymbol{r}$.
よって，

$$h(r) = -\frac{1}{r}\frac{d\zeta}{dr}$$

とおくと，φ は C^1 級であるから h は連続関数であり，$\boldsymbol{F} = h(r)\boldsymbol{r}$ が成り立つ．　▨

力学における力の場はベクトル場の典型的な例の1つであるが，力を加えて質点をある点から別の点に動かしたとき，質点になされた仕事が，質点の最初と最後の位置のみに依存し，途中の道筋に無関係であるような力の場を**保存力場**という．後でみるように，力の場が保存力場であるための必要十分条件は力の場のスカラー・ポテンシャルが存在することである．

例1　原点Oに固定されている質量 M の質点が，位置ベクトル $\boldsymbol{r}$ の点にある質量 m の質点に及ぼす万有引力 $\boldsymbol{F}(\boldsymbol{r})$ に対して，ベクトル場 $\boldsymbol{F} = \boldsymbol{F}(\boldsymbol{r})$ は保存力場である．ただし，この場合は

$$h(r) = -\frac{GMm}{r^3}, \qquad \varphi(\boldsymbol{r}) = -\frac{GMm}{r}.$$

例 2　弾性体に作用する**弾性力**は，変位ベクトルを $\boldsymbol{r}$ とするとき，**フックの法則**により

$$\boldsymbol{F}(\boldsymbol{r}) = -k\boldsymbol{r} \qquad (k\text{ は弾性の比例定数})$$

となる．$F = F(r)$ で定まる**弾性力場**は保存力場である．ただし，この場合は

$$h(r) = -k, \qquad \varphi(\boldsymbol{r}) = \frac{k}{2}r^2.$$

例 3　原点 O に固定されている電荷 q の点電荷が位置ベクトル $\boldsymbol{r}$ の点 P にある q' の点電荷に及ぼす電気的クーロン力 $\boldsymbol{F}(\boldsymbol{r})$ に対して，点 P における電場ベクトル $\boldsymbol{E}(\boldsymbol{r})$ は

$$\boldsymbol{F}(\boldsymbol{r}) = q'\boldsymbol{E}(\boldsymbol{r})$$

をみたす．$\boldsymbol{E} = \boldsymbol{E}(\boldsymbol{r})$ で定まる（静）**電場**は保存力場である．ただし，この場合は

$$h(r) = \frac{q}{4\pi\varepsilon_0 r^3}, \qquad \varphi(\boldsymbol{r}) = \frac{q}{4\pi\varepsilon_0 r}.$$

ここに，$\varphi(\boldsymbol{r})$ は点 P における**電位**であり，$\varphi = \varphi(\boldsymbol{r})$ で定まる φ は電場 $\boldsymbol{E}$ に対する静電ポテンシャルである．**磁場**と**磁位**に対しても類似の関係が成り立つ．

例 4　（**電気双極子**）　電荷 $+q$ と $-q$ の一対が極めて近接して置かれているとき，この 2 つの電荷の組を**電気双極子**という．図 3-6 で点 P の**静電ポテンシャル**は

$$\varphi(\boldsymbol{r}) = \frac{q}{4\pi\varepsilon_0}\left(\frac{1}{r_{\mathrm{A}}} - \frac{1}{r_{\mathrm{B}}}\right)$$

である．ただし，$\boldsymbol{r} = \overrightarrow{\mathrm{OP}}$，$r = |\boldsymbol{r}|$ とする．このとき，余弦定理を用いれば

$$\begin{aligned}\frac{1}{r_{\mathrm{A}}} &= \frac{1}{\sqrt{r^2 - rd\cos\theta + (d/2)^2}} \\ &= \frac{1}{r}\left(1 + \frac{d\cos\theta}{2r} + O((d/r)^2)\right),\end{aligned}$$

$$\frac{1}{r_{\mathrm{B}}} = \frac{1}{\sqrt{r^2 + rd\cos\theta + (d/2)^2}} = \frac{1}{r}\left(1 - \frac{d\cos\theta}{2r} + O((d/r)^2)\right)$$

となり，十分遠方での静電ポテンシャルは

$$\varphi(\boldsymbol{r}) = \frac{qd\cos\theta}{4\pi\varepsilon_0 r^2}$$

になる．電場の $\boldsymbol{r}$ 方向および θ 方向の成分は，§6.3，例2を参照して

$$E_r = -\frac{\partial\varphi(\boldsymbol{r})}{\partial r} = \frac{qd\cos\theta}{2\pi\varepsilon_0 r^3}, \qquad E_\theta = -\frac{1}{r}\frac{\partial\varphi(\boldsymbol{r})}{\partial\theta} = \frac{qd\sin\theta}{4\pi\varepsilon_0 r^3}$$

と求められる．以上の結果をベクトルを用いた形式で書き直すと次のようになる．ベクトル

$$\boldsymbol{p} = q\overrightarrow{\mathrm{BA}} = qd\frac{\overrightarrow{\mathrm{BA}}}{|\overrightarrow{\mathrm{BA}}|}$$

を**電気双極子モーメント**という．この $\boldsymbol{p}$ を用いると

$$\varphi(\boldsymbol{r}) = \frac{\boldsymbol{p}\cdot\boldsymbol{r}}{4\pi\varepsilon_0 r^3}$$

であるから，電場は

$$\begin{aligned}\boldsymbol{E} &= -\nabla\varphi(\boldsymbol{r}) = -\frac{1}{4\pi\varepsilon_0}\nabla\left(\frac{\boldsymbol{p}\cdot\boldsymbol{r}}{r^3}\right) \\ &= -\frac{1}{4\pi\varepsilon_0}\frac{1}{r^3}\nabla(\boldsymbol{p}\cdot\boldsymbol{r}) - \frac{\boldsymbol{p}\cdot\boldsymbol{r}}{4\pi\varepsilon_0}\nabla\left(\frac{1}{r^3}\right) \\ &= -\frac{1}{4\pi\varepsilon_0}\frac{\boldsymbol{p}}{r^3} + \frac{\boldsymbol{p}\cdot\boldsymbol{r}}{4\pi\varepsilon_0}\frac{3\,\boldsymbol{r}}{r^5} = \frac{3(\boldsymbol{p}\cdot\boldsymbol{r})\boldsymbol{r} - r^2\boldsymbol{p}}{4\pi\varepsilon_0 r^5}.\end{aligned}$$

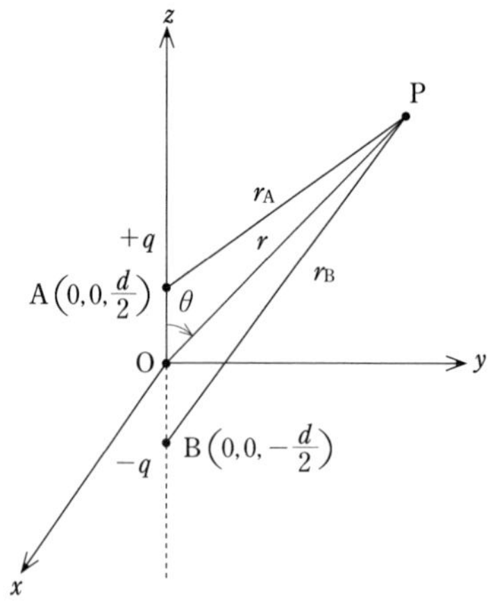

図 3-6　電気双極子

例5 (熱の移動) まず，熱伝導に関する簡単なモデルを考える．一方の容器に水を入れ水温を一定の高温 T K に保ち，他方の容器には氷と水の混合物を入れ T_0 K$(=0\,^\circ\mathrm{C})$ に保つようにする．両容器間を長さ l，断面積 S の金属の棒を渡し，熱伝導を調べる．このとき，t 時間の間に流れた熱量を Q とすると

$$Q = \lambda t S \frac{T - T_0}{l} \qquad (\lambda \text{ は熱伝導率})$$

の関係がある．さて，物質内を通過する熱の流れを考える．位置ベクトル $\boldsymbol{r}$ の点における温度を $T(\boldsymbol{r})$，熱流ベクトルを $\boldsymbol{Q}(\boldsymbol{r})$ で表すとき，$T = T(\boldsymbol{r})$，$\boldsymbol{Q} = \boldsymbol{Q}(\boldsymbol{r})$ によって定まる T と $\boldsymbol{Q}$ は，それぞれ**温度場**(スカラー場)，**熱流ベクトル場**と呼ばれる．T が常に一定ならば $\nabla T = \boldsymbol{O}$ となり，このとき $\boldsymbol{Q} = \boldsymbol{O}$ である．T が一定でない(温度分布が一様でない)場合は，**フーリエの熱伝導法則**によると，熱は熱量が $|\nabla T|$ に比例して $-\nabla T$ の方向に流れ，次の関係式

$$\boldsymbol{Q} = -\lambda \nabla T \quad (\lambda \text{ は熱伝導率})$$

が成り立つ．ただし，この式は熱が熱流ベクトルに垂直な平面の単位面積を単位時間に流れる場合の式である．すなわち，各点において，$|\boldsymbol{Q}(\boldsymbol{r})|$ は $\boldsymbol{Q}(\boldsymbol{r})$ に垂直な単位面積を単位時間に流れる熱量を表している．

2次元スカラー・ポテンシャルの等高線のことを**等ポテンシャル曲線**といい，3次元スカラー・ポテンシャルの等位面のことを**等ポテンシャル面**という．たとえば，電流が流れていない状態の導体は，内部や表面のどこも同じ電位をもっており，したがって，導体表面は1つの等電位面(等ポテンシャル面)である．

例題1 ベクトル場 $\boldsymbol{F} = (2xy + z^2)\boldsymbol{i} + x^2\,\boldsymbol{j} + 2xz\boldsymbol{k}$ のスカラー・ポテンシャル φ を求めよ．

解1(スカラー・ポテンシャルを求める方法1) 求めるポテンシャルを φ とすると，$\boldsymbol{F} = -\nabla\varphi$ により

$$\frac{\partial\varphi}{\partial x} = -(2xy + z^2), \qquad \frac{\partial\varphi}{\partial y} = -x^2, \qquad \frac{\partial\varphi}{\partial z} = -2xz.$$

まず，はじめの等式より

$$\varphi(x,y,z)=\int\frac{\partial\varphi}{\partial x}\,dx=-x^2y-xz^2+f(y,z).$$

しかるに

$$\frac{\partial\varphi}{\partial y}=-x^2 \quad より \quad \frac{\partial f}{\partial y}=0,\ すなわち,\ f(y,z)=g(z)\quad (y\,を含まない).$$

また

$$\frac{\partial\varphi}{\partial z}=-2xz \quad より \quad \frac{dg}{dz}=0,\ すなわち,\ g(z)=c\quad (c\,は定数).$$

$$\therefore\quad \varphi=\varphi(x,y,z)=-x^2y-xz^2+c.$$

解2（スカラー・ポテンシャルを求める方法2） $\boldsymbol{F}=-\nabla\varphi$ とすると，φ は C^1 級であるから，φ は全微分可能である．したがって，$d\boldsymbol{r}=dx\,\boldsymbol{i}+dy\,\boldsymbol{j}+dz\,\boldsymbol{k}$ より

$$\boldsymbol{F}\cdot d\boldsymbol{r}=-\nabla\varphi\cdot d\boldsymbol{r}=-\left(\frac{\partial\varphi}{\partial x}dx+\frac{\partial\varphi}{\partial y}dy+\frac{\partial\varphi}{\partial z}dz\right)=-d\varphi,$$

$$\begin{aligned}d\varphi=-\boldsymbol{F}\cdot d\boldsymbol{r}&=-\{(2xy+z^2)dx+x^2dy+2xz\,dz\}\\&=-\{(2xy\,dx+x^2dy)+(z^2dx+2xz\,dz)\}\\&=-\{d(x^2y)+d(xz^2)\}=d(-x^2y-xz^2).\end{aligned}$$

$$\therefore\quad \varphi=\varphi(x,y,z)=-x^2y-xz^2+c\quad (c\,は定数).$$

問1　次のベクトル場 $\boldsymbol{A}$ のスカラー・ポテンシャル φ を求めよ．

（i）　$\boldsymbol{A}=x^2\boldsymbol{i}+y^2\boldsymbol{j}+z^2\boldsymbol{k}$.

（ii）　$\boldsymbol{A}=(x^2+y)\boldsymbol{i}+(x+y^2)\boldsymbol{j}+z^2\boldsymbol{k}$.

（iii）　$\boldsymbol{A}=\sin x\,\boldsymbol{i}+\cos y\,\boldsymbol{j}+\log z\,\boldsymbol{k}$.

問2　3次の対称行列 A と $\boldsymbol{r}=(x,y,z)$ に対して，$\boldsymbol{A}=A\,{}^t\boldsymbol{r}$ で定義されるベクトル場 $\boldsymbol{A}$ は保存ベクトル場であることを示せ．ここに，${}^t\boldsymbol{r}$ は $\boldsymbol{r}$ の転置行列を表す．

問3　点 A(3, 0, 0)，B(−2, 0, 0) にそれぞれ電荷 $2q$, $-q$ がある．これらの電荷が点 P(0, −1, 2) に作る電場をそれぞれ $\boldsymbol{E}_A$, $\boldsymbol{E}_B$ とし，両電荷が点 P に作る電場を $\boldsymbol{E}$ とする．このとき，$\boldsymbol{E}_A$, $\boldsymbol{E}_B$, $\boldsymbol{E}$ を求めよ．

§3.4　ベクトル場の発散

流体の速度場，電場，磁場，引力場などのように，ベクトル場の強さ（大きさ）を知ることはとても重要なことである．**流量**という流体力学の用語を借りると，ベクトル場の強さは単位時間に単位（曲）面積，または，単位体積を通過するベクトル場の流量で表すことができる．流量は，ベクトル場が電場ならば**電束**，磁場ならば**磁束**という．流量の概念は，以下で述べるベクトル場の発散の概念と深く結びついている．

一般に，ベクトル場 $\boldsymbol{F}=\boldsymbol{F}(\boldsymbol{r})$ に対して，$\boldsymbol{F}$ の成分表示を $\boldsymbol{F}=F_x\boldsymbol{i}+$

$F_y\boldsymbol{j}+F_z\boldsymbol{k}$ とするとき，$\boldsymbol{F}$ の**発散**（divergence）div $\boldsymbol{F}$ はスカラー場として次のように定義される：

$$\operatorname{div}\boldsymbol{F}=\frac{\partial F_x}{\partial x}+\frac{\partial F_y}{\partial y}+\frac{\partial F_z}{\partial z}.$$

div $\boldsymbol{F}$ は形式的にハミルトン（ベクトル）演算子 ∇ と $\boldsymbol{F}$ の内積とみなされる：

$$\begin{aligned}\nabla\cdot\boldsymbol{F}&=\left(\frac{\partial}{\partial x}\boldsymbol{i}+\frac{\partial}{\partial y}\boldsymbol{j}+\frac{\partial}{\partial z}\boldsymbol{k}\right)\cdot(F_x\boldsymbol{i}+F_y\boldsymbol{j}+F_z\boldsymbol{k})\\&=\frac{\partial F_x}{\partial x}+\frac{\partial F_y}{\partial y}+\frac{\partial F_z}{\partial z}=\operatorname{div}\boldsymbol{F}.\end{aligned}$$

$\boldsymbol{F}$ がスカラー場 φ を用いて $\boldsymbol{F}=\operatorname{grad}\varphi$ で与えられるならば

$$\begin{aligned}\operatorname{div}\boldsymbol{F}&=\operatorname{div}\operatorname{grad}\varphi=\nabla\cdot(\nabla\varphi)\\&=\frac{\partial^2\varphi}{\partial x^2}+\frac{\partial^2\varphi}{\partial y^2}+\frac{\partial^2\varphi}{\partial z^2}=\left(\frac{\partial^2}{\partial x^2}+\frac{\partial^2}{\partial y^2}+\frac{\partial^2}{\partial z^2}\right)\varphi.\end{aligned}$$

記号 $\nabla\cdot(\nabla\varphi)$ は $\nabla^2\varphi$，または，$\Delta\varphi$ と書かれる．また，微分作用素

$$\nabla^2=\Delta=\frac{\partial^2}{\partial x^2}+\frac{\partial^2}{\partial y^2}+\frac{\partial^2}{\partial z^2}$$

を**ラプラス演算子**，または，**ラプラシアン**という．偏微分方程式

$$\nabla^2\varphi=\frac{\partial^2\varphi}{\partial x^2}+\frac{\partial^2\varphi}{\partial y^2}+\frac{\partial^2\varphi}{\partial z^2}=0$$

は**ラプラスの方程式**と呼ばれ，その解である C^2 級の関数を**調和関数**という．ラプラスの方程式は数学や物理学において重要な役割を演じるものである．

ベクトル場 $\boldsymbol{F}$ に対するラプラスの演算子 ∇^2 の作用，すなわち，$\nabla^2\boldsymbol{F}$ は

$$\begin{aligned}\nabla^2\boldsymbol{F}&=\frac{\partial^2\boldsymbol{F}}{\partial x^2}+\frac{\partial^2\boldsymbol{F}}{\partial y^2}+\frac{\partial^2\boldsymbol{F}}{\partial z^2}\\&=(\nabla^2F_x)\boldsymbol{i}+(\nabla^2F_y)\boldsymbol{j}+(\nabla^2F_z)\boldsymbol{k}\end{aligned}$$

で定義される．ただし，ベクトル場 $\boldsymbol{F}$ に対しては

$$\nabla^2 \boldsymbol{F} \neq \nabla(\nabla\cdot\boldsymbol{F}) = \mathrm{grad}\,\mathrm{div}\,\boldsymbol{F}.$$

例題1　位置ベクトル $\boldsymbol{r} = x\boldsymbol{i}+y\boldsymbol{j}+z\boldsymbol{k}$，$r = |\boldsymbol{r}| > 0$ に対して，ベクトル場 $\boldsymbol{F} = r^n\boldsymbol{r}(n = 0, 1, 2, \cdots)$ の発散を求めよ．

解　$n = 0$ のとき　$\mathrm{div}\,\boldsymbol{F} = \mathrm{div}\,\boldsymbol{r} = \dfrac{\partial x}{\partial x}+\dfrac{\partial y}{\partial y}+\dfrac{\partial z}{\partial z} = 3,$

$n \geqq 1$ のとき

$$\begin{aligned}\mathrm{div}\,\boldsymbol{F} &= \frac{\partial r^n x}{\partial x}+\frac{\partial r^n y}{\partial y}+\frac{\partial r^n z}{\partial z}\\ &= nr^{n-1}\left(\frac{\partial r}{\partial x}x+\frac{\partial r}{\partial y}y+\frac{\partial r}{\partial z}z\right)+3r^n\\ &= nr^n+3r^n = (n+3)r^n.\end{aligned}$$

この式は $n = 0$ の場合も成り立つから，求める $\boldsymbol{F}$ の発散は

$$\mathrm{div}\,\boldsymbol{F} = (n+3)r^n \qquad (n = 0, 1, 2, \cdots).$$

例題2　$r = |\boldsymbol{r}| = \sqrt{x^2+y^2+z^2}$ で定義される関数 $1/r$ は $r \neq 0$ であるところで調和関数であることを示せ．

解　まず，§3.1の例1において $f(r) = \dfrac{1}{r}$ にとると

$$\mathrm{grad}\left(\frac{1}{r}\right) = -\frac{\boldsymbol{r}}{r^3} \qquad (r \neq 0)$$

を得る．次に発散の定義により $r \neq 0$ となるところで

$$\begin{aligned}\mathrm{div}\left(\frac{\boldsymbol{r}}{r^3}\right) &= \frac{\partial}{\partial x}\left(\frac{x}{r^3}\right)+\frac{\partial}{\partial y}\left(\frac{y}{r^3}\right)+\frac{\partial}{\partial z}\left(\frac{z}{r^3}\right)\\ &= \frac{3}{r^3}-\frac{3}{r^5}(x^2+y^2+z^2) = \frac{3}{r^3}-\frac{3}{r^3} = 0.\end{aligned}$$

したがって，$\nabla^2\left(\dfrac{1}{r}\right) = \mathrm{div}\,\mathrm{grad}\left(\dfrac{1}{r}\right) = 0$ となり，$\dfrac{1}{r}$ は $r \neq 0$ で明らかに C^2 級であるから，原点を除いたところ $(r \neq 0)$ で調和関数である．

問1　$\boldsymbol{F} = (xyz)\boldsymbol{i}+(x^2y^2z^2)\boldsymbol{j}+(x^3y^3z^3)\boldsymbol{k}$ の発散を求めよ．

問2　位置ベクトル $\boldsymbol{r} = x\boldsymbol{i}+y\boldsymbol{j}+z\boldsymbol{k}$，$r = |\boldsymbol{r}| > 0$，に対して，ベクトル場 $\boldsymbol{F} = \dfrac{\boldsymbol{r}}{r^n}(n = 1, 2, 3, \cdots)$ の発散を求めよ．

問3　$\boldsymbol{F} = \sin(xy)\,\boldsymbol{i}+\sin(yz)\,\boldsymbol{j}+\sin(zx)\,\boldsymbol{k}$ に対して，$\nabla^2\boldsymbol{F}$ を求めよ．

$\mathbf{R}^2$ の有界閉領域 D に対して，連続写像 $\sigma : \mathrm{D} \to \mathbf{R}^3$ による曲面 $\mathrm{S} = \sigma(\mathrm{D})$ のパラメータ表示を

$$\mathrm{S} : \boldsymbol{r} = \boldsymbol{r}(u, v) \qquad ((u, v) \in \mathrm{D})$$

とし，S は滑らかで連続な単位法線ベクトル場 $\boldsymbol{n} = \boldsymbol{n}(\boldsymbol{r})$ が与えられているも

のとする．したがって，S は $\boldsymbol{n}$ の向きが表（正の側）で反対側が裏（負の側）である．

関数 $\boldsymbol{F}(\boldsymbol{r}(u,v))$ が D 上で連続であるようなベクトル場 $\boldsymbol{F}=\boldsymbol{F}(\boldsymbol{r})$ の流れが単位時間に曲面 S を通過する流量を考えよう．曲面 S の u 曲線と v 曲線による十分に細かい細分を $\varDelta(\mathrm{S})=\{\mathrm{S}_i : i=1,2,\cdots,N\}$ とする：

$$\mathrm{S}\ K \bigcup_{i=1}^{N}\mathrm{S}_i,\quad \mathrm{S}_i=\sigma(\mathrm{D}_i),\quad \|\varDelta(\mathrm{S})\|=\max_{1\leqq i\leqq N}|\mathrm{S}_i|,\quad \mathrm{D}=\bigcup_{i=1}^{N}\mathrm{D}_i.$$

ここで $|\mathrm{S}_i|$ は S_i の面積を表す：

$$|\mathrm{S}_i|=\int_{\mathrm{S}_i}dS.$$

各 i に対して $\boldsymbol{F}$ の流れが S_i を単位時間に通過する流量は，D_i の点 (u_i,v_i) に対して近似的に

$$|\mathrm{S}_i|\,\boldsymbol{n}(\boldsymbol{r}(u_i,v_i))\cdot\boldsymbol{F}(\boldsymbol{r}(u_i,v_i))=\int_{\mathrm{S}_i}\boldsymbol{n}(\boldsymbol{r}(u_i,v_i))\cdot\boldsymbol{F}(\boldsymbol{r}(u_i,v_i))dS$$

に等しい．したがって，$\boldsymbol{F}$ の流れが単位時間に S を通過する総流量は

$$\lim_{\|\varDelta(\mathrm{S})\|\to 0}\sum_{i=1}^{N}\int_{\mathrm{S}_i}\boldsymbol{n}(\boldsymbol{r}(u_i,v_i))\cdot\boldsymbol{F}(\boldsymbol{r}(u_i,v_i))dS$$

となる．この極限は，有界閉領域 D 上での $\boldsymbol{n}(\boldsymbol{r}(u,v))$，$\boldsymbol{F}(\boldsymbol{r}(u,v))$ の連続

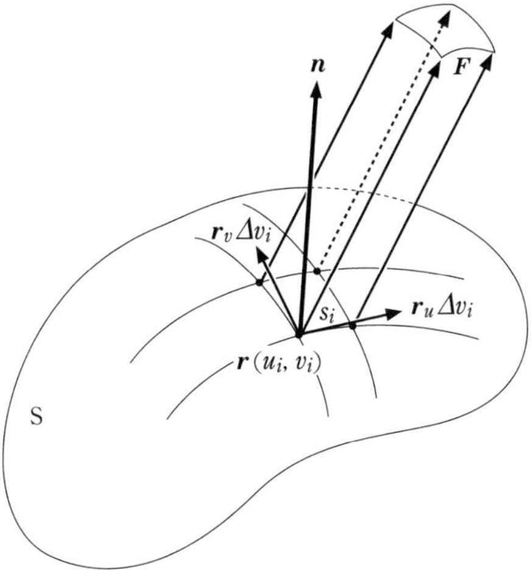

図 3-7

性により常に存在し，点(u_i, v_i)の選び方に無関係である．この極限値を$\Omega(\boldsymbol{F}, \mathrm{S})$で表す．また，この極限値は$\int_{\mathrm{S}} \boldsymbol{n}\cdot\boldsymbol{F}\,dS\left(=\int_{\mathrm{S}} \boldsymbol{F}\cdot d\boldsymbol{S}\right)$と表すこともできる．ゆえに

$$\Omega(\boldsymbol{F}, \mathrm{S}) = \int_{\mathrm{S}} \boldsymbol{n}\cdot\boldsymbol{F}\,dS = \iint_{\mathrm{D}} \boldsymbol{n}(\boldsymbol{r}(u,v))\cdot\boldsymbol{F}(\boldsymbol{r}(u,v))\sqrt{EG-F^2}\,du\,dv.$$

ここに，E, F, Gは曲面Sの第1基本量である．曲面Sが区分的に滑らかであれば，すなわち，有限個の滑らかな曲面$\mathrm{S}_1, \mathrm{S}_2, \cdots, \mathrm{S}_m$をつないでできる曲面であるときは，各$\mathrm{S}_i$の単位法線ベクトルを$\boldsymbol{n}_i$として

$$\Omega(\boldsymbol{F}, \mathrm{S}) = \sum_{i=1}^{m} \Omega(\boldsymbol{F}, \mathrm{S}_i) = \sum_{i=1}^{m} \int_{\mathrm{S}_i} \boldsymbol{n}_i\cdot\boldsymbol{F}\,dS$$

と定義する．Sが**閉曲面**(空間のある有界領域の境界面になっている曲面)のときには，記号

$$\int_{\mathrm{S}} \boldsymbol{n}\cdot\boldsymbol{F}\,dS \text{ の代わりに } \oint_{\mathrm{S}} \boldsymbol{n}\cdot\boldsymbol{F}\,dS$$

が用いられる．

空間$(\mathbf{R}^3)$の有界領域Vの境界面である閉曲面を$\partial\mathrm{V}$で表し，$\partial\mathrm{V}$は区分的に滑らかであるとする．また，$\partial\mathrm{V}$の外側を表(正の側)，内側を裏(負の側)とし，内部から外部に向かう向きを$\partial\mathrm{V}$の単位法線ベクトルの正の向きと定める．したがって，曲面$\partial\mathrm{V}$を通過する流量の符号は内から外へ向かう場合を正と考える．

定理1　空間の有界な領域Vを2つの領域$\mathrm{V}_1, \mathrm{V}_2$に分割し，$\partial\mathrm{V}_1$と$\partial\mathrm{V}_2$が区分的に滑らかであるならば

$$\Omega(\boldsymbol{F}, \partial\mathrm{V}) = \Omega(\boldsymbol{F}, \partial\mathrm{V}_1) + \Omega(\boldsymbol{F}, \partial\mathrm{V}_2)$$

が成り立つ．

証明　V_1とV_2の共通の境界面を$\partial\mathrm{V}_{12}$として

$$\partial{\mathrm{V}_1}^{\mathrm{c}} = \partial\mathrm{V}_1 - \partial\mathrm{V}_{12},$$

$$\partial V_2{}^c = \partial V_2 - \partial V_{12}$$

とおくと

$$\partial V = \partial V_1{}^c \cup \partial V_2{}^c$$

$$\partial V_1 = \partial V_1{}^c \cup \partial V_{12}, \qquad \partial V_2 = \partial V_2{}^c \cup \partial V_{12}$$

となる．$\partial V_1{}^c$，$\partial V_2{}^c$ 上の単位法線ベクトル場をそれぞれ $\boldsymbol{n}_1, \boldsymbol{n}_2$ とし，V_1, V_2 に対する ∂V_{12} 上の単位法線ベクトル場をそれぞれ $\boldsymbol{n}_{12}, \boldsymbol{n}_{21}$ とする．明らかに

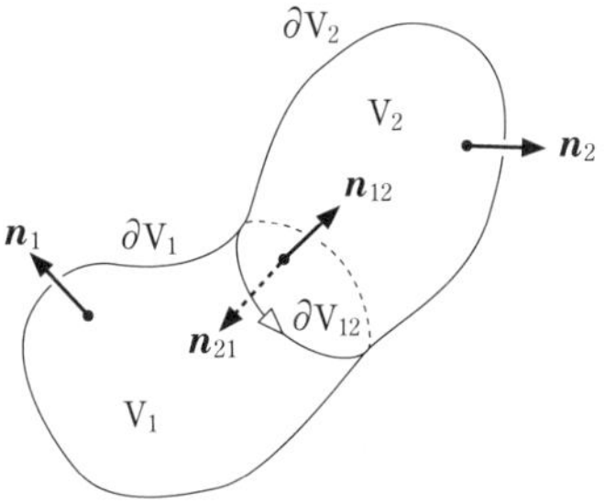

図 3-8

$$\boldsymbol{n}_{12} + \boldsymbol{n}_{21} = \boldsymbol{o}$$

である．また流量の定義により

$$\Omega(\boldsymbol{F}, \partial V) = \Omega(\boldsymbol{F}, \partial V_1{}^c) + \Omega(\boldsymbol{F}, \partial V_2{}^c),$$

$$\Omega(\boldsymbol{F}, \partial V_1) = \Omega(\boldsymbol{F}, \partial V_1{}^c) + \int_{\partial V_{12}} \boldsymbol{n}_{12} \cdot \boldsymbol{F}\, dS,$$

$$\Omega(\boldsymbol{F}, \partial V_2) = \Omega(\boldsymbol{F}, \partial V_2{}^c) + \int_{\partial V_{12}} \boldsymbol{n}_{21} \cdot \boldsymbol{F}\, dS.$$

したがって

$$\begin{aligned} \Omega(\boldsymbol{F}, \partial V) &= \Omega(\boldsymbol{F}, \partial V_1) + \Omega(\boldsymbol{F}, \partial V_2) - \int_{\partial V_{12}} (\boldsymbol{n}_{12} + \boldsymbol{n}_{21}) \cdot \boldsymbol{F}\, dS \\ &= \Omega(\boldsymbol{F}, \partial V_1) + \Omega(\boldsymbol{F}, \partial V_2). \end{aligned}$$ ▒

定理 2　$\boldsymbol{F} = \boldsymbol{F}(\boldsymbol{r})$ を微分可能なベクトル場とする．点 $P(\boldsymbol{r}_0)$ を含む空間の有界領域を V とし，その体積を vol(V) で表す．閉曲面 ∂V は区分的に滑らかであるとし，∂V が点 $P(\boldsymbol{r}_0)$ に縮むように vol(V) が 0 に収束するとき，vol(V)→0 の代わりに vol(V : $P(\boldsymbol{r}_0)$)→0 と書く．このとき

$$\operatorname{div} \boldsymbol{F}(\boldsymbol{r}_0) = \nabla \cdot \boldsymbol{F}(\boldsymbol{r}_0) = \lim_{\mathrm{vol}(V : P(\boldsymbol{r}_0)) \to 0} \frac{\Omega(\boldsymbol{F}, \partial V)}{\mathrm{vol}(V)}$$

が成り立つ．

証明　議論を簡単にするために領域 V が図 3-9 のように，位置ベクトル $\boldsymbol{r}_0 = (x_0, y_0, z_0)$ の点 $P(\boldsymbol{r}_0)$ を中心とし，各辺が座標軸に平行で長さが $\Delta x, \Delta y$,

$\varDelta z$ であるような直方体 ABCD-EFGH である場合について証明する．このとき，まず

$$\mathrm{vol}(\mathrm{V}) = \varDelta x\ \varDelta y\ \varDelta z.$$

閉曲面 $\partial\mathrm{V}$ を次のように 6 つの面に分ける：

$\mathrm{S}_1 =$ 長方形 CDEH の面，$\mathrm{S}_2 =$ 長方形 ABGF の面，
$\mathrm{S}_3 =$ 長方形 AFEH の面，$\mathrm{S}_4 =$ 長方形 BCDG の面，
$\mathrm{S}_5 =$ 長方形 ABCH の面，$\mathrm{S}_6 =$ 長方形 DEFG の面．

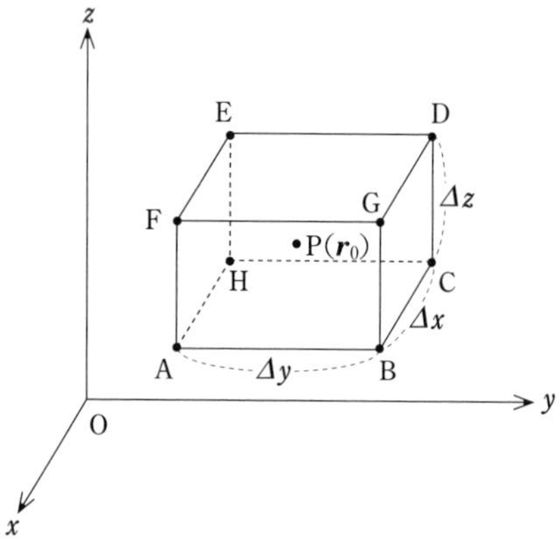

図 3-9

ベクトル場 $\boldsymbol{F} = \boldsymbol{F}(\boldsymbol{r})$ の成分表示を $\boldsymbol{F} = F_x\boldsymbol{i} + F_y\boldsymbol{j} + F_z\boldsymbol{k}$ とすると，

$$\begin{aligned}\Omega(\boldsymbol{F}, \mathrm{S}_1) + \Omega(\boldsymbol{F}, \mathrm{S}_2) &= \int_{\mathrm{S}_1} (-\boldsymbol{i}\cdot\boldsymbol{F})dS + \int_{\mathrm{S}_2} (\boldsymbol{i}\cdot\boldsymbol{F})dS \\ &\fallingdotseq \left\{F_x\!\left(x_0 + \frac{\varDelta x}{2}, y_0, z_0\right) - F_x\!\left(x_0 - \frac{\varDelta x}{2}, y_0, z_0\right)\right\} \varDelta y\ \varDelta z \\ &\fallingdotseq \frac{\partial F_x}{\partial x}(x_0, y_0, z_0)\ \varDelta x\ \varDelta y\ \varDelta z\end{aligned}$$

となる．全く同様にして

$$\Omega(\boldsymbol{F}, \mathrm{S}_3) + \Omega(\boldsymbol{F}, \mathrm{S}_4) \fallingdotseq \frac{\partial F_y}{\partial y}(x_0, y_0, z_0)\ \varDelta x\ \varDelta y\ \varDelta z$$

$$\Omega(\boldsymbol{F}, \mathrm{S}_5) + \Omega(\boldsymbol{F}, \mathrm{S}_6) \fallingdotseq \frac{\partial F_z}{\partial z}(x_0, y_0, z_0)\ \varDelta x\ \varDelta y\ \varDelta z$$

を得る．したがって，定理 1 により，以上の結果を加え合わせれば

$$\Omega(\boldsymbol{F}, \partial \mathrm{V}) = \sum_{i=1}^{6} \Omega(\boldsymbol{F}, \mathrm{S}_i) \fallingdotseq \nabla \cdot \boldsymbol{F}(\boldsymbol{r}_0)\, \varDelta x\, \varDelta y\, \varDelta z$$

となる．ゆえに

$$\mathrm{div}\, \boldsymbol{F}(\boldsymbol{r}_0) = \nabla \cdot \boldsymbol{F}(\boldsymbol{r}_0) = \lim_{\mathrm{vol}(\mathrm{V}:\mathrm{P}(\boldsymbol{r}_0)) \to 0} \frac{\Omega(\boldsymbol{F}, \partial \mathrm{V})}{\mathrm{vol}(\mathrm{V})}.$$

▨

定理 2 により，ベクトル場の各点における発散と，それらの点を含む有界領域の閉曲面を通過する流量との関係が分かった．以上の事柄をまとめると次のようになる．

$\Omega(\boldsymbol{F}, \mathrm{S})$ ……………	ベクトル場 $\boldsymbol{F}$ の流れが単位時間に曲面 S を通過する流量．
$\Omega(\boldsymbol{F}, \partial \mathrm{V}) > 0$ ……	V からの単位時間当たりの**湧き出し量**．ベクトル場 $\boldsymbol{F}$ の流れが領域 V に流れ入る流入量よりも V から流れ出る流出量が大で，V の中に湧き出し口がある．
$\Omega(\boldsymbol{F}, \partial \mathrm{V}) < 0$ ……	V への単位時間当たりの**吸い込み量**．ベクトル場 $\boldsymbol{F}$ の流れが領域 V に流れ入る流入量よりも V から流れ出る流出量が小で，V の中に吸い込み口がある．
$\Omega(\boldsymbol{F}, \partial \mathrm{V}) = 0$ ……	ベクトル場 $\boldsymbol{F}$ の流れが領域 V に流れ入る流入量がそのまま全部流出量として V から流れ出ることを意味し，V の中に湧き出し口も吸い込み口もない．
$\nabla \cdot \boldsymbol{F}$ ………………	単位体積から単位時間当たりに流れ出る $\boldsymbol{F}$ の**湧き出し**（発散）．
$\nabla \cdot \boldsymbol{F}(\boldsymbol{r}_0) > 0$………	点 $\mathrm{P}(\boldsymbol{r}_0)$ のところから単位体積当たり単位時間に流れ出る $\boldsymbol{F}$ の**湧き出し率**．$\mathrm{P}(\boldsymbol{r}_0)$ を**湧き出し口**という．
$\nabla \cdot \boldsymbol{F}(\boldsymbol{r}_0) < 0$………	点 $\mathrm{P}(\boldsymbol{r}_0)$ のところへ単位体積当たり単位時間に流れ入る $\boldsymbol{F}$ の**吸い込み率**．$\mathrm{P}(\boldsymbol{r}_0)$ を**吸い込み口**という．
$\nabla \cdot \boldsymbol{F}(\boldsymbol{r}_0) = 0$………	点 $\mathrm{P}(\boldsymbol{r}_0)$ のところを素通りすることはあっても，そこで湧き出し（発生）も吸い込み（消滅）もない．

ベクトル場 $\boldsymbol{F}$ と閉曲面 $\partial \mathrm{V}$ に対して $\Omega(\boldsymbol{F}, \partial \mathrm{V})$ を計算するには，次の定理を用いると便利である（定理の証明は第5章で与えられる）．

> **定理3**（**ガウスの発散定理**）　空間の有界領域 V の境界面 $\partial \mathrm{V}$ は区分的に滑らかな閉曲面であるとし，$\partial \mathrm{V}$ の内側から外側に向かう向きを単位法線ベクトル $\boldsymbol{n}$ の正の向きとする．このとき，ベクトルの場 $\boldsymbol{F}=\boldsymbol{F}(\boldsymbol{r})$ が $\mathrm{V} \cup \partial \mathrm{V}$ で C^1 級であるならば，次の等式が成り立つ．
>
> $$\Omega(\boldsymbol{F}, \partial \mathrm{V})=\oint_{\partial \mathrm{V}} \boldsymbol{n} \cdot \boldsymbol{F}\, dS=\int_{\mathrm{V}} \nabla \cdot \boldsymbol{F}\, dV$$

例題3（i）　位置ベクトル $\boldsymbol{r}=x\boldsymbol{i}+y\boldsymbol{j}+z\boldsymbol{k}$ と $\boldsymbol{R}^3$ の有界領域 V に対して $\Omega(\boldsymbol{r}, \partial \mathrm{V})$ を求めよ．

（ii）　位置ベクトル $\boldsymbol{r}=x\boldsymbol{i}+y\boldsymbol{j}+z\boldsymbol{k}$ と $\mathrm{V}=\{(x, y, z) : x^2+y^2+z^2<a^2\}$ $(a>0)$ に対して $\Omega(\boldsymbol{r}, \partial \mathrm{V})$ を求めよ．

解（i）　$\nabla \cdot \boldsymbol{r}=\dfrac{\partial x}{\partial x}+\dfrac{\partial y}{\partial y}+\dfrac{\partial z}{\partial z}=3$．したがって，ガウスの発散定理により

$$\Omega(\boldsymbol{r}, \partial \mathrm{V})=\int_{\mathrm{V}} \nabla \cdot \boldsymbol{r}\, dV=3 \operatorname{vol}(\mathrm{V}).$$

（ii）　$\operatorname{vol}(\mathrm{V})=\dfrac{4}{3} \pi a^3$ であるから，（i）の結果により

$$\Omega(\boldsymbol{r}, \partial \mathrm{V})=3 \operatorname{vol}(\mathrm{V})=4 \pi a^3.$$

問4　位置ベクトル $\boldsymbol{r}=x\boldsymbol{i}+y\boldsymbol{j}+z\boldsymbol{k}$ と平面 $\mathrm{S} : x+y+z=1,\ x \geqq 0,\ y \geqq 0,\ z \geqq 0$ に対して，$\Omega(\boldsymbol{r}, \mathrm{S})$ を求めよ．ただし，原点から S に向かう向きを S の正の向きとする．

問5　$\boldsymbol{F}=2x\,\boldsymbol{i}+3y\,\boldsymbol{j}+4z\,\boldsymbol{k}$ と $\mathrm{V}=\{(x, y, z) : x^2+y^2<1-z,\ 0<z<1\}$ に対して，$\Omega(\boldsymbol{F}, \partial \mathrm{V})$ を求めよ．

§3.5　ベクトル場の回転

剛体の回転運動や流体の渦運動はベクトル場の回転と密接な関係をもっている．特に，電磁気学においてよく知られているように，電場と磁場は相互に関係し合って電磁場の違った側面を表し，ベクトル場の回転という操作によって密接に結びついている．回転はこれらの関係を表すのに無くてはならない概念である．

微分可能なベクトル場 $\boldsymbol{F}=\boldsymbol{F}(\boldsymbol{r})$ $(\boldsymbol{r}=x\boldsymbol{i}+y\boldsymbol{j}+z\boldsymbol{k})$ に対して，$\boldsymbol{F}$ の成分表

示を $\boldsymbol{F}=F_x\boldsymbol{i}+F_y\boldsymbol{j}+F_z\boldsymbol{k}$ とすると，ハミルトンの演算子 ∇ と $\boldsymbol{F}$ との形式的な外積 $\nabla\times\boldsymbol{F}$ は

$$
\begin{aligned}
\nabla\times\boldsymbol{F} &= \left(\frac{\partial}{\partial x}\boldsymbol{i}+\frac{\partial}{\partial y}\boldsymbol{j}+\frac{\partial}{\partial z}\boldsymbol{k}\right)\times(F_x\boldsymbol{i}+F_y\boldsymbol{j}+F_z\boldsymbol{k})\\
&= \left(\frac{\partial F_z}{\partial y}-\frac{\partial F_y}{\partial z}\right)\boldsymbol{i}+\left(\frac{\partial F_x}{\partial z}-\frac{\partial F_z}{\partial x}\right)\boldsymbol{j}+\left(\frac{\partial F_y}{\partial x}-\frac{\partial F_x}{\partial y}\right)\boldsymbol{k}\\
&= \begin{vmatrix} \boldsymbol{i} & \boldsymbol{j} & \boldsymbol{k}\\ \dfrac{\partial}{\partial x} & \dfrac{\partial}{\partial y} & \dfrac{\partial}{\partial z}\\ F_x & F_y & F_z \end{vmatrix}
\end{aligned}
$$

となる．ベクトル場としての $\nabla\times\boldsymbol{F}$ を $\boldsymbol{F}$ の**回転**(rotation)，または，**カール**(curl) といい

$$\mathrm{rot}\,\boldsymbol{F}=\mathrm{curl}\,\boldsymbol{F}=\nabla\times\boldsymbol{F}$$

と記す．$\mathrm{rot}\,\boldsymbol{F}$ の x, y, z 成分はそれぞれ $[\mathrm{rot}\,\boldsymbol{F}]_x$，$[\mathrm{rot}\,\boldsymbol{F}]_y$，$[\mathrm{rot}\,\boldsymbol{F}]_z$ とかかれる．

$\mathrm{rot}\,\boldsymbol{F}$ はベクトル場 $\boldsymbol{F}$ における**局所的な渦(回転)効果**を表しているが，

$\mathrm{rot}\,\boldsymbol{F}=\boldsymbol{O}$ ならば渦なし(渦効果がない)

$\mathrm{rot}\,\boldsymbol{F}\neq\boldsymbol{O}$ ならば渦がある(渦効果がある)

という．たとえ $\mathrm{rot}\,\boldsymbol{F}\neq\boldsymbol{O}$ であっても，ベクトル場 $\boldsymbol{F}$ の流線が渦のようにまわっているという意味ではない．また，次の等式

$$\boldsymbol{F}=\mathrm{rot}\,\boldsymbol{G}$$

をみたすベクトル場 $\boldsymbol{G}$ が存在するならば，$\boldsymbol{G}$ を $\boldsymbol{F}$ の**ベクトル・ポテンシャル**という．

例 1　ベクトル場 $\boldsymbol{F}_1, \boldsymbol{F}_2$ が微分可能な実数値関数 $f(x)$，$g(y)$，$h(z)$ を用いて

$$\boldsymbol{F}_1 = f(x)\boldsymbol{i}+g(y)\boldsymbol{j}+h(z)\boldsymbol{k}, \qquad \boldsymbol{F}_2 = h(z)\boldsymbol{i}+f(x)\boldsymbol{j}+g(y)\boldsymbol{k}$$

で与えられるならば

$$\mathrm{rot}\,\boldsymbol{F}_1 = \left(\frac{\partial h(z)}{\partial y}-\frac{\partial g(y)}{\partial z}\right)\boldsymbol{i}+\left(\frac{\partial f(x)}{\partial z}-\frac{\partial h(z)}{\partial x}\right)\boldsymbol{j} +\left(\frac{\partial g(y)}{\partial x}-\frac{\partial f(x)}{\partial y}\right)\boldsymbol{k} = \boldsymbol{O},$$

$$\mathrm{rot}\,\boldsymbol{F}_2 = \left(\frac{\partial g(y)}{\partial y}-\frac{\partial f(x)}{\partial z}\right)\boldsymbol{i}+\left(\frac{\partial h(z)}{\partial z}-\frac{\partial g(y)}{\partial x}\right)\boldsymbol{j}+\left(\frac{\partial f(x)}{\partial x}-\frac{\partial h(z)}{\partial y}\right)\boldsymbol{k}$$

$$= \frac{dg(y)}{dy}\boldsymbol{i}+\frac{dh(z)}{dz}\boldsymbol{j}+\frac{df(x)}{dx}\boldsymbol{k}.$$

例2（剛体の回転運動）　一定の角速度 $\boldsymbol{\omega}$ で z 軸のまわりを反時計向きに回転する剛体の運動を考える．（$\boldsymbol{\omega}$ が z 軸方向のベクトルでないときは，$\boldsymbol{\omega}$ の方向を改めて z 軸にとればよい）右ネジが進む向きを $\boldsymbol{\omega}$ の向きとする．このとき，剛体の回転の速度ベクトル場 $\boldsymbol{v}$ は，剛体内の点の位置ベクトル $\boldsymbol{r}$ を用いて $\boldsymbol{v} = \boldsymbol{\omega}\times\boldsymbol{r}$ で与えられる（§1.3，例7を参照）．$\boldsymbol{\omega} = \omega_z\boldsymbol{k}$ とかけるから

$$\boldsymbol{\omega}\times\boldsymbol{r} = -\omega_z y\boldsymbol{i}+\omega_z x\boldsymbol{j}.$$

したがって

$$\mathrm{rot}\,\boldsymbol{v} = \nabla\times(\boldsymbol{\omega}\times\boldsymbol{r}) = -x\frac{\partial\omega_z}{\partial z}\boldsymbol{i}-y\frac{\partial\omega_z}{\partial z}\boldsymbol{j}+\omega_z\left(\frac{\partial x}{\partial x}+\frac{\partial y}{\partial y}\right)\boldsymbol{k}$$

$$= 2\omega_z\boldsymbol{k} = 2\boldsymbol{\omega}.$$

すなわち，rot $\boldsymbol{v}$ は $\boldsymbol{\omega}$ と同じ向き（回転軸の方向）をもち，大きさは $|\boldsymbol{\omega}|$ の2倍に等しい．この関係式は $\boldsymbol{\omega} = \dfrac{1}{2}\,\mathrm{rot}\,\boldsymbol{v}$ ともかかれる．

例3（流体の一様流（層流）と渦流）（i）　一様な一方向の流れ，たとえば，x 軸の正の方向の流れを考える．この場合，流れの速度ベクトル場 $\boldsymbol{v}$ は x だけの関数 v_x を用いて $\boldsymbol{v} = v_x\boldsymbol{i}$ とかける．したがって

$$\mathrm{rot}\,\boldsymbol{v} = \frac{\partial v_x}{\partial z}\boldsymbol{j}-\frac{\partial v_x}{\partial y}\boldsymbol{k} = \boldsymbol{o} \quad \text{（渦なし）}.$$

（ii）　x 軸の正の一方向の流れで，速度が y 軸の方向に変化し，速度ベクトル場 $\boldsymbol{v}$ の x 成分 v_x が y の単調増加関数 $f(y)$ を用いて $v_x = f(y)$ と表される場合を考える．このとき，$\boldsymbol{v} = v_x\boldsymbol{i}$ であるから

$$\mathrm{rot}\ \boldsymbol{v} = \frac{\partial v_x}{\partial z}\boldsymbol{j} - \frac{\partial v_x}{\partial y}\boldsymbol{k} = -\frac{df(y)}{dy}\boldsymbol{k}.$$

このような流れは渦流に似た性質をもっている．実際，流れを乱さない程度の円板（または小球体）を流れに沈めると，流体との摩擦によって右まわりに回転する（回転度はもちろん関数 $f(y)$ に依存する）．

（iii）　角速度 $\boldsymbol{\omega}$ が定ベクトルで，原点を中心にもつ反時計（左）まわりの円形流を考える．このとき

$$\boldsymbol{\omega} = \omega_z\boldsymbol{k}, \quad \boldsymbol{r} = x\boldsymbol{i}+y\boldsymbol{j}+z\boldsymbol{k}, \quad r = |\boldsymbol{r}|$$

$$x = r\cos\theta, \quad y = r\sin\theta, \quad z = 0, \quad \omega_z = \frac{d\theta}{dt}$$

であるから，流れの速度ベクトル場 $\boldsymbol{v}$ の成分表示を $\boldsymbol{v} = v_x\boldsymbol{i}+v_y\boldsymbol{j}+v_z\boldsymbol{k}$ とすると

$$v_x = -\omega_z y, \quad v_y = \omega_z x, \quad v_z = 0.$$

したがって，

$$\mathrm{rot}\ \boldsymbol{v} = -\frac{\partial \omega_z x}{\partial z}\boldsymbol{i} - \frac{\partial \omega_z y}{\partial z}\boldsymbol{j} + \left(\frac{\partial \omega_z x}{\partial x} + \frac{\partial \omega_z y}{\partial y}\right)\boldsymbol{k}$$

$$= 2\omega_z\boldsymbol{k} = 2\boldsymbol{\omega} \quad \text{または} \quad \boldsymbol{\omega} = \frac{1}{2}\mathrm{rot}\ \boldsymbol{v}.$$

問1　任意の定ベクトル $\boldsymbol{a}$ と位置ベクトル $\boldsymbol{r} = x\boldsymbol{i}+y\boldsymbol{j}+z\boldsymbol{k}$（$r = |\boldsymbol{r}| > 0$）に対して

$$\mathrm{rot}\left(\frac{\boldsymbol{a}\times\boldsymbol{r}}{r^3}\right) = -\nabla\left(\frac{\boldsymbol{a}\cdot\boldsymbol{r}}{r^3}\right)$$

が成り立つことを示せ．

問2　次のベクトル場の回転を求めよ．

（i）　$\boldsymbol{F} = (x^2+y)\boldsymbol{i}+(y^2+z)\boldsymbol{j}+(z^2+x)\boldsymbol{k}.$

（ii）　$\boldsymbol{F} = e^z\boldsymbol{i}+e^x\boldsymbol{j}+e^y\boldsymbol{k}.$

（iii）　$\boldsymbol{F} = (\sin xy)\boldsymbol{i}+(\cos yz)\boldsymbol{j}+(\sin zx)\boldsymbol{k}.$

領域 U 内の任意の閉曲線を U 内で連続的に変形して 1 点に縮めることができるならば，U は**単連結領域**であるといわれる．たとえば，空間から有限個の点を除いて得られる領域や球の内部，また，直方体の内部は単連結であるが空間から一直線を除いて得られる領域は単連結ではない．平面の場合には，円の内部は単連結であるが，平面から 1 点を除いて得られる領域は単連結で

はない．

> **定理1**　$\boldsymbol{F}$ を空間領域Uで定義された C^1 級のベクトル場とする．このとき，
>
> （i）$\boldsymbol{F}$ が保存ベクトル場であれば $\mathrm{rot}\,\boldsymbol{F} = \boldsymbol{O}$．
>
> （ii）Uが単連結であるとき，$\mathrm{rot}\,\boldsymbol{F} = \boldsymbol{O}$ であれば $\boldsymbol{F}$ は保存ベクトル場である．

証明　（i）仮定により $\boldsymbol{F} = -\nabla\varphi$ をみたす $\boldsymbol{F}$ の C^2 級のスカラー・ポテンシャル φ が存在する．したがって

$$\mathrm{rot}\,\boldsymbol{F} = -\nabla\times(\nabla\varphi) = \boldsymbol{O}.$$

（ii）Uが一般の単連結領域である場合の証明には次章の議論を必要とするので，ここでは簡単にUが直方体の内部である場合について証明する．いま，$\mathrm{rot}\,\boldsymbol{F} = \boldsymbol{O}$ を仮定すると

$$\frac{\partial F_z}{\partial y} = \frac{\partial F_y}{\partial z}, \qquad \frac{\partial F_x}{\partial z} = \frac{\partial F_z}{\partial x}, \qquad \frac{\partial F_y}{\partial x} = \frac{\partial F_x}{\partial y}.$$

ここで，U内の1点 $\mathrm{P}(a, b, c)$ を任意にとり，関数 $\varphi = \varphi(x, y, z)$ を

$$\varphi(x, y, z) = \int_a^x F_x(\xi, b, c)\, d\xi + \int_b^y F_y(x, \eta, c)\, d\eta + \int_c^z F_z(x, y, \zeta)\, d\zeta$$

で定義する．そうすると，φ は次の等式をみたす：

$$\frac{\partial\varphi}{\partial x}(x, y, z) = F_x(x, y, z), \qquad \frac{\partial\varphi}{\partial y}(x, y, z) = F_y(x, y, z),$$

$$\frac{\partial\varphi}{\partial z}(x, y, z) = F_z(x, y, z).$$

$\boldsymbol{F}$ は C^1 級であるから，φ は C^2 級となり，$\boldsymbol{F} = -\nabla(-\varphi)$ をみたす．したがって，$-\varphi$ は $\boldsymbol{F}$ のスカラー・ポテンシャルであるから，$\boldsymbol{F}$ は保存ベクトル場である．■

$\boldsymbol{R}^3$ の領域UとU内の点Pに対して，$\mathrm{Q} \in \mathrm{U}$，$\mathrm{Q} \neq \mathrm{P}$ ならば線分PQもUに含まれるとき，UはPを中心とする**星状領域**であるといわれる．たとえば，球の内部や直方体の内部は星状領域である．ベクトル場 $\boldsymbol{F}$ が（$\boldsymbol{F}$ の定義域に

おいて恒等的に) div $\boldsymbol{F}=0$ をみたすならば，$\boldsymbol{F}$ を**管状ベクトル場**(または $\boldsymbol{F}$ は**管状**である)という．また，ベクトル・ポテンシャルをもつ管状ベクトル場は**ソレノイド状ベクトル場**(または，単に**ソレノイダル**)であるという．特に，rot $\boldsymbol{F}=\boldsymbol{O}$ ならば $\boldsymbol{F}$ を**非回転的**といい，$\boldsymbol{F}$ がソレノイダルならば $\boldsymbol{F}$ を**回転的**という．

定理 2 (i) ベクトル場 $\boldsymbol{F}$ が C^2 級ならば，rot $\boldsymbol{F}$ は管状ベクトル場である．

(ii) 星状領域 U で定義された管状ベクトル場 $\boldsymbol{F}$ はベクトル・ポテンシャルをもつ．すなわち，$\boldsymbol{F}$ はソレノイダルである．

証明 (i) $\boldsymbol{F}$ が C^2 級ならば rot $\boldsymbol{F}$ は C^1 級であり，

$$\begin{aligned}\operatorname{div}(\operatorname{rot}\boldsymbol{F}) &= \nabla\cdot(\nabla\times\boldsymbol{F})\\ &= \frac{\partial}{\partial x}\left(\frac{\partial F_z}{\partial y}-\frac{\partial F_y}{\partial z}\right)+\frac{\partial}{\partial y}\left(\frac{\partial F_x}{\partial z}-\frac{\partial F_z}{\partial x}\right)\\ &\quad +\frac{\partial}{\partial z}\left(\frac{\partial F_y}{\partial x}-\frac{\partial F_x}{\partial y}\right)=0.\end{aligned}$$

(ii) U が一般の星状領域である場合の証明には次章の議論を必要とするので，ここでは簡単に U が直方体の内部である場合について証明する．管状ベクトル場 $\boldsymbol{F}$ に対して，$\boldsymbol{F}=\operatorname{rot}\boldsymbol{G}$ となるようなベクトル場 $\boldsymbol{G}$ を 1 つ求めればよい．いい換えると，連立偏微分方程式

$$\frac{\partial G_z}{\partial y}-\frac{\partial G_y}{\partial z}=F_x,\qquad \frac{\partial G_x}{\partial z}-\frac{\partial G_z}{\partial x}=F_y,\qquad \frac{\partial G_y}{\partial x}-\frac{\partial G_x}{\partial y}=F_z$$

をみたすスカラー関数 G_x, G_y, G_z が存在することを示せばよい．任意に U 内の 1 点 $\mathrm{P}(a, b, c)$ をとり，まず，$\partial G_x/\partial y=\partial G_x/\partial z=0$ をみたすような G_x を次のように定める：

$$\begin{aligned}G_x(x, y, z) = \int_a^x &[\alpha F_x(\xi, b, c)+\beta F_y(\xi, b, c)+\gamma F_z(\xi, b, c)]\,d\xi\\ &+f(x, b, c).\end{aligned}$$

ここに，α, β, γ は定数で，f は任意のスカラー関数である．このとき，上の

連立方程式は

$$\frac{\partial G_z}{\partial y}-\frac{\partial G_y}{\partial z}=F_x, \qquad -\frac{\partial G_z}{\partial x}=F_y, \qquad \frac{\partial G_y}{\partial x}=F_z$$

となる．次に，後の2つの式が成り立つように（積分して），G_y, G_z を次のように定める：

$$G_y(x,y,z)=\int_a^x F_z(\xi,y,z)\,d\xi+g(a,y,c),$$

$$G_z(x,y,z)=-\int_a^x F_y(\xi,y,z)\,d\xi+h_0(y,z)+h(a,b,z).$$

ここに，g, h_0, h は任意のスカラー関数で，h_0 は微分可能であるとする．しかるに，$\nabla\cdot\boldsymbol{F}=0$ より

$$\frac{\partial F_x}{\partial x}=-\left[\frac{\partial F_y}{\partial y}+\frac{\partial F_z}{\partial z}\right]$$

であるから

$$\frac{\partial G_z}{\partial y}(x,y,z)-\frac{\partial G_y}{\partial z}(x,y,z)=F_x(x,y,z)-F_x(a,y,z)+\frac{\partial h_0}{\partial y}(y,z),$$

すなわち

$$\frac{\partial h_0}{\partial y}(y,z)=F_x(a,y,z).$$

最後に，この等式を成り立たせるように h_0 を1つ定めればよい．そのためには

$$h_0(y,z)=\int_b^y F_x(a,\eta,z)\,d\eta$$

と定めればよい．したがって

$$G_z(x,y,z)=\int_b^y F_x(a,\eta,z)\,d\eta-\int_a^x F_y(\xi,y,z)\,d\xi+h(a,b,z).$$

このようにして得られたベクトル場 $\boldsymbol{G}=(G_x, G_y, G_z)$ は $\boldsymbol{F}=\mathrm{rot}\,\boldsymbol{G}$ をみたす． ▩

定理3（ヘルムホルツの分解定理） 星状単連結領域Uで定義された C^2 級のベクトル場 $\boldsymbol{F}$ は，ある非回転的（渦なしの）ベクトル場 $\boldsymbol{V}$ と回転

的(湧き出しのない)ベクトル場 $\boldsymbol{W}$ を用いて

$$\boldsymbol{F} = \boldsymbol{V} + \boldsymbol{W} \qquad (\mathrm{rot}\ \boldsymbol{V} = \boldsymbol{O},\ \mathrm{div}\ \boldsymbol{W} = 0)$$

のように分解できる.

証明 U上で定義された未知の C^2 級のスカラー関数 ϕ とU上で与えられたスカラー関数 ρ に関する偏微分方程式

$$\nabla^2\phi = -\rho$$

を ϕ に対する**ポアソンの方程式**という. これは物理数学における基本的な方程式の1つである. この方程式の解の1つは

$$\phi(x, y, z) = \frac{1}{4\pi}\iiint_{\mathrm{U}} \frac{\rho(\xi, \eta, \zeta)}{\gamma} d\xi\, d\eta\, d\zeta$$

$$\left(\gamma = \sqrt{(\xi - x)^2 + (\eta - y)^2 + (\zeta - z)^2}\right)$$

で与えられる. この事実の証明は次章で与えられる(§5.3, 定理4を見よ).

さて, $\rho = \mathrm{div}\ \boldsymbol{F}$ にとり, ポアソンの方程式

$$\nabla^2\phi = -\mathrm{div}\ \boldsymbol{F}$$

をみたす1つの解 ϕ からベクトル場 $\boldsymbol{V} = -\nabla\phi$ を作る. このとき

$$\mathrm{div}\,(\boldsymbol{F} - \boldsymbol{V}) = \mathrm{div}\ \boldsymbol{F} + \nabla^2\phi = 0$$

となり, $\boldsymbol{F} - \boldsymbol{V}$ は U 上の管状ベクトル場であるから, 定理2によって

$$\boldsymbol{F} - \boldsymbol{V} = \mathrm{rot}\ \boldsymbol{\Phi}$$

となるベクトル・ポテンシャル $\boldsymbol{\Phi}$ が存在する. この $\boldsymbol{\Phi}$ を用いて $\boldsymbol{W} = \mathrm{rot}\ \boldsymbol{\Phi}$ とおく. 明らかに, $\mathrm{rot}\ \boldsymbol{V} = \boldsymbol{O}$, $\mathrm{div}\ \boldsymbol{W} = 0$ であり

$$\boldsymbol{F} = -\nabla\phi + \mathrm{rot}\ \boldsymbol{\Phi} = \boldsymbol{V} + \boldsymbol{W}.$$ ▨

例題1 ベクトル場 $\boldsymbol{F} = z\boldsymbol{i} + x\boldsymbol{j} + y\boldsymbol{k}$ は管状であることを示し, そのベクトル・ポテンシャルを求めよ.

解(ベクトル・ポテンシャルを求める方法1) $F_x(x, y, z) = z$, $F_y(x, y, z) = x$, $F_z(x, y, z) = y$ より

$$\nabla\cdot\boldsymbol{F} = \frac{\partial F_x}{\partial x} + \frac{\partial F_y}{\partial y} + \frac{\partial F_z}{\partial z} = 0.$$

次に, $\boldsymbol{F}$ のベクトル・ポテンシャルを求める. $(a, b, c) = (0, 0, 0)$, α, β, γ を任意定数として, 定理2の証明より

$$G_x(x, y, z) = \int_0^x [\alpha F_x(\xi, 0, 0) + \beta F_y(\xi, 0, 0) + \gamma F_z(\xi, 0, 0)]\, d\xi = \int_0^x \beta\xi\, d\xi$$
$$= \frac{\beta x^2}{2},$$
$$G_y(x, y, z) = \int_0^x F_z(\xi, y, z) d\xi = \int_0^x y\, d\xi = xy,$$
$$G_z(x, y, z) = \int_0^y F_x(0, \eta, z) d\eta - \int_0^x F_y(\xi, y, z) d\xi = \int_0^y z\, d\eta - \int_0^x \xi\, d\xi$$
$$= yz - \frac{x^2}{2}$$

を得る．こうして得られるベクトル場 $\boldsymbol{G} = \dfrac{\beta x^2}{2}\boldsymbol{i} + xy\boldsymbol{j} + \left(yz - \dfrac{x^2}{2}\right)\boldsymbol{k}$ は $\boldsymbol{F} = \mathrm{rot}\ \boldsymbol{G}$ をみたす

例題2　ベクトル場 $\boldsymbol{F} = \boldsymbol{F}(x, y, z) = F_x\,\boldsymbol{i} + F_y\,\boldsymbol{j} + F_z\,\boldsymbol{k}$ が任意の実数 t に対して

$$\boldsymbol{F}(tx, ty, tz) = t^n \boldsymbol{F}(x, y, z) \qquad (n \text{ は整数，} n \neq -2)$$

をみたし，さらに管状であるならば

$$\boldsymbol{G} = \frac{1}{n+2}(\boldsymbol{F} \times \boldsymbol{r}) \qquad (\boldsymbol{r} = x\boldsymbol{i} + y\boldsymbol{j} + z\boldsymbol{k})$$

は $\boldsymbol{F}$ のベクトル・ポテンシャルであることを示せ．

解（ベクトル・ポテンシャルを求める方法2）　$\boldsymbol{F}(tx, ty, tz) = t^n\,\boldsymbol{F}(x, y, z)$ の両辺を t で微分すると

$$x\frac{\partial \boldsymbol{F}}{\partial x}(tx, ty, tz) + y\frac{\partial \boldsymbol{F}}{\partial y}(tx, ty, tz) + z\frac{\partial \boldsymbol{F}}{\partial z}(tx, ty, tz) = nt^{n-1}\boldsymbol{F}(x, y, z).$$

さらに，$t = 1$ とおくと

$$x\frac{\partial \boldsymbol{F}}{\partial x} + y\frac{\partial \boldsymbol{F}}{\partial y} + z\frac{\partial \boldsymbol{F}}{\partial z} = n\boldsymbol{F}.$$

$\mathrm{div}\ \boldsymbol{F} = 0$，$\mathrm{div}\,\boldsymbol{r} = 3$ であるから，次節（§3.6）の公式（7）によれば

$$\mathrm{rot}(\boldsymbol{F} \times \boldsymbol{r}) = (\boldsymbol{r} \cdot \nabla)\boldsymbol{F} - (\boldsymbol{F} \cdot \nabla)\boldsymbol{r} + \boldsymbol{F}\,\mathrm{div}\,\boldsymbol{r} - \boldsymbol{r}\,\mathrm{div}\,\boldsymbol{F}$$
$$= (\boldsymbol{r} \cdot \nabla)\boldsymbol{F} - (\boldsymbol{F} \cdot \nabla)\boldsymbol{r} + 3\,\boldsymbol{F}.$$

したがって，以上の関係式により $\mathrm{rot}(\boldsymbol{F} \times \boldsymbol{r})$ の x 成分を求めると

$$[\mathrm{rot}(\boldsymbol{F} \times \boldsymbol{r})]_x = x\frac{\partial F_x}{\partial x} + y\frac{\partial F_x}{\partial y} + z\frac{\partial F_x}{\partial z} - F_x + 3F_x = (n+2)F_x.$$

同様にして

$$[\mathrm{rot}(\boldsymbol{F} \times \boldsymbol{r})]_y = (n+2)F_y, \qquad [\mathrm{rot}(\boldsymbol{F} \times \boldsymbol{r})]_z = (n+2)F_z$$

を得る．

$$\therefore\quad \mathrm{rot}(\boldsymbol{F} \times \boldsymbol{r}) = (n+2)\boldsymbol{F}, \text{ すなわち，} \boldsymbol{F} = \mathrm{rot}\ \boldsymbol{G}.$$

問3　次のベクトル場 $\boldsymbol{F}$ は管状であることを示し，そのベクトル・ポテンシャルを求めよ．

（i）　$\boldsymbol{F}=(x+1)\boldsymbol{i}-y^2\boldsymbol{j}-(1-2y)z\boldsymbol{k}$.

（ii）　$\boldsymbol{F}=(y^2-z)\boldsymbol{i}+(z^2-x)\boldsymbol{j}+(x^2-y)\boldsymbol{k}$.

（iii）　$\boldsymbol{F}=(x\sin z)\boldsymbol{i}+(\sin x)\boldsymbol{j}+(\cos z)\boldsymbol{k}$.

問4　C^2 級関数 f, g に対して，$\boldsymbol{F}=\nabla f\times\nabla g$ は管状ベクトル場であることを示せ．

問5　$\boldsymbol{r}=x\boldsymbol{i}+y\boldsymbol{j}+z\boldsymbol{k}$，$\boldsymbol{F}=\boldsymbol{i}-y\boldsymbol{j}+z\boldsymbol{k}$ に対して

$$\boldsymbol{G}=-\boldsymbol{r}\times\int_0^1 t(\boldsymbol{i}-ty\boldsymbol{j}+tz\boldsymbol{k})dt$$

は $\boldsymbol{F}$ のベクトル・ポテンシャルであることを示せ．

§3.6　勾配，発散，回転に関する諸公式

公式を掲げる前に，記号 $\boldsymbol{F}\cdot\nabla$ と $\boldsymbol{F}\times\nabla$ について説明しておく．ベクトル場 $\boldsymbol{F}=F_x\boldsymbol{i}+F_y\boldsymbol{j}+F_z\boldsymbol{k}$ とハミルトンの演算子 ∇ に対して，$\boldsymbol{F}\cdot\nabla$，$\boldsymbol{F}\times\nabla$ は

$$\boldsymbol{F}\cdot\nabla=(F_x\boldsymbol{i}+F_y\boldsymbol{j}+F_z\boldsymbol{k})\cdot\left(\frac{\partial}{\partial x}\boldsymbol{i}+\frac{\partial}{\partial y}\boldsymbol{j}+\frac{\partial}{\partial z}\boldsymbol{k}\right)$$

$$=F_x\frac{\partial}{\partial x}+F_y\frac{\partial}{\partial y}+F_z\frac{\partial}{\partial z},$$

$$\boldsymbol{F}\times\nabla=(F_x\boldsymbol{i}+F_y\boldsymbol{j}+F_z\boldsymbol{k})\times\left(\frac{\partial}{\partial x}\boldsymbol{i}+\frac{\partial}{\partial y}\boldsymbol{j}+\frac{\partial}{\partial z}\boldsymbol{k}\right)$$

$$=\left(F_y\frac{\partial}{\partial z}-F_z\frac{\partial}{\partial y}\right)\boldsymbol{i}+\left(F_z\frac{\partial}{\partial x}-F_x\frac{\partial}{\partial z}\right)\boldsymbol{j}+\left(F_x\frac{\partial}{\partial y}-F_y\frac{\partial}{\partial x}\right)\boldsymbol{k}$$

で定義される．これらはいずれも微分作用素であり，$\boldsymbol{F}$ と ∇ の順序を入れ換えて得られるような $\nabla\cdot\boldsymbol{F}$，$\nabla\times\boldsymbol{F}$ とはまったく意味が異なる．

f をスカラー場，$\boldsymbol{A}, \boldsymbol{B}$ をベクトル場，α, β を定数とすると，次の公式が成り立つ．

（1）　$\operatorname{div}(\alpha\boldsymbol{A}+\beta\boldsymbol{B})=\nabla\cdot(\alpha\boldsymbol{A}+\beta\boldsymbol{B})=\alpha\nabla\cdot\boldsymbol{A}+\beta\nabla\cdot\boldsymbol{B}$
$=\alpha\operatorname{div}\boldsymbol{A}+\beta\operatorname{div}\boldsymbol{B}$.

（2）　$\operatorname{div}(f\boldsymbol{A})=\nabla\cdot(f\boldsymbol{A})=\boldsymbol{A}\cdot\nabla f+f\nabla\cdot\boldsymbol{A}=\boldsymbol{A}\cdot\operatorname{grad}f+f\operatorname{div}\boldsymbol{A}$.

（3）　$\operatorname{div}(\boldsymbol{A}\times\boldsymbol{B})=\nabla\cdot(\boldsymbol{A}\times\boldsymbol{B})=\boldsymbol{B}\cdot(\nabla\times\boldsymbol{A})-\boldsymbol{A}\cdot(\nabla\times\boldsymbol{B})$
$=\boldsymbol{B}\cdot\operatorname{rot}\boldsymbol{A}-\boldsymbol{A}\cdot\operatorname{rot}\boldsymbol{B}$.

(4) $\mathrm{grad}\,(\boldsymbol{A}\cdot\boldsymbol{B}) = \nabla(\boldsymbol{A}\cdot\boldsymbol{B})$
$= (\boldsymbol{A}\cdot\nabla)\boldsymbol{B}+(\boldsymbol{B}\cdot\nabla)\boldsymbol{A}+\boldsymbol{A}\times\mathrm{rot}\,\boldsymbol{B}+\boldsymbol{B}\times\mathrm{rot}\,\boldsymbol{A}.$

(5) $\mathrm{rot}\,(\alpha\boldsymbol{A}+\beta\boldsymbol{B}) = \nabla\times(\alpha\boldsymbol{A}+\beta\boldsymbol{B}) = \alpha\nabla\times\boldsymbol{A}+\beta\nabla\times\boldsymbol{B}$
$= \alpha\mathrm{rot}\,\boldsymbol{A}+\beta\mathrm{rot}\,\boldsymbol{B}.$

(6) $\mathrm{rot}\,(f\boldsymbol{A}) = \nabla\times(f\boldsymbol{A}) = \nabla f\times\boldsymbol{A}+f\nabla\times\boldsymbol{A} = \mathrm{grad}\,f\times\boldsymbol{A}+f\,\mathrm{rot}\,\boldsymbol{A}.$

(7) $\mathrm{rot}\,(\boldsymbol{A}\times\boldsymbol{B}) = \nabla\times(\boldsymbol{A}\times\boldsymbol{B}) = (\boldsymbol{B}\cdot\nabla)\boldsymbol{A}-(\boldsymbol{A}\cdot\nabla)\boldsymbol{B}+\boldsymbol{A}\nabla\cdot\boldsymbol{B}$
$-\boldsymbol{B}\nabla\cdot\boldsymbol{A} = (\boldsymbol{B}\cdot\nabla)\boldsymbol{A}-(\boldsymbol{A}\cdot\nabla)\boldsymbol{B}+\boldsymbol{A}\,\mathrm{div}\,\boldsymbol{B}-\boldsymbol{B}\,\mathrm{div}\,\boldsymbol{A}.$

(8) $\mathrm{grad}\,f = f'(u)\nabla u$ （ただし，$f = f(u)$，$u = u(x, y, z)$）.

(9) $\mathrm{div}\,(\mathrm{grad}\,f) = \nabla\cdot(\nabla f) = \nabla^2 f.$

(10) $\mathrm{div}\,(\mathrm{rot}\,\boldsymbol{A}) = \nabla\cdot(\nabla\times\boldsymbol{A})$ ($\boldsymbol{A}$ が C^2 級ならば $\nabla\cdot(\nabla\times\boldsymbol{A}) = 0$).

(11) $\mathrm{rot}\,(\mathrm{grad}\,f) = \nabla\times\nabla f$ （f が C^2 級ならば $\nabla\times\nabla f = \boldsymbol{O}$）.

(12) $\mathrm{rot}\,(\mathrm{rot}\,\boldsymbol{A}) = \nabla\times(\nabla\times\boldsymbol{A}) = \nabla(\nabla\cdot\boldsymbol{A})-\nabla^2\boldsymbol{A}.$

(13) $(\boldsymbol{A}\cdot\nabla)(f\boldsymbol{B}) = [(\boldsymbol{A}\cdot\nabla)f]\boldsymbol{B}+f(\boldsymbol{A}\cdot\nabla)\boldsymbol{B}.$

(14) $(\boldsymbol{A}\times\nabla)\cdot\boldsymbol{B} = \boldsymbol{A}\cdot(\nabla\times\boldsymbol{B}).$

(15) $(\boldsymbol{A}\cdot\nabla)\boldsymbol{r} = \boldsymbol{A}$ 　（ただし，$\boldsymbol{r} = x\boldsymbol{i}+y\boldsymbol{j}+z\boldsymbol{k}$）.

証明　$\boldsymbol{A} = A_x\boldsymbol{i}+A_y\boldsymbol{j}+A_z\boldsymbol{k}$，$\boldsymbol{B} = B_x\boldsymbol{i}+B_y\boldsymbol{j}+B_z\boldsymbol{k}$ とする．直接等式を導くか，または，対応する x, y, z 成分どうしが等しいことを示せばよい．

(1)
$$\nabla\cdot(\alpha\boldsymbol{A}+\beta\boldsymbol{B}) = \frac{\partial}{\partial x}\left(\alpha A_x+\beta B_x\right)+\frac{\partial}{\partial y}\left(\alpha A_y+\beta B_y\right)+\frac{\partial}{\partial z}\left(\alpha A_z+\beta B_z\right)$$
$$= \alpha\left(\frac{\partial A_x}{\partial x}+\frac{\partial A_y}{\partial y}+\frac{\partial A_z}{\partial z}\right)+\beta\left(\frac{\partial B_x}{\partial x}+\frac{\partial b_y}{\partial y}+\frac{\partial B_z}{\partial z}\right)$$
$$= \alpha\nabla\cdot\boldsymbol{A}+\beta\nabla\cdot\boldsymbol{B}.$$

(2)
$$\nabla\cdot(f\boldsymbol{A}) = \frac{\partial}{\partial x}(fA_x)+\frac{\partial}{\partial y}(fA_y)+\frac{\partial}{\partial z}(fA_z)$$
$$= \left(\frac{\partial f}{\partial x}A_x+\frac{\partial f}{\partial y}A_y+\frac{\partial f}{\partial z}A_z\right)+f\left(\frac{\partial A_x}{\partial x}+\frac{\partial A_y}{\partial y}+\frac{\partial A_z}{\partial z}\right)$$
$$= \boldsymbol{A}\cdot\nabla f+f\nabla\cdot\boldsymbol{A}.$$

（3） $$\nabla\cdot(\boldsymbol{A}\times\boldsymbol{B})=\frac{\partial}{\partial x}(A_yB_z-A_zB_y)+\frac{\partial}{\partial y}(A_zB_x-A_xB_z)+\frac{\partial}{\partial z}(A_xB_y-A_yB_x)$$
$$=B_x\left(\frac{\partial A_z}{\partial y}-\frac{\partial A_y}{\partial z}\right)+B_y\left(\frac{\partial A_x}{\partial z}-\frac{\partial A_z}{\partial x}\right)+B_z\left(\frac{\partial A_y}{\partial x}-\frac{\partial A_x}{\partial y}\right)-A_x\left(\frac{\partial B_z}{\partial y}-\frac{\partial B_y}{\partial z}\right)-A_y\left(\frac{\partial B_x}{\partial z}-\frac{\partial B_z}{\partial x}\right)-A_z\left(\frac{\partial B_y}{\partial x}-\frac{\partial B_x}{\partial y}\right)$$
$$=\boldsymbol{B}\cdot(\nabla\times\boldsymbol{A})-\boldsymbol{A}\cdot(\nabla\times\boldsymbol{B}).$$

（4） $$[\nabla(\boldsymbol{A}\cdot\boldsymbol{B})]_x=\frac{\partial}{\partial x}(A_xB_x+A_yB_y+A_zB_z),$$
$$[(\boldsymbol{A}\cdot\nabla)\boldsymbol{B}]_x=A_x\frac{\partial B_x}{\partial x}+A_y\frac{\partial B_x}{\partial y}+A_z\frac{\partial B_x}{\partial z},$$
$$[(\boldsymbol{B}\cdot\nabla)\boldsymbol{A}]_x=B_x\frac{\partial A_x}{\partial x}+B_y\frac{\partial A_x}{\partial y}+B_z\frac{\partial A_x}{\partial z},$$
$$[\boldsymbol{A}\times\mathrm{rot}\,\boldsymbol{B}]_x=A_y\left(\frac{\partial B_y}{\partial x}-\frac{\partial B_x}{\partial y}\right)-A_z\left(\frac{\partial B_x}{\partial z}-\frac{\partial B_z}{\partial x}\right),$$
$$[\boldsymbol{B}\times\mathrm{rot}\,\boldsymbol{A}]_x=B_y\left(\frac{\partial A_y}{\partial x}-\frac{\partial A_x}{\partial y}\right)-B_z\left(\frac{\partial A_x}{\partial z}-\frac{\partial A_z}{\partial x}\right).$$

したがって
$$[\nabla(\boldsymbol{A}\cdot\boldsymbol{B})]_x=[(\boldsymbol{A}\cdot\nabla)\boldsymbol{B}+(\boldsymbol{B}\cdot\nabla)\boldsymbol{A}+\boldsymbol{A}\times\mathrm{rot}\,\boldsymbol{B}+\boldsymbol{B}\times\mathrm{rot}\,\boldsymbol{A}]_x.$$
同様にして
$$[\nabla(\boldsymbol{A}\cdot\boldsymbol{B})]_y=[(\boldsymbol{A}\cdot\nabla)\boldsymbol{B}+(\boldsymbol{B}\cdot\nabla)\boldsymbol{A}+\boldsymbol{A}\times\mathrm{rot}\,\boldsymbol{B}+\boldsymbol{B}\times\mathrm{rot}\,\boldsymbol{A}]_y,$$
$$[\nabla(\boldsymbol{A}\cdot\boldsymbol{B})]_z=[(\boldsymbol{A}\cdot\nabla)\boldsymbol{B}+(\boldsymbol{B}\cdot\nabla)\boldsymbol{A}+\boldsymbol{A}\times\mathrm{rot}\,\boldsymbol{B}+\boldsymbol{B}\times\mathrm{rot}\,\boldsymbol{A}]_z.$$

（5） $$[\mathrm{rot}(\alpha\boldsymbol{A}+\beta\boldsymbol{B})]_x=\frac{\partial}{\partial y}(\alpha A_z+\beta B_z)-\frac{\partial}{\partial z}(\alpha A_y+\beta B_y),$$
$$[\alpha\,\mathrm{rot}\,\boldsymbol{A}]_x=\alpha\left(\frac{\partial A_z}{\partial y}-\frac{\partial A_y}{\partial z}\right),\quad[\beta\,\mathrm{rot}\,\boldsymbol{B}]_x=\beta\left(\frac{\partial B_z}{\partial y}-\frac{\partial B_y}{\partial z}\right).$$

したがって
$$[\mathrm{rot}(\alpha\boldsymbol{A}+\beta\boldsymbol{B})]_x=[\alpha\,\mathrm{rot}\,\boldsymbol{A}+\beta\,\mathrm{rot}\,\boldsymbol{B}]_x.$$

同様にして

$$[\mathrm{rot}(\alpha\boldsymbol{A}+\beta\boldsymbol{B})]_y=[\alpha\,\mathrm{rot}\,\boldsymbol{A}+\beta\,\mathrm{rot}\,\boldsymbol{B}]_y,$$
$$[\mathrm{rot}(\alpha\boldsymbol{A}+\beta\boldsymbol{B})]_z=[\alpha\,\mathrm{rot}\,\boldsymbol{A}+\beta\,\mathrm{rot}\,\boldsymbol{B}]_z.$$

（6） $[\mathrm{rot}(f\boldsymbol{A})]_x=\dfrac{\partial}{\partial y}(fA_z)-\dfrac{\partial}{\partial z}(fA_y),$

$$[\mathrm{grad}\,f\times\boldsymbol{A}]_x=\frac{\partial f}{\partial y}A_z-\frac{\partial f}{\partial z}A_y,$$

$$[f\,\mathrm{rot}\,\boldsymbol{A}]_x=f\frac{\partial A_z}{\partial y}-f\frac{\partial A_y}{\partial z}.$$

したがって

$$[\mathrm{rot}(f\boldsymbol{A})]_x=[\mathrm{grad}\,f\times\boldsymbol{A}+f\,\mathrm{rot}\,\boldsymbol{A}]_x.$$

同様にして

$$[\mathrm{rot}(f\boldsymbol{A})]_y=[\mathrm{grad}\,f\times\boldsymbol{A}+f\,\mathrm{rot}\,\boldsymbol{A}]_y,$$
$$[\mathrm{rot}(f\boldsymbol{A})]_z=[\mathrm{grad}\,f\times\boldsymbol{A}+f\,\mathrm{rot}\,\boldsymbol{A}]_z.$$

（7） $[\mathrm{rot}(\boldsymbol{A}\times\boldsymbol{B})]_x=\dfrac{\partial}{\partial y}(A_xB_y-A_yB_x)-\dfrac{\partial}{\partial z}(A_zB_x-A_xB_z),$

$$[(\boldsymbol{B}\cdot\nabla)\boldsymbol{A}-(\boldsymbol{A}\cdot\nabla)\boldsymbol{B}]_x=B_x\frac{\partial A_x}{\partial x}+B_y\frac{\partial A_x}{\partial y}+B_z\frac{\partial A_x}{\partial z}$$
$$-A_x\frac{\partial B_x}{\partial x}-A_y\frac{\partial B_x}{\partial y}-A_z\frac{\partial B_x}{\partial z},$$

$$[\boldsymbol{A}\,\mathrm{div}\,\boldsymbol{B}-\boldsymbol{B}\,\mathrm{div}\,\boldsymbol{A}]_x=A_x\frac{\partial B_x}{\partial x}+A_x\frac{\partial B_y}{\partial y}+A_x\frac{\partial B_z}{\partial z}$$
$$-B_x\frac{\partial A_x}{\partial x}-B_x\frac{\partial A_y}{\partial y}-B_x\frac{\partial A_z}{\partial z}.$$

これより

$$[\mathrm{rot}(\boldsymbol{A}\times\boldsymbol{B})]_x=[(\boldsymbol{B}\cdot\nabla)\boldsymbol{A}-(\boldsymbol{A}\cdot\nabla)\boldsymbol{B}+\boldsymbol{A}\,\mathrm{div}\,\boldsymbol{B}-\boldsymbol{B}\,\mathrm{div}\,\boldsymbol{A}]_x.$$

同様にして

$$[\mathrm{rot}(\boldsymbol{A}\times\boldsymbol{B})]_y=[(\boldsymbol{B}\cdot\nabla)\boldsymbol{A}-(\boldsymbol{A}\cdot\nabla)\boldsymbol{B}+\boldsymbol{A}\,\mathrm{div}\,\boldsymbol{B}-\boldsymbol{B}\,\mathrm{div}\,\boldsymbol{A}]_y,$$
$$[\mathrm{rot}(\boldsymbol{A}\times\boldsymbol{B})]_z=[(\boldsymbol{B}\cdot\nabla)\boldsymbol{A}-(\boldsymbol{A}\cdot\nabla)\boldsymbol{B}+\boldsymbol{A}\,\mathrm{div}\,\boldsymbol{B}-\boldsymbol{B}\,\mathrm{div}\,\boldsymbol{A}]_z.$$

（8） $\nabla f=\dfrac{\partial f}{\partial x}\boldsymbol{i}+\dfrac{\partial f}{\partial y}\boldsymbol{j}+\dfrac{\partial f}{\partial z}\boldsymbol{k}$

$$= \frac{df}{du}\left(\frac{\partial u}{\partial x}\boldsymbol{i}+\frac{\partial u}{\partial y}\boldsymbol{j}+\frac{\partial u}{\partial z}\boldsymbol{k}\right) = f'(u)\nabla u.$$

（9） $$\nabla\cdot(\nabla f) = \left(\frac{\partial}{\partial x}\boldsymbol{i}+\frac{\partial}{\partial y}\boldsymbol{j}+\frac{\partial}{\partial z}\boldsymbol{k}\right)\cdot\left(\frac{\partial f}{\partial x}\boldsymbol{i}+\frac{\partial f}{\partial y}\boldsymbol{j}+\frac{\partial f}{\partial z}\boldsymbol{k}\right)$$

$$= \frac{\partial^2 f}{\partial x^2}+\frac{\partial^2 f}{\partial y^2}+\frac{\partial^2 f}{\partial z^2} = \nabla^2 f.$$

（10） $\boldsymbol{A}$ が C^2 級ならば $\boldsymbol{A}$ の 2 次のベクトル偏導関数は連続であるから

$$\nabla\cdot(\nabla\times\boldsymbol{A}) = \frac{\partial}{\partial x}\left(\frac{\partial A_z}{\partial y}-\frac{\partial A_y}{\partial z}\right)+\frac{\partial}{\partial y}\left(\frac{\partial A_x}{\partial z}-\frac{\partial A_z}{\partial x}\right)$$

$$+\frac{\partial}{\partial z}\left(\frac{\partial A_y}{\partial x}-\frac{\partial A_x}{\partial y}\right)$$

$$= \frac{\partial^2 A_x}{\partial y\partial z}-\frac{\partial^2 A_x}{\partial z\,\partial y}+\frac{\partial^2 A_y}{\partial z\,\partial x}-\frac{\partial^2 A_y}{\partial x\,\partial z}+\frac{\partial^2 A_z}{\partial x\,\partial y}-\frac{\partial^2 A_z}{\partial y\,\partial x} = 0.$$

（11） f が C^2 級ならば f の 2 次偏導関数は連続であるから

$$\nabla\times\nabla f = \left(\frac{\partial^2 f}{\partial y\partial z}-\frac{\partial^2 f}{\partial z\,\partial y}\right)\boldsymbol{i}+\left(\frac{\partial^2 f}{\partial z\,\partial x}-\frac{\partial^2 f}{\partial x\,\partial z}\right)\boldsymbol{j}$$

$$+\left(\frac{\partial^2 f}{\partial x\,\partial y}-\frac{\partial^2 f}{\partial y\,\partial x}\right)\boldsymbol{k} = \boldsymbol{o}.$$

（12） $$[\nabla\times(\nabla\times\boldsymbol{A})]_x = \frac{\partial}{\partial y}\left(\frac{\partial A_y}{\partial x}-\frac{\partial A_x}{\partial y}\right)-\frac{\partial}{\partial z}\left(\frac{\partial A_x}{\partial z}-\frac{\partial A_z}{\partial x}\right),$$

$$[\nabla(\nabla\cdot\boldsymbol{A})]_x = \frac{\partial}{\partial x}\left(\frac{\partial A_x}{\partial x}+\frac{\partial A_y}{\partial y}+\frac{\partial A_z}{\partial z}\right),$$

$$[\nabla^2\boldsymbol{A}]_x = \nabla^2 A_x = \frac{\partial^2 A_x}{\partial x^2}+\frac{\partial^2 A_x}{\partial y^2}+\frac{\partial^2 A_x}{\partial z^2}.$$

これより

$$[\nabla\times(\nabla\times\boldsymbol{A})]_x = [\nabla(\nabla\cdot\boldsymbol{A})-\nabla^2\boldsymbol{A}]_x.$$

同様にして

$$[\nabla\times(\nabla\times\boldsymbol{A})]_y = [\nabla(\nabla\cdot\boldsymbol{A})-\nabla^2\boldsymbol{A}]_y,$$
$$[\nabla\times(\nabla\times\boldsymbol{A})]_z = [\nabla(\nabla\cdot\boldsymbol{A})-\nabla^2\boldsymbol{A}]_z.$$

（13） $$[(\boldsymbol{A}\cdot\nabla)(f\boldsymbol{B})]_x = A_x\frac{\partial fB_x}{\partial x}+A_y\frac{\partial fB_x}{\partial y}+A_z\frac{\partial fB_x}{\partial z},$$

$$[\{(\boldsymbol{A}\cdot\nabla)f\}\boldsymbol{B}]_x = \left(A_x\frac{\partial f}{\partial x}+A_y\frac{\partial f}{\partial y}+A_z\frac{\partial f}{\partial z}\right)B_x,$$

$$[f(\boldsymbol{A}\cdot\nabla)\boldsymbol{B}]_x = f\left(A_x\frac{\partial B_x}{\partial x}+A_y\frac{\partial B_x}{\partial y}+A_z\frac{\partial B_x}{\partial z}\right).$$

これより

$$[(\boldsymbol{A}\cdot\nabla)(f\boldsymbol{B})]_x = [\{(\boldsymbol{A}\cdot\nabla)f)\}\boldsymbol{B}+f(\boldsymbol{A}\cdot\nabla)\boldsymbol{B}]_x.$$

同様にして

$$[(\boldsymbol{A}\cdot\nabla)(f\boldsymbol{B})]_y = [\{(\boldsymbol{A}\cdot\nabla)f)\}\boldsymbol{B}+f(\boldsymbol{A}\cdot\nabla)\boldsymbol{B}]_y,$$
$$[(\boldsymbol{A}\cdot\nabla)(f\boldsymbol{B})]_z = [\{(\boldsymbol{A}\cdot\nabla)f)\}\boldsymbol{B}+f(\boldsymbol{A}\cdot\nabla)\boldsymbol{B}]_z.$$

(14)　$$(\boldsymbol{A}\times\nabla)\cdot\boldsymbol{B} = A_y\frac{\partial B_x}{\partial z}-A_z\frac{\partial B_x}{\partial y}+A_z\frac{\partial B_y}{\partial x}-A_x\frac{\partial B_y}{\partial z}+A_x\frac{\partial B_z}{\partial y}-A_y\frac{\partial B_z}{\partial x}$$
$$= A_x\left(\frac{\partial B_z}{\partial y}-\frac{\partial B_y}{\partial z}\right)+A_y\left(\frac{\partial B_x}{\partial z}-\frac{\partial B_z}{\partial x}\right)+A_z\left(\frac{\partial B_y}{\partial x}-\frac{\partial B_x}{\partial y}\right) = \boldsymbol{A}\cdot(\nabla\times\boldsymbol{B}).$$

(15)　$$(\boldsymbol{A}\cdot\nabla)\boldsymbol{r} = \left(A_x\frac{\partial}{\partial x}+A_y\frac{\partial}{\partial y}+A_z\frac{\partial}{\partial z}\right)(x\boldsymbol{i}+y\boldsymbol{j}+z\boldsymbol{k})$$
$$= A_x\boldsymbol{i}+A_y\boldsymbol{j}+A_z\boldsymbol{k} = \boldsymbol{A}.$$ ▨

問1　$\boldsymbol{r} = x\boldsymbol{i}+y\boldsymbol{j}+z\boldsymbol{k}$, $r = |\boldsymbol{r}|$ とし，$f(r)$ を C^2 級のスカラー関数として，次のものを計算せよ．
(i)　$\mathrm{div}\,\mathrm{grad}\,r^n$.　(ii)　$\mathrm{div}\,\{f(r)\boldsymbol{r}\}$.　(iii)　$\mathrm{rot}\,\{f(r)\boldsymbol{r}\}$.

問2　問1の $\boldsymbol{r}, r, f$ に対して，$\mathrm{grad}\left(\dfrac{f'(r)}{r}\right)$ を求めよ．

問3　$\boldsymbol{A} = z\boldsymbol{i}+x\boldsymbol{j}-y\boldsymbol{k}$, $\boldsymbol{B} = x^2y\boldsymbol{i}+y^2z\boldsymbol{j}+xz^2\boldsymbol{k}$, $f(x,y,z) = xyz$ として，点P$(1,0,1)$ において次のものを求めよ．
(i)　$(\boldsymbol{A}\cdot\nabla)f$.　(ii)　$(\boldsymbol{A}\cdot\nabla)f\,\boldsymbol{B}$.　(iii)　$(\boldsymbol{A}\times\nabla)\cdot\boldsymbol{B}$.

第3章の問題

1．次のスカラー場 f の点Pにおける勾配を求めよ．
(i)　$f = x^3z+y^2z^2+z^3$,　P$(1,0,1)$.
(ii)　$f = \sqrt{x}-\log y+\sin z$,　P$(1,1,0)$.

(iii)　$f=\mathrm{Sin}^{-1}\,xy+\mathrm{Cos}^{-1}\,yz+\mathrm{Tan}^{-1}\,z,\quad \mathrm{P}(1,0,1).$

2．次のスカラー場 f の点 $\mathrm{P}(1,-1,0)$ におけるベクトル $\boldsymbol{a}=\boldsymbol{i}+2\boldsymbol{j}-\boldsymbol{k}$ の方向への方向微分係数を求めよ．また点 P での方向微分係数の最大値および f の最大増加の向きを求めよ．

(ｉ)　$f=x^3z^2+2xy^2-z^3.$　(ii)　$f=e^{xy}+\log(y^2+1)+e^{2z}.$

3．次のスカラー場 f の点 P における最大増加の向きの単位ベクトルを求めよ．

(ｉ)　$f=5x^3-3y^2+2z^2,\quad \mathrm{P}(1,2,1).$

(ii)　$f=x^2-xy^2+yz^2,\quad \mathrm{P}(0,1,1).$

4．次の曲面上の点 P における曲面の単位法線ベクトルおよび接平面の方程式を求めよ．

(ｉ)　$x^2z+yz-z^2=3,\quad \mathrm{P}(1,3,3).$

(ii)　$z=x^2(1+y^2)-2,\quad \mathrm{P}(1,2,1).$

5．次のベクトル場の流線を求めよ．

(ｉ)　$\boldsymbol{F}=(t^2+t+1)\boldsymbol{i}+(t-1)\boldsymbol{j}+t^2\boldsymbol{k}.$　(ii)　$\boldsymbol{F}=\sin t\,\boldsymbol{i}+\cos t\,\boldsymbol{j}+e^{3t}\boldsymbol{k}.$

6．点 $\mathrm{P}(2,1,3)$ を通る次の 2 つの曲線を考える．

(ｉ)　$\boldsymbol{r}(t)=2e^{3t}\boldsymbol{i}+(t+1)\boldsymbol{j}+3e^{-2t}\boldsymbol{k}.$

(ii)　$\boldsymbol{r}(t)=2(t+1)e^t\boldsymbol{i}+e^{2t}\boldsymbol{j}-3(t-1)e^{2t}\boldsymbol{k}.$

このとき，(ｉ)，(ii) の曲線を流線にもつそれぞれのベクトル場を求めよ．

7．関数 $f=f(u,v)$，$g=g(u)$，$u=u(x,y,z)$，$v=v(x,y,z)$ はいずれも微分可能であるとする．このとき，次のことを証明せよ．

(ｉ)　$\nabla f=\dfrac{\partial f}{\partial u}\nabla u+\dfrac{\partial f}{\partial v}\nabla v.$　(ii)　$g(u)\nabla u=\nabla\displaystyle\int g(u)du$

8．f,g,h が調和関数であるとき

$$\nabla^2(fgh)=f\,\nabla^2(gh)+g\,\nabla^2(hf)+h\,\nabla^2(fg)$$

が成り立つことを示せ．

9．次のベクトル場 $\boldsymbol{F}$ の点 P におけるベクトル $\boldsymbol{a}$ の方向への方向微分係数を求めよ．

(ｉ)　$\boldsymbol{F}=(x^3+y^2)\boldsymbol{i}+(y^3+z^2)\boldsymbol{j}+z^3\boldsymbol{k}$，$\mathrm{P}(1,0,1)$，$\boldsymbol{a}=(1,3,2).$

(ii)　$\boldsymbol{F}=e^{2x}\boldsymbol{i}+\sin 3y\,\boldsymbol{j}+\log(z^2+1)\boldsymbol{k}$，$\mathrm{P}(0,0,0)$，$\boldsymbol{a}=(1,1,1).$

10．次のベクトル場 $\boldsymbol{F}$ のスカラー・ポテンシャルを求めよ．

(ｉ)　$\boldsymbol{F}=yz\boldsymbol{i}+xz\boldsymbol{j}+xy\boldsymbol{k}.$

(ii)　$\boldsymbol{F}=(z^3-6xy)\boldsymbol{i}-(3x^2+z)\boldsymbol{j}+(3xz^2-y)\boldsymbol{k}$

(iii)　$\boldsymbol{F}=\dfrac{1}{r}\dfrac{dF(r)}{dr}\boldsymbol{r}$　(ただし，$\boldsymbol{r}=x\,\boldsymbol{i}+y\,\boldsymbol{j}+z\,\boldsymbol{k}$，$r=|\boldsymbol{r}|$，$F(r)$ は C^1 級)．

11．$\boldsymbol{A}=x^3\,\boldsymbol{i}+xy\boldsymbol{j}+z^3\,\boldsymbol{k}$，$\boldsymbol{B}=y^2\,\boldsymbol{i}-x^2y\boldsymbol{j}+xz\boldsymbol{k}$，$\boldsymbol{r}=x\boldsymbol{i}+y\boldsymbol{j}+z\boldsymbol{k}$ とする．このとき，次のベクトル場の点 $\mathrm{P}(1,2,1)$ における発散を求めよ．

(ｉ)　$\boldsymbol{A}\times\boldsymbol{r}.$　(ii)　$\nabla(\boldsymbol{B}\cdot\boldsymbol{r}).$　(iii)　$\boldsymbol{A}\times\boldsymbol{B}.$

12．位置ベクトル $\boldsymbol{r} = x\boldsymbol{i}+y\boldsymbol{j}+z\boldsymbol{k}$ と平面S：$x+y+z=3$, $x \geqq 0$, $y \geqq 0$, $z \geqq 0$ に対して，$\Omega(\boldsymbol{r}, \mathrm{S})$ を求めよ．ただし，原点からSに向かう向きをSの正の向きとする．

13．$\boldsymbol{F} = \sqrt{2}\,x\boldsymbol{i}+\sqrt{2}\,y\boldsymbol{j}+\sqrt{2}\,z\boldsymbol{k}$ と $V = \{(x, y, z) : 0 \leqq x \leqq 1,\ 0 \leqq y \leqq 1,\ 0 \leqq z \leqq 1\}$ に対して，Vの境界面を $\partial \mathrm{V}$ で表し，外側を表とする．このとき，$\Omega(\boldsymbol{F}, \partial \mathrm{V})$ を求めよ．

14．（i）C^3 級のベクトル場 $\boldsymbol{F}$ に対して $\mathrm{rot\,rot\,rot}\,\boldsymbol{F} = -\nabla^2(\mathrm{rot}\,\boldsymbol{F})$ を示せ．
（ii）C^4 級のベクトル場 $\boldsymbol{F}$ に対して $\mathrm{div}\,\boldsymbol{F}=0$ ならば $\mathrm{rot\,rot\,rot\,rot}\,\boldsymbol{F} = \nabla^2(\nabla^2\boldsymbol{F})$ であることを示せ．

15．$\boldsymbol{F}$ が C^1 級で $\mathrm{rot}\,\boldsymbol{F}=\boldsymbol{0}$ となるベクトル場であるならば

$$\varphi(x, y, z) = -\left[\int_0^x F_x(\xi, 0, 0)\, d\xi+\int_0^y F_y(x, \eta, 0)\, d\eta+\int_0^z F_z(x, y, \zeta)\, d\zeta\right]$$

で与えられるスカラー場 $\varphi = \varphi(x, y, z)$ は $\boldsymbol{F}$ のスカラー・ポテンシャルであることを示せ．

4

線積分と面積分

§4.1　線積分とその性質

1変数関数の定積分における積分範囲は一般に数直線 ($\mathbf{R}^1$) の区間であるが，この積分範囲を曲線に拡げたものが**線積分**である．線積分の重要性は定積分の単なる積分範囲の拡張だけではない．複素関数論における複素積分は線積分を用いて表すことができる．また，ベクトル場の線積分は，力学や流体力学，電磁気学におけるいくつかの重要な概念と深く結びついている．たとえば，力の場によってなされる仕事や流体の**循環**（**環流量**），**起電力**，**起磁力**などはいずれも線積分で表される．

$f = f(x, y, z)$ を空間領域 U で定義された連続なスカラー場とし，U に含まれる滑らかな曲線 C のパラメータ表示を

$$\boldsymbol{r}(t) = x(t)\boldsymbol{i} + y(t)\boldsymbol{j} + z(t)\boldsymbol{k} \qquad (a \leqq t \leqq b)$$

とする．曲線 C に沿う $f(x, y, z)$ の線積分は次のように定義される．

$$\int_{\mathrm{C}} f(x, y, z)ds = \int_a^b f(x(t), y(t), z(t))\,|\,\boldsymbol{r}'(t)\,|\,dt.$$

特に，C がパラメータ t の値の増加方向を正の向きとして向きづけられている場合は

$$\int_{\mathrm{C}} f(x, y, z)dx = \int_a^b f(x(t), y(t), z(t))x'(t)dt,$$

$$\int_{\mathrm{C}} f(x, y, z)dy = \int_a^b f(x(t), y(t), z(t))y'(t)dt,$$

$$\int_{\mathrm{C}} f(x, y, z)dz = \int_a^b f(x(t), y(t), z(t))z'(t)dt.$$

このとき，曲線Cを**積分路**という．積分路Cが閉曲線であるときは，$\int_C$ の代わりに $\oint_C$ という記号を用いることもある．上記の $\int_C f(x, y, z)ds$ を**線素** ds に関する線積分といい，$\int_C f\,ds$ と略記する．また，$\int_C f(x, y, z)\,dx$，$\int_C f(x, y, z)dy$，$\int_C f(x, y, z)dz$ をそれぞれ $\int_C f\,dx$，$\int_C f\,dy$，$\int_C f\,dz$ と略記し，**1次微分形式** $f\,dx$，$f\,dy$，$f\,dz$ の**線積分**という（あるいは，それぞれを f の $\boldsymbol{x, y, z}$ **に関する線積分**ともいう）．

また，1次微分形式 $f\,dx+g\,dy+h\,dz$ の線積分は，$f\,dx$，$g\,dy$，$h\,dz$ の線積分の和として定義される．すなわち

$$\int_C f\,dx+g\,dy+h\,dz=\int_C f\,dx+\int_C g\,dy+\int_C h\,dz.$$

曲線Cが区分的に滑らかな場合，つまり，滑らかな曲線 $C_1, C_2, \cdots, C_n$ をつないで $C=C_1+C_2+\cdots+C_n$ となっているとき，Cに沿う f の線積分を

$$\int_C f\,ds=\sum_{i=1}^{n}\int_{C_i} f\,ds,\quad \int_C f\,dx=\sum_{i=1}^{n}\int_{C_i} f\,dx$$
$$\int_C f\,dy=\sum_{i=1}^{n}\int_{C_i} f\,dy,\quad \int_C f\,dz=\sum_{i=1}^{n}\int_{C_i} f\,dz$$

と定義する．

定理1　滑らかな曲線Cに沿う線素に関する線積分 $\int_C f(x, y, z)ds$ はCを表すパラメータのとり方に無関係である．

証明　任意のパラメータ u による曲線Cの表示を

$$\boldsymbol{r}(u)=x(u)\boldsymbol{i}+y(u)\boldsymbol{j}+z(u)\boldsymbol{k}\qquad(\alpha\leqq u\leqq\beta)$$

とする．Cは滑らかであるから特異点はなく，$\dfrac{d\boldsymbol{r}(u)}{du}\neq\boldsymbol{o}$.

（i）　$s=\varphi(u)$，$\dfrac{d\varphi(u)}{du}>0$，$\xi=\varphi(\alpha)$，$\eta=\varphi(\beta)$ とすると，$\boldsymbol{r}(s)=$

$\boldsymbol{r}(\varphi(u))$．しかるに，$\left|\dfrac{d\boldsymbol{r}(s)}{ds}\right| = 1$ だから

$$\frac{d\boldsymbol{r}(\varphi(u))}{du} = \frac{d\boldsymbol{r}(s)}{ds}\frac{d\varphi(u)}{du}, \qquad \frac{d\varphi(u)}{du} = \left|\frac{d\boldsymbol{r}(\varphi(u))}{du}\right|.$$

したがって

$$\begin{aligned}\int_C f(x,y,z)ds &= \int_\xi^\eta f(x(s),y(s),z(s))ds \\ &= \int_\alpha^\beta f(x(\varphi(u)),y(\varphi(u)),z(\varphi(u)))\frac{d\varphi(u)}{du}du \\ &= \int_\alpha^\beta f(x(\varphi(u)),y(\varphi(u)),z(\varphi(u)))\left|\frac{d\boldsymbol{r}(\varphi(u))}{du}\right|du.\end{aligned}$$

（ii）　$s = \varphi(u)$，$\dfrac{d\varphi(u)}{du} < 0$，$\eta = \varphi(\alpha)$，$\xi = \varphi(\beta)$ とすると，$\dfrac{d\varphi(u)}{du} = -\left|\dfrac{d\boldsymbol{r}(\varphi(u))}{du}\right|$．

したがって

$$\begin{aligned}\int_C f(x,y,z)ds &= \int_\xi^\eta f(x(s),y(s),z(s))ds \\ &= \int_\beta^\alpha f(x(\varphi(u)),y(\varphi(u)),z(\varphi(u)))\frac{d\varphi(u)}{du}du \\ &= \int_\alpha^\beta f(x(\varphi(u)),y(\varphi(u)),z(\varphi(u)))\left|\frac{d\boldsymbol{r}(\varphi(u))}{du}\right|du.\end{aligned}$$ ▒

向きづけられた滑らかな曲線C：$\boldsymbol{r} = \boldsymbol{r}(t)\ (a \leqq t \leqq b)$ に対して，パラメータの変換 φ が区間 $[c,d]$ 上の，区分的に C^1 級の実数値関数で，$t = \varphi(u)$，$a = \varphi(c)$，$b = \varphi(d)$，$\dfrac{d\varphi(u)}{du} > 0$ であるとき，$\boldsymbol{r}(t) = \boldsymbol{r}(\varphi(u)) = \hat{\boldsymbol{r}}(u)$ をCの**同値な表現**という．いいかえれば，Cの同値な表現は φ がCの**向きを変えないパラメータ変換**であることを意味している．

> **定理2**　向きづけられた滑らかな曲線Cに沿う1次微分形式の線積分 $\int_C f\,dx$，$\int_C f\,dy$，$\int_C f\,dz$ の値は，Cの同値な表現で変わらない．

証明　$\boldsymbol{r}(t)=\boldsymbol{r}(\varphi(u))=\hat{\boldsymbol{r}}(u)$ $(a\leqq t\leqq b,\ c\leqq u\leqq d)$ をCの同値な表現とすると，$dt=\dfrac{d\varphi(u)}{du}du$，$\dfrac{d\hat{\boldsymbol{r}}(u)}{du}=\dfrac{d\boldsymbol{r}(t)}{dt}\dfrac{d\varphi(u)}{du}$ であるから

$$x'(t)dt=\frac{d\hat{x}(u)}{du}du,\qquad y'(t)dt=\frac{d\hat{y}(u)}{du}du,\qquad z'(t)dt=\frac{d\hat{z}(u)}{du}du.$$

したがって

$$\begin{aligned}\int_{\mathrm{C}}f(x,y,z)dx&=\int_a^b f(x(t),y(t),z(t))x'(t)dt\\&=\int_c^d f(\hat{x}(u),\hat{y}(u),\hat{z}(u))\frac{d\hat{x}(u)}{du}du,\\\int_{\mathrm{C}}f(x,y,z)dy&=\int_a^b f(x(t),y(t),z(t))y'(t)dt\\&=\int_c^d f(\hat{x}(u),\hat{y}(u),\hat{z}(u))\frac{d\hat{y}(u)}{du}du,\\\int_{\mathrm{C}}f(x,y,z)dy&=\int_a^b f(x(t),y(t),z(t))z'(t)dt\\&=\int_c^d f(\hat{x}(u),\hat{y}(u),\hat{z}(u))\frac{d\hat{z}(u)}{du}du.\end{aligned}$$

▨

Cを滑らかな曲線とし，弧長によるCのパラメータ表示を $\boldsymbol{r}^*(s)=x(s)\boldsymbol{i}+y(s)\boldsymbol{j}+z(s)\boldsymbol{k}$ $(\xi\leqq s\leqq\eta)$ とする．Cは s が増加する方向を正の向きとして向きづけられているとする．Cの単位接線ベクトル $\boldsymbol{t}(s)=\dfrac{d\boldsymbol{r}^*(s)}{ds}$ の方向余弦を $\cos\alpha(s)$，$\cos\beta(s)$，$\cos\gamma(s)$ とすると

$$\frac{dx(s)}{ds}=\boldsymbol{t}(s)\cdot\boldsymbol{i}=\cos\alpha(s),\qquad\frac{dy(s)}{ds}=\boldsymbol{t}(s)\cdot\boldsymbol{j}=\cos\beta(s),$$

$$\frac{dz(s)}{ds}=\boldsymbol{t}(s)\cdot\boldsymbol{k}=\cos\gamma(s).$$

したがって，次の等式が得られる．

$$\begin{aligned}\int_{\mathrm{C}}f(x,y,z)dx&=\int_\xi^\eta f(x(s),y(s),z(s))\frac{dx(s)}{ds}ds\\&=\int_\xi^\eta f(x(s),y(s),z(s))\cos\alpha(s)ds,\end{aligned}$$

$$\int_C f(x,y,z)dy = \int_\xi^\eta f(x(s),y(s),z(s))\frac{dy(s)}{ds}ds$$
$$= \int_\xi^\eta f(x(s),y(s),z(s))\cos\beta(s)ds,$$
$$\int_C f(x,y,z)dz = \int_\xi^\eta f(x(s),y(s),z(s))\frac{dz(s)}{ds}ds$$
$$= \int_\xi^\eta f(x(s),y(s),z(s))\cos\gamma(s)ds.$$

また，線素に関する線積分や1次微分形式の線積分の性質について，次の公式が成り立つ．

（1） $\int_C (af+bg)ds = a\int_C f\,ds + b\int_C g\,ds$ （a, b は定数）．

（2） $\int_{C_1+C_2} f\,ds = \int_{C_1} f\,ds + \int_{C_2} f\,ds$.

（3） $\int_{-C} f\,ds = \int_C f\,ds$.

（4） 曲線Cの弧長 s を測るときの基準点を固定すると

$$\int_{-C} f\,ds = -\int_C f\,ds.$$

（5） $\int_C (af+bg)dx = a\int_C f\,dx + b\int_C g\,dx$.

$\left(\int_C (af+bg)dy,\ \int_C (af+bg)dz\right.$ についても同様$\left.\right)$

（6） $\int_{C_1+C_2} f\,dx+g\,dy+h\,dz = \int_{C_1} f\,dx+g\,dy+h\,dz$

$$+\int_{C_2} f\,dx+g\,dy+h\,dz.$$

（7） $\int_{-C} f\,dx+g\,dy+h\,dz = -\int_C f\,dx+g\,dy+h\,dz$.

例題1 曲線C：$\boldsymbol{r}(t) = (4\cos t)\boldsymbol{i}+(4\sin t)\boldsymbol{j}+3t\boldsymbol{k}$ $(0 \leqq t \leqq \pi/2)$ に沿う $f(x,y,z) = x^2+y^2+z^2$ の線素に関する線積分を求めよ．

解 $\boldsymbol{r}'(t) = (-4\sin t)\boldsymbol{i}+(4\cos t)\boldsymbol{j}+3\boldsymbol{k}$, $|\boldsymbol{r}'(t)| = 5$ であるから

$$\int_C f\,ds = \int_0^{\pi/2} (16\cos^2 t + 16\sin^2 t + 9t^2)\cdot 5\,dt = \int_0^{\pi/2} 5(9t^2+16)dt$$
$$= \frac{15}{8}\pi^3 + 40\pi.$$

例題2　原点Oと，3点A$(2,0,0)$，B$(2,1,0)$，C$(2,1,3)$に対し，有向線分$\overrightarrow{OA}$，$\overrightarrow{AB}$，$\overrightarrow{BC}$をそれぞれC_1，C_2，C_3とする．このとき，$C = C_1 + C_2 + C_3$に沿う$f(x,y,z) = x^2y + y^2z + xz^2$の線素に関する線積分を求めよ．

解　C_1：$\boldsymbol{r}(t) = t\boldsymbol{i}$　$(0 \leqq t \leqq 2)$，$\boldsymbol{r}'(t) = 1$，$|\boldsymbol{r}'(t)| = 1$，
C_2：$\boldsymbol{r}(t) = 2\boldsymbol{i} + t\boldsymbol{j}$　$(0 \leqq t \leqq 1)$，$\boldsymbol{r}'(t) = 1$，$|\boldsymbol{r}'(t)| = 1$，
C_3：$\boldsymbol{r}(t) = 2\boldsymbol{i} + \boldsymbol{j} + t\boldsymbol{k}$　$(0 \leqq t \leqq 3)$，$\boldsymbol{r}'(t) = 1$，$|\boldsymbol{r}'(t)| = 1$．

したがって
$$\int_C f\,ds = \int_{C_1} f\,ds + \int_{C_2} f\,ds + \int_{C_3} f\,ds$$
$$= \int_{C_1} 0\,ds + \int_{C_2} x^2y\,ds + \int_{C_3} (x^2y + y^2z + xz^2)ds$$
$$= \int_0^2 0\cdot 1\,dt + \int_0^1 4t\cdot 1\,dt + \int_0^3 (2t^2 + t + 4)\cdot 1\,dt = \frac{73}{2}.$$

例題3　曲線C：$\boldsymbol{r}(t) = (4\cos t)\boldsymbol{i} + (4\sin t)\boldsymbol{j} + 3\boldsymbol{k}$ $(0 \leqq t \leqq \pi)$は，tが増加する向きを正の向きに向きづけられているとする．$f(x,y,z) = xz$，$g(x,y,z) = yz$，$h(x,y,z) = xy$とし，Cに沿う1次微分形式$f\,dx + g\,dy + h\,dz$の線積分を求めよ．

解　曲線C上で
$$x = x(t) = 4\cos t,\quad x'(t) = -4\sin t,$$
$$y = y(t) = 4\sin t,\quad y'(t) = 4\cos t,$$
$$z = z(t) = 3,\quad z'(t) = 0,$$
$$xz = 12\cos t,\quad yz = 12\sin t,\quad xy = 16\sin t\cos t.$$

したがって
$$\int_C f\,dx + g\,dy + h\,dz = \int_0^{\pi} (12\cos t)(-4\sin t)dt$$
$$+ \int_0^{\pi} (12\sin t)(4\cos t)dt + \int_0^{\pi} 0\,dt = 0.$$

問1　次の各問において，曲線Cに沿うスカラー場fの線素に関する線積分を求めよ．

（i）　$f = x^2 - xy + z^2$，　C：原点Oから点P$(1,2,3)$にいたる線分．

（ii）　$f = \sin x + \cos y + z$，　C：$\boldsymbol{r}(t) = t\boldsymbol{i} + 2t\boldsymbol{j} + 3t\boldsymbol{k}$　$(0 \leqq t \leqq \pi)$．

（iii）　$f = -x + y + z$，　C：$\boldsymbol{r}(t) = (1-\cos t)\boldsymbol{i} + \sin t\,\boldsymbol{j} + t\,\boldsymbol{k}$　$(0 \leqq t \leqq 2\pi)$．

問2　次の線積分を求めよ．

（i）$\displaystyle\int_C y\,dx - x\,dy + z\,dz$,　C：$\boldsymbol{r}(t) = (1-\cos t)\boldsymbol{i} + \sin t\,\boldsymbol{j} + t\,\boldsymbol{k}$　$(0 \leqq t \leqq 2\pi)$ で，t が増加する向きを C の正の向きとする．

（ii）$\displaystyle\int_C x^2y\,dx + y^2z\,dy - xz\,dz$,　C：$\boldsymbol{r}(t) = t\boldsymbol{i} - 3t^2\boldsymbol{j} + t^3\boldsymbol{k}$ で，原点 O から点 P$(1, -3, 1)$ まで．

（iii）$\displaystyle\oint_C x\,dx + y\,dy + z\,dz$,　C：円 $x^2+y^2=4$，$z=1$ に沿って反時計まわり．

問 3　向きづけられた曲線 C に沿うスカラー場 f の 1 次微分形式の線積分について

$$\int_{-C} f\,dx = -\int_C f\,dx$$

が成り立つことを証明せよ．

注意　(1)　$\displaystyle\int_C 1\,ds =$ 曲線 C の長さ．

(2)　曲線 C が平面上の曲線 $\boldsymbol{r}(t) = x(t)\boldsymbol{i} + y(t)\boldsymbol{j}$　$(a \leqq t \leqq b)$ であるとき，関数 $f(x, y)$ の線素に関する線積分は

$$\int_C f(x, y)ds = \int_a^b f(x(t), y(t))\,|\,\boldsymbol{r}'(t)\,|\,dt.$$

また，関数 $f(x, y)$，$g(x, y)$ の 1 次微分形式の線積分は

$$\int_C f(x, y)dx + g(x, y)dy = \int_a^b [f(x(t), y(t))x'(t) + g(x(t), y(t))y'(t)]\,dt.$$

(3)　$\boldsymbol{r} = x\boldsymbol{i} + y\boldsymbol{j} + z\boldsymbol{k}$ ならば $d\boldsymbol{r} = (dx)\boldsymbol{i} + (dy)\boldsymbol{j} + (dz)\boldsymbol{k}$ となり，

$$\int_C f d\boldsymbol{r} = \left(\int_C f\,dx\right)\boldsymbol{i} + \left(\int_C f\,dy\right)\boldsymbol{j} + \left(\int_C f\,dz\right)\boldsymbol{k}.$$

これを f の 1 次ベクトル微分形式の線積分という．

次に，$\boldsymbol{F} = \boldsymbol{F}(\boldsymbol{r})$ を領域 U で定義された連続なベクトル場とし，C は U に含まれる向きづけられた滑らかな曲線とする．C のパラメータ表示を

$$\boldsymbol{r} = \boldsymbol{r}(t) = x(t)\boldsymbol{i} + y(t)\boldsymbol{j} + z(t)\boldsymbol{k} \qquad (a \leqq t \leqq b)$$

とする．このとき，$\boldsymbol{F} = F_x\,\boldsymbol{i} + F_y\,\boldsymbol{j} + F_z\,\boldsymbol{k}$ に対して曲線 C に沿う線積分は次のように定義される．

$$\int_C \boldsymbol{F}\,ds = \left(\int_C F_x\,ds\right)\boldsymbol{i} + \left(\int_C F_y\,ds\right)\boldsymbol{j} + \left(\int_C F_z\,ds\right)\boldsymbol{k}.$$

$$\int_C \boldsymbol{F}\cdot d\boldsymbol{r} = \int_C F_x\,dx + F_y\,dy + F_z\,dz.$$

$$\int_C \boldsymbol{F}\times d\boldsymbol{r} = \left(\int_C F_y\,dz - F_z\,dy\right)\boldsymbol{i} + \left(\int_C F_z\,dx - F_x\,dz\right)\boldsymbol{j} + \left(\int_C F_x\,dz - F_y\,dx\right)\boldsymbol{k}.$$

上記の$\int_C \boldsymbol{F}ds$を$\boldsymbol{F}$の**線素に関する線積分**，$\int_C \boldsymbol{F}\cdot d\boldsymbol{r}$を$\boldsymbol{F}$の**線積分**，または，$\boldsymbol{F}$の**スカラー線積分**，$\int_C \boldsymbol{F}\times d\boldsymbol{r}$を$\boldsymbol{F}$の**ベクトル線積分**という．

曲線Cの単位接線ベクトルを$\boldsymbol{t} = \boldsymbol{t}(s)$とすると，$\boldsymbol{t}(s)ds = d\boldsymbol{r}(t) = \boldsymbol{r}'(t)dt$である．$\boldsymbol{t}$の方向余弦を$\cos\alpha$，$\cos\beta$，$\cos\gamma$　($\alpha = \alpha(s)$，$\beta = \beta(s)$，$\gamma = \gamma(s)$)とすると

$$\boldsymbol{t} = (\cos\alpha)\boldsymbol{i} + (\cos\beta)\boldsymbol{j} + (\cos\gamma)\boldsymbol{k}$$

$$\boldsymbol{F}\cdot\boldsymbol{t} = F_x\cos\alpha + F_y\cos\beta + F_z\cos\gamma$$

であるから

$$\int_C \boldsymbol{F}\cdot d\boldsymbol{r} = \int_C \boldsymbol{F}\cdot\boldsymbol{t}\,ds, \quad \int_C \boldsymbol{F}\times d\boldsymbol{r} = \int_C \boldsymbol{F}\times\boldsymbol{t}\,ds$$

を得る．$\boldsymbol{F}\cdot\boldsymbol{t}$が$\boldsymbol{F}$の接線成分であることから，$\boldsymbol{F}$の線積分(スカラー線積分)を$\boldsymbol{F}$の**接線線積分**と呼ぶこともある．パラメータ$t$が増加する向きをCの正の向きとし，弧長$s$に対して$s = \varphi(t)$とすると，$t = \varphi^{-1}(s)$で，

$$\int_C \boldsymbol{F}\cdot d\boldsymbol{r} = \int_a^b \boldsymbol{F}(x(t), y(t), z(t))\cdot\frac{d\boldsymbol{r}(t)}{dt}dt = \int_{\varphi(a)}^{\varphi(b)} \boldsymbol{F}(x(\varphi^{-1}(s)),\ y(\varphi^{-1}(s)),\ z(\varphi^{-1}(s)))\cdot\boldsymbol{t}(s)\,ds$$

$$\int_C \boldsymbol{F}\times d\boldsymbol{r} = \int_a^b \left\{\boldsymbol{F}(x(t), y(t), z(t))\times\frac{d\boldsymbol{r}(t)}{dt}\right\}dt = \int_{\varphi(a)}^{\varphi(b)} \{\boldsymbol{F}(x(\varphi^{-1}(s)),\ y(\varphi^{-1}(s)),\ z(\varphi^{-1}(s)))\times\boldsymbol{t}(s)\}ds$$

が得られる．特に，曲線Cが区分的に滑らかな場合，つまり，滑らかな曲線$C_1, C_2, \cdots, C_n$をつないで$C = C_1 + C_2 + \cdots + C_n$となるときは，曲線Cに沿う

線積分を

$$\int_{\mathrm{C}} \boldsymbol{F}\,ds = \sum_{i=1}^{n}\int_{\mathrm{C}_i} \boldsymbol{F}\,ds,\ \int_{\mathrm{C}} \boldsymbol{F}\cdot d\boldsymbol{r} = \sum_{i=1}^{n}\int_{\mathrm{C}_i} \boldsymbol{F}\cdot d\boldsymbol{r},\ \int_{\mathrm{C}} \boldsymbol{F}\times d\boldsymbol{r} = \sum_{i=1}^{n}\int_{\mathrm{C}_i} \boldsymbol{F}\times d\boldsymbol{r}$$

と定義する．

定理 3　向きづけられた曲線 C に沿うベクトル場 $\boldsymbol{F}$ の線積分 $\int_{\mathrm{C}} \boldsymbol{F}\cdot d\boldsymbol{r}$ の値は同値な表現で変わらない．

証明　$\boldsymbol{r}(t) = \boldsymbol{r}(\varphi(u)) = \hat{\boldsymbol{r}}(u)$　$(a \leqq t \leqq b,\ c \leqq u \leqq d)$ を C の同値な表現とすると

$$t = \varphi(u),\ \frac{d\varphi(u)}{du} > 0,\ a = \varphi(c),\ b = \varphi(d),\ \frac{d\boldsymbol{r}(t)}{dt}dt = \frac{d\hat{\boldsymbol{r}}(u)}{du}du$$

であるから

$$\begin{aligned}\int_{\mathrm{C}} \boldsymbol{F}\cdot d\boldsymbol{r} &= \int_a^b \boldsymbol{F}(x(t), y(t), z(t))\cdot\frac{d\boldsymbol{r}(t)}{dt}dt \\ &= \int_c^d \boldsymbol{F}(x(\varphi(u)), y(\varphi(u)), z(\varphi(u)))\cdot\frac{d\hat{\boldsymbol{r}}(u)}{du}du \\ &= \int_c^d \boldsymbol{F}(\hat{x}(u), \hat{y}(u), \hat{z}(u))\cdot\frac{d\hat{\boldsymbol{r}}(u)}{du}du.\end{aligned}$$ ▨

例題 4　$\boldsymbol{F} = z^2\boldsymbol{i}+xy\boldsymbol{j}+x^2\boldsymbol{k}$ とする．原点 O から点 P$(1, -1, 3)$ への 2 つの曲線

$$\mathrm{C}_1 : \boldsymbol{r} = \boldsymbol{r}(t) = t^2\boldsymbol{i}-t\boldsymbol{j}+3t\boldsymbol{k} \qquad (0 \leqq t \leqq 1)$$
$$\mathrm{C}_2 : \boldsymbol{r} = \boldsymbol{r}(t) = t\boldsymbol{i}-t^2\boldsymbol{j}+3t^2\boldsymbol{k} \qquad (0 \leqq t \leqq 1)$$

に沿う $\boldsymbol{F}$ のスカラー線積分とベクトル線積分を求めよ．

解　C_1 に対しては $d\boldsymbol{r}/dt = 2t\boldsymbol{i}-\boldsymbol{j}+3\boldsymbol{k}$ であるから

$$\boldsymbol{F}\cdot\frac{d\boldsymbol{r}}{dt} = 3t^4+19t^3,$$
$$\boldsymbol{F}\times\frac{d\boldsymbol{r}}{dt} = (t^4-3t^3)\boldsymbol{i}+(2t^5-27t^2)\boldsymbol{j}+(2t^4-9t^2)\boldsymbol{k}.$$

したがって

$$\int_{C_1} \boldsymbol{F}\cdot d\boldsymbol{r} = \int_0^1 (3t^4+19t^3)dt = \frac{107}{20}.$$

$$\int_{C_1} \boldsymbol{F}\times d\boldsymbol{r} = \left(\int_0^1 (t^4-3t^3)dt\right)\boldsymbol{i}+\left(\int_0^1 (2t^5-27t^2)dt\right)\boldsymbol{j}+\left(\int_0^1 (2t^4-9t^2)dt\right)\boldsymbol{k}$$

$$= -\frac{11}{20}\boldsymbol{i}-\frac{26}{3}\boldsymbol{j}-\frac{13}{5}\boldsymbol{k}.$$

C_2 に対しては $d\boldsymbol{r}/dt = \boldsymbol{i}-2t\boldsymbol{j}+6t\boldsymbol{k}$ であるから

$$\boldsymbol{F}\cdot\frac{d\boldsymbol{r}}{dt} = 11t^4+6t^3,$$

$$\boldsymbol{F}\times\frac{d\boldsymbol{r}}{dt} = (-6t^4+2t^3)\boldsymbol{i}+(-54t^5+t^2)\boldsymbol{j}+(-18t^5+t^3)\boldsymbol{k}.$$

したがって

$$\int_{C_2} \boldsymbol{F}\cdot d\boldsymbol{r} = \int_0^1 (11t^4+6t^3)dt = \frac{37}{10}.$$

$$\int_{C_2} \boldsymbol{F}\times d\boldsymbol{r} = \left(\int_0^1 (-6t^4+2t^3)dt\right)\boldsymbol{i}+\left(\int_0^1 (-54t^5+t^2)dt\right)\boldsymbol{j}$$

$$+\left(\int_0^1 (-18t^5+t^3)dt\right)\boldsymbol{k}$$

$$= -\frac{7}{10}\boldsymbol{i}-\frac{26}{3}\boldsymbol{j}-\frac{11}{4}\boldsymbol{k}.$$

一般に，ベクトル場のスカラー線積分，および，ベクトル線積分は，例題 4 で見るように，積分路の端点だけでなく積分路の形状にも依存する．しかし，特にスカラー線積分の場合，ベクトル場が保存ベクトル場であるならば，線積分の値は積分路の端点（始点と終点）だけに依存し，途中の経路には無関係であることがわかる（例題 4 では $\mathrm{rot}\,\boldsymbol{F} \neq \boldsymbol{O}$ であるから，$\boldsymbol{F}$ は保存ベクトル場ではない）．この事実は**微積分学の基本定理**：$\int_\alpha^\beta f'(x)dx = f(\beta)-f(\alpha)$ の一般化である次の定理によって保証される．

定理 4　単連結領域 D で定義された C^1 級のベクトル場 $\boldsymbol{F} = \boldsymbol{F}(\boldsymbol{r})$ に対して，次の 2 つの条件は同値である．

（i）　$\boldsymbol{F}$ は保存ベクトル場である，すなわち，$\mathrm{rot}\,\boldsymbol{F} = \boldsymbol{O}$.

（ii）　D 内の 2 点を P，Q とするとき，P から Q にいたる D 内の任意の区分的に滑らかな曲線 C に対して，C に沿う $\boldsymbol{F}$ のスカラー線積分 $\int_C \boldsymbol{F}\cdot d\boldsymbol{r}$ の値は積分路の端点（P と Q）に依存するが，途中の経路には無関係である．

証明 まず（i）から（ii）が導かれることを示そう．Cが滑らかな曲線である場合について証明すれば十分である．曲線Cの（正の）パラメータ表示を

$$\boldsymbol{r} = \boldsymbol{r}(t) = x(t)\boldsymbol{i}+y(t)\boldsymbol{j}+z(t)\boldsymbol{k} \qquad (a \leqq t \leqq b)$$

とする．$\boldsymbol{F}$ は保存ベクトル場であるから $\boldsymbol{F} = -\nabla\varphi$ となる C^2 級のスカラー場 $\varphi = \varphi(\boldsymbol{r})$ が存在する．ここで $\Phi(t) = \varphi(\boldsymbol{r}(t))$ とおくと

$$\begin{aligned}\frac{d\Phi(t)}{dt} &= \frac{\partial\varphi}{\partial x}(\boldsymbol{r}(t))\frac{dx(t)}{dt}+\frac{\partial\varphi}{\partial y}(\boldsymbol{r}(t))\frac{dy(t)}{dt}+\frac{\partial\varphi}{\partial z}(\boldsymbol{r}(t))\frac{dz(t)}{dt}\\ &= \nabla\varphi(\boldsymbol{r}(t))\cdot\boldsymbol{r}'(t).\end{aligned}$$

ゆえに

$$\begin{aligned}\int_{\mathrm{C}}\boldsymbol{F}\cdot d\boldsymbol{r} &= \int_a^b \boldsymbol{F}(\boldsymbol{r}(t))\cdot\boldsymbol{r}'(t)dt = -\int_a^b \nabla\varphi(\boldsymbol{r}(t))\cdot\boldsymbol{r}'(t)dt\\ &= -\int_a^b \frac{d\Phi(t)}{dt}dt = -(\Phi(b)-\Phi(a))\\ &= \varphi(\boldsymbol{r}(a))-\varphi(\boldsymbol{r}(b)) = \varphi(\mathrm{P})-\varphi(\mathrm{Q}).\end{aligned}$$

次に（ii）から（i）が導かれることを示そう．D内で点Pを1つ固定し，点Qの座標を (x, y, z) とする．PとQを結ぶD内の区分的に滑らかな曲線Cに対して

$$\varphi(x, y, z) = \int_{\mathrm{C}}\boldsymbol{F}\cdot d\boldsymbol{r}$$

とおくと，スカラー線積分が積分路に無関係であることから，φ はDの全域で定義されたスカラー関数である．いま，D内に任意に固定された点を $\mathrm{Q}_0(\xi, \eta, \zeta)$ とし，Q_0 の近傍に

$$\mathrm{Q}_1(\xi+h, \eta, \zeta) \in \mathrm{D}, \qquad \text{線分 } \mathrm{Q}_0\mathrm{Q}_1 \subset \mathrm{D}$$

となるように点 Q_1 をとる．Pから Q_0 にいたる区分的に滑らかなD内の曲線を C_0 とすると

$$\begin{aligned}\varphi(\xi+h, \eta, \zeta)-\varphi(\xi, \eta, \zeta) &= \int_{\mathrm{C}_0+\overrightarrow{\mathrm{Q}_0\mathrm{Q}_1}}\boldsymbol{F}\cdot d\boldsymbol{r}-\int_{\mathrm{C}_0}\boldsymbol{F}\cdot d\boldsymbol{r}\\ &= \int_{\overrightarrow{\mathrm{Q}_0\mathrm{Q}_1}}\boldsymbol{F}\cdot d\boldsymbol{r}.\end{aligned}$$

ここで，有向線分 $\overrightarrow{Q_0Q_1}$ の（正の）のパラメータ表示を

$$\boldsymbol{r} = \boldsymbol{r}(t) = (\xi + ht)\boldsymbol{i} + \eta\boldsymbol{j} + \zeta\boldsymbol{k} \qquad (0 \leqq t \leqq 1)$$

とし，$\boldsymbol{F} = F_x\boldsymbol{i} + F_y\boldsymbol{j} + F_z\boldsymbol{k}$ とすると，**積分の平均値の定理**により

$$\begin{aligned}\int_{\overrightarrow{Q_0Q_1}} \boldsymbol{F}\cdot d\boldsymbol{r} &= \int_0^1 hF_x(\xi + ht, \eta, \zeta)\,dt \\ &= hF_x(\xi + \theta h, \eta, \zeta) \qquad (0 < \theta < 1).\end{aligned}$$

したがって，$\boldsymbol{F}$ は C^1 級であるから

$$\lim_{h \to 0} \frac{\varphi(\xi + h, \eta, \zeta) - \varphi(\xi, \eta, \zeta)}{h} = \lim_{h \to 0} F_x(\xi + \theta h, \eta, \zeta) = F_x(\xi, \eta, \zeta),$$

すなわち

$$\frac{\partial \varphi}{\partial x}(\xi, \eta, \zeta) = F_x(\xi, \eta, \zeta)$$

が成り立つ．同様にして

$$\frac{\partial \varphi}{\partial y}(\xi, \eta, \zeta) = F_y(\xi, \eta, \zeta), \qquad \frac{\partial \varphi}{\partial z}(\xi, \eta, \zeta) = F_z(\xi, \eta, \zeta)$$

を得る．ゆえに，点 Q_0 の任意性により

$$\boldsymbol{F} = -\nabla(-\varphi) \qquad (\text{したがって，§3.5，定理1により } \mathrm{rot}\,\boldsymbol{F} = \boldsymbol{O}). \qquad ▩$$

例題5　ベクトル場 $\boldsymbol{F} = 2xy\,\boldsymbol{i} + (x^2 + z\sin yz)\boldsymbol{j} + y\sin yz\,\boldsymbol{k}$ のスカラー・ポテンシャルを求めよ．

解　**（スカラー・ポテンシャルを求める方法3）**　$\mathrm{rot}\,\boldsymbol{F} = \boldsymbol{O}$ が成り立つから，$\boldsymbol{F} = -\nabla\varphi$ となるスカラー場 φ が存在して $d\varphi = -\boldsymbol{F}\cdot d\boldsymbol{r}$ となる．したがって，原点Oから点 $P_1(x, 0, 0)$，$P_2(x, y, 0)$，$P(x, y, z)$ をこの順に結んで得られる折れ線をCとすれば

$$\begin{aligned}\varphi(x, y, z) - \varphi(0, 0, 0) &= -\int_C \boldsymbol{F}\cdot d\boldsymbol{r} \\ &= -\int_C (2xy)\,dx + (x^2 + z\sin yz)\,dy + (y\sin yz)\,dz \\ &= -\left\{\int_0^x 0\,dt + \int_0^y x^2 dt + \int_0^z y\sin yt\,dt\right\} \\ &= -(x^2y - \cos yz + 1)\end{aligned}$$

$$\therefore \quad \varphi(x, y, z) = -x^2y + \cos yz + c \qquad (c \text{ は定数}).$$

例1　質点の位置ベクトルを $\boldsymbol{r}$ とし，質点が連続な力の場 $\boldsymbol{F} = \boldsymbol{F}(\boldsymbol{r})$ の作

用を受けて点Pから点Qにいたる区分的に滑らかな曲線C上を運動するとき，微小変位$\Delta\boldsymbol{r}$の間に$\boldsymbol{F}$のなす仕事は$\boldsymbol{F}\cdot d\boldsymbol{r}$で与えられるから，曲線C全体の変位で$\boldsymbol{F}$のなす仕事$W$は$\boldsymbol{F}\cdot d\boldsymbol{r}$の曲線Cについての総和である．すなわち，$W$はCに沿う$\boldsymbol{F}$のスカラー線積分

$$W = \int_C \boldsymbol{F}\cdot d\boldsymbol{r}$$

で与えられる．特に，$\boldsymbol{F}$が保存力場であれば$\boldsymbol{F} = -\nabla\varphi$となるスカラー・ポテンシャル$\varphi$が存在するから，質点が点Pから点Qまで変位したときの$\boldsymbol{F}$のなす仕事Wは定理4により

$$W = \int_C \boldsymbol{F}\cdot d\boldsymbol{r} = \varphi(\mathrm{P}) - \varphi(\mathrm{Q})$$

となる．また，P = QならばW = 0.

例2（力学的エネルギーの保存法則）　$\boldsymbol{F} = \boldsymbol{F}(\boldsymbol{r})$を保存力場であるとし，質量$m$の質点が$\boldsymbol{F}$の作用を受けて，点Pから点Qまで移動する際に$\boldsymbol{F}$のなす仕事を$W_m(\mathrm{P}, \mathrm{Q})$で表すことにする．空間内に基準点Rを1つとり，A, Bを任意の2点とする．質点がその任意経路に沿って点AからRまで移動し，さらに，RからAまで戻ると

$$W_m(\mathrm{A}, \mathrm{R}) + W_m(\mathrm{R}, \mathrm{A}) = 0$$

が成り立つ．質点が点Aから点Bまで移動する際に$\boldsymbol{F}$のなす仕事は，点Rを経由すると

$$W_m(\mathrm{A}, \mathrm{B}) = W_m(\mathrm{A}, \mathrm{R}) + W_m(\mathrm{R}, \mathrm{B})$$

が成り立つ．したがって，これらの2つの式から

$$W_m(\mathrm{A}, \mathrm{B}) = W_m(\mathrm{R}, \mathrm{B}) - W_m(\mathrm{R}, \mathrm{A}).$$

しかるに，2点A，Bを結ぶ任意の区分的に滑らかな曲線を$\mathrm{C_{AB}}$とし，質点の位置ベクトル$\boldsymbol{r} = \boldsymbol{r}(t)$と運動方程式を用いると

$$\begin{aligned} W_m(\mathrm{A}, \mathrm{B}) &= \int_{\mathrm{C_{AB}}} \boldsymbol{F}\cdot d\boldsymbol{r} = \int_{t_\mathrm{A}}^{t_\mathrm{B}} m\frac{d^2\boldsymbol{r}}{dt^2}\cdot\frac{d\boldsymbol{r}}{dt}\,dt = \frac{1}{2}m\int_{t_\mathrm{A}}^{t_\mathrm{B}} \frac{d}{dt}\left(\left|\frac{d\boldsymbol{r}}{dt}\right|^2\right)dt \\ &= \frac{1}{2}m\left|\frac{d\boldsymbol{r}}{dt}\right|^2(t_\mathrm{B}) - \frac{1}{2}m\left|\frac{d\boldsymbol{r}}{dt}\right|^2(t_\mathrm{A}). \end{aligned}$$

任意の点Pにおける質点のポテンシャル・エネルギーを

$$U_m(\mathrm{P}) = -W_m(\mathrm{R}, \mathrm{P}) = -\int_{\mathrm{C_{RP}}} \boldsymbol{F} \cdot d\boldsymbol{r}$$

で定義すると，$\boldsymbol{F} = -\nabla U_m$ で

$$\frac{1}{2}m\left|\frac{d\boldsymbol{r}}{dt}\right|^2(t_{\mathrm{A}}) + U_m(\mathrm{A}) = \frac{1}{2}m\left|\frac{d\boldsymbol{r}}{dt}\right|^2(t_{\mathrm{B}}) + U_m(\mathrm{B})$$

が成り立つ．A，B は任意の点であるから，力学的総エネルギー E_m は質点の位置によらず一定である．すなわち

$$E_m = \frac{1}{2}m\left|\frac{d\boldsymbol{r}}{dt}\right|^2 + U_m = \text{一定}.$$

この事実を**力学的エネルギーの保存法則**という．

問4　質点が力の場 $\boldsymbol{F} = yz\boldsymbol{i} + (y+z)\boldsymbol{j} + (x-z)\boldsymbol{k}$ の作用を受けて下記の曲線 C 上を運動するとき，$\boldsymbol{F}$ のなす仕事を求めよ．

（i）　C：点 O(0, 0, 0) から，P(2, 2, 0)，Q(0, 0, 2) を順次線分で結んで得られる折れ線．

（ii）　C：$\boldsymbol{r} = \boldsymbol{r}(t) = t^3\boldsymbol{i} - 2t\boldsymbol{j} + 3t^2\boldsymbol{k}$ に沿って点 O(0, 0, 0) から P(1, −2, 3) までの曲線．

問5　位置ベクトルが $\boldsymbol{r} = \boldsymbol{r}(t)$ で，質量 m の質点 P が保存力場 $\boldsymbol{F} = \boldsymbol{F}(\boldsymbol{r}) = -\nabla U(\boldsymbol{r})$ の作用を受けて運動するとき，$\dfrac{1}{2}m\left|\dfrac{d\boldsymbol{r}}{dt}\right|^2 + U(\boldsymbol{r})$ が t に無関係であることを示すことによって力学的エネルギーの保存法則を証明せよ．

§4.2　面積分とその性質

2 変数関数の 2 重積分における積分範囲は一般に平面領域であるが，この積分範囲を曲面に拡張したものが**面積分**である．ベクトル場の面積分は，線積分の場合と同様に，力学や流体力学，電磁気学の理論において非常に重要な役割を演じる．

$f = f(x, y, z)$ を空間領域 U で定義された連続なスカラー場とし，U に含まれる滑らかな曲面 S のパラメータ表示を

$$\boldsymbol{r} = \boldsymbol{r}(u, v) = x(u, v)\boldsymbol{i} + y(u, v)\boldsymbol{j} + z(u, v)\boldsymbol{k} \qquad ((u, v) \in \mathrm{D})$$

とする．S が向きづけ可能な場合，$\dfrac{\boldsymbol{r}_u \times \boldsymbol{r}_v}{|\boldsymbol{r}_u \times \boldsymbol{r}_v|}$ が正の向きの単位法線ベクトルならば (u, v) を**正のパラメータ**といい，負の向きの単位法線ベクトルならば (u, v) を**負のパラメータ**という．曲面 S 上での $f(x, y, z)$ の面積分は次のよ

うに定義される．

$$\int_{\mathrm{S}} f(x,y,z)dS = \iint_{\mathrm{D}} f(x(u,v),y(u,v),z(u,v))\,|\,\boldsymbol{r}_u \times \boldsymbol{r}_v\,|\,du\,dv$$
$$= \iint_{\mathrm{D}} f(x(u,v),y(u,v),z(u,v))\sqrt{EG-F^2}\,du\,dv.$$

特に，Sが向きづけられていて，(u,v)が正のパラメータである場合は

$$\int_{\mathrm{S}} f(x,y,z)dx \wedge dy = \iint_{\mathrm{D}} f(x(u,v),y(u,v),z(u,v))\frac{\partial(x,y)}{\partial(u,v)}du\,dv,$$
$$\int_{\mathrm{S}} f(x,y,z)dy \wedge dz = \iint_{\mathrm{D}} f(x(u,v),y(u,v),z(u,v))\frac{\partial(y,z)}{\partial(u,v)}du\,dv,$$
$$\int_{\mathrm{S}} f(x,y,z)dz \wedge dx = \iint_{\mathrm{D}} f(x(u,v),y(u,v),z(u,v))\frac{\partial(z,x)}{\partial(u,v)}du\,dv.$$

上記の$\int_{\mathrm{S}} f(x,y,z)dS$は$f(x,y,z)$の**面素に関する面積分**といい，すでに第2章§2.6において定義されており，簡単に$\int_{\mathrm{S}} f\,dS$と記す．$\int_{\mathrm{S}} f(x,y,z)dx \wedge dy$，$\int_{\mathrm{S}} f(x,y,z)dy \wedge dz$，$\int_{\mathrm{S}} f(x,y,z)dz \wedge dx$は，それぞれ$\int_{\mathrm{S}} f\,dx \wedge dy$，$\int_{\mathrm{S}} f\,dy \wedge dz$，$\int_{\mathrm{S}} f\,dz \wedge dx$と略記され，**2次微分形式**(と呼ばれる)$f\,dx \wedge dy$，$f\,dy \wedge dz$，$f\,dz \wedge dx$の**面積分**という．Sが閉曲面であるときは，$\int_{\mathrm{S}}$の代わりに$\oint_{\mathrm{S}}$という記号を用いることもある．

また，2次微分形式$f\,dx \wedge dy+g\,dy \wedge dz+h\,dz \wedge dx$の面積分は

$$\int_{\mathrm{S}} f\,dx \wedge dy+g\,dy \wedge dz+h\,dz \wedge dx$$
$$=\int_{\mathrm{S}} f\,dx \wedge dy+\int_{\mathrm{S}} g\,dy \wedge dz+\int_{\mathrm{S}} h\,dz \wedge dx$$

と定義する．曲面Sが区分的に滑らかな場合，つまり，滑らかな曲面$\mathrm{S}_1,\mathrm{S}_2,\cdots,\mathrm{S}_m$をつないで$\mathrm{S}=\mathrm{S}_1+\mathrm{S}_2+\cdots+\mathrm{S}_m$となっているときは

$$\int_{S} f\,dS = \sum_{i=1}^{m} \int_{S_i} f\,dS,\ \int_{S} f\,dx \wedge dy = \sum_{i=1}^{m} \int_{S_i} f\,dx \wedge dy \text{ など}$$

と定義する．

定理1 滑らかな曲面Sが (u, v) と異なるパラメータ (ξ, η) を用いて

$$\boldsymbol{r}(\xi, \eta) = x(\xi, \eta)\boldsymbol{i} + y(\xi, \eta)\boldsymbol{j} + z(\xi, \eta)\boldsymbol{k} \qquad ((\xi, \eta) \in \Lambda)$$

のようにパラメータ表示されているとする．このとき，Λ からDの上への1：1写像 $T(\xi, \eta) = (u, v)$ が C^1 級の関数の組

$$u = \varphi(\xi, \eta), \qquad v = \psi(\xi, \eta)$$

で与えられるならば

$$\iint_{D} f(x(u, v), y(u, v), z(u, v))\,|\boldsymbol{r}_u \times \boldsymbol{r}_v|\,du\,dv$$

$$= \iint_{\Lambda} f(x(\varphi(\xi, \eta), \psi(\xi, \eta)), y(\varphi(\xi, \eta), \psi(\xi, \eta)), z(\varphi(\xi, \eta), \psi(\xi, \eta)))\,|\boldsymbol{r}_\xi \times \boldsymbol{r}_\eta|\,d\xi\,d\eta$$

が成り立つ．

証明 曲面Sは滑らかであるから特異点をもたない．ゆえに，$\boldsymbol{r}_u \times \boldsymbol{r}_v \neq \boldsymbol{o}$，$\boldsymbol{r}_\xi \times \boldsymbol{r}_\eta \neq \boldsymbol{o}$ である．さらに

$$\boldsymbol{r}_\xi \times \boldsymbol{r}_\eta = \left(\frac{\partial \boldsymbol{r}}{\partial u} \times \frac{\partial \boldsymbol{r}}{\partial v}\right)\left(\frac{\partial u}{\partial \xi}\frac{\partial v}{\partial \eta} - \frac{\partial u}{\partial \eta}\frac{\partial v}{\partial \xi}\right) = (\boldsymbol{r}_u \times \boldsymbol{r}_v)\cdot\frac{\partial(u, v)}{\partial(\xi, \eta)}$$

を得る．したがって，**2重積分の変数変換公式**により

$$\iint_{D} f(x(u, v), y(u, v), z(u, v))\,|\boldsymbol{r}_u \times \boldsymbol{r}_v|\,du\,dv$$

$$= \iint_{\Lambda} f(x(\varphi(\xi, \eta), \psi(\xi, \eta)), y(\varphi(\xi, \eta), \psi(\xi, \eta)), z(\varphi(\xi, \eta), \psi(\xi, \eta)))\,|\boldsymbol{r}_\xi \times \boldsymbol{r}_\eta|\left|\frac{\partial(u, v)}{\partial(\xi, \eta)}\right|^{-1}\left|\frac{\partial(u, v)}{\partial(\xi, \eta)}\right|d\xi\,d\eta$$

$$= \iint_{\Lambda} f(x(\varphi(\xi, \eta), \psi(\xi, \eta)), y(\varphi(\xi, \eta), \psi(\xi, \eta)), z(\varphi(\xi, \eta), \psi(\xi, \eta)))\,|\boldsymbol{r}_\xi \times \boldsymbol{r}_\eta|\,d\xi\,d\eta.$$

▨

向きづけられた滑らかな曲面Sの2通りのパラメータ表示

$$\boldsymbol{r} = \boldsymbol{r}(u, v) \quad ((u, v) \in \mathrm{D}), \qquad \hat{\boldsymbol{r}} = \hat{\boldsymbol{r}}(\xi, \eta) \quad ((\xi, \eta) \in \Lambda)$$

に対して，ΛからDの上への1：1写像 $T(\xi, \eta) = (u, v)$ が C^1 級の関数の組 (φ, ψ)：$u = \varphi(\xi, \eta)$，$v = \psi(\xi, \eta)$ で与えられ，さらに

$$\boldsymbol{r}(u, v) = \boldsymbol{r}(\varphi(\xi, \eta),\ \psi(\xi, \eta)) = \hat{\boldsymbol{r}}(\xi, \eta), \qquad \frac{\partial(u, v)}{\partial(\xi, \eta)} > 0$$

をみたすならば，これらの2つのパラメータ表示を**Sの同値な表現**という．いいかえれば，Sの同値な表現は (φ, ψ) が**曲面の表裏を変えないパラメータ変換**であることを意味している．

定理2　向きづけられた滑らかな曲面S上での2次微分形式の面積分 $\int_{\mathrm{S}} f\,dx \wedge dy$, $\int_{\mathrm{S}} f\,dy \wedge dz$, $\int_{\mathrm{S}} f\,dz \wedge dx$ の値はSの同値な表現で変わらない．

証明　曲面Sの同値な表現を

$$\boldsymbol{r}(u, v) = \boldsymbol{r}(\varphi(\xi, \eta), \psi(\xi, \eta)) = \hat{\boldsymbol{r}}(\xi, \eta)$$
$$\boldsymbol{r}(u, v) = x(u, v)\boldsymbol{i} + y(u, v)\boldsymbol{j} + z(u, v)\boldsymbol{k}$$
$$\hat{\boldsymbol{r}}(\xi, \eta) = \hat{x}(\xi, \eta)\boldsymbol{i} + \hat{y}(\xi, \eta)\boldsymbol{j} + \hat{z}(\xi, \eta)\boldsymbol{k}$$
$$(u, v) \in \mathrm{D}, \qquad (\xi, \eta) \in \Lambda$$

とする．このとき

$$\frac{\partial(\hat{x}, \hat{y})}{\partial(\xi, \eta)} = \begin{vmatrix} \dfrac{\partial x}{\partial u} & \dfrac{\partial x}{\partial v} \\[2mm] \dfrac{\partial y}{\partial u} & \dfrac{\partial y}{\partial v} \end{vmatrix} \begin{vmatrix} \dfrac{\partial u}{\partial \xi} & \dfrac{\partial u}{\partial \eta} \\[2mm] \dfrac{\partial v}{\partial \xi} & \dfrac{\partial v}{\partial \eta} \end{vmatrix} = \frac{\partial(x, y)}{\partial(u, v)} \frac{\partial(u, v)}{\partial(\xi, \eta)}$$

$$\frac{\partial(\hat{y}, \hat{z})}{\partial(\xi, \eta)} = \begin{vmatrix} \dfrac{\partial y}{\partial u} & \dfrac{\partial y}{\partial v} \\[2mm] \dfrac{\partial z}{\partial u} & \dfrac{\partial z}{\partial v} \end{vmatrix} \begin{vmatrix} \dfrac{\partial u}{\partial \xi} & \dfrac{\partial u}{\partial \eta} \\[2mm] \dfrac{\partial v}{\partial \xi} & \dfrac{\partial v}{\partial \eta} \end{vmatrix} = \frac{\partial(y, z)}{\partial(u, v)} \frac{\partial(u, v)}{\partial(\xi, \eta)}$$

$$\frac{\partial(\hat{z},\hat{x})}{\partial(\xi,\eta)}=\begin{vmatrix}\dfrac{\partial z}{\partial u} & \dfrac{\partial z}{\partial v}\\ \dfrac{\partial x}{\partial u} & \dfrac{\partial x}{\partial v}\end{vmatrix}\begin{vmatrix}\dfrac{\partial u}{\partial \xi} & \dfrac{\partial u}{\partial \eta}\\ \dfrac{\partial v}{\partial \xi} & \dfrac{\partial v}{\partial \eta}\end{vmatrix}=\frac{\partial(z,x)}{\partial(u,v)}\frac{\partial(u,v)}{\partial(\xi,\eta)}$$

を得る．しかも，$\dfrac{\partial(u,v)}{\partial(\xi,\eta)}>0$，$T(\Lambda)=\mathrm{D}$ であるから，2重積分の変数変換公式により

$$\begin{aligned}\int_{\mathrm{S}} f\,dx\wedge dy &=\iint_{\mathrm{D}} f(x(u,v),y(u,v),z(u,v))\frac{\partial(x,y)}{\partial(u,v)}du\,dv\\ &=\iint_{\Lambda} f(\hat{x}(\xi,\eta),\hat{y}(\xi,\eta),\hat{z}(\xi,\eta))\frac{\partial(\hat{x},\hat{y})}{\partial(\xi,\eta)}\\ &\quad\times\left(\frac{\partial(u,v)}{\partial(\xi,\eta)}\right)^{-1}\left(\frac{\partial(u,v)}{\partial(\xi,\eta)}\right)d\xi\,d\eta\\ &=\iint_{\Lambda} f(\hat{x}(\xi,\eta),\hat{y}(\xi,\eta),\hat{z}(\xi,\eta))\frac{\partial(\hat{x},\hat{y})}{\partial(\xi,\eta)}d\xi\,d\eta.\end{aligned}$$

同様に

$$\begin{aligned}\int_{\mathrm{S}} f\,dy\wedge dz &=\iint_{\mathrm{D}} f(x(u,v),y(u,v),z(u,v))\frac{\partial(y,z)}{\partial(u,v)}du\,dv\\ &=\iint_{\Lambda} f(\hat{x}(\xi,\eta),\hat{y}(\xi,\eta),\hat{z}(\xi,\eta))\frac{\partial(\hat{y},\hat{z})}{\partial(\xi,\eta)}d\xi\,d\eta,\\ \int_{\mathrm{S}} f\,dz\wedge dx &=\iint_{\mathrm{D}} f(x(u,v),y(u,v),z(u,v))\frac{\partial(z,x)}{\partial(u,v)}du\,dv\\ &=\iint_{\Lambda} f(\hat{x}(\xi,\eta),\hat{y}(\xi,\eta),\hat{z}(\xi,\eta))\frac{\partial(\hat{z},\hat{x})}{\partial(\xi,\eta)}d\xi\,d\eta.\end{aligned}$$

▨

滑らかな曲面Sの正の向きの単位法線ベクトル $\boldsymbol{n}$ の方向余弦を $\cos\alpha$，$\cos\beta$，$\cos\gamma$（$\alpha=\alpha(u,v)$，$\beta=\beta(u,v)$，$\gamma=\gamma(u,v)$）とすると

$$\cos\alpha=|\boldsymbol{r}_u\times\boldsymbol{r}_v|^{-1}\frac{\partial(y,z)}{\partial(u,v)},\quad \cos\beta=|\boldsymbol{r}_u\times\boldsymbol{r}_v|^{-1}\frac{\partial(z,x)}{\partial(u,v)},$$

$$\cos\gamma=|\boldsymbol{r}_u\times\boldsymbol{r}_v|^{-1}\frac{\partial(x,y)}{\partial(u,v)}$$

が成り立つ．したがって，次の等式が得られる．

$$\int_{\mathrm{S}} f\,dx \wedge dy = \int_{\mathrm{S}} f \cos\gamma\, dS.$$

$$\int_{\mathrm{S}} f\,dy \wedge dz = \int_{\mathrm{S}} f \cos\alpha\, dS.$$

$$\int_{\mathrm{S}} f\,dz \wedge dx = \int_{\mathrm{S}} f \cos\beta\, dS.$$

面素に関する面積分や2次微分形式の面積分の性質については次の公式が成り立つ.

（1）$\displaystyle\int_{\mathrm{S}} (af+bg)dS = a\int_{\mathrm{S}} f\,dS + b\int_{\mathrm{S}} g\,dS$　（a, b は定数).

（2）向きづけられたSの向きを逆にした曲面を $-\mathrm{S}$ とすると,

$$\int_{-\mathrm{S}} f\,dS = \int_{\mathrm{S}} f\,dS.$$

（3）$\displaystyle\int_{\mathrm{S}} (af+bg)dx \wedge dy = a\int_{\mathrm{S}} f\,dx \wedge dy + b\int_{\mathrm{S}} g\,dx \wedge dy.$

（$dy \wedge dz$, $dz \wedge dx$ の場合についても同様）

（4）$\displaystyle\int_{-\mathrm{S}} f\,dx \wedge dy + g\,dy \wedge dz + h\,dz \wedge dx$

$$= -\int_{\mathrm{S}} f\,dx \wedge dy + g\,dy \wedge dz + h\,dz \wedge dx.$$

例題1　平面 $x+y+z=1$ と座標軸との交点 $\mathrm{A}(1,0,0)$, $\mathrm{B}(0,1,0)$, $\mathrm{C}(0,0,1)$ を頂点とする三角形の面をSとし，原点を含む側をSの負の側とする.このとき

$$\int_{\mathrm{S}} (x-z)dx \wedge dy + (y-z)dy \wedge dz$$

を求めよ.

解　Sの xy 平面上への正射影をDとする.Sのパラメータ表示を

$$\boldsymbol{r} = \boldsymbol{r}(u,v) = x(u,v)\boldsymbol{i} + y(u,v)\boldsymbol{j} + z(u,v)\boldsymbol{k} \qquad ((u,v) \in \mathrm{D})$$

$$\mathrm{D} = \{(u,v) : 0 \leqq u \leqq 1,\ 0 \leqq v \leqq 1-u\}$$

とすると，$x(u,v) = u$, $y(u,v) = v$, $z(u,v) = 1-u-v$ であり

$$\frac{\partial(x,y)}{\partial(u,v)}=\begin{vmatrix}1 & 0\\ 0 & 1\end{vmatrix}=1,\qquad \frac{\partial(y,z)}{\partial(u,v)}=\begin{vmatrix}0 & 1\\ -1 & -1\end{vmatrix}=1$$

となる．よって

$$\begin{aligned}\int_{\mathrm{S}}(x-z)dx\wedge dy&=\iint_{\mathrm{D}}(2u+v-1)\frac{\partial(x,y)}{\partial(u,v)}du\,dv\\&=\int_0^1\left\{\int_0^{1-u}(2u+v-1)dv\right\}du=0,\\ \int_{\mathrm{S}}(y-z)dy\wedge dz&=\iint_{\mathrm{D}}(u+2v-1)\frac{\partial(y,z)}{\partial(u,v)}du\,dv\\&=\int_0^1\left\{\int_0^{1-u}(u+2v-1)dv\right\}du=0.\end{aligned}$$

したがって

$$\int_{\mathrm{S}}(x-z)dx\wedge dy+(y-z)dy\wedge dz=0.$$

問1　次の面積分を求めよ．

（i）$\displaystyle\int_{\mathrm{S}}z\,dx\wedge dy+x\,dy\wedge dz$,　　S：$\boldsymbol{r}(u,v)=(u+v)\boldsymbol{i}+(u-v)\boldsymbol{j}+uv\boldsymbol{k}$ $(0\leqq u\leqq 1,\ 0\leqq v\leqq 1)$ で (u,v) は正のパラメータとする．

（ii）$\displaystyle\int_{\mathrm{S}}z\,dx\wedge dy+xy\,dy\wedge dz+y\,dz\wedge dx$,

S：$\boldsymbol{r}(u,v)=u\,\boldsymbol{i}+v\,\boldsymbol{j}+(u^2+v^2)\boldsymbol{k}$ $(0\leqq u\leqq 1,\ 0\leqq v\leqq 1)$ で (u,v) は正のパラメータとする．

（iii）$\displaystyle\int_{\mathrm{S}}(x^2+xy+z^2)dS$,　　S：$\boldsymbol{r}(u,v)=(\cos u)\boldsymbol{i}+(\sin u)\boldsymbol{j}+v\boldsymbol{k}$ $\left(0\leqq u\leqq\frac{\pi}{2},\ 0\leqq v\leqq 1\right)$.

問2　スカラー場の面積分の性質に関する公式 (4) を証明せよ．

問3　S がグラフ状曲面 $z=g(x,y)$ $((x,y)\in\mathrm{D})$ で，正のパラメータ (x,y) を用いて $\boldsymbol{r}(x,y)=x\boldsymbol{i}+y\boldsymbol{j}+g(x,y)\boldsymbol{k}$ $((x,y)\in\mathrm{D})$ と表されるとき，S の単位法線ベクトル $\boldsymbol{n}$ を求めよ．また，このとき

$$\int_{\mathrm{S}}f(x,y,z)dx\wedge dy=\iint_{\mathrm{D}}f(x,y,g(x,y))dx\,dy$$

となることを示せ．

次に，$\boldsymbol{F}=\boldsymbol{F}(\boldsymbol{r})$ を領域 U で定義された連続なベクトル場とし，U に含まれる向きづけられた滑らかな曲面 S を考える．正のパラメータ (u,v) による S のパラメータ表示を

$$\boldsymbol{r} = \boldsymbol{r}(u, v) = x(u, v)\boldsymbol{i} + y(u, v)\boldsymbol{j} + z(u, v)\boldsymbol{k} \qquad ((u, v) \in \mathrm{D})$$

とする．また，Sの正の向きの単位法線ベクトルを$\boldsymbol{n}$で表し，$\boldsymbol{n}$の方向余弦を$\cos\alpha$，$\cos\beta$，$\cos\gamma$　($\alpha = \alpha(u, v)$，$\beta = \beta(u, v)$，$\gamma = (u, v)$) とすると

$$\boldsymbol{n} = (\cos\alpha)\boldsymbol{i} + (\cos\beta)\boldsymbol{j} + (\cos\gamma)\boldsymbol{k}$$

となる．曲面Sの面素ベクトル$d\boldsymbol{S} = \boldsymbol{n}\,dS$に対して

$$\int_{\mathrm{S}} d\boldsymbol{S} = \int_{\mathrm{S}} \boldsymbol{n}\,dS$$

をSの**面積ベクトル**という．スカラー場fとベクトル場$\boldsymbol{F} = F_x\boldsymbol{i} + F_y\boldsymbol{j} + F_z\boldsymbol{k}$に対するS上の面積分は次のように定義される．

$$\begin{aligned}\int_{\mathrm{S}} f\,d\boldsymbol{S} &= \int_{\mathrm{S}} f\boldsymbol{n}\,dS \\ &= \left(\int_{\mathrm{S}} f\cos\alpha\,dS\right)\boldsymbol{i} + \left(\int_{\mathrm{S}} f\cos\beta\,dS\right)\boldsymbol{j} + \left(\int_{\mathrm{S}} f\cos\gamma\,dS\right)\boldsymbol{k} \\ &= \left(\int_{\mathrm{S}} f\,dy \wedge dz\right)\boldsymbol{i} + \left(\int_{\mathrm{S}} f\,dz \wedge dx\right)\boldsymbol{j} + \left(\int_{\mathrm{S}} f\,dx \wedge dy\right)\boldsymbol{k}.\end{aligned}$$

$$\int_{\mathrm{S}} \boldsymbol{F}\,dS = \left(\int_{\mathrm{S}} F_x\,dS\right)\boldsymbol{i} + \left(\int_{\mathrm{S}} F_y\,dS\right)\boldsymbol{j} + \left(\int_{\mathrm{S}} F_z\,dS\right)\boldsymbol{k}.$$

$$\begin{aligned}\int_{\mathrm{S}} \boldsymbol{F}\cdot d\boldsymbol{S} &= \int_{\mathrm{S}} \boldsymbol{F}\cdot\boldsymbol{n}\,dS = \int_{\mathrm{S}} (F_x\cos\alpha + F_y\cos\beta + F_z\cos\gamma)dS \\ &= \int_{\mathrm{S}} F_x\,dy \wedge dz + F_y\,dz \wedge dx + F_z\,dx \wedge dy.\end{aligned}$$

$$\begin{aligned}\int_{\mathrm{S}} \boldsymbol{F}\times d\boldsymbol{S} = \int_{\mathrm{S}} (\boldsymbol{F}\times\boldsymbol{n})dS &= \left[\int_{\mathrm{S}} (F_y\cos\gamma - F_z\cos\beta)dS\right]\boldsymbol{i} \\ &+ \left[\int_{\mathrm{S}} (F_z\cos\alpha - F_x\cos\gamma)dS\right]\boldsymbol{j} \\ &+ \left[\int_{\mathrm{S}} (F_x\cos\beta - F_y\cos\alpha)dS\right]\boldsymbol{k}.\end{aligned}$$

fの面素ベクトルに関する面積分はすでに第2章，§2.6において定義されている．$\int_{\mathrm{S}} \boldsymbol{F}\,dS$を$\boldsymbol{F}$の**面素に関する面積分**，$\int_{\mathrm{S}} \boldsymbol{F}\cdot d\boldsymbol{S}$を$\boldsymbol{F}$の**面積分**，また

は，**スカラー面積分（法線面積分）**，$\int_S \boldsymbol{F}\times d\boldsymbol{S}$ を $\boldsymbol{F}$ の**ベクトル面積分**という．

S が区分的に滑らかな曲面 $S_1, S_2, \cdots, S_m$ をつないで $S = S_1 + S_2 + \cdots + S_m$ となっているときは

$$\int_S f\, d\boldsymbol{S} = \sum_{i=1}^{m} \int_{S_i} f\, d\boldsymbol{S}, \quad \int_S \boldsymbol{F}\, dS = \sum_{i=1}^{m} \int_{S_i} \boldsymbol{F}\, dS$$
$$\int_S \boldsymbol{F}\cdot d\boldsymbol{S} = \sum_{i=1}^{m} \int_{S_i} \boldsymbol{F}\cdot d\boldsymbol{S}, \quad \int_S \boldsymbol{F}\times d\boldsymbol{S} = \sum_{i=1}^{m} \int_{S_i} \boldsymbol{F}\times d\boldsymbol{S}$$

と定義する．曲面 S が滑らかな場合，上記のパラメータ表示を用いると

$$F_x \frac{\partial(y, z)}{\partial(u, v)} + F_y \frac{\partial(z, x)}{\partial(u, v)} + F_z \frac{\partial(x, y)}{\partial(u, v)} = \boldsymbol{F}\cdot(\boldsymbol{r}_u \times \boldsymbol{r}_v)$$

が成り立つから

$$\int_S \boldsymbol{F}\cdot d\boldsymbol{S} = \int_S \boldsymbol{F}\cdot\boldsymbol{n}\, dS = \iint_D \boldsymbol{F}\cdot(\boldsymbol{r}_u \times \boldsymbol{r}_v)du\, dv$$

が得られる．

特に，S が $z = g(x, y)\ ((x, y) \in D)$ で定義されるグラフ状曲面である場合，(x, y) を正のパラメータとする S のパラメータ表示は

$$\boldsymbol{r} = \boldsymbol{r}(x, y) = x\boldsymbol{i} + y\boldsymbol{j} + g(x, y)\boldsymbol{k} \qquad ((x, y) \in D)$$

となる．$\boldsymbol{F} = \boldsymbol{F}(\boldsymbol{r})$ が連続なベクトル場で g が C^1 級であれば

$$\boldsymbol{r}_x \times \boldsymbol{r}_y = -\frac{\partial g}{\partial x}\boldsymbol{i} - \frac{\partial g}{\partial y}\boldsymbol{j} + \boldsymbol{k}$$

$$\boldsymbol{F}\cdot(\boldsymbol{r}_x \times \boldsymbol{r}_y) = -F_x\frac{\partial g}{\partial x} - F_y\frac{\partial g}{\partial y} + F_z$$

であるから

$$\int_S \boldsymbol{F}\cdot\boldsymbol{n}\, dS = \iint_D \left\{ -F_x(x, y, g(x, y))\frac{\partial g}{\partial x} - F_y(x, y, g(x, y))\frac{\partial g}{\partial y} + F_z(x, y, g(x, y)) \right\} dx\, dy$$

を得る．

例題 2 Sは $\boldsymbol{i}$ を正の向きの単位法線ベクトルにもつ中心 (a, b, c)，半径 d の閉円板であるとする．S上でのベクトル場 $\boldsymbol{H} = z\boldsymbol{i}+y\boldsymbol{j}+x\boldsymbol{k}$ の面積分（スカラー面積分）$\int_S \boldsymbol{H}\cdot d\boldsymbol{S}$ を求めよ．

解 Sのパラメータ表示

$$\boldsymbol{r}(\rho, \theta) = a\boldsymbol{i}+(b+\rho\cos\theta)\boldsymbol{j}+(c+\rho\sin\theta)\boldsymbol{k} \qquad (0 \leqq \rho \leqq d,\ 0 \leqq \theta \leqq 2\pi)$$

をとると，(ρ, θ) は正のパラメータである．このとき

$$\boldsymbol{r}_\rho = (\cos\theta)\boldsymbol{j}+(\sin\theta)\boldsymbol{k}, \qquad \boldsymbol{r}_\theta = (-\rho\sin\theta)\boldsymbol{j}+(\rho\cos\theta)\boldsymbol{k}$$

であるから，$\boldsymbol{r}_\rho\times\boldsymbol{r}_\theta = \rho\boldsymbol{i}$ となる．したがって

$$\begin{aligned}\int_S \boldsymbol{H}\cdot d\boldsymbol{S} &= \int_0^{2\pi}\int_0^d \boldsymbol{H}(\boldsymbol{r}(\rho, \theta))\cdot(\boldsymbol{r}_\rho\times\boldsymbol{r}_\theta)d\rho\, d\theta \\ &= \int_0^{2\pi}\int_0^d \rho(c+\rho\sin\theta)d\rho\, d\theta = cd^2\pi.\end{aligned}$$

例題 3 平面 $x-y+2z=3$ が座標軸と交わる点 $\mathrm{A}(3, 0, 0)$，$\mathrm{B}(0, -3, 0)$，$\mathrm{C}\left(0, 0, \dfrac{3}{2}\right)$ を頂点とする三角形の面をSとする．原点はSの負の側にあるとして，ベクトル場 $\boldsymbol{F} = (x^2-y)\boldsymbol{i}+y\boldsymbol{j}+xz\boldsymbol{k}$ のS上での面積分（スカラー面積分）を求めよ．

解 Sの zx 平面上への正射影をDとし，Sのパラメータ表示を

$$\boldsymbol{r}(x, z) = x\boldsymbol{i}+(x+2z-3)\boldsymbol{j}+z\boldsymbol{k} \qquad ((z, x) \in \mathrm{D})$$

$$\mathrm{D} = \left\{(z, x) : 0 \leqq x \leqq 3,\ 0 \leqq z \leqq \frac{1}{2}(3-x)\right\}$$

とすると，(x, z) は正のパラメータとなる．このとき

$$\boldsymbol{r}_x = \boldsymbol{i}+\boldsymbol{j}, \qquad \boldsymbol{r}_z = 2\boldsymbol{j}+\boldsymbol{k}, \qquad \boldsymbol{r}_x\times\boldsymbol{r}_z = \boldsymbol{i}-\boldsymbol{j}+2\boldsymbol{k}$$

であるから

$$\begin{aligned}\int_S \boldsymbol{F}\cdot d\boldsymbol{S} &= \iint_D \boldsymbol{F}(\boldsymbol{r}(x, z))\cdot(\boldsymbol{r}_x\times\boldsymbol{r}_z)dx\, dz \\ &= \int_0^3\left\{\int_0^{\frac{1}{2}(3-x)}(x^2-2x+2xz-4z+6)dz\right\}dx = \frac{153}{16}.\end{aligned}$$

> **定理 3** $\boldsymbol{F}, \boldsymbol{G}$ を空間で定義された連続なベクトル場とする．このとき，任意の曲面Sに対して $\int_S \boldsymbol{F}\cdot d\boldsymbol{S} = \int_S \boldsymbol{G}\cdot d\boldsymbol{S}$ が成り立つための必要十分条件は $\boldsymbol{F} \equiv \boldsymbol{G}$ が成り立つことである．

証明　十分性は明らかであるから，必要性を証明する．$\boldsymbol{H}=\boldsymbol{F}-\boldsymbol{G}$とおく．仮定により任意の曲面Sに対して$\int_S \boldsymbol{H}\cdot d\boldsymbol{S}=0$であるから，$\boldsymbol{H}\equiv\boldsymbol{O}$を示せばよい．いま，$\boldsymbol{H}\not\equiv\boldsymbol{O}$と仮定すると，$\boldsymbol{H}(\mathrm{P})\neq\boldsymbol{O}$となる点Pが存在する．したがって，$\boldsymbol{H}(\mathrm{P})$の成分のうち0でないものがある．それを（一般性を失うことなく）$H_x(\mathrm{P})\neq 0$としてよい．$H_x(\mathrm{P})>0$ならば，H_xは連続関数であるからPの近傍Vが存在して，Vで常に$H_x>0$となるようにできる．そこで，$\boldsymbol{i}$を正の向きの単位法線ベクトルにもち，Vに含まれる閉円板で$\min_{\mathrm{P}\in \mathrm{S}} H_x(\mathrm{P})>0$となるSを1つとる．Sの中心を$(a,b,c)$，半径を$d$としてSのパラメータ表示

$$\boldsymbol{r}(\rho,\theta)=a\boldsymbol{i}+(b+\rho\cos\theta)\boldsymbol{j}+(c+\rho\sin\theta)\boldsymbol{k}\quad(0\leqq\rho\leqq d,\ 0\leqq\theta\leqq 2\pi)$$

をとると，(ρ,θ)は正のパラメータである．このとき，例題2のようにして$\boldsymbol{r}_\rho\times\boldsymbol{r}_\theta=\rho\boldsymbol{i}$を得る．したがって

$$\begin{aligned}\int_S \boldsymbol{H}\cdot d\boldsymbol{S}&=\int_0^{2\pi}\int_0^d \boldsymbol{H}(\boldsymbol{r}(\rho,\theta))\cdot(\boldsymbol{r}_\rho\times\boldsymbol{r}_\theta)d\rho\,d\theta\\&=\int_0^{2\pi}\int_0^d \rho H_x(\boldsymbol{r}(\rho,\theta))d\rho\,d\theta\\&\geqq \pi d^2\cdot\min_{\mathrm{P}\in \mathrm{S}} H_x(\mathrm{P})>0\end{aligned}$$

を得る．この矛盾は$\boldsymbol{H}\equiv\boldsymbol{O}$の成立を意味する．同様に，$H_{\mathrm{P}}(\mathrm{P})<0$の場合も$\boldsymbol{H}\equiv\boldsymbol{O}$が成り立つ．　■

注意　曲面Sの向きづけを逆にした曲面$-$Sに対して

$$\int_{-S}\boldsymbol{F}\cdot d\boldsymbol{S}=-\int_S \boldsymbol{F}\cdot d\boldsymbol{S},\ \int_{-S}\boldsymbol{F}\,dS=\int_S \boldsymbol{F}\,dS$$

が成り立つ．これはスカラー場に関する面積分の性質からしたがう．

問4　次のベクトル場$\boldsymbol{F}$の曲面S上でのスカラー面積分を求めよ．

（i）　$\boldsymbol{F}=x^2\boldsymbol{i}-y^2\boldsymbol{j}+z\boldsymbol{k}$,　　S：平面$2x+3y+z=1$，$x\geqq 0$，$y\geqq 0$，$z\geqq 0$．原点がある側をSの負の側とする．

（ii）　$\boldsymbol{F}=\boldsymbol{r}=x\boldsymbol{i}+y\boldsymbol{j}+z\boldsymbol{k}$,　　S：球面$x^2+y^2+z^2=4$．原点がある側をSの負の側とする．

問5　Sはグラフ状曲面$z=g(x,y)$　$((x,y)\in \mathrm{D})$であるとし，正の向きの単位法線ベクトルを$\boldsymbol{n}$とすると，Sのパラメータ表示を$\boldsymbol{r}(x,y)=x\boldsymbol{i}+y\boldsymbol{j}+g(x,y)\boldsymbol{k}$　$((x,y)\in \mathrm{D})$として

$$\int_S \boldsymbol{F}\cdot\boldsymbol{n}\,dS=\iint_D \frac{\boldsymbol{F}(\boldsymbol{r}(x,y))\cdot\boldsymbol{n}(\boldsymbol{r}(x,y))}{|\boldsymbol{n}(\boldsymbol{r}(x,y))\cdot\boldsymbol{k}|}dx\,dy$$

が成り立つことを示せ．

問6　次の面積分を求めよ．

$\int_S (x+y+z)d\boldsymbol{S}$，Sは問4の(ii)のSと同じ．

第4章の問題

1．次の曲線に沿って1次微分形式 $z^2dx+xdy+y^2dz$ の線積分を求めよ．

(i)　C：$\boldsymbol{r}(t)=2t\,\boldsymbol{i}+e^{3t}\boldsymbol{j}+e^{-t}\boldsymbol{k}$　$(0 \leqq t \leqq 1)$．

(ii)　C：$\boldsymbol{r}(t)=2\cos t\,\boldsymbol{i}+2\sin t\,\boldsymbol{j}+2t\,\boldsymbol{k}$　$(0 \leqq t \leqq 2\pi)$．

2．次の曲線に沿ってスカラー場 f の線素による線積分を求めよ．

(i)　$f=e^x+\sin y+\cos z$，　C：$\boldsymbol{r}(t)=t\,\boldsymbol{i}+2t\,\boldsymbol{j}+3t\,\boldsymbol{k}$　$(0 \leqq t \leqq \pi)$．

(ii)　$f=xy\log z$，　C：$\boldsymbol{r}(t)=2t\,\boldsymbol{i}+t\,\boldsymbol{j}+4t\,\boldsymbol{k}$　$\left(\frac{\pi}{2} \leqq t \leqq \pi\right)$．

3．曲線C：$x^2+y^2=4$，$z=1$ は反時計向きを正の向きにもっている．このとき，次の線積分を求めよ．

$$\int_C \frac{x^2dx-y^2dy+z^2dz}{x^2+y^2+z^2}.$$

4．曲線C：$\boldsymbol{r}(t)=t\,\boldsymbol{i}-t^2\boldsymbol{j}+2t\,\boldsymbol{k}$ $(0 \leqq t \leqq 1)$ に沿ってベクトル場 $\boldsymbol{F}=x^2\boldsymbol{i}+y^2\boldsymbol{j}+z^2\boldsymbol{k}$ のスカラー線積分とベクトル線積分を求めよ．

5．質点が力 $\boldsymbol{F}=z\boldsymbol{i}+xy\boldsymbol{j}+(z-x)\boldsymbol{k}$ の作用を受けて次の曲線上を運動するとき，$\boldsymbol{F}$ のなす仕事を求めよ．

C：$\boldsymbol{r}(t)=t^2\boldsymbol{i}-3t\,\boldsymbol{j}+t^3\boldsymbol{k}$ に沿って原点Oから点P$(4,-6,8)$ までの曲線．

6．中心がOである中心力場 $\boldsymbol{F}(\mathrm{P})=f(r)\boldsymbol{r}$ $(\boldsymbol{r}=\overrightarrow{\mathrm{OP}},\ r=|\boldsymbol{r}|)$ に対して，$\int rf(r)dr=-\varphi(r)$ とおくと，φ は $\boldsymbol{F}$ のスカラー・ポテンシャルであることを証明せよ．

7．平面 $x+2y+3z=1$ と，x, y, z 軸との交点をそれぞれA, B, Cとし，△ABCの面をSとする(原点のある側をSの負の側とする)．このとき，次の面積分

$$\int_S (x-z)dS$$

を求めよ．

8．平面 $x+y+z=1$ と座標軸との交点A$(1,0,0)$，B$(0,1,0)$，C$(0,0,1)$ を頂点とする△ABCの面をSとし，原点のある側をSの負の側とする．このとき，S上での2次微分形式 $(x+z)dx \wedge dy+(y+z)dy \wedge dz$ の面積分を求めよ．

9．Sは球面 $x^2+y^2+z^2=a^2$ の表す閉曲面で，外部を表側とする．

(i)　Sの $z \geqq 0$ の部分を S_+ として $\int_{S_+} d\boldsymbol{S}$ を求めよ．

（ii）　Sの $z \leqq 0$ の部分を S_- として $\int_{S_-} d\boldsymbol{S}$ を求めよ．

（iii）　$\int_{S} d\boldsymbol{S}$ を求めよ．

10．　Sは問9の球面であるとし，$\boldsymbol{r}$ を位置ベクトルとして，次のベクトル面積分

$$\int_{S} \boldsymbol{r} \times d\boldsymbol{S}$$

を求めよ．

11．　Sは円錐 $z^2 = x^2 + y^2$ と平面 $z = 1$ で囲まれた領域の全表面とし，この領域の外部をSの表側とする．このとき，ベクトル場 $\boldsymbol{F} = xz\boldsymbol{i} + xy\boldsymbol{j} + z\boldsymbol{k}$ に対して，次のスカラー面積分

$$\int_{S} \boldsymbol{F} \cdot d\boldsymbol{S}$$

を求めよ．

12．　曲面S上に一定の密度 ρ で分布している電荷によって生ずる静電ポテンシャル φ の点 (a, b, c) における値 $\varphi(a, b, c)$ は

$$\varphi(a, b, c) = \int_{S} \frac{\rho\, dS}{\sqrt{(x-a)^2 + (y-b)^2 + (z-c)^2}}$$

で与えられる．次の曲面に対して，与えられた点Pにおける φ の値を求めよ．

（i）　S：$x^2 + y^2 = 1$，$0 \leqq z \leqq 1$　（外部が表側），$P(0, 0, 0)$．

（ii）　S：$x^2 + y^2 + z^2 = 4$　（外部が表側），$P(0, 0, 1)$．

5 積分定理とその応用

§5.1 ガウスの発散定理（流体力学・電磁気学への応用）

§3.4 においては，流量を求めるのに**ガウスの発散定理**を用いると計算が便利であることをみてきた．この節では，ガウスの発散定理の証明とそのいくつかの重要な応用について述べる．

V を空間の有界領域とし，その境界面 ∂V は区分的に滑らかな閉曲面であるとする．また，∂V は内側から外側に向かう向きを単位法線ベクトル $\boldsymbol{n}$ の正の向きとする．$\varDelta$V が有界領域であるとき，$\varDelta$V の 2 点間の距離の上限を $|\varDelta \mathrm{V}|$ で表す．さて，V の部分領域への分割 $\varDelta = \{\varDelta \mathrm{V}_1, \cdots, \varDelta \mathrm{V}_N\}$ を考える：

$$\mathrm{V} = \bigcup_{i=1}^{N} \varDelta \mathrm{V}_i, \qquad |\varDelta \mathrm{V}_i \cap \varDelta \mathrm{V}_j| = 0 \qquad (i \neq j).$$

さらに

$$|\varDelta| = \max_{1 \leqq i \leqq N} |\varDelta \mathrm{V}_i|$$

とおく．∂V は区分的に滑らかであるからこれらの部分領域は体積確定であり，各 $i(i = 1, 2, \cdots, N)$ に対して $\varDelta \mathrm{V}_i$ の体積を $\mathrm{vol}(\varDelta \mathrm{V}_i)$，$\varDelta \mathrm{V}_i$ の境界面である閉曲面を $\partial(\varDelta \mathrm{V}_i)$ とかく．ベクトル場 $\boldsymbol{F} = \boldsymbol{F}(\boldsymbol{r})$ が $\mathrm{V} \cup \partial \mathrm{V}$ を含む領域で C^1 級であれば，§3.4 の定理 2 により，各 $\varDelta \mathrm{V}_i$ の中の点 $\mathrm{P}(\boldsymbol{r}_i)$ において

$$\mathrm{div}\, \boldsymbol{F}(\boldsymbol{r}_i) = \frac{1}{\mathrm{vol}(\varDelta \mathrm{V}_i : \mathrm{P}(\boldsymbol{r}_i))} \int_{\partial(\varDelta \mathrm{V}_i)} \boldsymbol{F} \cdot \boldsymbol{n}\, dS + \varepsilon_i$$

となる．ここで，ε_i は $\mathrm{vol}(\varDelta \mathrm{V}_i : \mathrm{P}(\boldsymbol{r}_i)) \to 0$ のとき $\varepsilon_i \to 0$ となる量である．ゆえに

$$\sum_{i=1}^{N} \mathrm{div}\, \boldsymbol{F}(\boldsymbol{r}_i) \times \mathrm{vol}(\varDelta \mathrm{V}_i : \mathrm{P}(\boldsymbol{r}_i))$$

$$= \sum_{i=1}^{N} \int_{\partial(\varDelta \mathrm{V}_i)} \boldsymbol{F}\cdot\boldsymbol{n}\, dS + \sum_{i=1}^{N} \varepsilon_i \operatorname{vol}(\varDelta \mathrm{V}_i : \mathrm{P}(\boldsymbol{r}_i)).$$

ところで，隣り合せの境界曲面の**体積分**（体積要素に関する積分）は，共通する境界曲面上の外向きの法線ベクトルが互いに反対向きをとるから打ち消され，∂V 上の体積分だけが残る．3 重積分の定義によれば

$$\lim_{|\varDelta|\to 0} \sum_{i=1}^{N} \operatorname{div} \boldsymbol{F}(\boldsymbol{r}_i) \times \operatorname{vol}(\varDelta \mathrm{V}_i : \mathrm{P}(\boldsymbol{r}_i)) = \int_{\mathrm{V}} \operatorname{div} \boldsymbol{F}\, dV.$$

また，明らかに

$$\lim_{|\varDelta|\to 0} \sum_{i=1}^{N} \int_{\partial(\varDelta \mathrm{V}_i)} \boldsymbol{F}\cdot\boldsymbol{n}\, dS = \oint_{\partial \mathrm{V}} \boldsymbol{F}\cdot\boldsymbol{n}\, dS$$

である．しかるに

$$\left| \sum_{i=1}^{N} \varepsilon_i \operatorname{vol}(\varDelta \mathrm{V}_i : \mathrm{P}(\boldsymbol{r}_i)) \right| \leqq \left(\max_{1\leqq i\leqq N} |\varepsilon_i| \right) \operatorname{vol}(\mathrm{V})$$

であるから

$$\lim_{|\varDelta|\to 0} \sum_{i=1}^{N} \varepsilon_i \operatorname{vol}(\varDelta \mathrm{V}_i : \mathrm{P}(\boldsymbol{r}_i)) = 0$$

となる．したがって

$$\oint_{\partial \mathrm{V}} \boldsymbol{F}\cdot\boldsymbol{n}\, dS = \int_{\mathrm{V}} \operatorname{div} \boldsymbol{F}\, dV$$

が成り立つ．こうして次の定理が証明された．

定理 1（ガウスの発散定理）　空間の有界領域 V の境界面 ∂V は区分的に滑らかな閉曲面であるとし，∂V の内側から外側に向かう向きを単位法線ベクトル $\boldsymbol{n}$ の正の向きとする．このとき，ベクトル場 $\boldsymbol{F} = \boldsymbol{F}(\boldsymbol{r})$ が $\mathrm{V} \cup \partial\mathrm{V}$ で C^1 級であるならば

$$\oint_{\partial \mathrm{V}} \boldsymbol{F}\cdot\boldsymbol{n}\, dS = \int_{V} \operatorname{div} \boldsymbol{F}\, dV$$

が成り立つ．これを成分を用いてかくと

$$\oint_{\partial \mathrm{V}} F_x\, dy \wedge dz + F_y\, dz \wedge dx + F_z\, dx \wedge dy$$

$$= \iiint_{\mathrm{V}} \left(\frac{\partial F_x}{\partial x} + \frac{\partial F_y}{\partial y} + \frac{\partial F_z}{\partial z} \right) dx\, dy\, dz$$

となる．

たとえば，$\boldsymbol{F}$ を水流の速度ベクトル場とすれば，$\operatorname{div}\boldsymbol{F}$ は単位体積から単位時間当たりに流れ出る湧き出し量であるから，$\operatorname{div}\boldsymbol{F}\,dV$ は微小体積からの湧き出し量である．したがって，$\int_{\mathrm{V}}\operatorname{div}\boldsymbol{F}\,dV$ は，$\partial\mathrm{V}$ 内の全湧き出し量であるから，これは $\partial\mathrm{V}$ を通って外に流れ出る水の流量 $\oint_{\partial\mathrm{V}}\boldsymbol{F}\cdot\boldsymbol{n}\,dS$ に等しくなる．これが発散定理の内容である．

定理 2　点 $\mathrm{P}(\boldsymbol{r}_0)$ を含む空間の有界領域 V の境界面 $\partial\mathrm{V}$ は区分的に滑らかな閉曲面とし，$\partial\mathrm{V}$ の内側から外側に向かう向きを単位法線ベクトル $\boldsymbol{n}$ の正の向きとする．このとき，$\mathrm{V}\cup\partial\mathrm{V}$ を含む領域で微分可能なスカラー場 φ に対して

$$\nabla\varphi(\boldsymbol{r}_0)=\lim_{\mathrm{vol}(\mathrm{V}:\mathrm{P}(r_0))\to 0}\frac{1}{\mathrm{vol}(V)}\oint_{\partial\mathrm{V}}\varphi\boldsymbol{n}\,dS$$

が成り立つ．

証明　領域 V が直方体である場合のみを証明する．§3.4 の定理 2 の証明法により，しかも同じ記号を用いると（図 3-9 参照）

$$\int_{\mathrm{S}_1}\varphi\boldsymbol{n}\,dS+\int_{\mathrm{S}_2}\varphi\boldsymbol{n}\,dS=\int_{\mathrm{S}_1}(-\varphi\boldsymbol{i})\,dS+\int_{\mathrm{S}_2}(\varphi\boldsymbol{i})\,dS$$
$$\fallingdotseq\left\{\frac{\partial\varphi}{\partial x}(x_0,y_0,z_0)\boldsymbol{i}\right\}\Delta x\,\Delta y\,\Delta z$$

$$\int_{\mathrm{S}_3}\varphi\boldsymbol{n}\,dS+\int_{\mathrm{S}_4}\varphi\boldsymbol{n}\,dS=\int_{\mathrm{S}_3}(-\varphi\boldsymbol{j})\,dS+\int_{\mathrm{S}_4}(\varphi\boldsymbol{j})\,dS$$
$$\fallingdotseq\left\{\frac{\partial\varphi}{\partial y}(x_0,y_0,z_0)\boldsymbol{j}\right\}\Delta x\,\Delta y\,\Delta z$$

$$\int_{\mathrm{S}_5}\varphi\boldsymbol{n}\,dS+\int_{\mathrm{S}_6}\varphi\boldsymbol{n}\,dS=\int_{\mathrm{S}_5}(-\varphi\boldsymbol{k})\,dS+\int_{\mathrm{S}_6}(\varphi\boldsymbol{k})\,dS$$
$$\fallingdotseq\left\{\frac{\partial\varphi}{\partial z}(x_0,y_0,z_0)\boldsymbol{k}\right\}\Delta x\,\Delta y\,\Delta z$$

が得られる．したがって，これらの式の両辺を加え合せると

$$\oint_{\partial \mathrm{V}} \varphi \boldsymbol{n}\, dS = \sum_{i=1}^{6} \int_{\mathrm{S}_i} \varphi \boldsymbol{n}\, dS \fallingdotseq \{\nabla \varphi(\boldsymbol{r}_0)\} \times \mathrm{vol(V)}$$

となる．ゆえに

$$\nabla \varphi(\boldsymbol{r}_0) = \lim_{\mathrm{vol(V:P}(\boldsymbol{r}_0))\to 0} \frac{1}{\mathrm{vol(V)}} \oint_{\partial \mathrm{V}} \varphi \boldsymbol{n}\, dS$$

が成り立つ． ▨

> **定理3**　定理2の条件のもとでスカラー場 φ が $\mathrm{V} \cup \partial \mathrm{V}$ で C^1 級ならば
>
> $$\oint_{\partial \mathrm{V}} \varphi \boldsymbol{n}\, dS = \int_{\mathrm{V}} \nabla \varphi\, dV$$
>
> が成り立つ．

証明　定理1の証明法と同じ記号を用いる．定理2により，各 $i\,(i=1, 2, \cdots, N)$ に対して，$\mathit{\Delta}\mathrm{V}_i$ の中の点 $\mathrm{P}(\boldsymbol{r}_i)$ において

$$\nabla \varphi(\boldsymbol{r}_i) = \frac{1}{\mathrm{vol}(\mathit{\Delta}\mathrm{V}_i : \mathrm{P}(\boldsymbol{r}_i))} \oint_{\partial(\mathit{\Delta}\mathrm{V}_i)} \varphi \boldsymbol{n}\, dS + \boldsymbol{\varepsilon}_i'$$

となる．ここで，$\boldsymbol{\varepsilon}_i'$ は $\mathrm{vol}(\mathit{\Delta}\mathrm{V}_i : \mathrm{P}(\boldsymbol{r}_i)) \to 0$ のとき $|\boldsymbol{\varepsilon}_i'| \to 0$ となるベクトルである．よって

$$\begin{aligned}
&\sum_{i=1}^{N} \{\nabla \varphi(\boldsymbol{r}_i)\} \times \mathrm{vol}(\mathit{\Delta}\mathrm{V}_i : \mathrm{P}(\boldsymbol{r}_i)) \\
&\quad = \sum_{i=1}^{N} \oint_{\partial(\mathit{\Delta}\mathrm{V}_i)} \varphi \boldsymbol{n}\, dS + \sum_{i=1}^{N} \boldsymbol{\varepsilon}_i' \mathrm{vol}(\mathit{\Delta}\mathrm{V}_i : \mathrm{P}(\boldsymbol{r}_i)).
\end{aligned}$$

これより

$$\begin{aligned}
&\lim_{|\mathit{\Delta}|\to 0} \sum_{i=1}^{N} \{\nabla \varphi(\boldsymbol{r}_i)\} \times \mathrm{vol}(\mathit{\Delta}\mathrm{V}_i : \mathrm{P}(\boldsymbol{r}_i)) \\
&\quad = \lim_{|\mathit{\Delta}|\to 0} \sum_{i=1}^{N} \oint_{\partial(\mathit{\Delta}\mathrm{V}_i)} \varphi \boldsymbol{n}\, dS + \lim_{|\mathit{\Delta}|\to 0} \sum_{i=1}^{N} \boldsymbol{\varepsilon}_i' \mathrm{vol}(\mathit{\Delta}\mathrm{V}_i : \mathrm{P}(\boldsymbol{r}_i)) \\
&\quad = \lim_{|\mathit{\Delta}|\to 0} \sum_{i=1}^{N} \oint_{\partial(\mathit{\Delta}\mathrm{V}_i)} \varphi \boldsymbol{n}\, dS
\end{aligned}$$

を得る．すなわち，

$$\int_{\mathrm{V}} \nabla \varphi\, dV = \oint_{\partial \mathrm{V}} \varphi \boldsymbol{n}\, dS.$$

▨

例 1　定理 1 において $\boldsymbol{F} = -\nabla\varphi$ ならば

$$\operatorname{div}\boldsymbol{F} = -\nabla^2\varphi, \qquad \boldsymbol{F}\cdot\boldsymbol{n} = -(\nabla\varphi)\cdot\boldsymbol{n} = -\frac{\partial\varphi}{\partial n}.$$

ただし，$\partial\varphi/\partial n$ は曲面の法線ベクトル $\boldsymbol{n}$ の方向に対する方向微分係数である．したがって，定理 1 により

$$\int_{\mathrm{V}} \nabla^2\varphi\, dV = \oint_{\partial\mathrm{V}} \frac{\partial\varphi}{\partial n}\, dS.$$

例 2　定理 3 において，$\varphi = 1$ にとると $\nabla\varphi = 0$ であるから，

$$\oint_{\partial\mathrm{V}} \boldsymbol{n}\, dS = \boldsymbol{o}.$$

すなわち，閉曲面 ∂V の面積ベクトルは $\boldsymbol{o}$ である．

定理 4　点 $\mathrm{P}(\boldsymbol{r}_0)$ を含む空間の有界領域 V の境界面 ∂V は区分的に滑らかな閉曲面とし，∂V の内側から外側に向かう向きを単位法線ベクトル $\boldsymbol{n}$ の正の向きとする．このとき，$\mathrm{V} \cup \partial\mathrm{V}$ を含む領域で微分可能なベクトル場 $\boldsymbol{F} = \boldsymbol{F}(\boldsymbol{r})$ に対して

$$\nabla\times\boldsymbol{F}(\boldsymbol{r}_0) = \lim_{\mathrm{vol}(\mathrm{V}\,:\,\mathrm{P}(\boldsymbol{r}_0))\to 0} \frac{1}{\mathrm{vol}(\mathrm{V})}\int_{\partial\mathrm{V}} \boldsymbol{n}\times\boldsymbol{F}\, dS$$

が成り立つ．

証明　領域 V が直方体である場合のみを証明する．§3.4 の定理 2 の証明法を用いて同じ記号を使うと（図 3-9 参照）

$$\begin{aligned}\int_{\mathrm{S}_1} \boldsymbol{n}\times\boldsymbol{F}\, dS &= \int_{\mathrm{S}_1} (F_z\boldsymbol{j} - F_y\boldsymbol{k})\, dS \\ &\fallingdotseq \left\{ F_z\left(x_0 - \frac{\Delta x}{2}, y_0, z_0\right)\boldsymbol{j} - F_y\left(x_0 - \frac{\Delta x}{2}, y_0, z_0\right)\boldsymbol{k}\right\}\Delta y\,\Delta z,\end{aligned}$$

$$\begin{aligned}\int_{\mathrm{S}_2} \boldsymbol{n}\times\boldsymbol{F}\, dS &= \int_{\mathrm{S}_2} (-F_z\boldsymbol{j} + F_y\boldsymbol{k})\, dS \\ &\fallingdotseq \left\{ -F_z\left(x_0 + \frac{\Delta x}{2}, y_0, z_0\right)\boldsymbol{j} + F_y\left(x_0 + \frac{\Delta x}{2}, y_0, z_0\right)\boldsymbol{k}\right\}\Delta y\,\Delta z,\end{aligned}$$

$$\int_{S_3} \boldsymbol{n}\times\boldsymbol{F}\,dS = \int_{S_3}(-F_z\boldsymbol{i}+F_x\boldsymbol{k})\,dS$$
$$\fallingdotseq \left\{-F_z\left(x_0,\,y_0-\frac{\varDelta y}{2},\,z_0\right)\boldsymbol{i}+F_x\left(x_0,\,y_0-\frac{\varDelta y}{2},\,z_0\right)\boldsymbol{k}\right\}\varDelta z\,\varDelta x,$$

$$\int_{S_4} \boldsymbol{n}\times\boldsymbol{F}\,dS = \int_{S_4}(F_z\boldsymbol{i}-F_x\boldsymbol{k})\,dS$$
$$\fallingdotseq \left\{F_z\left(x_0,\,y_0+\frac{\varDelta y}{2},\,z_0\right)\boldsymbol{i}-F_x\left(x_0,\,y_0+\frac{\varDelta y}{2},\,z_0\right)\boldsymbol{k}\right\}\varDelta z\,\varDelta x,$$

$$\int_{S_5} \boldsymbol{n}\times\boldsymbol{F}\,dS = \int_{S_5}(F_y\boldsymbol{i}-F_x\boldsymbol{j})\,dS$$
$$\fallingdotseq \left\{F_y\left(x_0,\,y_0,\,z_0-\frac{\varDelta z}{2}\right)\boldsymbol{i}-F_x\left(x_0,\,y_0,\,z_0-\frac{\varDelta z}{2}\right)\boldsymbol{j}\right\}\varDelta x\,\varDelta y,$$

$$\int_{S_6} \boldsymbol{n}\times\boldsymbol{F}\,dS = \int_{S_6}(-F_y\boldsymbol{i}+F_x\boldsymbol{j})\,dS$$
$$\fallingdotseq \left\{-F_y\left(x_0,\,y_0,\,z_0+\frac{\varDelta z}{2}\right)\boldsymbol{i}+F_x\left(x_0,\,y_0,\,z_0+\frac{\varDelta z}{2}\right)\boldsymbol{j}\right\}\varDelta x\,\varDelta y.$$

したがって

$$\int_{S_1} \boldsymbol{n}\times\boldsymbol{F}\,dS+\int_{S_2} \boldsymbol{n}\times\boldsymbol{F}\,dS$$
$$\fallingdotseq \left\{-\frac{\partial F_z}{\partial x}(x_0,\,y_0,\,z_0)\,\boldsymbol{j}+\frac{\partial F_y}{\partial x}(x_0,\,y_0,\,z_0)\,\boldsymbol{k}\right\}\varDelta x\,\varDelta y\,\varDelta z,$$

$$\int_{S_3} \boldsymbol{n}\times\boldsymbol{F}\,dS+\int_{S_4} \boldsymbol{n}\times\boldsymbol{F}\,dS$$
$$\fallingdotseq \left\{\frac{\partial F_z}{\partial y}(x_0,\,y_0,\,z_0)\,\boldsymbol{i}-\frac{\partial F_x}{\partial y}(x_0,\,y_0,\,z_0)\,\boldsymbol{k}\right\}\varDelta x\,\varDelta y\,\varDelta z,$$

$$\int_{S_5} \boldsymbol{n}\times\boldsymbol{F}\,dS+\int_{S_6} \boldsymbol{n}\times\boldsymbol{F}\,dS$$
$$\fallingdotseq \left\{-\frac{\partial F_y}{\partial z}(x_0,\,y_0,\,z_0)\,\boldsymbol{i}+\frac{\partial F_x}{\partial z}(x_0,\,y_0,\,z_0)\,\boldsymbol{j}\right\}\varDelta x\,\varDelta y\,\varDelta z.$$

これらの式の両辺を加え合せると

$$\oint_{\partial V} \boldsymbol{n}\times\boldsymbol{F}\,dS = \sum_{i=1}^{6}\int_{S_i} \boldsymbol{n}\times\boldsymbol{F}\,dS$$
$$\fallingdotseq \left[\left(\frac{\partial F_z}{\partial y}(x_0,\,y_0,\,z_0)-\frac{\partial F_y}{\partial z}(x_0,\,y_0,\,z_0)\right)\boldsymbol{i}\right.$$

$$+\left(\frac{\partial F_x}{\partial z}(x_0, y_0, z_0)-\frac{\partial F_z}{\partial x}(x_0, y_0, z_0)\right)\boldsymbol{j}$$
$$+\left(\frac{\partial F_y}{\partial x}(x_0, y_0, z_0)-\frac{\partial F_x}{\partial y}(x_0, y_0, z_0)\right)\boldsymbol{k}\Big]\,\varDelta x\,\varDelta y\,\varDelta z.$$

ゆえに

$$\nabla\times\boldsymbol{F}(\boldsymbol{r}_0)=\lim_{\mathrm{vol}(\mathrm{V}:\mathrm{P}(r_0))\to 0}\frac{1}{\mathrm{vol}(\mathrm{V})}\oint_{\partial\mathrm{V}}\boldsymbol{n}\times\boldsymbol{F}\,dS$$

が成り立つ. ▒

定理 5 定理 4 の条件のもとで，ベクトル場 $\boldsymbol{F}$ が $\mathrm{V}\cup\partial\mathrm{V}$ で C^1 級ならば

$$\oint_{\partial\mathrm{V}}\boldsymbol{n}\times\boldsymbol{F}\,dS=\int_{\mathrm{V}}\mathrm{rot}\,\boldsymbol{F}\,dV$$

が成り立つ.

証明 定理 1 の証明法と同じ記号を用いる. 定理 4 により，各 $i\,(i=1, 2,\cdots,N)$ に対して，$\varDelta\mathrm{V}_i$ の中の点 $P(\boldsymbol{r}_i)$ において

$$\nabla\times\boldsymbol{F}(\boldsymbol{r}_i)=\frac{1}{\mathrm{vol}(\varDelta\mathrm{V}_i:\mathrm{P}(\boldsymbol{r}_i))}\oint_{\partial(\varDelta\mathrm{V}_i)}\boldsymbol{n}\times\boldsymbol{F}\,dS+\boldsymbol{\varepsilon}_i''$$

となる. ここで，$\boldsymbol{\varepsilon}_i''$ は $\mathrm{vol}(\varDelta\mathrm{V}_i:\mathrm{P}(\boldsymbol{r}_i))\to 0$ のとき $|\boldsymbol{\varepsilon}_i''|\to 0$ となるベクトルである. よって

$$\sum_{i=1}^{N}\{\nabla\times\boldsymbol{F}(\boldsymbol{r}_i)\}\times\mathrm{vol}(\varDelta\mathrm{V}_i:\mathrm{P}(\boldsymbol{r}_i))$$
$$=\sum_{i=1}^{N}\oint_{\partial(\varDelta\mathrm{V}_i)}\boldsymbol{n}\times\boldsymbol{F}\,dS+\sum_{i=1}^{N}\boldsymbol{\varepsilon}_i''\mathrm{vol}(\varDelta\mathrm{V}_i:\mathrm{P}(\boldsymbol{r}_i)).$$

したがって

$$\lim_{|\varDelta|\to 0}\sum_{i=1}^{N}\{\nabla\times\boldsymbol{F}(\boldsymbol{r}_i)\}\times\mathrm{vol}(\varDelta\mathrm{V}_i:\mathrm{P}(\boldsymbol{r}_i))$$
$$=\lim_{|\varDelta|\to 0}\sum_{i=1}^{N}\oint_{\partial(\varDelta\mathrm{V}_i)}\boldsymbol{n}\times\boldsymbol{F}\,dS+\lim_{|\varDelta|\to 0}\sum_{i=1}^{N}\boldsymbol{\varepsilon}_i''\mathrm{vol}(\varDelta\mathrm{V}_i:\mathrm{P}(\boldsymbol{r}_i))$$
$$=\lim_{|\varDelta|\to 0}\sum_{i=1}^{N}\oint_{\partial(\varDelta\mathrm{V}_i)}\boldsymbol{n}\times\boldsymbol{F}\,dS$$

を得る．すなわち

$$\int_{\mathrm{V}} \mathrm{rot}\, \boldsymbol{F}\, dV = \oint_{\partial \mathrm{V}} \boldsymbol{n} \times \boldsymbol{F}\, dS.$$ ▨

例 3　定理5において $\boldsymbol{F} = \boldsymbol{r}$（位置ベクトル）にとると $\mathrm{rot}\, \boldsymbol{r} = \boldsymbol{o}$ であるから

$$\oint_{\partial \mathrm{V}} \boldsymbol{n} \times \boldsymbol{r}\, dS = \boldsymbol{o}.$$

注意1　ハミルトン演算子 ∇ は形式的に

$$\nabla = \lim_{\mathrm{vol(V)} \to 0} \frac{1}{\mathrm{vol(V)}} \oint_{\partial \mathrm{V}} d\boldsymbol{S}$$

とかくことができる．

問 1　$\mathrm{V} = \{(x, y, z) \in \boldsymbol{R}^3 : x^2 + y^2 + z^2 < 1\}$ の境界面 $\partial\mathrm{V}$ は，内側から外側に向かう向きを単位法線ベクトル $\boldsymbol{n}$ の正の向きとし，ベクトル場 $\boldsymbol{F} = y\boldsymbol{i} - x\boldsymbol{j} + z\boldsymbol{k}$ に対して，次の面積分を求めよ．

（i）$\displaystyle\oint_{\partial \mathrm{V}} \boldsymbol{n} \cdot \boldsymbol{F}\, dS.$　　（ii）$\displaystyle\oint_{\partial \mathrm{V}} \boldsymbol{n} \times \boldsymbol{F}\, dS.$

問 2　$\partial\mathrm{V}$ を問1の球面とし，$\boldsymbol{n}$ をその単位法線ベクトルとする．$\varphi(x, y, z) = 2x + y + 3z$ に対して $\displaystyle\oint_{\partial \mathrm{V}} \varphi \boldsymbol{n}\, dS$ を求めよ．

問 3　次の等式を証明せよ．

（i）$\displaystyle\int_{\mathrm{V}} \boldsymbol{F} \cdot \nabla\varphi\, dV = \oint_{\partial \mathrm{V}} \varphi \boldsymbol{F} \cdot \boldsymbol{n}\, dS - \int_{\mathrm{V}} \varphi\, \mathrm{div}\, \boldsymbol{F}\, dV.$

（ii）$\displaystyle\int_{\mathrm{V}} \boldsymbol{F} \cdot \mathrm{rot}\, \boldsymbol{G}\, dV = \oint_{\partial \mathrm{V}} (\boldsymbol{G} \times \boldsymbol{F}) \cdot \boldsymbol{n}\, dS + \int_{\mathrm{V}} \boldsymbol{G} \cdot \mathrm{rot}\, \boldsymbol{F}\, dV.$

（iii）$\displaystyle\int_{\mathrm{V}} \boldsymbol{r}\, dV = \frac{1}{2} \oint_{\partial \mathrm{V}} |\boldsymbol{r}|^2 \boldsymbol{n}\, dS.$

ただし，V は空間の有界領域，$\partial\mathrm{V}$ は V の境界面で区分的に滑らかであるとし，外側を表（正の側）とする．

定理 6　空間全体で定義された C^1 級のベクトル場 $\boldsymbol{F}$ に対して，$\mathrm{div}\, \boldsymbol{F} = 0$ となるための必要十分条件は，外側を表にもつ任意の区分的に滑らかな閉曲面 S 上での $\boldsymbol{F}$ のスカラー面積分が 0 になることである．

証明 $\mathrm{div}\,\boldsymbol{F}=0$ ならば，定理1により明らかに $\displaystyle\int_{\mathrm{S}}\boldsymbol{F}\cdot\boldsymbol{n}\,dS=0$. 逆を示すために $\mathrm{div}\,\boldsymbol{F}\neq 0$ と仮定してみる．このとき，$\mathrm{div}\,\boldsymbol{F}(\mathrm{P})\neq 0$ をみたす点Pが存在する．$\mathrm{div}\,\boldsymbol{F}(\mathrm{P})>0$ ならば，連続性によりPを中心とする十分小さい球面Sの内部で $\mathrm{div}\,\boldsymbol{F}(\mathrm{P})>0$ となる．したがって，Sの内部をVとすると，定理1により

$$\int_{\mathrm{S}}\boldsymbol{F}\cdot\boldsymbol{n}\,dS=\int_{\mathrm{V}}\mathrm{div}\,\boldsymbol{F}\,dV>0$$

となり，仮定に反する．$\mathrm{div}\,\boldsymbol{F}(\mathrm{P})<0$ の場合も同様にして矛盾が導かれる．よって，恒等的に $\mathrm{div}\,\boldsymbol{F}=0$ が成り立つ． ▨

例4（流体力学の連続の方程式） 運動する流体の状態は流体の速度 $\boldsymbol{v}$，圧力 p，密度 ρ の分布が与えられれば完全に決定される．一般に，これらの諸量は空間座標 x,y,z と時刻 t の関数である．以下では，$\boldsymbol{v}$，ρ は (x,y,z,t) の C^1 級関数であるとする．さて，Vを流体内の任意の有界領域とし，その境界面 $\partial\mathrm{V}$ は外側を表にもち，区分的に滑らかな閉曲面であるとする．このとき，Vの中の流体の質量は $\displaystyle\int_{\mathrm{V}}\rho\,dV$ であり，この質量の t に関する減少率

$$-\frac{\partial}{\partial t}\int_{\mathrm{V}}\rho\,dV=-\int_{\mathrm{V}}\frac{\partial\rho}{\partial t}\,dV$$

は，質量の保存性によって，$\partial\mathrm{V}$ を通ってVに流れ出る流体の質量の（正の）変化率（単位時間当たりの流出量）

$$\int_{\partial\mathrm{V}}\rho\boldsymbol{v}\cdot d\boldsymbol{S}=\int_{\partial\mathrm{V}}\rho\boldsymbol{v}\cdot\boldsymbol{n}\,dS$$

に等しい．ゆえに，定理1を用いて

$$\int_{\mathrm{V}}\left\{\frac{\partial\rho}{\partial t}+\nabla\cdot(\rho\boldsymbol{v})\right\}dV=0$$

を得る．したがって，Vの任意性および被積分関数の連続性により

$$\boxed{\frac{\partial\rho}{\partial t}+\nabla\cdot(\rho\boldsymbol{v})=0}$$

が成り立つ．これを（**流体力学の**）**連続の方程式**という．この方程式は流体力

学における基礎方程式の1つで，等式

$$\nabla\cdot(\rho\boldsymbol{v}) = \rho\,\nabla\cdot\boldsymbol{v} + \boldsymbol{v}\cdot\nabla\rho$$

に注意すれば

$$\boxed{\frac{\partial\rho}{\partial t} + \rho\,\nabla\cdot\boldsymbol{v} + \boldsymbol{v}\cdot\nabla\rho = 0}$$

と書き改めることができる．

密度 ρ が常に一定の流体を**非圧縮性（縮まない）流体**であるという．非圧縮性流体の速度ベクトル場 $\boldsymbol{v}$ は，

$$\frac{\partial\rho}{\partial t} = 0 \quad \text{かつ} \quad \nabla\rho = 0$$

であるから，連続の方程式により $\nabla\cdot\boldsymbol{v} = 0$ をみたす．すなわち，$\boldsymbol{v}$ は管状ベクトル場である．

例5（電磁気学の連続の方程式）　電流は電荷の流れによって生じ，電荷の密度 ρ および速度 $\boldsymbol{v}$ の分布によって決まるが，これらの量 $\boldsymbol{v}, \rho$ は，一般に空間座標 x, y, z と時刻 t の関数である．以下で，$\boldsymbol{v}, \rho$ は (x, y, z, t) の C^1 級関数であるとする．このとき，向きづけられた区分的に滑らかな曲面Sを通り過ぎる電流 I は，Sの正の向きの単位法線ベクトルを $\boldsymbol{n}$ とすると，

$$I = \int_{\mathrm{S}} \rho\boldsymbol{v}\cdot d\boldsymbol{S} = \int_{\mathrm{S}} \rho\boldsymbol{v}\cdot\boldsymbol{n}\,dS$$

である．さて，曲面Sが閉曲面で，Sで囲まれた空間領域をVとすると，V内の全電荷は $\int_{\mathrm{V}} \rho\,dV$ であり，Vにおける電荷の減少率

$$-\frac{\partial}{\partial t}\int_{\mathrm{V}} \rho\,dV = -\int_{\mathrm{V}} \frac{\partial\rho}{\partial t}\,dV$$

は電荷の保存法則によって電荷がSを通ってVを出る率（単位時間当たりの電流）

$$\oint_{\partial\mathrm{V}} \rho\boldsymbol{v}\cdot d\boldsymbol{S} = \oint_{\partial\mathrm{V}} \rho\boldsymbol{v}\cdot\boldsymbol{n}\,dS.$$

に等しい．すなわち

$$-\int_{\mathrm{V}} \frac{\partial\rho}{\partial t}\,dV = \oint_{\partial\mathrm{V}} \rho\boldsymbol{v}\cdot\boldsymbol{n}\,dS.$$

したがって，定理1を用いて

$$\int_{\mathrm{V}} \left\{ \frac{\partial \rho}{\partial t} + \nabla \cdot (\rho \boldsymbol{v}) \right\} dV = 0.$$

この式は上の条件をみたす任意のVに対して成り立つから，流体力学の連続の方程式と同じ形式の方程式

$$\frac{\partial \rho}{\partial t} + \nabla \cdot (\rho \boldsymbol{v}) = 0$$

を得る．これを**電磁気学の連続の方程式**という．電流密度 $\boldsymbol{J} = \rho \boldsymbol{v}$ を用いると，連続の方程式は

$$\frac{\partial \rho}{\partial t} + \nabla \cdot \boldsymbol{J} = 0$$

となる．

例6（完全流体に関するオイラーの運動方程式）　流体の変形に対する抵抗（内部摩擦）の測度を流体の**粘性**という．抵抗のある流体を**粘性流体**，全く抵抗のない流体を**完全流体**といい，以下の議論では完全流体を考える．流体とともに動く流体内の体積素片 dV の内部は，常に流体の同じ粒子を含み，かつ質量も変わらないものとする．流体内の各点で圧力 p は，すべての方向に対して等しく，したがって，p はスカラー場である．Vを流体内の任意の有界領域とし，その境界面 ∂V は外側を表とする区分的に滑らかな閉曲面であるとしよう．流体の密度 ρ が (x, y, z, t) の連続関数，速度ベクトル $\boldsymbol{v}$ が (x, y, z, t) の C^1 級関数ならば，Vの体積素片（微小部分）dV の加速度ベクトルは $\dfrac{d\boldsymbol{v}}{dt}$，質量は $\rho\, dV$ であるから，Vには

$$\int_{\mathrm{V}} \rho \frac{d\boldsymbol{v}}{dt}\, dV$$

という力が働いている．運動を考えるときは x, y, z も t の関数として考えねばならない．したがって

$$\begin{aligned} \frac{d\boldsymbol{v}}{dt} &= \frac{\partial \boldsymbol{v}}{\partial t} + \left(\frac{\partial \boldsymbol{v}}{\partial x}\frac{dx}{dt} + \frac{\partial \boldsymbol{v}}{\partial y}\frac{dy}{dt} + \frac{\partial \boldsymbol{v}}{\partial z}\frac{dz}{dt} \right) \\ &= \frac{\partial \boldsymbol{v}}{\partial t} + (\boldsymbol{v} \cdot \nabla) \boldsymbol{v}. \end{aligned}$$

ゆえに

$$\int_V \rho \frac{d\boldsymbol{v}}{dt}\,dV = \int_V \left\{\rho \frac{\partial \boldsymbol{v}}{\partial t} + \rho(\boldsymbol{v}\cdot\nabla)\boldsymbol{v}\right\} dV.$$

次に，流体に作用する単位質量ごとの連続な外力を $\boldsymbol{F}$ とすると，V に働く外力は

$$\int_V \rho \boldsymbol{F}\,dV$$

である．また，圧力 p が (x, y, z, t) の C^1 級関数であれば，流体圧による力は，定理3を用いると，∂V 上での p の面積分

$$-\oint_{\partial V} p\,d\boldsymbol{S} = -\oint_{\partial V} p\boldsymbol{n}\,dS = -\int_V \nabla p\,dV$$

に等しい．さらに，ニュートンの第2運動法則によれば

$$\int_V \rho \left\{\frac{\partial \boldsymbol{v}}{\partial t} + (\boldsymbol{v}\cdot\nabla)\boldsymbol{v}\right\} dV = \int_V \{\rho\boldsymbol{F} - \nabla p\}\,dV$$

が成り立つ．ゆえに，V の任意性と被積分関数の連続性により

$$\boxed{\frac{\partial \boldsymbol{v}}{\partial t} + (\boldsymbol{v}\cdot\nabla)\boldsymbol{v} = \boldsymbol{F} - \frac{1}{\rho}\nabla p}$$

を得る．これは流体力学の基礎方程式の1つで，**オイラーの運動方程式**とよばれる．特に流体が重力場の中にあるときは，$\boldsymbol{F}$ は重力加速度 $\boldsymbol{g}$ になる．

注意2　流体粒子の運動にともなって時間変化を表す微分演算子

$$\frac{\mathrm{D}}{\mathrm{D}t} \equiv \frac{\partial}{\partial t} + \boldsymbol{v}\cdot\nabla$$

を流体力学における**ラグランジュ微分**（演算子）と称する．この微分演算子を用いると，オイラーの運動方程式は

$$\frac{\mathrm{D}\boldsymbol{v}}{\mathrm{D}t} = \boldsymbol{F} - \frac{1}{\rho}\nabla p$$

とかける．左辺の $\mathrm{D}\boldsymbol{v}/\mathrm{D}t$ は流体の加速度を表す．

ところで，ベクトル恒等式（§3.6，公式(4)）

$$\nabla(\boldsymbol{A}\cdot\boldsymbol{B}) = \boldsymbol{A}\times(\nabla\times\boldsymbol{B}) + \boldsymbol{B}\times(\nabla\times\boldsymbol{A}) + (\boldsymbol{A}\cdot\nabla)\boldsymbol{B} + (\boldsymbol{B}\cdot\nabla)\boldsymbol{A}$$

において，$\boldsymbol{A} = \boldsymbol{B} = \boldsymbol{v}$ にとると

$$\nabla(|\boldsymbol{v}|^2) = 2\,\boldsymbol{v}\times(\nabla\times\boldsymbol{v}) + 2(\boldsymbol{v}\cdot\nabla)\boldsymbol{v},$$

すなわち

$$(\boldsymbol{v}\cdot\nabla)\boldsymbol{v} = \frac{1}{2}\nabla(|\boldsymbol{v}|^2) - \boldsymbol{v}\times(\nabla\times\boldsymbol{v}).$$

したがって，オイラーの運動方程式は

$$\boxed{\frac{\partial \boldsymbol{v}}{\partial t} + \frac{1}{2}\nabla(|\boldsymbol{v}|^2) - \boldsymbol{v}\times(\nabla\times\boldsymbol{v}) = \boldsymbol{F} - \frac{1}{\rho}\nabla p}$$

のように書くことができる．

流体内において速度が一定，すなわち，流体内の任意の点において $\partial\boldsymbol{v}/\partial t = \boldsymbol{o}$ であるとき，この流体を**定常流**という．したがって，定常流の運動方程式は

$$\boxed{\frac{1}{2}\nabla(|\boldsymbol{v}|^2) - \boldsymbol{v}\times(\nabla\times\boldsymbol{v}) = \boldsymbol{F} - \frac{1}{\rho}\nabla p}$$

となる．さらに，静止流体の場合は，$\frac{1}{2}\nabla(|\boldsymbol{v}|^2) = \boldsymbol{v}\times(\nabla\times\boldsymbol{v}) = \boldsymbol{o}$ となるから

$$\nabla p = \rho\boldsymbol{F}$$

である．この式は**流体の力学的平衡**を表しており，**平衡方程式**ともよばれる．

例 7（完全流体の定常流に関するベルヌーイの方程式） 完全流体の定常流を考える．流体圧 p と速度ベクトル $\boldsymbol{v}$ は C^1 級であるとする．また，密度 ρ は p だけの連続関数で，単位質量に作用する外力 $\boldsymbol{F}$ は保存ベクトル場であるとする．いま

$$P = \int \frac{1}{\rho}\,dp, \qquad \boldsymbol{F} = -\nabla U$$

とおくと

$$\nabla P = \frac{dP}{dp}\nabla p = \frac{1}{\rho}\nabla p$$

となる．したがって，定常流に対しては $\partial\boldsymbol{v}/\partial t = \boldsymbol{o}$ であるから，オイラーの運動方程式により

$$\boldsymbol{v}\times(\nabla\times\boldsymbol{v}) = \nabla\left(U + P + \frac{1}{2}|\boldsymbol{v}|^2\right)$$

を得る．この式の両辺と $\boldsymbol{v}$ との内積をとれば

$$\boldsymbol{v}\cdot\nabla\left(U+P+\frac{1}{2}|\boldsymbol{v}|^2\right)=\boldsymbol{v}\cdot\{\boldsymbol{v}\times(\nabla\times\boldsymbol{v})\}=0.$$

しかるに，速度ベクトル場 $\boldsymbol{v}$ の流線を $\boldsymbol{r}(t)=x(t)\boldsymbol{i}+y(t)\boldsymbol{j}+z(t)\boldsymbol{k}$ とすると

$$\frac{d}{dt}\left(U+P+\frac{1}{2}|\boldsymbol{v}|^2\right)=\boldsymbol{v}\cdot\nabla\left(U+P+\frac{1}{2}|\boldsymbol{v}|^2\right)=0$$

であるから，流線に沿って $U+P+\frac{1}{2}|\boldsymbol{v}|^2$ は一定である：

$$U+P+\frac{1}{2}|\boldsymbol{v}|^2=c_1.$$

一般に，異なる流線に対しては，この定数 c_1 も異なる値をとる．この式を**ベルヌーイの方程式**という．特に，渦なしの非圧縮性流体においては

$$P=\frac{p}{\rho},\qquad \nabla\times\boldsymbol{v}=\boldsymbol{o}$$

であるから，ベルヌーイの方程式は

$$U+\frac{p}{\rho}+\frac{1}{2}|\boldsymbol{v}|^2=c_2$$

となる．c_2 は，c_1 と異なって，流体全体にわたって定数である．

問4　流体の速度ベクトル場 $\boldsymbol{v}$ が C^1 級であるとき，加速度ベクトル場 $\boldsymbol{a}$ は

$$\boldsymbol{a}=\frac{\partial\boldsymbol{v}}{\partial t}+\frac{1}{2}\nabla(|\boldsymbol{v}|^2)-\boldsymbol{v}\times(\nabla\times\boldsymbol{v})$$

をみたすことを示せ．

問5　一様な重力場における非圧縮性の静止流体を考える．高さを地球の表面から上方に正の向きをとって測るものとする．このとき，流体圧は高さの増加にともない1次的に減少することを示せ．

問6　完全流体を考える．外力がない非圧縮性の定常流において，流体圧 p が最大になるときの速度，および，p の最大値を求めよ．

【参考】　流体の渦の発生や衝撃波の生成など摩擦応力が現れる場合を問題にするには，流体の粘性を考慮に入れなければならない．**応力テンソル**と呼ばれる量 $p_{ij}=p_{ij}(x,y,z,t)\,(i,j=1,2,3)$ を用いると，任意の**流体の運動方程式**は

$$\frac{\mathrm{D}\boldsymbol{v}}{\mathrm{D}t}=\boldsymbol{F}+\frac{1}{\rho}\left(\frac{\partial \boldsymbol{P}_x}{\partial x}+\frac{\partial \boldsymbol{P}_y}{\partial y}+\frac{\partial \boldsymbol{P}_z}{\partial z}\right)$$

で与えられる．ただし，$\boldsymbol{P}_x=(p_{11},p_{12},p_{13})$，$\boldsymbol{P}_y=(p_{21},p_{22},p_{23})$，$\boldsymbol{P}_z=(p_{31},p_{32},p_{33})$であり，$\boldsymbol{v}$ は C^2 級とする．応力は流体の流れの状態によって変化する．流れの状態を数式的に表現するには座標変数は x,y,z の代わりにそれぞれ x_1,x_2,x_3 を用いる方が便利である．そこで，**速度変形テンソル**と呼ばれる量 $e_{ik}(i,k=1,2,3)$：

$$e_{ik}=\frac{\partial v_i}{\partial x_k}+\frac{\partial v_k}{\partial x_i}\qquad (\boldsymbol{v}=(v_x,v_y,v_z)\equiv(v_1,v_2,v_3)),$$

および，クロネッカーデルタ δ_{ij} を用いて，応力テンソルが

$$p_{ik}=-p\delta_{ik}-\left(\frac{2}{3}\mu\,\mathrm{div}\,\boldsymbol{v}\right)\delta_{ik}+\mu e_{ik}\qquad (\mu \text{ は粘性率})$$

の形に表されると仮定する．この仮定が成り立つような流体は**ニュートン流体**，そうでない流体は**非ニュートン流体**と呼ばれる．いま，$\partial\boldsymbol{P}_{x_1}/\partial x_1$，$\partial\boldsymbol{P}_{x_2}/\partial x_2$，$\partial\boldsymbol{P}_{x_3}/\partial x_3$ を単純に計算するならば

$$\left[\frac{\partial \boldsymbol{P}_{x_1}}{\partial x_1}+\frac{\partial \boldsymbol{P}_{x_2}}{\partial x_2}+\frac{\partial \boldsymbol{P}_{x_3}}{\partial x_3}\right]_{x_1}=-\frac{\partial p}{\partial x_1}-\frac{2}{3}\mu\frac{\partial}{\partial x_1}\mathrm{div}\,\boldsymbol{v}+\mu\left(\frac{\partial e_{11}}{\partial x_1}+\frac{\partial e_{21}}{\partial x_2}+\frac{\partial e_{31}}{\partial x_3}\right)$$

$$\left[\frac{\partial \boldsymbol{P}_{x_1}}{\partial x_1}+\frac{\partial \boldsymbol{P}_{x_2}}{\partial x_2}+\frac{\partial \boldsymbol{P}_{x_3}}{\partial x_3}\right]_{x_2}=-\frac{\partial p}{\partial x_2}-\frac{2}{3}\mu\frac{\partial}{\partial x_2}\mathrm{div}\,\boldsymbol{v}+\mu\left(\frac{\partial e_{12}}{\partial x_1}+\frac{\partial e_{22}}{\partial x_2}+\frac{\partial e_{32}}{\partial x_3}\right)$$

$$\left[\frac{\partial \boldsymbol{P}_{x_1}}{\partial x_1}+\frac{\partial \boldsymbol{P}_{x_2}}{\partial x_2}+\frac{\partial \boldsymbol{P}_{x_3}}{\partial x_3}\right]_{x_3}=-\frac{\partial p}{\partial x_3}-\frac{2}{3}\mu\frac{\partial}{\partial x_3}\mathrm{div}\,\boldsymbol{v}+\mu\left(\frac{\partial e_{13}}{\partial x_1}+\frac{\partial e_{23}}{\partial x_2}+\frac{\partial e_{33}}{\partial x_3}\right)$$

が成り立つ．したがって，$\boldsymbol{v}$ が C^2 級であることに注意すれば，上記の運動方程式は

$$\frac{\mathrm{D}\boldsymbol{v}}{\mathrm{D}t}=\boldsymbol{F}-\frac{1}{\rho}\nabla p+\frac{\mu}{3\rho}\{\nabla(\nabla\cdot\boldsymbol{v})+3\nabla^2\boldsymbol{v}\}$$

となる．これを**ナヴィエ・ストークスの方程式**という．ここで，粘性率 μ を0に近づけると，ナヴィエ・ストークスの方程式はオイラーの方程式に移行する．

§5.2　立体角とガウスの積分（電磁気学への応用）

単一閉曲線Cを縁にもつ向きづけられた曲面をSとし，S上にない点OとC上のすべての点を結んでできる錐面を考える．ただし，点Oから出て錐面の内部を通る1つの半直線は曲面Sとただ1点で交わるものとする．このとき，Oを頂点とする錐面は**立体角**をなすといい，この立体角を点Oに対する曲面Sの（または曲面Sが点Oに対して張る）立体角であるという．立体角の大きさは，錐面と曲面Sからなる錐体の頂点の角の空間的開きの大きさを示すもので，実数で表すことができる．今後，立体角というときはその大きさも含めるものとする．

さて，Oを中心とする半径 a の球面が錐面によって切り取られる部分を $\Sigma_a(\mathrm{O})$，その面積を $A(\Sigma_a(\mathrm{O}))$ で表すとき，Oに対するSの立体角 $\Omega(\mathrm{S}:\mathrm{O})$ は

$$\Omega(\mathrm{S}:\mathrm{O}) = \frac{A(\Sigma_a(\mathrm{O}))}{a^2}$$

で定義される．立体角は球面の半径 a の大小には関係しないので，$a=1$（単位球面）としてもよい．通常，頂点を中心とする半径1cmの球面から $1\mathrm{cm}^2$

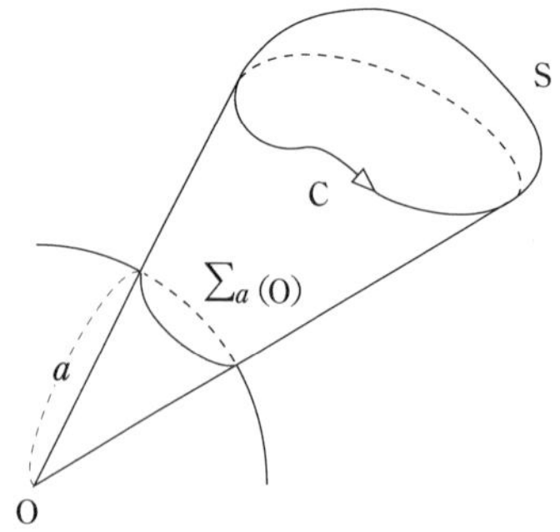

図 5-1

の面積を切り取る立体角を1**ステラジアン**といい，これを単位とする．

例1　半径 a の球面の表面積は $4\pi a^2$ であるから，球面のその中心に対する立体角は 4π であり，半球面の中心に対する立体角は 2π である．

次に，曲面Sの分割 $\varDelta = \{\varDelta S_1, \varDelta S_2, \cdots, \varDelta S_N\}$ を考える．$\varDelta S_i$ の2点間の距離の上限を $|\varDelta S_i|$ で表し，$|\varDelta| = \max_{1 \leqq i \leqq N} |\varDelta S_i|$ とおく．さらに各 $i\,(i=1, 2, \cdots, N)$ に対し，点Oに対する $\varDelta S_i$ の立体角 $\Omega(\varDelta S_i : O)$ に次のように符号をつける．$\varDelta S_i$ 上の点 P_i において，P_i のOに対する位置ベクトル $\boldsymbol{r}_i$ と P_i における正の向きの単位法線ベクトル $\boldsymbol{n}$ のなす角を θ_i とするとき，θ_i が鋭角ならば $\Omega(\varDelta S_i : O)$ の符号は正，θ_i が鈍角ならば $\Omega(\varDelta S_i : O)$ の符号は負とする．このとき

$$\Omega(S : O) = \sum_{i=1}^{N} \Omega(\varDelta S_i : O).$$

Oを中心とする半径 $r_i = |\boldsymbol{r}_i| = \overline{OP}_i$ の球面を考える．$\varDelta S_i$ の面積を $A(\varDelta S_i)$ と書くと，

$$A(\textstyle\sum_{r_i}(O)) \fallingdotseq |\cos\theta_i|\, A(\varDelta S_i),$$

すなわち，符号をも含めて

$$\Omega(\varDelta S_i : O) \fallingdotseq \frac{\cos\theta_i}{{r_i}^2} A(\varDelta S_i).$$

したがって，$\boldsymbol{r}_i \cdot \boldsymbol{n} = r_i \cos\theta_i$ に注意すれば

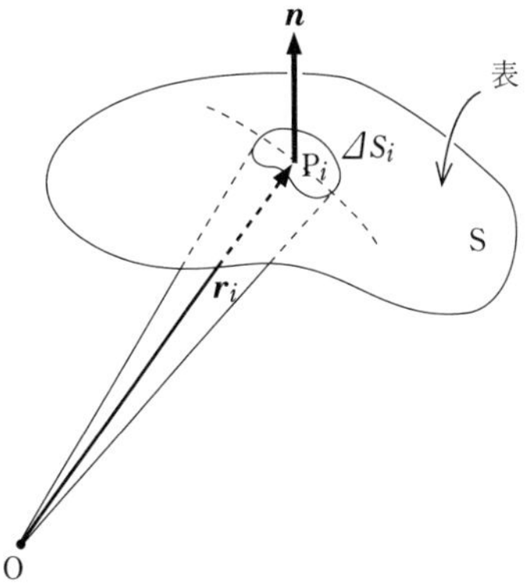

図 5-2

$$\varDelta(\mathrm{S}:\mathrm{O}) \fallingdotseq \sum_{i=1}^{N} \frac{\cos\theta_i}{{r_i}^2} A(\varDelta \mathrm{S}_i) = \sum_{i=1}^{N} \frac{\boldsymbol{r}_i \cdot \boldsymbol{n}}{{r_i}^3} A(\varDelta \mathrm{S}_i)$$

となり

$$\Omega(\mathrm{S}:\mathrm{O}) = \lim_{|\varDelta|\to 0} \sum_{i=1}^{N} \frac{\boldsymbol{r}_i \cdot \boldsymbol{n}}{{r_i}^3} A(\varDelta \mathrm{S}_i) = \int_{\mathrm{S}} \frac{\boldsymbol{r}\cdot\boldsymbol{n}}{r^3}\, dS$$

を得る．すなわち，曲面Sの O に対する立体角は次式で与えられる：

$$\Omega(\mathrm{S}:\mathrm{O}) = \int_{\mathrm{S}} \frac{\cos(rn)}{r^2}\, d\boldsymbol{S} = \int_{\mathrm{S}} \frac{\boldsymbol{r}\cdot\boldsymbol{n}}{r^3}\, dS = \int_{\mathrm{S}} \frac{\boldsymbol{r}}{r^3}\, d\boldsymbol{S} = -\int_{\mathrm{S}} \boldsymbol{n}\cdot\nabla\left(\frac{1}{r}\right) dS.$$

曲面Sの表裏を逆にすれば立体角の符号も逆になる：$\Omega(-\mathrm{S}:\mathrm{O}) = -\Omega(\mathrm{S}:\mathrm{O})$.

点Oから出る半直線が曲面Sと2点以上で交わる場合にも立体角を考えることができる．実際，Sをいくつかの部分 $\mathrm{S}_1, \cdots, \mathrm{S}_p$ に分割して，S_i がOから出る半直線と1点だけで交わるようにし，S_i の立体角の和をSの立体角と定める：

$$\Omega(\mathrm{S}:\mathrm{O}) = \sum_{i=1}^{P} \Omega(\mathrm{S}_i:\mathrm{O}).$$

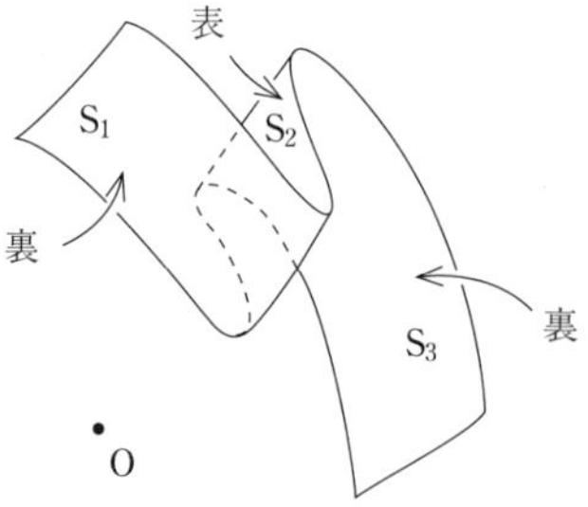

図 5-3

定理1　$\partial\mathrm{V}$ を有界領域Vの境界面で区分的に滑らかな閉曲面であるとし，内側から外側に向かう向きを $\partial\mathrm{V}$ の単位法線ベクトル $\boldsymbol{n}$ の正の向きとする．$\partial\mathrm{V}$ 上の点 P の原点Oに対する位置ベクトルを $\boldsymbol{r}$($r = |\boldsymbol{r}|$) とすれば

$$\Omega(\partial\mathrm{V}:\mathrm{O}) = \oint_{\partial\mathrm{V}} \frac{\boldsymbol{r}\cdot\boldsymbol{n}}{r^3}\,dS = \begin{cases} 0\ (\text{原点が}\ \partial\mathrm{V}\ \text{の外部にあるとき}) \\ 4\pi\ (\text{原点が}\ \partial\mathrm{V}\ \text{の内部にあるとき}) \\ 2\pi\ (\text{原点が}\ \partial\mathrm{V}\ \text{上にあり，原点の近傍が滑らかなとき}) \end{cases}$$

が成り立つ．

上記の面積分は**ガウスの積分**と呼ばれ，次のように書くこともできる．

$$\oint_{\partial\mathrm{V}} \frac{\boldsymbol{r}\cdot\boldsymbol{n}}{r^3}\,dS = \oint_{\partial\mathrm{V}} \frac{\cos(rn)}{r^2}\,dS = -\oint_{\partial\mathrm{V}} \boldsymbol{n}\cdot\nabla\left(\frac{1}{r}\right)dS = -\oint_{\partial\mathrm{V}} \frac{\partial}{\partial n}\left(\frac{1}{r}\right)dS.$$

定理1の証明　原点Oが $\partial\mathrm{V}$ の外部にある場合，$\mathrm{div}\,\nabla\left(\frac{1}{r}\right) = \nabla^2\left(\frac{1}{r}\right) = 0$ であるから，ガウスの発散定理（§5.1，定理1）により

$$\oint_{\partial\mathrm{V}} \frac{\boldsymbol{r}\cdot\boldsymbol{n}}{r^3}\,dS = -\oint_{\partial\mathrm{V}} \boldsymbol{n}\cdot\nabla\left(\frac{1}{r}\right)dS = -\oint_{\mathrm{V}} \mathrm{div}\,\nabla\left(\frac{1}{r}\right)dV$$

$$= -\oint_{\mathrm{V}} \nabla^2\left(\frac{1}{r}\right)dV = 0.$$

原点Oが $\partial\mathrm{V}$ の内部にある場合．V は開集合であるから，十分小さい $\delta > 0$ を選んで

$$\Sigma_\delta = \{(x,y,z) : x^2+y^2+z^2 < \delta^2\} \subset \mathrm{V}$$

となるようにできる．$\partial\Sigma_\delta$ と $\partial\mathrm{V}$ で囲まれる領域を V_δ とすると，V_δ では $r \neq 0$ であるから，ガウスの発散定理により

$$\oint_{\partial\mathrm{V}} \frac{\boldsymbol{r}\cdot\boldsymbol{n}}{r^3}\,dS + \oint_{\partial\Sigma_\delta} \frac{\boldsymbol{r}\cdot\boldsymbol{n}}{r^3}\,dS = -\oint_{\mathrm{V}_\delta} \mathrm{div}\,\nabla\left(\frac{1}{r}\right)dV$$

$$= -\oint_{\mathrm{V}_\delta} \nabla^2\left(\frac{1}{r}\right)dV = 0.$$

球面 $\partial\Sigma_\delta$ 上での外向きの単位法線ベクトルは $\boldsymbol{n} = -\frac{\boldsymbol{r}}{r} = -\frac{\boldsymbol{r}}{\delta}$ であるから

$$\oint_{\partial\mathrm{V}} \frac{\boldsymbol{r}\cdot\boldsymbol{n}}{r^3}\,dS = -\oint_{\partial\Sigma_\delta} \frac{\boldsymbol{r}\cdot\boldsymbol{n}}{r^3}\,dS = \oint_{\partial\Sigma_\delta} \frac{\delta^2}{\delta^4}\,dS$$

$$= \frac{1}{\delta^2}\oint_{\partial\Sigma_\delta} dS = 4\pi.$$

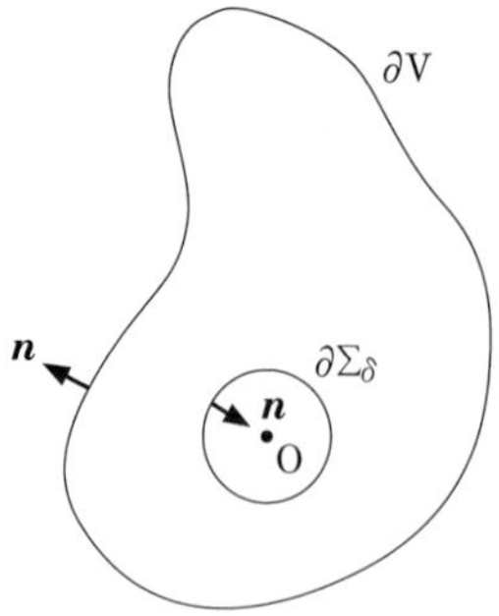

図 5-4

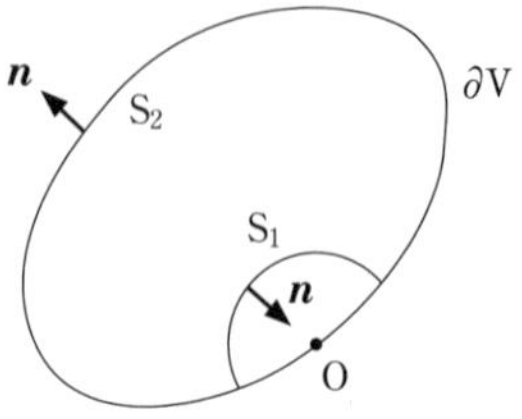

図 5-5

原点Oが ∂V 上にあってOの近傍が滑らかな場合．小さい $\varepsilon>0$ に対して，Oを中心，ε を半径にもつ球面の ∂V の内部にある部分を S_1，球面の外部にある ∂V の部分を S_2 とすれば，S_1, S_2 の作る閉曲面に対して，Oは外部にあるから，前の証明と同様にして

$$\int_{S_2}\frac{\boldsymbol{r}\cdot\boldsymbol{n}}{r^3}\,dS=-\int_{S_1}\frac{\boldsymbol{r}\cdot\boldsymbol{n}}{r^3}\,dS=\frac{1}{\varepsilon^2}\int_{S_1}dS$$

を得る．しかるに，Oの近傍で曲面は滑らかであるから，ε が非常に小さいとき S_1 は半球面と考えてよい．したがって

$$\oint_{\partial V}\frac{\boldsymbol{r}\cdot\boldsymbol{n}}{r^3}\,dS=\lim_{\varepsilon\to 0}\int_{S_2}\frac{\boldsymbol{r}\cdot\boldsymbol{n}}{r^3}\,dS=\lim_{\varepsilon\to 0}\frac{1}{\varepsilon^2}\int_{S_1}dS=2\pi.$$ ▨

例題1　原点Oを中心とし半径 a の球面において，**天頂角** θ が0から $\pi/4$ まで，**方位角** φ が $\pi/4$ から $\pi/2$ までの部分をSとするとき，Oに対するSの立体角 $\Omega(\mathrm{S}:\mathrm{O})$ を求めよ．ただし，球の内部から外部に向かう向きをSの単位法線ベクトル $\boldsymbol{n}$ の正の向きとする．

解　曲面Sの正のパラメータ表示は

$$\boldsymbol{r}=\boldsymbol{r}(\theta,\varphi)=(a\sin\theta\cos\varphi)\boldsymbol{i}+(a\sin\theta\sin\varphi)\boldsymbol{j}+(a\cos\theta)\boldsymbol{k}$$
$$\left(0\leqq\theta\leqq\frac{\pi}{4},\ \frac{\pi}{4}\leqq\varphi\leqq\frac{\pi}{2}\right)$$

となる．このとき

$$r=|\boldsymbol{r}|=a,\qquad \boldsymbol{n}=\frac{1}{a}\boldsymbol{r},\qquad \boldsymbol{r}\cdot\boldsymbol{n}=a$$
$$\boldsymbol{r}_\theta=(a\cos\theta\cos\varphi)\boldsymbol{i}+(a\cos\theta\sin\varphi)\boldsymbol{j}+(-a\sin\theta)\boldsymbol{k}$$

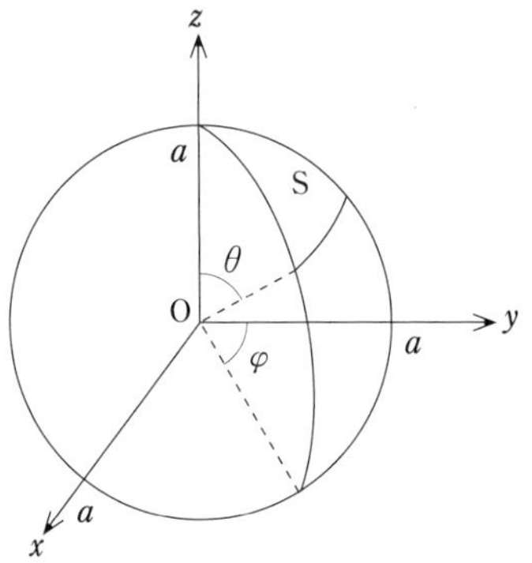

図 5-6

$$\boldsymbol{r}_\varphi = (-a\sin\theta\sin\varphi)\boldsymbol{i} + (a\sin\theta\cos\varphi)\boldsymbol{j},$$

$$\sqrt{EG-F^2} = a^2\sin\theta \qquad (E, F, G \text{ は第 1 基本量}).$$

したがって

$$\Omega(\mathrm{S}:\mathrm{O}) = \int_{\mathrm{S}} \frac{\boldsymbol{r}\cdot\boldsymbol{n}}{r^3}\,dS = \frac{1}{a^2}\int_{\mathrm{S}} dS$$

$$= \frac{1}{a^2}\int_0^{\frac{\pi}{4}}\left\{\int_{\frac{\pi}{4}}^{\frac{\pi}{2}} a^2\sin\theta\,d\varphi\right\}d\theta = \frac{2-\sqrt{2}}{8}\pi.$$

問 1 例題 1 において，天頂角 θ が 0 から $\pi/2$ まで，方位角 φ が $\pi/4$ から $\pi/2$ までの部分を S とするとき，O に対する S の立体角 $\Omega(\mathrm{S}:\mathrm{O})$ を求めよ．

問 2 円板 S：$x^2+y^2 \leqq 1$，$z=1$ の原点 O に対する立体角 $\Omega(\mathrm{S}:\mathrm{O})$ を求めよ．ただし，$\boldsymbol{k}$ を S の正の向きの単位法線ベクトルとする．

例 2（静電場のガウスの法則） ある領域 V′ 内の $\boldsymbol{r}_i = \overrightarrow{\mathrm{OA}}_i (i=1,2,\cdots)$ となる各点 $\mathrm{A}_1, \mathrm{A}_2, \cdots$ にそれぞれ電荷 $q_1, q_2, \cdots$ があるとする．これらの電荷が $\boldsymbol{r} = \overrightarrow{\mathrm{OP}}$ となる点 P に作る電場 $\boldsymbol{E}(\boldsymbol{r})$ は，クーロンの法則により

$$\boldsymbol{E}(\boldsymbol{r}) = \frac{1}{4\pi\varepsilon_0}\sum_i \frac{q_i}{|\boldsymbol{r}-\boldsymbol{r}_i|^2}\frac{\boldsymbol{r}-\boldsymbol{r}_i}{|\boldsymbol{r}-\boldsymbol{r}_i|}$$

である（ε_0 は真空の誘電率）．いま V′ 内に $\mathrm{A}_1, \mathrm{A}_2, \cdots$ を通らない区分的に滑らかで，正の向きの単位法線ベクトル $\boldsymbol{n}$ をもつ有界閉曲面 S を任意にとり，S の囲む領域を V とする．このとき，S を通る電束（電気力束）は

$$
\begin{aligned}
\varepsilon_0 \oint_S \boldsymbol{E}(\boldsymbol{r})\cdot\boldsymbol{n}\, dS &= \frac{1}{4\pi}\sum_i q_i \oint_S \frac{(\boldsymbol{r}-\boldsymbol{r}_i)\cdot\boldsymbol{n}}{|\boldsymbol{r}-\boldsymbol{r}_i|^3}\, dS \\
&= \frac{1}{4\pi}\sum_{\mathrm{A}_i\in\mathrm{V}} 4\pi q_i \\
&= \sum_{\mathrm{A}_i\in\mathrm{V}} q_i = (\text{S の内部の全電荷})
\end{aligned}
$$

となる．これを電場に関する**ガウスの法則**という．電荷が連続的に分布している場合にも上と同じ結果が得られる．実際，$\boldsymbol{r}'=\overrightarrow{\mathrm{OP}}'$ となる点 P′ における電荷密度を $\rho(\boldsymbol{r}')$ とすると，この電荷分布によって $\boldsymbol{r}=\overrightarrow{\mathrm{OP}}$ となる点 P に作る電場 $\boldsymbol{E}(\boldsymbol{r})$ は

$$
\varepsilon_0 \boldsymbol{E}(\boldsymbol{r}) = \frac{1}{4\pi}\int_{\mathrm{V}'} \frac{\rho(\boldsymbol{r}')}{|\boldsymbol{r}-\boldsymbol{r}'|^2}\frac{\boldsymbol{r}-\boldsymbol{r}'}{|\boldsymbol{r}-\boldsymbol{r}'|}\, dV
$$

である．したがって，S を通る電束は

$$
\varepsilon_0 \oint_S \boldsymbol{E}(\boldsymbol{r})\cdot\boldsymbol{n}\, dS = \frac{1}{4\pi}\int_{\mathrm{V}'} \rho(\boldsymbol{r}')\, dV \int_{\mathrm{S}} \frac{(\boldsymbol{r}-\boldsymbol{r}')\cdot\boldsymbol{n}}{|\boldsymbol{r}-\boldsymbol{r}'|^3}\, dS.
$$

しかるに，電荷が存在する点 P′ が S 上にあるときは立体角は $\Omega(\mathrm{S}:\mathrm{P}')=2\pi$ となるが，S 上に分布する電荷の総和は 0 と考えてよい．ゆえに電荷が存在する点 P′ が S の内部にある場合だけを考えればよいので

$$
\begin{aligned}
\varepsilon_0 \oint_{\mathrm{S}} \boldsymbol{E}(\boldsymbol{r})\cdot\boldsymbol{n}\, dS &= \frac{1}{4\pi}\int_{\mathrm{V}} 4\pi\rho(\boldsymbol{r})\, dV \\
&= \int_{\mathrm{V}} \rho(\boldsymbol{r})\, dV = (\text{S の内部の全電荷})
\end{aligned}
$$

を得る．結局，電荷の離散的分布，連続的分布いずれの場合においても，電束密度ベクトル $\boldsymbol{D}(\boldsymbol{r})=\varepsilon_0\,\boldsymbol{E}(\boldsymbol{r})$ を用いると，ガウスの法則は次のようになる．

$$
\int_{\mathrm{S}} \boldsymbol{D}(\boldsymbol{r})\cdot\boldsymbol{n}\, dS = Q = \text{S の内部の全電荷}.
$$

§5.3　グリーンの定理とグリーンの公式

まず，平面における**グリーンの定理**の説明からはじめる．平面の有界領域 D の境界 ∂D が単一閉曲線であるとき，∂D の内部 D を左に見て進む向きを ∂D の正の向きといい，その逆向きを ∂D の負の向きという．いま，$\mathbf{R}^2$ の有界領

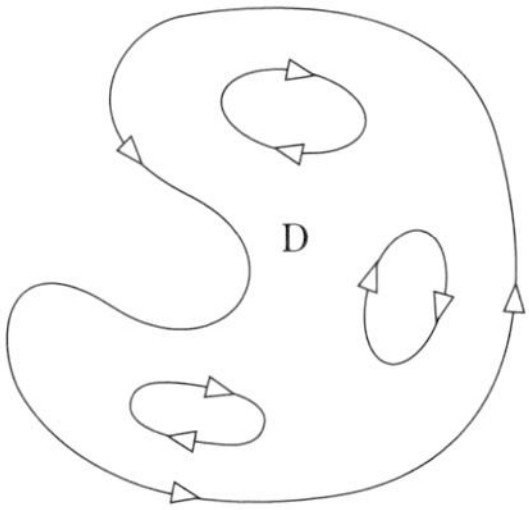

図 5-7

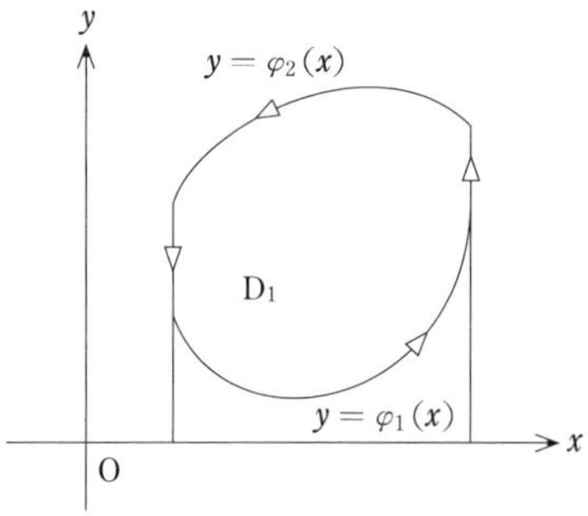

図 5-8

域 D_1 を

$$D_1 = \{(x, y) \in \mathbf{R}^2 : a < x < b, \varphi_1(x) < y < \varphi_2(x)\}$$

(φ_1, φ_2 は $[a, b]$ 上で C^1 級）とし，D_1 の境界 ∂D_1 は正の向きがつけられているとする．このとき，$D_1 \cup \partial D_1$ を含む領域で C^1 級である関数 $P(x, y)$ に対して

$$\iint_{D_1} \left(-\frac{\partial P}{\partial y}\right) dx\, dy = \int_a^b \left\{\int_{\varphi_1(x)}^{\varphi_2(x)} \left(-\frac{\partial P}{\partial y}\right) dy\right\} dx$$
$$= \int_a^b \{P(x, \varphi_1(x)) - P(x, \varphi_2(x))\}\, dx$$
$$= \oint_{\partial D_1} P(x, y)\, dx$$

を得る．また，領域 D_2 が

$$D_2 = \{(x, y) \in \mathbf{R}^2 : \psi_1(y) < x < \psi_2(y), c < y < d\}$$

(ψ_1, ψ_2 は $[c, d]$ 上で C^1 級）の場合には，$D_2 \cup \partial D_2$ を含む領域で C^1 級である関数 $Q(x, y)$ に対して

$$\iint_{D_2} \frac{\partial Q}{\partial x}\, dx\, dy = \oint_{\partial D_2} Q(x, y)\, dy$$

が成り立つ．もちろん，D_2 の境界 ∂D_2 は正の向きがつけられているものとする．D_1 型の領域を**縦線領域**といい，D_2 型の領域を**横線領域**という．

定理 1（平面におけるグリーンの定理） D は xy 平面の有界領域で，その境界 ∂D は有限個の区分的に滑らかな単一閉曲線からなっているとし，

∂D には正の向きがつけられているとする．このとき，D $\cup$ ∂D を含む領域 Ω で C^1 級の関数 $P(x, y)$，$Q(x, y)$ に対して

$$\oint_{\partial D} P(x, y)\, dx + Q(x, y)\, dy = \iint_D \left(-\frac{\partial P}{\partial y} + \frac{\partial Q}{\partial x}\right) dx\, dy$$

が成り立つ．

証明　(i)　D が縦線領域かつ横線領域である場合（この D の例としては三角形，長方形，円板などがある）．$D = D_1 = D_2$ と考えれば

$$\oint_{\partial D} P(x, y)\, dx = \iint_D \left(-\frac{\partial P}{\partial y}\right) dx\, dy$$

$$\oint_{\partial D} Q(x, y)\, dy = \iint_D \frac{\partial Q}{\partial x}\, dx\, dy$$

が得られ，これを加えると，定理の関係式が成り立つ（グリーンの定理のもっとも簡単な場合）．

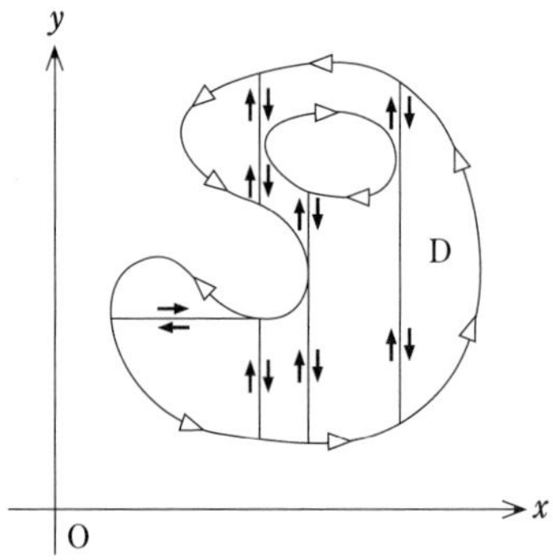

図 5-9

(ii)　D が縦線領域かつ横線領域でなくても，座標軸に平行な有限個の直線によって縦線かつ横線領域に分割される場合（この D の例としては有限個の折れ線で囲まれる領域がある）．D を分割するために用いた線分上ではすべて互いに逆方向に 2 回線積分を行うことになり，これらの線積分は互いに消し合う．結局，線積分は ∂D に沿うものだけが残る．一方，分割で得られた小領域における 2 重積分をすべて加えると，D における 2 重積分が得られるから定理

の関係式が成り立つ．

（iii）　∂D が 1 つの区分的に滑らかな閉曲線である場合，任意の $\varepsilon > 0$ に対して，D の δ-近傍 D_δ' で

$$\mathrm{D}_\delta' \cup \partial\mathrm{D}_\delta' \subset \Omega$$

となるように $\delta > 0$ を十分小さく選んでおく．次に，∂D の分割 $\varDelta = \{C_1, \cdots, C_N\}$を次の 3 つの条件をみたすように選ぶ．

（1）　分割 $\varDelta$ の分点 $\mathrm{A}_1, \cdots, \mathrm{A}_N$ を順次結んで得られる折れ線で囲まれる領域を F，その折れ線境界を ∂F とするとき，$\mathrm{F} \cup \partial\mathrm{F} \subset \mathrm{D}_\delta' \cup \partial\mathrm{D}_\delta'$,

（2）　$\left|\oint_{\partial\mathrm{D}} P\,dx + Q\,dy - \oint_{\partial\mathrm{F}} P\,dx + Q\,dy\right| < \varepsilon,$

（3）　$\left|\iint_{\mathrm{D}} \left(-\dfrac{\partial P}{\partial y} + \dfrac{\partial Q}{\partial x}\right) dx\,dy - \iint_{\mathrm{F}} \left(-\dfrac{\partial P}{\partial y} + \dfrac{\partial Q}{\partial x}\right) dx\,dy\right| < \varepsilon.$

しかるに（ii）により

$$\oint_{\partial\mathrm{F}} P\,dx + Q\,dy = \iint_{\mathrm{F}} \left(-\frac{\partial P}{\partial y} + \frac{\partial Q}{\partial x}\right) dx\,dy.$$

ゆえに

$$\left|\oint_{\partial\mathrm{D}} P\,dx + Q\,dy - \iint_{\mathrm{D}} \left(-\frac{\partial P}{\partial y} + \frac{\partial Q}{\partial x}\right) dx\,dy\right| < 2\varepsilon$$

となり，ε の任意性（$\varepsilon \to 0$）により定理の関係式が得られる．

（iv）　∂D が有限個の区分的に滑らかな単一閉曲線 $\partial\mathrm{D}_i$（$i = 1, 2, \cdots, N$）を用いて $\partial\mathrm{D} = \partial\mathrm{D}_1 + \cdots + \partial\mathrm{D}_N$ となっている場合，ここで，D_i は $\partial\mathrm{D}_i$ で囲まれた領域を表す．このとき，（iii）により

$$\begin{aligned}\oint_{\partial\mathrm{D}} P\,dx + Q\,dy &= \sum_{i=1}^{N} \oint_{\partial\mathrm{D}_i} P\,dx + Q\,dy \\ &= \sum_{i=1}^{N} \iint_{\mathrm{D}_i} \left(-\frac{\partial P}{\partial y} + \frac{\partial Q}{\partial x}\right) dx\,dy \\ &= \iint_{\mathrm{D}} \left(-\frac{\partial P}{\partial y} + \frac{\partial Q}{\partial x}\right) dx\,dy\end{aligned}$$

が成り立つ．これでグリーンの定理が証明された．　▒

例題 1　平面上の領域 $\mathrm{D} = \{(x, y) \in \mathbf{R}^2 : x + y < 1, x > 0, y > 0\}$ の境界 ∂D には正の向きがつけられているとする．このとき

$$I=\oint_{\partial D}(e^x y+\sin x)\,dx+(x^3+3xy^2+e^x)\,dy$$

の値を求めよ．

解　グリーンの定理（定理1）を用いると

$$I=\iint_D\left\{\frac{\partial}{\partial x}(x^3+3xy^2+e^x)-\frac{\partial}{\partial y}(e^x y+\sin x)\right\}dx\,dy$$

$$=\iint_D(3x^2+3y^2)\,dx\,dy=3\int_0^1\left\{\int_0^{1-x}(x^2+y^2)\,dy\right\}dx=\frac{1}{2}.$$

問1　xy 平面において，区分的に滑らかな単一閉曲線Cで囲まれた領域Dの面積を $A(D)$ で表す．このとき

$$A(D)=\oint_C x\,dy=-\oint_C y\,dx=\frac{1}{2}\oint_C x\,dy-y\,dx$$

が成り立つことを示せ．ここで，Cには正の向きがつけられているものとする．

問2　問1の関係式を用いて，

$$x^{\frac{2}{3}}+y^{\frac{2}{3}}=a^{\frac{2}{3}}\qquad(a>0)$$

のグラフで表される曲線C（**アステロイド**）によって囲まれる領域Dの面積 $A(D)$ を求めよ．

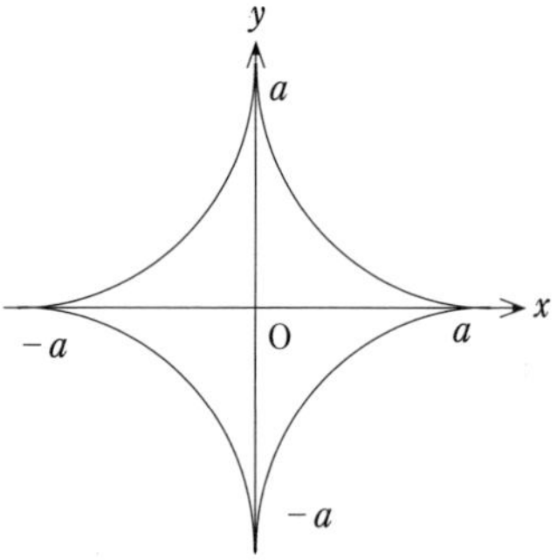

図 5-10　アステロイド

問3　平面上の円C：$x^2+y^2=1$ を反時計のまわりに一周するとき

$$I=\oint_C(e^x y+\sin x)\,dx+(x^3+3xy^2+e^x)\,dy$$

の値を求めよ．

定理2（空間におけるグリーンの定理）　空間の有界領域Vの境界面 ∂V

は区分的に滑らかな閉曲面で，∂V の外向きの単位法線ベクトルを $\boldsymbol{n}$ とする．f，g は V $\cup$ ∂V を含む領域 U で定義された C^2 級のスカラー場とし，$\dfrac{\partial f}{\partial n}$，$\dfrac{\partial g}{\partial n}$ を f，g の $\boldsymbol{n}$ の向きの方向微分係数とすると，次の等式が成り立つ．

（1）　$\displaystyle \oint_{\partial \mathrm{V}} f\frac{\partial g}{\partial n}\,dS=\int_{\mathrm{V}}\{f\,\nabla^2 g+(\nabla f)\cdot(\nabla g)\}\,dV.$

（2）　$\displaystyle \oint_{\partial \mathrm{V}}\left(f\frac{\partial g}{\partial n}-g\frac{\partial f}{\partial n}\right)dS=\int_{\mathrm{V}}(f\,\nabla^2 g-g\nabla^2 f)\,dV.$

また，U で定義された C^2 級のベクトル場 $\boldsymbol{F}$，$\boldsymbol{G}$ に対しては

（3）　$\displaystyle \int_{\mathrm{V}}\{\boldsymbol{F}\cdot\nabla^2\boldsymbol{G}-\boldsymbol{G}\cdot\nabla^2\boldsymbol{F}\}dV$

$$=\oint_{\partial \mathrm{V}}\{\boldsymbol{F}\times(\nabla\times\boldsymbol{G})+\boldsymbol{F}(\nabla\cdot\boldsymbol{G})-\boldsymbol{G}\times(\nabla\times\boldsymbol{F})-\boldsymbol{G}(\nabla\cdot\boldsymbol{F})\}\cdot d\boldsymbol{S}$$

が成り立つ．上記の (1)，(2)，(3)はそれぞれ**グリーンの第 1 定理，第 2 定理，第 3 定理**とも呼ばれる．

証明　（1）　まず，$f\dfrac{\partial g}{\partial n}=\boldsymbol{n}\cdot(f\,\nabla g)$ に注意しよう．§3.6，公式 (2) によれば

$$\mathrm{div}\,(f\,\nabla g)=f\,\nabla^2 g+(\nabla f)\cdot(\nabla g).$$

したがって，ガウスの発散定理により

$$\int_{\mathrm{V}}\{f\,\nabla^2 g+(\nabla f)\cdot(\nabla g)\}\,dV=\int_{\mathrm{V}}\mathrm{div}\,(f\,\nabla g)\,dV$$
$$=\oint_{\partial \mathrm{V}}\boldsymbol{n}\cdot(f\,\nabla g)\,dS=\oint_{\partial \mathrm{V}}f\frac{\partial g}{\partial n}\,dS.$$

（2）　上の式において f と g を入れ換えると

$$\int_{\mathrm{V}}\{g\,\nabla^2 f+(\nabla f)\cdot(\nabla g)\}dV=\oint_{\partial \mathrm{V}}g\frac{\partial f}{\partial n}\,dS$$

となる．よって上の両式の差をとれば (2) が得られる．

（3）　§3.6，公式 (2)，(3) によれば

$$\nabla\cdot(\boldsymbol{F}(\nabla\cdot\boldsymbol{G}))=\boldsymbol{F}\cdot\nabla(\nabla\cdot\boldsymbol{G})+(\nabla\cdot\boldsymbol{F})(\nabla\cdot\boldsymbol{G}),$$
$$\nabla\cdot(\boldsymbol{F}\times(\nabla\times\boldsymbol{G}))=(\nabla\times\boldsymbol{F})\cdot(\nabla\times\boldsymbol{G})-\boldsymbol{F}\cdot(\nabla\times(\nabla\times\boldsymbol{G})).$$

したがって，ガウスの発散定理を用いると

$$\oint_{\partial V} \boldsymbol{F}(\nabla\cdot\boldsymbol{G})\cdot d\boldsymbol{S} = \oint_{\partial V} \boldsymbol{n}\cdot\boldsymbol{F}(\nabla\cdot\boldsymbol{G})\,dS = \int_V \nabla\cdot\boldsymbol{F}(\nabla\cdot\boldsymbol{G})\,dV$$
$$= \int_V \{\boldsymbol{F}\cdot\nabla(\nabla\cdot\boldsymbol{G}) + (\nabla\cdot\boldsymbol{F})(\nabla\cdot\boldsymbol{G})\}\,dV,$$

$$\oint_{\partial V} \boldsymbol{F}\times(\nabla\times \mathrm{G})\cdot d\boldsymbol{S} = \oint_{\partial V} \boldsymbol{n}\cdot(\boldsymbol{F}\times(\nabla\times\boldsymbol{G}))\,dS$$
$$= \int_V \nabla\cdot(\boldsymbol{F}\times(\nabla\times\boldsymbol{G}))\,dV$$
$$= \int_V \{(\nabla\times\boldsymbol{F})\cdot(\nabla\times\boldsymbol{G}) - \boldsymbol{F}\cdot(\nabla\times(\nabla\times\boldsymbol{G}))\}dV.$$

両式において，$\boldsymbol{F}$ と $\boldsymbol{G}$ を入れ換えると

$$\oint_{\partial V} \boldsymbol{G}(\nabla\cdot\boldsymbol{F})\cdot d\boldsymbol{S} = \int_V \{\boldsymbol{G}\cdot\nabla(\nabla\cdot\boldsymbol{F}) + (\nabla\cdot\boldsymbol{F})(\nabla\cdot\boldsymbol{G})\}\,dV,$$

$$\oint_{\partial V} \boldsymbol{G}\times(\nabla\times\boldsymbol{F})\cdot d\boldsymbol{S} = \int_V \{\nabla\times\boldsymbol{F})\cdot(\nabla\times\boldsymbol{G}) - \boldsymbol{G}\cdot(\nabla\times(\nabla\times\boldsymbol{F}))\}\,dV.$$

しかるに

$$\nabla^2\boldsymbol{F} = \nabla(\nabla\cdot\boldsymbol{F}) - \nabla\times(\nabla\times\boldsymbol{F})$$
$$\nabla^2\boldsymbol{G} = \nabla(\nabla\cdot\boldsymbol{G}) - \nabla\times(\nabla\times\boldsymbol{G})$$

であるから，上記の4つの等式により

$$\oint_{\partial V} \{\boldsymbol{F}(\nabla\cdot\boldsymbol{G}) + \boldsymbol{F}\times(\nabla\times\boldsymbol{G}) - \boldsymbol{G}(\nabla\cdot\boldsymbol{F}) - \boldsymbol{G}\times(\nabla\times\boldsymbol{F})\}\cdot d\boldsymbol{S}$$
$$= \int_V \{\boldsymbol{F}\cdot[\nabla(\nabla\cdot\boldsymbol{G}) - \nabla\times(\nabla\times\boldsymbol{G})] - \boldsymbol{G}\cdot[\nabla(\nabla\cdot\boldsymbol{F}) - \nabla\times(\nabla\times\boldsymbol{F})]\}dV$$
$$= \int_V \{\boldsymbol{F}\cdot\nabla^2\boldsymbol{G} - \boldsymbol{G}\cdot\nabla^2\boldsymbol{F}\}dV$$

を得る．∎

系1　定理2において f, g が V 上の調和関数であれば次の等式が成り立つ．

$$\oint_{\partial V} f\frac{\partial g}{\partial n}\,dS = \int_V (\nabla f)\cdot(\nabla g)\,dV,$$

$$\oint_{\partial V} \left(f\frac{\partial g}{\partial n} - g\frac{\partial f}{\partial n}\right)dS = 0,$$

$$\oint_{\partial V} f\frac{\partial f}{\partial n}\,dS = \int_V |\nabla f|^2\,dV,$$

$$\oint_{\partial V} \frac{\partial f}{\partial n}\,dS = 0.$$

例題 2　定理 2 において，f, g が V 上の調和関数で，∂V 上で $f = g$ ならば V において常に $f = g$ が成り立つことを示せ．

解　$h = f - g$ とおくと h は V で調和的，かつ，∂V 上で $h = 0$ である．したがって，系 1 により

$$\int_V |\nabla h|^2\,dV = 0.$$

これと ∇h の連続性は V において常に $\nabla h = 0$ が成立することを意味するから，V において $h =$ 一定．ところで，∂V 上で $h = 0$ であり，h が V $\cup$ ∂V で連続であるから，V において

$$h = 0,\ \text{すなわち},\ f = g.$$

例題 3　定理 2 において V は単連結領域であるとする．V $\cup$ ∂V を含む領域で C^1 級のベクトル場 $\boldsymbol{F}$，$\boldsymbol{G}$ に対して

$$\text{V において } \nabla\cdot\boldsymbol{F} = \nabla\cdot\boldsymbol{G}, \quad \nabla\times\boldsymbol{F} = \nabla\times\boldsymbol{G}$$

$$\partial\text{V 上で } \boldsymbol{n}\cdot\boldsymbol{F} = \boldsymbol{n}\cdot\boldsymbol{G}$$

が成り立つならば V $\cup$ ∂V で常に $\boldsymbol{F} = \boldsymbol{G}$ であることを示せ．

解　$\boldsymbol{H} = \boldsymbol{F} - \boldsymbol{G}$ とおくと仮定により

$$\text{V において } \nabla\cdot\boldsymbol{H} = 0, \quad \nabla\times\boldsymbol{H} = \boldsymbol{O},$$

$$\partial\text{V 上で } \boldsymbol{n}\cdot\boldsymbol{H} = 0.$$

V は単連結であるから，§3.5，定理 1 によれば，$\boldsymbol{H} = -\nabla\varphi$ となる C^2 級のスカラー・ポテンシャル φ が存在する．このとき

$$\text{V において } \nabla^2\varphi = \mathrm{div}\,(\mathrm{grad}\,\varphi) = -\nabla\cdot\boldsymbol{H} = 0,$$

$$\partial\text{V 上で } \frac{\partial\varphi}{\partial n} = \boldsymbol{n}\cdot\nabla\varphi = -\,\boldsymbol{n}\cdot\boldsymbol{H} = 0.$$

したがって，φ は V で調和的であるから，系 1 により

$$\int_V |\nabla\varphi|^2 dV = 0$$

となり，V において $\nabla\varphi = \boldsymbol{o}$，すなわち，$\boldsymbol{F} = \boldsymbol{G}$ が成り立つ．次に，∂V 上の任意の点 P に対して，$\{\mathrm{P}_n\}$を $\mathrm{P}_n \to \mathrm{P}(n \to \infty)$ となるような V の任意の点列とする．$\boldsymbol{F}(\mathrm{P}_n) = \boldsymbol{G}(\mathrm{P}_n)(n = 1, 2, \cdots)$ であるから，$\boldsymbol{F}$，$\boldsymbol{G}$ の連続性により

$$|\boldsymbol{F}(\mathrm{P})-\boldsymbol{G}(\mathrm{P})| \leqq |\boldsymbol{F}(\mathrm{P})-\boldsymbol{F}(\mathrm{P}_n)|+|\boldsymbol{G}(\mathrm{P})-\boldsymbol{G}(\mathrm{P}_n)| \to 0 \qquad (n\to\infty)$$

これは $\partial\mathrm{V}$ 上で $\boldsymbol{F}=\boldsymbol{G}$ を意味する．結局，$\mathrm{V}\cup\partial\mathrm{V}$ で $\boldsymbol{F}=\boldsymbol{G}$ である．

問4　Sは単位球面 $x^2+y^2+z^2=1$ を表し，$\boldsymbol{n}$ はSの外向きの単位法線ベクトルとする．$f=x-y+2z$，$g=2x+y-3z$ に対して，次の面積分を求めよ．

（i）$\displaystyle\oint_{\mathrm{S}} f\frac{\partial f}{\partial n}\,dS$.　　（ii）$\displaystyle\oint_{\mathrm{S}} f\frac{\partial g}{\partial n}\,dS$.

問5　Vは空間の有界領域であり，その境界面 $\partial\mathrm{V}$ は区分的に滑らかな閉曲面，$\boldsymbol{n}$ は $\partial\mathrm{V}$ の外向きの単位法線ベクトルとする．f,g が $\mathrm{V}\cup\partial\mathrm{V}$ を含む領域Uで定義された調和関数であるとき

$$\left(\oint_{\partial\mathrm{V}} f\frac{\partial f}{\partial n}\,dS\right)\left(\oint_{\partial\mathrm{V}} g\frac{\partial g}{\partial n}\,dS\right) \geqq \frac{1}{4}\left\{\oint_{\partial\mathrm{V}}\left(f\frac{\partial g}{\partial n}+g\frac{\partial f}{\partial n}\right)dS\right\}^2$$

が成り立つことを証明せよ．

定理3（グリーンの公式）　Vは空間領域でその境界面 $\partial\mathrm{V}$ は区分的に滑らかな閉曲面，$\boldsymbol{n}$ は $\partial\mathrm{V}$ の外向きの単位法線ベクトルとする．$\mathrm{V}\cup\partial\mathrm{V}$ を含む領域で定義された C^2 級の関数 f に対して，定点 $\mathrm{P}(a,b,c)$ とV内の動点 $Q(x,y,z)$ との距離を r で表すとき，次の等式が成り立つ．

（1）点PがVの外部にあるとき：

$$0=-\frac{1}{4\pi}\int_{\mathrm{V}}\frac{1}{r}\nabla^2 f\,dV+\frac{1}{4\pi}\oint_{\partial\mathrm{V}}\left\{\frac{1}{r}\frac{\partial f}{\partial n}-f\frac{\partial}{\partial n}\left(\frac{1}{r}\right)\right\}dS.$$

（2）点PがVの内部にあるとき：

$$f(a,b,c)=-\frac{1}{4\pi}\int_{\mathrm{V}}\frac{1}{r}\nabla^2 f\,dV+\frac{1}{4\pi}\oint_{\partial\mathrm{V}}\left\{\frac{1}{r}\frac{\partial f}{\partial n}-f\frac{\partial}{\partial n}\left(\frac{1}{r}\right)\right\}dS.$$

証明　（1）定理2において $g=1/r$ とおくと，g は V で C^2 級であり，$\nabla^2 g=0$ が成り立つ．したがって，グリーンの第2定理により (1) の等式が得られる．

（2）点Pにおいて $1/r$ は無限大になるから，それを避けるために，任意に小さい $\varepsilon>0$ に対して，$\partial\mathrm{V}$ の内部に含まれるような点Pを中心とする半径 ε の小球面 $\partial\mathrm{V}_\varepsilon$ を考える．$\partial\mathrm{V}_\varepsilon$ と $\partial\mathrm{V}$ とにはさまれた領域を V_ε' とし，$g=1/r$ とおくと，g は V_ε' では C^2 級で $\nabla^2 g=0$ となるから，グリーンの第2定理により

$$-\frac{1}{4\pi}\int_{V_{\varepsilon}'}\frac{1}{r}\nabla^2 f\,dV+\frac{1}{4\pi}\oint_{\partial V}\left\{\frac{1}{r}\frac{\partial f}{\partial n}-f\frac{\partial}{\partial n}\left(\frac{1}{r}\right)\right\}dS$$
$$+\frac{1}{4\pi}\oint_{\partial V_{\varepsilon}}\left\{\frac{1}{r}\frac{\partial f}{\partial n}-f\frac{\partial}{\partial n}\left(\frac{1}{r}\right)\right\}dS=0.$$

ところで，球面 ∂V_{ε} 上では $r=\varepsilon$ であり，ある $\varepsilon_0>0$ に対して $|\partial f/\partial n|$ は $\partial V_{\varepsilon_0}$ とその内部において一様に有界である．したがって，$0<\varepsilon<\varepsilon_0$ となる任意の ε に対し ∂V_{ε} とその内部において

$$|\partial f/\partial n|<K \qquad (K\text{ は定数})$$

となる K が存在する．よって，上式の左辺の第3項の面積分において

$$\left|\frac{1}{4\pi}\oint_{\partial V_{\varepsilon}}\frac{1}{r}\frac{\partial f}{\partial n}dS\right|=\frac{1}{4\pi\varepsilon}\left|\oint_{\partial V_{\varepsilon}}\frac{\partial f}{\partial n}dS\right|<\frac{K}{4\pi\varepsilon}4\pi\varepsilon^2=K\varepsilon.$$

また，∂V_{ε} の単位法線ベクトル $\boldsymbol{n}$ は球の内部に向いているので，$\boldsymbol{r}=-\boldsymbol{n}$ とおくと，∂V_{ε} 上で

$$\frac{\partial}{\partial n}\left(\frac{1}{r}\right)=\boldsymbol{n}\cdot\nabla\left(\frac{1}{r}\right)=\frac{1}{r^2}=\frac{1}{\varepsilon^2}$$

であるから

$$\frac{1}{4\pi}\oint_{\partial V_{\varepsilon}}f\frac{\partial}{\partial n}\left(\frac{1}{r}\right)dS=\frac{1}{4\pi\varepsilon^2}\oint_{\partial V_{\varepsilon}}f\,dS$$

を得る．しかるに，f は $\partial V_{\varepsilon_0}$ とその内部で一様に連続であるから，$\varepsilon\to 0$ のとき $\delta\to 0$ で

$$\left|\frac{1}{4\pi\varepsilon^2}\oint_{\partial V_{\varepsilon}}f\,dS-f(a,b,c)\right|<\delta$$

をみたすような $\delta>0$ が存在する．以上をまとめると，$\varepsilon\to 0$ として

$$\frac{1}{4\pi}\oint_{\partial V}\left\{\frac{1}{r}\frac{\partial f}{\partial n}-f\frac{\partial}{\partial n}\left(\frac{1}{r}\right)\right\}dS-f(a,b,c)=\frac{1}{4\pi}\int_{V}\frac{1}{r}\nabla^2 f\,dV. \qquad ▨$$

系2　定理3において $\mathrm{P}(a,b,c)$ は V 内の点とする．このとき，次の等式が成り立つ．

（1）　f が V で調和関数であるとき：

$$f(a,b,c)=\frac{1}{4\pi}\oint_{\partial V}\left\{\frac{1}{r}\frac{\partial f}{\partial n}-f\frac{\partial}{\partial n}\left(\frac{1}{r}\right)\right\}dS.$$

（2）　f が V においてポアソンの方程式 $\nabla^2 f=-4\pi h$ をみたすとき：

$$f(a, b, c) = \int_{\mathrm{V}} \frac{h}{r}\,dV + \frac{1}{4\pi}\oint_{\partial \mathrm{V}} \left\{\frac{1}{r}\frac{\partial f}{\partial n} - f\frac{\partial}{\partial n}\left(\frac{1}{r}\right)\right\} dS.$$

系 3　f は $\mathbf{R}^3$ で定義された C^2 級関数で，$\mathbf{R}^3$ で定義された連続関数 h に対してポアソンの方程式 $\nabla^2 f = -4\pi h$ をみたしているとする．また，任意に固定された点 $\mathrm{P}(a, b, c)$ から $\mathbf{R}^3$ の動点 $\mathrm{Q}(x, y, z)$ までの距離を r で表し，十分大きい r_0 と定数 M が存在して

$$|f(x, y, z)| < \frac{M}{r}, \qquad |\nabla f(x, y, z)| < \frac{M}{r^2}, \qquad r > r_0$$

が常に成り立つならば

$$f(a, b, c) = -\frac{1}{4\pi}\int_{\mathbf{R}^3} \frac{1}{r}\nabla^2 f\,dV = \int_{\mathbf{R}^3} \frac{h}{r}\,dV.$$

証明　点 P を中心とする十分大きい半径 ρ の球面を $\partial \mathrm{V}_\rho$，その内部を V_ρ とし，$\boldsymbol{n}$ を $\partial \mathrm{V}_\rho$ の内向きの単位法線ベクトルとする．このとき，グリーンの公式（定理 3）により

$$f(a, b, c) = -\frac{1}{4\pi}\int_{\mathrm{V}_\rho} \frac{1}{r}\nabla^2 f dV + \frac{1}{4\pi}\oint_{\partial \mathrm{V}_\rho} \left\{\frac{1}{r}\frac{\partial f}{\partial n} - f\frac{\partial}{\partial n}\left(\frac{1}{r}\right)\right\} dS.$$

いま，$\boldsymbol{r} = -r\boldsymbol{n}$ とおくと

$$\frac{\partial f}{\partial n} = \boldsymbol{n}\cdot\nabla f = -\frac{1}{r}\,\boldsymbol{r}\cdot\nabla f, \qquad \frac{\partial}{\partial n}\left(\frac{1}{r}\right) = \boldsymbol{n}\cdot\nabla\left(\frac{1}{r}\right) = \frac{1}{r^2}$$

であるから，$\rho > r_0$ のとき ∂V_ρ 上で

$$\left|\frac{1}{r}\frac{\partial f}{\partial n}\right| < \frac{M}{\rho^3}, \qquad \left|f\frac{\partial}{\partial n}\left(\frac{1}{r}\right)\right| < \frac{M}{\rho^3}.$$

したがって

$$\lim_{\rho\to\infty}\frac{1}{4\pi}\oint_{\partial \mathrm{V}_\rho} \left\{\frac{1}{r}\frac{\partial f}{\partial n} - f\frac{\partial}{\partial n}\left(\frac{1}{r}\right)\right\} dS = 0.$$

ゆえに

$$f(a, b, c) = \lim_{\rho\to\infty}\left\{-\frac{1}{4\pi}\int_{\mathrm{V}_\rho} \frac{1}{r}\nabla^2 f\,dV\right\} = -\frac{1}{4\pi}\int_{\mathbf{R}^3} \frac{1}{r}\nabla^2 f\,dV = \int_{\mathbf{R}^3} \frac{h}{r}\,dV.$$

定理 4　V は空間領域でその境界面 ∂V は区分的に滑らかな閉曲面であるとする．$V \cup \partial V$ を含む領域 U で定義された C^1 級関数 h に対して

$$f(x, y, z) = \frac{1}{4\pi}\iiint_V \frac{h(\xi, \eta, \zeta)}{\sqrt{(\xi - x)^2 + (\eta - y)^2 + (\zeta - z)^2}}\, d\xi\, d\eta\, d\zeta$$

は V においてポアソンの方程式 $\nabla^2 f = -h$ をみたす．

証明　2 点 $P(x, y, z)$，$Q(\xi, \eta, \zeta)$ の間の距離を
$r = \sqrt{(\xi - x)^2 + (\eta - y)^2 + (\zeta - z)^2}$ で表すと

$$h\frac{\partial}{\partial x}\left(\frac{1}{r}\right) = -h\frac{\partial}{\partial \xi}\left(\frac{1}{r}\right) = -\frac{\partial}{\partial \xi}\left(\frac{h}{r}\right) + \frac{1}{r}\frac{\partial h}{\partial \xi} = \frac{h(\xi - x)}{r^3},$$

$$h\frac{\partial}{\partial y}\left(\frac{1}{r}\right) = -h\frac{\partial}{\partial \eta}\left(\frac{1}{r}\right) = -\frac{\partial}{\partial \eta}\left(\frac{h}{r}\right) + \frac{1}{r}\frac{\partial h}{\partial \eta} = \frac{h(\eta - y)}{r^3},$$

$$h\frac{\partial}{\partial z}\left(\frac{1}{r}\right) = -h\frac{\partial}{\partial \zeta}\left(\frac{1}{r}\right) = -\frac{\partial}{\partial \zeta}\left(\frac{h}{r}\right) + \frac{1}{r}\frac{\partial h}{\partial \zeta} = \frac{h(\zeta - z)}{r^3}.$$

このことから次の広義積分は収束することがわかる．

$$\frac{\partial f}{\partial x} = \frac{1}{4\pi}\iiint_V \left\{-\frac{\partial}{\partial \xi}\left(\frac{h}{r}\right) + \frac{1}{r}\frac{\partial h}{\partial \xi}\right\} d\xi\, d\eta\, d\zeta,$$

$$\frac{\partial f}{\partial y} = \frac{1}{4\pi}\iiint_V \left\{-\frac{\partial}{\partial \eta}\left(\frac{h}{r}\right) + \frac{1}{r}\frac{\partial h}{\partial \eta}\right\} d\xi\, d\eta\, d\zeta,$$

$$\frac{\partial f}{\partial z} = \frac{1}{4\pi}\iiint_V \left\{-\frac{\partial}{\partial \zeta}\left(\frac{h}{r}\right) + \frac{1}{r}\frac{\partial h}{\partial \zeta}\right\} d\xi\, d\eta\, d\zeta.$$

実際，極座標を用いて

$$d\xi\, d\eta\, d\zeta = r^2 \sin\theta\, dr\, d\theta\, d\varphi$$

とすると，もとの積分の被積分関数のオーダは $O(r)$ で，被積分関数を 1 回微分すると，オーダが $O(1)$ になるからである．しかし，被積分関数を 2 回微分するとオーダは $O(1/r)$ となり，$r \to 0$ のとき広義積分は収束しないので，点 P が V 内にあるとき ∇^2 と 3 重積分の順序交換はそのままではできない．このような事態を避けるために，点 P を中心とし十分小さい半径 $\varepsilon > 0$ の球面 ∂V_ε とその内部 V_ε を考える．V から $V_\varepsilon \cup \partial V_\varepsilon$ を除いた残りの部分では $\nabla^2 f = 0$ であるから，h は $V_\varepsilon \cup \partial V_\varepsilon$ にだけ分布していると考えてよい．この

とき

$$\frac{\partial f}{\partial x} = -\frac{1}{4\pi}\iint_{\partial \mathrm{V}_\varepsilon} \frac{h}{r}\,d\eta\,d\zeta + \frac{1}{4\pi}\iiint_{\mathrm{V}_\varepsilon} \frac{1}{r}\frac{\partial h}{\partial \xi}\,d\xi\,d\eta\,d\zeta,$$

$$\frac{\partial f}{\partial y} = -\frac{1}{4\pi}\iint_{\partial \mathrm{V}_\varepsilon} \frac{h}{r}\,d\zeta\,d\xi + \frac{1}{4\pi}\iiint_{\mathrm{V}_\varepsilon} \frac{1}{r}\frac{\partial h}{\partial \eta}\,d\xi\,d\eta\,d\zeta,$$

$$\frac{\partial f}{\partial z} = -\frac{1}{4\pi}\iint_{\partial \mathrm{V}_\varepsilon} \frac{h}{r}\,d\xi\,d\eta + \frac{1}{4\pi}\iiint_{\mathrm{V}_\varepsilon} \frac{1}{r}\frac{\partial h}{\partial \zeta}\,d\xi\,d\eta\,d\zeta.$$

これらの積分の被積分関数はオーダが $O(r)$ であり，もう1回微分すると，オーダは $O(1)$ となるから微分と積分の順序が交換できて

$$\nabla^2 f = \frac{1}{4\pi}\iint_{\partial \mathrm{V}_\varepsilon} h\left\{\frac{\partial}{\partial \xi}\left(\frac{1}{r}\right)d\eta\,d\zeta + \frac{\partial}{\partial \eta}\left(\frac{1}{r}\right)d\zeta\,d\xi + \frac{\partial}{\partial \zeta}\left(\frac{1}{r}\right)d\xi\,d\eta\right\}$$
$$-\frac{1}{4\pi}\iiint_{\mathrm{V}_\varepsilon}\left\{\frac{\partial}{\partial \xi}\left(\frac{1}{r}\right)\frac{\partial h}{\partial \xi} + \frac{\partial}{\partial \eta}\left(\frac{1}{r}\right)\frac{\partial h}{\partial \eta} + \frac{\partial}{\partial \zeta}\left(\frac{1}{r}\right)\frac{\partial h}{\partial \zeta}\right\}d\xi\,d\eta\,d\zeta$$

を得る．次に，$\nabla^2 f = -h$ が成り立つことを示す．ε_0 を1つ固定して $\mathrm{V}_{\varepsilon_0} \cup \mathrm{V}_{\varepsilon_0}$ における $|\partial h/\partial \xi|$, $|\partial h/\partial \eta|$, $|\partial h/\partial \zeta|$ の最大値を M とする．このとき

$$\max\left\{\left|\frac{\partial}{\partial \xi}\left(\frac{1}{r}\right)\right|, \left|\frac{\partial}{\partial \eta}\left(\frac{1}{r}\right)\right|, \left|\frac{\partial}{\partial \zeta}\left(\frac{1}{r}\right)\right|\right\} \leqq \frac{1}{r^2}$$

であるから

$$\left|\frac{1}{4\pi}\iiint_{\mathrm{V}_\varepsilon}\left\{\frac{\partial}{\partial \xi}\left(\frac{1}{r}\right)\frac{\partial h}{\partial \xi} + \frac{\partial}{\partial \eta}\left(\frac{1}{r}\right)\frac{\partial h}{\partial \eta} + \frac{\partial}{\partial \zeta}\left(\frac{1}{r}\right)\frac{\partial h}{\partial \zeta}\right\}d\xi\,d\eta\,d\zeta\right|$$
$$\leqq \frac{3M}{4\pi}\iiint_{\mathrm{V}_\varepsilon}\frac{1}{r^2}\,d\xi\,d\eta\,d\zeta = \frac{3M}{4\pi}\cdot 4\pi\varepsilon = 3M\varepsilon, \qquad 0 < \varepsilon < \varepsilon_0.$$

また，$\partial \mathrm{V}_\varepsilon$ の外向きの単位法線ベクトル $\boldsymbol{n}$ の方向余弦を $\cos\alpha$, $\cos\beta$, $\cos\gamma$ とし，$\boldsymbol{r} = r\boldsymbol{n}$ とすると

$$\frac{\partial}{\partial \xi}\left(\frac{1}{r}\right)d\eta\,d\zeta + \frac{\partial}{\partial \eta}\left(\frac{1}{r}\right)d\zeta\,d\xi + \frac{\partial}{\partial \zeta}\left(\frac{1}{r}\right)d\xi\,d\eta$$
$$= \left\{\frac{\partial}{\partial \xi}\left(\frac{1}{r}\right)\cos\alpha + \frac{\partial}{\partial \eta}\left(\frac{1}{r}\right)\cos\beta + \frac{\partial}{\partial \zeta}\left(\frac{1}{r}\right)\cos\gamma\right\}dS$$
$$= \frac{\partial}{\partial n}\left(\frac{1}{r}\right)dS = \boldsymbol{n}\cdot\nabla\left(\frac{1}{r}\right)dS = -\frac{1}{r^2}\,dS$$

であるから

$$\frac{1}{4\pi}\iint_{\partial V_\varepsilon} h\left\{\frac{\partial}{\partial\xi}\left(\frac{1}{r}\right)d\eta\,d\zeta+\frac{\partial}{\partial\eta}\left(\frac{1}{r}\right)d\zeta\,d\xi+\frac{\partial}{\partial\zeta}\left(\frac{1}{r}\right)d\xi\,d\eta\right\}$$
$$=\frac{1}{4\pi}\iint_{\partial V_\varepsilon}-\frac{h}{r^2}\,dS=\frac{1}{4\pi\varepsilon^2}\iint_{\partial V_\varepsilon}(-h)\,dS.$$

したがって，以上より

$$\nabla^2 f(x,y,z)=\lim_{\varepsilon\to 0}\frac{1}{4\pi\varepsilon^2}\iint_{\partial V_\varepsilon}(-h)\,dS=-h(x,y,z).$$

この関係式はV内の任意の点 $P(x,y,z)$ に対して成り立つから，V において

$$\nabla^2 f=-h$$ ▨

を得る．

注意1 定理4の証明においては ∇^2 と3重積分との順序交換問題がうまくクリアーできた．この事実を踏まえて，定理4は次のように証明することもできる．いま，$\boldsymbol{r}=(x,y,z)$，$\boldsymbol{r}'=(\xi,\eta,\zeta)$ とおくと，与えられた積分は

$$f(\boldsymbol{r})=\frac{1}{4\pi}\iiint_V\frac{h(\boldsymbol{r}')}{|\boldsymbol{r}-\boldsymbol{r}'|}\,d\xi\,d\eta\,d\zeta$$

となる．§3.4，定理2によれば

$$\nabla\cdot\boldsymbol{A}=\lim_{\mathrm{vol(V)}\to 0}\frac{1}{\mathrm{vol(V)}}\oint_{\partial V}d\boldsymbol{S}\cdot\boldsymbol{A}.$$

ここで，$\boldsymbol{A}=\nabla\left(\frac{1}{|\boldsymbol{r}-\boldsymbol{r}'|}\right)$ にとり，点 $P(x,y,z)$ を中心とする半径 $\varepsilon>0$ の球面を ∂V_ε，その内部を V_ε とする．Vから $V_\varepsilon\cup\partial V_\varepsilon$ を除いた残りの部分で $\nabla^2 f=0$ であるから，h は $V_\varepsilon\cup\partial V_\varepsilon$ にだけ分布していると考えてよい．ところで，$\boldsymbol{r}\neq\boldsymbol{r}'$ ならば $\nabla^2\left(\frac{1}{|\boldsymbol{r}-\boldsymbol{r}'|}\right)=0$ である．

$$\nabla^2\left(\frac{1}{|\boldsymbol{r}-\boldsymbol{r}'|}\right)=\lim_{\varepsilon\to 0}\frac{3}{4\pi\varepsilon^3}\oint_{\partial V_\varepsilon}d\boldsymbol{S}\cdot\nabla\left(\frac{1}{|\boldsymbol{r}-\boldsymbol{r}'|}\right)$$
$$=\lim_{\varepsilon\to 0}\frac{-3}{\varepsilon^3}=-\infty$$

となるから

$$\nabla^2\left(\frac{1}{|\boldsymbol{r}-\boldsymbol{r}'|}\right)=\begin{cases}0 & (\boldsymbol{r}\neq\boldsymbol{r}')\\ -\infty & (\boldsymbol{r}=\boldsymbol{r}').\end{cases}$$

しかるに，ガウスの発散定理によれば

$$\int_{V_\varepsilon}\mathrm{div}\,\nabla\left(\frac{1}{|\boldsymbol{r}-\boldsymbol{r}'|}\right)dV=\oint_{\partial V_\varepsilon}d\boldsymbol{S}\cdot\nabla\left(\frac{1}{|\boldsymbol{r}-\boldsymbol{r}'|}\right)=-4\pi$$

であるから，$\nabla^2\left(\frac{1}{|\boldsymbol{r}-\boldsymbol{r}'|}\right)$ は3次元の**ディラックのデルタ関数**を用いて

$$\nabla^2\left(\frac{1}{|\boldsymbol{r}-\boldsymbol{r}'|}\right) = -4\pi\delta(\boldsymbol{r}-\boldsymbol{r}')$$

と表せる．したがって，∇^2 と3重積分の順序交換を許すならば

$$\begin{aligned}\nabla^2 f(\boldsymbol{r}) &= \nabla^2\left\{\frac{1}{4\pi}\iiint_{\mathrm{V}_\varepsilon}\frac{h(\boldsymbol{r}')}{|\boldsymbol{r}-\boldsymbol{r}'|}\,d\xi\,d\eta\,d\zeta\right\}\\ &= \frac{1}{4\pi}\iiint_{\mathrm{V}_\varepsilon} h(\boldsymbol{r}')\nabla^2\left(\frac{1}{|\boldsymbol{r}-\boldsymbol{r}'|}\right)d\xi\,d\eta\,d\zeta\\ &= -\iiint_{\mathrm{V}_\varepsilon} h(\boldsymbol{r}')\delta(\boldsymbol{r}-\boldsymbol{r}')\,d\xi\,d\eta\,d\zeta\\ &= -h(\boldsymbol{r})\end{aligned}$$

注意2　定理4において，$\frac{1}{4\pi}h(\xi,\eta,\zeta)$ が点 $\mathrm{Q}(\xi,\eta,\zeta)$ における質量密度を表すならば，$f(x,y,z)$ は点Qにある質量密度によって点 $\mathrm{P}(x,y,z)$ の位置に生ずるポテンシャルを表し，**ニュートン・ポテンシャル**と呼ばれる．

問6　原点を中心とし，半径 a の球で，質量が密度 ρ で一様に分布しているとき，原点に生ずるニュートン・ポテンシャルを求めよ．

§5.4　ストークスの定理（電磁気学への応用）

単一閉曲線Cを縁にもつ滑らかな曲面Sの正のパラメータ (u,v) による表示を

$$\boldsymbol{r} = \boldsymbol{r}(u,v) = x(u,v)\boldsymbol{i}+y(u,v)\boldsymbol{j}+z(u,v)\boldsymbol{k}\qquad((u,v)\in\mathrm{D})$$

とする．領域Dの境界 $\partial\mathrm{D}$ は区分的に滑らかな単一閉曲線で，正の向きがつけられているとする．$\partial\mathrm{D}$ を正の向きに一周するとき，$\partial\mathrm{D}$ 上の点に対応するC上の点が動く向きをCの正の向きと定め，Cの正の向きにまわる右ネジの進む向きを正の向きとしてSに向きをつける．

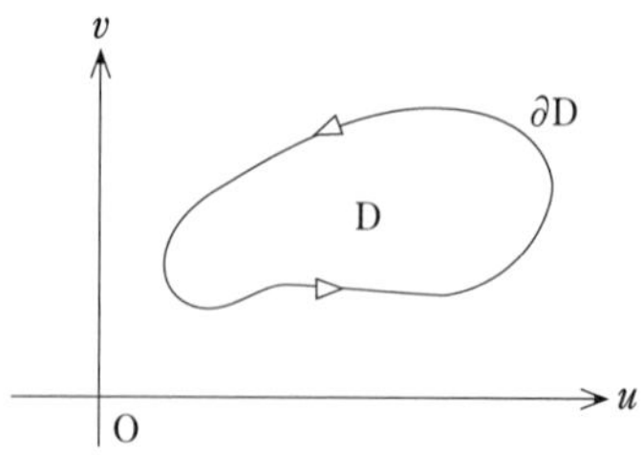

図 5-11

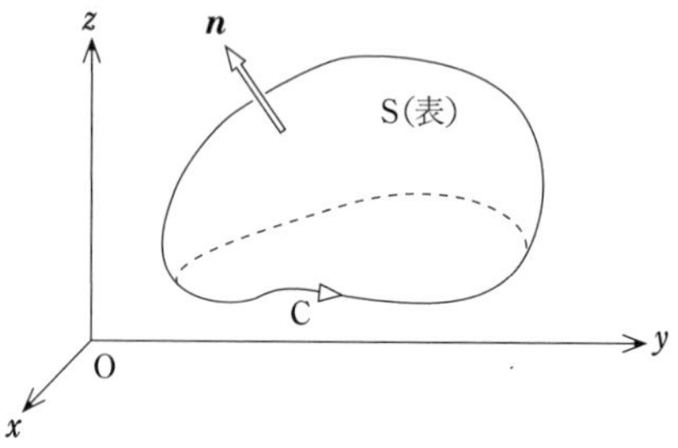

図 5-12

Sが有限個の滑らかな曲面$S_1, \cdots, S_N$をつなぎ合せた曲面である場合は，S_iの縁をC_iとするとき，S_iと$S_j\,(i \neq j)$の共通部分ではS_iの部分としてみたときと，S_jの部分としてみたときの向きが互いに逆になるようにする．

定理1（ストークスの定理） 空間領域Vの内部にある単一閉曲線Cを縁にもつ区分的に滑らかでC^2級の曲面をSとする．上記のような曲面Sの正のパラメータ(u, v)による表示$\boldsymbol{r} = \boldsymbol{r}(u, v)\,((u, v) \in \mathrm{D})$に対して，領域Dの境界$\partial \mathrm{D}$は区分的に滑らかな単一閉曲線で正の向きがつけられており，$\boldsymbol{n}$はSの正の向きの単位法線ベクトルであるとする．このとき，Vで定義されたC^1級のベクトル場$\boldsymbol{F} = F_x \boldsymbol{i} + F_y \boldsymbol{j} + F_z \boldsymbol{k}$に対して

$$\int_{\mathrm{S}} \boldsymbol{n} \cdot \mathrm{rot}\, \boldsymbol{F}\, dS = \oint_{\mathrm{C}} \boldsymbol{F} \cdot d\boldsymbol{r}$$

が成り立つ．

証明 （i） Sが1つの滑らかなC^2級の曲面である場合．$\boldsymbol{n}$の方向余弦を$\cos\alpha$，$\cos\beta$，$\cos\gamma$として

$$\begin{aligned}
\int_{\mathrm{S}} \boldsymbol{n} \cdot \mathrm{rot}\, \boldsymbol{F}\, dS &= \int_{\mathrm{S}} \left[\left(\frac{\partial F_z}{\partial y} - \frac{\partial F_y}{\partial z} \right) \boldsymbol{i} + \left(\frac{\partial F_x}{\partial z} - \frac{\partial F_z}{\partial x} \right) \boldsymbol{j} \right. \\
&\qquad \left. + \left(\frac{\partial F_y}{\partial x} - \frac{\partial F_x}{\partial y} \right) \boldsymbol{k} \right] \cdot \boldsymbol{n}\, dS \\
&= \int_{\mathrm{S}} \left[\left(\frac{\partial F_z}{\partial y} - \frac{\partial F_y}{\partial z} \right) \cos\alpha + \left(\frac{\partial F_x}{\partial z} - \frac{\partial F_z}{\partial x} \right) \cos\beta \right. \\
&\qquad \left. + \left(\frac{\partial F_y}{\partial x} - \frac{\partial F_x}{\partial y} \right) \cos\gamma \right] dS \\
&= \int_{\mathrm{S}} \left(\frac{\partial F_z}{\partial y} - \frac{\partial F_y}{\partial z} \right) dy \wedge dz + \left(\frac{\partial F_x}{\partial z} - \frac{\partial F_z}{\partial x} \right) dz \wedge dx \\
&\qquad + \left(\frac{\partial F_y}{\partial x} - \frac{\partial F_x}{\partial y} \right) dx \wedge dy \\
&= \int_{\mathrm{S}} \frac{\partial F_x}{\partial z}\, dz \wedge dx - \int_{\mathrm{S}} \frac{\partial F_x}{\partial y}\, dx \wedge dy
\end{aligned}$$

$$+\int_S \frac{\partial F_y}{\partial x} dx \wedge dy - \int_S \frac{\partial F_y}{\partial z} dy \wedge dz$$

$$+\int_S \frac{\partial F_z}{\partial y} dy \wedge dz - \int_S \frac{\partial F_z}{\partial x} dz \wedge dx$$

を得る．しかるに，∂D のパラメータ表示を

$$u = u(t), \quad v = v(t) \quad (a \leqq t \leqq b)$$

とすれば，C のパラメータ表示は

$$x = x(u, v) = x(u(t), v(t)), \quad y = y(u, v) = y(u(t), v(t))$$
$$z = z(u, v) = z(u(t), v(t)) \quad (a \leqq t \leqq b)$$

であるから，平面におけるグリーンの定理により

$$\oint_C F_x(x, y, z)dx = \int_a^b F_x(x(u(t), v,(t)),\ y(u(t), v(t)),\ z(u(t), v(t))) \times \left\{\frac{\partial x}{\partial u}\frac{du}{dt} + \frac{\partial x}{\partial v}\frac{dv}{dt}\right\} dt$$

$$= \oint_{\partial D} F_x(x(u, v),\ y(u, v),\ z(u, v))\left\{\frac{\partial x}{\partial u} du + \frac{\partial x}{\partial v} dv\right\}$$

$$= \iint_D \left[\frac{\partial}{\partial u}\left\{\frac{\partial x}{\partial v} F_x(x(u, v),\ y(u, v),\ z(u, v))\right\} - \frac{\partial}{\partial v}\left\{\frac{\partial x}{\partial u} F_x(x(u, v),\ y(u, v),\ z(u, v))\right\}\right] du\, dv$$

$$= \iint_D \left[\frac{\partial x}{\partial v}\frac{\partial}{\partial u} F_x(x(u, v),\ y(u, v),\ z(u, v) - \frac{\partial x}{\partial u}\frac{\partial}{\partial v} F_x(x(u, v),\ y(u, v),\ z(u, v))\right] du\, dv$$

$$= \iint_D \left[\frac{\partial F_x}{\partial z}\frac{\partial(z, x)}{\partial(u, v)} - \frac{\partial F_x}{\partial y}\frac{\partial(x, y)}{\partial(u, v)}\right] du\, dv$$

$$= \int_S \frac{\partial F_x}{\partial z} dz \wedge dx - \int_S \frac{\partial F_x}{\partial y} dx \wedge dy.$$

同様に

$$\oint_C F_y(x, y, z)\, dy = \int_S \frac{\partial F_y}{\partial x} dx \wedge dy - \int_S \frac{\partial F_y}{\partial z} dy \wedge dz,$$

$$\oint_C F_z(x, y, z)\, dz = \int_S \frac{\partial F_z}{\partial y} dy \wedge dz - \int_S \frac{\partial F_z}{\partial x} dz \wedge dx.$$

したがって，以上をまとめると

$$\int_{\mathrm{S}} \boldsymbol{n}\cdot\mathrm{rot}\,\boldsymbol{F}\,dS = \oint_{\mathrm{C}} \boldsymbol{F}\cdot d\boldsymbol{r}.$$

（ii） S が有限個の滑らかな C^2 級曲面 $\mathrm{S}_1, \cdots, \mathrm{S}_N$ をつなぎ合わせた曲面である場合，各 S_i の縁の閉曲線を C_i とすると，C_i と $\mathrm{C}_j\,(i \neq j)$ の共通部分の曲線上で互いに逆の方向に 2 回線積分を行うと，線積分は互いに打ち消し合い，結果として，線積分は C でのものだけが残ることになる．したがって（i）の結果を利用すると

$$\int_{\mathrm{S}} \boldsymbol{n}\cdot\mathrm{rot}\,\boldsymbol{F}\,dS = \sum_{i=1}^{N}\int_{\mathrm{S}_i} \boldsymbol{n}\cdot\mathrm{rot}\,\boldsymbol{F}\,dS = \sum_{i=1}^{N}\oint_{\mathrm{C}_i} \boldsymbol{F}\cdot d\boldsymbol{r} = \oint_{\mathrm{C}} \boldsymbol{F}\cdot \mathrm{d}\boldsymbol{r}. \quad ▨$$

空間領域内の曲面 S に対してその面積を $A(\mathrm{S})$ で表す．S が点 P を含み，かつ，点 P に縮むように S の面積が 0 に収束するならば $A(\mathrm{S} : \mathrm{P}) \to 0$ とかく．

定理 2 定理 1 の仮定のもとで

$$(\boldsymbol{n}\cdot\mathrm{rot}\,\boldsymbol{F})_{\mathrm{P}} = \lim_{A(\mathrm{S}:\mathrm{P})\to 0} \frac{1}{A(\mathrm{S})}\oint_{\mathrm{C}} \boldsymbol{F}\cdot d\boldsymbol{r}.$$

証明 ストークの定理と積分の平均値の定理により

$$\oint_{\mathrm{C}} \boldsymbol{F}\cdot d\boldsymbol{r} = \int_{\mathrm{S}} \boldsymbol{n}\cdot\mathrm{rot}\,\boldsymbol{F}\,dS = (\boldsymbol{n}\cdot\mathrm{rot}\,\boldsymbol{F})_{\mathrm{Q}} A(\mathrm{S})$$

となるような点 Q が S 内に存在する．$A(\mathrm{S} : \mathrm{P}) \to 0$ のとき $\mathrm{Q} \to \mathrm{P}$ であるから

$$\lim_{A(\mathrm{S}:\mathrm{P})\to 0} \frac{1}{A(\mathrm{S})}\oint_{\mathrm{C}} \boldsymbol{F}\cdot d\boldsymbol{r} = (\boldsymbol{n}\cdot\mathrm{rot}\,\boldsymbol{F})_{\mathrm{P}} \quad ▨$$

上記の定理 2 において，点 P での rot $\boldsymbol{F}$ と $\boldsymbol{n}$ のなす角を θ_{P} とすると

$$(\boldsymbol{n}\cdot\mathrm{rot}\,\boldsymbol{F})_{\mathrm{P}} = |(\mathrm{rot}\,\boldsymbol{F})_{\mathrm{P}}|\cos\theta_{\mathrm{P}}$$

であるから，極限値 $\displaystyle\lim_{A(\mathrm{S}:\mathrm{P})\to 0} \frac{1}{A(\mathrm{S})}\oint_{\mathrm{C}} \boldsymbol{F}\cdot d\boldsymbol{r}$ の絶対値は点 P における rot $\boldsymbol{F}$

の $\boldsymbol{n}$ 方向の大きさを意味している．また，この極限値は $\boldsymbol{n}$ と $\mathrm{rot}\,\boldsymbol{F}$ の向きが一致するときに最大となり，最大値は $|(\mathrm{rot}\,\boldsymbol{F})_{\mathrm{P}}|$ に等しい．

注意　定理2の関係式は $\mathrm{rot}\,\boldsymbol{F}$ の定義式とみなすことができる．実際，$\boldsymbol{F}=F_x\boldsymbol{i}+F_y\boldsymbol{j}+F_z\boldsymbol{k}$ を空間領域Vで定義された C^1 級のベクトル場とし，$\mathrm{P}(x_0,y_0,z_0)$ をV内の任意の点とする．はじめに，点 $\mathrm{P}(x_0,y_0,z_0)$ を中心とし，2辺が y 軸，z 軸に平行な長方形 $\mathrm{A_1A_2A_3A_4}$ をV内に作る．

$$\overline{\mathrm{A_1A_2}}=\varDelta y,\ \overline{\mathrm{A_2A_3}}=\varDelta z$$
$$\boldsymbol{r}=x\boldsymbol{i}+y\boldsymbol{j}+z\boldsymbol{k},\ \mathrm{C}=\overrightarrow{\mathrm{A_1A_2}}+\overrightarrow{\mathrm{A_2A_3}}+\overrightarrow{\mathrm{A_3A_4}}+\overrightarrow{\mathrm{A_4A_1}}$$

とおく．

辺 $\mathrm{A_1A_2}$ に対して，$d\boldsymbol{r}=dy\,\boldsymbol{j}$，$\displaystyle\int_{\overrightarrow{\mathrm{A_1A_2}}}\boldsymbol{F}\cdot d\boldsymbol{r}\fallingdotseq\left\{F_y(\mathrm{P})-\frac{\partial F_y}{\partial z}(\mathrm{P})\frac{\varDelta z}{2}\right\}\varDelta y$，

辺 $\mathrm{A_2A_3}$ に対して，$d\boldsymbol{r}=dz\,\boldsymbol{k}$，$\displaystyle\int_{\overrightarrow{\mathrm{A_2A_3}}}\boldsymbol{F}\cdot d\boldsymbol{r}\fallingdotseq\left\{F_z(\mathrm{P})+\frac{\partial F_z}{\partial y}(\mathrm{P})\frac{\varDelta y}{2}\right\}\varDelta z$，

辺 $\mathrm{A_3A_4}$ に対して，$d\boldsymbol{r}=-dy\,\boldsymbol{j}$，

$$\int_{\overrightarrow{\mathrm{A_3A_4}}}\boldsymbol{F}\cdot d\boldsymbol{r}\fallingdotseq-\left\{F_y(\mathrm{P})+\frac{\partial F_y}{\partial z}(\mathrm{P})\frac{\varDelta z}{2}\right\}\varDelta y,$$

辺 $\mathrm{A_4A_1}$ に対して，$d\boldsymbol{r}=-dz\,\boldsymbol{k}$，

$$\int_{\overrightarrow{\mathrm{A_4A_1}}}\boldsymbol{F}\cdot d\boldsymbol{r}\fallingdotseq-\left\{F_z(\mathrm{P})-\frac{\partial F_z}{\partial y}(\mathrm{P})\frac{\varDelta y}{2}\right\}\varDelta z.$$

これらの式をすべて加え合わせると，$\varDelta S=\varDelta y\,\varDelta z$ として

$$\oint_{\mathrm{C}}\boldsymbol{F}\cdot d\boldsymbol{r}\fallingdotseq\left\{\frac{\partial F_z}{\partial y}(\mathrm{P})-\frac{\partial F_y}{\partial z}(\mathrm{P})\right\}\varDelta S$$

を得る．ゆえに，定理2を用いて

$$(\boldsymbol{i}\cdot\mathrm{rot}\,\boldsymbol{F})_{\mathrm{P}}=\lim_{A(\mathrm{S}:\mathrm{P})\to 0}\frac{1}{A(\mathrm{S})}\oint_{\mathrm{C}}\boldsymbol{F}\cdot d\boldsymbol{r}=\frac{\partial F_z}{\partial y}(\mathrm{P})-\frac{\partial F_y}{\partial z}(\mathrm{P}).$$

ここで，SはCを縁にもつ長方形 $\mathrm{A_1A_2A_3A_4}$ の面である．同様にして

$$(\boldsymbol{j}\cdot\mathrm{rot}\,\boldsymbol{F})_{\mathrm{P}}=\frac{\partial F_x}{\partial z}(\mathrm{P})-\frac{\partial F_z}{\partial x}(\mathrm{P}),$$

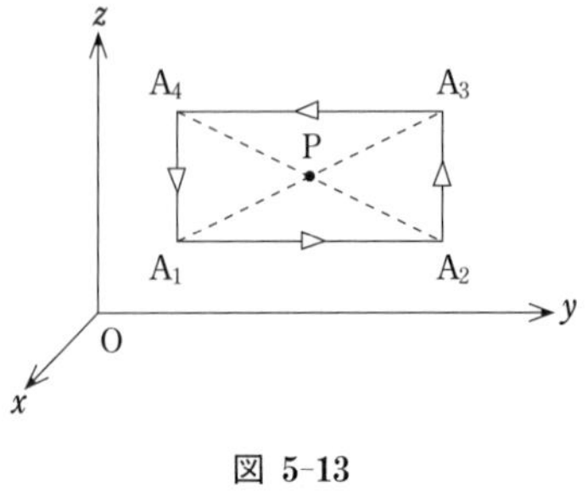

図 5-13

$$(\boldsymbol{k}\cdot\mathrm{rot}\,\boldsymbol{F})_{\mathrm{P}} = \frac{\partial F_y}{\partial x}(\mathrm{P}) - \frac{\partial F_x}{\partial y}(\mathrm{P}).$$

したがって，関係式 $\mathrm{rot}\,\boldsymbol{F} = (\boldsymbol{i}\cdot\mathrm{rot}\,\boldsymbol{F})\boldsymbol{i} + (\boldsymbol{j}\cdot\mathrm{rot}\,\boldsymbol{F})\boldsymbol{j} + (\boldsymbol{k}\cdot\mathrm{rot}\,\boldsymbol{F})\boldsymbol{k}$ を用いると

$$\mathrm{rot}\,\boldsymbol{F} = \begin{vmatrix} \boldsymbol{i} & \boldsymbol{j} & \boldsymbol{k} \\ \dfrac{\partial}{\partial x} & \dfrac{\partial}{\partial y} & \dfrac{\partial}{\partial z} \\ F_x & F_y & F_z \end{vmatrix}.$$

上記の注意により次のことがわかる．

> 定理 2 の関係式による $\boldsymbol{F}$ の回転の定義と§3.5 で述べた $\boldsymbol{F}$ の回転の定義は一致する．

> **定理 3（ストークスの定理の逆）**　空間領域 V で定義されたベクトル場 $\boldsymbol{F}, \boldsymbol{G}$ に対し，$\boldsymbol{F}$ は C^1 級，$\boldsymbol{G}$ は連続であるとする．ストークスの定理が成り立つような V 内の任意の単一閉曲線 C と，それを縁にもつ V 内の任意の区分的に滑らかな C^2 級曲面 S について，S の正の向きの単位法線ベクトルを $\boldsymbol{n}$ とするとき
>
> $$\int_{\mathrm{S}} \boldsymbol{G}\cdot\boldsymbol{n}\,dS = \oint_{\mathrm{C}} \boldsymbol{F}\cdot d\boldsymbol{r}$$
>
> が成り立つならば $\boldsymbol{G} = \mathrm{rot}\,\boldsymbol{F}$ である，すなわち，$\boldsymbol{F}$ は $\boldsymbol{G}$ のベクトル・ポテンシャルである．

証明　ストークスの定理によれば

$$\oint_{\mathrm{C}} \boldsymbol{F}\cdot d\boldsymbol{r} = \int_{\mathrm{S}} \boldsymbol{n}\cdot\mathrm{rot}\,\boldsymbol{F}\,dS$$

であるから

$$\int_{\mathrm{S}} \boldsymbol{G}\cdot\boldsymbol{n}\,dS = \int_{\mathrm{S}} \boldsymbol{n}\cdot\mathrm{rot}\,\boldsymbol{F}\,dS.$$

S は任意であるから，§4.2，定理 3 により

$$\boldsymbol{G}\cdot\boldsymbol{n} = \boldsymbol{n}\cdot\mathrm{rot}\,\boldsymbol{F}, \qquad \text{すなわち} \quad (\boldsymbol{G} - \mathrm{rot}\,\boldsymbol{F})\cdot\boldsymbol{n} = 0.$$

$\boldsymbol{n}$ の方向は任意であるから $\boldsymbol{G}-\mathrm{rot}\,\boldsymbol{F}=\boldsymbol{O}$. ゆえに $\boldsymbol{G}=\mathrm{rot}\,\boldsymbol{F}$. ▨

系　定理1と同じ仮定のもとで f を C^2 級のスカラー場とする. このとき, 次の関係が成り立つ.

(1)　$\displaystyle\oint_C f\,d\boldsymbol{r}=\int_S \boldsymbol{n}\times\nabla f\,dS.$

(2)　$\displaystyle\oint_C \boldsymbol{F}\cdot d\boldsymbol{r}=\int_S (\boldsymbol{n}\times\nabla)\cdot\boldsymbol{F}\,dS.$

(3)　$\displaystyle\oint_C \boldsymbol{F}\times d\boldsymbol{r}=-\int_S (\boldsymbol{n}\times\nabla)\times\boldsymbol{F}\,dS$

$$=\int_S\{\boldsymbol{n}(\nabla\cdot\boldsymbol{F})-(\boldsymbol{n}\cdot\nabla)\boldsymbol{F}+\boldsymbol{n}\times(\nabla\times\boldsymbol{F})\}\,dS.$$

(4)　$\displaystyle\oint_C \nabla f\times d\boldsymbol{r}=\int_S\{\boldsymbol{n}(\nabla^2 f)-(\boldsymbol{n}\cdot\nabla)\nabla f\}\,dS.$

(5)　$\displaystyle\oint_C \boldsymbol{r}\times d\boldsymbol{r}=2\int_S \boldsymbol{n}\,dS.$

証明　(1)　$\boldsymbol{a}$ を任意の定ベクトルとして $\boldsymbol{F}=f\boldsymbol{a}$ とおくと

$$\boldsymbol{n}\cdot\mathrm{rot}\,\boldsymbol{F}=\boldsymbol{n}\cdot\{\nabla\times(f\boldsymbol{a})\}=\boldsymbol{n}\cdot(\nabla f\times\boldsymbol{a})=\boldsymbol{a}\cdot(\boldsymbol{n}\times\nabla f).$$

したがって, ストークスの定理により

$$\boldsymbol{a}\cdot\int_S \boldsymbol{n}\times\nabla f\,dS=\int_S \boldsymbol{n}\cdot\mathrm{rot}\,\boldsymbol{F}\,dS=\oint_C \boldsymbol{F}\cdot d\boldsymbol{r}=\boldsymbol{a}\cdot\oint_C f\,d\boldsymbol{r},$$

あるいは

$$\boldsymbol{a}\cdot\left\{\oint_C f\,d\boldsymbol{r}-\int_S \boldsymbol{n}\times\nabla f\,dS\right\}=0.$$

$\boldsymbol{a}$ は任意の定ベクトルであることから, 括弧内の式は $\boldsymbol{o}$ となり, (1) を得る.

(2)　$\boldsymbol{n}\cdot\mathrm{rot}\,\boldsymbol{F}=\boldsymbol{n}\cdot(\nabla\times\boldsymbol{F})=(\boldsymbol{n}\times\nabla)\cdot\boldsymbol{F}$ であるから, ストークスの定理により

$$\oint_C \boldsymbol{F}\cdot d\boldsymbol{r}=\int_S \boldsymbol{n}\cdot\mathrm{rot}\,\boldsymbol{F}\,dS=\int_S(\boldsymbol{n}\times\nabla)\cdot\boldsymbol{F}\,dS.$$

(3)　$\boldsymbol{a}$ を任意の定ベクトルとして $\boldsymbol{G}=\boldsymbol{a}\times\boldsymbol{F}$ とおくと

$$\boldsymbol{G}\cdot d\boldsymbol{r}=(\boldsymbol{a}\times\boldsymbol{F})\cdot d\boldsymbol{r}=\boldsymbol{a}\cdot(\boldsymbol{F}\times d\boldsymbol{r}),$$

$$\boldsymbol{n}\cdot\mathrm{rot}\ \boldsymbol{G} = \boldsymbol{n}\cdot\{\nabla\times(\boldsymbol{a}\times\boldsymbol{F})\} = -\boldsymbol{a}\cdot\{(\boldsymbol{n}\times\nabla)\times\boldsymbol{F}\}$$
$$= \boldsymbol{a}\cdot\{\boldsymbol{n}(\nabla\cdot\boldsymbol{F})-(\boldsymbol{n}\cdot\nabla)\boldsymbol{F}+\boldsymbol{n}\times(\nabla\times\boldsymbol{F})\}.$$

したがって，ストークスの定理により

$$\boldsymbol{a}\cdot\oint_{\mathrm{C}}\boldsymbol{F}\times d\boldsymbol{r} = \oint_{\mathrm{C}}\boldsymbol{G}\cdot d\boldsymbol{r} = \int_{\mathrm{S}}\boldsymbol{n}\cdot\mathrm{rot}\ \boldsymbol{G}\,dS$$
$$= -\boldsymbol{a}\cdot\int_{\mathrm{S}}(\boldsymbol{n}\times\nabla)\times\boldsymbol{F}\,dS$$
$$= \boldsymbol{a}\cdot\int_{\mathrm{S}}\{\boldsymbol{n}(\nabla\cdot\boldsymbol{F})-(\boldsymbol{n}\cdot\nabla)\boldsymbol{F}+\boldsymbol{n}\times(\nabla\times\boldsymbol{F})\}\,dS.$$

ゆえに，$\boldsymbol{a}$ は任意であるから，(3) が成り立つ．

（4） (3) において $\boldsymbol{F}=\nabla f$ にとり，$\nabla\times\nabla f=\boldsymbol{o}$ に注意すればよい．

（5） $\boldsymbol{a}$ を任意の定ベクトルとして $\boldsymbol{F}=\boldsymbol{a}\times\boldsymbol{r}$ とおくと

$$\boldsymbol{F}\cdot d\boldsymbol{r} = (\boldsymbol{a}\times\boldsymbol{r})\cdot d\boldsymbol{r} = \boldsymbol{a}\cdot(\boldsymbol{r}\times d\boldsymbol{r}),$$
$$\nabla\times(\boldsymbol{a}\times\boldsymbol{r}) = 2\,\boldsymbol{a}.$$

したがって，ストークスの定理により

$$\boldsymbol{a}\cdot\oint_{\mathrm{C}}\boldsymbol{r}\times d\boldsymbol{r} = \oint_{\mathrm{C}}\boldsymbol{F}\cdot d\boldsymbol{r} = \int_{\mathrm{S}}\boldsymbol{n}\cdot\mathrm{rot}\ \boldsymbol{F}\,dS$$
$$= \int_{\mathrm{S}}\boldsymbol{n}\cdot\{\nabla\times(\boldsymbol{a}\times\boldsymbol{r})\}\,dS = 2\,\boldsymbol{a}\cdot\int_{\mathrm{S}}\boldsymbol{n}\,dS.$$

$\boldsymbol{a}$ は任意であるから，これより (5) を得る．　▨

例題 1　3 点 $\mathrm{A}_1(1,0,0)$，$\mathrm{A}_2(0,1,0)$，$\mathrm{A}_3(0,0,1)$ を頂点とする $\triangle\mathrm{A}_1\mathrm{A}_2\mathrm{A}_3$ の面を S とし，その縁を C とする．原点のある側を S の負の側とし，$\boldsymbol{n}$ を S の正の向きの単位法線ベクトルとする．ベクトル場 $\boldsymbol{F}=3y^2\,\boldsymbol{i}+2xz\boldsymbol{j}+3z^2\,\boldsymbol{k}$ に対して

$$\int_{\mathrm{S}}\boldsymbol{n}\cdot\mathrm{rot}\ \boldsymbol{F}\,dS = \oint_{\mathrm{C}}\boldsymbol{F}\cdot d\boldsymbol{r}$$

が成り立つことを，両辺を別々に計算して確かめよ．

解　S の方程式は，直交座標を用いると

$$x+y+z=1,\qquad x\geqq 0,\ y\geqq 0,\ z\geqq 0$$

となるから，S の正のパラメータ (x,y) による表示は

$$\boldsymbol{r}=\boldsymbol{r}(x,y)=x\boldsymbol{i}+y\boldsymbol{j}+(1-x-y)\boldsymbol{k}$$
$$((x,y)\in\mathrm{D}=\{(x,y):0\leqq x\leqq 1,\ 0\leqq y\leqq 1-x\})$$

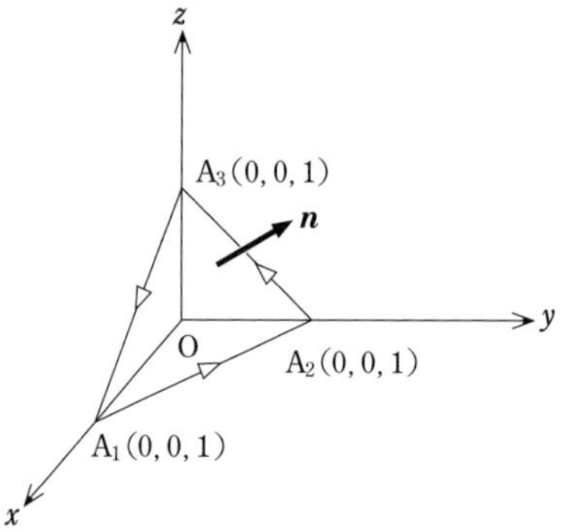

図 5-14

ところで，

$$\operatorname{rot}\boldsymbol{F}=(-2x)\boldsymbol{i}+(2z-6y)\boldsymbol{k},\qquad \boldsymbol{n}=\frac{1}{\sqrt{3}}(\boldsymbol{i}+\boldsymbol{j}+\boldsymbol{k}),$$
$$EG-F^2=(\boldsymbol{r}_x\cdot\boldsymbol{r}_x)(\boldsymbol{r}_y\cdot\boldsymbol{r}_y)-(\boldsymbol{r}_x\cdot\boldsymbol{r}_y)^2=3.$$

したがって

$$\begin{aligned}\int_S \boldsymbol{n}\cdot\operatorname{rot}\boldsymbol{F}\,dS&=\frac{1}{\sqrt{3}}\iint_D(\boldsymbol{i}+\boldsymbol{j}+\boldsymbol{k})\\&\qquad\cdot\{(-2x)\boldsymbol{i}+(2-2x-8y)\boldsymbol{k}\}\sqrt{EG-F^2}\,dx\,dy\\&=\iint_D(2-4x-8y)\,dx\,dy\\&=\int_0^1\left\{\int_0^{1-x}(2-4x-8y)dy\right\}dx=-1.\end{aligned}$$

一方

$$\oint_C \boldsymbol{F}\cdot d\boldsymbol{r}=\oint_C 3y^2\,dx+2xz\,dy+3z^2\,dz.$$

しかるに，$C=\overrightarrow{A_1A_2}+\overrightarrow{A_2A_3}+\overrightarrow{A_3A_1}$ であり，

$\overrightarrow{A_1A_2}$ では $x=1-t$，$y=t$，$z=0$；$dx=-dt$，$dy=dt$，$dz=0$

$\overrightarrow{A_2A_3}$ では $x=0$，$y=1-t$，$z=t$；$dx=0$，$dy=-dt$，$dz=dt$

$\overrightarrow{A_3A_1}$ では $x=t$，$y=0$，$z=1-t$；$dx=dt$，$dy=0$，$dz=-dt$

$(0\leqq t\leqq 1)$ であるから

$$\int_{\overrightarrow{A_1A_2}}3y^2\,dx+2xz\,dy+3z^2\,dz=-3\int_0^1 t^2\,dt=-1,$$
$$\int_{\overrightarrow{A_2A_3}}3y^2\,dx+2xz\,dy+3z^2\,dz=3\int_0^1 t^2\,dt=1,$$

$$\int_{\overrightarrow{A_3A_1}} 3y^2\,dx+2xz\,dy+3z^2\,dz = -3\int_0^1 (1-t)^2\,dt = -1.$$

これらの式を加え合せると

$$\oint_C \boldsymbol{F}\cdot d\boldsymbol{r} = -1$$

となり，両辺の値が等しいことがわかった．

例題 2　S を上半球面：$x^2+y^2+z^2=4$，$z \geqq 0$ であるとする．原点のある側を S の負の側とし，$\boldsymbol{n}$ を S の正の向きの単位法線ベクトルとして次の面積分を求めよ．

$$I = \int_S \boldsymbol{n}\cdot\mathrm{rot}\{(3x^2-2y)\boldsymbol{i}+5xy\boldsymbol{j}+z^2\boldsymbol{k}\}\,dS$$

解　曲面 S の縁は円周

$$\mathrm{C}:x^2+y^2=4\,(\text{反時計まわり})$$

である．C 上では $z=0$，$dz=0$ であるからストークスの定理により

$$I = \oint_C \{(3x^2-2y)\boldsymbol{i}+5xy\boldsymbol{j}+z^2\boldsymbol{k}\}\cdot d\boldsymbol{r} = \oint_C (3x^2-2y)dx+5xy\,dy.$$

曲線 C をパラメータ表示すると

$$x = 2\cos\theta, \quad y = 2\sin\theta \quad (0 \leqq \theta \leqq 2\pi),$$
$$dx = -2\sin\theta\,d\theta, \quad dy = 2\cos\theta\,d\theta.$$

したがって

$$I = \int_0^{2\pi} (16\cos^2\theta\sin\theta + 8\sin^2\theta)d\theta = 8\pi.$$

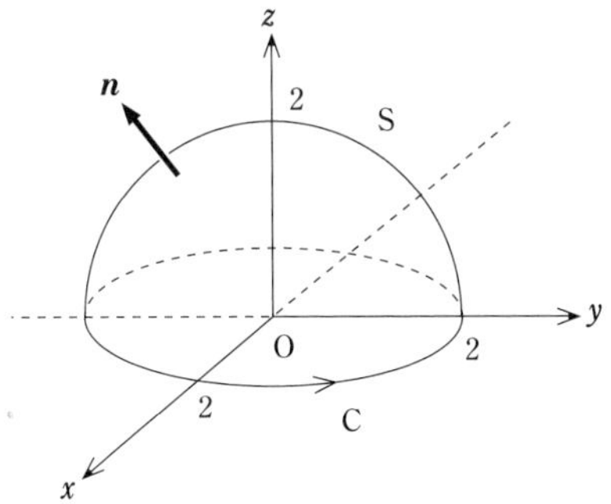

図 5-15

問 1　S は上半球面：$x^2+y^2+z^2=1$，$z \geqq 0$ であり，その縁を C で表す．原点のある側を S の負の側として，$\boldsymbol{n}$ を S の正の向きの単位法線ベクトルとする．このとき

$$\int_S \boldsymbol{n}\cdot\mathrm{rot}\{z\boldsymbol{i}+x\boldsymbol{j}+y\boldsymbol{k}\}\,dS = \oint_C \{z\boldsymbol{i}+x\boldsymbol{j}+y\boldsymbol{k}\}\cdot d\boldsymbol{r}$$

が成り立つことを，両辺を別々に計算して確かめよ．

問2　問1の仮定のもとで，ストークスの定理を用いて次の面積分を求めよ．

（i）　$\int_S \boldsymbol{n}\cdot\mathrm{rot}\{(x+y)\boldsymbol{i}+(y+z)\boldsymbol{j}+(z+x)\boldsymbol{k}\}\,dS.$

（ii）　$\int_S \boldsymbol{n}\cdot\mathrm{rot}\{(x^2+y)\boldsymbol{i}+2yz\boldsymbol{j}+(z^2-y)\boldsymbol{k}\}\,dS.$

問3　Cは球面 $x^2+y^2+z^2=1$ と平面 $x+y=1$ の交線であり，Cには原点の側からみて時計のまわりを正の向きに向きづけられているとする．このとき，ストークスの定理を用いて次の線積分を求めよ．

$$I=\oint_C\{(x+z)\boldsymbol{i}+(z-y)\boldsymbol{j}+(x+y)\boldsymbol{k}\}\cdot d\boldsymbol{r}$$

問4　Cは円柱 $x^2+y^2=1$ と平面 $x+y+z=1$ の交線であり，Cには原点の側からみて時計のまわりを正の向きに向きづけられているとする．このとき，ストークスの定理を用いて次の線積分を求めよ．

$$I=\oint_C\{(-y^3)\boldsymbol{i}+x^3\boldsymbol{j}+z^2\boldsymbol{k}\}\cdot d\boldsymbol{r}$$

ストークスの定理は，閉曲線C上の線積分とCを縁にもつ曲面Sに沿う面積分との関係を与える定理であって，極めて応用範囲が広い．特に，電磁気理論への応用は重要である．電磁気学における基本的なベクトル場として，**電場** $\boldsymbol{E}$，**電束密度** $\boldsymbol{D}$，**電流密度** $\boldsymbol{J}$，**磁場** $\boldsymbol{H}$，**磁束密度** $\boldsymbol{B}$ がある．電場や磁場は媒質を必要とせず，真空中でも場だけで存在する．しかも，これらのベクトルは空間の点の位置だけでなく，時間にも依存して変動し，C^2 級であるとする．媒質の**誘電率** ε，**伝導率** σ，**透磁率** μ，**電荷密度** ρ，電荷速度 $\boldsymbol{v}$ を用いると

$$\boldsymbol{D}=\varepsilon\boldsymbol{E},\qquad \boldsymbol{B}=\mu\boldsymbol{H},\qquad \boldsymbol{J}=\rho\boldsymbol{v}=\sigma\boldsymbol{E}$$

という関係が成り立つ．一般の媒質中の**マックスウェルの（電磁）方程式**は，電磁気学におけるもっとも基本的な方程式で，次のように表される．

$$\text{(M 1)}\quad \mathrm{rot}\,\boldsymbol{E}=-\frac{\partial\boldsymbol{B}}{\partial t}.$$

$$\text{(M 2)}\quad \mathrm{rot}\,\boldsymbol{H}=\boldsymbol{J}+\frac{\partial\boldsymbol{D}}{\partial t}.$$

$$\text{(M 3)}\quad \mathrm{div}\,\boldsymbol{D}=\rho.$$

$$\text{(M 4)}\quad \mathrm{div}\,\boldsymbol{B}=0.$$

マックスウェルの方程式において，特に，$\rho=0$，$\boldsymbol{J}=\boldsymbol{O}$ の場合を考える．

このとき

$$\text{rot rot}\,\boldsymbol{E} = \nabla(\text{div}\,\boldsymbol{E}) - \nabla^2\boldsymbol{E} = -\nabla^2\boldsymbol{E},$$

$$\text{rot rot}\,\boldsymbol{E} = -\text{rot}\left(\frac{\partial\boldsymbol{B}}{\partial t}\right) = -\mu\frac{\partial}{\partial t}(\text{rot}\,\boldsymbol{H}) = -\varepsilon\mu\frac{\partial^2\boldsymbol{E}}{\partial t^2},$$

$$\text{rot rot}\,\boldsymbol{H} = \nabla(\text{div}\,\boldsymbol{H}) - \nabla^2\boldsymbol{H} = -\nabla^2\boldsymbol{H},$$

$$\text{rot rot}\,\boldsymbol{H} = \varepsilon\frac{\partial}{\partial t}(\text{rot}\,\boldsymbol{E}) = -\varepsilon\frac{\partial}{\partial t}\left(\frac{\partial\boldsymbol{B}}{\partial t}\right) = -\varepsilon\mu\frac{\partial^2\boldsymbol{H}}{\partial t^2}.$$

したがって，これから次の**波動方程式**

$$\nabla^2\boldsymbol{E} = \varepsilon\mu\frac{\partial^2\boldsymbol{E}}{\partial t^2}$$

$$\nabla^2\boldsymbol{H} = \varepsilon\mu\frac{\partial^2\boldsymbol{H}}{\partial t^2}$$

が得られる．これは，時間に依存する電磁場が波としての性質をもっていることを意味しており，電磁波は $v = 1/\sqrt{\varepsilon\mu}$ の速さで伝播することを示している．ちなみに，真空中での波動方程式は，$\varepsilon = \varepsilon_0$，$\mu = \mu_0$ の場合で

$$\nabla^2\boldsymbol{E} = \varepsilon_0\mu_0\frac{\partial^2\boldsymbol{E}}{\partial t^2},$$

$$\nabla^2\boldsymbol{H} = \varepsilon_0\mu_0\frac{\partial^2\boldsymbol{H}}{\partial t^2},$$

$$c_0 = \frac{1}{\sqrt{\varepsilon_0\mu_0}}.$$

この波動方程式は光の本質と深く結びついている．ニュートンの光の粒子説に対して，ヤング，フレネルらによって**光の波動説**が唱えられ，真空中を伝わる電磁波の速さ c_0 が光の速さに一致することから，マックスウエル，ヘルツに至って**光の電磁波説**が定着した．その後，アインシュタイン，ド・ブローイ，ハイゼンベルクらによる**光量子説**により，光を一種の物質の粒子 **“フォトン”** であると考える概念が確立され，近代物理学の基礎が築かれたことはよく知られている通りである．マックスウエルの方程式とストークスの定理から電磁気学におけるいくつかの重要な法則を導くことができる．

例 1（**アンペールの法則**（**回路定理**））　電流によって作られる磁場内で任意

にとられた単一閉曲線をCとし，Cを縁にもつ区分的に滑らかで C^2 級の曲面をSとする．このとき，Cに沿った $\boldsymbol{H}$ の線積分はSを貫く電流の和に等しい．すなわち，マックスウエルの方程式(M 2)とストークスの定理から

$$\text{起磁力}：\oint_{\mathrm{C}} \boldsymbol{H}\cdot d\boldsymbol{r} = \int_{\mathrm{S}} \mathbf{n}\cdot\mathrm{rot}\,\boldsymbol{H}\,dS$$

$$= \int_{\mathrm{S}} \boldsymbol{n}\cdot\left(\boldsymbol{J}+\frac{\partial \boldsymbol{D}}{\partial t}\right) dS = (S\text{ を貫く全電流})$$

が成り立つ．これを**アンペールの法則**(**回路定理**)という．特に，定常電流によって作られる静磁場においては，$\partial\boldsymbol{D}/\partial t = \boldsymbol{O}$ であるから

$$\oint_{\mathrm{C}} \boldsymbol{H}\cdot d\boldsymbol{r} = \int_{\mathrm{S}} \boldsymbol{n}\cdot\boldsymbol{J}\,dS = I = (\mathrm{S}\text{ を貫く全電流}).$$

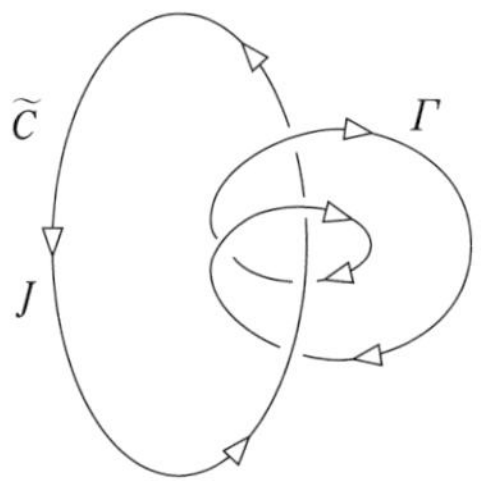

($\boldsymbol{n}=2$ の場合)

図 5-16

定常電流は端のない環状電流である．いま，環状の導線回路 $\widetilde{\mathrm{C}}$ を縁にもつ曲面を $\widetilde{\mathrm{S}}$ とする．$\widetilde{\mathrm{S}}$ の表裏を，$\widetilde{\mathrm{C}}$ を正の向きに一周するとき，$\widetilde{\mathrm{S}}$ の表側が左に見えるように定める．また，別に $\widetilde{\mathrm{C}}$ と交わらない閉曲線 Γ を考え，$\widetilde{\mathrm{C}}$ のまわりを n 回とりまいているとする．ここで，n は整数で，n の正，負を次のように定める．$\widetilde{\mathrm{C}}$ 上を正の向きに進むとき，$\widetilde{\mathrm{S}}$ を裏から表へ貫くときに n は正，$\widetilde{\mathrm{S}}$ の表から裏へ貫くときに n は負とする．このとき，$\widetilde{\mathrm{C}}$ に一定の強さ J の定常電流が流れるならば，アンペールの法則は

$$\oint_{\Gamma} \boldsymbol{H}\cdot d\boldsymbol{r} = nJ$$

となる．

例 2(**ファラディの電磁誘導法則**)　磁束密度が時間的に変化し，磁力線の変

動によって電場ができる．ここで，任意にとられた単一閉曲線をCとし，Cを縁にもつ区分的に滑らかで C^2 級の曲面をSとする．このとき，Cに沿った $\boldsymbol{E}$ の線積分はSを貫く磁束の減少速度に等しい．すなわち，マックスウェルの方程式（M 1）とストークスの定理から

$$\text{起電力}: \oint_{\mathrm{C}} \boldsymbol{E}\cdot d\boldsymbol{r} = \int_{\mathrm{S}} \boldsymbol{n}\cdot\mathrm{rot}\,\boldsymbol{E}\,dS = -\frac{d}{dt}\int_{\mathrm{S}} \boldsymbol{n}\cdot\boldsymbol{B}\,dS$$

が成り立つ．これを**ファラディの電磁誘導法則**という．

例 3（**ビオ・サバールの法則**）　線状導線回路Cを一定の強さ I の定常電流が流れるとき，Cの外の点 $\mathrm{P}(\boldsymbol{r})$ に生ずる磁場の強さを考える．このとき，導線Cは閉じた回路である．マックスウエルの方程式（M 2），（M 4）によれば

$$\mathrm{rot}\,\boldsymbol{H} = \boldsymbol{J}\left(\frac{\partial \boldsymbol{D}}{\partial t} = \boldsymbol{O}\right), \quad \mathrm{div}\,\boldsymbol{B} = 0.$$

ところで，$\boldsymbol{H}, \boldsymbol{B}$ は $\mathbf{R}^3$ で定義され，有界な星状領域Uがあって，Uの外では $\boldsymbol{O}$ であるとしてよい．したがって，§3.5，定理2により

$$\boldsymbol{B} = \mathrm{rot}\,\boldsymbol{A}$$

をみたすベクトル・ポテンシャル $\boldsymbol{A}$ が存在する．任意の C^2 級のスカラー場 φ に対して $\mathrm{rot}(\nabla\varphi) = \boldsymbol{o}$ となるから，$\boldsymbol{A}$ の他に

$$\boldsymbol{A}+\nabla\varphi$$

もまた $\boldsymbol{B}$ のベクトル・ポテンシャルとなり，このように，ベクトル・ポテンシャルは無数に存在する．このような不確定性を避けるために通例条件として

$$\mathrm{div}\,\boldsymbol{A} = 0$$

をつけ加える．このとき

$$\mathrm{rot}\,\mathrm{rot}\,\boldsymbol{A} = \nabla(\mathrm{div}\,\boldsymbol{A}) - \nabla^2\boldsymbol{A} = -\nabla^2\boldsymbol{A}$$

となり，$\boldsymbol{A}$ はポアソンの方程式

$$\nabla^2\boldsymbol{A} = -\mu\,\mathrm{rot}\,\boldsymbol{H} = -\mu\boldsymbol{J}$$

をみたす．したがって，空間から導線Cを除いたところの点 $\mathrm{P}(\boldsymbol{r})$ に対して

$$\boldsymbol{A}(\boldsymbol{r}) = \frac{\mu}{4\pi}\int_{\mathrm{V}} \frac{\boldsymbol{J}(\boldsymbol{r}')}{|\boldsymbol{r}-\boldsymbol{r}'|}\,dV(\boldsymbol{r}')$$

が成り立つ（§5.3，定理4参照）．ここで，導線回路の断面Sの面積は $A(\mathrm{S}) > 0$ で，Vは導線の内部を表し，$\boldsymbol{J}$ はVの境界面上には分布していない

とする．このとき，電流が流れる方向にSの単位法線ベクトル $\boldsymbol{n}$ をとると

$$I=\int_{\mathrm{S}}\boldsymbol{n}\cdot\boldsymbol{J}\,dS$$

であり，微分と積分の順序が交換可能であるから

$$\boldsymbol{B}(\boldsymbol{r})=\mathrm{rot}\,\boldsymbol{A}(\boldsymbol{r})=\frac{\mu}{4\pi}\int_{\mathrm{V}}\nabla\times\left(\frac{\boldsymbol{J}(\boldsymbol{r}')}{|\boldsymbol{r}-\boldsymbol{r}'|}\right)dV(\boldsymbol{r}')$$
$$=\frac{\mu}{4\pi}\int_{\mathrm{V}}\frac{\boldsymbol{J}(\boldsymbol{r}')\times(\boldsymbol{r}-\boldsymbol{r}')}{|\boldsymbol{r}-\boldsymbol{r}'|^3}dV(\boldsymbol{r}')$$

または

$$\boldsymbol{H}(\boldsymbol{r})=\frac{1}{4\pi}\int_{\mathrm{V}}\frac{\boldsymbol{J}(\boldsymbol{r}')\times(\boldsymbol{r}-\boldsymbol{r}')}{|\boldsymbol{r}-\boldsymbol{r}'|^3}dV(\boldsymbol{r}')$$

を得る．これを**ビオ・サバールの法則**という．電流が断面積 $A(\mathrm{S})$ の線状導体中を流れる場合は，$I\,d\boldsymbol{r}'=\boldsymbol{J}(\boldsymbol{r}')dV(\boldsymbol{r}')$ という関係を用いると，ビオ・サバールの法則は

$$\boldsymbol{B}(\boldsymbol{r})=\frac{\mu I}{4\pi}\oint_{\mathrm{C}}\frac{d\boldsymbol{r}'\times(\boldsymbol{r}-\boldsymbol{r}')}{|\boldsymbol{r}-\boldsymbol{r}'|^3}$$

または

$$\boldsymbol{H}(\boldsymbol{r})=\frac{I}{4\pi}\oint_{\mathrm{C}}\frac{d\boldsymbol{r}'\times(\boldsymbol{r}-\boldsymbol{r}')}{|\boldsymbol{r}-\boldsymbol{r}'|^3}$$

となる．

注意1 現在，単独の磁荷は存在せず，いつもN極とS極の対(磁気モーメント)になっていると考えられているが，単独の磁荷の存在を仮定するならば，ビオ・サバールの法則に対して以下のような説明も可能である．磁束密度 $\boldsymbol{B}$ の磁場の中で動く電荷 q_{e} の速度を $\boldsymbol{v}$ とするとき，電荷 q_{e} が $\boldsymbol{B}$ から受ける力は

$$\boldsymbol{F}=q_{\mathrm{e}}\boldsymbol{v}\times\boldsymbol{B}$$

で表される．また，磁束密度 $\boldsymbol{B}$ および電場 $\boldsymbol{E}$ が両方ある空間の中で速度 $\boldsymbol{v}$ の電荷 q_{e} が電磁場から受ける力は

$$\boldsymbol{F}=q_{\mathrm{e}}(\boldsymbol{E}+\boldsymbol{v}\times\boldsymbol{B})$$

で表される．この $\boldsymbol{F}$ を**ローレンツの力**という．さて，$\mu=\mu_0$ の場合を考える．位置ベクトル $\boldsymbol{r}$ の点Pにある磁荷 q_{m} は位置ベクトル $\boldsymbol{r}'$ の点Qを含むCの微小部分 $d\boldsymbol{r}'$ に**クーロン磁場**

$$\boldsymbol{B}'=\frac{\mu_0}{4\pi}\cdot\frac{q_{\mathrm{m}}(\boldsymbol{r}'-\boldsymbol{r})}{|\boldsymbol{r}-\boldsymbol{r}'|^3}$$

を作る．したがって，電流回路Cが磁荷 q_{m} から受ける力は，導線の断面積が

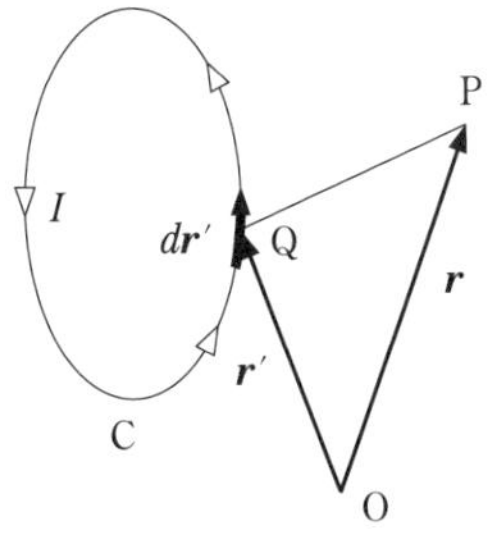

図 5-17

$A(\boldsymbol{S})>0$ のとき

$$dF' = \rho \boldsymbol{v}\times \boldsymbol{B}'\,dV(\boldsymbol{r}') = \boldsymbol{J}(\boldsymbol{r}')\times \boldsymbol{B}'dV(\boldsymbol{r}') = I\,d\boldsymbol{r}'\times \boldsymbol{B}'$$

であるから

$$\boldsymbol{F}'(\boldsymbol{r}) = \frac{\mu_0 q_{\mathrm{m}} I}{4\pi}\oint_{\mathrm{C}} \frac{d\boldsymbol{r}'\times(\boldsymbol{r}'-\boldsymbol{r})}{|\boldsymbol{r}-\boldsymbol{r}'|^3}.$$

一方，回路 C が点 P に作る磁場の磁束密度を $\boldsymbol{B}$ とすると，回路 C が磁荷 q_{m} に及ぼす力は

$$\boldsymbol{F}(\boldsymbol{r}) = q_{\mathrm{m}}\boldsymbol{B}(\boldsymbol{r})$$

である．したがって，ニュートンの作用反作用の法則により $\boldsymbol{F} = -\boldsymbol{F}'$ が成り立つから，ビオ・サバールの法則

$$\boldsymbol{B}(\boldsymbol{r}) = \frac{\mu_0 I}{4\pi}\oint_{\mathrm{C}} \frac{d\boldsymbol{r}'\times(\boldsymbol{r}-\boldsymbol{r}')}{|\boldsymbol{r}-\boldsymbol{r}'|^3}$$

または

$$\boldsymbol{H}(\boldsymbol{r}) = \frac{I}{4\pi}\oint_{\mathrm{C}} \frac{d\boldsymbol{r}'\times(\boldsymbol{r}-\boldsymbol{r}')}{|\boldsymbol{r}-\boldsymbol{r}'|^3}$$

を得る．

例 4（ガウスの法則）　任意の区分的に滑らかな有界閉曲線 S で囲まれる領域を V とし，S の正の向きの単位法線ベクトルを $\boldsymbol{n}$ とする．マックスウェルの方程式（M 3）を V で積分し，ガウスの発散定理（§5.1，定理 1）を用いれば

$$\int_{\mathrm{V}} \mathrm{div}\,\boldsymbol{D}\,dV = \oint_{\mathrm{S}} \boldsymbol{D}\cdot\boldsymbol{n}\,dS$$

が成り立つ．一方

$$\int_{\mathrm{V}} \rho\,dV = (\text{S の内部の全電荷})$$

であるから

$$\oint_S \boldsymbol{D}\cdot\boldsymbol{n}\,dS = (\text{S の内部の全電荷})$$

が得られる．これは§5.2，例2の**静電場におけるガウスの法則**に他ならない．また，マックスウェルの方程式 (M 4) を V で積分し，ガウスの発散定理を用いれば

$$\oint_S \boldsymbol{B}\cdot\boldsymbol{n}\,dS = 0$$

が得られる．この式は**静磁場におけるガウスの法則**と呼ばれる．

注意2　電場の電束密度が時間的に変化し，電気力線が移動すると，アンペールの法則により磁場ができる．また，磁場の磁束密度が時間的に変化し，磁力線が移動すると，ファラディの法則により電場ができる．たとえば，閉じた導線回路に一定の強さの定常電流を流すと，ビオ・サバールの法則によって回路のまわりの点における磁場の強さが求められる．このように，電場と磁場は相互に作用し合い，密接に結びついていることを示しているのがマックスウエルの電磁方程式である．

これまでの議論とは逆に，上記の種々の法則からマックスウエルの方程式を導くことができる．例2において時間に関係なく任意にとられた単一閉曲線Cを縁にもつ曲面Sに対して，ファラディの法則とストークスの定理によって

$$\int_S \boldsymbol{n}\cdot\mathrm{rot}\,\boldsymbol{E}\,dS = \int_S \boldsymbol{n}\cdot\left(-\frac{\partial \boldsymbol{B}}{\partial t}\right)dS.$$

したがって，Sは任意と考えてよいから，§4.2，定理3により

$$(\text{M 1})\quad \mathrm{rot}\,\boldsymbol{E} = -\frac{\partial \boldsymbol{B}}{\partial t}$$

を得る．したがって，(M 1) とファラディの法則とは同値であり，微分形 (M 1) を積分形に表現したものがファラディの法則なのである．また，例1において時間に関係なく，任意にとられた単一閉曲線Cを縁にもつ曲面Sに対して，アンペールの法則とストークスの定理によって

$$\int_S \boldsymbol{n}\cdot\mathrm{rot}\,\boldsymbol{H}\,dS = \int_S \boldsymbol{n}\cdot\left(\boldsymbol{J}+\frac{\partial \boldsymbol{D}}{\partial t}\right)dS.$$

したがって，§4.2，定理3により

$$\text{(M 2)}\quad \mathrm{rot}\,\boldsymbol{H} = \boldsymbol{J} + \frac{\partial \boldsymbol{D}}{\partial t}.$$

これで，微分形の (M 2) と積分形のアンペールの法則とが同値であることも示された．

次に，ガウスの法則からマックスウェルの方程式 (M 3)，(M 4) を導くことができる．実際，例 4 において任意にとられた有界領域 V とその境界面 S について，静電場，静磁場に関するガウスの法則と発散定理（§5.1，定理 1）を用いれば

$$\int_{\mathrm{V}} \mathrm{div}\,\boldsymbol{D}\,dV = \oint_{\mathrm{S}} \boldsymbol{D}\cdot\boldsymbol{n}\,dS = \int_{\mathrm{V}} \rho\,dV,$$

$$\int_{\mathrm{V}} \mathrm{div}\,\boldsymbol{B}\,dV = 0$$

が成り立つ．したがって，V の任意性により

$$\text{(M 3)}\quad \mathrm{div}\,\boldsymbol{D} = \rho, \qquad\qquad \text{(M 4)}\quad \mathrm{div}\,\boldsymbol{B} = 0.$$

これで微分形 (M 3)，(M 4) がそれぞれ静電場，静磁場に関する積分形のガウスの法則と同値であることが示された．

例題 3　xy 平面上の原点 O を中心とし，半径 a の，太さを無視した円形回路（コイル）C を反時計まわりに一定の強さ I の定常電流が流れるとき，これによって z 軸に生ずる磁場 $\boldsymbol{H}$ を求めよ．

解　z 軸上に任意の点 $\mathrm{P}(0,0,z)$ をとり，$\boldsymbol{r} = z\boldsymbol{k}$，$\boldsymbol{r}' = x\boldsymbol{i} + y\boldsymbol{j}$ とすると

$$\boldsymbol{H}(0,0,z) = \frac{I}{4\pi}\oint_{\mathrm{C}} \frac{(dx\,\boldsymbol{i} + dy\,\boldsymbol{j})\times(-x\boldsymbol{i} - y\boldsymbol{j} + z\boldsymbol{k})}{(x^2+y^2+z^2)^{3/2}}$$
$$= \frac{I}{4\pi}\oint_{\mathrm{C}} \frac{z\,dy\,\boldsymbol{i} - z\,dx\,\boldsymbol{j} + (-y\,dx + x\,dy)\boldsymbol{k}}{(x^2+y^2+z^2)^{3/2}}.$$

ここで，C のパラメータ表示

$$x = a\cos\theta, \quad y = a\sin\theta \qquad (0 \leqq \theta \leqq 2\pi)$$

を用いると

$$dx = -a\sin\theta\,d\theta, \quad dy = a\cos\theta\,d\theta \qquad (0 \leqq \theta \leqq 2\pi)$$

であるから

$$\boldsymbol{H}(0,0,z) = \frac{I}{4\pi(a^2+z^2)^{3/2}}\int_0^{2\pi}(az\cos\theta\boldsymbol{i} + az\sin\theta\boldsymbol{j} + a^2\boldsymbol{k})d\theta = \frac{a^2 I}{2(a^2+z^2)^{3/2}}\boldsymbol{k}.$$

問 5　例題 3 における電流 I と磁場 $\boldsymbol{H}$ に対して

$$\int_{-\infty}^{\infty} \boldsymbol{H}\cdot d\boldsymbol{r} = I$$

が成り立つことを示せ．

問6　z 軸に沿って正の方向に一定の強さ I の定常電流が流れているとき，xy 平面上の原点Oを中心とし，半径 a の円周Cに生ずる磁場 $\boldsymbol{H}$ とその大きさを求めよ．また，Cが反時計まわりに向きづけられているとき，電流 I と磁場 $\boldsymbol{H}$ に対して

$$\oint_{\mathrm{C}} \boldsymbol{H}\cdot d\boldsymbol{r} = I$$

が成り立つことを示せ．（定常電流が流れる導線は閉じた回路でなければならないが，z 軸を流れる直線電流は物理的には非常に大きい閉じた回路の一部分を近似的に表したものと考える）

注意3　電場 $\boldsymbol{E}$ と磁場 $\boldsymbol{H}$ が時間的・空間的に変動して波として伝わる現象を**電磁波**という．電磁波ではその進行方向にエネルギーが流れており，この流れは**ポインティング・ベクトル**と呼ばれる $\boldsymbol{P} = \boldsymbol{E}\times\boldsymbol{H}$ で表される．その大きさ $|\boldsymbol{P}|$ は $\boldsymbol{P}$ に垂直な曲面の単位面積を通って，単位時間の間に流れるエネルギーの束としての総量である．また，電磁場のエネルギー密度 W は

$$W=\frac{1}{2}(\boldsymbol{E}\cdot\boldsymbol{D}+\boldsymbol{H}\cdot\boldsymbol{B})$$

で定義される．

問7　誘電率 ε，透磁率 μ が位置によって変化しない等方性媒質内で，次の**エネルギー保存則**の方程式

$$\frac{\partial W}{\partial t} = -(\nabla\cdot\boldsymbol{P}+\boldsymbol{J}\cdot\boldsymbol{E})$$

が成り立つことを示せ．

§5.5　渦運動と循環（流体力学への応用）

ベクトル場の回転的性質は剛体の回転運動のみならず，流体の渦運動と深く関係している．また，渦運動の強さは循環で表すことができる．さて，C^2 級のベクトル場 $\boldsymbol{F}$ が与えられているとする．$\boldsymbol{F}$ の回転を $\boldsymbol{F}$ の**渦度**といい，記号 $\boldsymbol{\Omega}[\boldsymbol{F}] \equiv \mathrm{rot}\,\boldsymbol{F}$ で表す．ベクトル場 $\boldsymbol{F}$ における運動は $\boldsymbol{\Omega}[\boldsymbol{F}] = \boldsymbol{O}$ のとき，**渦なし運動（非回転運動）**といい，そうでないときは**渦運動（渦効果のある運動）**という．渦度 $\boldsymbol{\Omega}[\boldsymbol{F}]$ の流線は $\boldsymbol{F}$ の**渦線**と呼ばれる．1つの閉曲線Cを通る $\boldsymbol{F}$ のすべての渦線によって形成される管状の曲面を $\boldsymbol{F}$ の**渦管**といい，$\Gamma_{\mathrm{C}}[\boldsymbol{F}]$ で表す．$\Gamma_{\mathrm{C}}[\boldsymbol{F}]$ に垂直な外向きの単位法線ベクトルを $\boldsymbol{n}_0$ とすると，$\Gamma_{\mathrm{C}}[\boldsymbol{F}]$ 上では常に

$$\boldsymbol{n}_0\cdot\boldsymbol{\Omega}[\boldsymbol{F}] = \boldsymbol{n}_0\cdot\mathrm{rot}\,\boldsymbol{F} = 0$$

が成り立ち，この性質は渦管の重要な特徴の1つである．

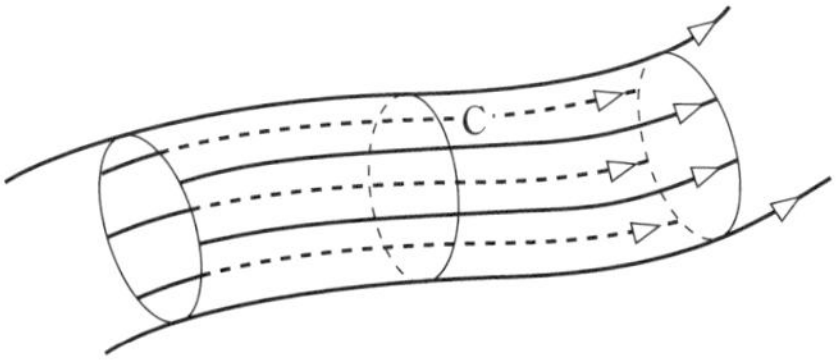

図 5-18 渦管

$\boldsymbol{F}$ は C^2 級であるから，$\mathrm{div}\,(\mathrm{rot}\,\boldsymbol{F})=0$ となり，$\mathrm{rot}\,\boldsymbol{F}$ には湧き出しも吸い込みもなく，渦線は両端が無限遠にのびるか，環状につづいているか，あるいはベクトル場の境界まで達して終わる．渦運動のあるところで，渦線をめぐって単一閉曲線 C をえがき，C を縁にもつ C^2 級の滑らかな曲面を S とし，渦線の向きに S の正の向きの単位法線ベクトル $\boldsymbol{n}$ をとる．このとき，曲線 C をめぐる**渦運動の強さ**を

$$\int_{\mathrm{S}} \boldsymbol{n}\cdot\boldsymbol{\Omega}[\boldsymbol{F}]\,dS$$

で定義する．ストークスの定理によれば，この面積分は次の線積分

$$\gamma_{\boldsymbol{F}}[\mathrm{C}] \equiv \oint_{\mathrm{C}} \boldsymbol{F}\cdot d\boldsymbol{r}$$

に等しい．$\gamma_{\boldsymbol{F}}[\mathrm{C}]$ を曲線 C に関する $\boldsymbol{F}$ の**循環**(**渦量または環流量**)という．特に，S が渦管 $\Gamma_{\mathrm{C}}[\boldsymbol{F}]$ の，曲線 C を境界とする横断面であるとき，渦運動の強さを**渦管 $\Gamma_{\mathrm{C}}[\boldsymbol{F}]$ の強さ**という．

> **定理 1** 渦管 $\Gamma_{\mathrm{C}}[\boldsymbol{F}]$ において，渦管の強さは，$\Gamma_{\mathrm{C}}[\boldsymbol{F}]$ の側面を 1 周する閉曲線のとり方に関係なく一定である．

証明 渦管の側面を 1 周する (向きづけられた) 任意の 2 つの閉曲線 $\mathrm{C}_1, \mathrm{C}_2$ における横断面をそれぞれ $\mathrm{S}_1, \mathrm{S}_2$ とし，それらの間にある渦管の側面を S，また，$\mathrm{S}_1, \mathrm{S}_2$, S で囲まれる領域を V とする．ここで，$\mathrm{S}_1, \mathrm{S}_2$ の単位法線ベクトル $\boldsymbol{n}_1, \boldsymbol{n}_2$ の正の向きはいずれも渦線の向きとする．このとき

$$\nabla\cdot\boldsymbol{\Omega}[\boldsymbol{F}] = \mathrm{div}(\mathrm{rot}\,\boldsymbol{F}) = 0$$

$$\boldsymbol{n}_0\cdot\boldsymbol{\Omega}[\boldsymbol{F}] = 0\ (\text{S 上で})$$

であるから，ガウスの発散定理により

$$0=\int_{\mathrm{V}}\nabla\cdot\boldsymbol{\Omega}[\boldsymbol{F}]\,dV=-\int_{\mathrm{S}_1}\boldsymbol{n}_1\cdot\boldsymbol{\Omega}[\boldsymbol{F}]\,dS+\int_{\mathrm{S}}\boldsymbol{n}_0\cdot\boldsymbol{\Omega}[\boldsymbol{F}]\,dS+\int_{\mathrm{S}_2}\boldsymbol{n}_2\cdot\boldsymbol{\Omega}[\boldsymbol{F}]\,dS$$

$$=-\int_{\mathrm{S}_1}\boldsymbol{n}_1\cdot\boldsymbol{\Omega}[\boldsymbol{F}]\,dS+\int_{\mathrm{S}_2}\boldsymbol{n}_2\cdot\boldsymbol{\Omega}[\boldsymbol{F}]\,dS.$$

したがって

$$\int_{\mathrm{S}_1}\boldsymbol{n}_1\cdot\boldsymbol{\Omega}[\boldsymbol{F}]\,dS=\int_{\mathrm{S}_2}\boldsymbol{n}_2\cdot\boldsymbol{\Omega}[\boldsymbol{F}]\,dS$$

を得る．この関係式はストークスの定理を用いると

$$\oint_{\mathrm{C}_1}\boldsymbol{F}\cdot d\boldsymbol{r}=\oint_{\mathrm{C}_2}\boldsymbol{F}\cdot d\boldsymbol{r}$$

となる． ▨

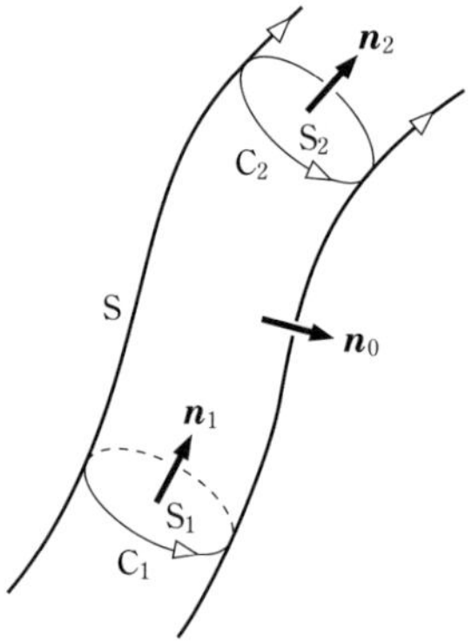

図 5-19

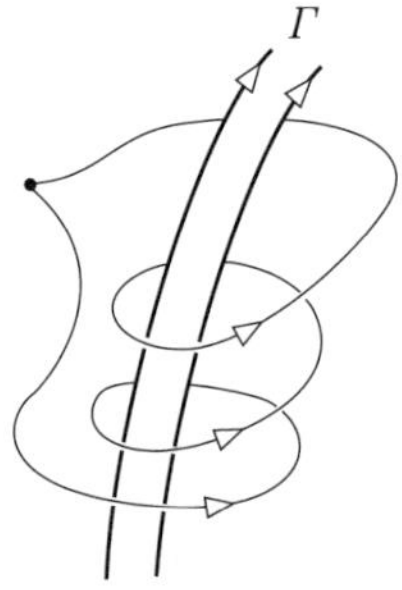

図 5-20

注意1　閉曲線Cが渦管の側面上にあって，渦管を1周しないならば，ストークスの定理により，Cで囲まれた渦管の側面上の曲面をSとして

$$\oint_{\mathrm{C}}\boldsymbol{F}\cdot d\boldsymbol{r}=\int_{\mathrm{S}}\boldsymbol{n}_0\cdot\boldsymbol{\Omega}[\boldsymbol{F}]\,dS=0.$$

注意2　ベクトル場 $\boldsymbol{F}$ に渦運動がないときは，任意の（向きづけられた）閉曲線Cとそれを縁にもつ C^2 級の滑らかな曲面Sに対して

$$\oint_{\mathrm{C}}\boldsymbol{F}\cdot d\boldsymbol{r}=\int_{\mathrm{S}}\boldsymbol{n}\cdot\boldsymbol{\Omega}[\boldsymbol{F}]\,dS=0.$$

ただし，$\boldsymbol{n}$ は曲面 S の正の向きの単位法線ベクトルである．また，このベクトル場に渦管 Γ があるとき，Γ を n 周する閉曲線を C_n とすると

$$\oint_{C_n} \boldsymbol{F}\cdot d\boldsymbol{r} = n\times(\Gamma \text{ の強さ})$$

が成り立つ．

次に $\boldsymbol{F}$ が流体の C^2 級の速度ベクトル場 $\boldsymbol{v}$ である場合を考える．

> **定理 2（ケルヴィンの定理（循環の保存法則））**　C^1 級の密度 ρ をもつ完全流体が次の 2 つの条件
>
> （I）　流体に作用する単位質量あたりの外力 $\boldsymbol{F}$ は連続な保存力場である．
>
> （II）　流体の密度 ρ は C^1 級の圧力 p だけの関数である．
>
> をみたすならば流体と共に動く単一閉曲線 C_t に対する $\boldsymbol{v}$ の循環 $\gamma_{\boldsymbol{v}}[\mathrm{C}_t]$ は時間の経過に関して不変である．

証明　閉曲線 C_t の正のパラメータ表示を

$$\boldsymbol{r} = \boldsymbol{r}(u,t) = x(u,t)\boldsymbol{i}+y(u,t)\boldsymbol{j}+z(u,t)\boldsymbol{k} \qquad (\alpha \leqq u \leqq \beta)$$

とする．$\boldsymbol{r}(\alpha,t) = \boldsymbol{r}(\beta,t)$ であるから，$\alpha<\gamma<\beta$ となる任意の γ に対して

$$\mathrm{C}_t{}^{(1)} : \boldsymbol{r} = \boldsymbol{r}(u,t) \qquad (\alpha \leqq u \leqq \gamma)$$

$$\mathrm{C}_t{}^{(2)} : \boldsymbol{r} = \boldsymbol{r}(u,t) \qquad (\gamma \leqq u \leqq \beta)$$

とおくと，$\mathrm{C}_t = \mathrm{C}_t{}^{(1)}+\mathrm{C}_t{}^{(2)}$ が成り立つ．ベクトル場の線積分の定義によれば

$$\int_{\mathrm{C}_t{}^{(1)}} \boldsymbol{v}\cdot d\boldsymbol{r} = \int_\alpha^\gamma \boldsymbol{v}(t,x(u,t),y(u,t),z(u,t))\cdot\frac{\partial \boldsymbol{r}}{\partial u}\,du$$

となる．したがって

$$\begin{aligned}\frac{d}{dt}\int_{\mathrm{C}_t{}^{(1)}} \boldsymbol{v}\cdot d\boldsymbol{r} &= \int_\alpha^\gamma \frac{\partial}{\partial t}\left[\boldsymbol{v}(t,x(u,t),y(u,t),z(u,t))\cdot\frac{\partial \boldsymbol{r}}{\partial u}\right]du \\ &= \int_{\mathrm{C}_t{}^{(1)}}\left[\frac{\partial \boldsymbol{v}}{\partial t}+(\boldsymbol{v}\cdot\nabla)\boldsymbol{v}\right]\cdot d\boldsymbol{r}+\frac{1}{2}\int_\alpha^\gamma \frac{\partial}{\partial u}(\boldsymbol{v}\cdot\boldsymbol{v})\,du.\end{aligned}$$

同様に，

$$\frac{d}{dt}\int_{\mathrm{C}_t{}^{(2)}} \boldsymbol{v}\cdot d\boldsymbol{r} = \int_{\mathrm{C}_t{}^{(2)}}\left[\frac{\partial \boldsymbol{v}}{\partial t}+(\boldsymbol{v}\cdot\nabla)\boldsymbol{v}\right]\cdot d\boldsymbol{r}+\frac{1}{2}\int_\gamma^\beta \frac{\partial}{\partial u}(\boldsymbol{v}\cdot\boldsymbol{v})du.$$

ところで，オイラーの運動方程式によれば

$$\frac{d\boldsymbol{v}}{dt}=\frac{\partial \boldsymbol{v}}{\partial t}+(\boldsymbol{v}\cdot\nabla)\boldsymbol{v}=\boldsymbol{F}-\frac{1}{\rho}\nabla p.$$

$\boldsymbol{F}$ は連続な保存力場であるから，$\boldsymbol{F}=-\nabla U$ となる C^1 級のスカラー・ポテンシャル U が存在する．また

$$P=P(p)=\int_{p_0}^{p}\frac{1}{\rho}\,dp$$

で P を定義すると

$$dP=\frac{1}{\rho}dp \quad \text{よって} \quad \nabla P=\frac{1}{\rho}\nabla p$$

が成り立つ．したがって，$\dfrac{d\boldsymbol{v}}{dt}$ は $U+P$ をスカラー・ポテンシャルにもつから

$$\oint_{\mathrm{C}_t}\frac{d\boldsymbol{v}}{dt}\cdot d\boldsymbol{r}=\int_{\mathrm{C}_t{}^{(1)}}\frac{d\boldsymbol{v}}{dt}\cdot d\boldsymbol{r}+\int_{\mathrm{C}_t{}^{(2)}}\frac{d\boldsymbol{v}}{dt}\cdot d\boldsymbol{r}$$
$$=\oint_{\mathrm{C}_t}\nabla(U+P)\cdot d\boldsymbol{r}=0.$$

また，$\boldsymbol{v}(t,\boldsymbol{r}(\alpha,t))=\boldsymbol{v}(t,\boldsymbol{r}(\beta,t))$であることに注意すれば

$$\frac{1}{2}\int_{\alpha}^{\beta}\frac{\partial}{\partial u}(\boldsymbol{v}\cdot\boldsymbol{v})du=\frac{1}{2}\left\{\int_{\alpha}^{\gamma}\frac{\partial}{\partial u}(\boldsymbol{v}\cdot\boldsymbol{v})du+\int_{\gamma}^{\beta}\frac{\partial}{\partial u}(\boldsymbol{v}\cdot\boldsymbol{v})du\right\}=0.$$

ゆえに，

$$\frac{d}{dt}\oint_{\mathrm{C}_t}\boldsymbol{v}\cdot d\boldsymbol{r}=\frac{d}{dt}\int_{\mathrm{C}_t{}^{(1)}}\boldsymbol{v}\cdot d\boldsymbol{r}+\frac{d}{dt}\int_{\mathrm{C}_t{}^{(2)}}\boldsymbol{v}\cdot d\boldsymbol{r}=0,$$

すなわち

$$\gamma_{\boldsymbol{v}}[\mathrm{C}_t]=\oint_{\mathrm{C}_t}\boldsymbol{v}\cdot d\boldsymbol{r}=\mathrm{const} \quad (t\text{ に関して一定})$$

が成り立つ．　▨

定理3（ヘルムホルツの渦定理） 定理2の条件をみたす完全流体の C^2

級の速度ベクトル場 $\boldsymbol{v}$ に対して，渦管 $\Gamma_{\mathrm{C}}[\boldsymbol{v}]$ は流体と共に動き，その強さは常に一定である．

証明　渦管 $\Gamma_{\mathrm{C}}[\boldsymbol{v}]$ を1周する $\Gamma_{\mathrm{C}}[\boldsymbol{v}]$ 上の任意の（向きづけられた）2つの閉曲線を $\mathrm{C}_1, \mathrm{C}_2$ とする．$\mathrm{C}_1, \mathrm{C}_2$ における $\Gamma_{\mathrm{C}}[\boldsymbol{v}]$ の横断面をそれぞれ $\mathrm{S}_1, \mathrm{S}_2$ とし，$\mathrm{S}_1, \mathrm{S}_2$ の単位法線ベクトル $\boldsymbol{n}_1, \boldsymbol{n}_2$ の正の向きを渦線の向きにとる．そうすると，定理1により

$$\int_{\mathrm{S}_1} \boldsymbol{n}_1 \cdot \boldsymbol{\Omega}[\boldsymbol{v}]\, dS = \oint_{\mathrm{C}_1} \boldsymbol{v} \cdot d\boldsymbol{r} = \oint_{\mathrm{C}_2} \boldsymbol{v} \cdot d\boldsymbol{r} = \int_{\mathrm{S}_2} \boldsymbol{n}_2 \cdot \boldsymbol{\Omega}[\boldsymbol{v}]\, dS$$

が成り立つ．次に，渦管の側面上にあって，$\Gamma_{\mathrm{C}}[\boldsymbol{v}]$ を1周しない単一閉曲線 $\tilde{\mathrm{C}}$ を任意にとる．$\tilde{\mathrm{C}}$ で囲まれる $\Gamma_{\mathrm{C}}[\boldsymbol{v}]$ の部分の曲面を $\mathrm{S}(\tilde{\mathrm{C}})$ とすると

$$\oint_{\tilde{\mathrm{C}}} \boldsymbol{v} \cdot d\boldsymbol{r} = \int_{\mathrm{S}(\tilde{\mathrm{C}})} \boldsymbol{n}_0 \cdot \boldsymbol{\Omega}[\boldsymbol{v}]\, dS = 0.$$

いま，時刻 t の変化にともない，流体と共に $\tilde{\mathrm{C}}$ が単一閉曲線 $\tilde{\mathrm{C}}_t$ に移動し，$\mathrm{S}(\tilde{\mathrm{C}})$ が $\mathrm{S}(\tilde{\mathrm{C}}_t)$ に移るならば，ケルヴィンの定理を用いて

$$\int_{\mathrm{S}(\tilde{\mathrm{C}})} \boldsymbol{n}_0 \cdot \boldsymbol{\Omega}[\boldsymbol{v}]\, dS = \oint_{\tilde{\mathrm{C}}_t} \boldsymbol{v} \cdot d\boldsymbol{r} = \oint_{\tilde{\mathrm{C}}} \boldsymbol{v} \cdot d\boldsymbol{r} = 0$$

となる．したがって，$\tilde{\mathrm{C}}$ の任意性により $\mathrm{S}(\tilde{\mathrm{C}}_t)$ は任意と考えてよいから，渦管 $\Gamma_{\mathrm{C}}[\boldsymbol{v}]$ の時刻 t における状態の曲面上で常に

$$\boldsymbol{n}_0 \cdot \boldsymbol{\Omega}[\boldsymbol{v}] = 0$$

となる．しかし，$\left|\oint_{\mathrm{C}} \boldsymbol{v} \cdot d\boldsymbol{r}\right| > 0$ としてよいから，もし，$\tilde{\mathrm{C}}$ が $\Gamma_{\mathrm{C}}[\boldsymbol{v}]$ を1周するならば

$$\oint_{\tilde{\mathrm{C}}_t} \boldsymbol{v} \cdot d\boldsymbol{r} = \oint_{\tilde{\mathrm{C}}} \boldsymbol{v} \cdot d\boldsymbol{r} = \oint_{\mathrm{C}} \boldsymbol{v} \cdot d\boldsymbol{r} \neq 0.$$

したがって，渦管 $\Gamma_{\mathrm{C}}[\boldsymbol{v}]$ は時刻 t の変化にともない流体と共に動き，$\Gamma_{\mathrm{C}}[\boldsymbol{v}]$ の時刻 t における状態も渦管になっており，渦管の強さは時刻や横断面のとり方に関係なく常に一定である．▨

次に，渦なし運動を考える．流体全域において $\boldsymbol{\Omega}[\boldsymbol{v}] = \boldsymbol{0}$ である流れは**ポテンシャル流**（または**渦なしの流れ**）と呼ばれる．

定理4（ラグランジュの渦定理）　単連結領域Uにおいて定理2の条件をみたす完全流体を考える．この流体の C^2 級の速度ベクトル場 $\boldsymbol{v}$ に対して，時刻 $t=0$ における流体の流れがポテンシャル流であれば，それにつづく任意の時刻においても流れはポテンシャル流である．

証明　Uは単連結領域であるから，この領域内で任意の単一閉曲線Cを縁にもつ区分的に C^2 級で滑らかな曲面S(C)がある．$t=0$ のとき $\boldsymbol{\Omega}[\boldsymbol{v}]=\boldsymbol{O}$ とすると，S(C)の正の向きの単位法線ベクトルを $\boldsymbol{n}$ として，ストークスの定理により

$$\oint_{\mathrm{C}} \boldsymbol{v}\cdot d\boldsymbol{r} = \int_{\mathrm{S(C)}} \boldsymbol{n}\cdot\boldsymbol{\Omega}[\boldsymbol{v}]\,dS = 0$$

である．いま，任意の $t>0$ に対してCが流体と共に動いて C_t になり，そのとき，S(C)が $\mathrm{S(C}_t)$ に移るとすれば，ケルヴィンの定理により

$$\int_{\mathrm{S(C}_t)} \boldsymbol{n}\cdot\boldsymbol{\Omega}[\boldsymbol{v}]\,dS = \oint_{\mathrm{C}_t} \boldsymbol{v}\cdot d\boldsymbol{r} = \oint_{\mathrm{C}} \boldsymbol{v}\cdot d\boldsymbol{r} = 0$$

が成り立つ．したがって，Cの任意性により $\mathrm{S(C}_t)$ は任意と考えてよいから

$$\boldsymbol{\Omega}[\boldsymbol{v}]=\boldsymbol{O}$$

を得る．すなわち，任意の時刻 t においても流れはポテンシャル流である．▨

定理5　空間の単連結領域 U で定義された C^1 級のベクトル場 $\boldsymbol{F}$ に対して $\boldsymbol{F}$ の渦度が $\boldsymbol{O}(\boldsymbol{\Omega}[\boldsymbol{F}]=\boldsymbol{O})$ であるための必要十分条件は，U内で任意にとられた向きづけられた単一閉曲線Cに対する $\boldsymbol{F}$ の循環が $0(\gamma_{\boldsymbol{F}}[\mathrm{C}]=0)$ になることである．

証明　Uは単連結領域であるから，この領域内でとられた任意の単一閉曲線Cに対して，Cを縁にもつ区分的に C^2 級で滑らかな曲面Sがある．このとき，Sの正の向きの単位法線ベクトルを $\boldsymbol{n}$ とすると，ストークスの定理により

$$\gamma_{\boldsymbol{F}}[\mathrm{C}] = \oint_{\mathrm{C}} \boldsymbol{F}\cdot d\boldsymbol{r} = \int_{\mathrm{S}} \boldsymbol{n}\cdot\boldsymbol{\Omega}[\boldsymbol{F}]\, dS = 0.$$

次に，逆関係を示すために $\boldsymbol{\Omega}[\boldsymbol{F}] \neq \boldsymbol{O}$ としよう．そうすると，$\mathrm{rot}\,\boldsymbol{F}(P) \neq \boldsymbol{O}$ となる点Pが存在する．したがって，$\mathrm{rot}\,\boldsymbol{F}(\mathrm{P})$ の x，y，z 成分のうち0でないものが存在するから，x 成分 > 0，すなわち

$$\frac{\partial F_z(\mathrm{P})}{\partial y} - \frac{\partial F_y(\mathrm{P})}{\partial z} > 0$$

と仮定してよい．点Pを中心とし，半径 $\varepsilon > 0$ の球を K_ε とする：$\mathrm{K}_\varepsilon = \{\mathrm{Q} \in \mathrm{U} : |\overrightarrow{\mathrm{PQ}}| \leqq \varepsilon\}$．このとき，$\boldsymbol{F}$ が C^1 級であることから

$$\delta \equiv \min_{\mathrm{Q}\in\mathrm{K}_\varepsilon} \left\{ \frac{\partial F_z(Q)}{\partial y} - \frac{\partial F_y(Q)}{\partial z} \right\} > 0$$

となる ε が存在する．したがって，点Pを通り x 軸に垂直な K_ε の断面を D_ε とし，正の向きに向きづけられた D_ε の周囲の円周を $\partial\mathrm{D}_\varepsilon$ とすると，グリーンの定理により

$$\begin{aligned}\gamma_{\boldsymbol{F}}[\partial\mathrm{D}_\varepsilon] &= \oint_{\partial\mathrm{D}_\varepsilon} \boldsymbol{F}\cdot d\boldsymbol{r} = \oint_{\partial\mathrm{D}_\varepsilon} F_y\, dy + F_z\, dz \\ &= \iint_{\mathrm{D}_\varepsilon} \left(-\frac{\partial F_y}{\partial z} + \frac{\partial F_z}{\partial y} \right) dy\, dz \geqq \pi\delta\varepsilon^2 > 0.\end{aligned}$$

ゆえに，U内で任意にとられた，正の向きに向きづけられた単一閉曲線Cに対して $\gamma_{\boldsymbol{F}}[\mathrm{C}] = 0$ ならば $\boldsymbol{\Omega}[\boldsymbol{F}] = \boldsymbol{O}$ でなければならない．▨

例題1　半径 a の円板を底面にもつ円柱形の容器に水を入れて，一定の角速度 $\boldsymbol{\omega}$ で底面の中心を通る垂直軸のまわりに回転させる．このとき，水は定常流になっているとし，水面の高さの最小値は $h > 0$ であるとする．回転の速度ベクトル場 $\boldsymbol{v}$ の渦度 $\boldsymbol{\Omega}[\boldsymbol{v}]$ および水面の曲面の形を求めよ．

解　円柱の底面の中心を空間の座標原点Oにとり，回転軸を z 軸にとる．$\omega = |\boldsymbol{\omega}|$ とおくと

$$\boldsymbol{\omega} = \omega\boldsymbol{k}, \quad \boldsymbol{v} = \boldsymbol{\omega}\times\boldsymbol{r}$$

であるから，$\boldsymbol{v}$ は渦度は

$$\begin{aligned}\boldsymbol{\Omega}[\boldsymbol{v}] &= \nabla\times\boldsymbol{v} = \nabla\times(\boldsymbol{\omega}\times\boldsymbol{r}) \\ &= (\boldsymbol{r}\cdot\nabla)\boldsymbol{\omega} - (\boldsymbol{\omega}\cdot\nabla)\boldsymbol{r} + \boldsymbol{\omega}(\nabla\cdot\boldsymbol{r}) - \boldsymbol{r}(\nabla\cdot\boldsymbol{\omega}) \\ &= 2\omega\boldsymbol{k} = 2\boldsymbol{\omega}.\end{aligned}$$

次に，水面の方程式を求める．回転流は定常流であるから $\partial \boldsymbol{v}/\partial t = \boldsymbol{o}$ である．よって

$$\frac{d\boldsymbol{v}}{dt} = \frac{\partial \boldsymbol{v}}{\partial t} + (\boldsymbol{v}\cdot\nabla)\boldsymbol{v} = (\boldsymbol{v}\cdot\nabla)\boldsymbol{v}$$
$$= -\omega^2(x\boldsymbol{i}+y\boldsymbol{j}) = -\nabla\left[\frac{\omega^2}{2}(x^2+y^2)\right].$$

外力としては重力が働いているので，単位質量あたりの外力 $\boldsymbol{F}$ は重力加速度の大きさ g を用いて $\boldsymbol{F} = -g\boldsymbol{k} = -\nabla(gz)$ となる．したがって，ρ が一定であることに注意すれば，オイラーの運動方程式により

$$\nabla\left[\frac{\omega^2}{2}(x^2+y^2) - gz - \frac{p}{\rho}\right] = \boldsymbol{o},$$

すなわち

$$P = \frac{\rho\omega^2}{2}(x^2+y^2) - \rho gz + C \qquad (C \text{ は定数}).$$

水面での圧力は大気圧に等しく，これを P_{s} とし，原点における圧力を P_0 とすると

$$h = \frac{P_0 - P_{\mathrm{s}}}{\rho g} = \frac{C - P_{\mathrm{s}}}{\rho g} \quad (\text{水面では } P = P_{\mathrm{s}})$$

が成り立つ．ゆえに，水面の曲面の方程式は

$$z = \frac{\omega^2}{2g}(x^2+y^2) + h = \frac{|\boldsymbol{\Omega}[\boldsymbol{v}]|^2}{8g}(x^2+y^2) + h \qquad (x^2+y^2 \leqq a^2)$$

となる．これは回転放物面を表している．

問1　C^2 級のベクトル場 $\boldsymbol{F}$ に対して，渦管 $\Gamma_{\mathrm{C}}[\boldsymbol{F}]$ の外では渦運動はないとする．このとき，渦管の外から $\Gamma_{\mathrm{C}}[\boldsymbol{F}]$ のまわりを渦線に対して反時計向きに n 回まわる閉曲線を C_n とすると

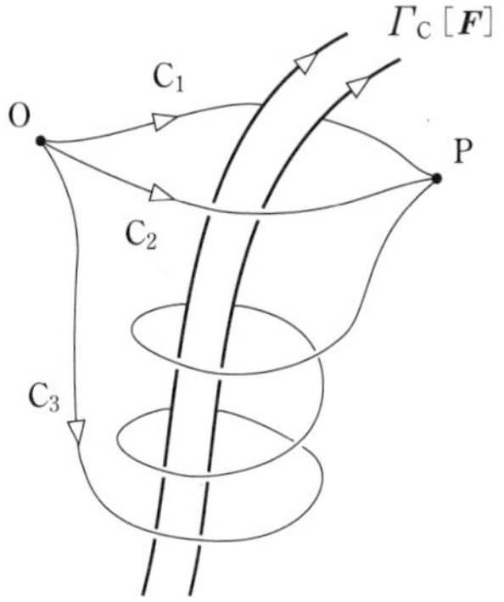

図 5-21

$$\oint_{C_n} \boldsymbol{F}\cdot d\boldsymbol{r} = n\times(\Gamma_{\mathrm{C}}[\boldsymbol{F}] \text{ の強さ})$$

が成り立つことを示せ．

問 2　問 1 と同じ条件のもとで，渦管 $\Gamma_{\mathrm{C}}[\boldsymbol{F}]$ の外に定点 O と任意の点 P をとる．

（i）　2 点 O, P を結ぶ曲線 $\tilde{\mathrm{C}}_1$ に対して点 P における $\boldsymbol{F}$ のスカラー・ポテンシャルを求めよ．

（ii）　2 点 O, P を結ぶ曲線 $\tilde{\mathrm{C}}_3$ に対して点 P における $\boldsymbol{F}$ のスカラー・ポテンシャルを求めよ．

有界な単連結領域 V における C^1 級の密度 ρ，速度ベクトル場 $\boldsymbol{v}$ をもつ**流体の運動エネルギー** T は

$$T = \frac{1}{2}\int_{\mathrm{V}} \rho|\boldsymbol{v}|^2\, dV$$

で与えられる．

> **定理 6（ケルヴィンの定理（エネルギーの最小定理））**　単連結領域 V の境界面 ∂V は区分的に滑らかな閉曲面で，∂V の内側から外側に向かう向きを ∂V の単位法線ベクトル $\boldsymbol{n}$ の正の向きとする．V における非圧縮性流体の運動を考える．渦なし運動の C^1 級の速度ベクトル場 $\boldsymbol{v}_0$ と，任意の運動の C^1 級の速度ベクトル場 $\boldsymbol{v}$ が ∂V 上で同じ法線成分をもつならば，$\boldsymbol{v}_0, \boldsymbol{v}$ のそれぞれの運動エネルギー T_0，T に対して
>
> $$T \geqq T_0 \qquad (T_0 \text{ はエネルギーの最小値})$$
>
> が成り立つ．

証明　単連結領域 V において $\boldsymbol{\Omega}[\boldsymbol{v}_0] = \boldsymbol{O}$ であるから，§3.5，定理 1 により $\boldsymbol{v}_0 = -\nabla\varphi$ となるスカラー・ポテンシャル φ が存在する．$\boldsymbol{v}_1 = \boldsymbol{v}-\boldsymbol{v}_0$ とおくと，$\boldsymbol{v} = \boldsymbol{v}_1-\nabla\varphi$ で，

$$T = \frac{\rho}{2}\int_{\mathrm{V}} |\boldsymbol{v}|^2\, dV = \frac{\rho}{2}\int_{\mathrm{V}} (\boldsymbol{v}_1-\nabla\varphi)\cdot(\boldsymbol{v}_1-\nabla\varphi)\, dV$$

$$= T_0+\frac{\rho}{2}\int_{\mathrm{V}} |\boldsymbol{v}_1|^2\, dV-\rho\int_{\mathrm{V}} \boldsymbol{v}_1\cdot\nabla\varphi\, dV.$$

ところで，$\rho(\neq 0)$ は一定であるから，連続の方程式（§4.3，例 4）により

$$\nabla\cdot\boldsymbol{v}_0 = \nabla^2\varphi = 0, \qquad \nabla\cdot\boldsymbol{v} = \nabla\cdot\boldsymbol{v}_1-\nabla^2\varphi = 0$$

となり，これより

$$\nabla\cdot\boldsymbol{v}_1 = 0.$$

よって

$$\boldsymbol{v}_1\cdot\nabla\varphi = \nabla\cdot(\varphi\boldsymbol{v}_1) - \varphi\nabla\cdot\boldsymbol{v}_1 = \nabla\cdot(\varphi\boldsymbol{v}_1).$$

したがって，∂V 上で $\boldsymbol{n}\cdot\boldsymbol{v}_1 = 0$ であることに注意すれば，ガウスの発散定理によって

$$\int_{\mathrm{V}} \boldsymbol{v}_1\cdot\nabla\varphi\, dV = \int_{\mathrm{V}} \nabla\cdot(\varphi\boldsymbol{v}_1)\, dV = \oint_{\partial\mathrm{V}} \varphi\, \boldsymbol{n}\cdot\boldsymbol{v}_1\, dS = 0.$$

ゆえに

$$T = T_0 + \frac{\rho}{2}\int_{\mathrm{V}} |\boldsymbol{v}_1|^2\, dV \geqq T_0.$$ ▨

第5章の問題

1．平面領域 $\mathrm{D} = \{(x, y) : \dfrac{x^2}{4} + \dfrac{y^2}{9} < 1\}$ の反時計まわりの境界を $\partial\mathrm{D}$ とする．このとき，次の線積分

$$\oint_{\partial\mathrm{D}} y^2\, dx + xy\, dy$$

を定義にもとづいて計算し，その結果をグリーンの定理を用いて確かめよ．

2．平面曲線 C は $(\pm 1, \pm 1)$ を頂点とする正方形の周で，反時計まわりに向きづけられているとする．このとき，グリーンの定理を用いて次の線積分

$$\oint_{\mathrm{C}} y^3\, dx + 3x^2 y\, dy$$

を求めよ．

3．平面曲線 C は放物線 $y^2 = 2(x+2)$ と直線 $x = 3$ のそれぞれの一部からなる閉曲線で，反時計まわりに向きづけられているとする．このとき，次の線積分

$$\oint_{\mathrm{C}} \frac{-y}{x^2+y^2}\, dx + \frac{x}{x^2+y^2}\, dy$$

を求めよ．

4．球面 $\mathrm{S} : x^2+y^2+z^2 = 1$ に対して外側を表とする．このとき，面積分

$$\int_{\mathrm{S}} xy\, dy \wedge dz + yz\, dz \wedge dx + zx\, dx \wedge dy$$

を定義にもとづいて計算し，その結果をガウスの発散定理を用いて確かめよ．

5．立方体 $|x| \leqq 1$，$|y| \leqq 1$，$|z| \leqq 1$ の内部を V，その表面を $\partial\mathrm{V}$ とする．$\partial\mathrm{V}$ の外側を表とし，$\partial\mathrm{V}$ の正の向きの単位法線ベクトルを $\boldsymbol{n}$ とする．このとき，ベクトル場 $\boldsymbol{F} = x\boldsymbol{i} + 2y\boldsymbol{j} + 3z\boldsymbol{k}$ に対して，面積分

$$\oint_{\partial \mathrm{V}} \boldsymbol{F}\cdot\boldsymbol{n}\,dS$$

を求めよ．

6．問5で与えられたV, ∂V に対して，面積分

$$\oint_{\partial \mathrm{V}} (x^2\boldsymbol{i}+yz^2\boldsymbol{j}+y^2\boldsymbol{k})\cdot\boldsymbol{n}\,dS$$

を求めよ．

7．上半球面S：$x^2+y^2+z^2=1$，$z \geqq 0$ に対して球の外側を表とする．$\boldsymbol{n}$ を S の正の向きの単位法線ベクトルとして，次の面積分

$$\int_{\mathrm{S}} \mathrm{rot}\left[(x^2+2xy+z^2)\boldsymbol{k}\right]\cdot d\boldsymbol{S}$$

を定義にもとづいて計算し，その結果をストークスの定理を用いて確かめよ．

8．球V：$x^2+y^2+z^2 \leqq 1$ の表面 ∂V の外向きの単位法線ベクトルを $\boldsymbol{n}$ とする．スカラー場 $f=x+y+z$，$g=x^2+y^2+z^2$ に対して，次を求めよ．

（i）$\displaystyle\oint_{\partial \mathrm{V}} f\frac{\partial g}{\partial n}\,dS$．　（ii）$\displaystyle\oint_{\partial \mathrm{V}} g\frac{\partial g}{\partial n}\,dS$．

9．球V：$(x-1)^2+(y-1)^2+(z-1)^2 \leqq 1$ で質量が密度 ρ で一様に分布しているとき，点P(1, 1, 1) に生ずるニュートン・ポテンシャルを求めよ．

10．Sは向きづけ可能な滑らかな曲面であるとする．S上に質量が密度 $\rho(\boldsymbol{r})$ で分布しているとき

$$\varphi(\boldsymbol{r}_0)=\int_{\mathrm{S}} \frac{\rho(\boldsymbol{r})}{|\boldsymbol{r}-\boldsymbol{r}_0|}\,d\mathrm{S}$$

を，$\boldsymbol{r}_0$ の位置に生ずる**単一層**（または**一重層**）**ポテンシャル**という．
球V：$x^2+y^2+z^2 \leqq 4$ の表面S上に一定の密度 ρ で荷電が分布しているとき，点P(0, 0, 3) に生ずる単一層ポテンシャルを求めよ．

11．S, S′を ε だけ離れた平行な2つの向きづけ可能な滑らかな曲面であるとする．S, S′にそれぞれ面分布 μ, μ' をおき，$\mu'\,dS'=-\mu\,dS$ が成り立つとし，$\lim_{\varepsilon\to 0}\varepsilon\mu=\sigma$ が0でない有限な値をとると仮定する．$\boldsymbol{n}$ をSの正の向きの単位法線ベクトルとするとき，$\sigma(\boldsymbol{r})$ をS上の $\boldsymbol{r}$ の点における $\boldsymbol{n}$ 方向のモーメントという．このとき

$$\psi(\boldsymbol{r}_0)=\int_{\mathrm{S}} \sigma(\boldsymbol{r})\,\nabla\left(\frac{1}{|\boldsymbol{r}-\boldsymbol{r}_0|}\right)\cdot\boldsymbol{n}\,dS$$

を $\boldsymbol{r}_0$ の位置に生ずるモーメント σ の**二重層ポテンシャル**という．Sは球面 $x^2+y^2+z^2=4$ であるとし，モーメント σ が一定であるとき，原点Oに生ずる二重層ポテンシャルを求めよ．

12．C^2 級のベクトル場 $\boldsymbol{F}$ に対して，渦管 $\Gamma_{\mathrm{C}}[\boldsymbol{F}]$ の外では渦運動はないとする．原点Oと点P(2, 2, 2) は渦管の外にあるとし，Oから出て $\Gamma_{\mathrm{C}}[\boldsymbol{F}]$ の外から $\Gamma_{\mathrm{C}}[\boldsymbol{F}]$ のまわりを渦線に対して反時計まわりに5回まわってPにいたる曲線を C_5

とする．このとき，曲線 C_5 に対して，点 P における $\boldsymbol{F}$ のスカラー・ポテンシャルを求めよ．

13．半径 a の円板を底面にもつ円柱形の容器に非圧縮性の流体を入れて，底面の中心を通る垂直軸のまわりを回転速度 $\boldsymbol{v} = -2y\boldsymbol{i}+2x\boldsymbol{j}$ で回転させる．流体は剛体のように回転し定常流になっているとし，回転流体の表面の高さの最小値は 0 であるとする．このとき，回転の角速度および表面の曲面の形を求めよ．

14．有界な単連結領域 V における C^1 級の速度ベクトル場 $\boldsymbol{v}$ をもつ非圧縮性流体の渦なし運動を考える．ρ を一定の密度，φ を $\boldsymbol{v}$ の C^2 級のスカラー・ポテンシャルとし，V の境界面 ∂V は区分的に滑らかな閉曲面であるとする．このとき，$\boldsymbol{v}$ に対する運動エネルギー T は，∂V の外向きの単位法線ベクトルを $\boldsymbol{n}$ として

$$T = -\frac{\rho}{2}\int_{\partial \mathrm{V}} \varphi \boldsymbol{v}\cdot\boldsymbol{n}\, dS$$

となることを示せ．

15．静電エネルギーは無限遠から電荷を運んできて，有界な領域に電荷分布を作るのに要する仕事に等しい．電荷が密度 $\rho = \rho(\boldsymbol{r})$ で連続的に分布している場合の**静電エネルギー** W は，電場 $\boldsymbol{E}$ のポテンシャル（電位）を $\varphi = \varphi(\boldsymbol{r})$ とすると

$$W = \frac{1}{2}\int_{\mathbf{R}^3} \rho\varphi\, dV$$

で与えられる．電場 $\boldsymbol{E}$ を用いて

$$\frac{\varepsilon}{2}\int_{\mathbf{R}^3} |\boldsymbol{E}|^2\, dV = \frac{1}{2}\int_{\mathbf{R}^3} \rho\varphi\, dV$$

が成り立つことを示せ．

6

直交曲線座標系

§6.1 曲線座標系

様々なモデルを数学的に定式化し，それを解析的に処理するためには，まず，**座標系**を設定する必要がある．座標系の選び方によっては，問題の定式化が単純になったり，問題の解決がより簡単になる場合がしばしばある．これまでの章では，基本ベクトル $\boldsymbol{i}, \boldsymbol{j}, \boldsymbol{k}$ を定ベクトルにもつ標準的な**直交（直線）座標系（デカルト座標系）**に限定して議論を進めてきた．本節では，**曲線座標**に関する基本的事項，および，いくつかの具体的な座標について解説する．

空間において $\boldsymbol{i}, \boldsymbol{j}, \boldsymbol{k}$ を基本ベクトルにもつ直交（直線）座標系を定める．この座標空間において点 P の座標を (x, y, z) とする．x, y, z は 3 変数 u, v, w の C^1 級関数として

$$x = x(u, v, w), \quad y = y(u, v, w), \quad z = z(u, v, w)$$

と与えられ，そのヤコビ行列式（ヤコビアン）は

$$J = \frac{\partial(x, y, z)}{\partial(u, v, w)} = \begin{vmatrix} \dfrac{\partial x}{\partial u} & \dfrac{\partial x}{\partial v} & \dfrac{\partial x}{\partial w} \\ \dfrac{\partial y}{\partial u} & \dfrac{\partial y}{\partial v} & \dfrac{\partial y}{\partial w} \\ \dfrac{\partial z}{\partial u} & \dfrac{\partial z}{\partial v} & \dfrac{\partial z}{\partial w} \end{vmatrix} \neq 0$$

であると仮定する．そうすると，微分積分学における**逆写像定理**によって，適当な領域で u, v, w は x, y, z の C^1 級関数として

$$u = u(x, y, z), \quad v = v(x, y, z), \quad w = w(x, y, z)$$

のように一通りに解くことができる．$J = \det M$ とおくと，$J \neq 0$ であるから M の逆行列 M^{-1} が一意的に定まり，$\det M^{-1} = 1/J \neq 0$ である．M, M^{-1} に

対応する写像をそれぞれ $f_M, f_{M^{-1}}$ とすると

$$(x, y, z) \underset{f_{M^{-1}}=f_M^{-1}}{\overset{f_M}{\rightleftarrows}} (u, v, w)$$

であり，(x, y, z) と (u, v, w) は1：1に対応する．また，2つの行列 M, M^{-1} は

$$M = \begin{bmatrix} \dfrac{\partial x}{\partial u} & \dfrac{\partial x}{\partial v} & \dfrac{\partial x}{\partial w} \\ \dfrac{\partial y}{\partial u} & \dfrac{\partial y}{\partial v} & \dfrac{\partial y}{\partial w} \\ \dfrac{\partial z}{\partial u} & \dfrac{\partial z}{\partial v} & \dfrac{\partial z}{\partial w} \end{bmatrix}, \quad M^{-1} = \begin{bmatrix} \dfrac{\partial u}{\partial x} & \dfrac{\partial u}{\partial y} & \dfrac{\partial u}{\partial z} \\ \dfrac{\partial v}{\partial x} & \dfrac{\partial v}{\partial y} & \dfrac{\partial v}{\partial z} \\ \dfrac{\partial w}{\partial x} & \dfrac{\partial w}{\partial y} & \dfrac{\partial w}{\partial z} \end{bmatrix}.$$

いま，$w = c$（定数）とすると，次の等位面（§3.1を見よ）

$$\{(x, y, z) : w(x, y, z) = c\},$$

すなわち，曲面

$$\{(x, y, z) : x = x(u, v, c),\ \ y = y(u, v, c),\ \ z = z(u, v, c)\}$$

を得る．c の値を変化させれば曲面群が得られる．これらの曲面を **uv 曲面**という．同様にして，a，b を定数とすれば，**vw 曲面**，**wu 曲面**はそれぞれ

$$\{(x, y, z) : u(x, y, z) = a\} = \{(x, y, z) : x = x(a, v, w),$$
$$y = y(a, v, w),\ \ z = z(a, v, w)\}$$
$$\{(x, y, z) : v(x, y, z) = b\} = \{(x, y, z) : x = x(u, b, w),$$
$$y = y(u, b, w),\ \ z = z(u, b, w)\}$$

で与えられる．これらの3種類の曲面を総称して**座標曲面**という．2種類の座標曲面の交線は一般に曲線である．uv 曲面と wu 曲面の交線は

$$\{(x, y, z) : x = x(u, b, c),\ \ y = y(u, b, c),\ \ z = z(u, b, c)\}$$

で表わされる．この曲線を **u 曲線**という．同様にして，**v 曲線**，**w 曲線**は，それぞれ

$$\{(x, y, z) : x = x(a, v, c),\ \ y = y(a, v, c),\ \ z = z(a, v, c)\}$$
$$\{(x, y, z) : x = x(a, b, w),\ \ y = y(a, b, w),\ \ z = z(a, b, w)\}$$

で表わされる．これらの3種類の曲線を総称して**座標曲線**という．

以上の事実をまとめると，次のようになる．条件 $J \neq 0$ のもとで3種類の座標曲線を1つずつとると，それらの交点はただ1点であり，また逆に，任意

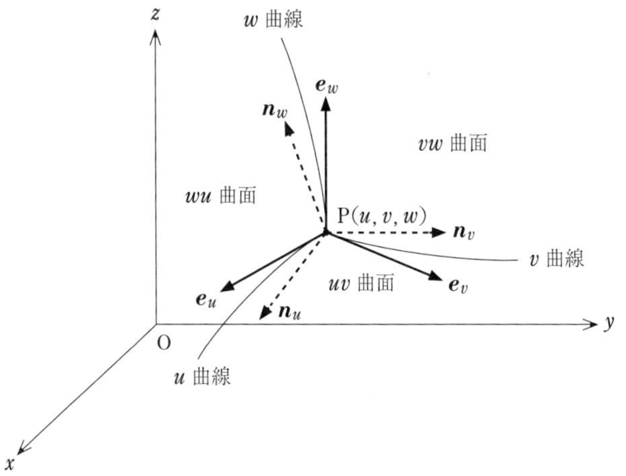

図 6-1

の1点を通る座標曲線はただ1組存在する．このように空間の各点Pに u, v, w の値の1組が1：1に対応しており，(u, v, w) の組を点Pを定める座標と考えることができる．この (u, v, w) を点Pの**曲線座標**という．座標曲線は一般には直線ではなく，このような座標系を**曲線座標系**という．

直交（直線）座標系における点Pの位置ベクトル $\boldsymbol{r} = x\boldsymbol{i}+y\boldsymbol{j}+z\boldsymbol{k}$ に対して，条件 $J \neq 0$ により，$\boldsymbol{r}_u, \boldsymbol{r}_v, \boldsymbol{r}_w$ は一次独立で，いずれも $\boldsymbol{o}$ ではない．ここで

$$\boldsymbol{e}_u = \frac{\boldsymbol{r}_u}{|\boldsymbol{r}_u|}, \quad \boldsymbol{e}_v = \frac{\boldsymbol{r}_v}{|\boldsymbol{r}_v|}, \quad \boldsymbol{e}_w = \frac{\boldsymbol{r}_w}{|\boldsymbol{r}_w|}$$

とおくと，$\boldsymbol{e}_u, \boldsymbol{e}_v, \boldsymbol{e}_w$ はそれぞれ u 曲線，v 曲線，w 曲線の単位接線ベクトルである．u, v, w は x，y，z の関数でもあるから，条件 $J \neq 0$ により，∇u, ∇v, ∇w は一次独立で，いずれも $\boldsymbol{o}$ ではない．したがって

$$\boldsymbol{n}_u = \frac{\nabla u}{|\nabla u|}, \quad \boldsymbol{n}_v = \frac{\nabla v}{|\nabla v|}, \quad \boldsymbol{n}_w = \frac{\nabla w}{|\nabla w|}$$

とおくと，$\boldsymbol{n}_u, \boldsymbol{n}_v, \boldsymbol{n}_w$ は§3.1，定理1により，それぞれ vw 曲面，wu 曲面，uv 曲面の単位法線ベクトルになっている．ところで，関数行列 M, M^{-1} は互

いに他の逆行列になっているので

$$MM^{-1} = M^{-1}M = E\,(3\text{ 次の単位行列})$$

を得る．この等式を用いると

$$|\boldsymbol{r}_u||\nabla u|(\boldsymbol{e}_u\cdot\boldsymbol{n}_u) = |\boldsymbol{r}_v||\nabla v|(\boldsymbol{e}_v\cdot\boldsymbol{n}_v) = |\boldsymbol{r}_w||\nabla w|(\boldsymbol{e}_w\cdot\boldsymbol{n}_w) = 1$$

$$\boldsymbol{e}_u\cdot\boldsymbol{n}_v = \boldsymbol{e}_u\cdot\boldsymbol{n}_w = 0$$

$$\boldsymbol{e}_v\cdot\boldsymbol{n}_w = \boldsymbol{e}_v\cdot\boldsymbol{n}_u = 0$$

$$\boldsymbol{e}_w\cdot\boldsymbol{n}_u = \boldsymbol{e}_w\cdot\boldsymbol{n}_v = 0$$

が成り立つ．これらの直交性により，実数 α, β, γ；α', β', γ' を用いて

$$\boldsymbol{n}_u = \alpha(\boldsymbol{e}_v\times\boldsymbol{e}_w), \quad \boldsymbol{n}_v = \beta(\boldsymbol{e}_w\times\boldsymbol{e}_u), \quad \boldsymbol{n}_w = \gamma(\boldsymbol{e}_u\times\boldsymbol{e}_v)$$

$$\boldsymbol{e}_u = \alpha'(\boldsymbol{n}_v\times\boldsymbol{n}_w), \quad \boldsymbol{e}_v = \beta'(\boldsymbol{n}_w\times\boldsymbol{n}_u), \quad \boldsymbol{e}_w = \gamma'(\boldsymbol{n}_u\times\boldsymbol{n}_v)$$

とかけることに注意しよう．そうすると

$$\boldsymbol{e}_u\cdot\boldsymbol{n}_u = \alpha[\boldsymbol{e}_u, \boldsymbol{e}_v, \boldsymbol{e}_w] = \alpha'[\boldsymbol{n}_u, \boldsymbol{n}_v, \boldsymbol{n}_w] = \frac{1}{|\boldsymbol{r}_u||\nabla u|}$$

$$\boldsymbol{e}_v\cdot\boldsymbol{n}_v = \beta[\boldsymbol{e}_v, \boldsymbol{e}_w, \boldsymbol{e}_u] = \beta'[\boldsymbol{n}_v, \boldsymbol{n}_w, \boldsymbol{n}_u] = \frac{1}{|\boldsymbol{r}_v||\nabla v|}$$

$$\boldsymbol{e}_w\cdot\boldsymbol{n}_w = \gamma[\boldsymbol{e}_w, \boldsymbol{e}_u, \boldsymbol{e}_v] = \gamma'[\boldsymbol{n}_w, \boldsymbol{n}_u, \boldsymbol{n}_v] = \frac{1}{|\boldsymbol{r}_w||\nabla w|}$$

となる．ゆえに，$(\boldsymbol{e}_u, \boldsymbol{e}_v, \boldsymbol{e}_w)$ と $(\boldsymbol{n}_u, \boldsymbol{n}_v, \boldsymbol{n}_w)$ の間には次の関係式が成り立つ．

$$\boldsymbol{n}_u = \frac{\boldsymbol{e}_v\times\boldsymbol{e}_w}{|\nabla u||\boldsymbol{r}_u|[\boldsymbol{e}_u, \boldsymbol{e}_v, \boldsymbol{e}_w]}, \quad \boldsymbol{e}_u = \frac{\boldsymbol{n}_v\times\boldsymbol{n}_w}{|\boldsymbol{r}_u||\nabla u|[\boldsymbol{n}_u, \boldsymbol{n}_v, \boldsymbol{n}_w]},$$

$$\boldsymbol{n}_v = \frac{\boldsymbol{e}_w\times\boldsymbol{e}_u}{|\nabla v||\boldsymbol{r}_v|[\boldsymbol{e}_v, \boldsymbol{e}_w, \boldsymbol{e}_u]}, \quad \boldsymbol{e}_v = \frac{\boldsymbol{n}_w\times\boldsymbol{n}_u}{|\boldsymbol{r}_v||\nabla v|[\boldsymbol{n}_v, \boldsymbol{n}_w, \boldsymbol{n}_u]},$$

$$\boldsymbol{n}_w = \frac{\boldsymbol{e}_u\times\boldsymbol{e}_v}{|\nabla w||\boldsymbol{r}_w|[\boldsymbol{e}_w, \boldsymbol{e}_u, \boldsymbol{e}_v]}, \quad \boldsymbol{e}_w = \frac{\boldsymbol{n}_u\times\boldsymbol{n}_v}{|\boldsymbol{r}_w||\nabla w|[\boldsymbol{n}_w, \boldsymbol{n}_u, \boldsymbol{n}_v]}.$$

問1　行列を用いずに次の関係を証明せよ．

$$\boldsymbol{r}_u\cdot\nabla u = \boldsymbol{r}_v\cdot\nabla v = \boldsymbol{r}w\cdot\nabla_w = 1.$$

$$\boldsymbol{r}_u\cdot\nabla v = \boldsymbol{r}_u\cdot\nabla w = 0.$$

$$\boldsymbol{r}_v\cdot\nabla w = \boldsymbol{r}_v\cdot\nabla u = 0.$$

$$\boldsymbol{r}_w\cdot\nabla u = \boldsymbol{r}_w\cdot\nabla v = 0.$$

曲線座標(u, v, w)において，座標曲線が互いに直交するならば(u, v, w)を直交曲線座標といい，座標曲線がいたるところで直交している曲線座標系を**直交曲線座標系**という．この場合，3つのベクトル$\boldsymbol{e}_u, \boldsymbol{e}_v, \boldsymbol{e}_w$は各点において互いに直交している，すなわち

$$\boldsymbol{e}_u \cdot \boldsymbol{e}_v = \boldsymbol{e}_v \cdot \boldsymbol{e}_w = \boldsymbol{e}_w \cdot \boldsymbol{e}_u = 0.$$

今後，(u, v, w)は順序組$\{\boldsymbol{e}_u, \boldsymbol{e}_v, \boldsymbol{e}_w\}$が右手系をなすように選ばれた直交曲線座標であるとする．この仮定は

$$\boldsymbol{e}_u = \boldsymbol{e}_v \times \boldsymbol{e}_w, \quad \boldsymbol{e}_v = \boldsymbol{e}_w \times \boldsymbol{e}_u, \quad \boldsymbol{e}_w = \boldsymbol{e}_u \times \boldsymbol{e}_v$$

が成り立つことを意味している，すなわち

$$[\boldsymbol{e}_u, \boldsymbol{e}_v, \boldsymbol{e}_w] = [\boldsymbol{e}_v, \boldsymbol{e}_w, \boldsymbol{e}_u] = [\boldsymbol{e}_w, \boldsymbol{e}_u, \boldsymbol{e}_v] = 1.$$

したがって

$$\boldsymbol{n}_u = \frac{\boldsymbol{e}_u}{|\nabla u||\boldsymbol{r}_u|}, \quad \boldsymbol{n}_v = \frac{\boldsymbol{e}_v}{|\nabla v||\boldsymbol{r}_v|}, \quad \boldsymbol{n}_w = \frac{\boldsymbol{e}_w}{|\nabla w||\boldsymbol{r}_w|}$$

となり，これより

$$|\nabla u| = \frac{1}{|\boldsymbol{r}_u|}, \quad |\nabla v| = \frac{1}{|\boldsymbol{r}_v|}, \quad |\nabla w| = \frac{1}{|\boldsymbol{r}_w|}$$

を得る．ゆえに，右手系の直交曲線座標系においては常に

$$\boxed{\boldsymbol{n}_u = \boldsymbol{e}_u, \quad \boldsymbol{n}_v = \boldsymbol{e}_v, \quad \boldsymbol{n}_w = \boldsymbol{e}_w}$$

が成り立つ．さて，直交曲線座標系におけるu曲線，v曲線，w曲線に沿う線素をそれぞれds_u, ds_v, ds_wとすれば

$$\boldsymbol{r}_u = \frac{\partial \boldsymbol{r}}{\partial s_u}\frac{ds_u}{du}, \quad \boldsymbol{r}_v = \frac{\partial \boldsymbol{r}}{\partial s_v}\frac{ds_v}{dv}, \quad \boldsymbol{r}_w = \frac{\partial \boldsymbol{r}}{\partial s_w}\frac{ds_w}{dw}$$

$$\frac{\partial \boldsymbol{r}}{\partial s_u} = \boldsymbol{e}_u, \quad \frac{\partial \boldsymbol{r}}{\partial s_v} = \boldsymbol{e}_v, \quad \frac{\partial \boldsymbol{r}}{\partial s_w} = \boldsymbol{e}_w$$

となる．したがって

$$\frac{ds_u}{du}\boldsymbol{e}_u = |\boldsymbol{r}_u|\boldsymbol{e}_u, \quad \frac{ds_v}{dv}\boldsymbol{e}_v = |\boldsymbol{r}_v|\boldsymbol{e}_v, \quad \frac{ds_w}{dw}\boldsymbol{e}_w = |\boldsymbol{r}_w|\boldsymbol{e}_w$$

であるから

$$ds_u = |\boldsymbol{r}_u|\,du, \qquad ds_v = |\boldsymbol{r}_v|\,dv, \qquad ds_w = |\boldsymbol{r}_w|\,dw$$

を得る．(u, v, w) 座標系における曲線の線素を ds とすると

$$\begin{aligned} d\boldsymbol{r} &= \boldsymbol{r}_u\,du + \boldsymbol{r}_v\,dv + \boldsymbol{r}_w\,dw \\ &= |\boldsymbol{r}_u|\,du\,\boldsymbol{e}_u + |\boldsymbol{r}_v|\,dv\,\boldsymbol{e}_v + |\boldsymbol{r}_w|\,dw\,\boldsymbol{e}_w \end{aligned}$$

であるから

$$ds = \sqrt{d\boldsymbol{r}\cdot d\boldsymbol{r}} = \sqrt{(|\boldsymbol{r}_u|\,du)^2 + (|\boldsymbol{r}_v|\,dv)^2 + (|\boldsymbol{r}_w|\,dw)^2}.$$

また，uv 曲面，vw 曲面，wu 曲面における面素をそれぞれ dS_{uv}, dS_{vw}, dS_{wu} で表し，**体積素**を dV で表すならば

$$\begin{aligned} dS_{uv} &= ds_u\,ds_v = |\boldsymbol{r}_u||\boldsymbol{r}_v|\,du\,dv \\ dS_{vw} &= ds_v\,ds_w = |\boldsymbol{r}_v||\boldsymbol{r}_w|\,dv\,dw \\ dS_{wu} &= ds_w\,ds_u = |\boldsymbol{r}_w||\boldsymbol{r}_u|\,dw\,du \\ dV &= ds_w\,dS_{uv} = |\boldsymbol{r}_u||\boldsymbol{r}_v||\boldsymbol{r}_w|\,du\,dv\,dw (= ds_u\,dS_{vw} = ds_v\,dS_{wu}) \end{aligned}$$

である．$|\boldsymbol{r}_u|$, $|\boldsymbol{r}_v|$, $|\boldsymbol{r}_w|$ は，直交曲線座標系において線素，面素，体積素を

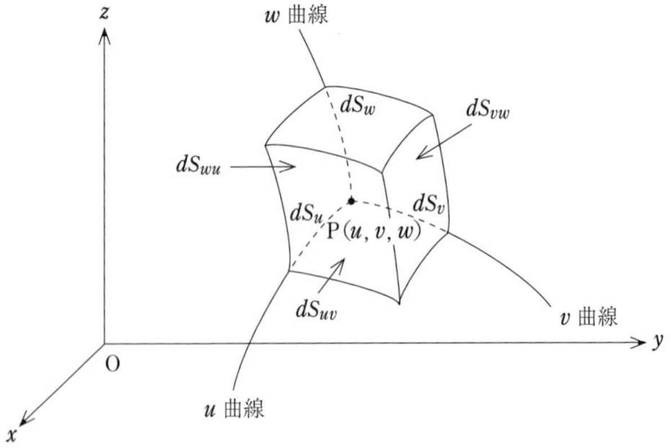

図 6-2

与える式の du，dv，dw の係数になっていることから，**計量係数**と呼ばれる．

問2　直交曲線座標系において次の関係式を証明せよ．

（i）　$\boldsymbol{r}_u = \dfrac{1}{|\nabla u|}(\boldsymbol{n}_v \times \boldsymbol{n}_w)$，$\boldsymbol{r}_v = \dfrac{1}{|\nabla v|}(\boldsymbol{n}_w \times \boldsymbol{n}_u)$，$\boldsymbol{r}_w = \dfrac{1}{|\nabla w|}(\boldsymbol{n}_u \times \boldsymbol{n}_v)$．

（ii）　$\boldsymbol{n}_u = |\nabla v||\nabla w|(\boldsymbol{r}_v \times \boldsymbol{r}_w)$，$\boldsymbol{n}_v = |\nabla w||\nabla u|(\boldsymbol{n}_w \times \boldsymbol{n}_u)$，
$\boldsymbol{n}_w = |\nabla u||\nabla v|(\boldsymbol{r}_u \times \boldsymbol{r}_v)$．

（iii）　$[\boldsymbol{r}_u, \boldsymbol{r}_v, \boldsymbol{r}_w] = \dfrac{1}{[\nabla u, \nabla v, \nabla w]}$．

（I）　円柱座標 (ρ, φ, z)

直交（直線）座標系において，点 $\mathrm{P}(x, y, z)$ を xy 平面に正射影して得られる点を $\mathrm{P}_0(x, y, 0)$ とする．xy 平面における点 P_0 の極座標 (ρ, φ) と点 P の z 座標を合わせた (ρ, φ, z) を点 P の**円柱座標**という．このとき，点 P の位置ベクトル $\boldsymbol{r} = x\boldsymbol{i} + y\boldsymbol{j} + z\boldsymbol{k}$ に対して

$x = \rho\cos\varphi$,　　$y = \rho\sin\varphi$,　　$z = z$　$(\rho \geqq 0, 0 \leqq \varphi < 2\pi, -\infty < z < \infty)$

となる．この変換に対するヤコビアンは

$$J = \frac{\partial(x, y, z)}{\partial(\rho, \varphi, z)} = \begin{vmatrix} \cos\varphi & -\rho\sin\varphi & 0 \\ \sin\varphi & \rho\cos\varphi & 0 \\ 0 & 0 & 1 \end{vmatrix} = \rho$$

である．

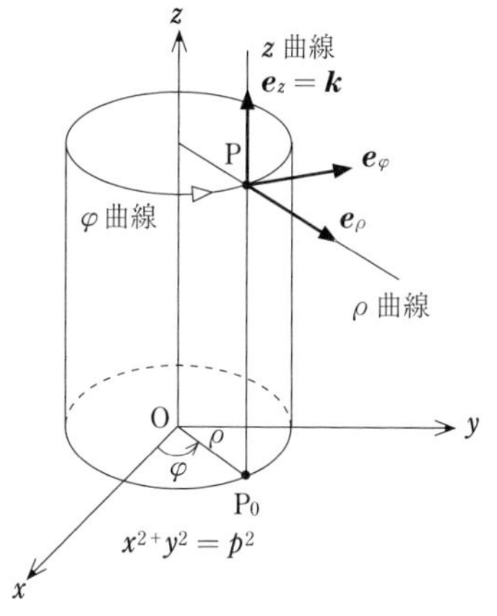

図 6-3

$$\boldsymbol{r}_\rho = (\cos\varphi)\boldsymbol{i} + (\sin\varphi)\boldsymbol{j}, \quad \boldsymbol{r}_\varphi = (-\rho\sin\varphi)\boldsymbol{i} + (\rho\cos\varphi)\boldsymbol{j}, \quad \boldsymbol{r}_z = \boldsymbol{k}$$

は互いに直交するから，(ρ, φ, z) は直交曲線座標であり，計量係数は

$$|\boldsymbol{r}_\rho| = 1, \quad |\boldsymbol{r}_\varphi| = \rho, \quad |\boldsymbol{r}_z| = 1$$

である．したがって，特に $\rho > 0$ となる点 (ρ, φ, z) における ρ 曲線，φ 曲線，z 曲線の単位接線ベクトルは

$$\boldsymbol{e}_\rho = (\cos\varphi)\boldsymbol{i} + (\sin\varphi)\boldsymbol{j} = \boldsymbol{r}_\rho, \quad \boldsymbol{e}_\varphi = (-\sin\varphi)\boldsymbol{i} + (\cos\varphi)\boldsymbol{j} = \frac{1}{\rho}\boldsymbol{r}_\varphi, \quad \boldsymbol{e}_z = \boldsymbol{k}$$

であり，線素，面素，体積素は

$$ds_\rho = d\rho, \quad ds_\varphi = \rho\, d\varphi, \quad ds_z = dz$$
$$(ds)^2 = (d\rho)^2 + (\rho\, d\varphi)^2 + (dz)^2$$
$$dS_{\rho\varphi} = \rho\, d\rho\, d\varphi, \quad dS_{\varphi z} = \rho\, d\varphi\, dz, \quad dS_{z\rho} = dz\, d\rho$$
$$dV = \rho\, d\rho\, d\varphi\, dz$$

である．

(II)　空間極座標（極座標）$(\gamma, \theta, \varphi)$

直交（直線）座標系において，点 $\mathrm{P}(x, y, z)$ を xy 平面に正射影して得られる点を $\mathrm{P}_0(x, y, 0)$ とする．$\overrightarrow{\mathrm{OP}}$ の長さを r，$\overrightarrow{\mathrm{OP}}$ と z 軸の正の方向とのなす角を $\theta (0 \leqq \theta \leqq \pi)$，$\overrightarrow{\mathrm{OP}_0}$ と x 軸の正の方向とのなす角を $\varphi (0 \leqq \varphi < 2\pi)$ とする．ただし，θ と φ はそれぞれ z 軸，x 軸から測るものとする．こうして得

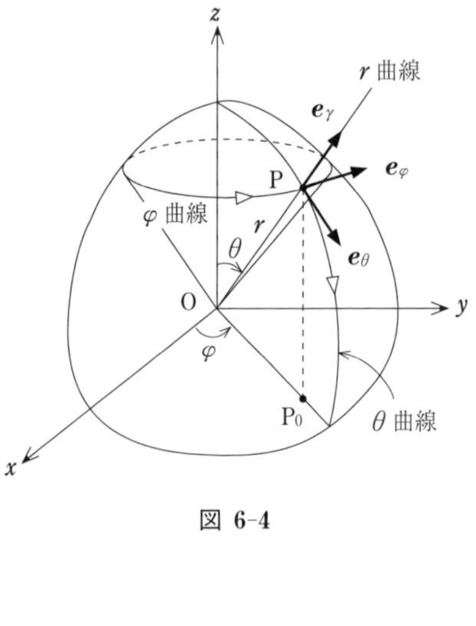

図 6-4

られた$(\gamma, \theta, \varphi)$を点Pの**空間極座標**(または**球座標**)という．このとき，点Pの位置ベクトル$\boldsymbol{r} = x\boldsymbol{i} + y\boldsymbol{j} + z\boldsymbol{k}$に対して

$$x = r\sin\theta\cos\varphi, \qquad y = r\sin\theta\sin\varphi, \qquad z = r\cos\theta$$
$$(0 \leqq \theta \leqq \pi, 0 \leqq \varphi < 2\pi, r \geqq 0)$$

となる．この変換に対するヤコビアンは

$$J = \frac{\partial(x, y, z)}{\partial(\gamma, \theta, \varphi)} = \begin{vmatrix} \sin\theta\cos\varphi & r\cos\theta\cos\varphi & -r\sin\theta\sin\varphi \\ \sin\theta\sin\varphi & r\cos\theta\sin\varphi & r\sin\theta\cos\varphi \\ \cos\theta & -r\sin\theta & 0 \end{vmatrix} = r^2\sin\theta$$

である．また

$$\boldsymbol{r}_r = (\sin\theta\cos\varphi)\boldsymbol{i} + (\sin\theta\sin\varphi)\boldsymbol{j} + (\cos\theta)\boldsymbol{k}$$
$$\boldsymbol{r}_\theta = (r\cos\theta\cos\varphi)\boldsymbol{i} + (r\cos\theta\sin\varphi)\boldsymbol{j} + (-r\sin\theta)\boldsymbol{k}$$
$$\boldsymbol{r}_\varphi = (-r\sin\theta\sin\varphi)\boldsymbol{i} + (r\sin\theta\cos\varphi)\boldsymbol{j}$$

は内積をとることによって互いに直交することがわかる．ゆえに，$(\gamma, \theta, \varphi)$は直交曲線座標であり，計量係数は

$$|\boldsymbol{r}_r| = 1, \qquad |\boldsymbol{r}_\theta| = \gamma, \qquad |\boldsymbol{r}_\varphi| = r\sin\theta$$

である．したがって，特に$r > 0$，$\sin\theta \neq 0$となる点$(\gamma, \theta, \varphi)$における$\gamma$曲線，$\theta$曲線，$\varphi$曲線の単位接線ベクトルは

$$\boldsymbol{e}_r = (\sin\theta\cos\varphi)\boldsymbol{i} + (\sin\theta\sin\varphi)\boldsymbol{j} + (\cos\theta)\boldsymbol{k} = \boldsymbol{r}_r$$
$$\boldsymbol{e}_\theta = (\cos\theta\cos\varphi)\boldsymbol{i} + (\cos\theta\sin\varphi)\boldsymbol{j} + (-\sin\theta)\boldsymbol{k} = \frac{1}{r}\boldsymbol{r}_\theta$$
$$\boldsymbol{e}_\varphi = (-\sin\varphi)\boldsymbol{i} + (\cos\varphi)\boldsymbol{j} = \frac{1}{r\sin\theta}\boldsymbol{r}_\varphi$$

であり，線素，面素，体積素は

$$ds_r = dr, \qquad ds_\theta = r\,d\theta, \qquad ds_\varphi = r\sin\theta\,d\varphi$$
$$(ds)^2 = (dr)^2 + (r\,d\theta)^2 + (r\sin\theta\,d\varphi)^2$$
$$dS_{r\theta} = r\,dr\,d\theta, \qquad dS_{\theta\varphi} = r^2\sin\theta\,d\theta\,d\varphi, \qquad dS_{\varphi r} = r\sin\theta\,d\varphi\,dr$$
$$dV = r^2\sin\theta\,dr\,d\theta\,d\varphi$$

である．

(III)　その他の特殊な直交曲線座標

A.　**放物柱座標** (ξ, η, z). 直交(直線)座標系における点 $\mathrm{P}(x, y, z)$ の位置ベクトル $\boldsymbol{r} = x\boldsymbol{i} + y\boldsymbol{j} + z\boldsymbol{k}$ に対して

$$x = \frac{1}{2}(\xi^2 - \eta^2), \quad y = \xi\eta, \quad z = z \quad (-\infty < \xi, z < \infty, \eta \geqq 0)$$

となるように導入された曲線座標 (ξ, η, z) を点Pの**放物柱座標**という. この変換に対するヤコビアンは

$$J = \frac{\partial(x, y, z)}{\partial(\xi, \eta, z)} = \begin{vmatrix} \xi & -\eta & 0 \\ \eta & \xi & 0 \\ 0 & 0 & 1 \end{vmatrix} = \xi^2 + \eta^2$$

である. この場合の座標曲面系は

ξ または η が一定ならば放物柱,

z が一定ならば xy 平面に平行な平面

である. また

$$\boldsymbol{r}_\xi = \xi\boldsymbol{i} + \eta\boldsymbol{j}, \quad \boldsymbol{r}_\eta = -\eta\boldsymbol{i} + \xi\boldsymbol{j}, \quad \boldsymbol{r}_z = \boldsymbol{k}$$

は互いに直交するから, (ξ, η, z) は直交曲線座標であり, 計量係数は

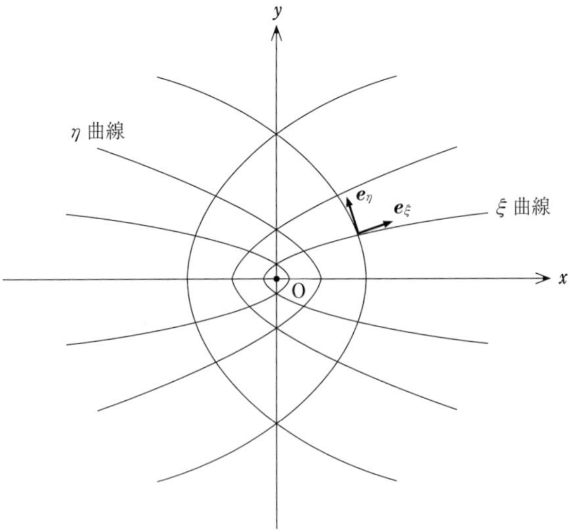

図 6-5

$$|\boldsymbol{r}_\xi| = \sqrt{\xi^2+\eta^2}, \quad |\boldsymbol{r}_\eta| = \sqrt{\xi^2+\eta^2}, \quad |\boldsymbol{r}_z| = 1$$

である．

B．**長円柱座標** (ξ, ϕ, z)．直交（直線）座標系における点 (x, y, z) の位置ベクトル $\boldsymbol{r} = x\boldsymbol{i}+y\boldsymbol{j}+z\boldsymbol{k}$ に対して

$$x = a\cosh\xi\cos\phi, \quad y = a\sinh\xi\sin\phi, \quad z = z$$

$$(\xi \geqq 0, 0 \leqq \phi < 2\pi, -\infty < z < \infty, a \text{ は正の定数})$$

となるように導入された曲線座標 (ξ, ϕ, z) を点 P の**長円柱座標**という．ここに，$\sinh\xi$，$\cosh\xi$ は双曲線関数で，次のように与えられる：

$$\sinh\xi = \frac{1}{2}(e^\xi - e^{-\xi}), \quad \cosh\xi = \frac{1}{2}(e^\xi + e^{-\xi}).$$

この変換に対するヤコビアンは

$$J = \frac{\partial(x, y, z)}{\partial(\xi, \phi, z)} = \begin{vmatrix} a\sinh\xi\cos\phi & -a\cosh\xi\sin\phi & 0 \\ a\cosh\xi\sin\phi & a\sinh\xi\cos\phi & 0 \\ 0 & 0 & 1 \end{vmatrix}$$

$$= a^2(\sinh^2\xi + \sin^2\phi)$$

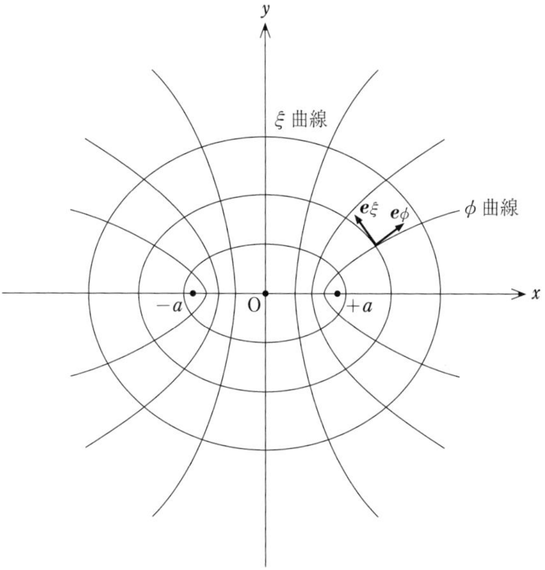

図 6-6

である．この場合の座標曲面系は

ξ が一定（>0）ならば楕円柱，

ϕ が一定$\left(\neq 0, \dfrac{\pi}{2}, \pi, \dfrac{3\pi}{2}\right)$ならば双曲柱，

z が一定ならば xy 平面に平行な平面

である．また

$$\boldsymbol{r}_\xi = (a\sinh\xi\cos\phi)\boldsymbol{i} + (a\cosh\xi\sin\phi)\boldsymbol{j}$$
$$\boldsymbol{r}_\phi = (-a\cosh\xi\sin\phi)\boldsymbol{i} + (a\sinh\xi\cos\phi)\boldsymbol{j}$$
$$\boldsymbol{r}_z = \boldsymbol{k}$$

は互いに直交するから，(ξ, ϕ, z) は直交曲線座標であり，計量係数は

$$|\boldsymbol{r}_\xi| = a\sqrt{\sinh^2\xi + \sin^2\phi}, \quad |\boldsymbol{r}_\phi| = a\sqrt{\sinh^2\xi + \sin^2\phi}, \quad |\boldsymbol{r}_z| = 1$$

である．

C．**長球面座標** (ξ, θ, ϕ)．直交（直線）座標系における点 $\mathrm{P}(x, y, z)$ の位置ベクトル $\boldsymbol{r} = x\boldsymbol{i} + y\boldsymbol{j} + z\boldsymbol{k}$ に対して

$$x = a\sinh\xi\sin\theta\cos\phi, \quad y = a\sinh\xi\sin\theta\sin\phi, \quad z = a\cosh\xi\cos\theta$$
$$(\xi \geqq 0, 0 \leqq \theta \leqq \pi, 0 \leqq \phi < 2\pi, a \text{ は正の定数})$$

となるように導入された曲線座標 (ξ, θ, ϕ) を点 P の**長球面座標**という．この変換に対するヤコビアンは

$$J = \frac{\partial(x, y, z)}{\partial(\xi, \theta, \phi)}$$
$$= \begin{vmatrix} a\cosh\xi\sin\theta\cos\phi & a\sinh\xi\cos\theta\cos\phi & -a\sinh\xi\sin\theta\sin\phi \\ a\cosh\xi\sin\theta\sin\phi & a\sinh\xi\cos\theta\sin\phi & a\sinh\xi\sin\theta\cos\phi \\ a\sinh\xi\cos\theta & -a\cosh\xi\sin\theta & 0 \end{vmatrix}$$
$$= a^3\sinh\xi\sin\theta(\cosh^2\xi - \cos^2\theta)$$

である．この場合の座標曲面系は

ξ が一定（>0）ならば z 軸を軸とする回転楕円面，

θ が一定$\left(\neq 0, \dfrac{\pi}{2}, \pi\right)$ならば z 軸を軸とする回転双曲面，

ϕ が一定ならば z 軸を通る平面

である．また

$$\boldsymbol{r}_\xi = (a\cosh\xi\sin\theta\cos\phi)\boldsymbol{i} + (a\cosh\xi\sin\theta\sin\phi)\boldsymbol{j} + (a\sinh\xi\cos\theta)\boldsymbol{k}$$

$$\boldsymbol{r}_\theta = (a\sinh\xi\cos\theta\cos\phi)\boldsymbol{i} + (a\sinh\xi\cos\theta\sin\phi)\boldsymbol{j} + (-a\cosh\xi\sin\theta)\boldsymbol{k}$$

$$\boldsymbol{r}_\phi = (-a\sinh\xi\sin\theta\sin\phi)\boldsymbol{i} + (a\sinh\xi\sin\theta\cos\phi)\boldsymbol{j}$$

は内積をとることによって互いに直交することがわかる．ゆえに，(ξ, θ, ϕ) は直交曲線座標であり，計量係数は

$$|\boldsymbol{r}_\xi| = a\sqrt{\sinh^2\xi + \sin^2\theta}, \qquad |\boldsymbol{r}_\theta| = a\sqrt{\sinh^2\xi + \sin^2\theta}$$

$$|\boldsymbol{r}_\phi| = a\sinh\xi\sin\theta$$

である．

D．偏球面座標 (ξ, ψ, ϕ)．直交（直線）座標系における点 $\mathrm{P}(x, y, z)$ の位置ベクトル $\boldsymbol{r} = x\boldsymbol{i} + y\boldsymbol{j} + z\boldsymbol{k}$ に対して

$$x = a\cosh\xi\cos\psi\cos\phi, \qquad y = a\cosh\xi\cos\psi\sin\phi, \qquad z = a\sinh\xi\sin\psi$$

$$\left(\xi \geqq 0, -\frac{\pi}{2} \leqq \psi \leqq \frac{\pi}{2}, 0 \leqq \phi < 2\pi, a \text{ は正の定数}\right)$$

となるように導入された曲線座標 (ξ, ψ, ϕ) を**偏球面座標**という．この変換に対するヤコビアンは

$$J = \frac{\partial(x, y, z)}{\partial(\xi, \psi, \phi)} = \begin{vmatrix} a\sinh\xi\cos\psi\cos\phi & -a\cosh\xi\sin\psi\cos\phi & -a\cosh\xi\cos\psi\sin\phi \\ a\sinh\xi\cos\psi\sin\phi & -a\cosh\xi\sin\psi\sin\phi & a\cosh\xi\cos\psi\cos\phi \\ a\cosh\xi\sin\psi & a\sinh\xi\cos\psi & 0 \end{vmatrix}$$

$$= -a^3\cosh\xi\cos\psi(\cosh^2\xi - \cos^2\psi)$$

である．この場合における座標曲面系は

ξ が一定（>0）ならば z 軸を軸とする回転楕円面，

ψ が一定 $\left(\neq -\frac{\pi}{2}, 0, \frac{\pi}{2}\right)$ ならば z 軸を軸とする回転双曲面，

ϕ が一定ならば z 軸を通る平面

である．また

$$\boldsymbol{r}_\xi = (a\sinh\xi\cos\psi\cos\phi)\boldsymbol{i} + (a\sinh\xi\cos\psi\sin\phi)\boldsymbol{j}$$

$$+(a\cosh\xi\sin\psi)\boldsymbol{k}$$

$$\boldsymbol{r}_\psi=(-a\cosh\xi\sin\psi\cos\phi)\boldsymbol{i}+(-a\cosh\xi\sin\psi\sin\phi)\boldsymbol{j}$$
$$+(a\sinh\xi\cos\psi)\boldsymbol{k}$$

$$\boldsymbol{r}_\phi=(-a\cosh\xi\cos\psi\sin\phi)\boldsymbol{i}+(a\cosh\xi\cos\psi\cos\phi)\boldsymbol{j}$$

は互いに直交するから，(ξ,ψ,ϕ) は直交曲線座標であり，計量係数は

$$|\boldsymbol{r}_\xi|=a\sqrt{\sinh^2\xi+\sin^2\psi},\qquad |\boldsymbol{r}_\psi|=a\sqrt{\sinh^2\xi+\sin^2\psi}$$

$$|\boldsymbol{r}_\phi|=a\cosh\xi\cos\psi$$

である．

問 3　円柱座標系において閉領域
$V=\left\{(\rho,\varphi,z):0\leqq\rho\leqq 2, 0\leqq\varphi\leqq\dfrac{\pi}{3}, 0\leqq z\leqq 2\right\}$ の体積を求めよ．

問 4　空間極座標において閉領域
$V=\left\{(\gamma,\theta,\varphi):0\leqq r\leqq 2, 0\leqq\theta\leqq\dfrac{\pi}{3}, 0\leqq\varphi\leqq\dfrac{\pi}{6}\right\}$ の体積を求めよ．

問 5　放物柱座標系において閉領域
$V=\{(\xi,\eta,z):0\leqq\xi\leqq 2, 0\leqq\eta\leqq 2, 0\leqq z\leqq 1\}$ の体積を求めよ．

§6.2　直交曲線座標系におけるベクトルの成分

本節では，空間ベクトル場 $\boldsymbol{F}$ が与えられているとき，直交曲線座標系における $\boldsymbol{F}$ の成分と直交（直線）座標系における $\boldsymbol{F}$ の成分との関係を調べる．直交曲線座標系 (u,v,w) において，点 $\mathrm{P}(u,v,w)$ を通る座標曲線の単位接線ベクトル（向きは u,v,w の増加する向きに一致させる）$\boldsymbol{e}_u,\boldsymbol{e}_v,\boldsymbol{e}_w$ は点 P において直交系をなす．この直交系を点 P における基本ベクトルという．基本ベクトルは一次独立であるから，任意の空間ベクトル $\boldsymbol{F}$ は $\boldsymbol{e}_u,\boldsymbol{e}_v,\boldsymbol{e}_w$ の一次結合として

$$\boldsymbol{F}=F_u\boldsymbol{e}_u+F_v\boldsymbol{e}_v+F_w\boldsymbol{e}_w$$

のように一意的に表され，F_u,F_v,F_w をそれぞれ $\boldsymbol{F}$ の u 成分，v 成分，w 成分という．特に，曲線座標系においては，直交（直線）座標系の場合と異なり，点 P が動けば $\boldsymbol{e}_u,\boldsymbol{e}_v,\boldsymbol{e}_w$ の向きも変化し，それにしたがってベクトル $\boldsymbol{F}$ の成分も変わることに注意しなければならない．直交（直線）座標系の基本ベクトル $\boldsymbol{i},\boldsymbol{j},\boldsymbol{k}$（これらは定ベクトルである）を用いると，$\boldsymbol{F}$ は

$$\boldsymbol{F} = F_x\boldsymbol{i} + F_y\boldsymbol{j} + F_z\boldsymbol{k}$$

と一意的に表される．直交（直線）座標系における点Pの位置ベクトルを $\boldsymbol{r} = x\boldsymbol{i} + y\boldsymbol{j} + z\boldsymbol{k}$ とすると

$$\boldsymbol{e}_u = \frac{1}{|\boldsymbol{r}_u|}\left(\frac{\partial x}{\partial u}\boldsymbol{i} + \frac{\partial y}{\partial u}\boldsymbol{j} + \frac{\partial z}{\partial u}\boldsymbol{k}\right)$$

$$\boldsymbol{e}_v = \frac{1}{|\boldsymbol{r}_v|}\left(\frac{\partial x}{\partial v}\boldsymbol{i} + \frac{\partial y}{\partial v}\boldsymbol{j} + \frac{\partial z}{\partial v}\boldsymbol{k}\right)$$

$$\boldsymbol{e}_w = \frac{1}{|\boldsymbol{r}_w|}\left(\frac{\partial x}{\partial w}\boldsymbol{i} + \frac{\partial y}{\partial w}\boldsymbol{j} + \frac{\partial z}{\partial w}\boldsymbol{k}\right)$$

であるから，(F_x, F_y, F_z) と (F_u, F_v, F_w) の間には次の関係式が成り立つ：

$$F_x = \boldsymbol{F}\cdot\boldsymbol{i} = \frac{F_u}{|\boldsymbol{r}_u|}\frac{\partial x}{\partial u} + \frac{F_v}{|\boldsymbol{r}_v|}\frac{\partial x}{\partial v} + \frac{F_w}{|\boldsymbol{r}_w|}\frac{\partial x}{\partial w},$$

$$F_y = \boldsymbol{F}\cdot\boldsymbol{j} = \frac{F_u}{|\boldsymbol{r}_u|}\frac{\partial y}{\partial u} + \frac{F_v}{|\boldsymbol{r}_v|}\frac{\partial y}{\partial v} + \frac{F_w}{|\boldsymbol{r}_w|}\frac{\partial y}{\partial w},$$

$$F_z = \boldsymbol{F}\cdot\boldsymbol{k} = \frac{F_u}{|\boldsymbol{r}_u|}\frac{\partial z}{\partial u} + \frac{F_v}{|\boldsymbol{r}_v|}\frac{\partial z}{\partial v} + \frac{F_w}{|\boldsymbol{r}_w|}\frac{\partial z}{\partial w},$$

および

$$F_u = \boldsymbol{F}\cdot\boldsymbol{e}_u = \frac{F_x}{|\boldsymbol{r}_u|}\frac{\partial x}{\partial u} + \frac{F_y}{|\boldsymbol{r}_u|}\frac{\partial y}{\partial u} + \frac{F_z}{|\boldsymbol{r}_u|}\frac{\partial z}{\partial u},$$

$$F_v = \boldsymbol{F}\cdot\boldsymbol{e}_v = \frac{F_x}{|\boldsymbol{r}_v|}\frac{\partial x}{\partial v} + \frac{F_y}{|\boldsymbol{r}_v|}\frac{\partial y}{\partial v} + \frac{F_z}{|\boldsymbol{r}_v|}\frac{\partial z}{\partial v},$$

$$F_w = \boldsymbol{F}\cdot\boldsymbol{e}_w = \frac{F_x}{|\boldsymbol{r}_w|}\frac{\partial x}{\partial w} + \frac{F_y}{|\boldsymbol{r}_w|}\frac{\partial y}{\partial w} + \frac{F_z}{|\boldsymbol{r}_w|}\frac{\partial z}{\partial w}.$$

ここで，行列 T_{P} を

$$T_{\mathrm{P}} = \begin{bmatrix} \dfrac{1}{|\boldsymbol{r}_u|}\dfrac{\partial x}{\partial u} & \dfrac{1}{|\boldsymbol{r}_v|}\dfrac{\partial x}{\partial v} & \dfrac{1}{|\boldsymbol{r}_w|}\dfrac{\partial x}{\partial w} \\ \dfrac{1}{|\boldsymbol{r}_u|}\dfrac{\partial y}{\partial u} & \dfrac{1}{|\boldsymbol{r}_v|}\dfrac{\partial y}{\partial v} & \dfrac{1}{|\boldsymbol{r}_w|}\dfrac{\partial y}{\partial w} \\ \dfrac{1}{|\boldsymbol{r}_u|}\dfrac{\partial z}{\partial u} & \dfrac{1}{|\boldsymbol{r}_v|}\dfrac{\partial z}{\partial v} & \dfrac{1}{|\boldsymbol{r}_w|}\dfrac{\partial z}{\partial w} \end{bmatrix}$$

で定義すると，上で得られた関係式は

$$\begin{bmatrix} F_x \\ F_y \\ F_z \end{bmatrix} = T_{\mathrm{P}} \begin{bmatrix} F_u \\ F_v \\ F_w \end{bmatrix}, \qquad \begin{bmatrix} F_u \\ F_v \\ F_w \end{bmatrix} = {}^tT_{\mathrm{P}} \begin{bmatrix} F_x \\ F_y \\ F_z \end{bmatrix}$$

となる．よって，関係式

$$(T_{\mathrm{P}}{}^tT_{\mathrm{P}} - E) \begin{bmatrix} F_x \\ F_y \\ F_z \end{bmatrix} = \begin{bmatrix} 0 \\ 0 \\ 0 \end{bmatrix}, \qquad ({}^tT_{\mathrm{P}}T_{\mathrm{P}} - E) \begin{bmatrix} F_u \\ F_v \\ F_w \end{bmatrix} = \begin{bmatrix} 0 \\ 0 \\ 0 \end{bmatrix}$$

および，$\boldsymbol{F}$ の任意性により，$T_{\mathrm{P}}{}^tT_{\mathrm{P}} = {}^tT_{\mathrm{P}}T_{\mathrm{P}} = E$ が成り立つ，すなわち，T_{P} の逆行列 $T_{\mathrm{P}}{}^{-1}$ は T_{P} の**転置行列** ${}^tT_{\mathrm{P}}$ に等しい．したがって，T_{P} はすべての成分が実数値の**ユニタリ行列**であるから T_{P} は直交行列であり，その行列式は

$$\det\ T_{\mathrm{P}} = [\boldsymbol{e}_u, \boldsymbol{e}_v, \boldsymbol{e}_w] = 1$$

である．特に

$\boldsymbol{i}$ の u 成分，v 成分，w 成分をそれぞれ i_u, i_v, i_w
$\boldsymbol{j}$ の u 成分，v 成分，w 成分をそれぞれ j_u, j_v, j_w
$\boldsymbol{k}$ の u 成分，v 成分，w 成分をそれぞれ k_u, k_v, k_w

とすると

$$(i_u, i_v, i_w) = \left(\frac{1}{|\boldsymbol{r}_u|}\frac{\partial x}{\partial u}, \frac{1}{|\boldsymbol{r}_v|}\frac{\partial x}{\partial v}, \frac{1}{|\boldsymbol{r}_w|}\frac{\partial x}{\partial w}\right),$$

$$(j_u, j_v, j_w) = \left(\frac{1}{|\boldsymbol{r}_u|}\frac{\partial y}{\partial u}, \frac{1}{|\boldsymbol{r}_v|}\frac{\partial y}{\partial v}, \frac{1}{|\boldsymbol{r}_w|}\frac{\partial y}{\partial w}\right),$$

$$(k_u, k_v, k_w) = \left(\frac{1}{|\boldsymbol{r}_u|}\frac{\partial z}{\partial u}, \frac{1}{|\boldsymbol{r}_v|}\frac{\partial z}{\partial v}, \frac{1}{|\boldsymbol{r}_w|}\frac{\partial z}{\partial w}\right).$$

また

$\boldsymbol{e}_u$ の x 成分，y 成分，z 成分をそれぞれ $e_u{}^x, e_u{}^y, e_u{}^z$
$\boldsymbol{e}_v$ の x 成分，y 成分，z 成分をそれぞれ $e_v{}^x, e_v{}^y, e_v{}^z$
$\boldsymbol{e}_w$ の x 成分，y 成分，z 成分をそれぞれ $e_w{}^x, e_w{}^y, e_w{}^z$

とすると

$$(e_u{}^x, e_u{}^y, e_u{}^z) = \frac{1}{|\boldsymbol{r}_u|}\left(\frac{\partial x}{\partial u}, \frac{\partial y}{\partial u}, \frac{\partial z}{\partial u}\right),$$

$$(e_v{}^x, e_v{}^y, e_v{}^z) = \frac{1}{|\boldsymbol{r}_v|}\left(\frac{\partial x}{\partial v}, \frac{\partial y}{\partial v}, \frac{\partial z}{\partial v}\right),$$

$$(e_w{}^x, e_w{}^y, e_w{}^z) = \frac{1}{|\boldsymbol{r}_w|}\left(\frac{\partial x}{\partial w}, \frac{\partial y}{\partial w}, \frac{\partial z}{\partial w}\right).$$

直交曲線座標系 (u, v, w) における基本ベクトル $\boldsymbol{e}_u, \boldsymbol{e}_v, \boldsymbol{e}_w$ を用いれば，ベクトル $\boldsymbol{F}, \boldsymbol{G}$ の (u, v, w) に関する成分 (F_u, F_v, F_w)，(G_u, G_v, G_w) に対して，$\boldsymbol{F}$ と $\boldsymbol{G}$ の内積，外積は，直交（直線）座標系の場合と同様に

$$\boldsymbol{F}\cdot\boldsymbol{G} = F_uG_u + F_vG_v + F_wG_w,$$

$$\boldsymbol{F}\times\boldsymbol{G} = (F_vG_w - F_wG_v)\boldsymbol{e}_u + (F_wG_u - F_uG_w)\boldsymbol{e}_v + (F_uG_v - F_vG_u)\boldsymbol{e}_w$$

となる．x 軸，y 軸，z 軸に対する $\boldsymbol{r}_u, \boldsymbol{r}_v, \boldsymbol{r}_w$ $(\nabla_u, \nabla_v, \nabla_w)$ のそれぞれの方向余弦は 2 通りの表し方がある．その 1 つの方法についてはすでに上で説明した通りである．ここでは，もう 1 つの表し方について説明する．

$$u = u(x(u, v, w),\ y(u, v, w),\ z(u, v, w))$$

$$v = v(x(u, v, w),\ y(u, v, w),\ z(u, v, w))$$

$$w = w(x(u, v, w),\ y(u, v, w),\ z(u, v, w))$$

であるから

$$\frac{\partial u}{\partial x}\frac{\partial x}{\partial u} + \frac{\partial u}{\partial y}\frac{\partial y}{\partial u} + \frac{\partial u}{\partial z}\frac{\partial z}{\partial u} = 1$$

$$\frac{\partial v}{\partial x}\frac{\partial x}{\partial v} + \frac{\partial v}{\partial y}\frac{\partial y}{\partial v} + \frac{\partial v}{\partial z}\frac{\partial z}{\partial v} = 1$$

$$\frac{\partial w}{\partial x}\frac{\partial x}{\partial w} + \frac{\partial w}{\partial y}\frac{\partial y}{\partial w} + \frac{\partial w}{\partial z}\frac{\partial z}{\partial w} = 1$$

を得る．したがって

$$\boldsymbol{e}_u\cdot\frac{1}{|\nabla u|}\left(\frac{\partial u}{\partial x}\boldsymbol{i} + \frac{\partial u}{\partial y}\boldsymbol{j} + \frac{\partial u}{\partial z}\boldsymbol{k}\right) = 1$$

$$\boldsymbol{e}_v\cdot\frac{1}{|\nabla v|}\left(\frac{\partial v}{\partial x}\boldsymbol{i} + \frac{\partial v}{\partial y}\boldsymbol{j} + \frac{\partial v}{\partial z}\boldsymbol{k}\right) = 1$$

$$\boldsymbol{e}_w \cdot \frac{1}{|\nabla w|}\left(\frac{\partial w}{\partial x}\boldsymbol{i}+\frac{\partial w}{\partial y}\boldsymbol{j}+\frac{\partial w}{\partial z}\boldsymbol{k}\right)=1$$

となり，

$$\boldsymbol{e}_u=\frac{1}{|\nabla u|}\left(\frac{\partial u}{\partial x}\boldsymbol{i}+\frac{\partial u}{\partial y}\boldsymbol{j}+\frac{\partial u}{\partial z}\boldsymbol{k}\right)$$

$$\boldsymbol{e}_v=\frac{1}{|\nabla v|}\left(\frac{\partial v}{\partial x}\boldsymbol{i}+\frac{\partial v}{\partial y}\boldsymbol{j}+\frac{\partial v}{\partial z}v\right)$$

$$\boldsymbol{e}_w=\frac{1}{|\nabla w|}\left(\frac{\partial w}{\partial x}\boldsymbol{i}+\frac{\partial w}{\partial y}\boldsymbol{j}+\frac{\partial w}{\partial z}\boldsymbol{k}\right)$$

が成り立つ．この式から $\boldsymbol{e}_u=\boldsymbol{n}_u$，$\boldsymbol{e}_v=\boldsymbol{n}_v$，$\boldsymbol{e}_w=\boldsymbol{n}_w$ を得ることもできる．ゆえに，$\boldsymbol{i}, \boldsymbol{j}, \boldsymbol{k}$ の一次独立性により

$$\frac{1}{|\boldsymbol{r}_u|}\frac{\partial x}{\partial u}=\frac{1}{|\nabla u|}\frac{\partial u}{\partial x},\quad \frac{1}{|\boldsymbol{r}_u|}\frac{\partial y}{\partial u}=\frac{1}{|\nabla u|}\frac{\partial u}{\partial y},\quad \frac{1}{|\boldsymbol{r}_u|}\frac{\partial z}{\partial u}=\frac{1}{|\nabla u|}\frac{\partial u}{\partial z},$$

$$\frac{1}{|\boldsymbol{r}_v|}\frac{\partial x}{\partial v}=\frac{1}{|\nabla v|}\frac{\partial v}{\partial x},\quad \frac{1}{|\boldsymbol{r}_v|}\frac{\partial y}{\partial v}=\frac{1}{|\nabla v|}\frac{\partial v}{\partial y},\quad \frac{1}{|\boldsymbol{r}_v|}\frac{\partial z}{\partial v}=\frac{1}{|\nabla v|}\frac{\partial v}{\partial z},$$

$$\frac{1}{|\boldsymbol{r}_w|}\frac{\partial x}{\partial w}=\frac{1}{|\nabla w|}\frac{\partial w}{\partial x},\quad \frac{1}{|\boldsymbol{r}_w|}\frac{\partial y}{\partial w}=\frac{1}{|\nabla w|}\frac{\partial w}{\partial y},\quad \frac{1}{|\boldsymbol{r}_w|}\frac{\partial z}{\partial w}=\frac{1}{|\nabla w|}\frac{\partial w}{\partial z}.$$

例1　円柱座標 (ρ, φ, z) に対して計量係数は $|\boldsymbol{r}_\rho|=1$，$|\boldsymbol{r}_\varphi|=\rho$，$|\boldsymbol{r}_z|=1$ であるから，$\rho>0$ である点 $\mathrm{P}(\rho, \varphi, z)$ における行列式が1の直交行列 T_P は

$$T_{\mathrm{P}}=\begin{bmatrix}\cos\varphi & -\sin\varphi & 0\\ \sin\varphi & \cos\varphi & 0\\ 0 & 0 & 1\end{bmatrix}$$

となる．このとき，ベクトル $\boldsymbol{F}=F_x\boldsymbol{i}+F_y\boldsymbol{j}+F_z\boldsymbol{k}$ の (ρ, φ, z) に関する成分を (F_ρ, F_φ, F_z) とすると，$\boldsymbol{F}=F_\rho\boldsymbol{e}_\rho+F_\varphi\boldsymbol{e}_\varphi+F_z\boldsymbol{e}_z$ となり

$$\begin{bmatrix}F_x\\ F_y\\ F_z\end{bmatrix}=T_P\begin{bmatrix}F_\rho\\ F_\varphi\\ F_z\end{bmatrix}=\begin{bmatrix}F_\rho\cos\varphi-F_\varphi\sin\varphi\\ F_\rho\sin\varphi+F_\varphi\cos\varphi\\ F_z\end{bmatrix}$$

$$\begin{bmatrix}F_\rho\\ F_\varphi\\ F_z\end{bmatrix}={}^tT_P\begin{bmatrix}F_x\\ F_y\\ F_z\end{bmatrix}=\begin{bmatrix}F_x\cos\varphi+F_y\sin\varphi\\ -F_x\sin\varphi+F_y\cos\varphi\\ F_z\end{bmatrix}$$

を得る．また

$$\frac{\partial\rho}{\partial x}=\cos\varphi,\quad \frac{\partial\rho}{\partial y}=\sin\varphi,\ \frac{\partial\rho}{\partial z}=0,$$

$$\frac{\partial\varphi}{\partial x}=-\frac{1}{\rho}\sin\varphi,\quad \frac{\partial\varphi}{\partial y}=\frac{1}{\rho}\cos\varphi,\quad \frac{\partial\varphi}{\partial z}=0,$$

$$\frac{\partial z}{\partial x}=0,\quad \frac{\partial z}{\partial y}=0,\quad \frac{\partial z}{\partial z}=1.$$

例 2　空間極座標 (γ,θ,φ) に対して計量係数は $|\boldsymbol{r}_r|=1$, $|\boldsymbol{r}_\theta|=r$, $|\boldsymbol{r}_\varphi|=\sin\theta$ であるから，$\gamma>0$, $\sin\theta\neq 0$ である点 $\mathrm{P}(r,\theta,\varphi)$ における行列式が 1 の直交行列 T_P は

$$T_\mathrm{P}=\begin{bmatrix}\sin\theta\cos\varphi & \cos\theta\cos\varphi & -\sin\varphi\\ \sin\theta\sin\varphi & \cos\theta\sin\varphi & \cos\varphi\\ \cos\theta & -\sin\theta & 0\end{bmatrix}$$

となる．このとき，ベクトル $\boldsymbol{F}=F_x\boldsymbol{i}+F_y\boldsymbol{j}+F_z\boldsymbol{k}$ の (r,θ,φ) に関する成分を (F_r,F_θ,F_φ) とすると，$\boldsymbol{F}=F_r\boldsymbol{e}_r+F_\theta\boldsymbol{e}_\theta+F_\varphi\boldsymbol{e}_\varphi$ となり

$$\begin{bmatrix}F_x\\F_y\\F_z\end{bmatrix}=T_\mathrm{P}\begin{bmatrix}F_r\\F_\theta\\F_\varphi\end{bmatrix}=\begin{bmatrix}F_r\sin\theta\cos\varphi+F_\theta\cos\theta\cos\varphi-F_\varphi\sin\varphi\\ F_r\sin\theta\sin\varphi+F_\theta\cos\theta\sin\varphi+F_\varphi\cos\varphi\\ F_r\cos\theta-F_\theta\sin\theta\end{bmatrix}$$

$$\begin{bmatrix}F_\gamma\\F_\theta\\F_\varphi\end{bmatrix}={}^tT_\mathrm{P}\begin{bmatrix}F_x\\F_y\\F_z\end{bmatrix}=\begin{bmatrix}F_x\sin\theta\cos\varphi+F_y\sin\theta\sin\varphi+F_z\cos\theta\\ F_x\cos\theta\cos\varphi+F_y\cos\theta\sin\varphi-F_z\sin\theta\\ -F_x\sin\varphi+F_y\cos\varphi\end{bmatrix}$$

を得る．また

$$\frac{\partial r}{\partial x}=\sin\theta\cos\varphi,\quad \frac{\partial r}{\partial y}=\sin\theta\sin\varphi,\quad \frac{\partial r}{\partial z}=\cos\theta,$$

$$\frac{\partial\theta}{\partial x}=\frac{1}{r}\cos\theta\sin\varphi,\quad \frac{\partial\theta}{\partial y}=\frac{1}{r}\cos\theta\sin\varphi,\quad \frac{\partial\theta}{\partial z}=-\frac{1}{r}\sin\theta,$$

$$\frac{\partial\varphi}{\partial x}=-\frac{\sin\varphi}{r\sin\theta},\quad \frac{\partial\varphi}{\partial y}=\frac{\cos\varphi}{r\sin\theta},\quad \frac{\partial\varphi}{\partial z}=0.$$

例 3　運動する質点 P の速度ベクトル $\boldsymbol{v}$ および加速度ベクトル $\boldsymbol{a}$ は時刻 t の関数である．いま，直交(直線)座標 (x,y,z) に関する $\boldsymbol{v},\boldsymbol{a}$ の成分をそれぞれ (v_x,v_y,v_z), (a_x,a_y,a_z) とし，空間極座標 (r,θ,φ) に関する $\boldsymbol{v},\boldsymbol{a}$ の成

分をそれぞれ$(v_r, v_\theta, v_\varphi)$，$(a_r, a_\theta, a_\varphi)$とする．このとき，例2により

$$v_r = v_x \sin\theta\cos\varphi + v_y \sin\theta\sin\varphi + v_z\cos\theta,$$
$$v_\theta = v_x \cos\theta\cos\varphi + v_y \cos\theta\sin\varphi - v_z\sin\theta,$$
$$v_\varphi = -v_x \sin\theta + v_y \cos\varphi,$$

および

$$a_r = a_x \sin\theta\cos\varphi + a_y \sin\theta\sin\varphi + a_z\cos\theta,$$
$$a_\theta = a_x \cos\theta\cos\varphi + a_y \cos\theta\sin\varphi - a_z\sin\theta,$$
$$a_\varphi = -a_x \sin\theta + a_y \cos\varphi.$$

しかるに，速度ベクトルについては

$$v_x = \frac{dx}{dt} = \sin\theta\cos\varphi\frac{dr}{dt} + r\cos\theta\cos\varphi\frac{d\theta}{dt} - r\sin\theta\sin\varphi\frac{d\varphi}{dt}$$
$$v_y = \frac{dy}{dt} = \sin\theta\sin\varphi\frac{dr}{dt} + r\cos\theta\sin\varphi\frac{d\theta}{dt} + r\sin\theta\cos\varphi\frac{d\varphi}{dt}$$
$$v_z = \frac{dz}{dt} = \cos\theta\frac{dr}{dt} - r\sin\theta\frac{d\theta}{dt}$$

であるから，v_x, v_y, v_zの式をv_r, v_θ, v_φの式に代入すれば

$$v_r = \frac{dr}{dt}, \qquad v_\theta = r\frac{d\theta}{dt}, \qquad v_\varphi = r\sin\theta\frac{d\varphi}{dt}$$

が得られる．加速度ベクトルについては

$$\begin{aligned} a_x = \frac{d^2x}{dt^2} &= 2\cos\theta\cos\varphi\frac{dr}{dt}\frac{d\theta}{dt} - 2\sin\theta\sin\varphi\frac{dr}{dt}\frac{d\varphi}{dt} \\ &\quad - 2r\cos\theta\sin\varphi\frac{d\theta}{dt}\frac{d\varphi}{dt} - r\sin\theta\cos\varphi\left\{\left(\frac{d\theta}{dt}\right)^2 + \left(\frac{d\varphi}{dt}\right)^2\right\} \\ &\quad + \sin\theta\cos\varphi\frac{d^2r}{dt^2} + r\cos\theta\cos\varphi\frac{d^2\theta}{dt^2} - r\sin\theta\sin\varphi\frac{d^2\varphi}{dt^2}, \end{aligned}$$

$$\begin{aligned} a_y = \frac{d^2y}{dt^2} &= 2\cos\theta\sin\varphi\frac{dr}{dt}\frac{d\theta}{dt} + 2\sin\theta\cos\varphi\frac{dr}{dt}\frac{d\varphi}{dt} \\ &\quad + 2r\cos\theta\cos\varphi\frac{d\theta}{dt}\frac{d\varphi}{dt} - r\sin\theta\sin\varphi\left\{\left(\frac{d\theta}{dt}\right)^2 + \left(\frac{d\varphi}{dt}\right)^2\right\} \\ &\quad + \sin\theta\sin\varphi\frac{d^2r}{dt^2} + r\cos\theta\sin\varphi\frac{d^2\theta}{dt^2} + r\sin\theta\cos\varphi\frac{d^2\varphi}{dt^2}, \end{aligned}$$

$$a_z = \frac{d^2 z}{dt^2} = -2\sin\theta\frac{dr}{dt}\frac{d\theta}{dt} - r\cos\theta\left(\frac{d\theta}{dt}\right)^2 + \cos\theta\frac{d^2 r}{dt^2} - r\sin\theta\frac{d^2\theta}{dt^2}$$

であるから，a_x, a_y, a_z の式を a_r, a_θ, a_φ の式に代入すれば

$$a_r = \frac{d^2 r}{dt^2} - r\left(\frac{d\theta}{dt}\right)^2 - r\sin^2\theta\left(\frac{d\varphi}{dt}\right)^2$$

$$a_\theta = 2\frac{dr}{dt}\frac{d\theta}{dt} + r\frac{d^2\theta}{dt^2} - r\sin\theta\cos\theta\left(\frac{d\varphi}{dt}\right)^2$$

$$a_\varphi = 2\sin\theta\frac{dr}{dt}\frac{d\varphi}{dt} + 2r\cos\theta\frac{d\theta}{dt}\frac{d\varphi}{dt} + r\sin\theta\frac{d^2\varphi}{dt^2}$$

が得られる．

問1　$\boldsymbol{r} = x\boldsymbol{i} + y\boldsymbol{j} + z\boldsymbol{k}$ のとき，直交曲線座標系 (u, v, w) において

$$\boldsymbol{r}_u = |\boldsymbol{r}_u|^2 \nabla u, \quad \boldsymbol{r}_v = |\boldsymbol{r}_v|^2 \nabla v, \quad \boldsymbol{r}_w = |\boldsymbol{r}_w|^2 \nabla w$$

が成り立つことを示せ．

問2　質点の速度ベクトル $\boldsymbol{v}$ および加速度ベクトル $\boldsymbol{a}$ の円柱座標 (ρ, φ, z) に関するそれぞれの成分 (v_ρ, v_φ, v_z)，(a_ρ, a_φ, a_z) は次式

$$v_\rho = \frac{d\rho}{dt}, \quad v_\varphi = \rho\frac{d\varphi}{dt}, \quad v_z = \frac{dz}{dt}$$

$$a_\rho = \frac{d^2\rho}{dt^2} - \rho\left(\frac{d\varphi}{dt}\right)^2, \quad a_\varphi = 2\frac{d\rho}{dt}\frac{d\varphi}{dt} + \rho\frac{d^2\varphi}{dt^2}, \quad a_z = \frac{d^2 z}{dt^2}$$

で与えられることを示せ．

問3　ベクトル $\boldsymbol{F} = 2x\boldsymbol{i} - y\boldsymbol{j} + 3z\boldsymbol{k}$ を円柱座標で表せ．

問4　ベクトル $\boldsymbol{F} = x\boldsymbol{i} + y\boldsymbol{j}$ を空間極座標で表せ．

問5　円柱座標系におけるベクトル $\boldsymbol{F} = 2\rho\boldsymbol{e}_\rho - 3\rho\boldsymbol{e}_\varphi + \boldsymbol{e}_z$ を直交（直線）座標で表せ．

§6.3　直交曲線座標系における勾配，発散，回転

C^1 級のスカラー場 f が与えられているとし，f の勾配の定義は直交（直線）座標によるものとする．直交曲線座標 (u, v, w) に対して f を u, v, w の関数であるとみなすならば，u, v, w はいずれも x, y, z の関数でもあるから

$$\operatorname{grad} f = \frac{\partial f}{\partial x}\boldsymbol{i}+\frac{\partial f}{\partial y}\boldsymbol{j}+\frac{\partial f}{\partial z}\boldsymbol{k} = \left(\frac{\partial f}{\partial u}\frac{\partial u}{\partial x}+\frac{\partial f}{\partial v}\frac{\partial v}{\partial x}+\frac{\partial f}{\partial w}\frac{\partial w}{\partial x}\right)\boldsymbol{i}$$
$$+\left(\frac{\partial f}{\partial u}\frac{\partial u}{\partial y}+\frac{\partial f}{\partial v}\frac{\partial v}{\partial y}+\frac{\partial f}{\partial w}\frac{\partial w}{\partial y}\right)\boldsymbol{j}+\left(\frac{\partial f}{\partial u}\frac{\partial u}{\partial z}+\frac{\partial f}{\partial v}\frac{\partial v}{\partial z}+\frac{\partial f}{\partial w}\frac{\partial w}{\partial z}\right)\boldsymbol{k}$$
$$= \frac{\partial f}{\partial u}\nabla u + \frac{\partial f}{\partial v}\nabla v + \frac{\partial f}{\partial w}\nabla w.$$

ところで，(u, v, w) は直交曲線座標であるから

$$\nabla u = \frac{1}{|\boldsymbol{r}_u|}\boldsymbol{e}_u, \quad \nabla v = \frac{1}{|\boldsymbol{r}_v|}\boldsymbol{e}_v, \quad \nabla w = \frac{1}{|\boldsymbol{r}_w|}\boldsymbol{e}_w$$

が成り立つ．ゆえに，直交曲線座標系において

$$\operatorname{grad} f = \frac{\partial f}{\partial u}\nabla u+\frac{\partial f}{\partial v}\nabla v+\frac{\partial f}{\partial w}\nabla w$$
$$= \frac{1}{|\boldsymbol{r}_u|}\frac{\partial f}{\partial u}\boldsymbol{e}_u+\frac{1}{|\boldsymbol{r}_v|}\frac{\partial f}{\partial v}\boldsymbol{e}_v+\frac{1}{|\boldsymbol{r}_w|}\frac{\partial f}{\partial w}\boldsymbol{e}_w,$$
$$\nabla = \frac{\boldsymbol{e}_u}{|\boldsymbol{r}_u|}\frac{\partial}{\partial u}+\frac{\boldsymbol{e}_v}{|\boldsymbol{r}_v|}\frac{\partial}{\partial v}+\frac{\boldsymbol{e}_w}{|\boldsymbol{r}_w|}\frac{\partial}{\partial w}$$
$$= \nabla u\frac{\partial}{\partial u}+\nabla v\frac{\partial}{\partial v}+\nabla w\frac{\partial}{\partial w}$$

を得る．また，f の勾配を等位面の法線方向に対する f の方向微分係数を用いて ($\nabla f \neq 0$ となるところで)

$$\operatorname{grad} f = \frac{\partial f}{\partial n}\boldsymbol{n}$$

とすると，直交曲線座標系 (u, v, w) において $ds_u = |\boldsymbol{r}_u|\,du$，$ds_v = |\boldsymbol{r}_v|\,dv$，$ds_w = |\boldsymbol{r}_w|\,dw$ であるから，f の勾配は次のように求めることもできる：

$$\operatorname{grad} f = \frac{\partial f}{\partial s_u}\boldsymbol{e}_u+\frac{\partial f}{\partial s_v}\boldsymbol{e}_v+\frac{\partial f}{\partial s_w}\boldsymbol{e}_w$$
$$= \frac{\partial f}{\partial u}\frac{du}{ds_u}\boldsymbol{e}_u+\frac{\partial f}{\partial v}\frac{dv}{ds_v}\boldsymbol{e}_v+\frac{\partial f}{\partial w}\frac{dw}{ds_w}\boldsymbol{e}_w$$
$$= \frac{1}{|\boldsymbol{r}_u|}\frac{\partial f}{\partial u}\boldsymbol{e}_u+\frac{1}{|\boldsymbol{r}_v|}\frac{\partial f}{\partial v}\boldsymbol{e}_v+\frac{1}{|\boldsymbol{r}_w|}\frac{\partial f}{\partial w}\boldsymbol{e}_w.$$

次に，直交曲線座標系(u, v, w)においてu, v, wがいずれもx, y, zのC^2級関数である場合を考える．C^1級のベクトル場$\boldsymbol{F}$が与えられているとし，(u, v, w)に関するその成分を(F_u, F_v, F_w)とすると，$\boldsymbol{e}_u = |\boldsymbol{r}_u|\nabla u$，$\boldsymbol{e}_v = |\boldsymbol{r}_v|\nabla v$，$\boldsymbol{e}_w = |\boldsymbol{r}_w|\nabla w$であるから

$$F_u\boldsymbol{e}_u = F_u\boldsymbol{e}_v\times\boldsymbol{e}_w = F_u|\boldsymbol{r}_v||\boldsymbol{r}_w|\nabla v\times\nabla w$$
$$F_v\boldsymbol{e}_v = F_v\boldsymbol{e}_w\times\boldsymbol{e}_u = F_v|\boldsymbol{r}_w||\boldsymbol{r}_u|\nabla w\times\nabla u$$
$$F_w\boldsymbol{e}_w = F_w\boldsymbol{e}_u\times\boldsymbol{e}_v = F_w|\boldsymbol{r}_u||\boldsymbol{r}_v|\nabla u\times\nabla v$$

となる．まず，$F_u\boldsymbol{e}_u$に対して

$$\begin{aligned}\operatorname{div}(F_u\boldsymbol{e}_u) &= \operatorname{div}(F_u|\boldsymbol{r}_v||\boldsymbol{r}_w|\nabla v\times\nabla w)\\ &= F_u|\boldsymbol{r}_v||\boldsymbol{r}_w|\nabla\cdot(\nabla v\times\nabla w)+(\nabla v\times\nabla w)\cdot\nabla(F_u|\boldsymbol{r}_v||\boldsymbol{r}_w|)\end{aligned}$$

が成り立つ．しかるに

$$\nabla\cdot(\nabla v\times\nabla w) = \nabla w\cdot(\nabla\times\nabla v)-\nabla v\cdot(\nabla\times\nabla w) = 0,$$

$$\nabla v\times\nabla w = \frac{1}{|\boldsymbol{r}_v||\boldsymbol{r}_w|}\boldsymbol{e}_u,$$

$$\begin{aligned}\nabla(F_u|\boldsymbol{r}_v||\boldsymbol{r}_w|) &= \frac{1}{|\boldsymbol{r}_u|}\frac{\partial}{\partial u}(F_u|\boldsymbol{r}_v||\boldsymbol{r}_w|)\,\boldsymbol{e}_u\\ &\quad+\frac{1}{|\boldsymbol{r}_v|}\frac{\partial}{\partial v}(F_u|\boldsymbol{r}_v||\boldsymbol{r}_w|)\boldsymbol{e}_v\\ &\quad+\frac{1}{|\boldsymbol{r}_w|}\frac{\partial}{\partial w}(F_u|\boldsymbol{r}_v||\boldsymbol{r}_w|)\boldsymbol{e}_w\end{aligned}$$

であるから

$$\operatorname{div}(F_u\boldsymbol{e}_u) = \frac{1}{|\boldsymbol{r}_u||\boldsymbol{r}_v||\boldsymbol{r}_w|}\frac{\partial}{\partial u}(F_u|\boldsymbol{r}_v||\boldsymbol{r}_w|)$$

を得る．同様にして

$$\operatorname{div}(F_v\boldsymbol{e}_v) = \frac{1}{|\boldsymbol{r}_u||\boldsymbol{r}_v||\boldsymbol{r}_w|}\frac{\partial}{\partial v}(F_v|\boldsymbol{r}_w||\boldsymbol{r}_u|),$$

$$\operatorname{div}(F_w\boldsymbol{e}_w) = \frac{1}{|\boldsymbol{r}_u||\boldsymbol{r}_v||\boldsymbol{r}_w|}\frac{\partial}{\partial w}(F_w|\boldsymbol{r}_u||\boldsymbol{r}_v|).$$

したがって

$$\operatorname{div}\boldsymbol{F} = \operatorname{div}(F_u\boldsymbol{e}_u+F_v\boldsymbol{e}_v+F_w\boldsymbol{e}_w)$$

$$= \frac{1}{|\boldsymbol{r}_u||\boldsymbol{r}_v||\boldsymbol{r}_w|}\left\{\frac{\partial}{\partial u}(F_u|\boldsymbol{r}_v||\boldsymbol{r}_w|)+\frac{\partial}{\partial v}(F_v|\boldsymbol{r}_w||\boldsymbol{r}_u|)\right.$$
$$\left.+\frac{\partial}{\partial w}(F_w|\boldsymbol{r}_u||\boldsymbol{r}_v|)\right\}$$

が成り立つ．この式から直交曲線座標系におけるスカラー場のラプラシアンを求めることができる．実際，g を C^2 級のスカラー場であるとすれば

$$\frac{\partial g}{\partial u} = \frac{\partial g}{\partial x}\frac{\partial x}{\partial u}+\frac{\partial g}{\partial y}\frac{\partial y}{\partial u}+\frac{\partial g}{\partial z}\frac{\partial z}{\partial u}$$
$$\frac{\partial g}{\partial v} = \frac{\partial g}{\partial x}\frac{\partial x}{\partial v}+\frac{\partial g}{\partial y}\frac{\partial y}{\partial v}+\frac{\partial g}{\partial z}\frac{\partial z}{\partial v}$$
$$\frac{\partial g}{\partial w} = \frac{\partial g}{\partial x}\frac{\partial x}{\partial w}+\frac{\partial g}{\partial y}\frac{\partial y}{\partial w}+\frac{\partial g}{\partial z}\frac{\partial z}{\partial w}$$

であるから，∇g の u 成分，v 成分，w 成分をそれぞれ $(\nabla g)_u$，$(\nabla g)_v$，$(\nabla g)_w$ とすると

$$\begin{bmatrix}(\nabla g)_u\\(\nabla g)_v\\(\nabla g)_w\end{bmatrix} = {}^tT_{\mathrm{P}}\begin{bmatrix}\dfrac{\partial g}{\partial x}\\\dfrac{\partial g}{\partial y}\\\dfrac{\partial g}{\partial z}\end{bmatrix} = \begin{bmatrix}\dfrac{1}{|\boldsymbol{r}_u|}\dfrac{\partial g}{\partial u}\\\dfrac{1}{|\boldsymbol{r}_v|}\dfrac{\partial g}{\partial v}\\\dfrac{1}{|\boldsymbol{r}_w|}\dfrac{\partial g}{\partial w}\end{bmatrix}$$

である．ゆえに

C^2 級のスカラー場 g のラプラシアンは

$$\nabla^2 g = \nabla\cdot\nabla g = \frac{1}{|\boldsymbol{r}_u||\boldsymbol{r}_v||\boldsymbol{r}_w|}\left\{\frac{\partial}{\partial u}\left(\frac{|\boldsymbol{r}_v||\boldsymbol{r}_w|}{|\boldsymbol{r}_u|}\frac{\partial g}{\partial u}\right)\right.$$
$$\left.+\frac{\partial}{\partial v}\left(\frac{|\boldsymbol{r}_w||\boldsymbol{r}_u|}{|\boldsymbol{r}_v|}\frac{\partial g}{\partial v}\right)+\frac{\partial}{\partial w}\left(\frac{|\boldsymbol{r}_u||\boldsymbol{r}_v|}{|\boldsymbol{r}_w|}\frac{\partial g}{\partial w}\right)\right\}$$

となる．また $F_u\boldsymbol{e}_u$ に対して

$$\begin{aligned}\mathrm{rot}\,(F_u\boldsymbol{e}_u) &= \mathrm{rot}\,(F_u|\boldsymbol{r}_u|\nabla u)\\ &= \nabla(F_u|\boldsymbol{r}_u|)\times\nabla u+F_u|\boldsymbol{r}_u|\nabla\times\nabla u\end{aligned}$$

および $\nabla\times\nabla u = \boldsymbol{o}$ であるから

$$\begin{aligned}\mathrm{rot}\,(F_u\boldsymbol{e}_u) &= \nabla(F_u|\boldsymbol{r}_u|)\times\nabla u = \nabla(F_u|\boldsymbol{r}_u|)\times\frac{1}{|\boldsymbol{r}_u|}\boldsymbol{e}_u \\ &= \frac{1}{|\boldsymbol{r}_u|}\left\{\frac{1}{|\boldsymbol{r}_u|}\frac{\partial}{\partial u}(F_u|\boldsymbol{r}_u|)\boldsymbol{e}_u+\frac{1}{|\boldsymbol{r}_v|}\frac{\partial}{\partial v}(F_u|\boldsymbol{r}_u|)\boldsymbol{e}_v\right. \\ &\quad \left.+\frac{1}{|\boldsymbol{r}_w|}\frac{\partial}{\partial w}(F_u|\boldsymbol{r}_u|)\boldsymbol{e}_w\right\}\times\boldsymbol{e}_u \\ &= \frac{1}{|\boldsymbol{r}_u||\boldsymbol{r}_w|}\frac{\partial}{\partial w}(F_u|\boldsymbol{r}_u|)\boldsymbol{e}_v-\frac{1}{|\boldsymbol{r}_u||\boldsymbol{r}_v|}\frac{\partial}{\partial v}(F_u|\boldsymbol{r}_u|)\boldsymbol{e}_w\end{aligned}$$

を得る．同様にして

$$\mathrm{rot}\,(F_v\boldsymbol{e}_v) = \frac{1}{|\boldsymbol{r}_v||\boldsymbol{r}_u|}\frac{\partial}{\partial u}(F_v|\boldsymbol{r}_v|)\boldsymbol{e}_w-\frac{1}{|\boldsymbol{r}_v||\boldsymbol{r}_w|}\frac{\partial}{\partial w}(F_v|\boldsymbol{r}_v|)\boldsymbol{e}_u$$

$$\mathrm{rot}\,(F_w\boldsymbol{e}_w) = \frac{1}{|\boldsymbol{r}_w||\boldsymbol{r}_v|}\frac{\partial}{\partial v}(F_w|\boldsymbol{r}_w|)\boldsymbol{e}_u-\frac{1}{|\boldsymbol{r}_w||\boldsymbol{r}_u|}\frac{\partial}{\partial u}(F_w|\boldsymbol{r}_w|)\boldsymbol{e}_v$$

が得られる．したがって

$$\begin{aligned}\mathrm{rot}\,\boldsymbol{F} &= \mathrm{rot}\,(F_u\boldsymbol{e}_u+F_v\boldsymbol{e}_v+F_w\boldsymbol{e}_w) \\ &= \frac{1}{|\boldsymbol{r}_v||\boldsymbol{r}_w|}\left\{\frac{\partial}{\partial v}(F_w|\boldsymbol{r}_w|)-\frac{\partial}{\partial w}(F_v|\boldsymbol{r}_v|)\right\}\boldsymbol{e}_u \\ &\quad +\frac{1}{|\boldsymbol{r}_w||\boldsymbol{r}_u|}\left\{\frac{\partial}{\partial w}(F_u|\boldsymbol{r}_u|)-\frac{\partial}{\partial u}(F_w|\boldsymbol{r}_w|)\right\}\boldsymbol{e}_v \\ &\quad +\frac{1}{|\boldsymbol{r}_u||\boldsymbol{r}_v|}\left\{\frac{\partial}{\partial u}(F_v|\boldsymbol{r}_v|)-\frac{\partial}{\partial v}(F_u|\boldsymbol{r}_u|)\right\}\boldsymbol{e}_w \\ &= \begin{vmatrix}\dfrac{\boldsymbol{e}_u}{|\boldsymbol{r}_v||\boldsymbol{r}_w|} & \dfrac{\boldsymbol{e}_v}{|\boldsymbol{r}_w||\boldsymbol{r}_u|} & \dfrac{\boldsymbol{e}_w}{|\boldsymbol{r}_u||\boldsymbol{r}_v|} \\ \dfrac{\partial}{\partial u} & \dfrac{\partial}{\partial v} & \dfrac{\partial}{\partial w} \\ F_u|\boldsymbol{r}_u| & F_v|\boldsymbol{r}_v| & F_w|\boldsymbol{r}_w|\end{vmatrix}\end{aligned}$$

が成り立つ．

例 1　円柱座標系 (ρ, φ, z) の場合． 計量係数は $|\boldsymbol{r}_\rho| = 1$，$|\boldsymbol{r}_\varphi| = \rho$，$|\boldsymbol{r}_z| = 1$ であるから，$\rho > 0$ となるところで

$$\operatorname{grad} f = \frac{\partial f}{\partial \rho}\boldsymbol{e}_\rho + \frac{1}{\rho}\frac{\partial f}{\partial \varphi}\boldsymbol{e}_\varphi + \frac{\partial f}{\partial z}\boldsymbol{e}_z,$$

$$\operatorname{div} \boldsymbol{F} = \frac{1}{\rho}\left\{\frac{\partial(\rho F_\rho)}{\partial \rho} + \frac{\partial F_\varphi}{\partial \varphi} + \frac{\partial(\rho F_z)}{\partial z}\right\}$$

$$= \frac{1}{\rho}\left\{\frac{\partial(\rho F_\rho)}{\partial \rho} + \frac{\partial F_\varphi}{\partial \varphi}\right\} + \frac{\partial F_z}{\partial z},$$

$$\operatorname{rot} \boldsymbol{F} = \left\{\frac{1}{\rho}\frac{\partial F_z}{\partial \varphi} - \frac{\partial F_\varphi}{\partial z}\right\}\boldsymbol{e}_\rho + \left\{\frac{\partial F_\rho}{\partial z} - \frac{\partial F_z}{\partial \rho}\right\}\boldsymbol{e}_\varphi$$

$$+ \frac{1}{\rho}\left\{\frac{\partial(\rho F_\varphi)}{\partial \rho} - \frac{\partial F_\rho}{\partial \varphi}\right\}\boldsymbol{e}_z,$$

$$\nabla^2 g = \frac{1}{\rho}\left\{\frac{\partial}{\partial \rho}\left(\rho\frac{\partial g}{\partial \rho}\right) + \frac{\partial}{\partial \varphi}\left(\frac{1}{\rho}\frac{\partial g}{\partial \varphi}\right) + \frac{\partial}{\partial z}\left(\rho\frac{\partial g}{\partial z}\right)\right\}$$

$$= \frac{1}{\rho}\frac{\partial}{\partial \rho}\left(\rho\frac{\partial g}{\partial \rho}\right) + \frac{1}{\rho^2}\frac{\partial^2 g}{\partial \varphi^2} + \frac{\partial^2 g}{\partial z^2}.$$

例2　空間極座標系(r, θ, φ)**の場合．** 計量係数は$|\boldsymbol{r}_r| = 1$，$|\boldsymbol{r}_\theta| = r$，$|\boldsymbol{r}_\varphi| = r\sin\theta$であるから，$r\sin\theta \neq 0$となるところで

$$\operatorname{grad} f = \frac{\partial f}{\partial r}\boldsymbol{e}_\gamma + \frac{1}{\gamma}\frac{\partial f}{\partial \theta}\boldsymbol{e}_\theta + \frac{1}{\gamma\sin\theta}\frac{\partial f}{\partial \varphi}\boldsymbol{e}_\varphi,$$

$$\operatorname{div} \boldsymbol{F} = \frac{1}{r^2\sin\theta}\left\{\frac{\partial}{\partial r}(r^2\sin\theta F_r) + \frac{\partial}{\partial \theta}(r\sin\theta F_\theta) + \frac{\partial}{\partial \varphi}(rF_\varphi)\right\}$$

$$= \frac{1}{r^2}\frac{\partial}{\partial r}(r^2 F_r) + \frac{1}{r\sin\theta}\frac{\partial}{\partial \theta}(F_\theta\sin\theta) + \frac{1}{r\sin\theta}\frac{\partial F_\varphi}{\partial \varphi},$$

$$\operatorname{rot} \boldsymbol{F} = \frac{1}{r^2\sin\theta}\left\{\frac{\partial}{\partial \theta}(r\sin\theta F_\varphi) - \frac{\partial}{\partial \varphi}(rF_\theta)\right\}\boldsymbol{e}_r$$

$$+ \frac{1}{r\sin\theta}\left\{\frac{\partial F_r}{\partial \varphi} - \frac{\partial}{\partial r}(r\sin\theta F_\varphi)\right\}\boldsymbol{e}_\theta + \frac{1}{r}\left\{\frac{\partial}{\partial r}(rF_\theta) - \frac{\partial F_r}{\partial \theta}\right\}\boldsymbol{e}_\varphi$$

$$= \frac{1}{r\sin\theta}\left\{\frac{\partial}{\partial \theta}(F_\varphi\sin\theta) - \frac{\partial F_\theta}{\partial \varphi}\right\}\boldsymbol{e}_r$$

$$+ \frac{1}{r}\left\{\frac{1}{\sin\theta}\frac{\partial F_r}{\partial \varphi} - \frac{\partial}{\partial r}(rF_\varphi)\right\}\boldsymbol{e}_\theta + \frac{1}{r}\left\{\frac{\partial}{\partial r}(rF_\theta) - \frac{\partial F_r}{\partial \theta}\right\}\boldsymbol{e}_\varphi,$$

$$\nabla^2 g = \frac{1}{r^2\sin\theta}\left\{\frac{\partial}{\partial r}\left(r^2\sin\theta\frac{\partial g}{\partial r}\right) + \frac{\partial}{\partial \theta}\left(\frac{r\sin\theta}{r}\frac{\partial g}{\partial \theta}\right) + \frac{\partial}{\partial \varphi}\left(\frac{r}{r\sin\theta}\frac{\partial g}{\partial \varphi}\right)\right\}$$

$$= \frac{1}{r^2}\frac{\partial}{\partial r}\left(r^2\frac{\partial g}{\partial r}\right)+\frac{1}{r^2\sin\theta}\frac{\partial}{\partial\theta}\left(\sin\theta\frac{\partial g}{\partial\theta}\right)+\frac{1}{r^2\sin^2\theta}\frac{\partial^2 g}{\partial\varphi^2}.$$

さて，直交曲線座標系 (u, v, w) におけるベクトル場 $\boldsymbol{F}$ の発散について，その物理的意味を説明しよう．図 6-7 のように点 $P_0, P_1, \cdots, P_7$ の曲線座標を

$P_0(u, v, w)$，$P_1(u+du, v, w)$，$P_2(u, v+dv, w)$，$P_3(u, v, w+dw)$

$P_4(u+du, v+dv, w)$，$P_5(u, v+dv, w+dw)$，$P_6(u+du, w+dw)$

$P_7(u+du, v+dv, w+dw)$

とする．微小六面体の 6 つの面を

$S_1 =$ 曲面 $P_0P_2P_5P_3$，　$S_2 =$ 曲面 $P_1P_4P_7P_6$，　$S_3 =$ 曲面 $P_0P_3P_6P_1$

$S_4 =$ 曲面 $P_2P_5P_7P_4$，　$S_5 =$ 曲面 $P_0P_1P_4P_2$，　$S_6 =$ 曲面 $P_3P_6P_7P_5$

とし，六面体の外側を表とする．このとき，$\boldsymbol{F}$ の流れが曲面 S_1 および曲面 S_2 を単位時間当たりに通過する流量はそれぞれ

$$\Omega(\boldsymbol{F}, S_1) = \int_{S_1} (-\boldsymbol{n}_u\cdot\boldsymbol{F})\, dS_{vw} = \int_{S_1} (-\boldsymbol{n}_u\cdot\boldsymbol{F})\, ds_v\, ds_w$$

および

$$\Omega(\boldsymbol{F}, S_2) = \int_{S_2} (\boldsymbol{n}_u\cdot\boldsymbol{F})\, dS_{vw} = \int_{S_2} (\boldsymbol{n}_u\cdot\boldsymbol{F})\, ds_v\, ds_w$$

である．よって，2 つの曲面 S_1，S_2 を通過する流量の和は

$$\Omega(\boldsymbol{F}, S_1)+\Omega(\boldsymbol{F}, S_2) = \int_{S_1} (-\boldsymbol{n}_u\cdot\boldsymbol{F})ds_v\, ds_w+\int_{S_2} (\boldsymbol{n}_u\cdot\boldsymbol{F})ds_v\, ds_w$$

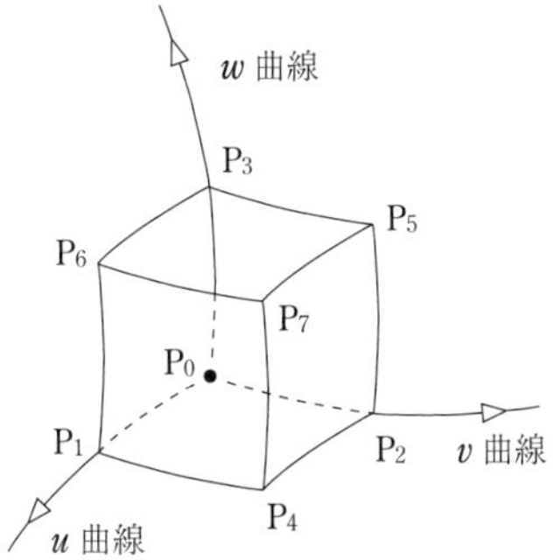

図 6-7

$$\fallingdotseq \frac{\partial}{\partial u}(F_u\, ds_v\, ds_w)\, du$$

$$= \frac{\partial}{\partial u}(F_u |\boldsymbol{r}_v||\boldsymbol{r}_w|)\, du\, dv\, dw$$

となる．この和は微小六面体の中から u 方向への湧き出し量を意味している．同様に v 方向および w 方向への湧き出し量はそれぞれ

$$\Omega(\boldsymbol{F}, \mathrm{S}_3) + \Omega(\boldsymbol{F}, \mathrm{S}_4) \fallingdotseq \frac{\partial}{\partial v}(F_v |\boldsymbol{r}_w||\boldsymbol{r}_u|)\, du\, dv\, dw$$

および

$$\Omega(\boldsymbol{F}, \mathrm{S}_5) + \Omega(\boldsymbol{F}, \mathrm{S}_6) \fallingdotseq \frac{\partial}{\partial w}(F_w |\boldsymbol{r}_u||\boldsymbol{r}_v|)\, du\, dv\, dw$$

となる．$\mathrm{div}\, \boldsymbol{F}(\mathrm{P}_0)$ は単位体積から湧き出す単位時間当たりの湧き出し量であり，微小六面体の体積は $dV = |\boldsymbol{r}_u||\boldsymbol{r}_v||\boldsymbol{r}_w|\, du\, dv\, dw$ であるから

$$\begin{aligned}
\mathrm{div}\, \boldsymbol{F}(\mathrm{P}_0) &\fallingdotseq \frac{1}{dV} \sum_{i=1}^{6} \Omega(\boldsymbol{F}, \mathrm{S}_i) \\
&\fallingdotseq \frac{1}{|\boldsymbol{r}_u||\boldsymbol{r}_v||\boldsymbol{r}_w|} \left\{ \frac{\partial}{\partial u}(F_u |\boldsymbol{r}_v||\boldsymbol{r}_w|) + \frac{\partial}{\partial v}(F_v |\boldsymbol{r}_w||\boldsymbol{r}_u|) \right. \\
&\qquad \left. + \frac{\partial}{\partial w}(F_w |\boldsymbol{r}_u||\boldsymbol{r}_v|) \right\}
\end{aligned}$$

を得る．

問1　円柱座標系 (ρ, φ, z) における関数 $\xi(\rho, \varphi, z) = e^{\rho} z^2 \sin\varphi$ に対して

$$\nabla^2 \xi\left(1, \frac{\pi}{2}, 1\right)$$

を求めよ．

問2　円柱座標系 (ρ, φ, z) におけるベクトル場 $\boldsymbol{G} = \rho \sin\varphi\, \boldsymbol{e}_\rho + \rho^2 \cos\varphi\, \boldsymbol{e}_\varphi$ $(\rho > 0)$ に対して，次を求めよ

（i）$\mathrm{div}\, \boldsymbol{G}$.　（ii）$\mathrm{rot}\, \boldsymbol{G}$.

問3　空間極座標系 $(\gamma, \theta, \varphi)$ において，スカラー関数 $f(\gamma)$，$g(\theta)$，$h(\varphi)$ はそれぞれ γ，θ，φ に関して C^2 級であるとする．このとき，$\gamma \sin\theta \neq 0$ となるところで次の関係式が成り立つことを示せ．

（i）$\displaystyle \nabla^2 f(r) = \frac{2}{\gamma} \frac{df(r)}{dr} + \frac{d^2 f(r)}{dr^2}.$

（ii）$\displaystyle \nabla^2 g(\theta) = \frac{\cos\theta}{\gamma^2 \sin\theta} \frac{dg(\theta)}{d\theta} + \frac{1}{r^2} \frac{d^2 g(\theta)}{d\theta^2}.$

（iii）$\nabla^2 h(\varphi) = \dfrac{1}{\gamma^2 \sin^2\theta} \dfrac{d^2 h(\varphi)}{d\varphi^2}$.

問 4　空間極座標系 $(\gamma, \theta, \varphi)$ におけるベクトル場 $\boldsymbol{F} = \dfrac{1}{\gamma \sin\theta} \boldsymbol{e}_\varphi$ に対して，次を求めよ．

（i）$\mathrm{div}\, \boldsymbol{F}$.　（ii）$\mathrm{rot}\, \boldsymbol{F}$.

§6.4 相 対 運 動

直交（直線）座標系 $\mathrm{O}xyz$ において，点 Q の点 P に対する**相対位置**はベクトル $\overrightarrow{\mathrm{PQ}}$ で表される．よって，P, Q の位置ベクトルをそれぞれ $\boldsymbol{r}_\mathrm{P}, \boldsymbol{r}_\mathrm{Q}$ とすれば

$$\overrightarrow{\mathrm{PQ}} = \boldsymbol{r}_\mathrm{Q} - \boldsymbol{r}_\mathrm{P}$$

となる．2 点 P, Q が共に運動しているとき，Q の P に対する相対位置の変化を Q の P に対する**相対変位**という．したがって，P が P′ に移りその間に Q が Q′ に移るとすれば

$$\begin{aligned}\overrightarrow{\mathrm{P'Q'}} - \overrightarrow{\mathrm{PQ}} &= (\overrightarrow{\mathrm{OQ'}} - \overrightarrow{\mathrm{OQ'}}) - (\overrightarrow{\mathrm{OQ}} - \overrightarrow{\mathrm{OP}}) \\ &= (\overrightarrow{\mathrm{OQ'}} - \overrightarrow{\mathrm{OQ}}) - (\overrightarrow{\mathrm{OP'}} - \overrightarrow{\mathrm{OP}}) \\ &= \overrightarrow{\mathrm{QQ'}} - \overrightarrow{\mathrm{PP'}},\end{aligned}$$

すなわち

Q の P に対する相対変位 ＝（Q′ の Q に対する相対位置）
－（P′ の P に対する相対位置）

が成り立つ．P と Q の速度ベクトルをそれぞれ $\boldsymbol{v}_\mathrm{P}, \boldsymbol{v}_\mathrm{Q}$ とするとき

$$\boldsymbol{v}_{\mathrm{Q,P}} = \frac{d\boldsymbol{r}_\mathrm{Q}}{dt} - \frac{d\boldsymbol{r}_\mathrm{P}}{dt} = \boldsymbol{v}_\mathrm{Q} - \boldsymbol{v}_\mathrm{P}$$

を Q の P に対する**相対速度**といい，また，P と Q の加速度ベクトルをそれぞれ $\boldsymbol{a}_\mathrm{P}, \boldsymbol{a}_\mathrm{Q}$ とするとき

$$\boldsymbol{a}_{\mathrm{Q,P}} = \frac{d^2\boldsymbol{r}_\mathrm{Q}}{dt^2} - \frac{d^2\boldsymbol{r}_\mathrm{P}}{dt^2} = \boldsymbol{a}_\mathrm{Q} - \boldsymbol{a}_\mathrm{P}$$

を Q の P に対する**相対加速度**という．

さて，座標系 $\mathrm{O}xyz$ は**静止系**でその基本ベクトルを $\boldsymbol{i}, \boldsymbol{j}, \boldsymbol{k}$ とし，座標系 $\mathrm{O}x'y'z'$ は**運動系**で，その基本ベクトルを $\boldsymbol{i}'$, $\boldsymbol{j}'$, $\boldsymbol{k}'$ とする．そして

$$\boldsymbol{i}' = p_{ii}\boldsymbol{i} + p_{ij}\boldsymbol{j} + p_{ik}\boldsymbol{k}$$

$$\boldsymbol{j}' = p_{ji}\boldsymbol{i} + p_{jj}\boldsymbol{j} + p_{jk}\boldsymbol{k}$$
$$\boldsymbol{k}' = p_{ki}\boldsymbol{i} + p_{kj}\boldsymbol{j} + p_{kk}\boldsymbol{k}$$

とおくと，$p_{ab}(a, b = i, j, k)$ は時刻 t の関数である．これらの関数は t について C^2 級であると仮定する．運動する質点 P の $\mathrm{O}xyz$ 系および $\mathrm{O}x'y'z'$ 系における位置ベクトルを

$$\overrightarrow{\mathrm{OP}} = x\boldsymbol{i} + y\boldsymbol{j} + z\boldsymbol{k} = x'\boldsymbol{i}' + y'\boldsymbol{j}' + z'\boldsymbol{k}'$$

とすれば

$$x = p_{ii}x' + p_{ji}y' + p_{ki}z'$$
$$y = p_{ij}x' + p_{jj}y' + p_{kj}z'$$
$$z = p_{ik}x' + p_{jk}y' + p_{kk}z'$$

が成り立つ．したがって，質点 P の $\mathrm{O}xyz$ 系および $\mathrm{O}x'y'z'$ 系における速度ベクトルをそれぞれ $\boldsymbol{v}, \boldsymbol{v}'$，加速度ベクトルをそれぞれ $\boldsymbol{a}, \boldsymbol{a}'$ とすると

$$\begin{aligned}
\boldsymbol{v} = \frac{dx}{dt}\boldsymbol{i} + \frac{dy}{dt}\boldsymbol{j} + \frac{dz}{dt}\boldsymbol{k} &= \frac{dx'}{dt}\boldsymbol{i}' + \frac{dy'}{dt}\boldsymbol{j}' + \frac{dz'}{dt}\boldsymbol{k}' \\
&\quad + \left(x'\frac{dp_{ii}}{dt} + y'\frac{dp_{ji}}{dt} + z'\frac{dp_{ki}}{dt}\right)\boldsymbol{i} \\
&\quad + \left(x'\frac{dp_{ij}}{dt} + y'\frac{dp_{jj}}{dt} + z'\frac{dp_{kj}}{dt}\right)\boldsymbol{j} \\
&\quad + \left(x'\frac{dp_{ik}}{dt} + y'\frac{dp_{jk}}{dt} + z'\frac{dp_{kk}}{dt}\right)\boldsymbol{k}
\end{aligned}$$

$= \boldsymbol{v}' + \hat{\boldsymbol{v}}\,(\hat{\boldsymbol{v}} = \boldsymbol{v} - \boldsymbol{v}')$……静止系からみた P の速度ベクトル，

$$\begin{aligned}
\boldsymbol{a} = \frac{d^2x}{dt^2}\boldsymbol{i} + \frac{d^2y}{dt^2}\boldsymbol{j} + \frac{d^2z}{dt^2}\boldsymbol{k} &= \frac{d^2x'}{dt^2}\boldsymbol{i}' + \frac{d^2y'}{dt^2}\boldsymbol{j}' + \frac{d^2z'}{dt^2}\boldsymbol{k}' \\
&\quad + \left\{\left(x'\frac{d^2p_{ii}}{dt^2} + y'\frac{d^2p_{ji}}{dt^2} + z'\frac{d^2p_{ki}}{dt^2}\right)\boldsymbol{i}\right. \\
&\quad + \left(x'\frac{d^2p_{ij}}{dt^2} + y'\frac{d^2p_{jj}}{dt^2} + z'\frac{d^2p_{kj}}{dt^2}\right)\boldsymbol{j} \\
&\quad \left. + \left(x'\frac{d^2p_{ik}}{dt^2} + y'\frac{d^2p_{jk}}{dt^2} + z'\frac{d^2p_{kk}}{dt^2}\right)\boldsymbol{k}\right\}
\end{aligned}$$

$$+2\left\{\left(\frac{dx'}{dt}\frac{dp_{ii}}{dt}+\frac{dy'}{dt}\frac{dp_{ji}}{dt}+\frac{dz'}{dt}\frac{dp_{ki}}{dt}\right)\boldsymbol{i}\right.$$
$$+\left(\frac{dx'}{dt}\frac{dp_{ij}}{dt}+\frac{dy'}{dt}\frac{dp_{jj}}{dt}+\frac{dz'}{dt}\frac{dp_{kj}}{dt}\right)\boldsymbol{j}$$
$$\left.+\left(\frac{dx'}{dt}\frac{dp_{ik}}{dt}+\frac{dy'}{dt}\frac{dp_{jk}}{dt}+\frac{dz'}{dt}\frac{dp_{kk}}{dt}\right)\boldsymbol{k}\right\}$$
$$=\boldsymbol{a}'+\tilde{\boldsymbol{a}}+2\,\boldsymbol{a}_{\mathrm{C}}$$ ……静止系からみた P の加速度ベクトル

が成り立つ．特に $\boldsymbol{a}'=\boldsymbol{a}-\tilde{\boldsymbol{a}}-2\,\boldsymbol{a}_{\mathrm{C}}$ において

$$-2\boldsymbol{a}_{\mathrm{C}}=-2\left\{\left(\frac{dx'}{dt}\frac{dp_{ii}}{dt}+\cdots\right)\boldsymbol{i}+\left(\frac{dx'}{dt}\frac{dp_{ij}}{dt}+\cdots\right)\boldsymbol{j}+\left(\frac{dx'}{dt}\frac{dp_{ik}}{dt}+\cdots\right)\boldsymbol{k}\right\}$$

を**コリオリの加速度**という．このように質点の速度ベクトルや加速度ベクトルは一般に観察する座標系によって異なることがわかる．

次に，運動系 $Ox'y'z'$ が原点 O のまわりに角速度 $\boldsymbol{\omega}$ で回転している回転座標系である場合を考える．運動する質点 P の $Oxyz$ 系および $Ox'y'z'$ 系における位置ベクトルをそれぞれ $\boldsymbol{r}$，$\boldsymbol{r}'$ とする．微小時間 Δt の間に P は Q に移動し，$\overrightarrow{\mathrm{OP}}$ を回転座標軸に固定したベクトルと考えたとき，回転にともない，Δt の間に P は P′ に移動する．そこで

$$\overrightarrow{\mathrm{PQ}}=\Delta\boldsymbol{r},\quad \overrightarrow{\mathrm{P'Q}}=(\Delta\boldsymbol{r})',\quad \overrightarrow{\mathrm{PP'}}=(\boldsymbol{\omega}\times\boldsymbol{r})\Delta t$$

とおくと

$$\frac{\Delta\boldsymbol{r}}{\Delta t}=\frac{(\Delta\boldsymbol{r})'}{\Delta t}+\frac{(\boldsymbol{\omega}\times\boldsymbol{r})\Delta t}{\Delta t}$$

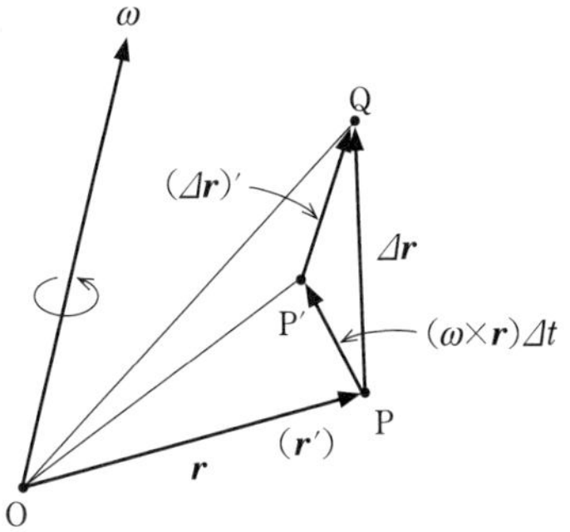

図 6-8

が成り立ち，$\Delta t \to 0$ とすれば

$$\frac{d\boldsymbol{r}}{dt} = \left(\frac{d\boldsymbol{r}}{dt}\right)' + \boldsymbol{\omega} \times \boldsymbol{r}$$

すなわち，$\mathrm{O}x'y'z'$に対する質点の相対速度を $\boldsymbol{v}'$とすると

$$\boldsymbol{v} = \boldsymbol{v}' + \boldsymbol{\omega} \times \boldsymbol{r}, \quad \text{または，} \quad \boldsymbol{v}' = \boldsymbol{v} - \boldsymbol{\omega} \times \boldsymbol{r}$$

を得る．また

$$\frac{\Delta \boldsymbol{v}}{\Delta t} = \left(\frac{\Delta \boldsymbol{v}}{\Delta t}\right)' + \frac{(\boldsymbol{\omega} \times \boldsymbol{v})\Delta t}{\Delta t}$$

であるから，$\Delta t \to 0$ とすれば

$$\frac{d\boldsymbol{v}}{dt} = \left(\frac{d\boldsymbol{v}}{dt}\right)' + \boldsymbol{\omega} \times \boldsymbol{v}$$

を得る．しかるに

$$\left(\frac{d\boldsymbol{v}}{dt}\right)' = \left(\frac{d(\boldsymbol{v}' + \boldsymbol{\omega} \times \boldsymbol{r})}{dt}\right)' = \left(\frac{d\boldsymbol{v}'}{dt}\right)' + \left(\frac{d(\boldsymbol{\omega} \times \boldsymbol{r})}{dt}\right)',$$

$$\begin{aligned}\left(\frac{d(\boldsymbol{\omega} \times \boldsymbol{r})}{dt}\right)' &= \frac{d(\boldsymbol{\omega} \times \boldsymbol{r})}{dt} - \boldsymbol{\omega} \times (\boldsymbol{\omega} \times \boldsymbol{r}) \\ &= \frac{d\boldsymbol{\omega}}{dt} \times \boldsymbol{r} + \boldsymbol{\omega} \times \boldsymbol{v} - \boldsymbol{\omega} \times (\boldsymbol{\omega} \times \boldsymbol{r}) \\ &= \frac{d\boldsymbol{\omega}}{dt} \times \boldsymbol{r} + \boldsymbol{\omega} \times \boldsymbol{v}'\end{aligned}$$

である．したがって

$$\begin{aligned}\frac{d\boldsymbol{v}}{dt} &= \left(\frac{d\boldsymbol{v}'}{dt}\right)' + \frac{d\boldsymbol{\omega}}{dt} \times \boldsymbol{r} + \boldsymbol{\omega} \times \boldsymbol{v}' + \boldsymbol{\omega} \times \boldsymbol{v} \\ &= \left(\frac{d\boldsymbol{v}'}{dt}\right)' + 2\boldsymbol{\omega} \times \boldsymbol{v}' + \frac{d\boldsymbol{\omega}}{dt} \times \boldsymbol{r} + \boldsymbol{\omega} \times (\boldsymbol{\omega} \times \boldsymbol{r})\end{aligned}$$

が成り立つ．すなわち，質点の相対加速度を $\boldsymbol{a}'$とすると

$$\boldsymbol{a} = \boldsymbol{a}' + 2\boldsymbol{\omega} \times \boldsymbol{v}' + \frac{d\boldsymbol{\omega}}{dt} \times \boldsymbol{r} + \boldsymbol{\omega} \times (\boldsymbol{\omega} \times \boldsymbol{r}),$$

または

$$\boldsymbol{a}' = \boldsymbol{a} - 2\boldsymbol{\omega}\times\boldsymbol{v}' - \frac{d\boldsymbol{\omega}}{dt}\times\boldsymbol{r} - \boldsymbol{\omega}\times(\boldsymbol{\omega}\times\boldsymbol{r}).$$

この場合の**コリオリの加速度**は$-2\boldsymbol{\omega}\times\boldsymbol{v}'$であり，この関係式を**コリオリの定理**という．角速度$\boldsymbol{\omega}$が一定の場合，質点Pの質量をmとすると，O$x'y'z'$系におけるPの運動方程式は，$\dfrac{d\boldsymbol{\omega}}{dt} = \boldsymbol{o}$であるから

$$m\boldsymbol{a}' = m\boldsymbol{a} - 2m\boldsymbol{\omega}\times\boldsymbol{v}' - m\boldsymbol{\omega}\times(\boldsymbol{\omega}\times\boldsymbol{r})$$

となる．この式の第2項は**コリオリの力**を表し，質点は進行方向に垂直で右向きの力を受ける．第3項は座標軸の回転による見掛けの力で**遠心力**を表す．特に，回転座標系O$x'y'z'$が静止系Oxyzに対して，z'軸はz軸に一致し，x'軸，y'軸はxy平面上でz軸を回転軸にして一定の角速度$\boldsymbol{\omega}$ ($|\boldsymbol{\omega}| = \omega$)でO$xyz$を回転させて得られるならば，2つの座標系の基本ベクトルの間には次の関係式が成り立つ．

$$\begin{aligned}\boldsymbol{i}' &= (\cos\omega t)\boldsymbol{i} + (\sin\omega t)\boldsymbol{j},\\ \boldsymbol{j}' &= (-\sin\omega t)\boldsymbol{i} + (\cos\omega t)\boldsymbol{j},\\ \boldsymbol{k}' &= \boldsymbol{k}.\end{aligned}$$

したがって，この場合の直交行列$(p_{ab})(a, b = i, j, \boldsymbol{k})$は

$$P \equiv \begin{pmatrix} p_{ii} & p_{ij} & p_{ik} \\ p_{ji} & p_{jj} & p_{jk} \\ p_{ki} & p_{kj} & p_{kk} \end{pmatrix} = \begin{pmatrix} \cos\omega t & -\sin\omega t & 0 \\ \sin\omega t & \cos\omega t & 0 \\ 0 & 0 & 1 \end{pmatrix}$$

となる．そして

$$(\boldsymbol{i}', \boldsymbol{j}', \boldsymbol{k}') = (\boldsymbol{i}, \boldsymbol{j}, \boldsymbol{k})P,$$

$$\begin{pmatrix} x \\ y \\ z \end{pmatrix} = {}^t\!\begin{pmatrix} \cos\omega t & -\sin\omega t & 0 \\ \sin\omega t & \cos\omega t & 0 \\ 0 & 0 & 1 \end{pmatrix}\begin{pmatrix} x' \\ y' \\ z' \end{pmatrix}.$$

例 1　速度$\boldsymbol{v}$で走っている電車の中で速度$\boldsymbol{v}'$で歩く人の地面に対する速度を$\boldsymbol{x}$とする．$\boldsymbol{v}$は電車の地面に対する速度で，$\boldsymbol{v}'$は電車に対する人の相対速度であるから，関係式

$$\boldsymbol{v}' = \boldsymbol{x} - \boldsymbol{v}$$

が成り立つ．ゆえに $\boldsymbol{x} = \boldsymbol{v} + \boldsymbol{v}'$ となる．

例 2　静止系 Oxyz に対して z 軸を回転軸にして一定の角速度 $\boldsymbol{\omega}(\omega = |\boldsymbol{\omega}|)$ で Oxyz を正の向きに回転させて得られる回転座標系を O$x'y'z'$ とする．このとき，O$x'y'z'$ 系における質点の速度ベクトルを $\boldsymbol{v}'$ とすると，コリオリの加速度ベクトルは

$$\begin{aligned}-2\boldsymbol{a}_{\mathrm{C}} &= -2\boldsymbol{\omega}\times\boldsymbol{v}' \\ &= 2\omega\left\{\left(\frac{dx'}{dt}\sin\omega t - \frac{dy'}{dt}\cos\omega t\right)\boldsymbol{i} + \left(\frac{dx'}{dt}\cos\omega t + \frac{dy'}{dt}\sin\omega t\right)\boldsymbol{j}\right\}.\end{aligned}$$

コリオリの加速度の大きさは

$$|2\boldsymbol{a}_{\mathrm{C}}| = |2\boldsymbol{\omega}\times\boldsymbol{v}'| = 2\omega|\boldsymbol{v}'| = 2\omega\sqrt{\left(\frac{dx'}{dt}\right)^2 + \left(\frac{dy'}{dt}\right)^2}.$$

さて，静止系 $\{\mathrm{O}xyz : \boldsymbol{i}, \boldsymbol{j}, \boldsymbol{k}\}$ と運動系 $\{\mathrm{O}x'y'z' : \boldsymbol{i}', \boldsymbol{j}', \boldsymbol{k}'\}$ から得られる行列 $P = (p_{ab})$ は**直交行列**であるから

$${}^tPP = P\,{}^tP = E$$

が成り立つ．P の各要素は t の C^2 級の関数であるから

$$\frac{d}{dt}({}^tPP) = \frac{d}{dt}(P\,{}^tP) = \frac{d}{dt}E = \mathrm{O} \qquad (\mathrm{O}\ は3次の零行列).$$

ゆえに

$$\frac{d}{dt}({}^tP)P + {}^tP\frac{d}{dt}P = {}^t\!\left(\frac{d}{dt}P\right)P + {}^tP\frac{d}{dt}P = \mathrm{O}.$$

よって，$\Omega = {}^t\!\left(\frac{d}{dt}P\right)P$ とおくと，${}^t\Omega = {}^tP\frac{d}{dt}P$ であるから

$$\Omega + {}^t\Omega = \mathrm{O}$$

を得る．したがって，Ω は**交代行列**であり，$\Omega = (\omega_{ab})(a, b = i, j, k)$ とおくと

$$\Omega = \begin{bmatrix} 0 & \omega_{ij} & \omega_{ik} \\ \omega_{ji} & 0 & \omega_{jk} \\ \omega_{ki} & \omega_{kj} & 0 \end{bmatrix}, \qquad \omega_{ba} = -\omega_{ab} \quad (\omega_{aa} = 0)$$

となる．このとき

$$\boldsymbol{\omega} = \omega_i\boldsymbol{i}' + \omega_j\boldsymbol{j}' + \omega_k\boldsymbol{k}' \qquad (\omega_i = \omega_{jk},\ \omega_j = \omega_{ki},\ \omega_k = \omega_{ij})$$

で定義されるベクトル $\boldsymbol{\omega}$ を静止系 $\mathrm{O}xyz$ に関する運動系 $\mathrm{O}x'y'z'$ の角速度ベクトルという．

例 3　直交行列 $P=(p_{ab})$ を例 2 のようにとると

$$\Omega = {}^t\!\left(\frac{d}{dt}P\right)P = \begin{bmatrix} 0 & \omega & 0 \\ -\omega & 0 & 0 \\ 0 & 0 & 0 \end{bmatrix}.$$

したがって，静止系 $\mathrm{O}xyz$ に関する運動系 $\mathrm{O}x'y'z'$（z 軸 $=$ z' 軸）の角速度ベクトル $\boldsymbol{\omega}$ は

$$\boldsymbol{\omega} = \omega\boldsymbol{k}' \quad (= \omega\boldsymbol{k}).$$

第6章の問題

1．円柱座標で与えられた曲線 $\rho=t,\ \varphi=\sqrt{5}t,\ z=2t\quad(0 \leqq t \leqq 1)$ の長さを求めよ．

2．空間極座標系において，$\gamma=2,\ \dfrac{\pi}{4} \leqq \theta \leqq \dfrac{3\pi}{4},\ \dfrac{\pi}{6} \leqq \varphi \leqq \dfrac{\pi}{3}$ で与えられる曲面の面積を求めよ．

3．空間極座標系において，$0 \leqq \gamma \leqq 1,\ \dfrac{\pi}{4} \leqq \theta \leqq \dfrac{3\pi}{4},\ \dfrac{\pi}{6} \leqq \varphi \leqq \dfrac{\pi}{3}$ で与えられた立体の体積を求めよ．

4．ベクトル場 $\boldsymbol{F}$ の円柱座標 (ρ, φ, z) に関する成分 F_ρ, F_φ, F_z を用いて，$\nabla^2\boldsymbol{F}$ の成分 $(\nabla^2\boldsymbol{F})_\rho$，$(\nabla^2\boldsymbol{F})_\varphi$，$(\nabla^2\boldsymbol{F})_z$ を求めよ．

5．直交（直線）座標系における質点 P の速度ベクトルを $\boldsymbol{v}$ とする．このとき，$\boldsymbol{v}$ の放物柱座標 (ξ, η, z) に関する成分を求めよ．

6．ベクトル場 $\boldsymbol{F}=3x\boldsymbol{i}+4y\boldsymbol{j}-5z\boldsymbol{k}$ を円柱座標で表せ．

7．ベクトル場 $\boldsymbol{F}=x\boldsymbol{i}-y\boldsymbol{j}$ を空間極座標で表せ．

8．円柱座標系におけるベクトル $\boldsymbol{F}=3\rho\boldsymbol{e}_\rho+2\rho\boldsymbol{e}_\varphi+\boldsymbol{e}_z$ を直交（直線）座標で表せ．

9．（放物線座標）．直交（直線）座標系における点 $\mathrm{P}(x, y, z)$ の位置ベクトル $\boldsymbol{r}=x\boldsymbol{i}+y\boldsymbol{j}+z\boldsymbol{k}$ に対して

$$x=\xi\eta\cos\theta, \quad y=\xi\eta\sin\theta, \quad z=\frac{1}{2}(\eta^2-\xi^2)\quad(0 \leqq \xi, \eta < \infty, 0 \leqq \theta < 2\pi)$$

となるように導入された曲線座標 (ξ, η, θ) を点 P の放物線座標という．

（i）この変換に対するヤコビアンを求めよ．

（ii）計量係数を求めよ．

（iii）直交曲線座標であることを示せ．

10．放物線座標 (ξ, η, θ) に対して，ξ，η，θ はいずれも直交（直線）座標 x，y，z の関数であると考えてよい．このとき

$$\frac{\partial \xi}{\partial x},\ \frac{\partial \xi}{\partial y},\ \frac{\partial \xi}{\partial z};\quad \frac{\partial \eta}{\partial x},\ \frac{\partial \eta}{\partial y},\ \frac{\partial \eta}{\partial z};\quad \frac{\partial \theta}{\partial x},\ \frac{\partial \theta}{\partial y},\ \frac{\partial \theta}{\partial z}$$

を求めよ．

11．スカラー場 f とベクトル場 $\boldsymbol{F}$ に対して，次のものを放物柱座標 (ξ, η, z) $(\xi^2+\eta^2>0)$ で表せ．

（i） $\mathrm{grad}\, f$．　（ii） $\mathrm{div}\, \boldsymbol{F}$．　（iii） $\mathrm{rot}\, \boldsymbol{F}$．

12．運動系 $\{\mathrm{O}x'y'z' : \boldsymbol{i}', \boldsymbol{j}', \boldsymbol{k}'\}$ が静止系 $\{\mathrm{O}xyz : \boldsymbol{i}, \boldsymbol{j}, \boldsymbol{k}\}$ に対して，次のように運動しているとする．

$$\boldsymbol{i}' = \sin\theta t\cos\varphi t\,\boldsymbol{i}+\sin\theta t\sin\varphi t\,\boldsymbol{j}+\cos\theta t\,\boldsymbol{k}$$
$$\boldsymbol{j}' = \cos\theta t\cos\varphi t\,\boldsymbol{i}+\cos\theta t\sin\varphi t\,\boldsymbol{j}-\sin\theta t\,\boldsymbol{k}$$
$$\boldsymbol{k}' = -\sin\varphi t\,\boldsymbol{i}+\cos\varphi t\,\boldsymbol{j}$$

$(\theta, \varphi$ は定数$)$．このとき，次の問に答えよ．

（i） 静止系に対する運動系の角速度ベクトルを求めよ．

（ii） 質点Qが運動系に対して，速度ベクトル $\boldsymbol{v}' = 2\boldsymbol{i}'+\boldsymbol{j}'+3\boldsymbol{k}'$ の等速運動をするとき，コリオリの加速度を求めよ．

（iii） 質点Qの質量が m で，運動系に対する位置ベクトルが $\boldsymbol{r}' = x'\boldsymbol{i}'+y'\boldsymbol{j}'+z'\boldsymbol{k}'$　$(x' = 2t+\alpha,\ y' = t+\beta,\ z' = 3t+\gamma$　$(\alpha, \beta, \gamma$ は定数$))$ であるとき，$t=0$ におけるコリオリの力および遠心力を求めよ．

付録A　微分形式

n 次元（数ベクトル）空間 $\mathbf{R}^n$ における座標を表す変数 x_1，x_2，…，x_n のそれぞれの微分 dx_1，dx_2，…，dx_n に対して，dx_i と dx_j の積 dx_idx_j は交換可能ではなく，**交代法則**：$dx_idx_j=-dx_jdx_i$ に従うものとする．dx_idx_j はその交代性のために，一般に**外積**（**交代積**，または**くさび積**）と呼ばれる演算“$\wedge$”を用いて $dx_i\wedge dx_j$ とかかれる．したがって

（1）　$$dx_i\wedge dx_j=-dx_j\wedge dx_i, \qquad dx_i\wedge dx_i=0 \quad (i,j=1,2,\cdots,n).$$

$\mathbf{R}^n$ の開集合で定義されたスカラー関数 $f_{i_1\cdots i_p}(p=1,2,\cdots,n)$ は必要な回数だけ微分可能性が仮定されているとする．これらのスカラー関数を係数にもつ微分 dx_1，dx_2，…，dx_n の間の外積の結合式

（2）　$$\sum_{i_1<\cdots<i_p} f_{i_1\cdots i_p}dx_{i_1}\wedge\cdots\wedge dx_{i_p}$$

を ***p* 次の微分形式**（または**外微分形式**）といい，簡単に ***p* フォーム**と呼ぶ．スカラー関数 $f=f(x_1,\cdots,x_n)$ は **0 次の微分形式**（**0 フォーム**）とみなされる．係数がすべて C^k 級である微分形式を単に ***C^k* 級の微分形式**という．

以後，3 次元空間におけるベクトル解析との対応を考慮して，微分形式についての要約を 3 次元，すなわち，$n=3$ の場合に限定する．$\mathbf{R}^3$ における座標を表す変数 x_1，x_2，x_3 はそれぞれ（通常）x，y，z とかかれるものである（ここでは直交座標系 Oxyz を考えている）．したがって

0 次の微分形式（0 フォーム）……C^k 級のスカラー関数 f，

1 次の微分形式（1 フォーム）……$f\,dx+g\,dy+h\,dz$，

2 次の微分形式（2 フォーム）……$f\,dx\wedge dy+g\,dy\wedge dz+h\,dz\wedge dx$，

3次の微分形式(3フォーム)……$f\,dx\wedge dy\wedge dz$.

微分形式の和の各項が dx_1, dx_2, dx_3 を重複を許して m 個($m=0,1,2,\cdots$)含んでいるとき，その形式を **m 次の微分形式**，または，**m フォーム**という訳である．したがって，関係式(1)を用いれば，次のことがわかる．

3次元空間 $\mathbf{R}^3$ では，$m>3$ ならばすべての m フォームは常に0である．

(I)　微分形式の和と外積

微分形式の和を考えるときは各項の微分形式がすべて同じフォームでなければならない．しかし，外積の場合は微分形式がすべて同じフォームでなくてもよい．

和：$p=1,2,3$ に対して ω_1, ω_2 がともに p フォームで

$$\omega_1=\sum f^{(1)}_{i_1\cdots i_p}dx_{i_1}\wedge\cdots\wedge dx_{i_p},\qquad \omega_2=\sum f^{(2)}_{i_1\cdots i_p}dx_{i_1}\wedge\cdots\wedge dx_{i_p}$$

であるならば，$a,b\in\mathbf{R}^1$ に対して $a\omega_1+b\omega_2$ は p フォームであり，

$$a\omega_1+b\omega_2=\sum(af^{(1)}_{i_1\cdots i_p}+bf^{(2)}_{i_1\cdots i_p})dx_{i_1}\wedge\cdots\wedge dx_{i_p}.$$

外積：$p,q=1,2,3$ に対して α が p フォーム，β が q フォームで

$$\alpha=\sum_i f_{i_1\cdots i_p}dx_{i_1}\wedge\cdots\wedge dx_{i_p},\qquad \beta=\sum_j g_{j_1\cdots j_q}dx_{j_1}\wedge\cdots\wedge dx_{j_q}$$

であるならば，$a,b\in\mathbf{R}^1$ に対して $(a\alpha)\wedge(b\beta)$ は $p+q$ フォームであり，

$$\begin{aligned}(a\alpha)\wedge(b\beta)&=\sum_{i,j} abf_{i_1\cdots i_p}g_{j_1\cdots j_q}dx_{i_1}\wedge\cdots\wedge dx_{i_p}\wedge dx_{j_1}\wedge\cdots\wedge dx_{j_q}\\&=ab(\alpha\wedge\beta)\end{aligned}$$

$$\beta\wedge\alpha=(-1)^{pq}\alpha\wedge\beta.$$

特に，h が0フォームならば，$h\wedge\alpha$ は p フォームであり

$$h\wedge\alpha=\alpha\wedge h=\sum_i hf_{i_1\cdots i_p}dx_i\wedge\cdots\wedge dx_{i_p}.$$

注意1　上記の外積の定義により

$(p,q)=(1,1)$ ならば……$\beta\wedge\alpha=-\alpha\wedge\beta$,

$(p, q) = (1, 2)$，$(2, 1)$ ならば……$\beta \wedge \alpha = \alpha \wedge \beta$,

$(p, q) = (1, 3)$，$(2, 2)$，$(3, 1)$ ならば……$\beta \wedge \alpha = \alpha \wedge \beta = 0$.

次に，2 次元空間 $\mathbf{R}^2$ における C^1 級のスカラー関数 $f_i (i = 1, 2)$ による変数変換

$$x_i = f_i(u_1, u_2) \qquad (i = 1, 2),$$

および，3 次元空間 $\mathbf{R}^3$ における C^1 級のスカラー関数 $g_j (j = 1, 2, 3)$ による変数変換

$$x_j = g_j(u_1, u_2, u_3) \qquad (j = 1, 2, 3)$$

を考える．f_i，g_j は全微分可能であるから

$$dx_i = \frac{\partial f_i}{\partial u_1} du_1 + \frac{\partial f_i}{\partial u_2} du_2 \qquad (i = 1, 2),$$

$$dx_j = \frac{\partial g_j}{\partial u_1} du_1 + \frac{\partial g_j}{\partial u_2} du_2 + \frac{\partial g_j}{\partial u_3} du_3 \qquad (j = 1, 2, 3).$$

したがって，$\mathbf{R}^2$，$\mathbf{R}^3$ のそれぞれにおいて

$$dx_1 \wedge dx_2 = \left(\frac{\partial f_1}{\partial u_1} \frac{\partial f_2}{\partial u_2} - \frac{\partial f_1}{\partial u_2} \frac{\partial f_2}{\partial u_1} \right) du_1 \wedge du_2,$$

$$\begin{aligned} dx_1 \wedge dx_2 \wedge dx_3 = \Bigg(& \frac{\partial g_1}{\partial u_1} \frac{\partial g_2}{\partial u_2} \frac{\partial g_3}{\partial u_3} + \frac{\partial g_1}{\partial u_2} \frac{\partial g_2}{\partial u_3} \frac{\partial g_3}{\partial u_1} + \frac{\partial g_1}{\partial u_3} \frac{\partial g_2}{\partial u_1} \frac{\partial g_3}{\partial u_2} \\ & - \frac{\partial g_1}{\partial u_1} \frac{\partial g_2}{\partial u_3} \frac{\partial g_3}{\partial u_2} - \frac{\partial g_1}{\partial u_2} \frac{\partial g_2}{\partial u_1} \frac{\partial g_3}{\partial u_3} - \frac{\partial g_1}{\partial u_3} \frac{\partial g_2}{\partial u_2} \frac{\partial g_3}{\partial u_1} \Bigg) \\ & \times du_1 \wedge du_2 \wedge du_3 \end{aligned}$$

となる．すなわち

$\mathbf{R}^2$ では　$$dx_1 \wedge dx_2 = \frac{\partial(x_1, x_2)}{\partial(u_1, u_2)} du_1 \wedge du_2,$$

$\mathbf{R}^3$ では　$$dx_1 \wedge dx_2 \wedge dx_3 = \frac{\partial(x_1, x_2, x_3)}{\partial(u_1, u_2, u_3)} du_1 \wedge du_2 \wedge du_3.$$

例題 1　微分形式

$$\alpha = x\,dx + y\,dy, \qquad \beta = y\,dy - z\,dz,$$
$$\gamma = z\,dx \wedge dy - x\,dy \wedge dz + y\,dz \wedge dx$$

に対して，次の外積を求めよ．

（i）$\alpha\wedge\beta$.　（ii）$(\alpha+\beta)\wedge\gamma$.

解　（i）
$$\begin{aligned}\alpha\wedge\beta &= (x\,dx+y\,dy)\wedge(y\,dy-z\,dz)\\ &= xy\,dx\wedge dy-xz\,dx\wedge dz+y^2\,dy\wedge dy-yz\,dy\wedge dz\\ &= xy\,dx\wedge dy-yz\,dy\wedge dz+xz\,dz\wedge dx.\end{aligned}$$

（ii）
$$\begin{aligned}(\alpha+\beta)\wedge\gamma &= (x\,dx+2y\,dy-z\,dz)\wedge(z\,dx\wedge dy-x\,dy\wedge dz+y\,dz\wedge dx)\\ &= xz\,dx\wedge dx\wedge dy-x^2\,dx\wedge dy\wedge dz+xy\,dx\wedge dz\wedge dx\\ &\quad+2yz\,dy\wedge dx\wedge dy-2xy\,dy\wedge dy\wedge dz+2y^2\,dy\wedge dz\wedge dx\\ &\quad-z^2\,dz\wedge dx\wedge dy+xz\,dz\wedge dy\wedge dz-yz\,dz\wedge dz\wedge dx\\ &= (2y^2-x^2-z^2)dx\wedge dy\wedge dz.\end{aligned}$$

（II）外微分

スカラー関数 f に対する**全微分**の演算を微分形式に拡張することを考える．まず，C^1 級の 0 フォーム f と C^1 級の p フォーム $(p=1,2,3)$,
$$\omega=\sum_{i_1<\cdots<i_p} f_{i_1\cdots i_p}dx_{i_1}\wedge\cdots\wedge dx_{i_p}.$$
に対して，外微分 df，$d\omega$ は次のように定義される．

$$df=\sum_{i=1}^{3}\frac{\partial f}{\partial x_i}dx_i \qquad (f\text{ の全微分}),$$
$$d\omega=\sum_{i_1<\cdots<i_p}(df_{i_1\cdots i_p})\wedge dx_{i_1}\wedge\cdots\wedge dx_{i_p}.$$

たとえば，C^1 級の 1 フォーム，2 フォームの外微分の具体的な形は次のようになる：
$$\begin{aligned}d(f\,dx+g\,dy+h\,dz) &= \left(\frac{\partial g}{\partial x}-\frac{\partial f}{\partial y}\right)dx\wedge dy+\left(\frac{\partial h}{\partial y}-\frac{\partial g}{\partial z}\right)dy\wedge dz\\ &\quad+\left(\frac{\partial f}{\partial z}-\frac{\partial h}{\partial x}\right)dz\wedge dx,\end{aligned}$$
$$\begin{aligned}&d(f\,dx\wedge dy+g\,dy\wedge dz+h\,dz\wedge dx)\\ &\qquad=\left(\frac{\partial f}{\partial z}+\frac{\partial g}{\partial x}+\frac{\partial h}{\partial y}\right)dx\wedge dy\wedge dz.\end{aligned}$$

外微分の演算子 d には線形性がある．すなわち，任意の同じフォームの微分形式 α，β に対して

$$d(a\alpha+b\beta) = a d\alpha + b d\beta \qquad (-\infty < a, b < \infty)$$

が成り立つ．

例題 2 例題1の微分形式 α，β に対して，$\alpha\wedge\beta$ の外微分を求めよ．

解 $\alpha\wedge\beta = xy\,dx\wedge dy - yz\,dy\wedge dz + xz\,dz\wedge dx$ であるから

$$\begin{aligned} d(\alpha\wedge\beta) &= d(xy)\wedge dx\wedge dy - d(yz)\wedge dy\wedge dz + d(xz)\wedge dz\wedge dx \\ &= (y\,dx + x\,dy)\wedge dx\wedge dy - (z\,dy + y\,dz)\wedge dy\wedge dz \\ &\quad + (z\,dx + x\,dz)\wedge dz\wedge dx = 0. \end{aligned}$$

次に，スカラー場やベクトル場の演算 grad，rot，div と外微分の演算との関係について述べる．f を C^1 級の0フォーム，$\boldsymbol{F} = (F_x, F_y, F_z)$ を C^1 級のベクトル場であるとし，C^1 級の1フォーム ω_1，2フォーム ω_2，3フォーム ω_3 を

$$\omega_1 = F_x\,dx + F_y\,dy + F_z\,dz,$$

$$\omega_2 = F_x\,dy\wedge dz + F_y\,dz\wedge dx + F_z\,dx\wedge dy,$$

$$\omega_3 = dx\wedge dy\wedge dz$$

とする．ここで

$$d\boldsymbol{r}_1 = (dx, dy, dz), \qquad d\boldsymbol{r}_2 = (dy\wedge dz, dz\wedge dx, dx\wedge dy)$$

とおくと

$$df = (\mathrm{grad}\, f)\cdot d\boldsymbol{r}_1 = (\nabla f)\cdot d\boldsymbol{r}_1 \cdots\cdots \nabla f \text{ に対応},$$

$$d\omega_1 = (\mathrm{rot}\,\boldsymbol{F})\cdot d\boldsymbol{r}_2 = (\nabla\times\boldsymbol{F})\cdot d\boldsymbol{r}_2 \cdots\cdots \nabla\times\boldsymbol{F} \text{ に対応},$$

$$d\omega_3 = (\mathrm{div}\,\boldsymbol{F})\,\omega_3 = (\nabla\cdot\boldsymbol{F})\,\omega_3 \cdots\cdots \nabla\cdot\boldsymbol{F} \text{ に対応}$$

が成り立つ．この関係を用いれば，grad f，rot $\boldsymbol{F}$，div $\boldsymbol{F}$ はそれぞれ df，$d\omega_1$，$d\omega_2$ から求めることもできる．

例題 3 次の問に答えよ．

（i） 0次の微分形式 $f = 2x - 3y + z$ の外微分に対応するベクトル場 $\boldsymbol{A}$ を求めよ．

（ii） 1次の微分形式 $\omega_1 = 2z\,dx + 2x\,dy + 2y\,dz$ に対応するベクトル場 $\boldsymbol{F}$ とその回転を求めよ．

（iii） 2次の微分形式 $\omega_2 = z\,dx\wedge dy + x\,dy\wedge dz + y\,dz\wedge dx$ に対応するベクトル場 $\boldsymbol{F}$ とその発散を求めよ．

解 （i） $df = (2, -3, 1)\cdot(dx, dy, dz)$ であるから，$\boldsymbol{A} = \mathrm{grad}\, f = (2, -3, 1)$.

（ii） $\omega_1 = (2z, 2x, 2y)\cdot(dx, dy, dz)$ より $\boldsymbol{F} = (2z, 2x, 2y)$．このとき

$$d\omega_1 = (2, 2, 2)\cdot(dy\wedge dz, dz\wedge dx, dx\wedge dy).$$

$$\therefore\quad \mathrm{rot}\,\boldsymbol{F} = (2, 2, 2).$$

（iii） $\omega_2 = (x, y, z)\cdot(dy\wedge dz, dz\wedge dx, dx\wedge dy)$ であるから $\boldsymbol{F} = (x, y, z)$．また

$$d\omega_2 = dz\wedge dx\wedge dy + dx\wedge dy\wedge dz + dy\wedge dz\wedge dx = 3dx\wedge dy\wedge dz$$

であるから，$\mathrm{div}\,\boldsymbol{F} = 3$.

定理1（ライプニッツの定理） C^1 級の0フォーム f，g と，C^1 級の1フォーム ω に対して

$$d(fg) = gdf + fdg, \qquad d(f\omega) = df\wedge\omega + fd\omega$$

が成り立つ．

証明 外微分の定義により

$$\begin{aligned} d(fg) &= \sum_{i=1}^{3} \frac{\partial(fg)}{\partial x_i} dx_i = g\sum_{i=1}^{3}\frac{\partial f}{\partial x_i}dx_i + f\sum_{i=1}^{3}\frac{\partial g}{\partial x_i} \\ &= gdf + fdg. \end{aligned}$$

また，微分形式 ω は C^1 級のスカラー関数 g_1，g_2，g_3 を用いて $\omega = \sum_{i=1}^{3} g_i dx_i$ とかけるから

$$\begin{aligned} d(f\omega) &= d\left(\sum_{i=1}^{3} fg_i\,dx_i\right) = \sum_{i=1}^{3} d(fg_i)\wedge dx_i \\ &= \sum_{i=1}^{3}(g_i\,df + f\,dg_i)\wedge dx_i = df\wedge\omega + fd\omega. \end{aligned}$$ ▨

定理2 （i） $p, q = 1, 2, 3$ に対して，p フォーム α と q フォーム β がともに C^1 級であれば

$$d(\alpha\wedge\beta) = d\alpha\wedge\beta + (-1)^p\alpha\wedge d\beta.$$

（ii）**（ポアンカレの補題）** C^2 級の微分形式 ω に対して常に

$$d(d\omega) = 0.$$

証明　（i）　微分形式 α, β は C^1 級のスカラー関数 $f_{i_1\cdots i_p}$, $g_{j_1\cdots j_q}(p, q = 1,2,3)$ を用いて

$$\alpha = \sum_{i_1<\cdots<i_p} f_{i_1\cdots i_p} dx_{i_1} \wedge \cdots \wedge dx_{i_p}, \qquad \beta = \sum_{j_1<\cdots<j_q} g_{j_1\cdots j_q} dx_{j_1} \wedge \cdots \wedge dx_{j_q}$$

とかける．ゆえに

$$\begin{aligned} d(\alpha\wedge\beta) &= \sum_{i,j} d(f_{i_1\cdots i_p} g_{j_1\cdots j_q}) \wedge dx_{i_1} \wedge \cdots \wedge dx_{i_p} \wedge dx_{j_1} \wedge \cdots \wedge dx_{j_q} \\ &= \sum_{i,j} (df_{i_1\cdots i_p} \wedge dx_{i_1} \wedge \cdots \wedge dx_{i_p}) \wedge (g_{j_1\cdots j_q} dx_{j_1} \wedge \cdots \wedge dx_{j_q}) \\ &\quad +(-1)^p \sum_{i,j} (f_{i_1\cdots i_p} dx_{i_1} \wedge \cdots \wedge dx_{i_p}) \\ &\quad \wedge (dg_{j_1\cdots j_q} \wedge dx_{j_1} \wedge \cdots \wedge dx_{j_q}) \\ &= d\alpha \wedge \beta + (-1)^p \alpha \wedge d\beta. \end{aligned}$$

（ii）　ω が 0 フォームの場合，ω は C^2 級であるから $\dfrac{\partial^2 \omega}{\partial x_i \partial x_j} = \dfrac{\partial^2 \omega}{\partial x_j \partial x_i} (i, j = 1,2,3)$ である．したがって，$d\omega = \sum_{i=1}^{3} \dfrac{\partial \omega}{\partial x_i} dx_i$ より

$$\begin{aligned} d(d\omega) &= \sum_{i=1}^{3} d\left(\frac{\partial \omega}{\partial x_i}\right) \wedge dx_i = \sum_{i=1}^{3} \left(\sum_{j=1}^{3} \frac{\partial^2 \omega}{\partial x_j \partial x_i} dx_j\right) \wedge dx_i \\ &= \left(\frac{\partial^2 \omega}{\partial x_1 \partial x_2} - \frac{\partial^2 \omega}{\partial x_2 \partial x_1}\right) dx_1 \wedge dx_2 + \left(\frac{\partial^2 \omega}{\partial x_2 \partial x_3} - \frac{\partial^2 \omega}{\partial x_3 \partial x_2}\right) dx_2 \wedge dx_3 \\ &\quad + \left(\frac{\partial^2 \omega}{\partial x_3 \partial x_1} - \frac{\partial^2 \omega}{\partial x_1 \partial x_3}\right) dx_3 \wedge dx_1 = 0. \end{aligned}$$

次に，ω が 1 フォームの場合，ω は C^2 級のスカラー関数 f_1, f_2, f_3 を用いて $\omega = \sum_{i=1}^{3} df_i \wedge dx_i$ とかけるから，（i）の結果を用いて

$$\begin{aligned} d(d\omega) &= \sum_{i=1}^{3} d(df_i \wedge dx_i) = \sum_{i=1}^{3} \{d(df_i) \wedge dx_i - df_i \wedge d(dx_i)\} \\ &= \sum_{i=1}^{3} d(df_i) \wedge dx_i \qquad (d(dx_i) = 0,\ i = 1,2,3) \\ &= \left(\frac{\partial^2 f_1}{\partial x_2 \partial x_3} - \frac{\partial^2 f_1}{\partial x_3 \partial x_2} + \frac{\partial^2 f_2}{\partial x_3 \partial x_1} - \frac{\partial^2 f_2}{\partial x_1 \partial x_3} + \frac{\partial^2 f_3}{\partial x_1 \partial x_2} - \frac{\partial^2 f_3}{\partial x_2 \partial x_1}\right) \\ &\quad \times dx_1 \wedge dx_2 \wedge dx_3 = 0. \end{aligned}$$

ω が $p(\geqq 2)$ フォームの場合．$d(d\omega)$ は $p+2$ フォームで，次数が3を超えるから $d(d\omega)=0$．

注意2　(1)　定理1，2は一般に n 次元空間 $\mathbf{R}^n$ においても成立する．

(2)　定理2，(i)において

$(p,q)=(1,1)$ ならば　$d(\alpha\wedge\beta)=d\alpha\wedge\beta-\alpha\wedge d\beta$,

$(p,q)=(1,2)$，$(2,1)$，$(1,3)$，$(2,2)$，$(3,1)$ ならば

$$d(\alpha\wedge\beta)=d\alpha\wedge\beta=\alpha\wedge d\beta=0.$$

さて，3次空間 $\mathbf{R}^3$ の直交座標系 $\mathrm{O}xyz$ における点の座標を表す変数 x_1，x_2，x_3に対して，(x_1,x_2,x_3) について C_2 級のスカラー関数

$$u_i=u_i(x_1,x_2,x_3)\qquad(i=1,2,3)$$

で変数 u_1，u_2，u_3 を導入する．このとき，写像 $(x_1,x_2,x_3)\longrightarrow(u_1,u_2,u_3)$ は1対1であると仮定する．そしてさらに，逆写像 $(u_1,u_2,u_3)\longrightarrow(x_1,x_2,x_3)$ に対し，(u_1,u_2,u_3) について C^2 級のスカラー関数として

$$x_i=x_i(u_1,u_2,u_3)\qquad(i=1,2,3)$$

と表されるとき，$\mathbf{R}^3$ に (u_1,u_2,u_3) を $u_1u_2u_3$-座標とする新しい座標系が導入されるという．いま，このような座標変換が与えられているとする．C^1 級の1次微分形式 ω が $x_1x_2x_3$-座標に関して

$$\omega=\sum_{i=1}^{3}f_i(x_1,x_2,x_3)dx_i$$

と表され，また，$u_1u_2u_3$-座標に関して

$$\omega=\sum_{i=1}^{3}\bar{f}_i(u_1,u_2,u_3)du_i(=\bar{\omega})$$

と表されているとする．ここで

$$f_i(x_1,x_2,x_3)=\bar{f}_i(u_1(x_1,x_2,x_3),u_2(x_1,x_2,x_3),u_3(x_1,x_2,x_3))\qquad(i=1,2,3)$$

$$\bar{f}_i(u_1,u_2,u_3)=f_i(x_1(u_1,u_2,u_3),x_2(u_1,u_2,u_3),x_3(u_1,u_2,u_3))\qquad(i=1,2,3)$$

である．$\{f_1,f_2,f_3\}$ と $\{\bar{f}_1,\bar{f}_2,\bar{f}_3\}$ の間には次の変換式

$$f_i=\sum_{j=1}^{3}\frac{\partial u_j}{\partial x_i}\bar{f}_j,\qquad \bar{f}_i=\sum_{j=1}^{3}\frac{\partial x_j}{\partial u_i}f_j\qquad(i=1,2,3)$$

が成り立つ．このような座標変換に対して，次の定理が得られる．

定理3（外微分の不変性） 外微分の演算は座標系のとり方によらない．

証明 $x_1x_2x_3$-座標から $u_1u_2u_3$-座標への座標変換が与えられているとしよう．微分形式 ω が C^1 級の0フォーム $\omega = f = f(x_1, x_2, x_3)$ の場合

$$\bar{\omega} = \bar{f}(u_1, u_2, u_3) = f(x_1(u_1, u_2, u_3), x_2(u_1, u_2, u_3), x_3(u_1, u_2, u_3))$$

とすると

$$du_i = \sum_{j=1}^{3} \frac{\partial u_i}{\partial x_j} dx_j, \qquad \frac{\partial \bar{f}}{\partial u_i} = \sum_{j=1}^{3} \frac{\partial f}{\partial x_j} \frac{\partial x_j}{\partial u_i} \qquad (i = 1, 2, 3)$$

$$\sum_{k=1}^{3} \frac{\partial x_i}{\partial u_k} \frac{\partial u_k}{\partial x_j} = \delta_{ij} \qquad (\delta_{ij} \text{ はクロネッカーのデルタ})$$

であるから

$$d\bar{\omega} = d\bar{f} = \sum_{i=1}^{3} \frac{\partial \bar{f}}{\partial u_i} du_i = \sum_{i=1}^{3} \frac{\partial f}{\partial x_i} dx_i = df = d\omega.$$

微分形式 ω が C^1 級の1次微分形式

$$\omega = \sum_{i=1}^{3} f_i \, dx_i = \sum_{i=1}^{3} \bar{f}_i \, du_i = \bar{\omega}$$

の場合，これについて $x_1x_2x_3$-座標に関する外微分を求めると，ライプニッツの定理（定理1）により

$$d\omega = \sum_{i=1}^{3} df_i \wedge dx_i = \sum_{i=1}^{3} d(\bar{f}_i \, du_i) = \sum_{i=1}^{3} \{d\bar{f}_i \wedge du_i + \bar{f}_i \, d(du_i)\}$$
$$= \sum_{i=1}^{3} d\bar{f}_i \wedge du_i = d\bar{\omega}.$$

（ここで，u_i は C^2 級であるから，$d(du_i) = 0 \ (i = 1, 2, 3)$ である）

微分形式 ω が C^1 級の2次微分形式

$$\omega = f_1 dx_1 \wedge dx_2 + f_2 dx_2 \wedge dx_3 + f_3 dx_3 \wedge dx_1$$
$$= \bar{f}_1 du_1 \wedge du_2 + \bar{f}_2 du_2 \wedge du_3 + \bar{f}_3 du_3 \wedge du_1 = \bar{\omega}$$

の場合，これについて $x_1x_2x_3$-座標に関する外微分を求めると，ライプニッツの定理（定理1）により

$$d\omega = df_1 \wedge dx_1 \wedge dx_2 + df_2 \wedge dx_2 \wedge dx_3 + df_3 \wedge dx_3 \wedge dx_1$$

$$
\begin{aligned}
&= d\bar{f}_1 \wedge du_1 \wedge du_2 + \bar{f}_1 d(du_1 \wedge du_2) + d\bar{f}_2 \wedge du_2 \wedge du_3 \\
&\quad + \bar{f}_2 d(du_2 \wedge du_3) + d\bar{f}_3 \wedge du_3 \wedge du_1 + \bar{f}_3 d(du_3 \wedge du_1) \\
&= d\bar{f}_1 \wedge du_1 \wedge du_2 + d\bar{f}_2 \wedge du_2 \wedge du_3 + d\bar{f}_3 \wedge du_3 \wedge du_1 = d\bar{\omega}.
\end{aligned}
$$

（ここで，u_i は C^2 級であるから，$d(du_1 \wedge du_2) = d(du_2 \wedge du_3) = d(du_3 \wedge du_1) = 0$ である）

3 次以上の微分形式に対して外微分は常に 0 であるから，以上の関係は外微分の演算が座標系のとり方によらないことを示している． ▒

例（マックスウェルの方程式への応用） 電場 $\boldsymbol{E} = (E_1, E_2, E_3)$，磁場 $\boldsymbol{H} = (H_1, H_2, H_3)$，電束密度 $\boldsymbol{D} = (D_1, D_2, D_3)$，磁束密度 $\boldsymbol{B} = (B_1, B_2, B_3)$，電流密度 $\boldsymbol{J} = (J_1, J_2, J_3)$ はいずれも空間の座標変数 x_1，x_2，x_3 および時刻 t のベクトル値関数である．ρ を電荷密度（スカラー関数）として，微分形式

$$
\begin{aligned}
&\omega_E = \sum_{i=1}^{3} E_i\, dx_i, \qquad \omega_H = \sum_{i=1}^{3} H_i\, dx_i \\
&\omega_D = D_1\, dx_2 \wedge dx_3 + D_2\, dx_3 \wedge dx_1 + D_3\, dx_1 \wedge dx_2 \\
&\omega_B = B_1\, dx_2 \wedge dx_3 + B_2\, dx_3 \wedge dx_1 + B_3\, dx_1 \wedge dx_2 \\
&\omega_J = J_1\, dx_2 \wedge dx_3 + J_2\, dx_3 \wedge dx_1 + J_3\, dx_1 \wedge dx_2 \\
&\omega_\rho = \rho\, dx_1 \wedge dx_2 \wedge dx_3
\end{aligned}
$$

を導入し，さらに

$$
\alpha = \omega_E \wedge dt + \omega_B, \qquad \beta = -\omega_H \wedge dt + \omega_D, \qquad \gamma = \omega_J \wedge dt - \omega_\rho
$$

とおく．そうすると，マックスウェルの方程式について

(M 1) と (M 4) は　$d\alpha = 0$,

(M 2) と (M 3) は　$d\beta + \gamma = 0$

と表すことができる．

(Ⅲ)　微分形式の積分

はじめに，xy 平面の有界領域 D を考える．D の境界 ∂D は有限個の区分的に滑らかな単一閉曲線からなっているとし，∂D には正の向きがつけられているとする．D$\cup\partial$D を含む領域で C^1 級のスカラー関数 $P(x, y)$，$Q(x, y)$ に対して，1 次の微分形式

$$\omega = P(x, y)dx + Q(x, y)dy$$

および，その外微分

$$d\omega = \left(\frac{\partial Q}{\partial x} - \frac{\partial P}{\partial y}\right)dx \wedge dy$$

について，D 上での $d\omega$ の積分を

$$\int_{\mathrm{D}}\left(\frac{\partial Q}{\partial x} - \frac{\partial P}{\partial y}\right)dx \wedge dy = \iint_{\mathrm{D}}\left(\frac{\partial Q}{\partial x} - \frac{\partial P}{\partial y}\right)dx\,dy$$

で定義する．ここでは，曲線 ∂D の向きと，外積 $dx \wedge dy$ の dx と dy の順序とが整合していると考える．したがって，平面におけるグリーンの定理（§5.3，定理 1）の微分形式による表示は次のようになる．

$$\oint_{\partial\mathrm{D}} \omega = \int_{\mathrm{D}} d\omega.$$

次に，xyz 空間の有界領域 V を考える．V の境界面∂V は区分的に滑らかな閉曲面であるとし，∂V の内側から外側に向かう向きを単位法線ベクトルの正の向きとする．V$\cup\partial V$ を含む領域で C^1 級であるベクトル場 $\boldsymbol{F} = F_x\,\boldsymbol{i} + F_y\boldsymbol{j} + F_z\boldsymbol{k}$ に対して，微分形式

$$\omega_1 = F_x\,dx + F_y\,dy + F_z\,dz$$

$$\omega_2 = F_x\,dy \wedge dz + F_y\,dz \wedge dx + F_z\,dx \wedge dy$$

および，外微分

$$d\omega_1 = \left(\frac{\partial F_y}{\partial x} - \frac{\partial F_x}{\partial y}\right)dx \wedge dy + \left(\frac{\partial F_z}{\partial y} - \frac{\partial F_y}{\partial z}\right)dy \wedge dz + \left(\frac{\partial F_x}{\partial z} - \frac{\partial F_z}{\partial x}\right)dz \wedge dx$$

$$d\omega_2 = \left(\frac{\partial F_x}{\partial x} + \frac{\partial F_y}{\partial y} + \frac{\partial F_z}{\partial z}\right)dx \wedge dy \wedge dz$$

を考える．ここでも曲面 ∂V の表，裏が $dx \wedge dy \wedge dz$ の dx，dy，dz の順序に整合していることに注意しよう．また，V の内部にある区分的に滑らかな単一閉曲線 C を縁にもつ向きづけられた区分的に滑らかな C^2 級の曲面を S と

する．そこで，S上での $d\omega_1$ の積分，および，Vでの $d\omega_2$ の積分をそれぞれ

$$\int_{\mathrm{S}} d\omega_1 = \iint_{\mathrm{S}} \left(\frac{\partial F_y}{\partial x} - \frac{\partial F_x}{\partial y}\right) dx\, dy + \left(\frac{\partial F_z}{\partial y} - \frac{\partial F_y}{\partial z}\right) dy\, dz + \left(\frac{\partial F_x}{\partial z} - \frac{\partial F_z}{\partial x}\right) dz\, dx$$

$$\int_{\mathrm{V}} d\omega_2 = \iiint_{\mathrm{V}} \left(\frac{\partial F_x}{\partial x} + \frac{\partial F_y}{\partial y} + \frac{\partial F_z}{\partial z}\right) dx\, dy\, dz$$

で定義する．このとき，ガウスの発散定理（§5.1，定理1）とストークスの定理（§5.4，定理1）の微分形式による表示は次のようになる．

ガウスの定理：　$\oint_{\partial \mathrm{V}} \omega_2 = \int_{\mathrm{V}} d\omega_2.$

ストークスの定理：　$\oint_{\mathrm{C}} \omega_1 = \int_{\mathrm{S}} d\omega_1.$

付録B　直交(直線)座標系におけるテンソル

ベクトルはもともと空間の座標系には無関係な量である．それゆえ，いろいろな座標系を選んでベクトルを成分で表示するとき，成分は基底の選び方によって異なり，基底の変換の影響を受けることになる．また，ベクトルの組に実数を対応させる線形性をもつ関数としての**テンソル**もまた座標系に無関係な量で，基底の選び方によって成分が異なり，基底の変換の影響を受ける．したがって，異なる座標系に対する成分間の関係を調べることはとても重要なことである．以下では議論を直交(直線)座標系に限定する．

(I)　反変ベクトルと共変ベクトル

3次元(数ベクトル)空間 $\mathbf{R}^3$ の直交座標系 $\Sigma\{\boldsymbol{i},\boldsymbol{j},\boldsymbol{k}\}\equiv\{\mathrm{O}xyz:\boldsymbol{i},\boldsymbol{j},\boldsymbol{k}\}$ において，以後

基本ベクトルを　$\boldsymbol{e}_1=\boldsymbol{i},\ \boldsymbol{e}_2=\boldsymbol{j},\ \boldsymbol{e}_3=\boldsymbol{k}$

座標変数を　$x^1=x,\ x^2=y,\ x^3=z$

ベクトルの成分を　$u^1=u_x,\ u^2=u_y,\ u^3=u_z$

ベクトルの表示を　$\boldsymbol{u}=(u^1,u^2,u^3)=(u^i)$

とかく，文字 $\boldsymbol{e}$，x，u の右下または右上に付いている数字1，2，3を**指標**という．たとえば，$x^i(i=1,2,3)$ は座標の番号を示すものであって，累乗(x の i 乗)を表すものではない(注意を要する)．点Oを原点にもつもう1つの直交座標系 $\Sigma\{\boldsymbol{e}_1{}',\boldsymbol{e}_2{}',\boldsymbol{e}_3{}'\}\equiv\{\mathrm{O}x_1{}'x_2{}'x_3{}':\boldsymbol{e}_1{}',\boldsymbol{e}_2{}',\boldsymbol{e}_3{}'\}$ をとり，$\Sigma\{\boldsymbol{e}_1,\boldsymbol{e}_2,\boldsymbol{e}_3\}$ と $\Sigma\{\boldsymbol{e}_1{}',\boldsymbol{e}_2{}',\boldsymbol{e}_3{}'\}$ の間の座標変換について，どのような規則があるかを調べてみることにする．まず，座標系 $\Sigma\{\boldsymbol{e}_1,\boldsymbol{e}_2,\boldsymbol{e}_3\}$ に関する $\boldsymbol{e}_1{}'$，$\boldsymbol{e}_2{}'$，$\boldsymbol{e}_3{}'$ の成分(方向余弦)をそれぞれ

$$A_1^1,A_2^1,A_3^1\ ;\ A_1^2,A_2^2,A_3^2\ ;\ A_1^3,A_2^3,A_3^3$$

とし，座標系 $\Sigma\{\boldsymbol{e}_1{}',\boldsymbol{e}_2{}',\boldsymbol{e}_3{}'\}$ に関する $\boldsymbol{e}_1$，$\boldsymbol{e}_2$，$\boldsymbol{e}_3$ の成分(方向余弦)をそれぞれ

$$\bar{A}_1^1,\bar{A}_2^1,\bar{A}_3^1\ ;\ \bar{A}_1^2,\bar{A}_2^2,\bar{A}_3^2\ ;\ \bar{A}_1^3,\bar{A}_2^3,\bar{A}_3^3$$

とする．このとき

$$\begin{aligned}
\boldsymbol{e}_1{}' &= A_1^1\boldsymbol{e}_1+A_2^1\boldsymbol{e}_2+A_3^1\boldsymbol{e}_3, & \boldsymbol{e}_1 &= \bar{A}_1^1\boldsymbol{e}_1{}'+\bar{A}_2^1\boldsymbol{e}_2{}'+\bar{A}_3^1\boldsymbol{e}_3{}',\\
\boldsymbol{e}_2{}' &= A_1^2\boldsymbol{e}_1+A_2^2\boldsymbol{e}_2+A_3^2\boldsymbol{e}_3, & \boldsymbol{e}_2 &= \bar{A}_1^2\boldsymbol{e}_1{}'+\bar{A}_2^2\boldsymbol{e}_2{}'+\bar{A}_3^2\boldsymbol{e}_3{}',\\
\boldsymbol{e}_3{}' &= A_1^3\boldsymbol{e}_1+A_2^3\boldsymbol{e}_2+A_3^3\boldsymbol{e}_3, & \boldsymbol{e}_3 &= \bar{A}_1^3\boldsymbol{e}_1{}'+\bar{A}_2^3\boldsymbol{e}_2{}'+\bar{A}_3^3\boldsymbol{e}_3{}'.
\end{aligned}$$

また

$$A=(A_j^i)=\begin{bmatrix} A_1^1 & A_2^1 & A_3^1 \\ A_1^2 & A_2^2 & A_3^2 \\ A_1^3 & A_2^3 & A_3^3 \end{bmatrix}, \qquad \bar{A}=(\bar{A}_j^i)=\begin{bmatrix} \bar{A}_1^1 & \bar{A}_2^1 & \bar{A}_3^1 \\ \bar{A}_1^2 & \bar{A}_2^2 & \bar{A}_3^2 \\ \bar{A}_1^3 & \bar{A}_2^3 & \bar{A}_3^3 \end{bmatrix}$$

とおくと，A，$\bar{A}$ はともに直交行列である．すなわち

$$ {}^tAA = A{}^tA = E, \qquad A^{-1} = {}^tA = \bar{A}$$

$$\sum_{k=1}^{3} A_k^i \bar{A}_j^k = \delta_{ij}, \qquad \sum_{k=1}^{3} \bar{A}_k^i A_j^k = \delta_{ij} \qquad (i,j=1,2,3).$$

さて，ベクトル $\boldsymbol{u}$ の $\Sigma\{\boldsymbol{e}_1,\boldsymbol{e}_2,\boldsymbol{e}_3\}$ および $\Sigma\{\boldsymbol{e}_1{}',\boldsymbol{e}_2{}',\boldsymbol{e}_3{}'\}$ に関する成分をそれぞれ (u^i)，(u'^j) とすると $\left(\boldsymbol{u}=\sum_{i=1}^{3} u^i\boldsymbol{e}_i=\sum_{j=1}^{3} u'^j\boldsymbol{e}_j{}'\right)$

$$(1) \qquad u'^j=\sum_{i=1}^{3} A_i^j u^i, \qquad u^i=\sum_{j=1}^{3} \bar{A}_j^i u'^j \qquad (i,j=1,2,3)$$

が成り立つ．これを**ベクトル $\boldsymbol{u}$ の成分の変換法則**という．このことからベクトルを次のように定義することができる．

> 3つの実数の順序組 u^1，u^2，u^3 が直交座標の変換によって成分の変換法則(1)に従うとき，(u^1,u^2,u^3) は $\Sigma\{\boldsymbol{e}_1,\boldsymbol{e}_2,\boldsymbol{e}_3\}$ に関して1つのベクトルを定めるという．

変換法則(1)に従う成分をもつベクトル $\boldsymbol{u}$ は**反変ベクトル**と呼ばれる．次に，任意のベクトル $\boldsymbol{v}$ に対して実数を対応させる関数 $\boldsymbol{t}=\boldsymbol{t}(\boldsymbol{v})$ が**線形性**

$$\boldsymbol{t}(\alpha\boldsymbol{u}+\beta\boldsymbol{v})=\alpha\boldsymbol{t}(\boldsymbol{u})+\beta\boldsymbol{t}(\boldsymbol{v}) \qquad (-\infty<\alpha,\beta<\infty)$$

をみたしているとする．ベクトル $\boldsymbol{v}$ の $\Sigma\{\boldsymbol{e}_1,\boldsymbol{e}_2,\boldsymbol{e}_3\}$ および $\Sigma\{\boldsymbol{e}_1{}',\boldsymbol{e}_2{}',\boldsymbol{e}_3{}'\}$ に

関する成分をそれぞれ(v^i)，(v'^j)とすると，$\boldsymbol{t}$の線形性により

$$\boldsymbol{t}(\boldsymbol{v}) = \sum_{i=1}^{3} v^i \boldsymbol{t}(\boldsymbol{e}_i) = \sum_{j=1}^{3} v'^j \boldsymbol{t}(\boldsymbol{e}_j').$$

そこで

$$\boldsymbol{t}(\boldsymbol{e}_i) = t_i, \qquad \boldsymbol{t}(\boldsymbol{e}_j') = t_j' \qquad (i, j = 1, 2, 3)$$

とおくと

$$(2) \qquad t_j' = \sum_{i=1}^{3} \bar{A}_j^i t_i, \qquad t_i = \sum_{j=1}^{3} A_i^j t_j' \qquad (i, j = 1, 2, 3)$$

が成り立つ．(t_i)，(t_j')をそれぞれ$\sum\{\boldsymbol{e}_1, \boldsymbol{e}_2, \boldsymbol{e}_3\}$，$\sum\{\boldsymbol{e}_1', \boldsymbol{e}_2', \boldsymbol{e}_3'\}$に関する$\boldsymbol{t}$の成分といい，(2)を**線形関数$\boldsymbol{t}$の成分の変換法則**という．変換法則2に従う成分をもつベクトル変数の線形関数$\boldsymbol{t}$は**共変ベクトル**と呼ばれる．ところで，ベクトル$\boldsymbol{u} = (u^i)$をベクトル$\boldsymbol{v} = (v^i)$の関数とみなして

$$\boldsymbol{u}(\boldsymbol{v}) = \boldsymbol{u} \cdot \boldsymbol{v} = \sum_{i=1}^{3} u^i v^i$$

と表すならば，$\boldsymbol{u}$は線形性をみたし，$u^i \equiv u_i$，$A_i^j = \bar{A}_j^i (i, j = 1, 2, 3)$であるから

$$u'^j = \sum_{i=1}^{3} A_i^j u^i = \sum_{i=1}^{3} \bar{A}_j^i u_i = u_j' \qquad (j = 1, 2, 3).$$

このことから次の事実がわかる．

> 直交座標系だけを対象にするならば，ベクトルは反変ベクトルであると同時に共変ベクトルでもあり，ベクトルの反変性と共変性を区別する必要がない．

注意1　一般の座標系を対象とする場合は，直交座標系だけの場合と違って，ベクトルの反変性と共変性を区別する必要性が生じる．

(II)　共変テンソルと反変テンソル

2つの任意の反変ベクトル$\boldsymbol{u}, \boldsymbol{v}$に対して実数を対応させる関数$\boldsymbol{T} = \boldsymbol{T}(\boldsymbol{u}, \boldsymbol{v})$が与えられていて，次の**双線形性**

$$\boldsymbol{T}(\alpha\boldsymbol{u}+\beta\boldsymbol{v},\boldsymbol{w}) = \alpha\boldsymbol{T}(\boldsymbol{u},\boldsymbol{w})+\beta\boldsymbol{T}(\boldsymbol{v},\boldsymbol{w}) \qquad (-\infty<\alpha,\beta<\infty),$$
$$\boldsymbol{T}(\boldsymbol{u},\alpha\boldsymbol{v}+\beta\boldsymbol{w}) = \alpha\boldsymbol{T}(\boldsymbol{u},\boldsymbol{v})+\beta\boldsymbol{T}(\boldsymbol{u},\boldsymbol{w}) \qquad (-\infty<\alpha,\beta<\infty)$$

をみたしているとする．座標系 $\sum\{\boldsymbol{e}_1,\boldsymbol{e}_2,\boldsymbol{e}_3\}$，$\sum\{\boldsymbol{e}_1',\boldsymbol{e}_2',\boldsymbol{e}_3'\}$ において

$$\boldsymbol{T}(\boldsymbol{e}_i,\boldsymbol{e}_j) = T_{ij}, \qquad \boldsymbol{T}(\boldsymbol{e}_i',\boldsymbol{e}_j') = T_{ij}' \qquad (i,j=1,2,3)$$

とおくと，$\boldsymbol{u} = \sum_{i=1}^{3} u^i\boldsymbol{e}_i = \sum_{j=1}^{3} u'^j\boldsymbol{e}_j'$，$\boldsymbol{v} = \sum_{i=1}^{3} v^i\boldsymbol{e}_i = \sum_{j=1}^{3} v'^j\boldsymbol{e}_j'$ に対して

$$\boldsymbol{T}(\boldsymbol{u},\boldsymbol{v}) = \sum_{i=1}^{3}\sum_{j=1}^{3} T_{ij}u^iv^j = \sum_{i=1}^{3}\sum_{j=1}^{3} T_{ij}'u'^iv'^j.$$

さらに，$\boldsymbol{T}$ の双線形性により

（3）　$$T_{pq}' = \sum_{i=1}^{3}\sum_{j=1}^{3} \bar{A}_p^i\bar{A}_q^j T_{ij} \qquad (p,q=1,2,3)$$

が成り立つ．T_{ij} を座標系 $\sum\{\boldsymbol{e}_1,\boldsymbol{e}_2,\boldsymbol{e}_3\}$ に関する $\boldsymbol{T}$ の (i,j) 成分といい，(3) を**双線形関数 $\boldsymbol{T}$ の成分の変換法則**という．変換法則 (3) に従う成分をもつ (2 つの反変ベクトル変数の) 双線形関数 $\boldsymbol{T}$ を**2 階の共変テンソル**という．2 階の共変テンソル $\boldsymbol{T}$ は 9 個の実数の組 $\{T_{ij} : i,j=1,2,3\}$ で定まり，しばしば成分の行列として

$$\boldsymbol{T} = (T_{ij}) = \begin{bmatrix} T_{11} & T_{12} & T_{13} \\ T_{21} & T_{22} & T_{23} \\ T_{31} & T_{32} & T_{33} \end{bmatrix}$$

と表される．このとき，行列 (T_{ij})，(T_{pq}')，A の間には

$$(T_{ij}) = {}^tA(T'_{pq})A, \qquad (T'_{pq}) = {}^tA^{-1}(T_{ij})A^{-1}$$

という関係がある．

次に，2 つの任意の共変ベクトル $\boldsymbol{t}$，$\boldsymbol{s}$ に対して実数を対応させる関数 $\boldsymbol{\Phi} = \boldsymbol{\Phi}(\boldsymbol{t},\boldsymbol{s})$ が与えられていて，双線形性をみたしているとする．また，$\{\boldsymbol{e}_1,\boldsymbol{e}_2,\boldsymbol{e}_3\}$，$\{\boldsymbol{e}_1',\boldsymbol{e}_2',\boldsymbol{e}_3'\}$ の相反系をそれぞれ $\{\boldsymbol{\xi}^1,\boldsymbol{\xi}^2,\boldsymbol{\xi}^3\}$，$\{\boldsymbol{\xi}'^1,\boldsymbol{\xi}'^2,\boldsymbol{\xi}'^3\}$ として

$$\boldsymbol{\Phi}(\boldsymbol{\xi}^i,\boldsymbol{\xi}^j) = \Phi^{ij}, \qquad \boldsymbol{\Phi}(\boldsymbol{\xi}'^p,\boldsymbol{\xi}'^q) = \Phi'^{pq} \qquad (i,j,p,q=1,2,3)$$

とおく．そうすると，任意の共変ベクトル

$$\boldsymbol{t} = \sum_{i=1}^{3} t_i\boldsymbol{\xi}^i = \sum_{p=1}^{3} t_p'\boldsymbol{\xi}'^p, \qquad \boldsymbol{s} = \sum_{j=1}^{3} s_j\boldsymbol{\xi}^j = \sum_{q=1}^{3} s_q'\boldsymbol{\xi}'^q$$

に対して，$\boldsymbol{\Phi}$の双線形性により，

$$\boldsymbol{\Phi}(\boldsymbol{t},\boldsymbol{s})=\sum_{i=1}^{3}\sum_{j=1}^{3}\Phi^{ij}t_is_j=\sum_{p=1}^{3}\sum_{q=1}^{3}\Phi'^{pq}t_p's_q'$$

を得る．そして

$$（4）\qquad \Phi'^{pq}=\sum_{i=1}^{3}\sum_{j=1}^{3}A_i^pA_j^q\Phi^{ij}\qquad (p,q=1,2,3)$$

が成り立つ．Φ^{ij} を座標系 $\sum\{\boldsymbol{e}_1,\boldsymbol{e}_2,\boldsymbol{e}_3\}$ に関する $\boldsymbol{\Phi}$ の (i,j) 成分といい，(4) を**双線形関数 $\boldsymbol{\Phi}$ の成分の変換法則**という．変換法則 (4) に従う成分をもつ（2つの共変ベクトル変数の）双線形関数 Φ を**2階の反変テンソル**という．2階の反変テンソル Φ は9個の実数の組 $\{\Phi^{ij}:i,j=1,2,3\}$ で定まり，しばしば成分の行列として

$$\boldsymbol{\Phi}=(\Phi^{ij})=\begin{bmatrix}\Phi^{11}&\Phi^{12}&\Phi^{13}\\\Phi^{21}&\Phi^{22}&\Phi^{23}\\\Phi^{31}&\Phi^{32}&\Phi^{33}\end{bmatrix}$$

と表される．成分の変換法則 (4) は行列を用いると

$$(\Phi^{ij})=A^{-1}(\Phi'^{pq})^tA^{-1},\qquad (\Phi'^{pq})=A(\Phi^{ij})^tA$$

となる．ところで，2階の反変テンソル $\boldsymbol{T}=(T_{ij})$ と2階の共変テンソル $\boldsymbol{\Phi}=(\Phi^{ij})$ に対して，$T^{ij}\equiv T_{ij}$，$\Phi_{ij}\equiv\Phi^{ij}(i,j=1,2,3)$ とすると，$A_i^j=\bar{A}_j{}^i(i,j=1,2,3)$ であるから

$$T'_{pq}=\sum_{i=1}^{3}\sum_{j=1}^{3}\bar{A}_p^i\bar{A}_q^jT_{ij}=\sum_{i=1}^{3}\sum_{j=1}^{3}A_i^pA_j^qT^{ij}=T'^{pq}$$

$$\Phi'^{pq}=\sum_{i=1}^{3}\sum_{j=1}^{3}A_i^pA_j^q\Phi^{ij}=\sum_{i=1}^{3}\sum_{j=1}^{3}\bar{A}_p^i\bar{A}_q^j\Phi_{ij}=\Phi'_{pq}$$

である．このことから次の事実がわかる．

直交座標系だけを対象にするならば，反変テンソルは同時に共変テンソルで，共変テンソルは同時に反変テンソルであるから，テンソルの反変性と共変性を区別する必要がない．

注意2　ベクトルの場合と同様に（注意1），一般の座標系を対象とする場合は，直

交座標系だけの場合と異なり，テンソルの反変性と共変性を区別する必要が生じる．

以上のことからテンソルを次のように定義することができる．

> 9個の実数の順序組 $\{T_{ij} : i, j = 1, 2, 3\}$ が直交座標の変換によって成分の変換法則 (3) に従うとき，(T_{ij}) は $\sum\{\boldsymbol{e}_1, \boldsymbol{e}_2, \boldsymbol{e}_3\}$ に関して1つのテンソルを定めるという．

一般に，p 個の任意のベクトル $\boldsymbol{u}_1$，$\boldsymbol{u}_2$，$\cdots$，$\boldsymbol{u}_p$ に対して実数を対応させる関数 $\boldsymbol{T} = \boldsymbol{T}(\boldsymbol{u}_1, \cdots, \boldsymbol{u}_p)$ があって，次の**多重線形性**

$$\boldsymbol{T}(\boldsymbol{u}_1, \cdots, \boldsymbol{u}_{i-1}, \alpha\boldsymbol{u}_i + \beta\boldsymbol{u}_i', \boldsymbol{i}_{i+1}, \cdots, \boldsymbol{u}_p)$$
$$= \alpha\boldsymbol{T}(\boldsymbol{u}_1, \cdots, \boldsymbol{u}_i, \cdots, \boldsymbol{u}_p) + \beta\boldsymbol{T}(\boldsymbol{u}_1, \cdots, \boldsymbol{u}_i', \cdots, \boldsymbol{u}_p)$$
$$(i = 1, 2, \cdots, p\,;\ -\infty < \alpha, \beta < \infty)$$

をみたすならば，$\boldsymbol{T}$ は **p 階のテンソル**といい，p をテンソル $\boldsymbol{T}$ の**階数**という．実数（すなわち，スカラー）はそれ自身**0階のテンソル**とみなされる．p 階のテンソル $\boldsymbol{T}$ は

$$\boldsymbol{T}(\boldsymbol{e}_{i_1}, \boldsymbol{e}_{i_2}, \cdots, \boldsymbol{e}_{i_p}) = T_{i_1 i_2 \cdots i_p} \qquad (i_1, \cdots, i_p = 1, 2, 3)$$

とおくと，3^p 個の実数の組 $\{T_{i_1 \cdots i_p} : i_1, \cdots, i_p = 1, 2, 3\}$ で表される．$T_{i_1 \cdots i_p}$ は座標系 $\sum\{\boldsymbol{e}_1, \boldsymbol{e}_2, \boldsymbol{e}_3\}$ に関する $\boldsymbol{T}$ の $(i_1, \cdots, i_p)$ 成分である．成分がすべて0であるテンソルを**零テンソル**と呼び，$\boldsymbol{O}$ で表す．任意のベクトル $\boldsymbol{u}$，$\boldsymbol{v}$ に対して，内積 $\boldsymbol{u}\cdot\boldsymbol{v}$ は実数であるから

$$\boldsymbol{g}(\boldsymbol{u}, \boldsymbol{v}) = \boldsymbol{u}\cdot\boldsymbol{v}$$

で定義される $\boldsymbol{g}$ は2つのベクトル変数の関数で実数値をとり，双線形性をみたす．したがって，$\boldsymbol{g}$ は2階のテンソルと考えることができる．このテンソル $\boldsymbol{g}$ を**基本テンソル**（または**基本計量テンソル**）という．$\boldsymbol{g}$ の定義式により

$$g_{ij} = \boldsymbol{g}(\boldsymbol{e}_i, \boldsymbol{e}_j) = \delta_{ij} \qquad (i, j = 1, 2, 3),$$

$$\boldsymbol{g} = (g_{ij}) = (\delta_{ij}) = \begin{bmatrix} 1 & 0 & 0 \\ 0 & 1 & 0 \\ 0 & 0 & 1 \end{bmatrix}.$$

定理1　2階のテンソル $\boldsymbol{T}=(T_{ij})$ とベクトル $\boldsymbol{v}=(v^i)$ に対して

$$\boldsymbol{u}=(u^i):\quad u^i=\sum_{j=1}^{3}T_{ij}v^j\qquad(i=1,2,3)$$

$$\boldsymbol{w}=(w^j):\quad w^j=\sum_{i=1}^{3}T_{ij}v^i\qquad(j=1,2,3)$$

はともにベクトルである．

証明　$\boldsymbol{u}$ がベクトルであることを証明するためには，u^i がベクトルの成分であることを示せばよい．(u^i)，(v^i)，(T_{ij}) が直交座標の変換によって (u'^i)，(v'^i)，(T_{ij}') に移るならば

$$u'^i=\sum_{j=1}^{3}T_{ij}'v'^j\qquad(i=1,2,3).$$

しかるに，成分の変換法則 (1)，(3) により

$$v'^j=\sum_{k=1}^{3}A^j_k v^k,\qquad T'_{ij}=\sum_{p=1}^{3}\sum_{q=1}^{3}\bar{A}^p_i\bar{A}^q_j T_{pq}\qquad(i,j=1,2,3)$$

であるから

$$\begin{aligned}u'^i&=\sum_{j=1}^{3}\left(\sum_{p=1}^{3}\sum_{q=1}^{3}\bar{A}^p_i\bar{A}^q_j T_{pq}\sum_{k=1}^{3}A^j_k v^k\right)\\&=\sum_{p=1}^{3}\sum_{q=1}^{3}\sum_{k=1}^{3}\bar{A}^p_i\delta_{kq}T_{pq}v^k=\sum_{p=1}^{3}\sum_{k=1}^{3}\bar{A}^p_i T_{pk}v^k\\&=\sum_{p=1}^{3}\bar{A}^p_i\left(\sum_{k=1}^{3}T_{pk}v^k\right)=\sum_{p=1}^{3}A^i_p u^p\qquad(i=1,2,3).\end{aligned}$$

ゆえに，変換法則 (1) によって，u^i はベクトルの成分である．すなわち，$\boldsymbol{u}$ はベクトルである．同様にして，$\boldsymbol{w}$ がベクトルであることもわかる．▨

定理2　9個の実数の組 $\{T_{ij}:i,j=1,2,3\}$ と任意のベトクル $\boldsymbol{v}=(v^i)$ に対して

$$\boldsymbol{w}=(w^i):\qquad w^i=\sum_{j=1}^{3}T_{ij}v^j\ (\text{または}\ \sum_{j=1}^{3}T_{ji}v^j)\qquad(i=1,2,3)$$

が常にベクトルであるならば，$\boldsymbol{T}=(T_{ij})$ は2階のテンソルである．

証明　$\boldsymbol{T}$ がテンソルであることを証明するためには，T_{ij} がテンソルの成分

であることを示せばよい．(v^i)，(w^i)，(T_{ij}) が直交座標の変換によって (v'^i)，(w'^i)，(T'_{ij}) に移るならば

$$w'^i = \sum_{j=1}^{3} T'_{ij} v'^j \qquad (i = 1, 2, 3).$$

また，仮定により w はベクトルであるから，成分 w^i は変換法則(1)に従う：

$$w'^i = \sum_{k=1}^{3} A^i_k w^k = \sum_{k=1}^{3} \sum_{l=1}^{3} A^i_k T_{kl} v^l \qquad (i = 1, 2, 3).$$

一方，$v'^j = \sum_{i=1}^{3} A^j_i v^i$ の両辺に $\bar{A}^l_j$ をかけて j について加えると

$$\sum_{j=1}^{3} \bar{A}^l_j v'^j = \sum_{i=1}^{3} \sum_{j=1}^{3} \bar{A}^l_j A^j_i v^i = v^l \qquad (l = 1, 2, 3).$$

したがって

$$w'^i = \sum_{j=1}^{3} \left(\sum_{k=1}^{3} \sum_{l=1}^{3} A_k{}^i \bar{A}^l_j T_{kl} \right) v'^j \qquad (i = 1, 2, 3).$$

ゆえに

$$\sum_{j=1}^{3} \left\{ T_{ij}' - \sum_{k=1}^{3} \sum_{l=1}^{3} A^i_k \bar{A}^l_j T_{kl} \right\} v'^j = 0 \qquad (i = 1, 2, 3)$$

が任意のベクトル $\boldsymbol{v}$ に対して成り立つから

$$T'_{ij} = \sum_{k=1}^{3} \sum_{l=1}^{3} A^i_k \bar{A}^l_j T_{kl} = \sum_{k=1}^{3} \sum_{l=1}^{3} \bar{A}^k_i \bar{A}^l_j T_{kl} \qquad (i, j = 1, 2, 3),$$

すなわち，T_{ij} は変換法則(3)に従う．だから $\boldsymbol{T} = (T_{ij})$ はテンソルである．

▨

例1　空間 $\mathbf{R}^3$ における特定のベクトル $\boldsymbol{a}$ と任意のベクトル $\boldsymbol{u}$ に対して内積 $\boldsymbol{a}\cdot\boldsymbol{u}$ を $\boldsymbol{a}(\boldsymbol{u})$ と表すならば，$\boldsymbol{a}$ は線形性をみたし，$\boldsymbol{u}$ を1つのベクトル変数にもつ実数値関数とみなすことができる．ゆえに，$\boldsymbol{a}$ は1階のテンソルである．

例2　$\mathbf{R}^3$ から $\mathbf{R}^3$ への線形変換 Φ を用いて，$\boldsymbol{T}(\boldsymbol{u}, \boldsymbol{v}) = \boldsymbol{u}\cdot\Phi(\boldsymbol{v})$ で $\boldsymbol{T}$ を定義する．$\boldsymbol{T}$ は明らかに双線形性をみたし，$\boldsymbol{u}$，$\boldsymbol{v}$ を2つのベクトル変数にもつ実数値関数とみなすことができる．ゆえに，$\boldsymbol{T}$ は2階のテンソルである．

例3(高階のテンソルの構成法)　空間 $\mathbf{R}^3$ における2階のテンソル $\boldsymbol{S} = (S_{ij})$ と特定のベクトル $\boldsymbol{a} = (a^i)$ に対して $T_{ijk} = S_{ij}a^k (i, j, k = 1, 2, 3)$ とおく．任意のベクトル $\boldsymbol{u} = (u^i)$，$\boldsymbol{v} = (v^j)$，$\boldsymbol{w} = (w^k)$ に対して

$$T(u, v, w) = \sum_{i=1}^{3}\sum_{j=1}^{3}\sum_{k=1}^{3} T_{ijk}u^i v^j w^k$$

で $\boldsymbol{T}$ を定義する．$\boldsymbol{T}$ は明らかに多重線形性をみたし，$\boldsymbol{u}, \boldsymbol{v}, \boldsymbol{w}$ を3つのベクトル変数にもつ実数値関数である．ゆえに，$\boldsymbol{T}$ は3階のテンソルである．

(III)　テンソルの和と積

2つのテンソル $\boldsymbol{S}$ と $\boldsymbol{T}$ が同じ階数でかつ対応する成分がすべて相等しいとき，**$\boldsymbol{S}$ と $\boldsymbol{T}$ は等しい**といい，$\boldsymbol{S} = \boldsymbol{T}$ と表す．また，$\boldsymbol{S}$ と $\boldsymbol{T}$ の階数が同じであるとき，対応する成分の和を成分にもつテンソルを **$\boldsymbol{S}$ と $\boldsymbol{T}$ の和**といい，記号 $\boldsymbol{S}+\boldsymbol{T}$ で表す．たとえば，$\boldsymbol{S} = (S_{ij})$，$\boldsymbol{T} = (T_{ij})$ の場合

$$\boldsymbol{S} = \boldsymbol{T} \Longleftrightarrow S_{ij} = T_{ij} \qquad (i, j = 1, 2, 3),$$

$$\alpha\boldsymbol{S} + \beta\boldsymbol{T} = (\alpha S_{ij} + \beta T_{ij}) \qquad (-\infty < \alpha, \beta < \infty).$$

テンソルの積については，$\boldsymbol{S}$ と $\boldsymbol{T}$ の階数が異なってもよい．テンソルのすべての成分の相互の順序積を成分にもつテンソルを **$\boldsymbol{S}$ と $\boldsymbol{T}$ のテンソル積**といい，記号 $\boldsymbol{S}\otimes\boldsymbol{T}$ で表す．たとえば

$\boldsymbol{S} = (S_{ij})$，$\boldsymbol{T} = (T_{pq})$ ならば　$\boldsymbol{S}\otimes\boldsymbol{T} = (S_{ij}T_{pq})$,

$\boldsymbol{S} = (S_{ij})$，$\boldsymbol{T} = (T_{pqr})$ ならば　$\boldsymbol{S}\otimes\boldsymbol{T} = (S_{ij}T_{pqr})$,

$\boldsymbol{S} = (S_{ijk})$，$\boldsymbol{T} = (T_{pqr})$ ならば　$\boldsymbol{S}\otimes\boldsymbol{T} = (S_{ijk}T_{pqr})$.

特に，ベクトル(1階のテンソル) $\boldsymbol{a} = (a^i)$，$\boldsymbol{b} = (b^j)$ のテンソル積については

$$\boldsymbol{a}\otimes\boldsymbol{b} = (a^i b^j) = \begin{bmatrix} a^1b^1 & a^1b^2 & a^1b^3 \\ a^2b^1 & a^2b^2 & a^2b^3 \\ a^3b^1 & a^3b^2 & a^3b^3 \end{bmatrix},$$

$$\boldsymbol{b}\otimes\boldsymbol{a} = (b^i a^j) = \begin{bmatrix} b^1a^1 & b^1a^2 & b^1a^3 \\ b^2a^1 & b^2a^2 & b^2a^3 \\ b^3a^1 & b^3a^2 & b^3a^3 \end{bmatrix}.$$

ところで，$\boldsymbol{a} = \boldsymbol{o}$ または $\boldsymbol{b} = \boldsymbol{o}$ である場合は，明らかに $\boldsymbol{a}\otimes\boldsymbol{b} = \boldsymbol{b}\otimes\boldsymbol{a}$ が成り立つ．$\boldsymbol{a} \neq \boldsymbol{o}$ かつ $\boldsymbol{b} \neq \boldsymbol{o}$ である場合，まず，$\boldsymbol{b} = k\boldsymbol{a}$ ならば，$\boldsymbol{a}\otimes\boldsymbol{b} = \boldsymbol{a}\otimes(k\boldsymbol{a}) = k\boldsymbol{a}\otimes\boldsymbol{a} = \boldsymbol{b}\otimes\boldsymbol{a}$．逆に，$\boldsymbol{a}\otimes\boldsymbol{b} = \boldsymbol{b}\otimes\boldsymbol{a}$ かつ(たとえば) $a^1 \neq 0$ なら

ば，$k = b^1/a^1$ とおくと $b^j = ka^j\,(j = 1, 2, 3)$ となる．すなわち，$\boldsymbol{b} = k\boldsymbol{a}$．したがって，$\boldsymbol{a} \neq \boldsymbol{o}$ かつ $\boldsymbol{b} \neq \boldsymbol{o}$ のとき

$$\boldsymbol{a}\otimes\boldsymbol{b} = \boldsymbol{b}\otimes\boldsymbol{a} \Longleftrightarrow \boldsymbol{a}, \boldsymbol{b}\text{ が平行である．}$$

このことから，一般に $\boldsymbol{S}\otimes\boldsymbol{T}$ と $\boldsymbol{T}\otimes\boldsymbol{S}$ は一致しないということがわかる．

注意 3　任意の 2 階のテンソル $\boldsymbol{T} = (T_{ij})$ は基本ベクトル $\boldsymbol{e}_1$，$\boldsymbol{e}_2$，$\boldsymbol{e}_3$ のテンソル積を用いて次のように表すことができる：

$$\boldsymbol{T} = (T_{ij}) = \sum_{i,j} T_{ij}\boldsymbol{e}_i\otimes\boldsymbol{e}_j.$$

2 階のテンソル $\boldsymbol{T} = (T_{ij})$ の成分に対して

$$T_{ij} = T_{ji} \qquad (i, j = 1, 2, 3)$$

が成りにつならば，$\boldsymbol{T}$ を**対称テンソル**といい，

$$T_{ij} = -T_{ji} \qquad (i, j = 1, 2, 3)$$

が成り立つならば，$\boldsymbol{T}$ を**交代テンソル**（または**反対称テンソル**）という．

定理 3　任意の 2 階のテンソル $\boldsymbol{U}$ は，対称テンソル $\boldsymbol{S}$ と交代テンソル $\boldsymbol{T}$ の和として一意的に

$$\boldsymbol{U} = \boldsymbol{S} + \boldsymbol{T}$$

と表すことができる．ここに，$\boldsymbol{S}$ と $\boldsymbol{T}$ はそれぞれ $\boldsymbol{U}$ の**対称部分**および**交代部分**（または**反対称部分**）と呼ばれる．

証明　2 階のテンソル $\boldsymbol{U}$ を $\boldsymbol{U} = (U_{ij})$ として

$$S_{ij} = \frac{1}{2}(U_{ij} + U_{ji}), \qquad T_{ij} = \frac{1}{2}(U_{ij} - U_{ji}) \qquad (i, j = 1, 2, 3)$$

でテンソル $\boldsymbol{S} = (S_{ij})$，$\boldsymbol{T} = (T_{ij})$ を定義する．明らかに $\boldsymbol{S}$ は対称的で，$\boldsymbol{T}$ は交代的である．そして

$$\boldsymbol{U} = \boldsymbol{S} + \boldsymbol{T}, \qquad U_{ij} = S_{ij} + T_{ij} \qquad (i, j = 1, 2, 3).$$

次に，表現の一意性を示す．いま，$\boldsymbol{U} = \boldsymbol{S} + \boldsymbol{T}$ の他に $\boldsymbol{U}$ の対称部分 $\boldsymbol{S}'$ と交代部分 $\boldsymbol{T}'$ で $\boldsymbol{U} = \boldsymbol{S}' + \boldsymbol{T}'$ と表されたとすれば

$$\boldsymbol{S} - \boldsymbol{S}' = \boldsymbol{T}' - \boldsymbol{T}$$

となる．したがって，$\boldsymbol{S}-\boldsymbol{S}'$ は対称的であると同時に交代的であるから，$\boldsymbol{T}' = (T_{ij}')$，$\boldsymbol{S}' = (S_{ij}')$ として

$$S_{ij}-S_{ij}' = S_{ji}-S_{ji}' \text{ かつ } S_{ij}-S_{ij}' = -(S_{ji}-S_{ji}') \qquad (i, j = 1, 2, 3)$$

が成立しなければならない．ゆえに

$$S_{ij} = S_{ij}', \qquad T_{ij} = T_{ij}' \qquad (i, j = 1, 2, 3)$$

を得る．すなわち，$\boldsymbol{S} = \boldsymbol{S}'$，$\boldsymbol{T} = \boldsymbol{T}'$． ▨

2 階の交代テンソル $\boldsymbol{T} = (T_{ij})$ に対しては

$$T_{11} = T_{22} = T_{33} = 0,$$
$$T_{23}+T_{32} = 0, \qquad T_{31}+T_{13} = 0, \qquad T_{12}+T_{21} = 0$$

である．したがって，(T_{ij}) は次のような交代行列である．

$$\boldsymbol{T} = (T_{ij}) = \begin{bmatrix} 0 & T_{12} & -T_{31} \\ -T_{12} & 0 & T_{23} \\ T_{31} & -T_{23} & 0 \end{bmatrix}.$$

注意 4　ベクトル $\boldsymbol{a} = (a^i)$，$\boldsymbol{b} = (b)$ に対して，一般に $\boldsymbol{a}\otimes\boldsymbol{b} \neq \boldsymbol{b}\otimes\boldsymbol{a}$ である．

$$\boldsymbol{a}\wedge\boldsymbol{b} = \boldsymbol{a}\otimes\boldsymbol{b}-\boldsymbol{b}\otimes\boldsymbol{a} = (a^ib^j-b^ia^j)$$
$$= \begin{bmatrix} 0 & a^1b^2-b^1a^2 & a^1b^3-b^1a^3 \\ a^2b^1-b^2a^1 & 0 & a^2b^3-b^2a^3 \\ a^3b^1-b^3a^1 & a^3b^2-b^3a^2 & 0 \end{bmatrix}$$

で定義される $\boldsymbol{a}\wedge\boldsymbol{b}$ を $\boldsymbol{a}$ と $\boldsymbol{b}$ の**交代積**という．任意の 2 階の交代テンソル $\boldsymbol{T} = (T_{ij})$ は基本ベクトル $\boldsymbol{e}_1$，$\boldsymbol{e}_2$，$\boldsymbol{e}_3$ の交代積を用いて次のように表すことができる：

$$\boldsymbol{T} = (T_{ij}) = \sum_{i<j} T_{ij}\boldsymbol{e}_i\wedge\boldsymbol{e}_j = \frac{1}{2}\sum_{i,j} T_{ij}\boldsymbol{e}_i\wedge\boldsymbol{e}_j.$$

クロネッカーのデルタと並んでよく使われる便利な記号に，**エディントンのイプシロン**と呼ばれるものがある．

$$\varepsilon_{ijk} = \begin{cases} 1 & (i, j, k) \text{ が } (1, 2, 3) \text{ の偶順列のとき}, \\ -1 & (i, j, k) \text{ が } (1, 2, 3) \text{ の奇順列のとき}, \\ 0 & (i, j, k) \text{ の中の少なくとも 2 つが一致するとき}, \end{cases}$$

で定義される ε_{ijk} を**エディントンのイプシロン**という．座標系 $\Sigma\{\boldsymbol{e}_1, \boldsymbol{e}_2, \boldsymbol{e}_3\}$ において，任意の3つのベクトル $\boldsymbol{u}$，$\boldsymbol{v}$，$\boldsymbol{w}$ を変数として

$$\boldsymbol{\varepsilon}(\boldsymbol{u}, \boldsymbol{v}, \boldsymbol{w}) = [\boldsymbol{u}, \boldsymbol{v}, \boldsymbol{w}]$$

で定義される $\boldsymbol{\varepsilon}$ は多重線形性をもつ実数値関数である．さらに

$$\boldsymbol{\varepsilon}(\boldsymbol{e}_i, \boldsymbol{e}_j, \boldsymbol{e}_k) = \varepsilon_{ijk} \qquad (i, j, k = 1, 2, 3)$$

であるから，$\boldsymbol{\varepsilon} = (\varepsilon_{ijk})$ は3階のテンソルである．

例4（角速度テンソル）　原点のまわりを回転する剛体の角速度ベクトル $\boldsymbol{\omega} = (\omega_i)$ に対し，エディントンのイプシロン ε_{ijk} を用いて

$$\Omega_{ij} = \sum_{k=1}^{3} \varepsilon_{ijk}\omega_k \qquad (i, j = 1, 2, 3)$$

$$\boldsymbol{\Omega} = (\Omega_{ij}) = \begin{bmatrix} 0 & \omega_3 & -\omega_2 \\ -\omega_3 & 0 & \omega_1 \\ \omega_2 & -\omega_1 & 0 \end{bmatrix}$$

で定まる交代テンソル $\boldsymbol{\Omega}$ を**角速度テンソル**という．

例5（角運動量テンソル）　質量 m の質点Pの角速度ベクトルを $\boldsymbol{\omega}$，速度ベクトルを $\boldsymbol{v}$ とし，原点Oに関するPの位置ベクトルを $\boldsymbol{r}$ とすると，Pの角運動量ベクトル $\boldsymbol{L} = (L_i)$ は

$$\boldsymbol{L} = m(\boldsymbol{r} \times \boldsymbol{v}) = m\{\boldsymbol{r} \times (\boldsymbol{\omega} \times \boldsymbol{r})\}$$

となる．このとき，エディントンのイプシロン ε_{ijk} を用いて

$$H_{jk} = \sum_{i=1}^{3} \varepsilon_{ijk} L_i \qquad (j, k = 1, 2, 3),$$

$$\boldsymbol{H} = (H_{jk}) = \begin{bmatrix} 0 & L_3 & -L_2 \\ -L_3 & 0 & L_1 \\ L_2 & -L_1 & 0 \end{bmatrix}$$

で定まる交代テンソル $\boldsymbol{H}$ を**角運動量テンソル**という．

例6（慣性テンソル）　剛体が原点Oのまわりを一定の角速度ベクトル $\boldsymbol{\omega} = (\omega_i)$ で回転しているとき，剛体内の1点Pの速度ベクトル $\boldsymbol{v}$ は，Oに対するPの位置ベクトルを $\boldsymbol{r} = (x_i)$ として，$\boldsymbol{v} = \boldsymbol{\omega} \times \boldsymbol{r}$ で与えられる．剛体の密度を ρ とすれば，Oのまわりの剛体全体の角運動量ベクトル $\boldsymbol{M} = (M_i)$ は

$$\boldsymbol{M} = \int \boldsymbol{r} \times (\boldsymbol{\omega} \times \boldsymbol{r}) \rho \, dV = \int \{(\boldsymbol{r} \cdot \boldsymbol{r})\boldsymbol{\omega} - (\boldsymbol{r} \cdot \boldsymbol{\omega})\boldsymbol{r}\} \rho \, dV$$

となる．ここで

$$M_i = \sum_{j=1}^{3} I^{ij}\omega_j \qquad (i = 1, 2, 3)$$

とおくと

$$I^{11} = \int(x_2^2 + x_3^2)\rho\, dV, \qquad I^{22} = \int(x_3^2 + x_1^2)\rho\, dV$$

$$I^{33} = \int(x_1^2 + x_2^2)\rho\, dV, \qquad I^{12} = I^{21} = -\int x_1 x_2 \rho\, dV$$

$$I^{23} = I^{32} = -\int x_2 x_3 \rho\, dV, \qquad I^{31} = I^{13} = -\int x_3 x_1 \rho\, dV.$$

しかるに，任意の角速度ベクトル $\boldsymbol{\omega}$ に対して $\boldsymbol{M}$ はベクトルであるから，定理2によって I^{ij} はテンソルの成分である．これらの成分によって定まるテンソル $\boldsymbol{I} = (I^{ij})$ を**慣性テンソル**という．慣性テンソル $\boldsymbol{I}$ は対称テンソルである．ここで

I^{11} は x_1 軸のまわりの慣性モーメントを，
I^{22} は x_2 軸のまわりの慣性モーメントを，
I^{33} は x_3 軸のまわりの慣性モーメントを，
$-I^{12}$ は x_1x_2-平面に関する慣性乗積を，
$-I^{23}$ は x_2x_3-平面に関する慣性乗積を，
$-I^{31}$ は x_3x_1-平面に関する慣性乗積を表す．

(IV)　ひずみテンソルと応力テンソル

質点が連続的に分布する連続体は，外から力を加えると，力のかかり方によって多少なりとも変形を起こし，その変形は体積変化をともなうこともある．加えている力を取り除くと変形が消失するようなものを**弾性体**と呼ぶ．弾性体内の隣り合う部分は外力の作用によって相対位置が変わり弾性体は変形する．このような変形を**ひずみ**と呼び，ある部分の変形量をその部分のもとの大きさで割った相対的変形量を，その部分の**ひずみの大きさ**と定める．また，弾性体はひずみを受けて内部にも外力に応じて力が生ずると考える．このような力を**応力**という．たとえば，長さ l，断面積 S の一様な両端に大きさ F の力を加えて引っ張るとき長さが Δl だけ伸びたとする．このとき，ひずみの大きさ，

応力（この場合は圧力）はそれぞれ $\varDelta l/l$，F/S であり，次の**フックの法則**が成り立つ：

$$\frac{F}{S} = E\frac{\varDelta l}{l} \qquad (E \text{ はヤング率（伸び弾性率）}).$$

弾性体内の 1 点 $\mathrm{P}(x_i)$ が外力の作用によって点 P' に変位したとして $\overrightarrow{\mathrm{PP}'} = \boldsymbol{u} = (u_i)$ とおく．ここに，$u_i (i = 1, 2, 3)$ は (x_i) の関数である．さらに，弾性体内で P に非常に近い点 $\mathrm{Q}(x_i + \varDelta x_i)$ が，同じ外力によって点 Q' に変位したとする．いま

$$\overrightarrow{\mathrm{QQ}'} = \boldsymbol{u} + \varDelta\boldsymbol{u} = (u_i + \varDelta u_i)$$

とおく．このとき，Q の P に対する相対変位は

$$\overrightarrow{\mathrm{P'Q'}} - \overrightarrow{\mathrm{PQ}} = \overrightarrow{\mathrm{QQ}'} - \overrightarrow{\mathrm{PP}'} = \varDelta\boldsymbol{u}$$

となる．$\varDelta x_i (i = 1, 2, 3)$ は非常に小さいから，$\varDelta x_i$ に関する 2 次以上の項を省略すれば

$$\varDelta u_i = u_i(x_j + \varDelta x_j) - u_i(x_j) \fallingdotseq \sum_{j=1}^{3} \frac{\partial u_i}{\partial x_j}\varDelta x_j \qquad (i = 1, 2, 3).$$

ここに，$\dfrac{\partial u_i}{\partial x_j}$ はテンソルの成分で（定理 2 参照），$D_{ij} = \dfrac{\partial u_i}{\partial x_j} (i, j = 1, 2, 3)$ とおけば

$$\varDelta u_i \fallingdotseq \sum_{j=1}^{3} D_{ij}\varDelta x_j \qquad (i = 1, 2, 3).$$

テンソル $\boldsymbol{D} = (D_{ij})$ の対称部分，交代部分をそれぞれ $\boldsymbol{S} = (S_{ij})$，$\boldsymbol{K} = (K_{ij})$ とすると

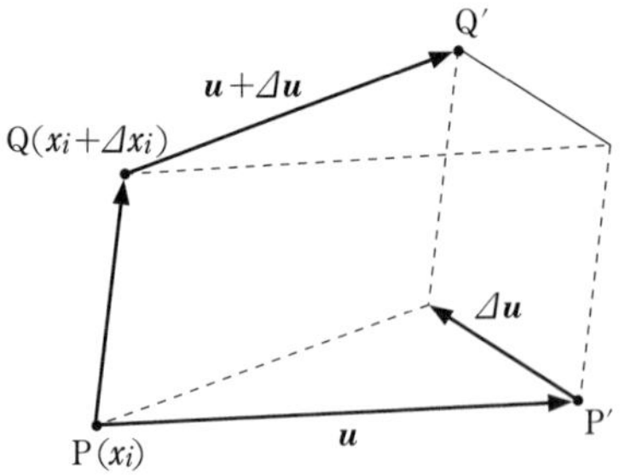

図 B-1

$$\varDelta u_i \fallingdotseq \sum_{j=1}^{3} S_{ij}\varDelta x_j + \sum_{j=1}^{3} K_{ij}\varDelta x_j \qquad (i=1,2,3).$$

しかるに，$\boldsymbol{K}$ は交代テンソルであるから

$$\boldsymbol{w}=(w_i): \qquad w_1=K_{23}, \qquad w_2=K_{31}, \qquad w_3=K_{12}$$

とおくと，w_i はベクトルの成分の変換法則（1）をみたす．実際

$$w_1{}'=K_{23}{}'=A_1^1K_{23}+A_2^1K_{31}+A_3^1K_{12}=\sum_{j=1}^{3}A_j^1w_j,$$

$$w_2{}'=K_{31}{}'=A_1^2K_{23}+A_2^2K_{31}+A_3^2K_{12}=\sum_{j=1}^{3}A_j^2w_j,$$

$$w_3{}'=K_{12}{}'=A_1^3K_{23}+A_2^3K_{31}+A_3^3K_{12}=\sum_{j=1}^{3}A_j^3w_j.$$

したがって，$\boldsymbol{w}=(w_i)$ はベクトルであり，$\boldsymbol{w}=\dfrac{1}{2}(\nabla\times\boldsymbol{u})$ が成り立つ．さらに，$\varDelta\boldsymbol{r}=(\varDelta x_i)$ として

$$-(\boldsymbol{w}\times\nabla\boldsymbol{r})_{x_i}=\sum_{j=1}^{3}K_{ij}\varDelta x_j \qquad (i=1,2,3).$$

これは，点Qが点Pのまわりに角速度ベクトル $\boldsymbol{w}$ の方向を軸として，角 $|\boldsymbol{w}|$ だけ回転したことを意味しており，この回転によって，点Pの近くの各点の相対変位は起こらない．よって，ひずみはテンソル $\boldsymbol{S}$ に対応する変位ということになる．この対称テンソル $\boldsymbol{S}=(S_{ij})$ を**ひずみテンソル**という．

次に，応力テンソルについて説明しよう．一般に弾性体に外力が作用するとき，弾性体内に任意に固定された1点Pを通る任意の断面 π を考えると，π の両側の部分は，この面を通して互いに大きさが等しく向きが反対の力を及ぼし合う．このとき及ぼし合う（π 上の）単位面積あたりの力を**点Pでの $\boldsymbol{\pi}$ に関する応力**という．π の単位法線ベクトルを $\boldsymbol{n}=(n_i)$ とし，π の（したがって $\boldsymbol{n}$ の）正の側から負の側に作用する応力を $\boldsymbol{T}=(T_i)$ とすると，$\boldsymbol{T}$ は一般に $\boldsymbol{n}$ の関数（もちろん点Pにも依存する）

$$\boldsymbol{T}=\boldsymbol{T}(\boldsymbol{n})(=\boldsymbol{T}(\boldsymbol{n}\,;\mathrm{P})$$

であり，π の向きが変われば $\boldsymbol{T}$ の向きも大きさも変化すると考える．また，応力は断面に垂直である（$\boldsymbol{n}$ の方向と一致する）とは限らない．これは，一般に存在する**法線応力**の他に，運動状態すなわち変形過程においてはさらに変形に抵抗するように**接線応力**が作用するからである．

いま図 B-2 のように，点 P を原点にもつ直交座標系 $\{Px_1x_2x_3\,;\,\boldsymbol{e}_1, \boldsymbol{e}_2, \boldsymbol{e}_3\}$ をとり，$\triangle A_1A_2A_3$ の面の単位法線ベクトルが $\boldsymbol{n}$ であるように P の近くに 3 点 A_1，A_2，A_3 を選び，四面体の外部を表側とする．四面体 $PA_1A_2A_3$ に作用する力には，表面に作用する応力の他に，重力など体積に比例する大きさをもつ**体積力**もあるが，四面体を相似のまま限りなく点 P に向かって縮小していくと [体積]/[表面積] → 0 となるから，体積力は表面に作用する**面積力**（大きさが面積に比例する力）の合力にくらべて高位の無限小であり無視してよい．ところで，P を含む π 上の微小面積 δS には面積力 $\boldsymbol{T}\,\delta S$ が作用する．ここで

$$\triangle S = \triangle A_1A_2A_3 \text{ の面積}, \qquad \triangle S_1 = \triangle PA_2A_3 \text{ の面積}$$

$$\triangle S_2 = \triangle PA_3A_1 \text{ の面積}, \qquad \triangle S_3 = \triangle PA_1A_2 \text{ の面積}$$

とおくと，$\triangle S_1$，$\triangle S_2$，$\triangle S_3$ はそれぞれ$\triangle A_1A_2A_3$ の x_2x_3 平面，x_3x_1 平面，x_1x_2 平面への正射影の面積であるから

$$\triangle S_1 = \boldsymbol{n}\cdot\boldsymbol{e}_1\triangle S = n_1\triangle S,$$

$$\triangle S_2 = \boldsymbol{n}\cdot\boldsymbol{e}_2\triangle S = n_2\triangle S,$$

$$\triangle S_3 = \boldsymbol{n}\cdot\boldsymbol{e}_3\triangle S = n_3\triangle S$$

となる．したがって，このとき四面体 $PA_1A_2A_3$ に作用する力の釣り合いから面積力の合力は

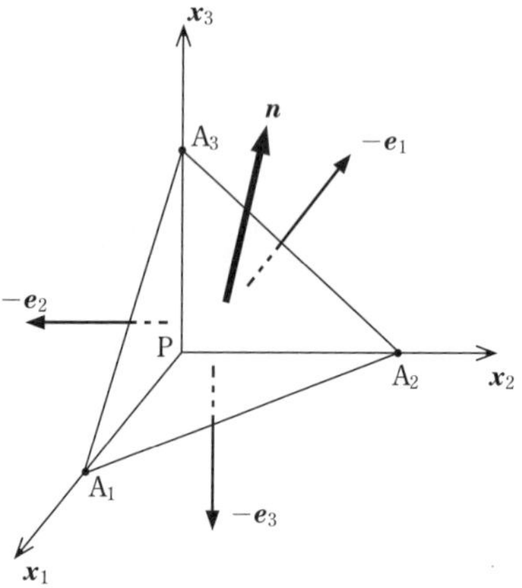

図 B-2

$$\boldsymbol{T}(\boldsymbol{n})\triangle S+\sum_{j=1}^{3}\boldsymbol{T}(-\boldsymbol{e}_j)\triangle S_j=\left\{\boldsymbol{T}(\boldsymbol{n})-\sum_{j=1}^{3}n_j\boldsymbol{T}(\boldsymbol{e}_j)\right\}\triangle S=\boldsymbol{O},$$

すなわち

$$\boldsymbol{T}(\boldsymbol{n})=\sum_{j=1}^{3}n_j\boldsymbol{T}(\boldsymbol{e}_j).$$

この関係式は $\boldsymbol{n}$ について線形であり

$$T_{ij}=T_i(\boldsymbol{e}_j)\qquad(i,j=1,2,3)$$

とおけば

$$T_i=\sum_{j=1}^{3}T_{ij}n_j\qquad(i=1,2,3)$$

と表すことができる．T_{ij} は点Pには依存するが，$\boldsymbol{n}$ には無関係であり，π の任意性により $\boldsymbol{n}$ は点Pにおいて任意方向にとれるから，定理2によって $\{T_{ij}: i,j=1,2,3\}$ は2階のテンソル $\boldsymbol{T}_{\mathrm{p}}=(T_{ij})$ を定める．このテンソルを**応力テンソル**という．応力テンソルは対称的である．フックの法則によれば，応力テンソル $\boldsymbol{T}=(T_{ij})$ とひずみテンソル $\boldsymbol{S}=(S_{ij})$ の間に**ひずみ・応力の方程式**と呼ばれる次の関係式

$$T_{ij}=\sum_{k,l}E_{ijkl}S_{kl}\qquad(i,j=1,2,3)$$

が成り立つ．E_{ijkl} を成分にもつ4階のテンソル $\boldsymbol{E}=(E_{ijkl})$ を**弾性テンソル**という．

付録C　微分方程式

実数値または複素数値をとる独立変数を x とし，実数値または複素数値をとる関数 $y = y(x)$，その導関数 $y'(x), y''(x), \cdots, y^{(n)}(x)$ の間に成り立つ関係式

$$(*)\qquad F(x, y, y', \cdots, y^{(n)}) = 0$$

を関数 y に関する**常微分方程式**という（この微分方程式は，x に関しては恒等式であることに注意しよう）．微分方程式をみたす関数 $y = y(x)$ を**解**といい，解を求めることを**微分方程式を解く**という．微分方程式に含まれる導関数の最高階数をその微分方程式の**階数**という．したがって

$$\text{微分方程式}(*)\text{の階数が } n \text{ である} \iff \partial F/\partial y^{(n)} \neq 0.$$

特に，F が $y, y', \cdots, y^{(n)}$ の1次式であれば，微分方程式（$*$）は**線形**であるといい，線形でないときに**非線形**という．n 個の任意定数（たとえば $c_1, c_2, \cdots, c_n$）を含む（$*$）の解を**一般解**という．一般解における任意定数に，特定の値を代入したものはもちろん1つの解であるが，そのような解を**特殊解**という．微分方程式によっては，任意定数に特定の値を代入しても得られないような解を有するものがある．そのような解を**特異解**という（クレーローの微分方程式を参照）．

（$*$）がうまく $y^{(n)}$ について解ける場合，微分方程式

$$y^{(n)} = h(x, y, y', \cdots, y^{(n-1)})$$

を**正規形**であるという．常微分方程式は未知関数が1変数関数であるが，未知関数が2つ以上の独立変数の関数で，その偏導関数を含むものを**偏微分方程式**という．

例　$y'+2y = ax$　　$[y = y(x)]$……1階線形常微分方程式

　　$x^2y''+ay'+by = cx$　　$[y = y(x)]$……2階線形常微分方程式

　　$y''+(y')^2 = ax$　　$[y = y(x)]$……2階非線形常微分方程式

　　$x\dfrac{\partial z}{\partial x}+y\dfrac{\partial z}{\partial y} = axy$　　$[z = z(x, y)]$……1階線形偏微分方程式

古典力学の問題においては，運動の状態を定式化するのに通常，微分方程式が用いられる．このとき，質点の運動を確定させるためには，与えられた時刻における質点の位置（座標）と速度を定めればよい．このように，最初の状態を与える値を**初期値**といい，それを与える条件を**初期条件**という．

（I） 1階常微分方程式

1.1 変数分離形

$y = y(x)$ についての1階常微分方程式の一般形は

$$F(x, y, y') = 0 \qquad \left(y' = \frac{dy}{dx}\right)$$

である．この微分方程式の正規形 $y' = h(x, y)$ において，既知関数 $h(x, y)$ が x だけの関数 $f(x)$ と y だけの関数 $g(y)$ の積の形になっている場合，すなわち

(1) $$\frac{dy}{dx} = f(x) \cdot g(y)$$

を**変数分離形**という．この微分方程式 (1) の一般解は

$g(y) \neq 0$ のとき， $\displaystyle\int \frac{dy}{g(y)} = \int f(x)dx + c$,

$g(y) = 0$ のときは，$g(y_0) = 0$ をみたす $y = y_0$ が解になっていることがわかる．しかし，一般解に含まれている c に特定の値を代入して得られるかどうかの判定はむずかしい．

例題1 $yy' + x = 0$ を解け．

解 $y' = -\dfrac{x}{y}$ であるから，この微分方程式は変数分離形である．したがって

$$\int y\, dy = \int (-x)dx + \frac{c}{2}.$$

これより，一般解は $x^2 + y^2 = c$.

参考 たとえば微分方程式 $xy' + y = 0$ の解曲線の概形を知る方法に「等傾

斜法」という方法がある．この方法によって解曲線の概形が推定できる．実際，$y' = -\dfrac{y}{x}$ は（解曲線群の中で）点 (x, y) を通る解曲線のこの点における接線の勾配を表している．その勾配を短い線分（矢線ベクトル）の集合で表した領域を方向場という．以下の図は上の微分方程式の方向場と点 $(1,1)$ と点 $(-1,1)$ を通る解曲線 $\left(y = \dfrac{1}{x} \text{ と } y = -\dfrac{1}{x}\right)$ を表している．

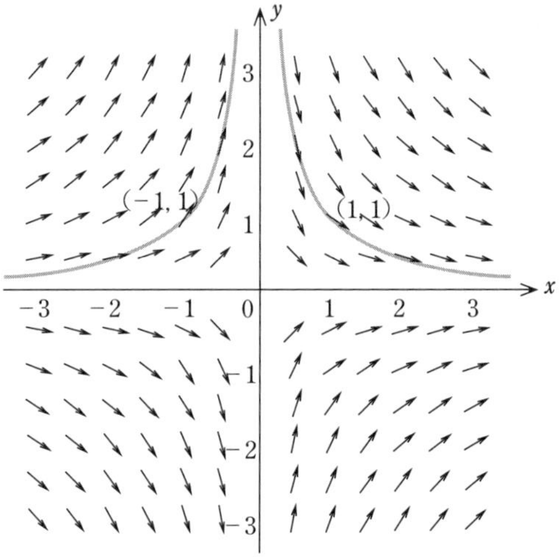

1.2　同　次　形

正規形の1階常微分方程式 $y' = h(x, y)$ において，$h(x, y)$ が y/x のみの関数である場合，すなわち

$$\frac{dy}{dx} = h\left(\frac{y}{x}\right) \tag{2}$$

の形の微分方程式を**同次形**という．$u = \dfrac{y}{x}$ として新しい未知関数 $u = u(x)$ を考えると，$y = xu$ より

$$\frac{dy}{dx} = u + x\frac{du}{dx} \qquad \therefore \quad \frac{du}{dx} = \frac{h(u) - u}{x}.$$

$h(u) - u \neq 0$ のときは

$$(g(u) \equiv) \int \frac{du}{h(u) - u} = \int \frac{dx}{x} + c = \log|x| + c.$$

したがって，(2) の一般解は

$$g\left(\frac{y}{x}\right) = \log|x| + c.$$

$h(u) = u$ をみたす値 $u = m$ が存在するとき，$y = mx$ は (2) の解になっている．しかし，それが一般解に含まれている c に特定の値を代入して得られるかどうかの判定はむずかしい．

次に

$$(3) \qquad \frac{dy}{dx} = h\left(\frac{ax+by+c}{a'x+b'y+c'}\right) \quad (a, b, c, a', b', c' \text{ は定数})$$

の形の微分方程式を考える．

(i) $\begin{vmatrix} a & b \\ a' & b' \end{vmatrix} = ab' - a'b \neq 0$ の場合．

$ax+by+c = 0$，$a'x+b'y+c' = 0$ を同時にみたす解 (α, β) が存在するから，変数変換

$$x = X+\alpha, \ y = Y+\beta \quad \therefore \quad dx = dX, \ dy = dY$$

によって (3) は

$$\frac{dY}{dX} = h\left(\frac{aX+bY}{a'X+b'Y}\right) = h\left(\frac{a+b(Y/X)}{a'+b'(Y/X)}\right)$$

となり，同次形であるから解くことができる．

(ii) $\begin{vmatrix} a & b \\ a' & b' \end{vmatrix} = ab' - a'b = 0$ の場合．

$b \neq 0$ ならば，$u = ax+by$ とおいて $u = u(x)$ を導入すると，$u' = a + by'$．

$$(3) \text{ は } \quad \frac{du}{dx} = a + bh\left(\frac{u+c}{(b'u)/b+c'}\right).$$

$b' \neq 0$ ならば，$u = a'x+b'y$ とおいて $u = u(x)$ を導入すると，$u' = a' + b'y'$．

$$(3) \text{ は } \quad \frac{du}{dx} = a' + b'h\left(\frac{(bu)/b'+c}{u+c'}\right).$$

$b = b' = 0$ ならば

$$(3)\text{ は }\quad \frac{dy}{dx}=h\left(\frac{ax+c}{a'x+c'}\right).$$

したがって，いずれの場合も変数分離形に帰着する．

例題 2　$2xyy'=x^2+y^2$ を解け．

解　与えられた式は，変形すれば

$$\frac{dy}{dx}=\frac{x^2+y^2}{2xy}=\frac{1+(y/x)^2}{2(y/x)}$$

となるから，同次形である．$u=\dfrac{y}{x}$ とおくと，$y'=u+xu'$ であるから

$$\frac{du}{dx}=\frac{1-u^2}{2xu}.$$

$u\neq\pm1$ ならば

$$\int\frac{2u}{u^2-1}du=-\int\frac{dx}{x}+c \qquad \therefore\ \log|u^2-1|=-\log|x|+c.$$

したがって，$A=\pm e^c$ とおき $u=\dfrac{y}{x}$ を代入すると $y^2-x^2=Ax$ を得る．

$u=\pm1$ ならば $y=\pm x$ となり，これはもとの微分方程式をみたし，$A=0$ に対応している．以上より，求める一般解は

$$y^2-x^2=Ax.$$

1.3　完全形と積分因子

1 階微分方程式を書き直して

$$P(x,y)dx+Q(x,y)dy=0 \tag{4}$$

の形にしたものを考える．ある関数 $\varphi=\varphi(x,y)$ が存在して，(4) の左辺が φ の全微分 $d\varphi$ に等しいとき，すなわち

$$\boxed{d\varphi=P(x,y)dx+Q(x,y)dy}$$

になっているとき，(4) を**完全形**であるという．このとき，(4) は $d\varphi=0$ となるから，(4) の一般解は

$$\varphi(x,y)=c \quad (c\text{ は任意定数}).$$

(4) が完全形になるための必要十分条件は

$$\boxed{\frac{\partial P(x,y)}{\partial y}=\frac{\partial Q(x,y)}{\partial x}}$$

が成り立つことである．この条件が成り立つとき，$\varphi(x,y)$ は次の公式で求められる．

$$\varphi(x,y)=\int P(x,y)dx+\int\left(Q(x,y)-\frac{\partial}{\partial y}\int P(x,y)dx\right)dy,$$

または

$$\varphi(x,y)=\int P(x,y)dx-\frac{\partial}{\partial x}\int Q(x,y)dy+\int Q(x,y)dy.$$

(4) が完全形でなくても，適当な関数 $\lambda=\lambda(x,y)$ を用いて

$$\lambda P(x,y)dx+\lambda Q(x,y)dy=0$$

が完全形になる場合，$\lambda(x,y)$ を (4) の**積分因子**（または**積分因数**）という．積分因子 λ を求めるには，$\lambda Pdx+\lambda Qdy=0$ が完全形になるための条件

$$\frac{\partial(\lambda P)}{\partial y}=\frac{\partial(\lambda Q)}{\partial x}$$

をみたす λ を見い出せればよいが，それは一般に非常に難しい．特別な場合として

$$\frac{1}{Q}\left(\frac{\partial P}{\partial y}-\frac{\partial Q}{\partial x}\right)=f(x)\ (x\text{ だけの関数})\text{ のとき，}\lambda=e^{\int f(x)\,dx},$$

$$\frac{1}{P}\left(\frac{\partial P}{\partial y}-\frac{\partial Q}{\partial x}\right)=g(y)\ (y\text{ だけの関数})\text{ のとき，}\lambda=e^{-\int g(y)\,dy}$$

が積分因子である．完全微分方程式を解く場合，次の関係を知っていると便利である．

$$y\,dx+x\,dy=d(xy),\qquad x\,dx+y\,dx=\frac{1}{2}d(x^2+y^2),$$

$$\frac{x\,dy-y\,dx}{x^2}=d\left(\frac{y}{x}\right),\qquad \frac{y\,dx-x\,dy}{y^2}=d\left(\frac{x}{y}\right),$$

$$\frac{dx}{x}+\frac{dy}{y}=d(\log|xy|),\qquad \frac{dy}{y}-\frac{dx}{x}=d\left(\log\left|\frac{x}{y}\right|\right),$$

$$\frac{x\,dy-y\,dx}{x^2+y^2}=d\left(\mathrm{Tan}^{-1}\frac{y}{x}\right),\qquad \frac{x\,dy-y\,dx}{x^2-y^2}=\frac{1}{2}d\left(\log\left|\frac{x+y}{x-y}\right|\right),$$

$$\frac{x\,dy-y\,dx}{(x-y)^2}=\frac{1}{2}d\left(\frac{x+y}{x-y}\right),\qquad \frac{y\,dx-x\,dy}{(x+y)^2}=\frac{1}{2}d\left(\frac{x-y}{x+y}\right).$$

例題 3　$2xy\,dx+(y^2-x^2)dy=0$ を解け．

解　$\dfrac{\partial(2xy)}{\partial y}=2x$，$\dfrac{\partial(y^2-x^2)}{\partial x}=-2x$ であるから，与えられた微分方程式は完全形ではない．しかし

$$\frac{1}{2xy}\left\{\frac{\partial(2xy)}{\partial y}-\frac{\partial(y^2-x^2)}{\partial x}\right\}=\frac{2}{y}\quad (y\text{ だけの関数})$$

であるから，$\lambda=\exp\left\{-\int\dfrac{2}{y}dy\right\}=\dfrac{1}{y^2}$ は積分因子である．したがって

$$\frac{2xy}{y^2}dx+\frac{y^2-x^2}{y^2}dy=0\text{ は完全形，}$$

すなわち

$$d\left(\frac{x^2}{y}+y\right)=\frac{2x}{y}dx+\left(1-\frac{x^2}{y^2}\right)dy=0.$$

よって，求める一般解は

$$\frac{x^2}{y}+y=c,\text{ すなわち } x^2+y^2=cy\quad (c\text{ は任意定数}).$$

1.4　クレーローの微分方程式

(5)	$y=x\dfrac{dy}{dx}+f\left(\dfrac{dy}{dx}\right)$

の形の微分方程式を**クレーローの微分方程式**という．ここで

$$p=\frac{dy}{dx}\text{ とおくと (5) は } y=xp+f(p)$$

となる．この両辺を x で微分すると

$$p=p+x\frac{dp}{dx}+f'(p)\frac{dp}{dx}\qquad \therefore\quad (x+f'(p))\frac{dp}{dx}=0.$$

$\dfrac{dp}{dx}=0$ のときは $p=c$（任意定数）であるから，(5) に代入して一般解

$$y=cx+f(c)$$

を得る．$x+f'(p)=0$ のときは，p をパラメータとする曲線

$$\begin{cases} y=px+f(p) \\ x+f'(p)=0, \end{cases}$$

あるいは，これから p を消去したものが (5) の特異解になっている．

一般解 $y = cx + f(c)$ において，c を変化させたときの直線群の包絡線は，c を変数と見なして，c に関して偏微分することによって

$$\begin{cases} y = cx + f(c) \\ 0 = x + f'(c) \end{cases}$$

のようにパラメータ表示されるから，上記の特異解は一般解の包絡線になっている（包絡線は直線群に属するどの直線とも一致しない）.

例題 4 $y = x\dfrac{dy}{dx} + \dfrac{dy}{dx} - \left(\dfrac{dy}{dx}\right)^2$ を解け.

解 一般解は $y = cx + c - c^2$.
この一般解を c に関して偏微分すると，$0 = x + 1 - 2c$. したがって，連立方程式

$$\begin{cases} y = cx + c - c^2 \\ 0 = x + 1 - 2c \end{cases}$$

から c を消去して，特異解

$$y = \frac{1}{4}(x+1)^2$$

を得る.

（II） 1階線形常微分方程式

2.1 1階線形微分方程式

(6) $$\frac{dy}{dx} + P(x)y = Q(x)$$

の形の微分方程式を**1階線形微分方程式**という. 微分方程式 (6) は，$Q(x) \equiv 0$ ならば**同次**（または**斉次**），$Q(x) \not\equiv 0$ ならば**非同次**（または**非斉次**）であるという. 以下において，定数変化法による (6) の一般解を求める方法を説明する.

最初に $Q(x) \equiv 0$ の場合を考える. このとき，(6) は変数分離形

$$\frac{dy}{dx} = -P(x)y$$

となるから，一般解は

$$y = ue^{-\int P(x)\,dx} \quad (u \text{ は任意数}).$$

次に $Q(x) \not\equiv 0$ の場合を考える. 同次の場合の一般解における定数 u を x

の関数と見なして

$$y = u(x)e^{-\int P(x)\,dx}$$

と考える．これと，両辺を x で微分したものを (6) に代入すると

$$\frac{du}{dx} = Q(x)e^{\int P(x)\,dx}$$

を得る．したがって，これを積分すると

$$u(x) = \int Q(x)e^{\int P(x)\,dx}dx + c \qquad (c \text{ は任意定数}).$$

よって，求める (6) の一般解は

$$y = e^{-\int P(x)\,dx}\left[\int Q(x)e^{\int P(x)\,dx}dx + c\right]$$

となる．

上のように，定数を未知関数として考える方法を**定数変化法**という．

例題 5　$y' + 2xy = x^3$ を解け．

解　$\int 2x\,dx = x^2 + c_1$ であるから，一般解は $c_1 = 0$ として

$$\begin{aligned} y &= e^{-x^2}\left(\int x^3 e^{x^2}\,dx + c\right) \\ &= e^{-x^2}\left(\frac{1}{2}x^2 e^{x^2} - \frac{1}{2}e^{x^2} + c\right) \\ &= \frac{1}{2}(x^2 - 1) + ce^{-x^2} \qquad (c \text{ は任意定数}). \end{aligned}$$

2.2　ベルヌーイの微分方程式

(7)　$$\frac{dy}{dx} + P(x)y = Q(x)y^{\alpha} \quad (\alpha \text{ は定数で，} \alpha \neq 0, 1)$$

を**ベルヌーイの微分方程式**という．$u = y^{1-\alpha}$ とおき，x について微分すると $u' = (1-\alpha)y^{-\alpha}y'$ であるから，(7) の両辺を y^{α} で割り，$y^{-\alpha}y' = u'/(1-\alpha)$ を代入すると

$$\frac{du}{dx} + (1-\alpha)P(x)u = (1-\alpha)Q(x)$$

を得る．これは 1 階線形微分方程式であるから (6) の解法で解ける．

例題 6　$y'+y=xy^3$ を解け．

解　$u=y^{-2}$ とおくと $u'=-2y^{-3}y'$．したがって，$y^{-3}y'+y^{-2}=x$ に代入すると

$$\frac{du}{dx}-2u=-2x.$$

$\int(-2)dx=-2x+c_1$ であるから，$c_1=0$ とおいて

$$u=e^{2x}\left(\int(-2x)e^{-2x}dx+c\right)=x+\frac{1}{2}+ce^{2x}.$$

ゆえに，求める一般解は

$$\frac{1}{y^2}=x+\frac{1}{2}+ce^{2x}\quad(c\text{ は任意定数}).$$

(Ⅲ) 定数係数の 2 階線形常微分方程式

3.1 同次形の定数係数 2 階線形微分方程式

微分方程式

(8)　$$y''+ay'+by=0\quad(a, b\text{ は定数})$$

の解法について述べる．$y=e^{\lambda x}$ を (8) に代入してみると，$e^{\lambda x}(\lambda^2+a\lambda+b)=0$ が得られる．したがって，λ が 2 次方程式

(8)′　$$\lambda^2+a\lambda+b=0$$

の根（解）であるとき，$y=e^{\lambda x}$ は (8) の解になっている．2 次方程式 (8)′ を (8) の**特性方程式**であるといい，その根を**特性根**という．(8)′ の特性根がλ_1, λ_2 であるとき，(8) の一般解は

λ_1, λ_2 が相異なる実根のとき，　$y=c_1e^{\lambda_1 x}+c_2e^{\lambda_2 x}$,

$\lambda_1=\lambda_2$(重根) のとき，　$y=(c_1x+c_2)e^{\lambda_1 x}$,

λ_1, λ_2 が共役な複素根で $\lambda_1=\alpha+i\beta$ (α, β は実数で，$\beta>0$) のとき

$$y=e^{\alpha x}(c_1\cos\beta x+c_2\sin\beta x)\qquad(c_1, c_2\text{ は任意定数}).$$

例題 7　次の微分方程式を解け．

（i）$y''-3y'+2y=0$.　（ii）$y''+4y'+4y=0$.

(iii)　$y''-4y'+13y=0$.

解　(i) 特性方程式 $\lambda^2-3\lambda+2=0$ の根は $\lambda=1,2$ であるから，一般解は

$$y=c_1e^x+c_2e^{2x}\quad (c_1, c_2 \text{ は任意定数}).$$

(ii)　特性方程式 $\lambda^2+4\lambda+4=0$ の根は $\lambda=-2$ (重根) であるから，一般解は

$$y=(c_1x+c_2)e^{-2x}\quad (c_1, c_2 \text{ は任意定数}).$$

(iii)　特性方程式 $\lambda^2-4\lambda+13=0$ の根は $\lambda=2\pm 3i$ であるから，一般解は

$$y=e^{2x}(c_1\cos 3x+c_2\sin 3x)\quad (c_1, c_2 \text{ は任意定数}).$$

3.2　非同次形の定数係数 2 階線形微分方程式

微分方程式

$$(9)\qquad y''+ay'+by=R(x)\quad (R(x)\fallingdotseq 0)$$

の解法を考える．同次微分方程式 $y''+ay'+by=0$ の一般解 $u=u(x)$，および (9) の 1 つの特殊解 $v=v(x)$ が求められたとき，(9) の一般解は

$$y=u(x)+v(x)$$

である．微分方程式 (9) の特殊解を求める方法について述べる前に，少し準備をしておく．区間 I で定義された関数 $y_1(x)$，$y_2(x)$ に対して

$$\alpha_1y_1(x)+\alpha_2y_2(x)=0\quad (\alpha_1, \alpha_2 \text{ は定数})$$

が I に属するすべての x に対して成り立つのが $\alpha_1=\alpha_2=0$ の場合に限るとき，$y_1(x)$，$y_2(x)$ は**一次独立**であるという．$y_1(x)$，$y_2(x)$ が微分可能であるとき，関数行列式

$$\begin{vmatrix} y_1(x) & y_2(x) \\ y_1'(x) & y_2'(x) \end{vmatrix}$$

を**ロンスキー行列式** (または**ロンスキアン**) といい，記号 $W(y_1, y_2)$，または $W(y_1, y_2)(x)$ で表す．同次微分方程式 $y''+ay'+by=0$ の 2 つの解 $y_1(x)$，$y_2(x)$ が一次独立であるための必要十分条件は $W(y_1, y_2)\neq 0$ であることが容易にわかる．

$y''+ay'+by=0$ の一次独立な 2 つの解を $y''+ay'+by=0$ の**基本解**であるという．$y''+ay'+by=0$ について，特性方程式 $\lambda^2+a\lambda+b=0$ の 2 つの根を λ_1, λ_2 とすると

λ_1, λ_2 が相異なる実根のとき，基本解は $y_1(x) = e^{\lambda_1 x}$，$y_2(x) = e^{\lambda_2 x}$，
$\lambda_1 = \lambda_2$(重根) のとき，基本解は $y_1(x) = e^{\lambda_1 x}$，$y_2(x) = xe^{\lambda_1 x}$，
λ_1, λ_2 が共役複素根で，$\lambda_1 = \alpha + i\beta$ (α, β は実数で $\beta > 0$) のとき，基本解は $y_1(x) = e^{\alpha x}\cos\beta x$，$y_2(x) = e^{\alpha x}\sin\beta x$.

参考 同次形微分方程式 $y'' + ay' + by = 0$ の特性方程式が，たとえば，相異なる実数解 λ_1, λ_2 をもつならば，$y_1 = e^{\lambda_1 x}$，$y_2 = e^{\lambda_2 x}$ は一次独立な解である．これらの解と異なる解を y_3 とすると

$$W(y_1, y_2, y_3)(x) = \begin{vmatrix} e^{\lambda_1 x} & e^{\lambda_2 x} & y_3 \\ \lambda_1 e^{\lambda_1 x} & \lambda_2 e^{\lambda_2 x} & y_3' \\ \lambda_1{}^2 e^{\lambda_1 x} & \lambda_2{}^2 e^{\lambda_2 x} & y_3'' \end{vmatrix} = e^{(\lambda_1+\lambda_2)x} \begin{vmatrix} 1 & 1 & y_3 \\ \lambda_1 & \lambda_2 & y_3' \\ \lambda_1{}^2 & \lambda_2{}^2 & y_3'' \end{vmatrix}$$
$$= (y_2 - y_1) e^{(\lambda_1+\lambda_2)x}(y_3'' + ay_3' + by_3) = 0$$

したがって，y_1 と y_2 は基本解であり，y_1, y_2, y_3 は一次従属であるから y_3 は y_1 と y_2 の一次結合で表される．いま y を上の微分方程式の任意の解とし，その初期条件を $y(0) = c_1 + c_2$，$y'(0) = c_1\lambda_1 + c_2\lambda_2$ とする．このとき，$z = c_1 y_1 + c_2 y_2$ も (重ね合わせの原理により) 解で，$z(0) = c_1 y_1(0) + c_2 y_2(0) = c_1 + c_2$，$z'(0) = c_1 y'(0) + c_2 y'_2(0) = c_1\lambda_1 + c_2\lambda_2$. すなわち，$z$ の初期値も y の初期値と一致する．よって解の一意性から $y = z = c_1 e^{\lambda_1 x} + c_2 e^{\lambda_2 x}$ (このことから解の空間は 2 次元ベクトル空間 $\mathbf{R}^2$ と同じ (同型) であることがわかる).

以上の準備のもとで，まず，定数変化法による微分方程式 (9) の特殊解を求める方法について述べる．(9) に対応する同次微分方程式 $y'' + ay' + by = 0$ の基本解を $y_1(x)$，$y_2(x)$ として

$$v(x) = u_1(x) y_1(x) + u_2(x) y_2(x)$$

が付加的条件

（i）　$$u_1' y_1 + u_2' y_2 = 0$$

のもとで (9) の解になるように $u_1(x)$，$u_2(x)$ を定める．さて

$$v' = u_1' y_1 + u_1 y_1' + u_2' y_2 + u_2 y_2' = u_1 y_1' + u_2 y_2'$$
$$v'' = u_1' y_1' + u_1 y_1'' + u_2' y_2' + u_2 y_2''$$

を (9) に代入すると

(ii)　$$u_1{}'y_1{}'+u_2{}'y_2{}'=R(x)$$

が得られる．$W(y_1,y_2)\neq 0$ であるから，(i)，(ii) により

$$u_1{}'=-\frac{y_2R}{W},\qquad u_2{}'=\frac{y_1R}{W}.$$

したがって，これを積分して (9) の特殊解

$$\boxed{v(x)=-y_1\int\frac{y_2R}{W}dx+y_2\int\frac{y_1R}{W}dx}$$

を得る．

例題 8　$y''-3y'+2y=e^{3x}$ を解け．

解　例題 7 の (i) により，$y''-3y'+2y=0$ の一般解は $u(x)=c_1e^x+c_2e^{2x}$ で，基本解は $y_1=e^x$，$y_2=e^{2x}$ である．ロンスキヤンを計算すると，$W(y_1,y_2)=e^{3x}$．したがって，特殊解は

$$v(x)=-e^x\int\frac{e^{2x}\cdot e^{3x}}{e^{3x}}dx+e^{2x}\int\frac{e^x\cdot e^{3x}}{e^{3x}}dx=\frac{1}{2}e^{3x}.$$

ゆえに，求める一般解は

$$y=c_1e^x+c_2e^{2x}+\frac{1}{2}e^{3x}\quad (c_1, c_2 \text{ は任意定数}).$$

次に，未定係数法による微分方程式 (9) の特殊解を求める方法について述べる．この方法は $y=R(x)$ が，ある定数係数の (2 階とは限らない) 同次線形微分方程式の解になっている場合に有効である．この場合，$R(x)$ は

$$x^me^{\alpha x},\ x^me^{\alpha x}\cos\beta x,\ x^me^{\alpha x}\sin\beta x\quad (\alpha, \beta \text{ は実数で，} m=0,1,2,\cdots)$$

の形の関数の一次結合である．いま，$D=\dfrac{d}{dx}$ で微分作用素 D を定義すると，微分方程式 (9) は

$$(D^2+aD+bI)y=R(x)\qquad (I \text{ は恒等作用素})$$

になる．$y=R(x)$ を解にもつ定数係数の同次線形微分方程式を $f(D)y=0$ とし，$v=v(x)$ を (9) の特殊解であるとすれば

$$f(D)(D^2+aD+bI)v=f(D)R(x)=0.$$

すなわち，v は定数係数の同次微分方程式

(9)′　$$f(D)(D^2+aD+bI)y=0$$

の解である．したがって，(9) の特殊解を求めるには，(9)′ の解のうち (9) をみたすものを 1 つ見つければよい．ちなみに

> $x^m e^{\alpha x}$ は $(D-\alpha I)^{m+1}y=0$ の解，
> $x^m e^{\alpha x}\cos\beta x$，$x^m e^{\alpha x}\sin\beta x$ は，ともに $(D^2-2\alpha D+(\alpha^2+\beta^2)I)^{m+1}y=0$ の解

である．

例題 8 の特殊解の求め方 ［**別解 1**］ $y''-3y'+2y=0$ の特性根は $\lambda=1,2$ で，$3\notin\{1,2\}$ であるから，未定係数法により特殊解を $y_2=Ae^{3x}$ とおくと $y_2{}'=3Ae^{3x}$，$y_2{}''=9Ae^{3x}$．これらを与えられた問題の微分方程式に代入すると $2Ae^{3x}=e^{3x}$，これより $A=\dfrac{1}{2}$．　∴　$y_2=\dfrac{1}{2}e^{3x}$

［**別解 2**］ 特殊解を y_2 とすると $(D^2-3D+2I)y_2=e^{3x}$ であるから (直接作用素的に割り算を施して) $y_2=\dfrac{1}{D^2-3D+2I}e^{3x}=\dfrac{1}{2}e^{3x}$ (**3.3** を参照)．

注意 例題 8 では e^x, e^{2x}, e^{3x} は一次独立であり，したがって，与えられた非同次形微分方程式の基本解であるから，特殊解を求めるときは $y_2=Ae^{3x}$ とおく．［もしも 3 と等しい特性根が 1 つだけの場合は e^x, e^{2x}, xe^{3x} が (一次独立な) 基本解となり，したがって，特殊解を求めるときは $y_2=Axe^{3x}$ とおく．さらに，もしも 3 と等しい特性根が 2 つある場合は e^x, e^{2x}, x^2e^{3x} が (一次独立な) 基本解となり，特殊解を求めるときは $y_2=Ax^2e^{3x}$ とおかなければならない (という訳である)．］

例題 9 $y''+y'-2y=\cos x$ を解け．

解 特性方程式 $\lambda^2+\lambda-2=0$ の根は $\lambda=1,-2$ であるから，$y''+y'-2y=0$ の一般解は $u(x)=c_1e^x+c_2e^{-2x}$ である．$\cos x$ は $(D^2+I)y=0$ の解であるから，特殊解 $v=v(x)$ は

$$(D^2+I)(D^2+D-2I)y=(D^2+I)(D+I)(D-2I)y=0$$

の解である．この微分方程式の基本解は $\cos x, \sin x, e^x, e^{-2x}$ であり，e^x, e^{-2x} は $y''+y'-2y=0$ の基本解である．

$$v(x)=A\cos x+B\sin x$$

とおく．$y=v(x)$，および

$$v'(x)=-A\sin x+B\cos x,\quad v''(x)=-A\cos x-B\sin x$$

を与えられた微分方程式に代入すると

$$(-3A+B)\cos x-(A+3B)\sin x=\cos x.$$

$\cos x$，$\sin x$ は一次独立であるから

$$\begin{cases} -3A+B=1 \\ A+3B=0 \end{cases} \qquad \therefore \quad A=-\frac{3}{10},\ B=\frac{1}{10}.$$

これより，特殊解は $v(x)=-\frac{3}{10}\cos x+\frac{1}{10}\sin x$ となり，求める一般解は

$$y=c_1e^x+c_2e^{-2x}-\frac{3}{10}\cos x+\frac{1}{10}\sin x \quad (c_1, c_2 \text{ は任意定数}).$$

未定係数法によって特殊解を求めるとき，関数 $R(x)$ の形に応じて未定係数を含む特殊解の形を知っておくと便利である．

$R(x)$	$\lambda^2+a\lambda+b=0$ の特性根との関係	特殊解 $v(x)$ の形
x^m	0 が特殊根でない	$A_mx^m+\cdots+A_1x+A_0$
	0 が k 重根 $(k=1,2)$	$x^k(A_mx^m+\cdots+A_1x+A_0)$
$e^{\alpha x}$	α が特性根でない	$Ae^{\alpha x}$
	α が k 重根 $(k=1,2)$	$Ax^ke^{\alpha x}$
$x^me^{\alpha x}$	α が特性根でない	$e^{\alpha x}(A_mx^m+\cdots+A_1x+A_0)$
	α が k 重根 $(k=1,2)$	$x^ke^{\alpha x}(A_mx^m+\cdots+A_1x+A_0)$
$\cos\beta x$ または $\sin\beta x$	$i\beta$ が特性根でない	$A\cos\beta x+B\sin\beta x$
	$i\beta$ が特性根	$x(A\cos\beta x+B\sin\beta x)$
$e^{\alpha x}\cos\beta x$ または $e^{\alpha x}\sin\beta x$	$\alpha+i\beta$ が特性根でない	$e^{\alpha x}(A\cos\beta x+B\sin\beta x)$
	$\alpha+i\beta$ が特性根	$xe^{\alpha x}(A\cos\beta x+B\sin\beta x)$

注意　微分方程式 (9) の一般解を求めるもう 1 つの方法について，

$$(D-\alpha I)y=R(x) \text{ ならば } y=e^{\alpha x}\int e^{-\alpha x}R(x)dx+c_1e^{\alpha x}$$

であるから

$$(D-\alpha I)(D-\beta I)y=R(x) \text{ より } (D-\beta I)y=e^{\alpha x}\int e^{-\alpha x}R(x)dx+c_1e^{\alpha x}.$$

$$\begin{aligned}\therefore \quad y&=e^{\beta x}\int e^{-\beta x}\left\{e^{\alpha x}\int e^{-\alpha x}R(x)dx+c_1e^{\alpha x}\right\}dx+c_2e^{\beta x}\\ &=e^{\beta x}\int\left\{e^{(\alpha-\beta)x}\int e^{-\alpha x}R(x)dx+c_1e^{(\alpha-\beta)x}\right\}dx+c_2e^{\beta x}.\end{aligned}$$

したがって

$$\alpha\neq\beta \text{ ならば，} y=e^{\beta x}\int\{e^{(\alpha-\beta)x}\int e^{-\alpha x}R(x)dx\}dx+c_3e^{\alpha x}+c_2e^{\beta x},$$

$$\alpha=\beta \text{ ならば，} y=e^{\alpha x}\int\left\{\int e^{-\alpha x}R(x)dx\right\}dx+(c_1x+c_2)e^{\alpha x}.$$

ここで，$\dfrac{d}{dx}\displaystyle\int e^{-\alpha x}R(x)dx = e^{-\alpha x}R(x)$ であるから，部分積分法を用いれば

$$\alpha \neq \beta \text{ のとき，}\quad e^{\beta x}\int\left\{e^{(\alpha-\beta)x}\int e^{-\alpha x}R(x)dx\right\}dx$$
$$= \frac{1}{\alpha-\beta}\left\{e^{\alpha x}\int e^{-\alpha x}R(x)dx - e^{\beta x}\int e^{-\beta x}R(x)dx\right\},$$
$$\alpha = \beta \text{ のとき，}\quad e^{\alpha x}\int\left\{\int e^{-\alpha x}R(x)dx\right\}dx$$
$$= e^{\alpha x}\left\{x\int e^{-\alpha x}R(x)dx - \int xe^{-\alpha x}R(x)dx\right\}$$

となる．特に，$\alpha = a+ib$，$\beta = a-ib$（a, b は実数で $b > 0$）の場合は，オイラーの公式（$e^{i\theta} = \cos\theta + i\sin\theta$）により

$$e^{\beta x}\int\left\{e^{(\alpha-\beta)x}\int e^{-\alpha x}R(x)dx\right\}dx$$
$$= \frac{e^{ax}}{b}\left\{\sin bx\int e^{-ax}R(x)\cos bx\,dx - \cos bx\int e^{-ax}R(x)\sin bx\,dx\right\},$$
$$c_3e^{\alpha x} + c_2e^{\beta x} = e^{ax}(A\cos bx + B\sin bx).$$

3.3 微分作用素（微分演算子）の因数分解と特殊解

定数係数の（線形）微分作用素

$$\Phi_2(D) = aD^2 + bD + cI \quad (I \text{ は恒等作用素})$$

から作られる特性多項式 $\Phi_2(\lambda) = a\lambda^2 + b\lambda + c$ は常に

$$\Phi_2(\lambda) = a(\lambda-\lambda_1)(\lambda-\lambda_2)$$

のように因数分解できる．ここで，形式的に λ のところへ D を代入して得られる作用素

$$\Phi_2(D) = a(D-\lambda_1 I)(D-\lambda_2 I)$$

を作用素 $\Phi_2(D)$ の因数分解という．$\Phi_2(D)$ はもちろん線形性をもち，可換法則，結合法則，分配法則を満たす．$\Phi_2(D)$ が変数係数をもつ場合は可換法則は一般に成り立たないので注意を要する．たとえば，

$$(xD-I)(x^2D+2I) \neq (x^2D+2I)(xD-I).$$

演算子の基本的性質（2 回まで微分できる関数 $f(x)$ に対して）

（i）　$\Phi_2(D)[e^{\theta x}f(x)] = e^{\theta x}\Phi_2(D+\theta I)[f(x)]$

$$(\Phi_2(D)e^{\theta x} = \Phi_2(\theta)e^{\theta x})$$

（ii）　$\Phi_2(D)[f(x)] = e^{\theta x}\Phi_2(D+\theta I)[e^{-\theta x}f(x)]$

次に，$\Phi_2(D)y = f(x)$ であるとき

$$y = \frac{1}{\Phi_2(D)}[f(x)]$$

と解釈して，$\dfrac{1}{\Phi_2(D)}$ を $\Phi_2(D)$ の逆作用素，または，逆演算子という．つまり

$\dfrac{1}{\Phi_2(D)}[f(x)]$ は $\Phi_2(D)y = f(x)$ の解を表す

ものと解釈するのである．

逆演算子の基本的性質

（i）　$\dfrac{1}{\Phi_2(D)}[e^{\theta x}] = \dfrac{1}{\Phi_2(\theta)}e^{\theta x}$　（$\Phi_2(\theta) \neq 0$ のとき）

（ii）　$\dfrac{1}{\Phi_2(D)}[f(x)] = e^{\theta x}\dfrac{1}{\Phi_2(D+\theta I)}[e^{-\theta x}f(x)]$

公式　（i）　$\dfrac{1}{D}[f(x)] = \displaystyle\int f(x)\,dx$　（積分定数は 0）

（ii）　$\dfrac{1}{D-\theta I}[f(x)] = e^{\theta x}\displaystyle\int e^{-\theta x}f(x)\,dx$　（積分定数は 0）

（iii）　$\dfrac{1}{(D-\theta I)^2}[f(x)] = e^{\theta x}\displaystyle\iint e^{-\theta x}f(x)\,dxdx$　（積分定数は 0）

（iv）　$\dfrac{1}{D^2+a^2I}[\sin bx] = \dfrac{1}{a^2-b^2}\sin bx$　（$|a| \neq |b|$ のとき）

（v）　$\dfrac{1}{D^2+a^2I}[\sin ax] = -\dfrac{1}{2a}x\cos ax$　（$a \neq 0$ のとき）

（vi）　$\dfrac{1}{D^2+a^2I}[\cos bx] = \dfrac{1}{a^2-b^2}\cos bx$　（$|a| \neq |b|$ のとき）

（vii）　$\dfrac{1}{D^2+a^2I}[\cos ax] = \dfrac{1}{2a}x\sin ax$　（$a \neq 0$ のとき）

例題 10　微分方程式 $(D^2-D-2I)y = x+1$ の特殊解 y_2 を求めよ．

解　$(D+I)(D-2I)[y]=(D+I)[(D-2I)y]$ であるから，$(D-2I)y=u$ とおくと，与えられた式は $(D+I)u=x+1$ となる．これは1階線形微分方程式であるから

$u=e^{-x}\left[\int e^{x}(x+1)\,dx+C\right]=x$（特殊解が目的であるから，$C=0$ にとってよい）

よって，$(D-2I)y=x$ の特殊解を求めればよい．

$$\therefore\quad y_2=e^{2x}\left[\int xe^{-2x}\,dx+C\right]\quad(C=0)$$

$$=e^{2x}\left(-\frac{1}{2}xe^{-2x}-\frac{1}{4}e^{-2x}\right)=-\frac{1}{4}(2x+1)$$

［別解］ $(D^2-D-2I)y_2=x+1$ より（直接作用素的に割り算を施して）

$$y_2=\frac{1}{(D^2-D+2I)}(x+1)=-\frac{1}{4}(2x+1)$$

例題 11　次の微分方程式の特殊解を求めよ．

（i）　$(2D^2-D+5I)y=e^{2x}$　　　（ii）　$(D^2+4I)y=\sin 3x$

（iii）　$(D^2+9I)y=\cos 3x$

解　（i）　$y_2=\dfrac{1}{2D^2-D+5I}[e^{2x}]=\dfrac{1}{11}e^{2x}$

（ii）　$y_2=\dfrac{1}{D^2+2^2I}[\sin 3x]=-\dfrac{1}{5}\sin 3x$

（iii）　$y_2=\dfrac{1}{D^2+3^2I}[\cos 3x]=\dfrac{1}{6}\sin 3x$

3.4　重ね合わせの原理

ここでは，すでに上で学んだ1階線形微分方程式と定数係数の2階線形微分方程式の場合に議論を制限する．

（1）　微分方程式 $L[y]=0$ を考える．$y_1=y_1(x)$ と $y_2=y_2(x)$ がともに $L[y]=0$ の解であれば，その一次結合 $C_1y_1+C_2y_2$（C_1, C_2 は任意定数）も $L[y]=0$ の解である．

（2）　2つの微分方程式 $L[y]=f_1(x)$，$L[y]=f_2(x)$ を考える．$y_1=y_1(x)$ が $L[y]=f_1(x)$ の解で，$y_2=y_2(x)$ が $L[y]=f_2(x)$ の解であれば，その和 $y_1=y_2$ は $L[y]=f_1(x)+f_2(x)$ の解である．

上記の (1)，(2) を線形微分方程式の「重ね合わせの原理」という．

例題 12　微分方程式 $y''+3y'+2y=x+e^{x}$ の特殊解を求めよ．

解　まず，$y''+3y'+2=0$ の特性方程式 $\lambda^2+3\lambda+2=0$ を解いて，$\lambda=-1,-2$．
$y''+3y'+2y=x$ の特殊解を求める．$x=x\cdot e^{0x}$，$0\notin\{-1,-2\}$ に注意して，$y=Ax+B$ とおくと，与えられた微分方程式から，$A=\dfrac{1}{2}, B=0$．∴ 特殊解は $y_1=\dfrac{1}{2}x$．

$y''+3y'+2y=e^x$ の特殊解を求める．$e^x=e^{1\cdot x}$，$1\notin\{-1,-2\}$ に注意して，$y=Ae^x$ とおくと，与えられた微分方程式から，$A=\dfrac{1}{6}$．∴ 特殊解は $y_2=\dfrac{1}{6}e^x$．

ゆえに，重ね合わせの原理によって，求める特殊解は $y=\dfrac{1}{2}x+\dfrac{1}{6}e^x$ となる．

（Ⅳ）　連立微分方程式

2つ以上の未知関数についての，未知関数の数と同じ数だけの微分方程式を同時に満たす解を求める問題で，これらの微分方程式を並べたものを「連立微分方程式」という．

例題 13　連立微分方程式 $\begin{cases} y'=x+z \\ z'=x+y \end{cases}$（$y, z$ が x の未知関数）を解け．

解　和と差をとると

$$(y+z)'=y+z+2x,\ (y-z)'=-(y-z)$$

これらの微分方程式をそれぞれ $u'-u=2x$，$v'+v=0$ とみなせば，一般解は

$$y+z=C_{01}e^x-2x-2,\ y-z=C_{02}e^{-x}$$

したがって，これらの2つの式から $\left(C_1=\dfrac{1}{2}C_{01},\ C_2=\dfrac{1}{2}C_{02}\ \text{とおいて}\right)$

$$y=C_1e^x+C_2e^{-x}-x-1,\quad z=C_1e^x-C_2e^{-x}-x-1.$$

［別解］　$y''=z'+1=y+x+1$，すなわち　$y''-y=x+1$
まず，$y''-y=0$ の一般解は $y_0=C_1e^x+C_2e^{-x}$
次に，$y''-y=x+1$ の特殊解は $y_1=-x-1$
よって，求める解は

$$y=y_0+y_1=C_1e^x+C_2e^{-x}-x-1,$$
$$z=y'-x=C_1e^x-C_2e^{-x}-x-1.$$

（Ⅴ）　応　　用

線形微分方程式の典型的な応用は，電気回路における過渡現象論に現れる．電気抵抗，コンデンサー，コイル，電源などを導線で接続して電流が流れるよ

うにしたものを回路という．電気抵抗，コンデンサー，コイルなどを回路素子という．したがって，回路には電気抵抗 R (Ω，オーム)，コンデンサー C (F，ファラド)，インダクタンス(自己誘導) L (H，ヘンリー)が現れる．電池や抵抗を複雑に組み合わせた回路網を流れる電流を決めるには，次のキルヒホッフの法則を使えばよい．

キルヒホッフの第1法則：閉じた回路において，そこに流れる定常電流および起電力を向きを含めて代数的な量とみなすとき，回路の接続点に流入，流出する電流の和は0である．

キルヒホッフの第2法則：回路内の任意の閉回路において，回路に沿って向きを決め1周するとき，電流と起電力の向きが回路の向きと一致している場合は正，逆の場合は負とすると，この回路に沿っての起電力の和は電気抵抗と電流の積の和に等しい．

例題14　図のような RL 回路において，抵抗 R，インダクタンス L (コイルの電気抵抗は無視)の直列回路に交流電圧(交流起電力) $E\sin\omega t$ (内部抵抗は無視)の電源がある．スイッチをONにしてから時間 t が経過した後の回路を流れる電流 $I(t)$ を求めよ．

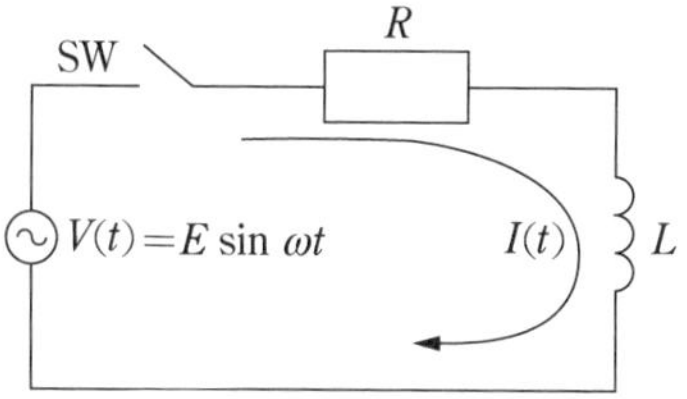

RL 回路

解　まず，R における電圧降下(電位差)はオームの法則により $V_R(t)=R\cdot I(t)$ である．インダクタンス L のコイル部分の磁束を $\Phi(t)$ とするとき，$\Phi(t)=L\cdot I(t)$ およびこのとき発生する電圧 $V(t)$ に対して $V(t)=\dfrac{d\Phi(t)}{dt}$ という関係が知られている．よって，L における電圧降下は $V_L(t)=L\cdot\dfrac{dI(t)}{dt}$ となる．したがって，キルヒホッフの第2法則により

$$L\cdot\frac{dI(t)}{dt}+R\cdot I(t)=E\sin\omega t,\qquad I(0)=0.$$

この微分方程式の一般解は

$$\begin{aligned}I(t)&=e^{-\int\frac{R}{L}dt}\left(\int\frac{E}{L}\sin\omega t\cdot e^{\int\frac{R}{L}dt}dt+c\right)\\&=\frac{E}{R^2+(\omega L)^2}(R\sin\omega t-\omega L\cos\omega t)+ce^{-\frac{R}{L}t}.\end{aligned}$$

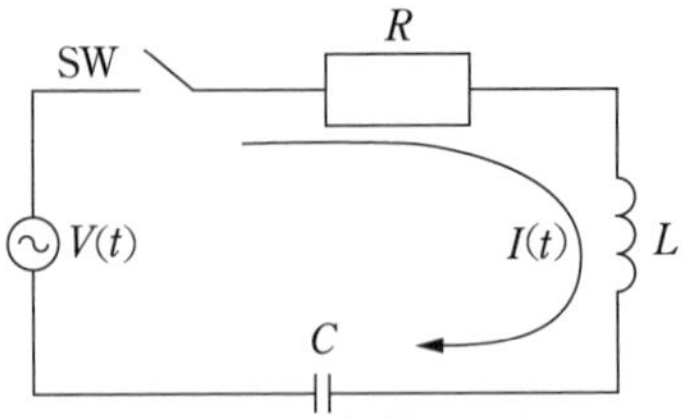

RLC 回路

ここで，$I(0)=0$ であるから $c=\dfrac{\omega EL}{R^2+(\omega L)^2}$ となる．したがって

$$I(t)=\frac{E}{R^2+(\omega L)^2}(R\sin\omega t-\omega L\cos\omega t)+\frac{\omega EL}{R^2+(\omega L)^2}e^{-\frac{R}{L}t}$$
$$=\frac{E}{\sqrt{R^2+(\omega L)^2}}\sin(\omega t-\varphi)+\frac{\omega EL}{R^2+(\omega L)^2}e^{-\frac{R}{L}t}.$$

上の式の右辺第2項は $t\to\infty$ のとき0に収束し，十分大きい t に対して $I(t)$ は右辺第1項とほぼ同じ状態になる．このような意味から，第1項を定常電流，第2項を過渡電流という．

ちなみに，RLC 回路において，コンデンサー C（その容量の値をも表すものとする）の極板に現れる電気量を $+Q(t)$，$-Q(t)$ とすると，R での電圧降下は $R\cdot I(t)$，C での電圧降下は $\dfrac{Q(t)}{C}$，起電力は $V(t)$，コイルに生じる誘導起電力は $-L\cdot\dfrac{dI(t)}{dt}$ となるので，

$$R\cdot I(t)+\frac{Q(t)}{C}=E\sin\omega t-L\cdot\frac{dI(t)}{dt},\qquad I(t)=\frac{dQ(t)}{dt}$$
$$\therefore\quad L\frac{d^2I(t)}{dt^2}+R\frac{dI(t)}{dt}+\frac{1}{C}I(t)=\omega E\cos\omega t$$

を得る．

例題 15（ロジスティック方程式） $\dfrac{dy}{dt}=(k-ly)y$（k, l は定数）を解け．

（この方程式の意味は，たとえば，時刻 t における人口 $y(t)$ の増加率 $\dfrac{y'(t)}{y(t)}$ が飽和人口 k と人口 $y(t)$ の l 倍との差 $k-ly(t)$ に比例することを意味している．）

解　変数分離形の解法により

$$\frac{y}{k-ly}=Ae^{kt},\ \text{すなわち,}\ y(t)=\frac{Ake^{kt}}{1+Ale^{kt}}.$$

例題 16（**単振動の微分方程式**）$\dfrac{d^2y}{dt^2}+\omega^2 y=0$（$\omega$ は定数）を解け．

（摩擦のない平面上でのバネに引かれている質点に対して，平衡状態の位置を原点Oにとり，時刻 t でのOからの質点の変位を $y(t)$ とするとき，フックの法則による運動方程式は $m\dfrac{d^2y}{dt^2}=-ky$ となる．ここで，$\omega=\sqrt{k/m}$ とおくと，単振動の微分方程式が得られる．）

解　$y(t)=c_1\cos\omega t+c_2\sin\omega t$

（Ⅵ）練習問題

問1　次の曲線族の方程式から［　］の中の定数を消去して微分方程式をつくれ．

（ⅰ）$y=x^2+A$　$[A]$　　（ⅱ）$y=Ax+e^{2x}$　$[A]$

（ⅲ）$x^2+y^2=A$　$[A]$　　（ⅳ）$y=A\sin(x+B)$　$[A,B]$

（ⅴ）$y=A\sin 2x+B\cos 2x$　$[A,B]$

（ⅵ）$y=Ax^2+Bx+C$　$[A,B,C]$

問2　次の微分方程式を解け．

（ⅰ）$2x+3y\dfrac{dy}{dx}=0$　　（ⅱ）$x\dfrac{dy}{dx}-y=1$

（ⅲ）$(1+x^2)\dfrac{dy}{dx}+(1+y^2)=0$　　（ⅳ）$x\sqrt{1+y^2}+y\sqrt{1+x^2}\dfrac{dy}{dx}=0$

（ⅴ）$y\dfrac{dy}{dx}=xe^{x^2+y^2}$　　（ⅵ）$\dfrac{dy}{dx}=\dfrac{y-x}{y+x}$

問3　次の全微分方程式を（完全形であるかどうかを確認してから）解け．

（ⅰ）$(2x+y^2)dx+(2xy+3y^2)dy=0$

（ⅱ）$3x^2+6xy+(3x^2+3y^2)\dfrac{dy}{dt}=0$

（ⅲ）$(4x^2y^3-2y)dx+(3x^3y^2-x)dy=0\ (x>0)$

問4　次の微分方程式の一般解を求めよ．

（ⅰ）$y'-xy=x$　　（ⅱ）$y'+2xy=xe^{-x^2}$

（ⅲ）$x^3y'+3x^2y=e^x$　　（ⅳ）$y'+\dfrac{1}{x}y=x^2+1$

（ⅴ）$y'+y=x^3e^{-x}$　　（ⅵ）$y'+y=\sin x$

問5　次のベルヌーイ（Bernoulli）の微分方程式を解け．

（ⅰ）$y'+2xy=xy^2$

（ⅱ）$y'-y=y^2\sin x$

問6　次の微分方程式の一般解を求めよ．

（i）$y''-5y'+6y=0$　（ii）$y''+4y'+4y=0$

（iii）$y''+y'+y=0$　（iv）$y''+2y'+5y=0$

（v）$y''+y'-12y=x^2$　（vi）$y''+3y'+2y=e^{-x}$

（vii）$y''+y'+y=3x$　（viii）$y''+9y=x^2+1$

（ix）$y''+y'-12y=e^{2x}$　（x）$y''-2y'-3y=xe^{3x}$

（xi）$y''+5y'+4y=\cos x$　（xii）$y''+4y=\sin 2x$

問7　次の微分方程式の特殊解を求めよ．

（i）$y''+5y'+6y=1+x+e^x$　（ii）$y''-2y'+3y=2e^x+3e^{-x}$

（iii）$y''+2y'+3y=x+\sin x$

問8　次の連立方程式を求めよ．

（i）$\begin{cases} y'=z-x \\ z'=y-x \end{cases}$　（ii）$\begin{cases} y'=y+z+x \\ z'=2y+e^{3x} \end{cases}$

（iii）$\begin{cases} y'=z-\cos x \\ z'=2y+\sin x \end{cases}$

問題の解答

第1章　ベクトル代数

1.1　スカラー，ベクトル，場

問1　$|\boldsymbol{A}| = 5\sqrt{2}$．方向余弦は $\dfrac{3}{5\sqrt{2}}, -\dfrac{1}{\sqrt{2}}, \dfrac{4}{5\sqrt{2}}$．$\boldsymbol{A}$ 方向の単位ベクトルは $\dfrac{3}{5\sqrt{2}}\boldsymbol{i} - \dfrac{1}{\sqrt{2}}\boldsymbol{j} + \dfrac{4}{5\sqrt{2}}\boldsymbol{k}\left(= \left(\dfrac{3}{5\sqrt{2}}, -\dfrac{1}{\sqrt{2}}, \dfrac{4}{5\sqrt{2}}\right)\right)$．

問2　$|\overrightarrow{\mathrm{AB}}| = 3\sqrt{21}$．方向余弦は $\dfrac{1}{\sqrt{21}}, -\dfrac{2}{\sqrt{21}}, \dfrac{4}{\sqrt{21}}$．$\overrightarrow{\mathrm{AB}}$ 方向の単位ベクトルは $\left(\dfrac{1}{\sqrt{21}}, -\dfrac{2}{\sqrt{21}}, \dfrac{4}{\sqrt{21}}\right)\left(= \dfrac{1}{\sqrt{21}}\boldsymbol{i} - \dfrac{2}{\sqrt{21}}\boldsymbol{j} + \dfrac{4}{\sqrt{21}}\boldsymbol{k}\right)$．

問3　$\boldsymbol{A} = \dfrac{5}{\sqrt{14}}\boldsymbol{i} + \dfrac{10}{\sqrt{14}}\boldsymbol{j} + \dfrac{15}{\sqrt{14}}\boldsymbol{k}$．

1.2　ベクトルの加法，減法，スカラー倍

問1　天井からの紐の張力を $\boldsymbol{T}$，物体を水平に引っ張るときの張力を $\boldsymbol{F}$ とする．$\boldsymbol{T}$ を $\boldsymbol{T}_1, \boldsymbol{T}_2$ に分解し，$|\boldsymbol{W}| = 15$ kg 重とおくと，

鉛直方向の釣り合い：$\boldsymbol{T}_1 + \boldsymbol{W} = \boldsymbol{O}$,

水平方向の釣り合い：$\boldsymbol{T}_2 + \boldsymbol{F} = \boldsymbol{O}$.

また，$|\boldsymbol{T}_1| = |\boldsymbol{T}|\cos\dfrac{\pi}{6}$，$|\boldsymbol{T}_2| = |\boldsymbol{T}|\sin\dfrac{\pi}{6}$．したがって

$$|\boldsymbol{T}| = \frac{2}{\sqrt{3}}|\boldsymbol{W}| = \frac{30}{\sqrt{3}}\ \text{kg 重},\ |\boldsymbol{F}| = \frac{1}{2}|\boldsymbol{T}| = \frac{15}{\sqrt{3}}\ \text{kg 重}.$$

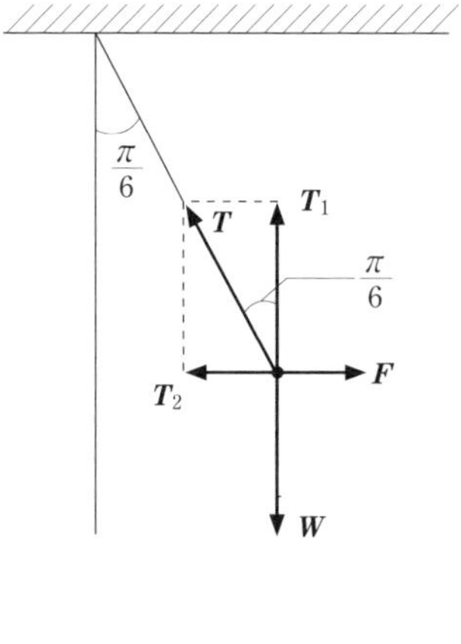

問2　(i) $\begin{vmatrix} 1 & 3 & 0 \\ -1 & 2 & 1 \\ 2 & 1 & -4 \end{vmatrix} = -15 \neq 0$. ゆえに，一次独立である．

(ii) $\begin{vmatrix} 1 & 4 & 7 \\ 2 & 5 & 8 \\ 3 & 6 & 9 \end{vmatrix} = 0$. ゆえに，一次従属である．

(iii) $\begin{vmatrix} 1 & a & a^2 \\ a & 1 & b \\ a^2 & b & b^2 \end{vmatrix} = -a^2(a-b)^2$. したがって，$a \neq 0$ かつ $a \neq b$ ならば，$a^2(a-b)^2 \neq 0$ であるから，一次独立である．$a = 0$，または $a = b$ ならば，$a^2(a-b)^2 = 0$ であるから一次従属である．

問3　$\begin{vmatrix} 1 & x & x^2 \\ x & x^2 & 1 \\ x^2 & 1 & x \end{vmatrix} = -(x^3-1)^2 = 0$. x は実数であるから，$x = 1$.

問4　相異なる3点A, B, Cが同一直線上にあれば，$\overrightarrow{\mathrm{AB}} = k\,\overrightarrow{\mathrm{AC}}$ となる0でない実数 k が存在する．このとき，$l = k-1$，$m = 1$，$n = -k$ にすると $[l\boldsymbol{a}+m\boldsymbol{b}+n\boldsymbol{c} = \boldsymbol{o}$ かつ $l+m+n = 0]$…(＊)が成り立つ．逆に，(＊)が成り立つような同時に0でない実数 l, m, n が存在すると仮定する．一般性を失うことなく $l \neq 0$ としてよい．このとき，$l = -(m+n) \neq 0$ であるから，$\boldsymbol{a} = \dfrac{m\boldsymbol{b}+n\boldsymbol{c}}{m+n}$. また，$m$ と n は同時に0になることはないので，$n \neq 0$ としてよい．したがって，$\overrightarrow{\mathrm{BA}} = \boldsymbol{a}-\boldsymbol{b} = \dfrac{n}{m+n}(\boldsymbol{c}-\boldsymbol{b}) = \dfrac{n}{m+n}\overrightarrow{\mathrm{BC}}$. よって，$\dfrac{n}{m+n} \neq 0$ であるから，3点A, B, Cは同一直線上にある．

問5　$\boldsymbol{a}, \boldsymbol{b}$ は一次独立であると仮定する．このとき，3点O, A, Bは互いに異なる．もし，この3点が同一直線上にあれば，$\boldsymbol{b} = k\boldsymbol{a}$ となる0でない実数 k が存在して，$k\boldsymbol{a}-\boldsymbol{b} = \boldsymbol{o}$. これは $\boldsymbol{a}, \boldsymbol{b}$ が一次独立であることに反する．ゆえに，3点O, A, Bは同一直線上にない．逆に，相異なる3点O, A, Bが同一直線上にないと仮定する．もし，$\boldsymbol{a}, \boldsymbol{b}$ が一次従属ならば，$\alpha\boldsymbol{a}+\beta\boldsymbol{b} = \boldsymbol{o}$ となる同時に0でない実数 α, β が存在する．よって，$\beta \neq 0$ としてよい．このとき，$\alpha \neq 0$ で，$\boldsymbol{b} = -\dfrac{\alpha}{\beta}\boldsymbol{a}$. これは3点O, A, Bが同一直線上にあることを意味し，仮定に反する．よって，$\boldsymbol{a}, \boldsymbol{b}$ は一次独立である．

問6　$\boldsymbol{r} = (1, 0, 1)+t(-1, 2, 2) \quad (-\infty < t < \infty)$

問7　4点A, B, C, Dは同一平面上にあると仮定する．はじめに，$\overrightarrow{\mathrm{AB}}, \overrightarrow{\mathrm{AC}}$ が一次独立ならば，$\overrightarrow{\mathrm{AD}} = \alpha\overrightarrow{\mathrm{AB}}+\beta\overrightarrow{\mathrm{AC}}$ となるような同時に0でない実数 α, β が存在する．このとき，$k = \alpha+\beta-1$，$l = -\alpha$，$m = -\beta$，$n = 1$ にとれば $[k\boldsymbol{a}+l\boldsymbol{b}+m\boldsymbol{c}+n\boldsymbol{d} = \boldsymbol{o}$ かつ $k+l+m+n = 0]$…(＊)が成り立つ．次に，$\overrightarrow{\mathrm{AB}}, \overrightarrow{\mathrm{AC}}$ が一次従属ならば3点A, B, Cは同一直線上にある．点Dがこの直線上にないときは，$\overrightarrow{\mathrm{DA}}, \overrightarrow{\mathrm{DB}}$

は一次独立になるから，はじめの場合と同様にして（$*$）が成り立つことがわかる．点Dがこの直線上にあるときは，$\overrightarrow{\mathrm{AD}} = \alpha\overrightarrow{\mathrm{AB}}$，$\overrightarrow{\mathrm{AC}} = \beta\overrightarrow{\mathrm{AB}}$ となる0でない実数 α, β が存在する．このとき，$k = \alpha-\beta$，$l = \beta-\alpha$，$m = -1$，$n = 1$ にとれば（$*$）が成り立つ．逆に，（$*$）が成り立つような同時に0でない実数 k, l, m, n が存在すると仮定する．4点 A, B, C, D のうち少なくとも3点が同一直線上にある場合は，明らかにこれらの4点は同一平面上にある．したがって，4点のうちどの3点も同一直線上にない場合を考えればよい．一般性を失うことなく $n \neq 0$ としてよい．よって $n = -(k+l+m) \neq 0$ であるから

$$\boldsymbol{d} = \frac{k\boldsymbol{a}+l\boldsymbol{b}+m\boldsymbol{c}}{k+l+m} = \boldsymbol{a}+\frac{l}{k+l+m}(\boldsymbol{b}-\boldsymbol{a})+\frac{m}{k+l+m}(\boldsymbol{c}-\boldsymbol{a})$$

を得る．$\boldsymbol{b}-\boldsymbol{a}, \boldsymbol{c}-\boldsymbol{a}$ は一次独立であるから，この平面のベクトル方程式は点Dが3点 A, B, C を含む平面上にあることを示している．

問 8　$\boldsymbol{a}, \boldsymbol{b}, \boldsymbol{c}$ は一次独立であると仮定する．このとき，4点 O, A, B, C はすべて異なる．もし，4点 O, A, B, C が同一平面上にあれば，$\overrightarrow{\mathrm{OC}} = \alpha\overrightarrow{\mathrm{OA}}+\beta\overrightarrow{\mathrm{OB}}$ となる0でない実数 α, β が存在して $\alpha\boldsymbol{a}+\beta\boldsymbol{b}-\boldsymbol{c} = \boldsymbol{o}$ をみたす．これは $\boldsymbol{a}, \boldsymbol{b}, \boldsymbol{c}$ が一次独立であることに反する．ゆえに，4点 O, A, B, C は同一平面上にない．逆に，相異なる4点 O, A, B, C が同一平面上にないと仮定する．もし，$\boldsymbol{a}, \boldsymbol{b}, \boldsymbol{c}$ が一次従属ならば，$\alpha\boldsymbol{a}+\beta\boldsymbol{b}+\gamma\boldsymbol{c} = \boldsymbol{o}$ となる同時に0でない実数 α, β, γ が存在する．このとき $k = \alpha$，$l = \beta, m = \gamma, n = -(\alpha+\beta+\gamma)$ にとれば [$k\boldsymbol{a}+l\boldsymbol{b}+m\boldsymbol{c}+n\boldsymbol{o} = \boldsymbol{o}$ かつ $k+l+m+n = 0$] が成り立つ．よって，4点 O, A, B, C は同一平面上にあることになり，仮定に反する．ゆえに，$\boldsymbol{a}, \boldsymbol{b}, \boldsymbol{c}$ は一次独立である．

問 9　$\boldsymbol{r} = (1, 0, 0)+s(-1, 1, 0)+t(-1, 0, 1) \qquad (-\infty < s, t < \infty)$.

問 10　辺ABの中点をDとし，$\overrightarrow{\mathrm{OD}} = \boldsymbol{d}$ とすると，$\boldsymbol{d} = \dfrac{\boldsymbol{a}+\boldsymbol{b}}{2}$. 重心をGとすれば DG : GC = 1 : 2 であるから

$$\overrightarrow{\mathrm{OG}} = \frac{2\,\boldsymbol{d}+\boldsymbol{c}}{3} = \frac{\boldsymbol{a}+\boldsymbol{b}+\boldsymbol{c}}{3}.$$

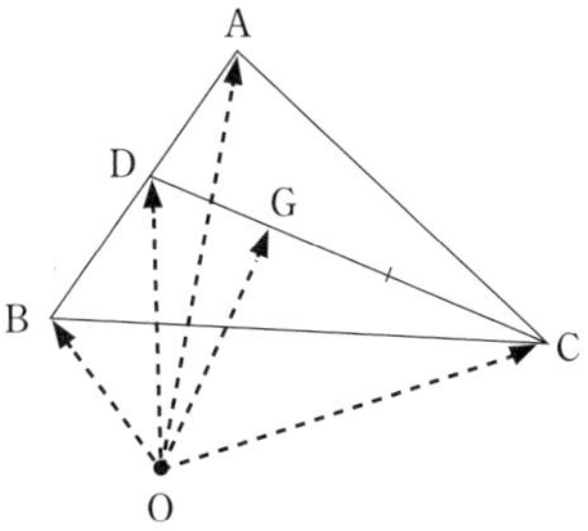

問 11　$\boldsymbol{a} = \overrightarrow{\mathrm{OA}}$，$\boldsymbol{b} = \overrightarrow{\mathrm{OB}}$，$\boldsymbol{c} = 5\boldsymbol{a}-2\boldsymbol{b} = \overrightarrow{\mathrm{OC}}$ とする．$\boldsymbol{a}, \boldsymbol{b}$ が一次独立である場合を考える．3点 A, B, C が同一直線上にあるならば，$\overrightarrow{\mathrm{AC}} = k\,\overrightarrow{\mathrm{AB}}$ となる0でない実数 k が存在する．このとき，$\boldsymbol{c}-\boldsymbol{a} = k(\boldsymbol{b}-\boldsymbol{a})$. したがって，$(k+4)\boldsymbol{a}-(k+2)\boldsymbol{b}$

$= \boldsymbol{o}$. $\boldsymbol{a}, \boldsymbol{b}$ は一次独立であるから，$k+4=0$ かつ $k+2=0$．これは不合理であるから，3 点 A, B, C は同一直線上にない．次に，$\boldsymbol{a}, \boldsymbol{b}$ が一次従属ならば，$\boldsymbol{b} = k\boldsymbol{a}$($k \neq 0, 1$) となる実数 k が存在する．このとき，$l = 5-3k$, $m = 2(k-2)$, $n = k-1$ にとれば $[l\boldsymbol{a}+m\boldsymbol{b}+n\boldsymbol{c} = \boldsymbol{o}$, かつ $l+m+n = 0((l, m, n) \neq (0, 0, 0))]$ が成り立つ．ゆえに，3 点 A, B, C とは同一直線上にある．

問 12　$l = -5$, $m = 4$, $n = 1$ にとれば $[l\boldsymbol{a}+m\boldsymbol{b}+n(5\boldsymbol{a}-4\boldsymbol{b}) = \boldsymbol{o}$ かつ $l+m+n = 0]$ が成り立つ．ゆえに，3 点は同一直線上にある．

問 13　$k = -4$, $l = 5$, $m = -2$, $n = 1$ にとれば $[k\boldsymbol{a}+l\boldsymbol{b}+m\boldsymbol{c}+n(4\boldsymbol{a}-5\boldsymbol{b}+2\boldsymbol{c}) = \boldsymbol{o}$ かつ $k+l+m+n = 0]$ が成り立つから，4 点は同一平面上にある．

問 14　$\boldsymbol{F}, \boldsymbol{F}_1, \boldsymbol{F}_2$ は同一平面上にあって $\boldsymbol{F} = \boldsymbol{F}_1+\boldsymbol{F}_2$．これより $\boldsymbol{F}_2 = \boldsymbol{F}-\boldsymbol{F}_1$．また，$\boldsymbol{F}\cdot\boldsymbol{F}_1 = 0$ であるから

$$|\boldsymbol{F}_2|^2 = \boldsymbol{F}_2\cdot\boldsymbol{F}_2 = |\boldsymbol{F}|^2+|\boldsymbol{F}_1|^2 = 2|\boldsymbol{F}_1|^2,$$

すなわち $|\boldsymbol{F}_2| = \sqrt{2}\,|\boldsymbol{F}_1|$．

問 15　4 個の酸素原子 ($\mathrm{O}_{(1)} = \mathrm{O}_{(2)} = \mathrm{O}_{(3)} = \mathrm{O}_{(4)} = \mathrm{O}$) を xy 平面上で中心 O，半径 a の円周を 4 等分するように図のように配置する．（すなわち $\mathrm{O}_{(1)}, \mathrm{O}_{(3)}$ を通る直線を x 軸にとり，$\mathrm{O}_{(2)}, \mathrm{O}_{(4)}$ を通る直線を y 軸にとる）$\overrightarrow{\mathrm{SCu}}$ は xy 平面に垂直である

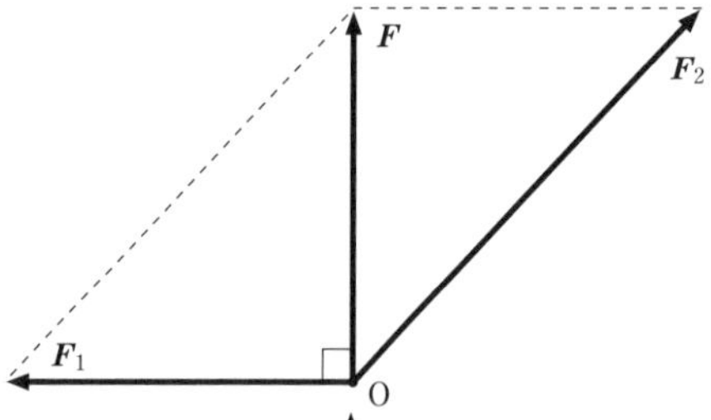

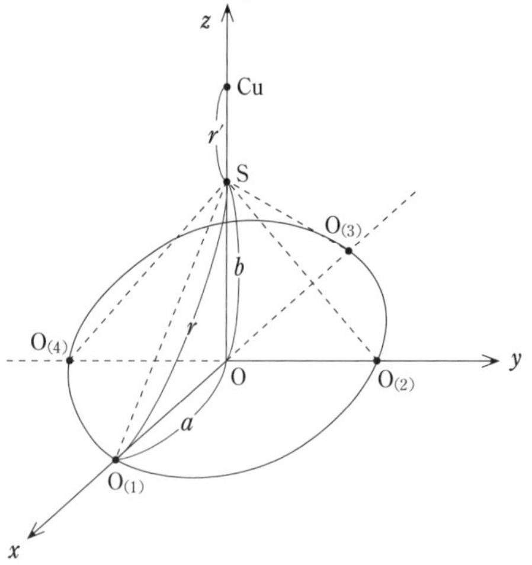

としてよいので，S, Cu は z 軸上にとる．

$$\mathrm{SO}_{(1)}=\mathrm{SO}_{(2)}=\mathrm{SO}_{(3)}=\mathrm{SO}_{(4)}=r,$$
$$\overline{\mathrm{OS}}=b,\ \overline{\mathrm{SCu}}=r'$$

とすると，$\mathrm{O}_{(1)}, \mathrm{O}_{(2)}, \mathrm{O}_{(3)}, \mathrm{O}_{(4)}$, S, Cu の位置ベクトルは

$$\overrightarrow{\mathrm{OO}}_{(1)}=(a,o,o),\ \overrightarrow{\mathrm{OO}}_{(2)}=(o,a,o),$$
$$\overrightarrow{\mathrm{OO}}_{(3)}=(-a,o,o),\ \overrightarrow{\mathrm{OO}}_{(4)}=(o,-a,o),$$
$$\overrightarrow{\mathrm{OS}}=(o,o,b),\ \overrightarrow{\mathrm{OCu}}=(o,o,b+r')$$

となる．O, S, Cu の質量（単位は省略）は $m_{\mathrm{O}}=16$，$m_{\mathrm{S}}=32$，$m_{\mathrm{Cu}}=63.5$ であることが知られている．重心を G とすると，G は明らかに z 軸上にあるから，$\overrightarrow{\mathrm{OG}}=(o,o,g_z)$ とおける．したがって

$$g_z=\frac{m_{\mathrm{S}}b+m_{\mathrm{Cu}}(b+r')}{4m_{\mathrm{O}}+m_{\mathrm{S}}+m_{\mathrm{Cu}}}=\frac{1}{159.5}(95.5b+63.5r').$$
$$\therefore\quad \mathrm{G}\left(o,o,\frac{191b+127r'}{319}\right).$$

1.3　ベクトルの内積，外積

問1　$\boldsymbol{A}\cdot\boldsymbol{B}=7$．$\boldsymbol{A}$ と $\boldsymbol{B}$ のなす角を θ とすると，$\boldsymbol{A}\cdot\boldsymbol{B}=|\boldsymbol{A}||\boldsymbol{B}|\cos\theta$ より $\cos\theta=\dfrac{7}{3\sqrt{6}}\ (o\leqq\theta\leqq\pi)$．したがって，$\theta=\mathrm{Cos}^{-1}\dfrac{7}{3\sqrt{6}}$.

問2　2つの力 $\boldsymbol{F}_1$ と $\boldsymbol{F}_2$ の作用はその合力 $\boldsymbol{F}_1+\boldsymbol{F}_2=5\,\boldsymbol{i}-2\,\boldsymbol{j}+3\,\boldsymbol{k}$ の作用と同じ効果をもたらす．変位は $\overrightarrow{\mathrm{PQ}}=2\,\boldsymbol{i}+2\,\boldsymbol{j}-\boldsymbol{k}$ であるから，求める仕事は $(\boldsymbol{F}_1+\boldsymbol{F}_2)\cdot\overrightarrow{\mathrm{PQ}}=(5\,\boldsymbol{i}-2\,\boldsymbol{j}+3\,\boldsymbol{k})\cdot(2\,\boldsymbol{i}+2\,\boldsymbol{j}-\boldsymbol{k})=3$.

問3　$$\boldsymbol{e}_1=\frac{\boldsymbol{A}}{|\boldsymbol{A}|}=\left(\frac{3}{\sqrt{14}},\frac{2}{\sqrt{14}},\frac{1}{\sqrt{14}}\right),$$
$$\boldsymbol{e}_2=\frac{\boldsymbol{B}-(\boldsymbol{B}\cdot\boldsymbol{e}_1)\boldsymbol{e}_1}{|\boldsymbol{B}-(\boldsymbol{B}\cdot\boldsymbol{e}_1)\boldsymbol{e}_1|}=\left(\frac{\sqrt{7}}{7\sqrt{13}},\frac{3\sqrt{7}}{7\sqrt{13}},-\frac{9\sqrt{7}}{7\sqrt{13}}\right),$$
$$\boldsymbol{e}_3=\frac{\boldsymbol{C}-(\boldsymbol{C}\cdot\boldsymbol{e}_1)\boldsymbol{e}_1-(\boldsymbol{C}\cdot\boldsymbol{e}_2)\boldsymbol{e}_2}{|\boldsymbol{C}-(\boldsymbol{C}\cdot\boldsymbol{e}_1)\boldsymbol{e}_1-(\boldsymbol{C}\cdot\boldsymbol{e}_2)\boldsymbol{e}_2|}=\left(\frac{3}{\sqrt{26}},-\frac{4}{\sqrt{26}},-\frac{1}{\sqrt{26}}\right).$$

問4　成分どうしを比較すればよい．

$$[(\boldsymbol{A}\cdot\boldsymbol{C})\boldsymbol{B}-(\boldsymbol{A}\cdot\boldsymbol{B})\boldsymbol{C}]_x=A_y(B_xC_y-B_yC_x)-A_z(B_zC_x-B_xC_z)=[\boldsymbol{A}\times(\boldsymbol{B}\times\boldsymbol{C})]_x,$$
$$[(\boldsymbol{A}\cdot\boldsymbol{C})\boldsymbol{B}-(\boldsymbol{A}\cdot\boldsymbol{B})\boldsymbol{C}]_y=A_z(B_yC_z-B_zC_y)-A_x(B_xC_y-B_yC_x)=[\boldsymbol{A}\times(\boldsymbol{B}\times\boldsymbol{C})]_y,$$
$$[(\boldsymbol{A}\cdot\boldsymbol{C})\boldsymbol{B}-(\boldsymbol{A}\cdot\boldsymbol{B})\boldsymbol{C}]_z=A_x(B_zC_x-B_xC_z)-A_y(B_yC_z-B_zC_y)=[\boldsymbol{A}\times(\boldsymbol{B}\times\boldsymbol{C})]_z.$$

したがって，$\boldsymbol{A}\times(\boldsymbol{B}\times\boldsymbol{C})=(\boldsymbol{A}\cdot\boldsymbol{C})\boldsymbol{B}-(\boldsymbol{A}\cdot\boldsymbol{B})\boldsymbol{C}$ が成り立つ．

問5　$\boldsymbol{X}=\dfrac{5\,\boldsymbol{A}}{\boldsymbol{A}\cdot\boldsymbol{A}}+\boldsymbol{C}\times\boldsymbol{A}$

$$= \left(\frac{15}{14}+2C_y+C_z\right)\boldsymbol{i}-\left(\frac{5}{14}-3C_z+2C_x\right)\boldsymbol{j}+\left(\frac{5}{7}-C_x-3C_y\right)\boldsymbol{k}$$

（ただし，$\boldsymbol{C}=(C_x, C_y, C_z)$ は任意の定ベクトル）.

問 6　$\boldsymbol{X}=\dfrac{\boldsymbol{B}\times\boldsymbol{A}}{\boldsymbol{A}\cdot\boldsymbol{A}}+c\boldsymbol{A}$

$$=\left(\frac{1}{14}+3c\right)\boldsymbol{i}-\left(\frac{5}{14}+c\right)\boldsymbol{j}-\left(\frac{2}{7}-2c\right)\boldsymbol{k}\quad（c \text{ は任意定数}）.$$

問 7　$\boldsymbol{\omega}=4\,\boldsymbol{k}$，$\boldsymbol{r}=\boldsymbol{j}+\sqrt{3}\,\boldsymbol{k}$ であるから，$\boldsymbol{v}=\boldsymbol{\omega}\times\boldsymbol{r}=-4\,\boldsymbol{i}$.

問 8　$\overrightarrow{\mathrm{AB}}=(-1,1,0)$，$\overrightarrow{\mathrm{AC}}=(-1,0,1)$ であるから，$\overrightarrow{\mathrm{AB}}\times\overrightarrow{\mathrm{AC}}=(1,1,1)$．したがって，$\dfrac{1}{2}(\overrightarrow{\mathrm{AB}}\times\overrightarrow{\mathrm{AC}})=\left(\dfrac{1}{2},\dfrac{1}{2},\dfrac{1}{2}\right)$.

問 9　$\overrightarrow{\mathrm{OA}}\times\overrightarrow{\mathrm{OC}}=(1,-3,1)$．よって，求める方向余弦は $\dfrac{1}{\sqrt{11}},-\dfrac{3}{\sqrt{11}},\dfrac{1}{\sqrt{11}}$.

問 10　$\dfrac{1}{2}(\overrightarrow{\mathrm{AB}}\times\overrightarrow{\mathrm{AC}})=\left(\dfrac{1}{2},\dfrac{1}{2},\dfrac{1}{2}\right)$，$\dfrac{1}{2}(\overrightarrow{\mathrm{OA}}\times\overrightarrow{\mathrm{OC}})=\left(\dfrac{1}{2},-\dfrac{3}{2},\dfrac{1}{2}\right)$，$\dfrac{1}{2}(\overrightarrow{\mathrm{OA}}\times\overrightarrow{\mathrm{OB}})=\left(-\dfrac{1}{2},-\dfrac{1}{2},\dfrac{3}{2}\right)$.

ゆえに，求める和は $\left(\dfrac{1}{2},-\dfrac{3}{2},\dfrac{5}{2}\right)$ となる.

問 11　（ｉ）$\overrightarrow{\mathrm{O'P}}=\overrightarrow{\mathrm{OP}}-\overrightarrow{\mathrm{OO'}}=-\dfrac{1}{2}\,\boldsymbol{i}-\boldsymbol{j}-\dfrac{1}{2}\,\boldsymbol{k}$，$\overrightarrow{\mathrm{O'Q}}=\overrightarrow{\mathrm{OQ}}-\overrightarrow{\mathrm{OO'}}=-\boldsymbol{i}-\dfrac{1}{2}\boldsymbol{j}-\dfrac{1}{2}\boldsymbol{k}$.

（ii）$\boldsymbol{i}'=-\boldsymbol{i}$，$\boldsymbol{j}'=-\boldsymbol{j}$，$\boldsymbol{k}'=-\boldsymbol{k}$ であるから，$\overrightarrow{\mathrm{O'P}}=\dfrac{1}{2}\,\boldsymbol{i}'+\boldsymbol{j}'+\dfrac{1}{2}\,\boldsymbol{k}'$，$\overrightarrow{\mathrm{O'Q}}=\boldsymbol{i}'+\dfrac{1}{2}\,\boldsymbol{j}'+\dfrac{1}{2}\,\boldsymbol{k}'$.

第１章の問題

1.　$\overrightarrow{\mathrm{AC}}=\overrightarrow{\mathrm{OC}}-\overrightarrow{\mathrm{OA}}=(2\boldsymbol{A}+3\boldsymbol{B})-\boldsymbol{A}=\boldsymbol{A}+3\,\boldsymbol{B}$.

$\overrightarrow{\mathrm{DB}}=\overrightarrow{\mathrm{OB}}-\overrightarrow{\mathrm{OD}}=\boldsymbol{B}-(2\boldsymbol{A}-\boldsymbol{B})=-2\,\boldsymbol{A}+2\,\boldsymbol{B}$.

$\overrightarrow{\mathrm{BC}}=\overrightarrow{\mathrm{OC}}-\overrightarrow{\mathrm{OB}}=(2\boldsymbol{A}+3\boldsymbol{B})-\boldsymbol{B}=2\,\boldsymbol{A}+2\,\boldsymbol{B}$.

$\overrightarrow{\mathrm{CD}}=\overrightarrow{\mathrm{OD}}-\overrightarrow{\mathrm{OC}}=(2\boldsymbol{A}-\boldsymbol{B})-(2\boldsymbol{A}+3\boldsymbol{B})=-4\,\boldsymbol{B}$.

2.　$\boldsymbol{A}=(A_x, A_y, A_z)$ とすると

$$|\alpha\boldsymbol{A}|=\sqrt{(\alpha A_x)^2+(\alpha A_y)^2+(\alpha A_z)^2}=|\alpha|\sqrt{A_x{}^2+A_y{}^2+A_z{}^2}=|\alpha||\boldsymbol{A}|.$$

3.　$\boldsymbol{r}-\boldsymbol{A}$ と $\boldsymbol{B}-\boldsymbol{A}$ は平行であるから，$(\boldsymbol{r}-\boldsymbol{A})\times(\boldsymbol{B}-\boldsymbol{A})=\boldsymbol{O}$.

4.　2点 A, B を通る直線のベクトル方程式は $\boldsymbol{r}=\overrightarrow{\mathrm{OA}}+t\overrightarrow{\mathrm{AB}}\ (-\infty<t<\infty)$.

$$\therefore\quad \boldsymbol{r}=(\boldsymbol{i}-2\boldsymbol{j}+\boldsymbol{k})+t(-\boldsymbol{i}+2\,\boldsymbol{k})\quad(-\infty<t<\infty).$$

また，3点 O, C, D を通る平面のベクトル方程式は

$$\boldsymbol{r}'=s'(\boldsymbol{i}+4\boldsymbol{j})+t'(2\boldsymbol{i}+\boldsymbol{k})\quad(-\infty<s', t'<\infty).$$

$\boldsymbol{r}=\boldsymbol{r}'$ とおくと

$$\begin{cases} 1-t = s'+2t' \\ -2 = 4s' \\ 2t+1 = t' \end{cases}.$$

これを解くと　$t = -\dfrac{1}{10}$. したがって，求める交点の位置ベクトルは

$$\frac{11}{10}\boldsymbol{i}-2\,\boldsymbol{j}+\frac{4}{5}\boldsymbol{k}.$$

5．求める平面のベクトル方程式は $\boldsymbol{r} = \overrightarrow{\mathrm{OA}}+s(\overrightarrow{\mathrm{OB}}-\overrightarrow{\mathrm{OA}})+t(\overrightarrow{\mathrm{OC}}-\overrightarrow{\mathrm{OA}})$ $(-\infty < s, t < \infty)$ とかける.

$\therefore\quad \boldsymbol{r} = (6-4s-4t)\boldsymbol{i}-(3+2s-11t)\boldsymbol{j}+(2-3s-3t)\boldsymbol{k}\quad (-\infty < s, t < \infty).$

6．原点からこの平面に下した垂線の足を H とすると，$\overrightarrow{\mathrm{OH}} = \pm\dfrac{p\boldsymbol{A}}{|\boldsymbol{A}|}$. したがって

$$\boldsymbol{A}\cdot(\boldsymbol{r}-\overrightarrow{\mathrm{OH}}) = 0 \text{ より } \boldsymbol{A}\cdot\boldsymbol{r} = \pm p|\boldsymbol{A}|.$$

7．$D(\boldsymbol{A},\boldsymbol{B},\boldsymbol{C}) \neq 0$ であるから，線形代数学でよく知られているクラメルの公式により，$\boldsymbol{P} = \alpha\boldsymbol{A}+\beta\boldsymbol{B}+\gamma\boldsymbol{C}$ となる実数 α, β, γ は唯一組存在する.

8．$\boldsymbol{A},\boldsymbol{B},\boldsymbol{C}$ が一次独立で $\boldsymbol{P} = 2\,\boldsymbol{Q}$ だから

$$\begin{cases} a+2b+c-2 = 2(a+b+c) \\ a-b+c+1 = 2(2a-3b-c+3) \\ 3a-b+2c+2 = 2(a+b-3c-2). \end{cases}$$

これを解いて　$a = -\dfrac{83}{53},\qquad b = \dfrac{51}{53},\qquad c = -\dfrac{23}{53}.$

9．（i）$\boldsymbol{A}\cdot\boldsymbol{B} = 2.$　　（ii）$\boldsymbol{A}\times\boldsymbol{B} = 26\,\boldsymbol{i}+2\,\boldsymbol{j}-10\,\boldsymbol{k}.$

（iii）$\cos\theta = \dfrac{\boldsymbol{A}\cdot\boldsymbol{B}}{|\boldsymbol{A}||\boldsymbol{B}|} = \dfrac{1}{14}.$

10．$\boldsymbol{u} = \pm\dfrac{\boldsymbol{A}\times\boldsymbol{B}}{|\boldsymbol{A}\times\boldsymbol{B}|} = \pm\dfrac{1}{\sqrt{30}}(2\,\boldsymbol{i}-5\,\boldsymbol{j}+\boldsymbol{k}).$

$\boldsymbol{u}$ の方向余弦は$\pm\dfrac{2}{\sqrt{30}},\ \mp\dfrac{5}{\sqrt{30}},\ \pm\dfrac{1}{\sqrt{30}}$，(複号同順).

11．（i）$D(\boldsymbol{A},\boldsymbol{B},\boldsymbol{C}) = -4 \neq 0$ であるから，$\boldsymbol{A},\boldsymbol{B},\boldsymbol{C}$ は一次独立である.

（ii）$\boldsymbol{e}_1 = \dfrac{\boldsymbol{A}}{|\boldsymbol{A}|} = \dfrac{1}{\sqrt{3}}(1,1,1),$

$$\boldsymbol{e}_2 = \frac{\boldsymbol{B}-(\boldsymbol{B}\cdot\boldsymbol{e}_1)\boldsymbol{e}_1}{|\boldsymbol{B}-(\boldsymbol{B}\cdot\boldsymbol{e}_1)\boldsymbol{e}_1|} = \frac{1}{\sqrt{6}}(1,-2,1),$$

$$\boldsymbol{e}_3 = \frac{\boldsymbol{C}-(\boldsymbol{C}\cdot\boldsymbol{e}_1)\boldsymbol{e}_1-(\boldsymbol{C}\cdot\boldsymbol{e}_2)\boldsymbol{e}_2}{|\boldsymbol{C}-(\boldsymbol{C}\cdot\boldsymbol{e}_1)\boldsymbol{e}_1-(\boldsymbol{C}\cdot\boldsymbol{e}_2)\boldsymbol{e}_2|} = \frac{1}{\sqrt{2}}(-1,0,1).$$

（iii）（ii）より

$$\begin{cases} \boldsymbol{i}+\boldsymbol{j}+\boldsymbol{k} = \sqrt{3}\,\boldsymbol{e}_1 \\ \boldsymbol{i}-2\,\boldsymbol{j}+\boldsymbol{k} = \sqrt{6}\,\boldsymbol{e}_2 \\ -\boldsymbol{i}+\boldsymbol{k} = \sqrt{2}\,\boldsymbol{e}_3. \end{cases}$$

これを解いて

$$\boldsymbol{i}=\frac{1}{6}(2\sqrt{3}\,\boldsymbol{e}_1+\sqrt{6}\,\boldsymbol{e}_2-3\sqrt{2}\,\boldsymbol{e}_3),$$

$$\boldsymbol{j}=\frac{1}{3}(\sqrt{3}\,\boldsymbol{e}_1-\sqrt{6}\,\boldsymbol{e}_2),$$

$$\boldsymbol{k}=\frac{1}{6}(2\sqrt{3}\,\boldsymbol{e}_1+\sqrt{6}\,\boldsymbol{e}_2+3\sqrt{2}\,\boldsymbol{e}_3).$$

12. $\boldsymbol{A}$ と $\boldsymbol{B}$ のなす角と $\theta(0\leqq\theta\leqq\pi)$ とすると

$$\boldsymbol{A}\cdot\boldsymbol{B}=|\boldsymbol{A}||\boldsymbol{B}|\cos\theta,\quad |\cos\theta|\leqq 1.$$

$$\therefore\quad |\boldsymbol{A}\cdot\boldsymbol{B}|=|\boldsymbol{A}||\boldsymbol{B}||\cos\theta|\leqq|\boldsymbol{A}||\boldsymbol{B}|.$$

13. $\boldsymbol{A}$ と $\boldsymbol{B}$ のなす角を $\theta(0\leqq\theta\leqq\pi)$ とすると，$|\boldsymbol{A}\times\boldsymbol{B}|=|\boldsymbol{A}||\boldsymbol{B}|\sin\theta$ であるから

$$\begin{aligned}|\boldsymbol{A}\times\boldsymbol{B}|^2&=|\boldsymbol{A}|^2|\boldsymbol{B}|^2\sin^2\theta=|\boldsymbol{A}|^2|\boldsymbol{B}|^2(1-\cos^2\theta)\\&=|\boldsymbol{A}|^2|\boldsymbol{B}|^2-(|\boldsymbol{A}||\boldsymbol{B}|\cos\theta)^2=|\boldsymbol{A}|^2|\boldsymbol{B}|^2-(\boldsymbol{A}\cdot\boldsymbol{B})^2.\end{aligned}$$

14. $\overrightarrow{\mathrm{AB}}=\boldsymbol{B}$，$\overrightarrow{\mathrm{AD}}=\boldsymbol{D}$ とおくと，$\overrightarrow{\mathrm{AC}}=\boldsymbol{B}+\boldsymbol{D}$，$\overrightarrow{\mathrm{BD}}=\boldsymbol{D}-\boldsymbol{B}$.

（i）
$$\begin{aligned}\mathrm{AC}^2+\mathrm{BD}^2&=\overrightarrow{\mathrm{AC}}\cdot\overrightarrow{\mathrm{AC}}+\overrightarrow{\mathrm{BD}}\cdot\overrightarrow{\mathrm{BD}}\\&=(\boldsymbol{B}+\boldsymbol{D})\cdot(\boldsymbol{B}+\boldsymbol{D})+(\boldsymbol{D}-\boldsymbol{B})\cdot(\boldsymbol{D}-\boldsymbol{B})\\&=2(\boldsymbol{B}\cdot\boldsymbol{B}+\boldsymbol{D}\cdot\boldsymbol{D})=2(\mathrm{AB}^2+\mathrm{AD}^2).\end{aligned}$$

（ii）$\boldsymbol{B}$ と $\boldsymbol{D}$ のなす角を θ とすると

$$\begin{aligned}|\mathrm{AC}^2-\mathrm{BD}^2|&=|\overrightarrow{\mathrm{AC}}\cdot\overrightarrow{\mathrm{AC}}-\overrightarrow{\mathrm{BD}}\cdot\overrightarrow{\mathrm{BD}}|\\&=|(\boldsymbol{B}+\boldsymbol{D})\cdot(\boldsymbol{B}+\boldsymbol{D})-(\boldsymbol{D}-\boldsymbol{B})\cdot(\boldsymbol{D}-\boldsymbol{B})|\\&=4|\boldsymbol{B}\cdot\boldsymbol{D}|=4|\boldsymbol{B}||\boldsymbol{D}||\cos\theta|\\&=4\,\mathrm{AB}\cdot\mathrm{AD}|\cos\theta|=4\,\mathrm{AB}\cdot\mathrm{AE}.\end{aligned}$$

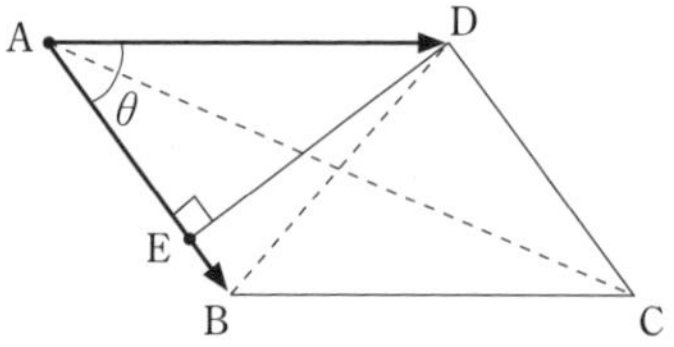

15. O を始点とする xy 平面，yz 平面，zx 平面上の対角線ベクトルをそれぞれ $\boldsymbol{F}_1$, $\boldsymbol{F}_2$, $\boldsymbol{F}_3$ とすると，$|\boldsymbol{F}_1|=2$，$|\boldsymbol{F}_2|=3$，$|\boldsymbol{F}_3|=4$ であることから

$$\boldsymbol{F}_1=\sqrt{2}\,(\boldsymbol{i}+\boldsymbol{j}),\quad \boldsymbol{F}_2=\frac{3}{\sqrt{2}}(\boldsymbol{j}+\boldsymbol{k}),\quad \boldsymbol{F}_3=2\sqrt{2}\,(\boldsymbol{k}+\boldsymbol{i}).$$

$$\therefore\quad \boldsymbol{F}=\boldsymbol{F}_1+\boldsymbol{F}_2+\boldsymbol{F}_3=3\sqrt{2}\,\boldsymbol{i}+\frac{5\sqrt{2}}{2}\boldsymbol{j}+\frac{7\sqrt{2}}{2}\boldsymbol{k},\quad |\boldsymbol{F}|=\sqrt{55}\ \text{トン}$$

また，変位ベクトルは $2\boldsymbol{i}+4\boldsymbol{j}+2\boldsymbol{k}$ であるから

$$\boldsymbol{F}\ \text{のなす仕事}=\left(3\sqrt{2}\,\boldsymbol{i}+\frac{5\sqrt{2}}{2}\boldsymbol{j}+\frac{7\sqrt{2}}{2}\boldsymbol{k}\right)\cdot(2\boldsymbol{i}+4\boldsymbol{j}+2\boldsymbol{k})=23\sqrt{2}.$$

16．角速度は $\boldsymbol{\omega}=5\boldsymbol{j}$，点Pの位置ベクトルは $\boldsymbol{r}=3\boldsymbol{i}+5\boldsymbol{j}$ であるから，点Pにおける速度は

$$\boldsymbol{v}=\boldsymbol{\omega}\times\boldsymbol{r}=-15\boldsymbol{k}.$$

17．（i） $\boldsymbol{A}\cdot\boldsymbol{B}=0$ だから解が存在し，一般解は

$$\boldsymbol{X}=\frac{\boldsymbol{B}\times\boldsymbol{A}}{\boldsymbol{A}\cdot\boldsymbol{A}}+c\boldsymbol{A}=c\boldsymbol{i}+(1+c)\boldsymbol{j}+(1-c)\boldsymbol{k}\quad(c\ \text{は任意定数}).$$

（ii） $\boldsymbol{B}\cdot\boldsymbol{C}=9\neq 0$ だから解をもたない．

（iii） $\boldsymbol{X}=(\boldsymbol{i}+\boldsymbol{j}-\boldsymbol{k})+\boldsymbol{D}\times\boldsymbol{A}$ （$\boldsymbol{D}$ は任意のベクトル）．

ここで，$\boldsymbol{D}=(D_x, D_y, D_z)$ とおくと

$$\boldsymbol{X}=(1-D_y-D_z)\boldsymbol{i}+(1+D_x+D_z)\boldsymbol{j}-(1-D_x+D_y)\boldsymbol{k}$$
$$(D_x, D_y, D_z\ \text{は任意定数}).$$

18．単位法線ベクトルが $\dfrac{1}{\sqrt{3}}(\boldsymbol{i}+\boldsymbol{j}+\boldsymbol{k})$ であるから

$$\boldsymbol{S}=9\pi\frac{1}{\sqrt{3}}(\boldsymbol{i}+\boldsymbol{j}+\boldsymbol{k})=3\sqrt{3}\pi(\boldsymbol{i}+\boldsymbol{j}+\boldsymbol{k}).$$

19．円Cの面積は 4π で，平面 α の単位法線ベクトルは $\dfrac{1}{5}(3\boldsymbol{j}-4\boldsymbol{k})$ であるからこの円板の面積ベクトルは

$$\boldsymbol{S}=4\pi\frac{1}{5}(3\boldsymbol{j}-4\boldsymbol{k})=\frac{12\pi}{5}\boldsymbol{j}-\frac{16\pi}{5}\boldsymbol{k}.$$

したがって，C を

xy 平面に正射影した図形の面積は $\dfrac{16}{5}\pi$，

yz 平面に正射影した図形の面積は 0，

zx 平面に正射影した図形の面積は $\dfrac{12}{5}\pi$．

20．座標系 Oxyz に関する $\boldsymbol{i}', \boldsymbol{j}', \boldsymbol{k}'$ の方向余弦はそれぞれ

$$\frac{1}{\sqrt{{\alpha_1}^2+{\beta_1}^2+{\gamma_1}^2}}(\alpha_1, \beta_1, \gamma_1),\quad \frac{1}{\sqrt{{\alpha_2}^2+{\beta_2}^2+{\gamma_2}^2}}(\alpha_2, \beta_2, \gamma_2),$$
$$\frac{1}{\sqrt{{\alpha_3}^2+{\beta_3}^2+{\gamma_3}^2}}(\alpha_3, \beta_3, \gamma_3).$$

$$\therefore\ \begin{cases} x=\dfrac{\alpha_1}{\sqrt{{\alpha_1}^2+{\beta_1}^2+{\gamma_1}^2}}x'+\dfrac{\alpha_2}{\sqrt{{\alpha_2}^2+{\beta_2}^2+{\gamma_2}^2}}y'+\dfrac{\alpha_3}{\sqrt{{\alpha_3}^2+{\beta_3}^2+{\gamma_3}^2}}z' \\ y=\dfrac{\beta_1}{\sqrt{{\alpha_1}^2+{\beta_1}^2+{\gamma_1}^2}}x'+\dfrac{\beta_2}{\sqrt{{\alpha_2}^2+{\beta_2}^2+{\gamma_2}^2}}y'+\dfrac{\beta_3}{\sqrt{{\alpha_3}^2+{\beta_3}^2+{\gamma_3}^2}}z' \\ z=\dfrac{\gamma_1}{\sqrt{{\alpha_1}^2+{\beta_1}^2+{\gamma_1}^2}}x'+\dfrac{\gamma_2}{\sqrt{{\alpha_2}^2+{\beta_2}^2+{\gamma_2}^2}}y'+\dfrac{\gamma_3}{\sqrt{{\alpha_3}^2+{\beta_3}^2+{\gamma_3}^2}}z'. \end{cases}$$

第2章　ベクトル値関数の微分積分

2.1　ベクトル値関数の微分，積分

問1　$\boldsymbol{A}(t)$ の成分関数を $A_x(t), A_y(t), A_z(t)$ とし，$\boldsymbol{B}(t)$ の成分関数を $B_x(t), B_y(t), B_z(t)$ とする．

(i)
$$\begin{aligned}
&\frac{d}{dt}(\alpha\boldsymbol{A}(t)+\beta\boldsymbol{B}(t))\\
&=\left(\frac{d}{dt}(\alpha A_x(t)+\beta B_x(t)), \frac{d}{dt}(\alpha A_y(t)+\beta B_y(t)),\right.\\
&\quad\left.\frac{d}{dt}(\alpha A_z(t)+\beta B_z(t))\right)\\
&=(\alpha A_x'(t)+\beta B_x'(t), \alpha A_y'(t)+\beta B_y'(t), \quad \alpha A_z'(t)+\beta B_z'(t))\\
&=\alpha(A_x'(t), A_y'(t), A_z'(t))+\beta(B_x'(t), B_y'(t), B_z'(t))\\
&=\alpha\boldsymbol{A}'(t)+\beta\boldsymbol{B}'(t).
\end{aligned}$$

(ii)
$$\begin{aligned}
\frac{d}{dt}(f(t)\boldsymbol{A}(t)) &= \left(\frac{d}{dt}f(t)A_x(t), \frac{d}{dt}f(t)A_y(t), \frac{d}{dt}f(t)A_z(t)\right)\\
&=(f'(t)A_x(t)+f(t)A_x'(t), f'(t)A_y(t)\\
&\quad +f(t)A_y'(t), f'(t)A_z(t)+f(t)A_z'(t))\\
&=f'(t)(A_x(t), A_y(t), A_z(t))\\
&\quad +f(t)(A_x'(t), A_y'(t), A_z'(t))\\
&=f'(t)\boldsymbol{A}(t)+f(t)\boldsymbol{A}'(t).
\end{aligned}$$

(iii)
$$\begin{aligned}
\frac{d}{dt}(\boldsymbol{A}(t)\cdot\boldsymbol{B}(t)) &= \frac{d}{dt}(A_x(t)B_x(t)+A_y(t)B_y(t)+A_z(t)B_z(t))\\
&=A_x'(t)B_x(t)+A_x(t)B_x'(t)+A_y'(t)B_y(t)\\
&\quad +A_y(t)B_y'(t)+A_z'(t)B_z(t)+A_z(t)B_z'(t)\\
&=\boldsymbol{A}'(t)\cdot\boldsymbol{B}(t)+\boldsymbol{A}(t)\cdot\boldsymbol{B}'(t).
\end{aligned}$$

(iv)
$$\begin{aligned}
\frac{d}{dt}(\boldsymbol{A}(t)\times\boldsymbol{B}(t)) &= \left(\frac{d}{dt}\{A_y(t)B_z(t)-A_z(t)B_y(t)\},\right.\\
&\quad \frac{d}{dt}\{A_z(t)B_x(t)-A_x(t)B_z(t)\},\\
&\quad \left.\frac{d}{dt}\{A_x(t)B_y(t)-A_y(t)B_x(t)\}\right)
\end{aligned}$$

$$\begin{aligned}
\left[\frac{d}{dt}(\boldsymbol{A}(t)\times\boldsymbol{B}(t))\right]_x &= A_y'(t)B_z(t)+A_y(t)B_z'(t)\\
&\quad -A_z'(t)B_y(t)-A_z(t)B_y'(t)\\
&=[\boldsymbol{A}'(t)\times\boldsymbol{B}(t)+\boldsymbol{A}(t)\times\boldsymbol{B}'(t)]_x,
\end{aligned}$$

$$\begin{aligned}
\left[\frac{d}{dt}(\boldsymbol{A}(t)\times\boldsymbol{B}(t))\right]_y &= A_z'(t)B_x(t)+A_z(t)B_x'(t)-A_x'(t)B_z(t)\\
&\quad -A_x(t)B_z'(t)=[\boldsymbol{A}'(t)\times\boldsymbol{B}(t)+\boldsymbol{A}(t)\times\boldsymbol{B}'(t)]_y,
\end{aligned}$$

$$\left[\frac{d}{dt}(\boldsymbol{A}(t)\times\boldsymbol{B}(t))\right]_z = A_x{}'(t)B_y(t)+A_x(t)B_y{}'(t)-A_y{}'(t)B_x(t)$$
$$-A_y(t)B_x{}'(t) = [\boldsymbol{A}'(t)\times\boldsymbol{B}(t)+\boldsymbol{A}(t)\times\boldsymbol{B}'(t)]_z.$$

よって　$\dfrac{d}{dt}(\boldsymbol{A}(t)\times\boldsymbol{B}(t)) = \boldsymbol{A}'(t)\times\boldsymbol{B}(t)+\boldsymbol{A}(t)\times\boldsymbol{B}'(t).$

（v）
$$\frac{d}{dt}\boldsymbol{A}(f(u)) = \left(\frac{d}{dt}A_x(f(u)), \frac{d}{dt}A_y(f(u)), \frac{d}{dt}A_z(f(u))\right)$$
$$= \left(\frac{dA_x}{dt}\frac{df(u)}{du}, \frac{dA_y}{dt}\frac{df(u)}{du}, \frac{dA_z}{dt}\frac{df(u)}{du}\right)$$
$$= \left(\frac{df(u)}{du}\right)\frac{d\boldsymbol{A}(t)}{dt}.$$

問2　$\boldsymbol{A}'(t) = 2t\boldsymbol{i}-\boldsymbol{j}+3t^2\boldsymbol{k},\ \ \boldsymbol{B}'(t) = \boldsymbol{i}-\boldsymbol{j}+\dfrac{1}{2\sqrt{t}}\boldsymbol{k}.$

（i）$\dfrac{d(\boldsymbol{A}\cdot\boldsymbol{B})}{dt}(1) = \boldsymbol{A}'(1)\cdot\boldsymbol{B}(1)+\boldsymbol{A}(1)\cdot\boldsymbol{B}'(1) = 5+\dfrac{5}{2} = \dfrac{15}{2}.$

（ii）$\dfrac{d(\boldsymbol{A}\times\boldsymbol{B})}{dt}(1) = \boldsymbol{A}'(1)\times\boldsymbol{B}(1)+\boldsymbol{A}(1)\times\boldsymbol{B}'(1) = \left(-\dfrac{1}{2}, \dfrac{3}{2}, 1\right).$

問3
$$\frac{d}{dt}[\boldsymbol{A}(t), \boldsymbol{B}(t), \boldsymbol{C}(t)] = \frac{d}{dt}\{\boldsymbol{A}(t)\cdot(\boldsymbol{B}(t)\times\boldsymbol{C}(t))\}$$
$$= \boldsymbol{A}'(t)\cdot(\boldsymbol{B}(t)\times\boldsymbol{C}(t))+\boldsymbol{A}(t)\cdot(\boldsymbol{B}(t)\times\boldsymbol{C}(t))'$$
$$= \boldsymbol{A}'(t)\cdot(\boldsymbol{B}(t)\times\boldsymbol{C}(t))+\boldsymbol{A}(t)\cdot(\boldsymbol{B}'(t)\times\boldsymbol{C}(t))$$
$$+\boldsymbol{A}(t)\cdot(\boldsymbol{B}(t)\times\boldsymbol{C}'(t))$$
$$= [\boldsymbol{A}'(t), \boldsymbol{B}(t), \boldsymbol{C}(t)]+[\boldsymbol{A}(t), \boldsymbol{B}'(t), \boldsymbol{C}(t)]$$
$$+[\boldsymbol{A}(t), \boldsymbol{B}(t), \boldsymbol{C}'(t)].$$

問4　$\boldsymbol{A}^{(10)}(t) = m^{10}e^{mt}\boldsymbol{i}-\cos t\boldsymbol{j}-\sin t\boldsymbol{k}.$

問5
$$\frac{d\boldsymbol{A}(t)}{du} = \frac{d\boldsymbol{A}(t)}{dt}\frac{dt}{du}$$
$$= (2u+1)\boldsymbol{i}+(2u+1)\cos(u^2+u)\boldsymbol{j}+3(2u+1)e^{3(u^2+u)}\boldsymbol{k}.$$
$$\frac{d^2\boldsymbol{A}(t)}{du^2} = \frac{d^2\boldsymbol{A}(t)}{dt^2}\left(\frac{dt}{du}\right)^2+\frac{d\boldsymbol{A}(t)}{dt}\frac{d^2t}{du^2}$$
$$= 2\,\boldsymbol{i}+\{2\cos(u^2+u)-(2u+1)^2\sin(u^2+u)\}\boldsymbol{j}$$
$$+(36u^2+36u+15)e^{3(u^2+u)}\boldsymbol{k}.$$

問6　$\boldsymbol{A}(t)$ の成分関数を $A_x(t), A_y(t), A_z(t)$ とし，$\boldsymbol{B}(t)$ の成分関数を $B_x(t), B_y(t), B_z(t)$ とする．

（i）
$$\int(\alpha\boldsymbol{A}(t)+\beta\boldsymbol{B}(t))dt = \left(\int(\alpha A_x(t)+\beta B_x(t))dt, \int(\alpha A_y(t)+\beta B_y(t))dt,\right.$$
$$\left.\int(\alpha A_z(t)+\beta B_z(t))dt\right)$$

$$= \left(\alpha\int A_x(t)dt+\beta\int B_x(t)dt,\ \alpha\int A_y(t)dt\right.$$
$$\left.+\beta\int B_y(t)dt,\ \alpha\int A_z(t)dt+\beta\int B_z(t)dt\right)$$
$$= \alpha\left(\int A_x(t)dt,\int A_y(t)dt,\int A_z(t)dt\right)$$
$$+\beta\left(\int B_x(t)dt,\int B_y(t)dt+\int B_z(t)dt\right)$$
$$= \alpha\int \boldsymbol{A}(t)dt+\beta\int \boldsymbol{B}(t)dt.$$

（ii）　$\boldsymbol{K}$ の成分を K_x, K_y, K_z とする．

$$\int(\boldsymbol{K}\cdot\boldsymbol{A}(t))dt = \int\{K_xA_x(t)+K_yA_y(t)+K_zA_z(t)\}dt$$
$$= K_x\int A_x(t)dt+K_y\int A_y(t)dt+K_z\int A_z(t)dt$$
$$= \boldsymbol{K}\cdot\int \boldsymbol{A}(t)dt.$$

（iii）
$$\int(\boldsymbol{K}\times\boldsymbol{A}(t))dt = \left(\int\{K_yA_z(t)-K_zA_y(t)\}dt,\int\{K_zA_x(t)\right.$$
$$\left.-K_xA_z(t)\}dt,\int\{K_xA_y(t)-K_yA_x(t)\}dt\right)$$
$$= \left(K_y\int A_z(t)dt-K_z\int A_y(t)dt,\ K_z\int A_x(t)dt\right.$$
$$\left.-K_x\int A_z(t)dt,\ K_x\int A_y(t)dt-K_y\int A_x(t)dt\right)$$
$$= \boldsymbol{K}\times\int \boldsymbol{A}(t)dt.$$

（iv），（v），（vi）はそれぞれ（i），（ii），（iii）と同様の論法で証明できる．

（vii）
$$\frac{d}{dt}\int_a^t \boldsymbol{A}(u)du = \left(\frac{d}{dt}\int_a^t A_x(u)du,\frac{d}{dt}\int_a^t A_y(u)du,\frac{d}{dt}\int_a^t A_z(u)du\right)$$
$$= (A_x(t), A_y(t), A_z(t)) = \boldsymbol{A}(t).$$

問7　$\boldsymbol{A}'(t) = \int \boldsymbol{A}''(t)dt = 3t\boldsymbol{i}-\cos t\,\boldsymbol{j}-e^t\boldsymbol{k}+\boldsymbol{C}_1.$

$$\boldsymbol{A}(t) = \int \boldsymbol{A}'(t)dt = \frac{3}{2}t^2\boldsymbol{i}-\sin t\,\boldsymbol{j}-e^t\boldsymbol{k}+\boldsymbol{C}_1t+\boldsymbol{C}_2.$$

初期条件 $\boldsymbol{A}'(0) = \boldsymbol{i}-\boldsymbol{k}, \boldsymbol{A}(0) = \boldsymbol{i}+\boldsymbol{k}$ より，$\boldsymbol{C}_1 = \boldsymbol{i}+\boldsymbol{j}, \boldsymbol{C}_2 = \boldsymbol{i}+2\,\boldsymbol{k}.$

よって $\boldsymbol{A}(t) = \left(\frac{3}{2}t^2+t+1\right)\boldsymbol{i}+(t-\sin t)\boldsymbol{j}+(2-e^t)\boldsymbol{k}.$

問8　$\boldsymbol{r}''+k\boldsymbol{r}(t) = \boldsymbol{o}$ の特性方程式 $\lambda^2+k = 0$ を解くと，$\lambda = \pm\sqrt{k}\,i.$ ゆえに，求める一般解は $\boldsymbol{r}(t) = \boldsymbol{C}_1\cos\sqrt{k}\,t+\boldsymbol{C}_2\sin\sqrt{k}\,t$　（$\boldsymbol{C}_1, \boldsymbol{C}_2$ は任意のベクトル）．

問9　（i）　$\dfrac{\partial \boldsymbol{A}(u, v)}{\partial u} = ve^{uv}\boldsymbol{i}+\boldsymbol{j}+\sin v\,\boldsymbol{k}.$

（ii）　$\dfrac{\partial \boldsymbol{A}(u,v)}{\partial v} = ue^{uv}\boldsymbol{i} - \boldsymbol{j} + u\cos v\,\boldsymbol{k}.$

（iii）　$\dfrac{\partial^2 \boldsymbol{A}(u,v)}{\partial u \partial v} = (uv+1)e^{uv}\boldsymbol{i} + \cos v\,\boldsymbol{k}.$

（iv）　$\left(\dfrac{\partial \boldsymbol{A}(u,v)}{\partial u}\right)\cdot\left(\dfrac{\partial \boldsymbol{A}(u,v)}{\partial v}\right) = uve^{2uv} + u\sin v\cos v - 1.$

（v）　$\left(\dfrac{\partial \boldsymbol{A}(u,v)}{\partial u}\right)\times\left(\dfrac{\partial \boldsymbol{A}(u,v)}{\partial v}\right) = (u\cos v + \sin v)\boldsymbol{i}$

$$+ ue^{uv}(\sin v - v\cos v)\boldsymbol{j} - e^{uv}(u+v)\boldsymbol{k}.$$

2.2　曲線のパラメータ表示と接線ベクトル

問1　$\boldsymbol{r}(t) = \cos t\,\boldsymbol{i} + \sin t\,\boldsymbol{j} + (3 - \sin t - \cos t)\boldsymbol{k} \quad (0 \leqq t \leqq 2\pi).$

問2　$\boldsymbol{r}(t) = au\cos\omega t\,\boldsymbol{i} + au\sin\omega t\,\boldsymbol{j} + kt\,\boldsymbol{k} \quad (t \geqq 0).$

問3　（i）　点P(3,1,1)は $t=1$ に対応する点であるから $\boldsymbol{r}'(1) = 2\boldsymbol{i} + 2\boldsymbol{j} + 3\boldsymbol{k}.$
よって，接線方程式は $\dfrac{x-3}{2} = \dfrac{y-1}{2} = \dfrac{z-1}{3}$ となる．

（ii）　点P(1,0,1)は $t=0$ に対応する点であるから，$\boldsymbol{r}'(0) = 2\boldsymbol{i} + 2\boldsymbol{j}$. よって，接線方程式は $\dfrac{x-1}{2} = \dfrac{y}{2}$，$z=1$ となる．

（iii）　点P$(0, e^{-1}, 0,)$ は $t=1$ に対応する点であるから $\boldsymbol{r}'(1) = \boldsymbol{i} - e^{-1}\boldsymbol{j} + \boldsymbol{k}.$
よって，接線方程式は $x = \dfrac{y - e^{-1}}{-e^{-1}} = z$ となる．

問4　（i）　$\displaystyle\int_0^2 |\boldsymbol{r}'(t)|\,dt = \int_0^2 \sqrt{t^4 + 2t^2 + 1}\,dt = \int_0^2 (t^2+1)dt = \frac{14}{3}.$

（ii）　$\displaystyle\int_0^2 |\boldsymbol{r}'(t)|\,dt = \int_0^2 \sqrt{\frac{81}{4}t^4 + 9t^2 + 1}\,dt = \int_0^2 \left(\frac{9}{2}t^2 + 1\right)dt = 14.$

（iii）　$\displaystyle\int_0^{\frac{\pi}{2}} |\boldsymbol{r}'(t)|\,dt = \int_0^{\frac{\pi}{2}} \sqrt{t^2+2}\,dt = \left[\frac{t\sqrt{t^2+2}}{2} + \log(t + \sqrt{t^2+2})\right]_0^{\frac{\pi}{2}}$

$$= \frac{\pi\sqrt{\pi^2+8}}{8} + \log\frac{\pi + \sqrt{\pi^2+8}}{2\sqrt{2}}.$$

問5　$\displaystyle s = \int_0^t |\boldsymbol{r}'(u)|\,du = \int_0^t \sqrt{6}\,du = \sqrt{6}\,t$ より　$t = \dfrac{s}{\sqrt{6}}$　$(s \geqq 0)$. したがって

$$\boldsymbol{r}^*(s) = \left(\frac{s}{\sqrt{6}} + 1\right)\boldsymbol{i} - \left(\frac{s}{\sqrt{6}} - 3\right)\boldsymbol{j} + \left(\frac{2s}{\sqrt{6}} + 4\right)\boldsymbol{k} \quad (s \geqq 0).$$

2.3　曲線の曲率，捩率

問1　$\dfrac{d\boldsymbol{r}^*(s)}{ds} = \left(-\dfrac{2}{\sqrt{5}}\sin\dfrac{s}{\sqrt{5}}\right)\boldsymbol{i} + \dfrac{2}{\sqrt{5}}\cos\dfrac{s}{\sqrt{5}}\Bigg)\boldsymbol{j} + \dfrac{1}{\sqrt{5}}\boldsymbol{k},$

$$\frac{d^2\boldsymbol{r}^*(s)}{ds^2} = \left(-\frac{2}{5}\cos\frac{s}{\sqrt{5}}\right)\boldsymbol{i} + \left(-\frac{2}{5}\sin\frac{s}{\sqrt{5}}\right)\boldsymbol{j}.$$

したがって

$$\boldsymbol{t}(\pi)=\left(\frac{d\boldsymbol{r}^*(s)}{ds}\right)_{s=\pi}=\left(-\frac{2}{\sqrt{5}}\sin\frac{\pi}{\sqrt{5}}\right)\boldsymbol{i}+\left(\frac{2}{\sqrt{5}}\cos\frac{\pi}{\sqrt{5}}\right)\boldsymbol{j}+\frac{1}{\sqrt{5}}\boldsymbol{k}.$$

$$\boldsymbol{n}(\pi)=\left(\left|\frac{d^2\boldsymbol{r}^*(s)}{ds^2}\right|^{-1}\frac{d^2\boldsymbol{r}^*(s)}{ds^2}\right)_{s=\pi}=\left(-\cos\frac{\pi}{\sqrt{5}}\right)\boldsymbol{i}+\left(-\sin\frac{\pi}{\sqrt{5}}\right)\boldsymbol{j}.$$

$$\boldsymbol{b}(\pi)=\boldsymbol{t}(\pi)\times\boldsymbol{n}(\pi)=\left(\frac{1}{\sqrt{5}}\sin\frac{\pi}{\sqrt{5}}\right)\boldsymbol{i}+\left(-\frac{1}{\sqrt{5}}\cos\frac{\pi}{\sqrt{5}}\right)\boldsymbol{j}+\frac{2}{\sqrt{5}}\boldsymbol{k}.$$

$$\varkappa(\pi)=\left|\frac{d\boldsymbol{t}(s)}{ds}\right|_{s=\pi}=\left|\frac{d^2\boldsymbol{r}^*(s)}{ds^2}\right|_{s=\pi}=\frac{2}{5}.$$

また $\boldsymbol{b}(s)=\left(\frac{1}{\sqrt{5}}\sin\frac{s}{\sqrt{5}}\right)\boldsymbol{i}+\left(-\frac{1}{\sqrt{5}}\cos\frac{s}{\sqrt{5}}\right)\boldsymbol{j}+\frac{2}{\sqrt{5}}\boldsymbol{k}$ より

$$\frac{d\boldsymbol{b}(s)}{ds}=\left(\frac{1}{5}\cos\frac{s}{\sqrt{5}}\right)\boldsymbol{i}+\left(\frac{1}{5}\sin\frac{s}{\sqrt{5}}\right)\boldsymbol{j}.$$

よって

$$\left(\frac{d\boldsymbol{b}(s)}{ds}\right)_{s=\pi}=-\tau(\pi)\boldsymbol{n}(\pi)\text{ より }\quad\tau(\pi)=\frac{1}{5}.$$

問2　$\boldsymbol{r}'(t)=(3-3t^2)\boldsymbol{i}+6t\boldsymbol{j}+(3+3t^2)\boldsymbol{k}$，$\boldsymbol{r}''(t)=-6t\boldsymbol{i}+6\,\boldsymbol{j}+6t\boldsymbol{k}$，$\boldsymbol{r}'''(t)=-6\,\boldsymbol{i}+6\,\boldsymbol{k}$．したがって

$$\varkappa=\frac{|\boldsymbol{r}'(t)\times\boldsymbol{r}''(t)|}{|\boldsymbol{r}'(t)|^3}=\frac{1}{3(t^2+1)^2},\ \tau=\frac{[\boldsymbol{r}'(t),\boldsymbol{r}''(t),\boldsymbol{r}'''(t)]}{|\boldsymbol{r}'(t)\times\boldsymbol{r}''(t)|^2}=\frac{1}{3(t^2+1)^2}.$$

問3　$\boldsymbol{r}'(t)=(2\sin 2t)\boldsymbol{i}+(2\cos 2t)\boldsymbol{j}+(-2\sin t)\boldsymbol{k}$, $\boldsymbol{r}''(t)=(4\cos 2t)\boldsymbol{i}+(-4\sin 2t)\boldsymbol{j}+(-2\cos t)\boldsymbol{k}$, $\boldsymbol{r}'''(t)=(-8\sin 2t)\boldsymbol{i}+(-8\cos 2t)\boldsymbol{j}+(2\sin t)\boldsymbol{k}$．しかるに，$\tau=0$ となる点を求めるには

$$|\boldsymbol{r}'(t)\times\boldsymbol{r}''(t)|=(64\sin^2 t+16\cos^2 t+64)^{1/2}>0$$

であるから，$[\boldsymbol{r}'(t),\boldsymbol{r}''(t),\boldsymbol{r}'''(t)]=0$ となるような t の値を求めればよい．したがって

$[\boldsymbol{r}'(t),\boldsymbol{r}''(t),\boldsymbol{r}'''(t)]=48\sin t=0$，これより $\sin t=0$．　$\therefore\quad t=0,\pi.$

ゆえに，捩率が0になる点は $(0,0,2)$，$(0,0,-2)$ である．

問4　$\boldsymbol{r}'(t)=(-3\sin t)\boldsymbol{i}+(4\cos t)\boldsymbol{j}+(\cos t-\sin t)\boldsymbol{k}$, $\boldsymbol{r}''(t)=(-3\cos t)\boldsymbol{i}+(-4\sin t)\boldsymbol{j}+(-\sin t-\cos t)\boldsymbol{k}$．さらに，$\boldsymbol{r}'''(t)=(3\sin t)\boldsymbol{i}+(-4\cos t)\boldsymbol{j}+(-\cos t+\sin t)\boldsymbol{k}$．

したがって，$\boldsymbol{r}'(t)\times\boldsymbol{r}''(t)=(-4,-3,12)$となるから，$|\boldsymbol{r}'(t)\times\boldsymbol{r}''(t)|=13>0$

$$\tau=\frac{[\boldsymbol{r}'(t),\boldsymbol{r}''(t),\boldsymbol{r}'''(t)]}{|\boldsymbol{r}'(t)\times\boldsymbol{r}''(t)|^2}=\frac{12}{169}\{(-\cos t+\sin t)+(\cos t-\sin t)\}=0.$$

ゆえに，曲線 $\boldsymbol{r}=\boldsymbol{r}(t)$ は平面曲線である．

2.4　質点の運動

問1　$\boldsymbol{v}(t)=|\boldsymbol{v}(t)|\boldsymbol{t}=|\boldsymbol{r}'(t)|\boldsymbol{t}$，また，$\dfrac{d\boldsymbol{t}}{ds}=\varkappa\boldsymbol{n}$ であるから

$$\boldsymbol{a}(t)=\frac{d\boldsymbol{v}(t)}{dt}=\frac{d}{dt}(|\boldsymbol{v}(t)|\boldsymbol{t})=\left(\frac{d}{dt}|\boldsymbol{v}(t)|\right)\boldsymbol{t}+|\boldsymbol{v}(t)|\frac{d\boldsymbol{t}}{ds}\frac{ds}{dt}$$

$$= \left(\frac{d}{dt}|\boldsymbol{v}(t)|\right)\boldsymbol{t} + \varkappa|\boldsymbol{v}(t)|^2\,\boldsymbol{n}.$$

問2　$\boldsymbol{v}(t) = \boldsymbol{r}'(t) = (-a\omega\sin\omega t)\boldsymbol{i} + (b\omega\cos\omega t)\boldsymbol{j}$．したがって

$$\begin{aligned}\boldsymbol{a}(t) = \boldsymbol{v}'(t) = \boldsymbol{r}''(t) &= (-a\omega^2\cos\omega t)\boldsymbol{i} + (-b\omega^2\sin\omega t)\boldsymbol{j}\\ &= -\omega^2\{(a\cos\omega t)\boldsymbol{i} + (b\sin\omega t)\boldsymbol{j}\}\\ &= -\omega^2\boldsymbol{r}(t).\end{aligned}$$

これは加速度ベクトルが常に原点に向いていることを示している．

問3　各質点P_iは外力だけでなく，相互作用によって質点系内の他の質点から内力を受ける．いま，i番目の質点がj番目の質点から受ける内力を$\boldsymbol{F}_{ji}$とすると，$\boldsymbol{F}_{ii} = \boldsymbol{O}$であり，また，作用反作用の法則により$\boldsymbol{F}_{ji} + \boldsymbol{F}_{ij} = \boldsymbol{O}$である．このとき，ニュートンの第二運動法則によれば

$$m_1\frac{d^2\boldsymbol{r}_1}{dt^2} = \boldsymbol{F}_1 + \boldsymbol{F}_{21} + \cdots + \boldsymbol{F}_{N1},$$

$$m_2\frac{d^2\boldsymbol{r}_2}{dt^2} = \boldsymbol{F}_2 + \boldsymbol{F}_{12} + \cdots + \boldsymbol{F}_{N2},$$

……………………………………………

$$m_N\frac{d^2\boldsymbol{r}_N}{dt^2} = \boldsymbol{F}_N + \boldsymbol{F}_{1N} + \cdots + \boldsymbol{F}_{N-1N}.$$

したがって

$$\sum_{i=1}^{\mathrm{N}} m_i\frac{d^2\boldsymbol{r}_i}{dt^2} = \sum_{i=1}^{\mathrm{N}}\boldsymbol{F}_i + \sum_i\sum_j\boldsymbol{F}_{ji} = \sum_{i=1}^{N}\boldsymbol{F}_i.$$

質点系の全質量を$M = m_1 + m_2 + \cdots + m_N$，重心の位置ベクトルを$\bar{\boldsymbol{r}} = \bar{\boldsymbol{r}}(t)$とすると

$$\bar{\boldsymbol{r}} = \frac{m_1\boldsymbol{r}_1 + m_2\boldsymbol{r}_2 + \cdots + m_N\boldsymbol{r}_N}{m_1 + m_2 + \cdots + m_N} = \frac{1}{M}\sum_{i=1}^{N} m_i\boldsymbol{r}_i.$$

したがって

$$M\frac{d^2\bar{\boldsymbol{r}}}{dt^2} = \sum_{i=1}^{N}\boldsymbol{F}_i$$

を得る．これは，すべての外力の合力が重心に集められた質点系の全質量に作用し，質点系の運動が1つの質点（重心）の運動と同じであることを示している．

2.5　曲面のパラメータ表示と接平面

問1　$\boldsymbol{r}(x, y) = x\boldsymbol{i} + y\boldsymbol{j} + f(x, y)\boldsymbol{k}$.

問2　$\boldsymbol{r}(u, v) = (a\cos u)\boldsymbol{i} + (b\sin u)\boldsymbol{j} + v\boldsymbol{k}$　$(0 \leqq u \leqq 2\pi,\ -\infty < v < \infty)$.

問3　$\boldsymbol{r}(u, v) = (u^2\cos v)\boldsymbol{i} + (u^2\sin v)\boldsymbol{j} + u^3\boldsymbol{k}$　$(0 \leqq u \leqq 3,\ 0 \leqq v \leqq 2\pi)$.

問4　(i)　$x = u, y = v, z = 3u^2 + v^2$とおくと$z = 3x^2 + y^2$.

$\therefore\ 3x^2 + y^2 - z = 0.$

(ii)　$x = 3u, y = v, z = 4v^2$とおくと$z = 4y^2$.　$\therefore\ 4y^2 - z = 0.$

問5　$\boldsymbol{r}_\varphi = \{-(a+b\cos\phi)\sin\varphi\}\boldsymbol{i}+\{(a+b\cos\phi)\cos\varphi\}\boldsymbol{j}.$

$\boldsymbol{r}_\phi = (-b\sin\phi\cos\varphi)\boldsymbol{i}+(-b\sin\phi\sin\varphi)\boldsymbol{j}+(b\cos\phi)\boldsymbol{k}.$

$$\boldsymbol{r}_\varphi\times\boldsymbol{r}_\phi = \{(ab+b^2\cos\phi)\cos\phi\cos\varphi\}\boldsymbol{i}+\{(ab+b^2\cos\phi)\cos\phi\sin\varphi\}\boldsymbol{j} +\{(ab+b^2\cos\phi)\sin\phi\}\boldsymbol{k}.$$

問6　$\boldsymbol{r}_u = 2u\boldsymbol{i}+2v\boldsymbol{j}$，$\boldsymbol{r}_v = 2u\boldsymbol{j}-2v\boldsymbol{k}$.　$\boldsymbol{r}_u\times\boldsymbol{r}_v = (-4v^2)\boldsymbol{i}+4uv\boldsymbol{j}+4u^2\boldsymbol{k}.$

また，$x = u^2, y = 2uv, z = -v^2$ とおくと，直交座標による方程式は $y^2 = -4xz$. 点 P$(1, 2, -1)$ を $(u, v) = (u_0, v_0)$ に対応する点であるとすれば，${u_0}^2 = 1$，$u_0v_0 = 1$，${v_0}^2 = 1$. よって，$(u_0, v_0) = (1, 1)$，$(-1, -1)$ を得るから

$$\boldsymbol{r}_u(1,1)\times\boldsymbol{r}_v(1,1) = \boldsymbol{r}_u(-1,-1)\times\boldsymbol{r}_v(-1,-1) = -4(\boldsymbol{i}-\boldsymbol{j}-\boldsymbol{k}).$$

これより，求める接平面の方程式は

$$(x-1)-(y-2)-(z+1) = 0,\ \text{すなわち},\ x-y-z = 0.$$

問7　点 P$\left(\frac{1}{2}, \frac{1}{2}, \frac{1}{\sqrt{2}}\right)$ を $(\theta, \varphi) = (\theta_0, \varphi_0)$ に対応する点であるとすれば，$\cos\theta_0 = \frac{1}{\sqrt{2}}$. しかるに，$0 \leqq \theta \leqq \pi$ であるから，$\theta_0 = \frac{\pi}{4}$. このとき，$\cos\varphi_0 = \frac{1}{\sqrt{2}}$，$\sin\varphi_0 = \frac{1}{\sqrt{2}}$ となるから，$\varphi_0 = \frac{\pi}{4}$.　したがって

$$\boldsymbol{r}_\theta\left(\frac{\pi}{4}, \frac{\pi}{4}\right) = \frac{1}{2}\boldsymbol{i}+\frac{1}{2}\boldsymbol{j}-\frac{1}{\sqrt{2}}\boldsymbol{k},\quad \boldsymbol{r}_\varphi\left(\frac{\pi}{4}, \frac{\pi}{4}\right) = -\frac{1}{2}\boldsymbol{i}+\frac{1}{2}\boldsymbol{j},$$

$$\boldsymbol{r}_\theta\left(\frac{\pi}{4}, \frac{\pi}{4}\right)\times\boldsymbol{r}_\varphi\left(\frac{\pi}{4}, \frac{\pi}{4}\right) = \frac{\sqrt{2}}{4}\boldsymbol{i}+\frac{\sqrt{2}}{4}\boldsymbol{j}+\frac{1}{2}\boldsymbol{k}.$$

2.6　第1基本量と曲面積

問1　球面の正のパラメータ表示は

$$\boldsymbol{r}(u, v) = (a\sin u\cos v)\boldsymbol{i}+(a\sin u\sin v)\boldsymbol{j}+(a\cos u)\boldsymbol{k}$$
$$(0 \leqq u \leqq \pi,\quad 0 \leqq v \leqq 2\pi).$$

これを u, v で偏微分すると

$$\boldsymbol{r}_u = (a\cos u\cos v)\boldsymbol{i}+(a\cos u\sin v)\boldsymbol{j}+(-a\sin u)\boldsymbol{k},$$
$$\boldsymbol{r}_v = (-a\sin u\sin v)\boldsymbol{i}+(a\sin u\cos v)\boldsymbol{j}.$$

したがって，第1基本量 E, F, G を求めると

$$E = \boldsymbol{r}_u\cdot\boldsymbol{r}_u = a^2,\quad F = \boldsymbol{r}_u\cdot\boldsymbol{r}_v = 0,\quad G = \boldsymbol{r}_v\cdot\boldsymbol{r}_v = a^2\sin^2 u$$

であるから，$\sqrt{EG-F^2} = a^2\sin u$. ゆえに，求める球の表面積は

$$\int_S dS = \int_0^\pi\int_0^{2\pi}\sqrt{EG-F^2}\,du\,dv = \int_0^{2\pi}\left\{\int_0^\pi a^2\sin u\,du\right\}dv = 4\pi a^2.$$

問2　曲面 $z=x^2+y^2$ の正のパラメータ表示は，$x = r\cos\theta$，$y = r\sin\theta$ として

$$\boldsymbol{r}(r, \theta) = (r\cos\theta)\boldsymbol{i}+(r\sin\theta)\boldsymbol{j}+r^2\boldsymbol{k}\qquad(0 \leqq r \leqq 2,\quad 0 \leqq \theta \leqq 2\pi).$$

これを γ, θ で偏微分すると

$$\boldsymbol{r}_r = (\cos\theta)\boldsymbol{i}+(\sin\theta)\boldsymbol{j}+2r\boldsymbol{k},\quad \boldsymbol{r}_\theta = (-r\sin\theta)\boldsymbol{i}+(r\cos\theta)\boldsymbol{j}.$$

したがって

$$\sqrt{EG-F^2}=\sqrt{(\boldsymbol{r}_r\cdot\boldsymbol{r}_r)(\boldsymbol{r}_\theta\cdot\boldsymbol{r}_\theta)-(\boldsymbol{r}_r\boldsymbol{r}_\theta)^2}=r\sqrt{4r^2+1}.$$

ゆえに，求める曲面積は

$$\int_0^{2\pi}\left\{\int_0^2 r\sqrt{4r^2+1}\,dr\right\}d\theta=\frac{\pi}{6}(17^{3/2}-1).$$

問 3　S の正のパラメータ表示は

$$\boldsymbol{r}(x,y)=x\boldsymbol{i}+y\boldsymbol{j}+(1-x-y)\boldsymbol{k}\qquad(x\geqq 0,\quad y\geqq 0,\quad x+y\leqq 1).$$

これを x, y で偏微分すると，$\boldsymbol{r}_x=\boldsymbol{i}-\boldsymbol{k}$，　$\boldsymbol{r}_y=\boldsymbol{j}-\boldsymbol{k}$．したがって，$\sqrt{EG-F^2}=\sqrt{3}$．ゆえに，$D=\{(x,y):x\geqq 0, y\geqq 0, x+y\leqq 1\}$とすると

$$\int_S(x^2+yz)dS=\sqrt{3}\int_D(x^2-xy-y^2+y)dx\,dy$$
$$=\sqrt{3}\int_0^1\left\{\int_0^{1-y}(x^2-xy-y^2+y)dx\right\}dy=\frac{\sqrt{3}}{8}.$$

問 4　例 5 と同様にして

$$\int_S(x^2-y)d\boldsymbol{S}=\iint_D(x^2-y)\boldsymbol{n}\sqrt{EG-F^2}\,dx\,dy$$
$$=\left(\int_0^1\left\{\int_0^{1-y}(x^2-y)dx\right\}dy\right)(\boldsymbol{i}+\boldsymbol{j}+\boldsymbol{k})$$
$$=-\frac{1}{12}(\boldsymbol{i}+\boldsymbol{j}+\boldsymbol{k}).$$

問 5　S の正のパラメータ表示は

$$\boldsymbol{r}(u,v)=(\sin u\cos v)\boldsymbol{i}+(\sin u\sin v)\boldsymbol{j}+(\cos u)\boldsymbol{k}$$
$$\left(0\leqq u\leqq\frac{\pi}{2},\quad 0\leqq u\leqq\frac{\pi}{2}\right).$$

これを u, v で偏微分すると

$$\boldsymbol{r}_u=(\cos u\cos v)\boldsymbol{i}+(\cos u\sin v)\boldsymbol{j}+(-\sin u)\boldsymbol{k},$$
$$\boldsymbol{r}_v=(-\sin u\sin v)\boldsymbol{i}+(\sin u\cos v)\boldsymbol{j}.$$

よって

$$\boldsymbol{r}_u\times\boldsymbol{r}_v=(\sin^2 u\cos v)\boldsymbol{i}+(\sin^2 u\sin v)\boldsymbol{j}+(\sin u\cos u)\boldsymbol{k},$$

$$\boldsymbol{n}=\frac{\boldsymbol{r}_u\times\boldsymbol{r}_v}{|\boldsymbol{r}_u\times\boldsymbol{r}_v|}=(\sin u\cos v)\boldsymbol{i}+(\sin u\sin v)\boldsymbol{j}+(\cos u)\boldsymbol{k},\ \left(0<u\leqq\frac{\pi}{2}\right),$$

$$\sqrt{EG-F^2}=|\boldsymbol{r}_u\times\boldsymbol{r}_v|=\sin u.$$

（i）$$\int_S x\,d\boldsymbol{S}=\int_0^{\frac{\pi}{2}}\int_0^{\frac{\pi}{2}}\sin^2 u\cos v\times\{(\sin u\cos v)\boldsymbol{i}+(\sin u\sin v)\boldsymbol{j}+(\cos u)\boldsymbol{k}\}du\,dv.$$

ここで

$$\left(\int_0^{\frac{\pi}{2}}\sin^3 u\,du\right)\left(\int_0^{\frac{\pi}{2}}\cos^2 v\,dv\right)=\left(\left[-\frac{1}{3}\sin^2 u\cos u\right]_0^{\frac{\pi}{2}}+\frac{2}{3}\right)\times\frac{\pi}{4}=\frac{\pi}{6},$$

$$\left(\int_0^{\frac{\pi}{2}}\sin^3 u\,du\right)\left(\int_0^{\frac{\pi}{2}}\sin v\cos v\,dv\right)=\left(\left[-\frac{1}{3}\sin^2 u\cos u\right]_0^{\frac{\pi}{2}}+\frac{2}{3}\right)\times\frac{1}{2}=\frac{1}{3},$$

$$\left(\int_0^{\frac{\pi}{2}}\sin^2 u\cos u\,du\right)\left(\int_0^{\frac{\pi}{2}}\cos v\,dv\right)=\left(\frac{1}{3}\left[\sin^3 u\right]_0^{\frac{\pi}{2}}\right)\times 1=\frac{1}{3}.$$

$$\therefore\quad \int_S x\,d\boldsymbol{S}=\frac{\pi}{6}\boldsymbol{i}+\frac{1}{3}\boldsymbol{j}+\frac{1}{3}\boldsymbol{k}.$$

（ii）$\displaystyle\int_S y d\boldsymbol{S}=\int_0^{\frac{\pi}{2}}\int_0^{\frac{\pi}{2}}\sin^2 u\sin v\{(\sin u\cos v)\boldsymbol{i}$

$\quad+(\sin u\sin v)\boldsymbol{j}+(\cos u)\boldsymbol{k}\}du\,dv.$

ここで

$$\left(\int_0^{\frac{\pi}{2}}\sin^3 u\,du\right)\left(\int_0^{\frac{\pi}{2}}\sin v\cos v\,dv\right)=\frac{2}{3}\times\frac{1}{2}=\frac{1}{3},$$

$$\left(\int_0^{\frac{\pi}{2}}\sin^3 u\,du\right)\left(\int_0^{\frac{\pi}{2}}\sin^2 v\,dv\right)=\frac{2}{3}\times\frac{\pi}{4}=\frac{\pi}{6},$$

$$\left(\int_0^{\frac{\pi}{2}}\sin^2 u\cos u\,du\right)\left(\int_0^{\frac{\pi}{2}}\sin v\,dv\right)=\frac{1}{3}\times 1=\frac{1}{3}.$$

$$\therefore\quad \int_S y\,d\boldsymbol{S}=\frac{1}{3}\boldsymbol{i}+\frac{\pi}{6}\boldsymbol{j}+\frac{1}{3}\boldsymbol{k}.$$

第2章の問題

1.　$\boldsymbol{A}'(t)=2e^{2t}\boldsymbol{i}+2t\boldsymbol{j}+\dfrac{1}{t+1}\boldsymbol{k},\ \ \boldsymbol{B}'(t)=\boldsymbol{j}-\boldsymbol{k},\ \ \boldsymbol{C}'(t)=2t\boldsymbol{i}-e^{-t}\boldsymbol{j}+\boldsymbol{k}.$

（i）
$$\begin{aligned}\frac{d}{dt}(\boldsymbol{A}(t)\times\boldsymbol{B}(t))&=\boldsymbol{A}'(t)\times\boldsymbol{B}(t)+\boldsymbol{A}(t)\times\boldsymbol{B}'(t)\\&=\left\{t\left(-3t+2-\frac{1}{t+1}\right)-\log(t+1)\right\}\boldsymbol{i}\\&\quad+\left\{e^{2t}(2t-1)+\frac{1}{t+1}\right\}\boldsymbol{j}+\left\{e^{2t}(2t+1)-2t\right\}\boldsymbol{k}.\end{aligned}$$

（ii）
$$\begin{aligned}\frac{d}{dt}\{\boldsymbol{A}(t)\cdot(\boldsymbol{B}(t)\times\boldsymbol{C}(t))\}&=\boldsymbol{A}'(t)\cdot(\boldsymbol{B}(t)\times\boldsymbol{C}(t))\\&\quad+\boldsymbol{A}(t)\cdot\{\boldsymbol{B}'(t)\times\boldsymbol{C}(t)+\boldsymbol{B}(t)\times\boldsymbol{C}'(t)\},\end{aligned}$$

$$\boldsymbol{A}'(t)\cdot(\boldsymbol{B}(t)\times\boldsymbol{C}(t))=2e^{2t}(t^2+te^{-t}-e^{-t})+2t(-t^3+t^2-t)+\frac{1}{t+1}(e^{-t}-t^3),$$

$$\begin{aligned}&\boldsymbol{A}(t)\cdot\{\boldsymbol{B}'(t)\times\boldsymbol{C}(t)+\boldsymbol{B}(t)\times\boldsymbol{C}'(t)\}\\&\quad=e^{2t}(2t+2e^{-t}-te^{-t})+t^2(-3t^2+2t-1)+\log(t+1)(-e^{-t}-3t^2)\end{aligned}$$

$$\begin{aligned}\therefore\quad\frac{d}{dt}\{\boldsymbol{A}(t)\cdot(\boldsymbol{B}\times\boldsymbol{C}(t))\}&=te^{2t}(2t+2+e^{-t})+t^2(-5t^2+4t-3)\\&\quad+e^{-t}\left(\frac{1}{t+1}-\log(t+1)\right)\end{aligned}$$

$$-t^2\left(\frac{t}{t+1}+3\log(t+1)\right).$$

2．（i）　$\boldsymbol{A}(t)=\int(t^3\boldsymbol{i}+e^{2t}\boldsymbol{j}+\frac{1}{t+1}\boldsymbol{k})dt=\frac{t^4}{4}\boldsymbol{i}+\frac{e^{2t}}{2}\boldsymbol{j}+(\log|t+1|)\boldsymbol{k}+\boldsymbol{C}$

しかるに，$\boldsymbol{A}(0)=\boldsymbol{O}$ により $\boldsymbol{C}=-\frac{1}{2}\boldsymbol{j}$

$$\therefore\quad \boldsymbol{A}(t)=\frac{t^4}{4}\boldsymbol{i}+\frac{1}{2}(e^{2t}-1)\boldsymbol{j}+(\log|t+1|)\boldsymbol{k}$$

（ii）　$\boldsymbol{A}'(t)=\int(e^{2t}\boldsymbol{i}+t^2\boldsymbol{j}-3\boldsymbol{k})dt=\frac{e^{2t}}{2}\boldsymbol{i}+\frac{t^3}{3}\boldsymbol{j}-3t\boldsymbol{k}+\boldsymbol{C}$,

$$\boldsymbol{A}(t)=\int\left(\frac{e^{2t}}{2}\boldsymbol{i}+\frac{t^3}{3}\boldsymbol{j}-3t\boldsymbol{k}+\boldsymbol{C}\right)dt=\frac{e^{2t}}{4}\boldsymbol{i}+\frac{t^4}{12}\boldsymbol{j}-\frac{3t^2}{2}\boldsymbol{k}+\boldsymbol{C}t+\boldsymbol{D}.$$

しかるに，$\boldsymbol{A}(0)=\boldsymbol{i}+\boldsymbol{j}$，$\boldsymbol{A}'(0)=\boldsymbol{i}-\boldsymbol{k}$ により，$\boldsymbol{C}=\frac{1}{2}\boldsymbol{i}-\boldsymbol{k}$，$\boldsymbol{D}=\frac{3}{4}\boldsymbol{i}+\boldsymbol{j}$.

$$\therefore\quad \boldsymbol{A}(t)=\left(\frac{e^{2t}}{4}+\frac{t}{2}+\frac{3}{4}\right)\boldsymbol{i}+\left(\frac{t^4}{12}+1\right)\boldsymbol{j}-\left(\frac{3t^2}{2}+t\right)\boldsymbol{k}.$$

3．（i）　$\boldsymbol{r}(t)=e^{-\int 2t\,dt}\left[\int e^{-t^2}\boldsymbol{a}e^{\int 2t\,dt}dt+\boldsymbol{c}\right]$

$$=e^{-t^2}\left[\boldsymbol{a}\int dt+\boldsymbol{c}\right]=e^{-t^2}(t\boldsymbol{a}+\boldsymbol{c})\qquad(\boldsymbol{c}\text{ は任意の定ベクトル}).$$

（ii）　特性方程式 $\lambda^2-5\lambda+6=(\lambda-2)(\lambda-3)=0$ を解くと $\lambda=2, 3$.

$$\therefore\quad \boldsymbol{r}(t)=e^{2t}\boldsymbol{C}_1+e^{3t}\boldsymbol{C}_2\qquad(\boldsymbol{C}_1, \boldsymbol{C}_2\text{ は任意の定ベクトル}).$$

4．$\boldsymbol{A}_u=(\sin v)\boldsymbol{i}+ve^{uv}\boldsymbol{j}+\boldsymbol{k}$，$\boldsymbol{A}_v=(u\cos v)\boldsymbol{i}+ue^{uv}\boldsymbol{j}-\boldsymbol{k}$.

（i）　$\boldsymbol{A}_{uv}=(\cos v)\boldsymbol{i}+(uv+1)e^{uv}\boldsymbol{j}$.

（ii）　$\boldsymbol{A}_u\cdot\boldsymbol{A}_v=u\sin v\cos v+uve^{2uv}-1$.

（iii）　$\boldsymbol{A}_u\times\boldsymbol{A}_v=-e^{uv}(u+v)\boldsymbol{i}+(u\cos v+\sin v)\boldsymbol{j}+ue^{uv}(\sin v-v\cos v)\boldsymbol{k}$.

5．$x=2\cos t, y=2\sin t$ とおくと，$z=1-2\sin t-2\cos t$．よって，求める交線のパラメータ表示は

$$\boldsymbol{r}(t)=(2\cos t)\boldsymbol{i}+(2\sin t)\boldsymbol{j}+(1-2\sin t-2\cos t)\boldsymbol{k}\qquad(0\leqq t\leqq 2\pi).$$

6．（i）　$\boldsymbol{r}'(t)=(\cos t)\boldsymbol{i}-(\sin t)\boldsymbol{j}+2\boldsymbol{k}$,　$|\boldsymbol{r}'(t)|=\sqrt{5}$．したがって

$$s=\int_0^t|\boldsymbol{r}'(\tau)|\,d\tau=\sqrt{5}\,t\text{ より}\quad t=\frac{s}{\sqrt{5}},\ 0\leqq s\leqq 2\sqrt{5}\,\pi.$$

$$\therefore\quad \boldsymbol{r}^*(s)=\left(\sin\frac{s}{\sqrt{5}}\right)\boldsymbol{i}+\left(\cos\frac{s}{\sqrt{5}}\right)\boldsymbol{j}+\frac{2s}{\sqrt{5}}\boldsymbol{k},\ 0\leqq s\leqq 2\sqrt{5}\,\pi.$$

（ii）　$\boldsymbol{r}'(t)=(e^t\sin t+e^t\cos t)\boldsymbol{i}-(e^t\cos t-e^t\sin t)\boldsymbol{j}+e^t\boldsymbol{k}$，$|\boldsymbol{r}'(t)|=\sqrt{3}\,e^t$．したがって

$$s=\int_0^t|\boldsymbol{r}'(\tau)|\,d\tau=\sqrt{3}(e^t-1)\text{ より } t=\log\frac{s+\sqrt{3}}{\sqrt{3}}\quad(s\geqq 0).$$

$$\therefore\quad \boldsymbol{r}^*(s)=\left\{\frac{s+\sqrt{3}}{\sqrt{3}}\sin\left(\log\frac{s+\sqrt{3}}{\sqrt{3}}\right)\right\}\boldsymbol{i}-\left\{\frac{s+\sqrt{3}}{\sqrt{3}}\cos\left(\log\frac{s+\sqrt{3}}{\sqrt{3}}\right)\right\}\boldsymbol{j}+\frac{s+\sqrt{3}}{\sqrt{3}}\boldsymbol{k}\quad (s\geqq 0).$$

7. （i）$x(t)=t^2+1$，$y(t)=e^{2t}$，$z(t)=e^{3t}$ より $x'(0)=0$，$y'(0)=2$，$z'(0)=3$.

$$\therefore\quad X=1,\ \frac{Y-1}{2}=\frac{Z-1}{3}.$$

（ii）$x(t)=2\cos t$，$y(t)=3\sin t$，$z(t)=\dfrac{2t}{\pi}$ より $x'\left(\dfrac{\pi}{2}\right)=-2$，$y'\left(\dfrac{\pi}{2}\right)=0$，$z'\left(\dfrac{\pi}{2}\right)=\dfrac{2}{\pi}$.

$$\therefore\quad \frac{X}{-2}=\frac{\pi(Z-1)}{2},\ Y=3.$$

8. （i）$\boldsymbol{r}'(t)=(-\sin t)\boldsymbol{i}+(\cos t)\boldsymbol{j}+t\boldsymbol{k}$，$|\boldsymbol{r}'(t)|=\sqrt{t^2+1}$.

$$\therefore\quad \int_0^1|\boldsymbol{r}'(t)|\,dt=\int_0^1\sqrt{t^2+1}\,dt=\left[\frac{t\sqrt{t^2+1}}{2}+\frac{1}{2}\log|t+\sqrt{t^2+1}|\right]_0^1$$
$$=\frac{1}{2}\{\sqrt{2}+\log(\sqrt{2}+1)\}.$$

（ii）$\boldsymbol{r}'(t)=\dfrac{2t}{\sqrt{2}}\boldsymbol{i}+2\sqrt{t}\,\boldsymbol{j}+\sqrt{2}\,\boldsymbol{k}$，$|\boldsymbol{r}'(t)|=\sqrt{2}\,|t+1|$.

$$\therefore\quad \int_0^2|\boldsymbol{r}'(t)|\,dt=\sqrt{2}\int_0^2(t+1)dt=4\sqrt{2}.$$

9. $\boldsymbol{t}(s)=\dfrac{d\boldsymbol{r}^*(s)}{ds}=\left(\dfrac{1}{\sqrt{5}}\cos\dfrac{s}{\sqrt{5}}\right)\boldsymbol{i}-\left(\dfrac{1}{\sqrt{5}}\sin\dfrac{s}{\sqrt{5}}\right)\boldsymbol{j}+\dfrac{2}{\sqrt{5}}\boldsymbol{k}$.

$\dfrac{d\boldsymbol{t}(s)}{ds}=\left(-\dfrac{1}{5}\sin\dfrac{s}{\sqrt{5}}\right)\boldsymbol{i}-\left(\dfrac{1}{5}\cos\dfrac{s}{\sqrt{5}}\right)\boldsymbol{j}$. $\kappa(s)=\left|\dfrac{d\boldsymbol{t}(s)}{ds}\right|=\dfrac{1}{5}$,

$\boldsymbol{n}(s)=\left|\dfrac{d\boldsymbol{t}(s)}{ds}\right|^{-1}\dfrac{d\boldsymbol{t}(s)}{ds}=\left(-\sin\dfrac{s}{\sqrt{5}}\right)\boldsymbol{i}-\left(\cos\dfrac{s}{\sqrt{5}}\right)\boldsymbol{j}$.

$\boldsymbol{b}(s)=\boldsymbol{t}(s)\times\boldsymbol{n}(s)=\left(\dfrac{2}{\sqrt{5}}\cos\dfrac{s}{\sqrt{5}}\right)\boldsymbol{i}-\left(\dfrac{2}{\sqrt{5}}\sin\dfrac{s}{\sqrt{5}}\right)\boldsymbol{j}-\dfrac{1}{\sqrt{5}}\boldsymbol{k}$.

$\dfrac{d\boldsymbol{b}(s)}{ds}=\left(-\dfrac{2}{5}\sin\dfrac{s}{\sqrt{5}}\right)\boldsymbol{i}-\left(\dfrac{2}{5}\cos\dfrac{s}{\sqrt{5}}\right)\boldsymbol{j}$.

よって，フルネー・セレーの公式 $\dfrac{d\boldsymbol{b}(s)}{ds}=-\tau(s)\boldsymbol{n}(s)$ により $\tau(s)=-\dfrac{2}{5}$.

10. $\boldsymbol{r}'(t)=(3t^2-2)\boldsymbol{i}+2t\boldsymbol{j}+2t\boldsymbol{k}$，$\boldsymbol{r}''(t)=6t\boldsymbol{i}+2\boldsymbol{j}+2\boldsymbol{k}$，$\boldsymbol{r}'''(t)=6\,\boldsymbol{i}$.

$$\therefore\quad \kappa=\frac{|\boldsymbol{r}'(t)\times\boldsymbol{r}''(t)|}{|\boldsymbol{r}'(t)|^3}=\frac{\sqrt{2}(6t^2+4)}{(9t^4-4t^2+4)^{3/2}}.$$

$$\tau = \frac{[\boldsymbol{r}'(t), \boldsymbol{r}''(t), \boldsymbol{r}'''(t)]}{|\boldsymbol{r}'(t)\times\boldsymbol{r}''(t)|^2} = 0.$$

11．$\dfrac{d\boldsymbol{r}^*(s)}{ds} = \boldsymbol{t}(s)$，$\dfrac{d^2\boldsymbol{r}^*(s)}{ds^2} = \dfrac{d\boldsymbol{t}(s)}{ds}$．よって，フルネー・セレーの公式を用いると

$$\frac{d^3\boldsymbol{r}^*(s)}{ds^3} = \frac{d^2\boldsymbol{t}(s)}{ds^2} = \frac{d}{ds}(\varkappa(s)\boldsymbol{n}(s)) = \frac{d\varkappa(s)}{ds}\boldsymbol{n}(s)+\varkappa(s)\frac{d\boldsymbol{n}(s)}{ds}$$
$$= \frac{d\varkappa(s)}{ds}\boldsymbol{n}(s)-\varkappa(s)^2\boldsymbol{t}(s)+\varkappa(s)\tau(s)\boldsymbol{b}(s).$$

12．フルネー・セレーの公式を用いると

$$(\boldsymbol{\omega}\times\boldsymbol{t})\times\boldsymbol{n} = \boldsymbol{t}(\boldsymbol{\omega}\cdot\boldsymbol{n})-\boldsymbol{\omega}(\boldsymbol{t}\cdot\boldsymbol{n}) = \boldsymbol{t}\{(\tau\boldsymbol{t}+\varkappa\boldsymbol{b})\cdot\boldsymbol{n}\} = 0,$$
$$(\boldsymbol{\omega}\times\boldsymbol{t})\times\boldsymbol{t} = \boldsymbol{t}(\boldsymbol{\omega}\cdot\boldsymbol{t})-\boldsymbol{\omega}(\boldsymbol{t}\cdot\boldsymbol{t})$$
$$= \boldsymbol{t}\{(\tau\boldsymbol{t}+\varkappa\boldsymbol{b})\cdot\boldsymbol{t}\}-(\tau\boldsymbol{t}+\varkappa\boldsymbol{b}) = -\varkappa\boldsymbol{b},$$
$$(\boldsymbol{\omega}\times\boldsymbol{t})\times\boldsymbol{b} = \boldsymbol{t}(\boldsymbol{\omega}\cdot\boldsymbol{b})-\boldsymbol{\omega}(\boldsymbol{t}\cdot\boldsymbol{b}) = \boldsymbol{t}\{(\tau\boldsymbol{t}+\varkappa\boldsymbol{b})\cdot\boldsymbol{b}\} = \varkappa\boldsymbol{t}.$$

したがって

$$\frac{d\boldsymbol{t}(s)}{ds}\times\frac{d^2\boldsymbol{t}(s)}{ds^2} = \frac{d\varkappa(s)}{ds}(\boldsymbol{\omega}(s)\times\boldsymbol{t}(s))\times\boldsymbol{n}(s)$$
$$-\varkappa(s)^2(\boldsymbol{\omega}(s)\times\boldsymbol{t}(s))\times\boldsymbol{t}(s)+\varkappa(s)\tau(s)(\boldsymbol{\omega}(s)\times\boldsymbol{t}(s))\times\boldsymbol{b}(s)$$
$$= \varkappa(s)^3\boldsymbol{b}(s)+\varkappa(s)^2\tau(s)\boldsymbol{t}(s)$$
$$= \varkappa(s)^2\{\tau(s)\boldsymbol{t}(s)+\varkappa(s)\boldsymbol{b}(s)\} = \varkappa(s)^2\boldsymbol{\omega}(s).$$

13．$\boldsymbol{v}(t) = \boldsymbol{r}'(t) = |\boldsymbol{r}'(t)|\dfrac{\boldsymbol{r}'(t)}{|\boldsymbol{r}'(t)|} = |\boldsymbol{r}'(t)|\,\boldsymbol{t}$．したがって，フルネー・セレーの公式により

$$\boldsymbol{a}(t) = \boldsymbol{v}'(t) = \left(\frac{d}{dt}|\boldsymbol{r}'(t)|\boldsymbol{t}\right) = \left(\frac{d}{dt}|\boldsymbol{r}'(t)|\right)\boldsymbol{t}+|\boldsymbol{r}'(t)|\frac{d\boldsymbol{t}}{ds}\frac{ds}{dt}$$
$$= \left(\frac{d}{dt}|\boldsymbol{r}'(t)|\right)\boldsymbol{t}+\varkappa|\boldsymbol{r}'(t)|^2\boldsymbol{n}$$
$$= \left(\frac{d}{dt}|\boldsymbol{r}'(t)|\right)\boldsymbol{t}+\left(\frac{1}{\rho}|\boldsymbol{r}'(t)|^2\right)\boldsymbol{n}.$$

14．$\boldsymbol{r}'(t) = 2t^2\boldsymbol{i}+3t\boldsymbol{j}+\boldsymbol{k}$，$\boldsymbol{r}''(t) = 4t\boldsymbol{i}+3\,\boldsymbol{j}$．

（i）$\varkappa = \dfrac{|\boldsymbol{r}'(t)\times\boldsymbol{r}''(t)|}{|\boldsymbol{r}'(t)|^3} = \dfrac{\sqrt{36t^4+16t^2+9}}{(\sqrt{4t^4+9t^2+1})^3}$．

（ii）接線加速度ベクトルは

$$\boldsymbol{a}_t(t) = \left(\frac{d}{dt}|\boldsymbol{r}'(t)|\right)\boldsymbol{t} = \left(\frac{d}{dt}|\boldsymbol{r}'(t)|\right)\frac{\boldsymbol{r}'(t)}{|\boldsymbol{r}'(t)|}$$
$$= \frac{8t^3+9t}{4t^4+9t^2+1}(2t^2\boldsymbol{i}+3t\boldsymbol{j}+\boldsymbol{k}).$$

15．回転円の半径を ρ，質点の速さを $v(t)$，質点の角の速さを $\omega(t)$，角の位置を $\theta(t)$ とする．$\boldsymbol{\omega}(t)$ と $\boldsymbol{r}(t)$ のなす角を α，$|\boldsymbol{r}(t)| = r$ とすると

$$v(t)=\rho\frac{d\theta}{dt}=\rho\omega(t),$$

$$|\boldsymbol{\omega}(t)\times\boldsymbol{r}(t)|=\omega(t)r\sin\alpha=\rho\omega(t).$$

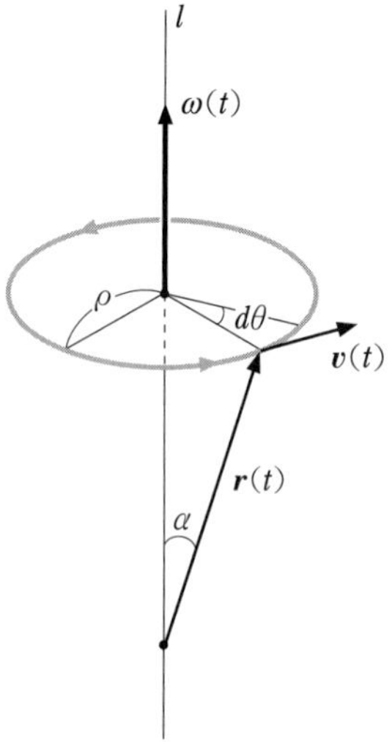

速度ベクトル $\boldsymbol{v}(t)$ は回転円の平面内にあって，$\boldsymbol{r}(t)$ に垂直であり，$\boldsymbol{\omega}(t)\times\boldsymbol{r}(t)$ は $\boldsymbol{r}(t)$ に垂直である．したがって，$\boldsymbol{v}(t)$ と $\boldsymbol{\omega}(t)\times\boldsymbol{r}(t)$ は平行である．ここで，$\boldsymbol{v}(t)$ と $\boldsymbol{\omega}(t)\times\boldsymbol{r}(t)$ が同じ向きであることに注意すれば

$$\boldsymbol{v}(t)=\xi(t)(\boldsymbol{\omega}(t)\times\boldsymbol{r}(t))\quad(\xi(t)>0).$$

しかるに，$|\boldsymbol{v}(t)|=|\boldsymbol{\omega}(t)\times\boldsymbol{r}(t)|$ であるから $\xi(t)\equiv1$．ゆえに

$$\boldsymbol{v}(t)=\boldsymbol{\omega}(t)\times\boldsymbol{r}(t).$$

さらに，これを t で微分すると

$$\boldsymbol{a}(t)=\boldsymbol{v}'(t)=\boldsymbol{\omega}'(t)\times\boldsymbol{r}(t)+\boldsymbol{\omega}(t)\times\boldsymbol{r}'(t)=\boldsymbol{\omega}(t)\times\boldsymbol{v}(t)+\boldsymbol{\alpha}(t)\times\boldsymbol{r}(t).$$

16.　$\boldsymbol{r}_u=(\sin\theta\cos\varphi)\boldsymbol{i}+(\sin\theta\sin\varphi)\boldsymbol{j}+(\cos\theta)\boldsymbol{k},$

$\boldsymbol{r}_\varphi=(-u\sin\theta\sin\varphi)\boldsymbol{i}+(u\sin\theta\cos\varphi)\boldsymbol{j},$

$\boldsymbol{r}_u\times\boldsymbol{r}_\varphi=(-u\sin\theta\cos\theta\cos\varphi)\boldsymbol{i}+(-u\sin\theta\cos\theta\sin\varphi)\boldsymbol{j}+(u\sin^2\theta)\boldsymbol{k}.$

また，$u\sin\theta\cos\varphi=\sqrt{2}\sin\theta$，$u\sin\theta\sin\varphi=\sqrt{2}\sin\theta$，$u\cos\theta=2\cos\theta$ とすると，$u=2$，$\varphi=\dfrac{\pi}{4}$．このとき

$$\boldsymbol{r}_u\times\boldsymbol{r}_\varphi\left(2,\frac{\pi}{4}\right)=(-\sqrt{2}\sin\theta\cos\theta)\boldsymbol{i}+(-\sqrt{2}\sin\theta\cos\theta)\boldsymbol{j}+(2\sin^2\theta)\boldsymbol{k}.$$

したがって，点 P における接平面の方程式は

$$-\sqrt{2}\sin\theta\cos\theta(x-\sqrt{2}\sin\theta)-\sqrt{2}\sin\theta\cos\theta(y-\sqrt{2}\sin\theta)+2\sin^2\theta(z-2\cos\theta)=0,$$

すなわち

$$(\cos\theta)x+(\cos\theta)y-(\sqrt{2}\sin\theta)z=0.$$

17.　$\boldsymbol{r}_u=(\cos v)\boldsymbol{i}+(\sin v)\boldsymbol{j}$，$\boldsymbol{r}_v=(-u\sin v)\boldsymbol{i}+(u\cos v)\boldsymbol{j},$

$$dS=\sqrt{EG-F^2}\,du\,dv=u\,du\,dv.$$

ここで，$D=\left\{(u,v):0\leqq u\leqq1,\ 0\leqq v\leqq\dfrac{\pi}{2}\right\}$ とおく．

（i）　$\displaystyle\int_S(x^2+y^2)dS=\iint_D u^3\,du\,dv=\frac{\pi}{2}\int_0^1u^3\,du=\frac{\pi}{8}.$

（ii）　$\displaystyle\int_S(x^2+y^2)d\boldsymbol{S}=\int_S(x^2+y^2)\boldsymbol{n}\,dS=\left\{\int_S(x^2+y^2)dS\right\}\boldsymbol{k}=\frac{\pi}{8}\boldsymbol{k}.$

18.　$D=\{(x,y):0\leqq x\leqq2,\ 0\leqq y\leqq2\}$ とおくと，S のパラメータ表示は

$$\boldsymbol{r}(x,y)=x\boldsymbol{i}+y\boldsymbol{j}+(6-x-2y)\boldsymbol{k}\qquad((x,y)\in D).$$

これを x，y で偏微分すると

$$\boldsymbol{r}_x = \boldsymbol{i} - \boldsymbol{k},\ \ \boldsymbol{r}_y = \boldsymbol{j} - 2\boldsymbol{k},\ \ dS = \sqrt{6}\ dx\,dy.$$

（i）$\displaystyle\int_S (5x-6y+z)\,dS = \sqrt{6}\int_0^2\int_0^2 (4x-8y+6)\,dx\,dy = 8\sqrt{6}.$

（ii）$\displaystyle\boldsymbol{n} = \frac{\boldsymbol{r}_x\times\boldsymbol{r}_y}{|\boldsymbol{r}_x\times\boldsymbol{r}_y|} = \frac{1}{\sqrt{6}}(\boldsymbol{i}+2\,\boldsymbol{j}+\boldsymbol{k}).$ したがって

$$\begin{aligned}\int_S (5x-6y+z)\,d\boldsymbol{S} &= \int_S (5x-6y+z)\boldsymbol{n}\,dS \\ &= \left\{\int_S (5x-6y+z)\,dS\right\}\boldsymbol{n} = 8\,\boldsymbol{i}+16\,\boldsymbol{j}+8\,\boldsymbol{k}.\end{aligned}$$

第 3 章　スカラー場とベクトル場

3.1　スカラー場の勾配と方向微分係数

問 1　（i）$(1, 2, 0)$.　　（ii）$(-1, 3, -1)$.　　（iii）$\displaystyle\left(\frac{\pi^2}{3}+\frac{\pi}{9}, 0, 0\right)$.

問 2　（i）$\nabla f = \boldsymbol{O}$ ならば $\dfrac{\partial f}{\partial x} = \dfrac{\partial f}{\partial y} = \dfrac{\partial f}{\partial z} = 0$. したがって，$U$ において

$$f(x, y, z) = \int \frac{\partial f}{\partial x}\,dx = g(y, z),\ \ \frac{\partial g}{\partial y} = \frac{\partial f}{\partial y} = 0,$$

$$g(y, z) = \int \frac{\partial g}{\partial y}\,dy = h(z),\ \ \frac{dh}{dz} = \frac{\partial g}{\partial z} = \frac{\partial f}{\partial z} = 0,$$

$$h(z) = \int \frac{dh}{dz}\,dz = C\ (\text{定数}).$$

$$\therefore\ \ f(x, y, z) = g(y, z) = h(z) = C.$$

（ii）$\boldsymbol{a} = a\boldsymbol{i}+b\boldsymbol{j}+c\boldsymbol{k}$ とすると，$\boldsymbol{a}\cdot\boldsymbol{r} = ax+by+cz$.

$$\therefore\ \ \nabla(\boldsymbol{a}\cdot\boldsymbol{r}) = (a, b, c) = a\boldsymbol{i}+b\boldsymbol{j}+c\boldsymbol{k} = \boldsymbol{a}.$$

問 3　（i）$\boldsymbol{a}$ 方向の単位ベクトルは $\boldsymbol{u} = \dfrac{1}{\sqrt{6}}(\boldsymbol{i}+\boldsymbol{j}-2\boldsymbol{k})$. また

$$\nabla f = 6xy\boldsymbol{i}+(3x^2+8yz)\boldsymbol{j}+4y^2\boldsymbol{k}.$$

$$\therefore\ \ \left(\frac{\partial f}{\partial u}\right)_{\mathrm{P}} = (\nabla f)_{\mathrm{P}}\cdot\boldsymbol{u} = \frac{1}{\sqrt{6}}(6, 11, 4)\cdot(1, 1, -2) = \frac{3\sqrt{6}}{2}.$$

（ii）$\boldsymbol{a}$ 方向の単位ベクトルは $\boldsymbol{u} = \dfrac{1}{\sqrt{6}}(2\boldsymbol{i}-\boldsymbol{j}+\boldsymbol{k})$. また

$$\nabla f = (e^x \sin yz)\boldsymbol{i}+(ze^x \cos yz)\boldsymbol{j}+(ye^x \cos yz)\boldsymbol{k}.$$

$$\therefore\ \ \left(\frac{\partial f}{\partial u}\right)_{\mathrm{P}} = (\nabla f)_{\mathrm{P}}\cdot\boldsymbol{u} = \frac{1}{\sqrt{6}}\left(\frac{1}{\sqrt{2}}, \frac{\pi}{4\sqrt{2}}, \frac{1}{\sqrt{2}}\right)\cdot(2, -1, 1) = \frac{12-\pi}{8\sqrt{3}}.$$

（iii）$\boldsymbol{a}$ 方向の単位ベクトルは $\boldsymbol{u} = \dfrac{1}{\sqrt{11}}(\boldsymbol{i}+3\boldsymbol{j}+\boldsymbol{k})$. また

$$\nabla f = (\sin y)\boldsymbol{i}+(x\cos y+\sin z)\boldsymbol{j}+(y\cos z)\boldsymbol{k}.$$

$$\therefore\quad \left(\frac{\partial f}{\partial u}\right)_{\mathrm{P}} = (\nabla f)_{\mathrm{P}}\cdot\boldsymbol{u} = \frac{1}{\sqrt{11}}(0,-1,-\pi)\cdot(1,3,1) = -\frac{\pi+3}{\sqrt{11}}.$$

問 4　$\boldsymbol{a}$ 方向の単位ベクトルは $\boldsymbol{u} = \dfrac{1}{\sqrt{11}}(\boldsymbol{i}+3\boldsymbol{j}+\boldsymbol{k})$.

（i）　$\nabla f = (2x\sin y)\boldsymbol{i}+(x^2\cos y+2y\cos z)\boldsymbol{i}+(-y^2\sin z)\boldsymbol{k}.$

$$\therefore\quad \frac{\partial f}{\partial u} = \nabla f\cdot\boldsymbol{u} = \frac{1}{\sqrt{11}}(2x\sin y+3x^2\cos y+6y\cos z-y^2\sin z).$$

（ii）　$\nabla f=(yze^{xyz})\boldsymbol{i}+(xze^{xyz})\boldsymbol{j}+(xye^{xyz})\boldsymbol{k}$. したがって

$$\frac{\partial f}{\partial u} = \nabla f\cdot\boldsymbol{u} = \frac{1}{\sqrt{11}}e^{xyz}(xy+yz+3xz).$$

問 5　（i）　$(\nabla f)_{\mathrm{P}} = (6,0,4)$.　　$\therefore\quad \dfrac{(\nabla f)_{\mathrm{P}}}{|(\nabla f)_{\mathrm{P}}|} = \left(\dfrac{3}{\sqrt{13}},0,\dfrac{2}{\sqrt{13}}\right)$.

（ii）　$(\nabla f)_{\mathrm{P}} = (1,1,2)$.　　$\therefore\quad \dfrac{(\nabla f)_{\mathrm{P}}}{|(\nabla f)_{\mathrm{P}}|} = \left(\dfrac{1}{\sqrt{6}},\dfrac{1}{\sqrt{6}},\dfrac{2}{\sqrt{6}}\right)$.

（iii）　$(\nabla f)_{\mathrm{P}} = \left(1,0,\dfrac{\pi}{2}\right)$.　　$\therefore\quad \dfrac{(\nabla f)_{\mathrm{P}}}{|(\nabla f)_{\mathrm{P}}|} = \left(\dfrac{2}{\sqrt{\pi^2+4}},0,\dfrac{\pi}{\sqrt{\pi^2+4}}\right)$.

問 6　（i）　$f(x,y,z) = x^3+xy-z^2-1$ とおくと，与えられた曲面は f の等位面 $f=0$ である．このとき

単位法線ベクトルは $\boldsymbol{n}_{\mathrm{P}} = \dfrac{(\nabla f)_{\mathrm{P}}}{|(\nabla f)_{\mathrm{P}}|} = \left(\dfrac{13}{\sqrt{209}},\dfrac{2}{\sqrt{209}},-\dfrac{6}{\sqrt{209}}\right)$.

接平面の方程式は $13(x-2)+2(y-1)-6(z-3) = 0$，すなわち

$$13x+2y-6z = 10.$$

（ii）　$f(x,y,z) = x^2+y^2-z^2$ とおくと，与えられた曲面は f の等位面 $f=0$ である．このとき

単位法線ベクトルは　$\boldsymbol{n}_{\mathrm{P}}=\dfrac{(\nabla f)_{\mathrm{P}}}{|(\nabla f)_{\mathrm{P}}|} = \left(\dfrac{1}{\sqrt{30}},\dfrac{2}{\sqrt{30}},-\dfrac{5}{\sqrt{30}}\right)$.

接平面の方程式は　　$(x-1)+2(y-2)-5(z-5) = 0$，すなわち

$$x+2y-5z+20 = 0.$$

問 7　（i）　$f = x^2-xy+z^2-3$，$g = x(1+y)-z-1$ とおく．このとき

$$\frac{(\nabla f)_{\mathrm{P}}}{|(\nabla f)_{\mathrm{P}}|} = \left(0,-\frac{1}{\sqrt{17}},\frac{4}{\sqrt{17}}\right),\quad \frac{(\nabla g)_{\mathrm{P}}}{|(\nabla g)_{\mathrm{P}}|} = \left(\frac{3}{\sqrt{11}},\frac{1}{\sqrt{11}},-\frac{1}{\sqrt{11}}\right).$$

$$\therefore\quad \cos\theta = \left(0,-\frac{1}{\sqrt{17}},\frac{4}{\sqrt{17}}\right)\cdot\left(\frac{3}{\sqrt{11}},\frac{1}{\sqrt{11}},-\frac{1}{\sqrt{11}}\right) = -\frac{5}{\sqrt{187}}.$$

（ii）　$f = x^2y^2+z^2-6, g = x^2-y^2+z^2-4$ とおく．このとき

$$\frac{(\nabla f)_{\mathrm{P}}}{|(\nabla f)_{\mathrm{P}}|} = \left(-\frac{1}{\sqrt{6}},\frac{1}{\sqrt{6}},\frac{2}{\sqrt{6}}\right),\quad \frac{(\nabla g)_{\mathrm{P}}}{|(\nabla g)_{\mathrm{P}}|} = \left(-\frac{1}{\sqrt{6}},-\frac{1}{\sqrt{6}},\frac{2}{\sqrt{6}}\right).$$

$$\therefore \quad \cos\theta = \left(-\frac{1}{\sqrt{6}}, \frac{1}{\sqrt{6}}, \frac{2}{\sqrt{6}}\right)\cdot\left(-\frac{1}{\sqrt{6}}, -\frac{1}{\sqrt{6}}, \frac{2}{\sqrt{6}}\right) = \frac{2}{3}.$$

3.2　ベクトル場の流線と方向微分係数

問 1　（i）　微分方程式 $\dfrac{dx}{dt} = t^2+1$，$\dfrac{dy}{dt} = t$，$\dfrac{dz}{dt} = t^3$ を解くと

$$x(t) = \frac{t^3}{3}+t+c_1,\ \ y(t) = \frac{t^2}{2}+c_2,\ \ z(t) = \frac{t^4}{4}+c_3 \quad (c_1, c_2, c_3 \text{ は定数}).$$

$$\therefore \quad \text{流線は } \boldsymbol{r}(t) = \left(\frac{t^3}{3}+t+c_1\right)\boldsymbol{i}+\left(\frac{t^2}{2}+c_2\right)\boldsymbol{j}+\left(\frac{t^4}{4}+c_3\right)\boldsymbol{k}.$$

（ii）　微分方程式 $\dfrac{dx}{dt} = t$，$\dfrac{dy}{dt} = \cos t$，$\dfrac{dz}{dt} = \sin t$ を解くと

$$x(t) = \frac{t^2}{2}+c_1,\ \ y(t) = \sin t+c_2,\ \ z(t) = -\cos t+c_3 \quad (c_1, c_2. c_3 \text{ は定数}).$$

$$\therefore \quad \text{流線は } \boldsymbol{r}(t) = \left(\frac{t^2}{2}+c_1\right)\boldsymbol{i}+(\sin t+c_2)\boldsymbol{j}+(-\cos t+c_3)\boldsymbol{k}.$$

問 2　微分方程式 $\dfrac{dx}{dt} = y+z$，$\dfrac{dy}{dt} = z+x$，$\dfrac{dz}{dt} = x+y$ を全部加えると $\dfrac{d}{dt}(x+y+z) = 2(x+y+z)$．ここで $u = x+y+z$ とおくと，$\dfrac{du}{dt} = 2u$．これを解いて $u = ae^{2t}$（a は任意数）を得る．したがって

$$\frac{dx}{dt} = ae^{2t}-x \qquad \therefore \quad \frac{dx}{dt}+x = ae^{2t} \qquad \therefore \quad x(t) = \frac{a}{3}e^{2t}+b_1e^{-t}$$

$$\frac{dy}{dt} = ae^{2t}-y \qquad \therefore \quad \frac{dy}{dt}+y = ae^{2t} \qquad \therefore \quad y(t) = \frac{a}{3}e^{2t}+b_2e^{-t}$$

$$u = x+y+z \text{ より } z(t) = ae^{2t}-x-y = \frac{a}{3}e^{2t}-(b_1+b_2)e^{-t}.$$

ここで，b_1, b_2 は任意定数である．ゆえに，求める流線は

$$\boldsymbol{r}(t) = \left\{\frac{a}{3}e^{2t}+b_1e^{-t}\right\}\boldsymbol{i}+\left\{\frac{a}{3}e^{2t}+b_2e^{-t}\right\}\boldsymbol{j}+\left\{\frac{a}{3}e^{2t}-(b_1+b_2)e^{-t}\right\}\boldsymbol{k}.$$

問 3　まず，$\boldsymbol{r}(t)$ を t で微分すると

$$\boldsymbol{r}'(t) = (-6\sin 2t)\boldsymbol{i}+(6\cos 2t)\boldsymbol{j}+\boldsymbol{k},\ \ |\boldsymbol{r}'(t)| = \sqrt{37}.$$

曲線 $\boldsymbol{r}(t)$ 上で $t=0$ に対応する点から $t=t$ に対応する点までの弧長を $s = s(t)$ とすれば

$$s = \int_0^t |\boldsymbol{r}'(\tau)|\,d\tau = \sqrt{37}\,t,\ \ \varphi(s) = \frac{1}{\sqrt{37}} \quad (s \geqq 0).$$

$$\therefore \quad \boldsymbol{F} = \sqrt{37}\frac{d\boldsymbol{r}}{ds} = \left(-6\sin\frac{2s}{\sqrt{37}}\right)\boldsymbol{i}+\left(6\cos\frac{2s}{\sqrt{37}}\right)\boldsymbol{j}+\boldsymbol{k}.$$

問 4　（i）　$\boldsymbol{F}$ を x, y, z で偏微分すると

$$\frac{\partial \boldsymbol{F}}{\partial x} = 2x\boldsymbol{i}+(y+z)\boldsymbol{j}+yz\boldsymbol{k},$$

$$\frac{\partial \boldsymbol{F}}{\partial y} = 2y\boldsymbol{i} + (x+z)\boldsymbol{j} + xz\boldsymbol{k},$$

$$\frac{\partial \boldsymbol{F}}{\partial z} = 2z\boldsymbol{i} + (x+y)\boldsymbol{j} + xy\boldsymbol{k}.$$

また，$\boldsymbol{a}$ 方向の単位ベクトルを求めると，$\boldsymbol{u} = \frac{2}{\sqrt{14}}\boldsymbol{i} + \frac{3}{\sqrt{14}}\boldsymbol{j} + \frac{1}{\sqrt{14}}\boldsymbol{k}$.

$$\therefore \quad \left(\frac{\partial \boldsymbol{F}}{\partial u}\right)_{\mathrm{p}} = [(\boldsymbol{u}\cdot\nabla)\boldsymbol{F}]_{\mathrm{p}} = \frac{2}{\sqrt{14}}(2\,\boldsymbol{i}+\boldsymbol{j}) + \frac{3}{\sqrt{14}}(2\,\boldsymbol{j}+\boldsymbol{k}) + \frac{1}{\sqrt{14}}(2\boldsymbol{i}+\boldsymbol{j})$$

$$= \frac{6}{\sqrt{14}}\boldsymbol{i} + \frac{9}{\sqrt{14}}\boldsymbol{j} + \frac{3}{\sqrt{14}}\boldsymbol{k}.$$

（ii） $\boldsymbol{F}$ を x, y, z で偏微分すると

$$\frac{\partial \boldsymbol{F}}{\partial x} = \cos x\boldsymbol{i},\ \ \frac{\partial \boldsymbol{F}}{\partial y} = -\sin y\boldsymbol{j},\ \ \frac{\partial \boldsymbol{F}}{\partial z} = \frac{1}{\cos^2 z}\boldsymbol{k}.$$

また，$\boldsymbol{a}$ 方向の単位ベクトルを求めると，$\boldsymbol{u} = \frac{1}{\sqrt{3}}\boldsymbol{i} + \frac{1}{\sqrt{3}}\boldsymbol{j} + \frac{1}{\sqrt{3}}\boldsymbol{k}$.

$$\therefore \quad \left(\frac{\partial \boldsymbol{F}}{\partial u}\right)_{\mathrm{p}} = [(\boldsymbol{u}\cdot\nabla)\boldsymbol{F}]_{\mathrm{p}} = -\frac{1}{\sqrt{3}}\boldsymbol{i} - \frac{1}{\sqrt{3}}\boldsymbol{j} + \frac{1}{\sqrt{3}}\boldsymbol{k}.$$

（iii） $\boldsymbol{F}$ を x, y, z で偏微分すると

$$\frac{\partial \boldsymbol{F}}{\partial x} = 2e^{2x}\boldsymbol{i},\ \ \frac{\partial \boldsymbol{F}}{\partial y} = \frac{2y}{y^2+1}\boldsymbol{j},\ \ \frac{\partial \boldsymbol{F}}{\partial z} = \frac{1}{2\sqrt{z}}\boldsymbol{k}.$$

また，$\boldsymbol{a}$ 方向の単位ベクトルを求めると，$\boldsymbol{u} = \frac{1}{\sqrt{6}}\boldsymbol{i} + \frac{2}{\sqrt{6}}\boldsymbol{j} + \frac{1}{\sqrt{6}}\boldsymbol{k}$.

$$\therefore \quad \left(\frac{\partial \boldsymbol{F}}{\partial u}\right)_{\mathrm{p}} = [(\boldsymbol{u}\cdot\nabla)\boldsymbol{F}]_{\mathrm{p}} = \frac{2}{\sqrt{6}}\boldsymbol{i} - \frac{2}{\sqrt{6}}\boldsymbol{j} + \frac{1}{2\sqrt{6}}\boldsymbol{k}.$$

3.3 保存ベクトル場とスカラー・ポテンシャル

問 1 （i） 求めるスカラー・ポテンシャルを $\varphi(x, y, z)$ とする．この時 $\boldsymbol{A} = -\nabla\varphi$ により

$$\frac{\partial \varphi}{\partial x} = -x^2,\ \ \frac{\partial \varphi}{\partial y} = -y^2,\ \ \frac{\partial \varphi}{\partial z} = -z^2.$$

まず，$\frac{\partial \varphi}{\partial x} = -x^2$ より $\varphi(x, y, z) = \int \frac{\partial \varphi}{\partial x}dx = \int(-x^2)dx = -\frac{x^3}{3} + \xi(y, z)$．このとき

$$\frac{\partial \varphi}{\partial y} = \frac{\partial \xi}{\partial y} = -y^2.\ \text{よって}\ \ \xi(y, z) = \int \frac{\partial \xi}{\partial y}dy = \int(-y^2)dy = -\frac{y^3}{3} + \eta(z).$$

次に $\frac{\partial \varphi}{\partial z} = \frac{\partial \xi}{\partial z} = \frac{\partial \eta}{\partial z} = -z^2$．よって $\eta(z) = \int(-z^2)dz = -\frac{z^3}{3} + c$ （c は任意定数）．

$$\therefore \quad \varphi(x, y, z) = -\frac{1}{3}(x^3 + y^3 + z^3) + c.$$

（ii） 求めるスカラー・ポテンシャルを $\varphi(x,y,z)$ とすると，$\boldsymbol{A}=-\nabla\varphi$ により

$$\frac{\partial\varphi}{\partial x}=-(x^2+y),\ \frac{\partial\varphi}{\partial y}=-(x+y^2),\ \frac{\partial\varphi}{\partial z}=-z^2.$$

まず，$\dfrac{\partial\varphi}{\partial x}=-(x^2+y)$ より $\varphi(x,y,z)=-\displaystyle\int(x^2+y)dx=-\dfrac{x^3}{3}-yx+\xi(y,z)$.
このとき，$\dfrac{\partial\varphi}{\partial y}=-x+\dfrac{\partial\xi}{\partial y}=-x-y^2$. ゆえに $\dfrac{\partial\xi}{\partial y}=-y^2$ となり，$\xi(y,z)=-\displaystyle\int y^2dy=-\dfrac{y^3}{3}+\eta(z)$

さらに，$\dfrac{\partial\varphi}{\partial z}=\dfrac{\partial\xi}{\partial z}=\dfrac{d\eta}{dz}=-z^2$ であるから，$\eta(z)=-\displaystyle\int z^2dz=-\dfrac{z^3}{3}+c$（$c$ は任意定数）.

$$\therefore\quad \varphi(x,y,z)=-\frac{1}{3}(x^3+y^3+3xy+z^3)+c.$$

（iii） 求めるスカラー・ポテンシャルを $\varphi(x,y,z)$ とすると，$\boldsymbol{A}=-\nabla\varphi$ により

$$\frac{\partial\varphi}{\partial x}=-\sin x,\ \frac{\partial\varphi}{\partial y}=-\cos y,\ \frac{\partial\varphi}{\partial z}=-\log z.$$

まず，$\dfrac{\partial\varphi}{\partial x}=-\sin x$ より $\varphi(x,y,z)=-\displaystyle\int\sin x\,dx=\cos x+\xi(y,z)$. このとき，$\dfrac{\partial\varphi}{\partial y}=\dfrac{\partial\xi}{\partial y}=-\cos y$. ゆえに，$\xi(y,z)=-\displaystyle\int\cos y\,dy=-\sin y+\eta(z)$. したがって，$\dfrac{\partial\varphi}{\partial z}=\dfrac{\partial\xi}{\partial z}=\dfrac{d\eta}{dz}=-\log z$ が得られるから，$\eta(z)=-\displaystyle\int\log z\,dz=-z\log z+z+c$（$c$ は任意定数）.

$$\therefore\quad \varphi(x,y,z)=\cos x-\sin y-z\log z+z+c.$$

問2　$A=(a_{ij})$ を3次の対称行列とすると，$a_{ij}=a_{ji}\ (i,j=1,2,3)$.
$\varphi(\boldsymbol{r})=-\dfrac{1}{2}\boldsymbol{r}A{}^t\boldsymbol{r}$ とおき，$\boldsymbol{A}$ の成分を A_x, A_y, A_z とすると

$$\begin{cases}A_x=a_{11}x+a_{12}y+a_{13}z\\ A_y=a_{21}x+a_{22}y+a_{23}z,\\ A_z=a_{31}x+a_{32}y+a_{33}z\end{cases}\qquad \begin{cases}(-\nabla\varphi)_x=a_{11}x+a_{21}y+a_{31}z\\ (-\nabla\varphi)_y=a_{12}x+a_{22}y+a_{32}z\\ (-\nabla\varphi)_z=a_{13}x+a_{23}y+a_{33}z\end{cases}$$

したがって $\boldsymbol{A}=-\nabla\varphi$ が成り立つ.

問3　$\boldsymbol{E}_{\mathrm{A}}=\dfrac{2q}{4\pi\varepsilon_0|\overrightarrow{\mathrm{AP}}|^3}\overrightarrow{\mathrm{AP}}=\dfrac{q}{28\sqrt{14}\pi\varepsilon_0}(-3\boldsymbol{i}-\boldsymbol{j}+2\boldsymbol{k}).$

$\boldsymbol{E}_{\mathrm{B}}=\dfrac{-q}{4\pi\varepsilon_0|\overrightarrow{\mathrm{BP}}|^3}\overrightarrow{\mathrm{BP}}=\dfrac{q}{108\pi\varepsilon_0}(-2\boldsymbol{i}+\boldsymbol{j}-2\boldsymbol{k}).$

また 3点 P, A, B が作る平面内で $\boldsymbol{E}_{\mathrm{A}}$ と $\boldsymbol{E}_{\mathrm{B}}$ を合成したものが $\boldsymbol{E}$ である. すなわち

$$\boldsymbol{E}=\left(-\frac{3q}{28\sqrt{14}\pi\varepsilon_0}-\frac{q}{54\pi\varepsilon_0}\right)\boldsymbol{i}+\left(-\frac{q}{28\sqrt{14}\pi\varepsilon_0}+\frac{q}{108\pi\varepsilon_0}\right)\boldsymbol{j}+\left(\frac{q}{14\sqrt{14}\pi\varepsilon_0}-\frac{q}{54\pi\varepsilon_0}\right)\boldsymbol{k}.$$

3.4　ベクトル場の発散

問 1　$\nabla\cdot\boldsymbol{F}=\dfrac{\partial F_x}{\partial x}+\dfrac{\partial F_y}{\partial y}+\dfrac{\partial F_z}{\partial z}=yz+2x^2yz^2+3x^3y^3z^2.$

問 2　$\nabla\cdot\boldsymbol{F}=\dfrac{\partial}{\partial x}(xr^{-n})+\dfrac{\partial}{\partial y}(yr^{-n})+\dfrac{\partial}{\partial z}(zr^{-n})$

$$=\frac{3}{r^n}-\frac{n}{r^{n+2}}(x^2+y^2+z^2)=\frac{3-n}{r^n}.$$

問 3　$\nabla^2\boldsymbol{F}=(\nabla^2F_x)\boldsymbol{i}+(\nabla^2F_y)\boldsymbol{j}+(\nabla^2F_z)\boldsymbol{k}$

$$=\{-(x^2+y^2)\sin xy\}\boldsymbol{i}+\{-(y^2+z^2)\sin yz\}\boldsymbol{j}+\{-(x^2+z^2)\sin xz\}\boldsymbol{k}.$$

問 4　平面 S の正の向きの単位法線ベクトルは $\boldsymbol{n}=\left(\dfrac{1}{\sqrt{3}},\dfrac{1}{\sqrt{3}},\dfrac{1}{\sqrt{3}}\right)$. また，$S$ の正のパラメータ表示は

$$\boldsymbol{r}(x,y)=x\boldsymbol{i}+y\boldsymbol{j}+(1-x-y)\boldsymbol{k}\quad(x\geqq 0,\ y\geqq 0,\ x+y\leqq 1).$$

これを x,y で偏微分すると $\boldsymbol{r}_x=\boldsymbol{i}-\boldsymbol{k},\ \boldsymbol{r}_y=\boldsymbol{j}-\boldsymbol{k}$.

また，$EG-F^2=(\boldsymbol{r}_x\cdot\boldsymbol{r}_x)(\boldsymbol{r}_y\cdot\boldsymbol{r}_y)-(\boldsymbol{r}_x\cdot\boldsymbol{r}_y)^2=3$. したがって

$$\Omega(\boldsymbol{r},S)=\int_S\boldsymbol{n}\cdot\boldsymbol{r}\,dS=\int_0^1\left\{\int_0^{1-y}dx\right\}dy=\frac{1}{2}.$$

問 5　ガウスの発散定理により

$$\Omega(\boldsymbol{F},\partial V)=\oint_{\partial V}\boldsymbol{n}\cdot\boldsymbol{F}\,dS=\int_V\nabla\cdot\boldsymbol{F}\,dV=9\int_V dV$$

$$=9\pi\int_0^1(1-z)dz=\frac{9\pi}{2}.$$

3.5　ベクトル場の回転

問 1　$\boldsymbol{a}=(a,b,c)$ とすると，$\boldsymbol{a}\cdot\boldsymbol{r}=ax+by+cz$，$\boldsymbol{a}\times\boldsymbol{r}=(bz-cy,\ cx-az,\ ay-bx)$. したがって，成分どうしを比較すると

$$\left[\nabla\times\left(\frac{\boldsymbol{a}\times\boldsymbol{r}}{r^3}\right)\right]_x=-\frac{a}{r^3}+\frac{3x}{r^5}(ax+by+cz)=\left[-\nabla\left(\frac{\boldsymbol{a}\cdot\boldsymbol{r}}{r^3}\right)\right]_x,$$

$$\left[\nabla\times\left(\frac{\boldsymbol{a}\times\boldsymbol{r}}{r^3}\right)\right]_y=-\frac{b}{r^3}+\frac{3y}{r^5}(ax+by+cz)=\left[-\nabla\left(\frac{\boldsymbol{a}\cdot\boldsymbol{r}}{r^3}\right)\right]_y,$$

$$\left[\nabla\times\left(\frac{\boldsymbol{a}\times\boldsymbol{r}}{r^3}\right)\right]_z=-\frac{c}{r^3}+\frac{3z}{r^5}(ax+by+cz)=\left[-\nabla\left(\frac{\boldsymbol{a}\cdot\boldsymbol{r}}{r^3}\right)\right]_z.$$

$$\therefore\quad \mathrm{rot}\left(\frac{\boldsymbol{a}\times\boldsymbol{r}}{r^3}\right)=-\nabla\left(\frac{\boldsymbol{a}\cdot\boldsymbol{r}}{r^3}\right).$$

問 2　(i)　$\nabla\times\boldsymbol{F}=-\boldsymbol{i}-\boldsymbol{j}-\boldsymbol{k}$.　(ii)　$\nabla\times\boldsymbol{F}=e^y\boldsymbol{i}+e^z\boldsymbol{j}+e^x\boldsymbol{k}$.

(iii)　$\nabla\times\boldsymbol{F}=(y\sin yz)\boldsymbol{i}-(z\cos zx)\boldsymbol{j}-(x\cos xy)\boldsymbol{k}$.

問 3　(i)　$F_x(x,y,z)=x+1,\ F_y(x,y,z)=-y^2,\ F_z(x,y,z)=-(1-2y)z$ であるから

$$\nabla\cdot\boldsymbol{F}=\frac{\partial}{\partial x}(x+1)+\frac{\partial}{\partial y}(-y^2)+\frac{\partial}{\partial z}(-(1-2y)z)=0.$$

よって，$\boldsymbol{F}$ は管状である．次に $\boldsymbol{F}$ のベクトル・ポテンシャルを求める．α, β, γ を任意定数として

$$\begin{aligned} G_x(x, y, z) &= \int_0^x [\alpha F_x(\xi, 0, 0) + \beta F_y(\xi, 0, 0) + \gamma F_z(\xi, 0, 0)]\, d\xi \\ &= \int_0^x \alpha(\xi+1)\, d\xi = \frac{\alpha x^2}{2} + \alpha x, \\ G_y(x, y, z) &= \int_0^x F_z(\xi, y, z)\, d\xi = -\int_0^x (1-2y) z\, d\xi = -(1-2y)zx, \\ G_z(x, y, z) &= \int_0^y F_x(0, \eta, z)\, d\eta - \int_0^x F_y(\xi, y, z)\, d\xi \\ &= \int_0^y d\eta - \int_0^x (-y^2)\, d\xi = y + xy^2. \end{aligned}$$

こうして得られたベクトル場 $\boldsymbol{G} = G_x \boldsymbol{i} + G_y \boldsymbol{j} + G_z \boldsymbol{k}$ は $\boldsymbol{F} = \mathrm{rot}\, \boldsymbol{G}$ をみたす．ゆえに，求めるベクトル・ポテンシャルは

$$\boldsymbol{G} = \left(\frac{\alpha}{2} x^2 + \alpha x\right)\boldsymbol{i} - (1-2y)xz\boldsymbol{j} + (xy^2 + y)\boldsymbol{k} \quad (\alpha \text{ は任意定数}).$$

（ii） $F_x(x, y, z) = y^2 - z$，$F_y(x, y, z) = z^2 - x$，$F_z(x, y, z) = x^2 - y$ であるから，$\nabla \cdot \boldsymbol{F} = 0$．よって，$\boldsymbol{F}$ は管状である．次に $\boldsymbol{F}$ のベクトル・ポテンシャルを求める．（i）と同様にして

$$\begin{aligned} G_x(x, y, z) &= \int_0^x (-\beta\xi + \gamma\xi^2)\, d\xi = -\frac{\beta x^2}{2} + \frac{\gamma x^3}{3}, \\ G_y(x, y, z) &= \int_0^x (\xi^2 - y)\, d\xi = \frac{x^3}{3} - xy, \\ G_z(x, y, z) &= \int_0^y (\eta^2 - z)\, d\eta - \int_0^x (z^2 - \xi)\, d\xi = \frac{y^3}{3} - zy - z^2 x + \frac{x^2}{2}. \end{aligned}$$

ゆえに，求めるベクトル・ポテンシャルは，β, γ を任意定数として

$$\boldsymbol{G} = \left(\frac{\gamma}{3} x^3 - \frac{\beta}{2} x^2\right)\boldsymbol{i} + \left(\frac{1}{3} x^3 - xy\right)\boldsymbol{j} + \left(\frac{1}{2} x^2 + \frac{1}{3} y^3 - xz^2 - yz\right)\boldsymbol{k}.$$

（iii） $F_x(x, y, z) = x \sin z$，$F_y(x, y, z) = \sin x$，$F_z(x, y, z) = \cos z$ であるから

$$\nabla \cdot \boldsymbol{F} = \frac{\partial}{\partial x}(x \sin z) + \frac{\partial}{\partial y}(\sin x) + \frac{\partial}{\partial z}(\cos z) = 0.$$

よって，$\boldsymbol{F}$ は管状である．次に $\boldsymbol{F}$ のベクトル・ポテンシャルを求める．（i）と同様にして

$$\begin{aligned} G_x(x, y, z) &= \int_0^x (\beta \sin \xi + 1)\, d\xi = x - \beta \cos x + \beta, \\ G_y(x, y, z) &= \int_0^x \cos z\, d\xi = x \cos z, \end{aligned}$$

$$G_z(x,y,z) = -\int_0^x \sin\xi\, d\xi = \cos x - 1.$$

したがって，求めるベクトル・ポテンシャルは

$$\boldsymbol{G} = (x-\beta\cos x+\beta)\boldsymbol{i}+(x\cos z)\boldsymbol{j}+(\cos x-1)\boldsymbol{k}\quad(\beta \text{ は任意定数}).$$

問4　$\nabla\cdot\boldsymbol{F} = \nabla\cdot(\nabla f\times\nabla g)$

$$= \frac{\partial}{\partial x}\left(\frac{\partial f}{\partial y}\frac{\partial g}{\partial z}-\frac{\partial f}{\partial z}\frac{\partial g}{\partial y}\right)+\frac{\partial}{\partial y}\left(\frac{\partial f}{\partial z}\frac{\partial g}{\partial x}-\frac{\partial f}{\partial x}\frac{\partial g}{\partial z}\right)$$
$$+\frac{\partial}{\partial z}\left(\frac{\partial f}{\partial x}\frac{\partial g}{\partial y}-\frac{\partial f}{\partial y}\frac{\partial g}{\partial x}\right) = 0.$$

ゆえに $\boldsymbol{F}$ は管状ベクトル場である．

問5　$\displaystyle\int_0^1 t(\boldsymbol{i}-ty\boldsymbol{j}+tz\boldsymbol{k})dt = \frac{1}{2}\boldsymbol{i}-\frac{y}{3}\boldsymbol{j}+\frac{z}{3}\boldsymbol{k}$ であるから

$$\boldsymbol{G} = \left(-\frac{2}{3}yz\right)\boldsymbol{i}+\left(\frac{xz}{3}-\frac{z}{2}\right)\boldsymbol{j}+\left(\frac{xy}{3}+\frac{y}{2}\right)\boldsymbol{k}.$$

$$\therefore\quad \nabla\times\boldsymbol{G} = \left\{\frac{\partial}{\partial y}\left(\frac{xy}{3}+\frac{y}{2}\right)-\frac{\partial}{\partial z}\left(\frac{xy}{3}-\frac{z}{2}\right)\right\}\boldsymbol{i}+\left\{\frac{\partial}{\partial z}\left(-\frac{2}{3}yz\right)-\frac{\partial}{\partial x}\left(\frac{xy}{3}+\frac{y}{2}\right)\right\}\boldsymbol{j}$$
$$+\left\{\frac{\partial}{\partial x}\left(\frac{xz}{3}-\frac{z}{2}\right)-\frac{\partial}{\partial y}\left(-\frac{2}{3}yz\right)\right\}\boldsymbol{k} = \boldsymbol{i}-y\boldsymbol{j}+z\boldsymbol{k} = \boldsymbol{F}.$$

3.6　勾配，発散，回転に関する諸公式

問1　（i）　$\nabla\cdot\boldsymbol{r} = 3$，$\nabla(r^{n-2}) = (n-2)r^{n-4}\boldsymbol{r}$ であるから

$$\operatorname{div}\operatorname{grad} r^n = n\nabla\cdot(r^{n-2}\boldsymbol{r}) = n\{\boldsymbol{r}\cdot\nabla(r^{n-2})+r^{n-2}\,\nabla\cdot\boldsymbol{r}\}$$
$$= n\{(n-2)r^{n-4}\boldsymbol{r}\cdot\boldsymbol{r}+3r^{n-2}\} = n(n+1)r^{n-2}.$$

（ii）　$\displaystyle\nabla f(r) = \frac{1}{r}\frac{df(r)}{dr}\boldsymbol{r}$ であるから

$$\operatorname{div}\{f(r)\boldsymbol{r}\} = \nabla\cdot\{f(r)\boldsymbol{r}\} = \boldsymbol{r}\cdot\nabla f(r)+f(r)\nabla\cdot\boldsymbol{r}$$
$$= \frac{1}{r}\frac{df(r)}{dr}\boldsymbol{r}\cdot\boldsymbol{r}+3f(r) = r\frac{df(r)}{dr}+3f(r).$$

（iii）　$\nabla\times\boldsymbol{r} = \boldsymbol{o}$，$\boldsymbol{r}\times\boldsymbol{r} = \boldsymbol{o}$ であるから

$$\operatorname{rot}\{f(r)\boldsymbol{r}\} = \nabla\times\{f(r)\boldsymbol{r}\} = \{\nabla f(r)\}\times\boldsymbol{r}+f(r)\nabla\times\boldsymbol{r}$$
$$= \frac{1}{r}\frac{df(r)}{dr}\boldsymbol{r}\times\boldsymbol{r} = \boldsymbol{o}.$$

問2　$\displaystyle\operatorname{grad}\left(\frac{f'(r)}{r}\right) = \nabla\left(\frac{f'(r)}{r}\right) = \frac{rf''(r)-f'(r)}{r^3}\boldsymbol{r}.$

問3　（i）　$\displaystyle\frac{\partial f}{\partial x} = yz,\ \frac{\partial f}{\partial y} = xz,\ \frac{\partial f}{\partial z} = xy$ であるから

$$[(\boldsymbol{A}\cdot\nabla)f]_{\mathrm{p}} = \left[z\frac{\partial f}{\partial x}+x\frac{\partial f}{\partial y}-y\frac{\partial f}{\partial z}\right]_{\mathrm{p}} = [yz^2+x^2z-xy^2]_{\mathrm{p}} = 1.$$

（ii）　$[(\boldsymbol{A}\cdot\nabla)f\boldsymbol{B}]_{\mathrm{p}} = [((\boldsymbol{A}\cdot\nabla)f)\boldsymbol{B}]_p+[f(\boldsymbol{A}\cdot\nabla)\boldsymbol{B}]_{\mathrm{p}} = \boldsymbol{k}.$

（iii）　$[(\boldsymbol{A}\times\nabla)\cdot\boldsymbol{B}]_{\mathrm{p}} = [yx^2-zy^2-xz^2]_{\mathrm{p}} = -1.$

第3章の問題

1. (i) $(\nabla f)(1,0,1)=(3,0,4)$.　　(ii) $(\nabla f)(1,1,0)=\left(\frac{1}{2},-1,1\right)$.

(iii) $(\nabla f)(1,0,1)=\left(0,0,\frac{1}{2}\right)$.

2. $\boldsymbol{a}$ 方向の単位ベクトルは $\boldsymbol{u}_a=\frac{1}{\sqrt{6}}(\boldsymbol{i}+2\boldsymbol{j}-\boldsymbol{k})$.

(i) $\frac{\partial f}{\partial a}(1,-1,0)=[(\nabla f)\cdot\boldsymbol{u}_a](1,-1,0)=-\sqrt{6}$.

$\max\left(\frac{\partial f}{\partial a}\right)(1,-1,0)=|(\nabla f)(1,-1,0)|=2\sqrt{5}$.

f の最大増加の向きは $(2,-4,0)$ の向き.

(ii) $\frac{\partial f}{\partial a}(1,-1,0)=[(\nabla f)\cdot\boldsymbol{u}_a](1,-1,0)=-\frac{1}{e\sqrt{6}}(4e-1)$.

$\max\left(\frac{\partial f}{\partial a}\right)(1,-1,0)=|(\nabla f)(1,-1,0)|=\frac{1}{e}\sqrt{5e^2-2e+2}$

f の最大増加の向きは $\left(-\frac{1}{e},\frac{1}{e}-1,2\right)$ の向き.

3. (i) $(\nabla f)(1,2,1)=(15,-12,4)$.　∴　単位ベクトルは $\frac{1}{\sqrt{385}}(15,-12,4)$.

(ii) $(\nabla f)(0,1,1)=(-1,1,2)$.　∴　単位ベクトルは $\frac{1}{\sqrt{6}}(-1,1,2)$.

4. (i) $f=x^2z+yz-z^2-3$ とおくと，与えられた曲面は f の等位面 $f=0$ になっている．このとき，$(\nabla f)(1,3,3)=(6,3,-2)$.

∴　単位法線ベクトルは $\pm\frac{1}{7}(6,3,-2)$.

∴　接平面の方程式は $6(x-1)+3(y-3)-2(z-3)=0$,

すなわち　$6x+3y-2z+9=0$.

(ii) $f=x^2(1+y^2)-z-2$ とおくと，与えられた曲面は f の等位面 $f=0$ になっている．このとき，$(\nabla f)(1,2,1)=(10,4,-1)$.

∴　単位法線ベクトルは $\pm\frac{1}{\sqrt{117}}(10,4,-1)$.

∴　接平面の方程式は $10(x-1)+4(y-2)-(z-1)=0$,

すなわち　$10x+4y-z=17$.

5. (i) 微分方程式 $\frac{dx}{dt}=t^2+t+1$, $\frac{dy}{dt}=t-1$, $\frac{dz}{dt}=t^2$ を解くと

$$x=\frac{t^3}{3}+\frac{t^2}{2}+t+c_1,\quad y=\frac{t^2}{2}-t+c_2,\quad z=\frac{t^3}{3}+c_3\quad (c_1,c_2,c_3 \text{は任意定数}).$$

$$∴\quad \text{流線は}\ \boldsymbol{r}=\left(\frac{t^3}{3}+\frac{t^2}{2}+t+c_1\right)\boldsymbol{i}+\left(\frac{t^2}{2}-t+c_2\right)\boldsymbol{j}+\left(\frac{t^3}{3}+c_3\right)\boldsymbol{k}$$

（c_1, c_2, c_3 は任意定数）.

（ii）微分方程式 $\dfrac{dx}{dt} = \sin t$，$\dfrac{dy}{dt} = \cos t$，$\dfrac{dz}{dt} = e^{3t}$ を解くと

$$x = -\cos t + c_1,\ y = \sin t + c_2,\ z = \frac{1}{3}e^{3t} + c_3 \quad (c_1, c_2, c_3 \text{ は任意定数}).$$

$$\therefore \quad \text{流線は } \boldsymbol{r} = (-\cos t + c_1)\boldsymbol{i} + (\sin t + c_2)\boldsymbol{j} + \left(\frac{1}{3}e^{3t} + c_3\right)\boldsymbol{k}$$

（c_1, c_2, c_3 は任意定数）.

6．2曲線（i），（ii）を流線にもつベクトル場をそれぞれ $\boldsymbol{F} = (F_x, F_y, F_z)$，$\boldsymbol{G} = (G_x, G_y, G_z)$ とすると

$$F_x = 6e^{3t},\ F_y = 1,\ F_z = -6e^{-2t},$$
$$G_x = 2te^t + 4e^t,\ G_y = 2e^{2t},\ G_z = -6te^{2t} + 3e^{2t}.$$

$$\therefore \quad \boldsymbol{F} = 6e^{3t}\boldsymbol{i} + \boldsymbol{j} - 6e^{-2t}\boldsymbol{k},\ \boldsymbol{G} = (2te^t + 4e^t)\boldsymbol{i} + 2e^{2t}\boldsymbol{j} - (6te^{2t} - 3e^{2t})\boldsymbol{k}.$$

7．（i）$\dfrac{\partial f}{\partial x} = \dfrac{\partial f}{\partial u}\dfrac{\partial u}{\partial x} + \dfrac{\partial f}{\partial v}\dfrac{\partial v}{\partial x}$，$\dfrac{\partial f}{\partial y} = \dfrac{\partial f}{\partial u}\dfrac{\partial u}{\partial y} + \dfrac{\partial f}{\partial v}\dfrac{\partial v}{\partial y}$，$\dfrac{\partial f}{\partial z} = \dfrac{\partial f}{\partial u}\dfrac{\partial u}{\partial z} + \dfrac{\partial f}{\partial v}\dfrac{\partial v}{\partial z}$.

$$\therefore \quad \nabla f = \frac{\partial f}{\partial u}\nabla u + \frac{\partial f}{\partial v}\nabla v.$$

（ii）
$$\frac{\partial}{\partial x}\int g(u)du = \left(\frac{d}{du}\int g(u)du\right)\frac{\partial u}{\partial x} = g(u)\frac{\partial u}{\partial x},$$
$$\frac{\partial}{\partial y}\int g(u)du = \left(\frac{d}{du}\int g(u)du\right)\frac{\partial u}{\partial y} = g(u)\frac{\partial u}{\partial y},$$
$$\frac{\partial}{\partial z}\int g(u)du = \left(\frac{d}{du}\int g(u)du\right)\frac{\partial u}{\partial z} = g(u)\frac{\partial u}{\partial z}.$$

$$\therefore \quad \nabla\int g(u)du = g(u)\nabla u.$$

8．f, g, h は調和関数であるから，$\nabla^2 f = \nabla^2 g = \nabla^2 h = 0$．したがって

$$\begin{aligned}\nabla^2(fgh) &= f\left(2\frac{\partial g}{\partial x}\frac{\partial h}{\partial x} + 2\frac{\partial g}{\partial y}\frac{\partial h}{\partial y} + 2\frac{\partial g}{\partial z}\frac{\partial h}{\partial z}\right)\\ &\quad + g\left(2\frac{\partial h}{\partial x}\frac{\partial f}{\partial x} + 2\frac{\partial h}{\partial y}\frac{\partial f}{\partial y} + 2\frac{\partial h}{\partial z}\frac{\partial f}{\partial z}\right)\\ &\quad + h\left(2\frac{\partial f}{\partial x}\frac{\partial g}{\partial x} + 2\frac{\partial f}{\partial y}\frac{\partial g}{\partial y} + 2\frac{\partial f}{\partial z}\frac{\partial g}{\partial z}\right)\\ &= f\nabla^2(gh) + g\nabla^2(hf) + h\nabla^2(fg).\end{aligned}$$

9．（i）$\boldsymbol{a}$ 方向の単位ベクトルは $\boldsymbol{u} = \dfrac{1}{\sqrt{14}}(1, 3, 2)$．また

$$\frac{\partial \boldsymbol{F}}{\partial x} = 3x^2\boldsymbol{i},\ \frac{\partial \boldsymbol{F}}{\partial y} = 2y\boldsymbol{i} + 3y^2\boldsymbol{j},\ \frac{\partial \boldsymbol{F}}{\partial z} = 2z\boldsymbol{j} + 3z^2\boldsymbol{k}.$$

$$\therefore \quad \left(\frac{\partial \boldsymbol{F}}{\partial u}\right)(1, 0, 1) = [(\boldsymbol{u}\cdot\nabla)\boldsymbol{F}](1, 0, 1)$$

$$= \left[\frac{1}{\sqrt{14}}(3x^2\boldsymbol{i}) + \frac{3}{\sqrt{14}}(2y\boldsymbol{i}+3y^2\boldsymbol{j}) + \frac{2}{\sqrt{14}}(2z\boldsymbol{j}+3z^2\boldsymbol{k})\right](1,0,1)$$

$$= \frac{3}{\sqrt{14}}\boldsymbol{i} + \frac{4}{\sqrt{14}}\boldsymbol{j} + \frac{6}{\sqrt{14}}\boldsymbol{k}.$$

（ii）　$\boldsymbol{a}$ 方向の単位ベクトルは $\boldsymbol{u} = \dfrac{1}{\sqrt{3}}(1,1,1)$．また

$$\frac{\partial \boldsymbol{F}}{\partial x} = 2e^{2x}\boldsymbol{i},\quad \frac{\partial \boldsymbol{F}}{\partial y} = 3\cos 3y\boldsymbol{j},\quad \frac{\partial \boldsymbol{F}}{\partial z} = \frac{2z}{z^2+1}\boldsymbol{k}.$$

$$\therefore\quad \left(\frac{\partial \boldsymbol{F}}{\partial u}\right)(0,0,0) = [(\boldsymbol{u}\cdot\nabla)\boldsymbol{F}](0,0,0)$$

$$= \left[\frac{1}{\sqrt{3}}(2e^{2x}\boldsymbol{i}) + \frac{1}{\sqrt{3}}(3\cos 3y\boldsymbol{j}) + \frac{1}{\sqrt{3}}\left(\frac{2z}{z^2+1}\boldsymbol{k}\right)\right](0,0,0)$$

$$= \frac{2}{\sqrt{3}}\boldsymbol{i} + \frac{3}{\sqrt{3}}\boldsymbol{j}.$$

10．（i）　求めるスカラー・ポテンシャルを φ とすると，$\dfrac{\partial\varphi}{\partial x} = -yz$ より

$$\varphi = \int\frac{\partial\varphi}{\partial x}dx = \int(-yz)dx = -xyz + g(y,z).$$

$\dfrac{\partial\varphi}{\partial y} = -xz$ であるから

$$\frac{\partial\varphi}{\partial y} = -xz + \frac{\partial g}{\partial y} = -xz,\ \text{すなわち，}\ \frac{\partial g}{\partial y} = 0.$$

$$\therefore\quad g = \int\frac{\partial g}{\partial y}dy = h(z).$$

$\dfrac{\partial\varphi}{\partial z} = -xy$ であるから

$$\frac{\partial\varphi}{\partial z} = -xy + \frac{\partial g}{\partial z} = -xy + \frac{dh}{dz} = -xy,\ \text{すなわち，}\ \frac{dh}{dz} = 0.$$

したがって，$h(z) = c$（定数）となり，$\varphi = -xyz + c$（cは定数）を得る．

（ii）　求めるスカラー・ポテンシャルを φ とすると，$\dfrac{\partial\varphi}{\partial x} = -(z^3-6xy)$ より

$$\varphi = \int\frac{\partial\varphi}{\partial x}dx = \int(-z^3+6xy)dx = -z^3x + 3x^2y + g(y,z).$$

$\dfrac{\partial\varphi}{\partial y} = 3x^2 + z$ であるから

$$\frac{\partial\varphi}{\partial y} = 3x^2 + \frac{\partial g}{\partial y} = 3x^2 + z,\ \text{すなわち，}\ \frac{\partial g}{\partial y} = z.$$

$$\therefore\quad g = \int\frac{\partial g}{\partial y}dy = \int z\,dy = zy + h(z).$$

$\dfrac{\partial\varphi}{\partial z} = -(3xz^2-y)$ であるから

$$\frac{\partial\varphi}{\partial z} = -3xz^2+\frac{\partial g}{\partial z} = -3xz^2+y+\frac{dh}{dz} = -3xz^2+y.$$

すなわち，$\dfrac{dh}{dz}=0$. したがって，$h=c$（定数）．　$\therefore\ \varphi = 3x^2y-xz^3+yz+c$（$c$ は定数）．

（iii）$\dfrac{\partial F(r)}{\partial x} = \dfrac{dF(r)}{dr}\dfrac{x}{r},\ \dfrac{\partial F(r)}{\partial y} = \dfrac{dF(r)}{dr}\dfrac{y}{r},\ \dfrac{\partial F(r)}{\partial z} = \dfrac{dF(r)}{dr}\dfrac{z}{r}.$

したがって，$\boldsymbol{F} = \dfrac{1}{r}\dfrac{dF(r)}{dr}\boldsymbol{r} = \nabla F(r)$. ゆえに，求めるポテンシャルは $\varphi = -F(r)$ である．

11．（ i ）$[\nabla\cdot(\boldsymbol{A}\times\boldsymbol{r})](1,2,1) = [\nabla\cdot(xyz-yz^3, xz^3-x^3z, x^3y-x^2y)](1,2,1) = 2.$

（ii）$[\nabla\cdot\{\nabla(\boldsymbol{B}\cdot\boldsymbol{r})\}](1,2,1) = [\nabla\cdot(y^2-2xy^2+z^2, 2xy-2x^2y, 2xz)](1,2,1)$
$= -6.$

（iii）$[\nabla\cdot(\boldsymbol{A}\times\boldsymbol{B})](1,2,1) = [\nabla\cdot(x^2yz+x^2yz^3, y^2z^3-x^4z, -x^5y-xy^3)](1,2,1)$
$= 12.$

12．S の正のパラメータ表示は

$$\boldsymbol{r}(x,y) = x\boldsymbol{i}+y\boldsymbol{j}+(3-x-y)\boldsymbol{k}\quad (x\geqq 0, y\geqq 0, x+y\leqq 3).$$

このとき，S の（正の向きの）単位法線ベクトルは

$$\boldsymbol{n} = \frac{\boldsymbol{r}_x\times\boldsymbol{r}_y}{|\boldsymbol{r}_x\times\boldsymbol{r}_y|} = \frac{1}{\sqrt{3}}(1,1,1),\ \ dS = \sqrt{EG-F^2}\,dx\,dy = \sqrt{3}\,dx\,dy.$$

したがって，$D=\{(x,y) : x\geqq 0, y\geqq 0, x+y\leqq 3\}$ とおくと

$$\Omega(\boldsymbol{r}, S) = \int_S \boldsymbol{n}\cdot\boldsymbol{r}\,dS = \iint_D 3\,dx\,dy = \frac{27}{2}.$$

13．立方体の頂点を図のように O(0, 0, 0)，$A_1(1,0,0)$，$A_2(0,1,0)$，$A_3(0,0,1)$，$A_4(1,1,0)$，$A_5(0,1,1)$，$A_6(1,0,1)$，$A_7(1,1,1)$ とする．立方体の外側を表側とし，立方体の表面の正の向きの単位法線ベクトルを $\boldsymbol{n}$ とする．

面 $A_1A_4A_7A_6$ のパラメータ表示は

$$\boldsymbol{r}(y,z) = \boldsymbol{i}+y\boldsymbol{j}+z\boldsymbol{k}\qquad (0\leqq y\leqq 1, 0\leqq z\leqq 1).$$

この場合，$\boldsymbol{n}=\boldsymbol{i}$，$dS = dy\,dz$．　$\therefore\ \displaystyle\int_0^1\!\!\int_0^1 \sqrt{2}\,dy\,dz = \sqrt{2}.$

面 $OA_3A_5A_2$ のパラメータ表示は

$$\boldsymbol{r}(z,y) = y\boldsymbol{j}+z\boldsymbol{k}\quad (0\leqq y\leqq 1, 0\leqq z\leqq 1).$$

この場合，$\boldsymbol{n}=-\boldsymbol{i}$，$dS = dz\,dy$．　$\therefore\ \displaystyle\int_0^1\!\!\int_0^1 0\,dz\,dy = 0.$

面 $A_2A_5A_7A_4$ のパラメータ表示は

$$\boldsymbol{r}(z,x) = x\boldsymbol{i}+\boldsymbol{j}+z\boldsymbol{k}\qquad (0\leqq x\leqq 1, 0\leqq z\leqq 1).$$

この場合，$\boldsymbol{n}=\boldsymbol{j}$，$dS = dz\,dx$．　$\therefore\ \displaystyle\int_0^1\!\!\int_0^1 \sqrt{2}\,dz\,dx = \sqrt{2}.$

面 $OA_1A_6A_3$ のパラメータ表示は

$$\boldsymbol{r}(x,z) = x\boldsymbol{i}+z\boldsymbol{k}\quad (0\leqq x\leqq 1, 0\leqq z\leqq 1).$$

この場合，$\boldsymbol{n}=-\boldsymbol{j}$，$dS=dx\,dz$．　$\therefore\ \int_0^1\int_0^1 0\,dx\,dz=0$．

面 $A_3A_6A_7A_5$ のパラメータ表示は

$$\boldsymbol{r}(x,y)=x\boldsymbol{i}+y\boldsymbol{j}+\boldsymbol{k}\quad(0\leqq x\leqq 1, 0\leqq y\leqq 1).$$

この場合，$\boldsymbol{n}=\boldsymbol{k}$，$dS=dx\,dy$．　$\therefore\ \int_0^1\int_0^1\sqrt{2}\,dx\,dy=\sqrt{2}$．

面 $OA_2A_4A_1$ のパラメータ表示は

$$\boldsymbol{r}(y,x)=x\boldsymbol{i}+y\boldsymbol{j}\quad(0\leqq x\leqq 1, 0\leqq y\leqq 1).$$

この場合，$\boldsymbol{n}=-\boldsymbol{k}$，$dS=dy\,dx$．　$\therefore\ \int_0^1\int_0^1 0\,dy\,dx=0$．

以上の結果を合わせると

$$\Omega(\boldsymbol{F},\partial V)=\oint_{\partial V}\boldsymbol{n}\cdot\boldsymbol{F}\,dS=3\sqrt{2}.$$

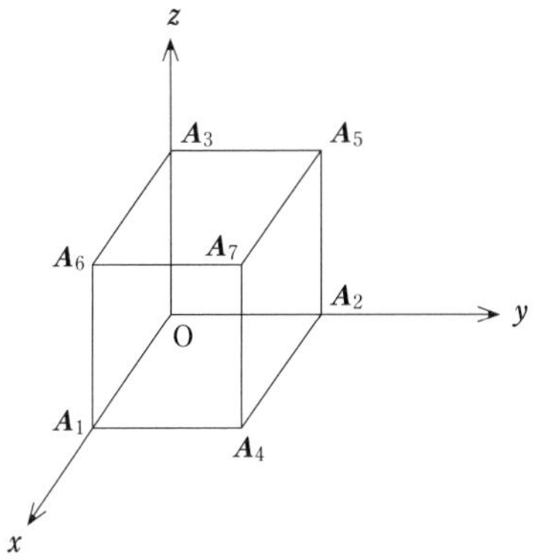

14．$\boldsymbol{F}=(F_x,F_y,F_z)$ とする．

（i）$\nabla\cdot\mathrm{rot}\,\boldsymbol{F}=\dfrac{\partial}{\partial x}\left(\dfrac{\partial F_z}{\partial y}-\dfrac{\partial F_y}{\partial z}\right)+\dfrac{\partial}{\partial y}\left(\dfrac{\partial F_x}{\partial z}-\dfrac{\partial F_z}{\partial x}\right)+\dfrac{\partial}{\partial z}\left(\dfrac{\partial F_y}{\partial x}-\dfrac{\partial F_x}{\partial y}\right)=0.$

$\therefore\ \mathrm{rot\,rot\,rot}\,\boldsymbol{F}=\nabla\times(\nabla\times\mathrm{rot}\,\boldsymbol{F})=\nabla(\nabla\cdot\mathrm{rot}\,\boldsymbol{F})-\nabla^2(\mathrm{rot}\,\boldsymbol{F})=-\nabla^2(\mathrm{rot}\,\boldsymbol{F}).$

（ii）
$$\begin{aligned}\nabla\cdot\mathrm{rot\,rot}\boldsymbol{F}=&\frac{\partial}{\partial x}\left\{\frac{\partial}{\partial y}\left(\frac{\partial F_y}{\partial x}-\frac{\partial F_x}{\partial y}\right)-\frac{\partial}{\partial z}\left(\frac{\partial F_x}{\partial z}-\frac{\partial F_z}{\partial x}\right)\right\}\\&+\frac{\partial}{\partial y}\left\{\frac{\partial}{\partial z}\left(\frac{\partial F_z}{\partial y}-\frac{\partial F_y}{\partial z}\right)-\frac{\partial}{\partial x}\left(\frac{\partial F_y}{\partial x}-\frac{\partial F_x}{\partial y}\right)\right\}\\&+\frac{\partial}{\partial z}\left\{\frac{\partial}{\partial x}\left(\frac{\partial F_x}{\partial z}-\frac{\partial F_z}{\partial x}\right)-\frac{\partial}{\partial y}\left(\frac{\partial F_z}{\partial y}-\frac{\partial F_y}{\partial z}\right)\right\}=0.\end{aligned}$$

$$\mathrm{rot\,rot}\,\boldsymbol{F}=\nabla(\nabla\cdot\boldsymbol{F})-\nabla^2\boldsymbol{F}=-\nabla^2\boldsymbol{F}.$$

$$\begin{aligned}\therefore\ \mathrm{rot\,rot\,rot\,rot}\,\boldsymbol{F}&=\mathrm{rot\,rot}\{\mathrm{rot\,rot}\,\boldsymbol{F}\}=\nabla(\nabla\cdot\mathrm{rot\,rot}\,\boldsymbol{F})-\nabla^2(\mathrm{rot\,rot}\,\boldsymbol{F})\\&=-\nabla^2(-\nabla^2\boldsymbol{F})=\nabla^2(\nabla^2\boldsymbol{F}).\end{aligned}$$

15．$\boldsymbol{F}=(F_x,F_y,F_z)$ とすると，$\mathrm{rot}\,\boldsymbol{F}=\boldsymbol{O}$ により $\dfrac{\partial F_z}{\partial y}=\dfrac{\partial F_y}{\partial z}$，$\dfrac{\partial F_x}{\partial z}=\dfrac{\partial F_z}{\partial x}$，

$\dfrac{\partial F_y}{\partial x}=\dfrac{\partial F_x}{\partial y}$. したがって

$$\begin{aligned}\frac{\partial\varphi}{\partial x}&=-\left\{F_x(x,0,0)+\int_0^y\frac{\partial F_y}{\partial x}(x,\eta,0)d\eta+\int_0^z\frac{\partial F_z}{\partial x}(x,y,\zeta)d\zeta\right\}\\&=-\left\{F_x(x,0,0)+\int_0^y\frac{\partial F_x}{\partial y}(x,\eta,0)d\eta+\int_0^z\frac{\partial F_x}{\partial z}(x,y,\zeta)d\zeta\right\}\\&=-F_x(x,y,z),\\ \frac{\partial\varphi}{\partial y}&=-\left\{F_y(x,y,0)+\int_0^z\frac{\partial F_z}{\partial y}(x,y,\zeta)d\zeta\right\}\\&=-\left\{F_y(x,y,0)+\int_0^z\frac{\partial F_y}{\partial z}(x,y,\zeta)d\zeta\right\}=-F_y(x,y,z),\end{aligned}$$

同様にして，$\dfrac{\partial\varphi}{\partial z}=-F_z(x,y,z)$.

$$\therefore\quad \boldsymbol{F}=-\nabla\varphi.$$

第4章　線積分と面積分

4.1　線積分

問1　(i)　曲線 C のパラメータ表示は $\boldsymbol{r}(t)=t\boldsymbol{i}+2t\boldsymbol{j}+3t\boldsymbol{k}$　$(0\leqq t\leqq 1)$.

$$\therefore\quad \boldsymbol{r}'(t)=\boldsymbol{i}+2\,\boldsymbol{j}+3\,\boldsymbol{k},\ |\boldsymbol{r}'(t)|=\sqrt{14}.$$

$$\therefore\quad \int_C(x^2-xy+z^2)ds=\int_0^1 8\sqrt{14}\,t^2\,dt=\frac{8\sqrt{14}}{3}.$$

(ii)　$\boldsymbol{r}'(t)=\boldsymbol{i}+2\,\boldsymbol{j}+3\,\boldsymbol{k},\ |\boldsymbol{r}'(t)|=\sqrt{14}$.

$$\therefore\quad \int_C(\sin x+\cos y+z)ds=\int_0^\pi\sqrt{14}(\sin t+\cos 2t+3t)dt=\frac{\sqrt{14}}{2}(3\pi^2+4).$$

(iii)　$\boldsymbol{r}'(t)=(\sin t)\boldsymbol{i}+(\cos t)\boldsymbol{j}+\boldsymbol{k},\ |\boldsymbol{r}'(t)|=\sqrt{2}$.

$$\therefore\quad \int_C(-x+y+z)ds=\int_0^{2\pi}\sqrt{2}(\cos t+\sin t+t-1)dt=2\sqrt{2}\,\pi(\pi-1).$$

問2　(i)　$\displaystyle\int_C y\,dx-x\,dy+z\,dz=\int_0^{2\pi}(t-\cos t+1)dt=2\pi(\pi+1)$.

(ii)　$\displaystyle\int_C x^2y\,dx+y^2z\,dy-xz\,dz=-\int_0^1(54t^8+3t^6+3t^4)dt=-\frac{246}{35}$.

(iii)　曲線 C のパラメータ表示は $\boldsymbol{r}(t)=(2\cos t)\boldsymbol{i}+(2\sin t)\boldsymbol{j}+\boldsymbol{k}$ $(0\leqq t\leqq 2\pi)$. ここで

$$x=2\cos t,\ y=2\sin t,\ z=1.$$

$$\therefore\quad \oint_c x\,dx+y\,dy+z\,dz=\int_0^{2\pi}4(-\sin t\cos t+\sin t\cos t)dt=0.$$

問3　曲線Cのパラメータ表示を $\boldsymbol{r}(t)=x(t)\boldsymbol{i}+y(t)\boldsymbol{j}+z(t)\boldsymbol{k}$ $(a\leqq t\leqq b)$ とす

る．このとき，$-\mathrm{C}$ のパラメータ表示は

$$\boldsymbol{r}(u)=x(a+b-u)\boldsymbol{i}+y(a+b-u)\boldsymbol{j}+z(a+b-u)\boldsymbol{k}\ (a\leqq u\leqq b).$$

$$\therefore\ \int_{-\mathrm{C}} f\,dx=\int_a^b f(x(a+b-u),y(a+b-u),z(a+b-u))\frac{dx}{du}(a+b-u)du$$

$$=-\int_a^b f(x(t),y(t),z(t))\frac{dx}{dt}\frac{dt}{du}\frac{du}{dt}dt$$

$$=-\int_a^b f(x(t),y(t),z(t))\frac{dx}{dt}dt=-\int_{\mathrm{C}} f\,dx.$$

問4　（i）　Cをパラメータ表示すると

$$\boldsymbol{r}=\boldsymbol{r}(t)=\begin{cases} t\boldsymbol{i}+t\boldsymbol{j} & (0\leqq t\leqq 2) \\ (4-t)\boldsymbol{i}+(4-t)\boldsymbol{j}+(t-2)\boldsymbol{k} & (2\leqq t\leqq 4).\end{cases}$$

したがって，$\boldsymbol{F}$ のなす仕事 W は

$$W=\int_{\mathrm{C}}\boldsymbol{F}\cdot d\boldsymbol{r}=\int_0^2\boldsymbol{F}(x(t),y(t),z(t))\cdot\frac{d\boldsymbol{r}(t)}{dt}dt$$

$$+\int_2^4\boldsymbol{F}(x(t),y(t),z(t))\cdot\frac{d\boldsymbol{r}(t)}{dt}dt$$

$$=\int_0^2 t\,dt+\int_2^4(t^2-8t+12)dt=-\frac{10}{3}.$$

（ii）　$0\leqq t\leqq 1$ であるから，$\boldsymbol{F}$ のなす仕事は

$$W=\int_{\mathrm{C}}\boldsymbol{F}\cdot d\boldsymbol{r}=\int_0^1\boldsymbol{F}(x(t),y(t),z(t))\cdot\frac{d\boldsymbol{r}(t)}{dt}dt$$

$$=\int_0^1(-18t^5+6t^4-18t^3-6t^2+4t)dt=-\frac{63}{10}.$$

問5　$\dfrac{d}{dt}\left\{\dfrac{1}{2}m\left|\dfrac{d\boldsymbol{r}}{dt}\right|^2+U(\boldsymbol{r})\right\}=\dfrac{d}{dt}\left\{\dfrac{1}{2}m\dfrac{d\boldsymbol{r}}{dt}\cdot\dfrac{d\boldsymbol{r}}{dt}+U(\boldsymbol{r})\right\}$．ここで

$$\frac{d}{dt}\left\{\frac{1}{2}m\frac{d\boldsymbol{r}}{dt}\cdot\frac{d\boldsymbol{r}}{dt}\right\}=m\frac{d\boldsymbol{r}}{dt}\cdot\frac{d^2\boldsymbol{r}}{dt^2},$$

$$\frac{d}{dt}U(\boldsymbol{r}(t))=\frac{\partial U}{\partial x}\frac{dx}{dt}+\frac{\partial U}{\partial y}\frac{dy}{dt}+\frac{\partial U}{\partial z}\frac{dz}{dt}=(\nabla U)\cdot\frac{d\boldsymbol{r}}{dt}.$$

$$\therefore\ \frac{d}{dt}\left\{\frac{1}{2}m\left|\frac{d\boldsymbol{r}}{dt}\right|^2+U(\boldsymbol{r})\right\}=\left\{m\frac{d^2\boldsymbol{r}}{dt^2}+\nabla U\right\}\cdot\frac{d\boldsymbol{r}}{dt}$$

$$=\left\{m\frac{d^2\boldsymbol{r}}{dt^2}-\boldsymbol{F}\right\}\cdot\frac{d\boldsymbol{r}}{dt}=0.$$

ゆえに，$\dfrac{1}{2}m\left|\dfrac{d\boldsymbol{r}}{dt}\right|^2+U(\boldsymbol{r})$ は t に関係なく一定である．

4.2　面積分

問1　（i）　$x=u+v,\ y=u-v,\ z=uv$ より，$\dfrac{\partial(x,y)}{\partial(u,v)}=-2$，$\dfrac{\partial(y,z)}{\partial(u,v)}=u+v$．

$$\therefore\ \int_S z\,dx\wedge dy+x\,dy\wedge dz=\int_0^1\int_0^1(-2uv)du\,dv+\int_0^1\int_0^1(u+v)^2du\,dv$$

$$= -\frac{1}{2}+\frac{7}{6}=\frac{2}{3}.$$

（ii）　$x=u,\ y=v,\ z=u^2+v^2$ より，

$$\frac{\partial(x,y)}{\partial(u,v)}=1,\ \frac{\partial(y,z)}{\partial(u,v)}=-2u,\quad \frac{\partial(z,x)}{\partial(u,v)}=-2v.$$

$$\therefore\quad \int_S z\,dx\wedge dy+xy\,dy\wedge dz+y\,dz\wedge dx$$

$$=\int_0^1\int_0^1(u^2+v^2)du\,dv+\int_0^1\int_0^1(-2u^2v)du\,dv+\int_0^1\int_0^1(-2v^2)du\,dv=-\frac{1}{3}.$$

（iii）　$\boldsymbol{r}_u=(-\sin u)\boldsymbol{i}+(\cos u)\boldsymbol{j},\ \boldsymbol{r}_v=\boldsymbol{k}$ であるから，$\sqrt{EG-F^2}=1$．また

$$x=\cos u,\ y=\sin u,\ z=v.$$

$$\therefore\quad \int_S(x^2+xy+z^2)dS=\int_0^1\left\{\int_0^{\frac{\pi}{2}}(\cos^2 u+\sin u\cos u+v^2)du\right\}dv$$

$$=\int_0^1\left\{\int_0^{\frac{\pi}{2}}\left(\frac{1}{2}(1+\cos 2u+\sin 2u)+v^2\right)du\right\}dv$$

$$=\frac{5\pi+6}{12}.$$

問2　S の正のパラメータ表示を $\boldsymbol{r}(u,v)=x(u,v)\boldsymbol{i}+y(u,v)\boldsymbol{j}+z(u,v)\boldsymbol{k}$ $((u,v)\in D)$ とする．S の向きを変えるパラメータ変更：$u=u(u^*,v^*),\ v=v(u^*,v^*)$ を考えると，$-S$ のパラメータ表示は $\bar{\boldsymbol{r}}(u^*,v^*)=\bar{x}(u^*,v^*)\boldsymbol{i}+\bar{y}(u^*,v^*)\boldsymbol{j}+\bar{z}(u^*,v^*)\boldsymbol{k}((u^*,v^*)\in D^*)$．このとき，$\dfrac{\partial(u,v)}{\partial(u^*,v^*)}<0$ であるから $\dfrac{\partial(x,y)}{\partial(u,v)}\left|\dfrac{\partial(u,v)}{\partial(u^*,v^*)}\right|=-\dfrac{\partial(\bar{x},\bar{y})}{\partial(u^*,v^*)}$.

$$\therefore\quad \int_S f\,dx\wedge dy=\iint_D f(x(u,v),y(u,v),z(u,v))\frac{\partial(x,y)}{\partial(u,v)}du\,dv.$$

$$=\iint_{D^*} f(x(u(u^*,v^*),v(u^*,v^*)),y(u(u^*,v^*),v(u^*,v^*)),$$

$$z(u(u^*,v^*),v(u^*,v^*)))\frac{\partial(x,y)}{\partial(u,v)}\left|\frac{\partial(u,v)}{\partial(u^*,v^*)}\right|du^*\,dv^*$$

$$=-\iint_{D^*} f(\bar{x}(u^*,v^*),\bar{y}(u^*,v^*),\bar{z}(u^*,v^*))\frac{\partial(\bar{x},\bar{y})}{\partial(u^*,v^*)}du^*\,dv^*$$

$$=-\int_{-S} f\,dx\wedge dy.$$

問3　$\boldsymbol{r}_x=\boldsymbol{i}+\dfrac{\partial g}{\partial x}\boldsymbol{k},\ \boldsymbol{r}_y=\boldsymbol{j}+\dfrac{\partial g}{\partial y}\boldsymbol{k},\ \boldsymbol{r}_x\times\boldsymbol{r}_y=-\dfrac{\partial g}{\partial x}\boldsymbol{i}-\dfrac{\partial g}{\partial y}\boldsymbol{j}+\boldsymbol{k}.$

$$\therefore\quad \boldsymbol{n}=\frac{\boldsymbol{r}_x\times\boldsymbol{r}_y}{|\boldsymbol{r}_x\times\boldsymbol{r}_y|}=\frac{-1}{\sqrt{\left(\frac{\partial g}{\partial x}\right)^2+\left(\frac{\partial g}{\partial y}\right)^2+1}}\left(\frac{\partial g}{\partial x}\boldsymbol{i}+\frac{\partial g}{\partial y}\boldsymbol{j}-\boldsymbol{k}\right).$$

$$\therefore \quad \int_S f(x, y, z)\,dx \wedge dy = \iint_D f(x, y, g(x, y)) \frac{\partial(x, y)}{\partial(x, y)} dx\, dy$$
$$= \iint_D f(x, y, g(x, y))\, dx\, dy.$$

問 4　（i）　S の正のパラメータ (x, y) による表示は

$$\boldsymbol{r}(x, y) = x\boldsymbol{i} + y\boldsymbol{j} + (1-2x-3y)\boldsymbol{k} \qquad (x \geqq 0, y \geqq 0, 2x+3y \leqq 1).$$

これを x, y で偏微分すると，$\boldsymbol{r}_x = \boldsymbol{i} - 2\boldsymbol{k}$，$\boldsymbol{r}_y = \boldsymbol{j} - 3\boldsymbol{k}$.

$$\therefore \quad \boldsymbol{r}_x \times \boldsymbol{r}_y = 2\boldsymbol{i} + 3\boldsymbol{j} + \boldsymbol{k}, \quad \sqrt{EG-F^2} = \sqrt{14}.$$

よって，S の単位法線ベクトル $\boldsymbol{n}$ は

$$\boldsymbol{n} = \frac{2}{\sqrt{14}}\boldsymbol{i} + \frac{3}{\sqrt{14}}\boldsymbol{j} + \frac{1}{\sqrt{14}}\boldsymbol{k}.$$

したがって，$D = \{(x, y, z) : x \geqq 0, y \geqq 0, 2x+3y \leqq 1\}$ とすると

$$\int_S \boldsymbol{F} \cdot d\boldsymbol{S} = \int_S \frac{1}{\sqrt{14}}(2x^2-3y^2+z)\,dS = \iint_D (2x^2-3y^2+1-2x-3y)\,dx\,dy$$
$$= \int_0^{\frac{1}{3}} \left\{ \int_0^{\frac{1}{2}(1-3y)} (2x^2-3y^2+1-2x-3y)\,dx \right\} dy$$
$$= \int_0^{\frac{1}{3}} \left(\frac{9}{4}y^3 + 3y^2 - \frac{9}{4}y + \frac{1}{3} \right) dy = \frac{13}{432}.$$

（ii）　S の正のパラメータ表示は

$$\boldsymbol{r}(u, v) = (2\sin u \cos v)\boldsymbol{i} + (2\sin u \sin v)\boldsymbol{j} + (2\cos u)\boldsymbol{k}$$
$$(0 \leqq u \leqq \pi, 0 \leqq v \leqq 2\pi).$$

これを u, v で偏微分すると

$\boldsymbol{r}_u = (2\cos u \cos v)\boldsymbol{i} + (2\cos u \sin v)\boldsymbol{j} + (-2\sin u)\boldsymbol{k}$,

$\boldsymbol{r}_v = (-2\sin u \sin v)\boldsymbol{i} + (2\sin u \cos v)\boldsymbol{j}$,

$\boldsymbol{r}_u \times \boldsymbol{r}_v = (4\sin^2 u \cos v)\boldsymbol{i} + (4\sin^2 u \sin v)\boldsymbol{j} + (4\cos u \sin u)\boldsymbol{k}$.

$\therefore \quad \boldsymbol{n} = (\sin u \cos v)\boldsymbol{i} + (\sin u \sin v)\boldsymbol{j} + (\cos u)\boldsymbol{k}$，$\sqrt{EG-F^2} = 4\sin u$.

$$\therefore \quad \int_S \boldsymbol{F} \cdot d\boldsymbol{S} = \int_0^{2\pi} \left\{ \int_0^{\pi} 8\sin u\,du \right\} dv = 32\pi.$$

問 5　問 3 の解答により

$$|\boldsymbol{r}_x \times \boldsymbol{r}_y| = \sqrt{\left(\frac{\partial g}{\partial x}\right)^2 + \left(\frac{\partial g}{\partial y}\right)^2 + 1}, \quad \boldsymbol{n} \cdot \boldsymbol{k} = \frac{1}{\sqrt{\left(\frac{\partial g}{\partial x}\right)^2 + \left(\frac{\partial g}{\partial y}\right)^2 + 1}}.$$

したがって

$$\int_S \boldsymbol{F} \cdot \boldsymbol{n}\,dS = \iint_D \boldsymbol{F}(\boldsymbol{r}(x, y)) \cdot \boldsymbol{n}(\boldsymbol{r}(x, y))\, |\boldsymbol{r}_x \times \boldsymbol{r}_y|\, dx\, dy$$
$$= \iint_D \frac{\boldsymbol{F}(\boldsymbol{r}(x, y)) \cdot \boldsymbol{n}(\boldsymbol{r}(x, y))}{|\boldsymbol{n}(\boldsymbol{r}(x, y)) \cdot \boldsymbol{k}|} dx\, dy.$$

問 6　$\dfrac{\partial(y,z)}{\partial(u,v)}=4\sin^2 u\cos v,\ \dfrac{\partial(z,x)}{\partial(u,v)}=4\sin^2 u\sin v,\ \dfrac{\partial(x,y)}{\partial(u,v)}=4\sin u\cos u.$
したがって，$f=x+y+z$ とおくと

$$\int_S f\,dy\wedge dz$$
$$=8\int_0^{2\pi}\left\{\int_0^{\pi}(\sin^3 u\cos^2 v+\sin^3 u\sin v\cos v+\sin^2 u\cos u\cos v)du\right\}dv$$
$$=\frac{32}{3}\int_0^{2\pi}(\cos^2 v+\sin v\cos v)dv=\frac{32}{3}\pi.$$

$$\int_S f\,dz\wedge dx=8\int_0^{2\pi}\left\{\int_0^{\pi}(\sin^3 u\sin v\cos v+\sin^3 u\sin^2 v+\sin^2 u\cos u\sin v)du\right\}dv$$
$$=\frac{32}{3}\int_0^{2\pi}(\sin v\cos v+\sin^2 v)dv=\frac{32}{3}\pi.$$

$$\int_S f\,dx\wedge dy=8\int_0^{2\pi}\left\{\int_0^{\pi}(\sin^2 u\cos u\cos v+\sin^2 u\cos u\sin v+\sin u\cos^2 u)du\right\}dv$$
$$=8\int_0^{2\pi}\frac{2}{3}dv=\frac{32}{3}\pi.$$

ゆえに

$$\int_S(x+y+z)d\boldsymbol{S}=\left(\int_S f\,dy\wedge dz\right)\boldsymbol{i}+\left(\int_S f\,dz\wedge dx\right)\boldsymbol{j}+\left(\int_S f\,dx\wedge dy\right)\boldsymbol{k}$$
$$=\frac{32\pi}{3}\boldsymbol{i}+\frac{32\pi}{3}\boldsymbol{j}+\frac{32\pi}{3}\boldsymbol{k}.$$

第 4 章の問題

1．（i）$\displaystyle\int_C z^2\,dx+x\,dy+y^2dz=\int_0^1(2e^{-2t}+6te^{3t}-e^{5t})dt$
$$=-\frac{1}{5}e^5+\frac{4}{3}e^3-e^{-2}+\frac{28}{15}.$$

（ii）$\displaystyle\int_C z^2\,dx+x\,dy+y^2dz=4\int_0^{2\pi}(-2t^2\sin t+\sin^2 t+1)dt$
$$=4\pi(8\pi+3).$$

2．（i）$\displaystyle\int_C(e^x+\sin y+\cos z)ds=\int_0^{\pi}(e^t+\sin 2t+\cos 3t)|\boldsymbol{r}'(t)|\,dt$
$$=\sqrt{14}\int_0^{\pi}(e^t+\sin 2t+\cos 3t)dt$$
$$=\sqrt{14}(e^{\pi}-1).$$

（ii）$\displaystyle\int_C xy\log z\,ds=\int_{\frac{\pi}{2}}^{\pi}2t^2\log(4t)|\boldsymbol{r}'(t)|\,dt$

$$=2\sqrt{21}\int_{\frac{\pi}{2}}^{\pi}\{(2\log 2)t^2+t^2\log t\}dt$$

$$=\frac{2\sqrt{21}}{3}\pi^3\left(\log\pi-\frac{1}{8}\log\frac{\pi}{2}+\frac{7}{4}\log 2-\frac{7}{24}\right).$$

3．Cの正のパラメータ表示は $\boldsymbol{r}(\theta)=(2\cos\theta)\boldsymbol{i}+(2\sin\theta)\boldsymbol{j}+\boldsymbol{k}\ (0\leqq\theta\leqq 2\pi)$.

$$\therefore\quad\int_C\frac{x^2\,dx-y^2dy+z^2dz}{x^2+y^2+z^2}=-\frac{8}{5}\int_0^{2\pi}(\cos^2\theta\sin\theta+\sin^2\theta\cos\theta)d\theta=0.$$

4．$\displaystyle\int_C\boldsymbol{F}\cdot d\boldsymbol{r}=\int_C x^2\,dx+y^2dy+z^2dz=\int_0^1(-2t^5+9t^2)dt=\frac{8}{3}.$

$$\int_C\boldsymbol{F}\times d\boldsymbol{r}=\int_C(F_y\,dz-F_z\,dy)\boldsymbol{i}+(F_z\,dx-F_x\,dz)\boldsymbol{j}+(F_x\,dy-F_y\,dx)\boldsymbol{k}.$$

ここで

$$\int_C F_y\,dz-F_z\,dy=\int_C y^2\,dz-z^2\,dy=\int_0^1(2t^4+8t^3)dt=\frac{12}{5},$$

$$\int_C F_z\,dx-F_x\,dz=\int_C z^2\,dx-x^2\,dz=\int_0^1 2t^2\,dt=\frac{2}{3},$$

$$\int_C F_x\,dy-F_y\,dx=\int_C x^2\,dy-y^2\,dx=\int_0^1(-t^4-2t^3)dt=-\frac{7}{10}.$$

$$\therefore\quad\int_C\boldsymbol{F}\times d\boldsymbol{r}=\frac{12}{5}\boldsymbol{i}+\frac{2}{3}\boldsymbol{j}-\frac{7}{10}\boldsymbol{k}.$$

5．$\displaystyle W=\int_C\boldsymbol{F}\cdot d\boldsymbol{r}=\int_C z\,dx+xy\,dy+(z-x)dz$

$$=\int_0^2(3t^5-t^4+9t^3)dt=\frac{308}{5}.$$

6．$\boldsymbol{r}=x\boldsymbol{i}+y\boldsymbol{j}+z\boldsymbol{k},\ r=|\boldsymbol{r}|=\sqrt{x^2+y^2+z^2}$ であるから

$$\frac{\partial\varphi}{\partial x}=\frac{d\varphi}{dr}\frac{\partial r}{\partial x}=-rf(r)\frac{x}{r}=-f(r)x,$$

$$\frac{\partial\varphi}{\partial y}=\frac{d\varphi}{dr}\frac{\partial r}{\partial y}=-rf(r)\frac{y}{r}=-f(r)y,$$

$$\frac{\partial\varphi}{\partial z}=\frac{d\varphi}{dr}\frac{\partial r}{\partial z}=-rf(r)\frac{z}{r}=-f(r)z.$$

$$\therefore\quad\boldsymbol{F}=f(r)\boldsymbol{r}=-\nabla\varphi.$$

7．$D=\{(x,y):x+2y\leqq 1,\ x\geqq 0,y\geqq 0\}$ とおく．Sの正のパラメータ表示は

$$\boldsymbol{r}(x,y)=x\boldsymbol{i}+y\boldsymbol{j}+\frac{1}{3}(1-x-2y)\boldsymbol{k}\quad((x,y)\in D).$$

これを x,y で偏微分すると

$$\boldsymbol{r}_x = \boldsymbol{i} - \frac{1}{3}\boldsymbol{k},\ \boldsymbol{r}_y = \boldsymbol{j} - \frac{2}{3}\boldsymbol{k},\ \sqrt{EG-F^2} = \frac{\sqrt{14}}{3}.$$

$$\therefore\ \int_S (x-z)dS = \frac{\sqrt{14}}{9}\iint_D (4x+2y-1)dx\,dy$$

$$= \frac{\sqrt{14}}{9}\int_0^1 \left\{\int_0^{\frac{1}{2}(1-x)} (4x+2y-1)dy\right\} dx = \frac{\sqrt{14}}{54}.$$

8．$D = \{(u, v) : u+v \leqq 1,\ u \geqq 0, v \geqq 0\}$ とおく．S の正のパラメータ表示は

$$\boldsymbol{r}(u, v) = u\boldsymbol{i} + v\boldsymbol{j} + (1-u-v)\boldsymbol{k} \quad ((u, v) \in D).$$

したがって

$$\frac{\partial(x, y)}{\partial(u, v)} = 1,\ \frac{\partial(y, z)}{\partial(u, v)} = 1.$$

$$\therefore\ \int_S (x+z)dx \wedge dy + (y+z)dy \wedge dz$$

$$= \iint_D (1-v)\frac{\partial(x, y)}{\partial(u, v)}du\,dv + \iint_D (1-u)\frac{\partial(y, z)}{\partial(u, v)}du\,dv$$

$$= \iint_D (2-u-v)du\,dv = \int_0^1 \left\{\int_0^{1-u} (2-u-v)dv\right\} du = \frac{2}{3}.$$

9．S の正のパラメータ表示は

$$\boldsymbol{r}(u, v) = (a \sin u \cos v)\boldsymbol{i} + (a \sin u \sin v)\boldsymbol{j} + (a \cos u)\boldsymbol{k}$$
$$(0 \leqq u \leqq \pi,\ 0 \leqq v \leqq 2\pi).$$

このとき

$$\boldsymbol{n} = (\sin u \cos v)\boldsymbol{i} + (\sin u \sin v)\boldsymbol{j} + (\cos u)\boldsymbol{k},$$
$$dS = a^2 \sin u\, du\, dv.$$

（i） $S_+ : \boldsymbol{r} = \boldsymbol{r}(u, v)(0 \leqq u \leqq \frac{\pi}{2}, 0 \leqq v \leqq 2\pi)$. したがって

$$\int_{S+} d\boldsymbol{S} = \int_{S+} \boldsymbol{n}\, dS$$

$$= a^2\int_0^{\frac{\pi}{2}}\int_0^{2\pi} \{(\sin^2 u \cos v)\boldsymbol{i} + (\sin^2 u \sin v)\boldsymbol{j} + (\sin u \cos u)\boldsymbol{k}\}du\,dv$$

$$= \left(a^2\pi\int_0^{\frac{\pi}{2}} \sin 2u\, du\right)\boldsymbol{k} = a^2\pi\boldsymbol{k}.$$

（ii） $S_- : \boldsymbol{r} = \boldsymbol{r}(u, v)\left(\frac{\pi}{2} \leqq u \leqq \pi, 0 \leqq v \leqq 2\pi\right)$. したがって

$$\int_{S-} d\boldsymbol{S} = \int_{S-} \boldsymbol{n}\, dS$$

$$= a^2\int_{\frac{\pi}{2}}^{\pi}\int_0^{2\pi} \{(\sin^2 u \cos v)\boldsymbol{i} + (\sin^2 u \sin v)\boldsymbol{j} + (\sin u \cos u)\boldsymbol{k}\}du\,dv$$

$$= \left(a^2\pi\int_{\frac{\pi}{2}}^{\pi} \sin 2u\ du \right)\boldsymbol{k} = -a^2\pi\boldsymbol{k}.$$

（iii） $\int_S d\boldsymbol{S} = \int_{S+} d\boldsymbol{S} + \int_{S-} d\boldsymbol{S} = (a^2\pi - a^2\pi)\boldsymbol{k} = \boldsymbol{o}.$

10． $\boldsymbol{r}$ と $\boldsymbol{n}$ は平行であるから，$\boldsymbol{r}\times\boldsymbol{n} = \boldsymbol{o}$.

$$\therefore\quad \int_S \boldsymbol{r}\times d\boldsymbol{S} = \int_S \boldsymbol{r}\times\boldsymbol{n}dS = \boldsymbol{o}.$$

11． S を次のように 2 つの部分に分ける．

$S_1 = \{(x, y, z) : x^2+y^2 = z^2, 0 \leqq z \leqq 1\}, S_2 = \{(x, y, z) : x^2+y^2 \leqq 1, z = 1\}$.

したがって，$S = S_1 + S_2$. まず，S_1 の正のパラメータ表示は

$$\boldsymbol{r}(u, v) = (v\cos u)\boldsymbol{i} + (v\sin u)\boldsymbol{j} + v\boldsymbol{k} \qquad (0 \leqq u \leqq 2\pi, 0 \leqq v \leqq 1).$$

このとき

$$\boldsymbol{n} = \frac{\boldsymbol{r}_u\times\boldsymbol{r}_v}{|\boldsymbol{r}_u\times\boldsymbol{r}_v|} = \frac{1}{\sqrt{2}}(\cos u\ \boldsymbol{i} + \sin u\ \boldsymbol{j} - \boldsymbol{k}),$$

$$dS = \sqrt{EG-F^2}\,du\,dv = \sqrt{2}\,v\,du\,dv.$$

$$\therefore\quad \int_{S_1} \boldsymbol{F}\cdot d\boldsymbol{S} = \int_{S_1} \boldsymbol{F}\cdot\boldsymbol{n}\,dS = \int_0^1\int_0^{2\pi} (v^3\cos^2 u + v^3\sin^2 u\cos u - v^2)du\,dv$$

$$= \pi\int_0^1 v^3\,dv - 2\pi\int_0^1 v^2\,dv = -\frac{5\pi}{12}.$$

次に，S_2 の正のパラメータ表示は

$$\boldsymbol{r}(r, \theta) = (r\cos\theta)\boldsymbol{i} + (r\sin\theta)\boldsymbol{j} + \boldsymbol{k} \qquad (0 \leqq r \leqq 1, 0 \leqq \theta \leqq 2\pi).$$

このとき

$$\boldsymbol{n} = \boldsymbol{k},\ \ dS = \sqrt{EG-F^2}\,dr\,d\theta = r\,dr\,d\theta$$

$$\therefore\quad \int_{S_2} \boldsymbol{F}\cdot d\boldsymbol{S} = \int_{S_2} \boldsymbol{F}\cdot\boldsymbol{n}\,dS = \int_0^{2\pi}\int_0^1 r\,dr\,d\theta = \pi.$$

ゆえに

$$\int_S \boldsymbol{F}\cdot d\boldsymbol{S} = \int_{S_1} \boldsymbol{F}\cdot d\boldsymbol{S} + \int_{S_2} \boldsymbol{F}\cdot d\boldsymbol{S} = -\frac{5\pi}{12} + \pi = \frac{7}{12}\pi.$$

12． （ i ） S の正のパラメータ表示は

$$\boldsymbol{r}(\theta, z) = (\cos\theta)\boldsymbol{i} + (\sin\theta)\boldsymbol{j} + z\boldsymbol{k} \qquad (0 \leqq \theta \leqq 2\pi, 0 \leqq z \leqq 1).$$

このとき

$$\boldsymbol{n} = \frac{\boldsymbol{r}_\theta\times\boldsymbol{r}_z}{|\boldsymbol{r}_\theta\times\boldsymbol{r}_z|} = (\cos\theta)\boldsymbol{i} + (\sin\theta)\boldsymbol{j},\ dS = \sqrt{EG-F^2}\,d\theta\,dz = d\theta\,dz.$$

$$\therefore\quad \varphi(0, 0, 0) = \int_S \frac{\rho}{\sqrt{x^2+y^2+z^2}}dS = \int_0^1\int_0^{2\pi} \frac{\rho}{\sqrt{z^2+1}}d\theta\,dz = 2\pi\rho\log(\sqrt{2}+1).$$

（ii） S の正のパラメータ表示は

$$\boldsymbol{r}(u, v) = (2\sin u\cos v)\boldsymbol{i} + (2\sin u\sin v)\boldsymbol{j} + (2\cos u)\boldsymbol{k}$$

$$(0 \leqq u \leqq \pi, 0 \leqq v \leqq 2\pi).$$

このとき

$$\boldsymbol{n}=\frac{\boldsymbol{r}_u\times\boldsymbol{r}_v}{|\boldsymbol{r}_u\times\boldsymbol{r}_v|}=(\sin u\cos v)\boldsymbol{i}+(\sin u\sin v)\boldsymbol{j}+(\cos u)\boldsymbol{k},$$

$$dS=\sqrt{EG-F^2}\,du\,dv=4\sin u\,du\,dv.$$

$$\therefore\quad \varphi(0,0,1)=\int_S\frac{\rho}{\sqrt{x^2+y^2+(z-1)^2}}dS=4\rho\int_0^{2\pi}\int_0^{\pi}\frac{\sin u}{\sqrt{5-4\cos u}}du\,dv=8\pi\rho.$$

第5章　積分定理とその応用

5.1　ガウスの発散定理

問1　（i）$\displaystyle\oint_{\partial V}\boldsymbol{n}\cdot\boldsymbol{F}\,dS=\int_V\nabla\cdot\boldsymbol{F}\,dV=\int_V dV=\frac{4}{3}\pi.$

（ii）$\displaystyle\oint_{\partial V}\boldsymbol{n}\times\boldsymbol{F}\,dS=\int_V\nabla\times\boldsymbol{F}\,dV=-2\,\boldsymbol{k}\int_V dV=-\frac{8\pi}{3}\boldsymbol{k}.$

問2　$\displaystyle\oint_{\partial V}\varphi\boldsymbol{n}\,dS=\int_V\nabla\varphi\,dV=\frac{4}{3}\pi(2\,\boldsymbol{i}+\boldsymbol{j}+3\,\boldsymbol{k}).$

問3　（i）$\displaystyle\oint_{\partial V}\varphi\boldsymbol{F}\cdot\boldsymbol{n}\,dS=\int_V\nabla\cdot(\varphi\boldsymbol{F})dV$

$$=\int_V\boldsymbol{F}\cdot\nabla\varphi\,dV+\int_V\varphi\nabla\cdot\boldsymbol{F}\,dV.$$

（ii）$\displaystyle\oint_{\partial V}(\boldsymbol{G}\times\boldsymbol{F})\cdot\boldsymbol{n}\,dS=\int_V\nabla\cdot(\boldsymbol{G}\times\boldsymbol{F})dV$

$$=\int_V\boldsymbol{F}\cdot(\nabla\times\boldsymbol{G})dV-\int_V\boldsymbol{G}\cdot(\nabla\times\boldsymbol{F})dV.$$

（iii）$\displaystyle\frac{1}{2}\oint_{\partial V}|\boldsymbol{r}|^2\,\boldsymbol{n}\,dS=\frac{1}{2}\int_V\nabla(|\boldsymbol{r}|^2)dV=\int_V\boldsymbol{r}\,dV.$

問4　$\boldsymbol{v}$ は (x,y,z,t) の関数で，また，x,y,z は t の関数であるから

$$\boldsymbol{a}=\frac{d\boldsymbol{v}}{dt}=\frac{\partial\boldsymbol{v}}{\partial t}+\left(\frac{\partial\boldsymbol{v}}{\partial x}\frac{dx}{dt}+\frac{\partial\boldsymbol{v}}{\partial y}\frac{dy}{dt}+\frac{\partial\boldsymbol{v}}{\partial z}\frac{dz}{dt}\right)$$

$$=\frac{\partial\boldsymbol{v}}{\partial t}+(\boldsymbol{v}\cdot\nabla)\boldsymbol{v}.$$

しかるに

$$\nabla(|\boldsymbol{v}|^2)=\nabla(\boldsymbol{v}\cdot\boldsymbol{v})=2\{(\boldsymbol{v}\cdot\nabla)\boldsymbol{v}+\boldsymbol{v}\times(\nabla\times\boldsymbol{v})\}.$$

したがって

$$\boldsymbol{a}=\frac{\partial\boldsymbol{v}}{\partial t}+\frac{1}{2}\nabla(|\boldsymbol{v}|^2)-\boldsymbol{v}\times(\nabla\times\boldsymbol{v}).$$

問5　一様な重力場 $\boldsymbol{g}(|\boldsymbol{g}|=g)$ の静止流体に対するオイラーの運動方程式は，流体圧を p で表わすとき

$$\nabla p=\rho\boldsymbol{g}\quad(\rho\text{ は流体の密度})$$

となる．すなわち，$\dfrac{\partial p}{\partial x}=\dfrac{\partial p}{\partial y}=0$　$\dfrac{\partial p}{\partial z}=-\rho g$　（このように座標軸をとってよい）

$$\therefore \quad p=-\rho gz+c.$$

静止流体が高さ h の自由表面をもつとき，表面では $z=h$ である．表面上での外圧 p_0 が一定の場合，条件［$z=h$ のとき $p=p_0$］の下で $c=p_0+\rho gh$ となる．

$$\therefore \quad p=p_0+\rho g(h-z).$$

問6　外部から保存力の作用がなければ，ベルヌーイの方程式は

$$\frac{p}{\rho}+\frac{1}{2}|\boldsymbol{v}|^2=c \quad (c \text{ は定数}).$$

したがって

$$p=c\rho-\frac{\rho}{2}|\boldsymbol{v}|^2.$$

ゆえに，$\boldsymbol{v}=\boldsymbol{o}$，すなわち，$|\boldsymbol{v}|=0$ である点において p は最大になり，p の最大値は $c\rho$ である．

5.2　立体角とガウスの積分

問1　$$\Omega(S:\mathrm{O})=\int_{\mathrm{S}}\frac{\boldsymbol{r}\cdot\boldsymbol{n}}{r^3}dS=\frac{1}{a^2}\int_{\mathrm{S}}dS$$

$$=\frac{1}{a^2}\int_0^{\frac{\pi}{2}}\left\{\int_{\frac{\pi}{4}}^{\frac{\pi}{2}}a^2\sin\theta\, d\varphi\right\}d\theta=\frac{\pi}{4}.$$

問2　Sの正のパラメータ表示は

$$\boldsymbol{r}(u,v)=(u\cos v)\boldsymbol{i}+(u\sin v)\boldsymbol{j}+\boldsymbol{k} \quad (0\leqq u\leqq 1, 0\leqq v\leqq 2\pi).$$

これを u, v で偏微分すると

$$\boldsymbol{r}_u=(\cos v)\boldsymbol{i}+(\sin v)\boldsymbol{j},\quad \boldsymbol{r}_v=(-u\sin v)\boldsymbol{i}+(u\cos v)\boldsymbol{j},$$

$$r=|\boldsymbol{r}|=\sqrt{u^2+1},\qquad \boldsymbol{r}\cdot\boldsymbol{n}=1,\qquad \sqrt{EG-F^2}=u.$$

$$\therefore \quad \Omega(\mathrm{S}:\mathrm{O})=\int_{\mathrm{S}}\frac{\boldsymbol{r}\cdot\boldsymbol{n}}{r^3}dS=\int_0^{2\pi}\left\{\int_0^1\frac{u}{(u^2+1)^{3/2}}du\right\}dv=\sqrt{2}\,\pi(\sqrt{2}-1).$$

5.3　グリーンの定理とグリーンの公式

問1　$P=0$，$Q=x$ とおくと，$A(D)=\displaystyle\iint_{\mathrm{D}}dx\,dy=\iint_{\mathrm{D}}\left[-\frac{\partial P}{\partial y}+\frac{\partial Q}{\partial x}\right]dx\,dy=\oint_{\mathrm{C}}x\,dy$

$P=-y$，$Q=0$ とおくと，$A(D)=\displaystyle\iint_{\mathrm{D}}dx\,dy=\iint_{\mathrm{D}}\left[-\frac{\partial P}{\partial y}+\frac{\partial Q}{\partial x}\right]dx\,dy=-\oint_{\mathrm{C}}y\,dx$

$$\therefore \quad A(D)=\frac{1}{2}\left\{\oint_{\mathrm{C}}x\,dy-\oint_{\mathrm{C}}y\,dx\right\}.$$

問2　$x=a\cos^3\theta, y=a\sin^3\theta$　$(0\leqq\theta\leqq 2\pi)$ とおくと

$$A(D)=\frac{1}{2}\oint_{\mathrm{C}}x\,dy-y\,dx=\frac{1}{2}\int_0^{2\pi}[3a^2\cos^4\theta\sin^2\theta+3a^2\sin^4\theta\cos^2\theta]d\theta$$

$$=\frac{3a^2}{2}\int_0^{2\pi}\sin^2\theta\cos^2\theta\, d\theta=\frac{3a^2}{8}\int_0^{2\pi}\sin^2 2\theta\, d\theta=\frac{3\pi}{8}a^2.$$

問3　Cの内部をDとすると，グリーンの定理により

$$I=\oint_{\mathrm{C}}(e^x y+\sin x)dx+(x^3+3xy^2+e^x)dy$$

$$=\iint_{\mathrm{D}}\left\{-\frac{\partial}{\partial y}(e^x y+\sin x)+\frac{\partial}{\partial x}(x^3+3xy^2+e^x)\right\}dx\,dy=3\iint_{\mathrm{D}}(x^2+y^2)dx\,dy.$$

ここで，$x=r\cos\theta, y=r\sin\theta\quad(0\leqq r\leqq 1, 0\leqq\theta\leqq 2\pi)$ に変換すると

$$I=3\int_0^{2\pi}\left\{\int_0^1 r^2 r\,dr\right\}d\theta=\frac{3}{2}\pi.$$

問4　Sの内部をVで表わす．

（i）$\nabla f=(1,-1,2)$ であるから $|\nabla f|^2=6$．また，$\nabla^2 f=0$ だから f は調和関数である．

$$\therefore\quad \oint_{\mathrm{S}} f\frac{\partial f}{\partial n}dS=\int_{\mathrm{V}}|\nabla f|^2 dV=6\int_{\mathrm{V}}dV=8\pi.$$

（ii）$\nabla g=(2,1,-3)$ であるから $|\nabla g|=\sqrt{14}$．また，$\nabla^2 g=0$ だから g は調和関数である．

$$\therefore\quad \oint_{\mathrm{S}} f\frac{\partial g}{\partial n}dS=\int_{\mathrm{V}}(\nabla f)\cdot(\nabla g)dV=-5\int_{\mathrm{V}}dV=-\frac{20}{3}\pi.$$

問5　実数 λ に対して $\lambda f+g$ も調和関数であるから

$$\oint_{\partial\mathrm{V}}(\lambda f+g)\frac{\partial(\lambda f+g)}{\partial n}dS$$

$$=\int_{\mathrm{V}}|\nabla(\lambda f+g)|^2\,dV$$

$$=\lambda^2\int_{\mathrm{V}}|\nabla f|^2\,dV+2\lambda\int_{\mathrm{V}}\nabla f\cdot\nabla g\,dV+\int_{\mathrm{V}}|\nabla g|^2\,dV$$

$$=\lambda^2\oint_{\partial\mathrm{V}}f\frac{\partial f}{\partial n}dS+\lambda\oint_{\partial\mathrm{V}}\left(f\frac{\partial g}{\partial n}+g\frac{\partial f}{\partial n}\right)dS+\oint_{\partial\mathrm{V}}g\frac{\partial g}{\partial n}dS\geqq 0.$$

この不等式が任意の実数 λ に対して成り立つための条件は

$$\left\{\oint_{\partial\mathrm{V}}\left(f\frac{\partial g}{\partial n}+g\frac{\partial f}{\partial n}\right)dS\right\}^2-4\left(\oint_{\partial\mathrm{V}}g\frac{\partial f}{\partial n}dS\right)\left(\oint_{\partial\mathrm{V}}g\frac{\partial g}{\partial n}dS\right)\leqq 0.$$

$$\therefore\quad\left(\oint_{\partial\mathrm{V}}f\frac{\partial f}{\partial n}dS\right)\left(\oint_{\partial\mathrm{V}}g\frac{\partial g}{\partial n}dS\right)\geqq\frac{1}{4}\left\{\oint_{\partial\mathrm{V}}\left(f\frac{\partial g}{\partial n}+g\frac{\partial f}{\partial n}\right)dS\right\}^2.$$

問6　$V=\{(x,y,z): x^2+y^2+z^2\leqq a^2\}$ とおき，求めるニュートン・ポテンシャルを $f(0,0,0)$ とすると

$$f(0,0,0)=\iiint_{\mathrm{V}}\frac{\rho}{\sqrt{x^2+y^2+z^2}}dx\,dy\,dz.$$

ここで $x=r\sin\theta\cos\varphi, y=r\sin\theta\sin\varphi, z=r\cos\theta\quad(0\leqq r\leqq a, 0\leqq\theta\leqq\pi, 0\leqq\varphi\leqq 2\pi)$ に変換すると

$$\frac{\partial(x,y,z)}{\partial(\gamma,\theta,\varphi)}=\begin{vmatrix}\dfrac{\partial x}{\partial\gamma} & \dfrac{\partial x}{\partial\theta} & \dfrac{\partial x}{\partial\varphi}\\ \dfrac{\partial y}{\partial\gamma} & \dfrac{\partial y}{\partial\theta} & \dfrac{\partial y}{\partial\varphi}\\ \dfrac{\partial z}{\partial\gamma} & \dfrac{\partial z}{\partial\theta} & \dfrac{\partial z}{\partial\varphi}\end{vmatrix}=\gamma^2\sin\theta.$$

したがって

$$f(0,0,0)=\rho\int_0^a\left[\int_0^\pi\left\{\int_0^{2\pi}\gamma\sin\theta\,d\varphi\right\}d\theta\right]dr=2\pi\rho a^2.$$

5.4　ストークスの定理

問1　Sの正のパラメータ表示は

$$\boldsymbol{r}(\theta,\varphi)=(\sin\theta\cos\varphi)\boldsymbol{i}+(\sin\theta\sin\varphi)\boldsymbol{j}+(\cos\theta)\boldsymbol{k}\quad\left(0\leqq\theta\leqq\frac{\pi}{2},0\leqq\varphi\leqq 2\pi\right).$$

これを θ,φ で偏微分すると

$$\boldsymbol{r}_\theta=(\cos\theta\cos\varphi)\boldsymbol{i}+(\cos\theta\sin\varphi)\boldsymbol{j}+(-\sin\theta)\boldsymbol{k},$$
$$\boldsymbol{r}_\varphi=(-\sin\theta\sin\varphi)\boldsymbol{i}+(\sin\theta\cos\varphi)\boldsymbol{j},$$
$$\boldsymbol{r}_\theta\times\boldsymbol{r}_\varphi=(\sin^2\theta\cos\varphi)\boldsymbol{i}+(\sin^2\theta\sin\varphi)\boldsymbol{j}+(\cos\theta\sin\theta)\boldsymbol{k},$$
$$\boldsymbol{n}=\frac{\boldsymbol{r}_\theta\times\boldsymbol{r}_\varphi}{|\boldsymbol{r}_\theta\times\boldsymbol{r}_\varphi|}=(\sin\theta\cos\varphi)\boldsymbol{i}+(\sin\theta\sin\varphi)\boldsymbol{j}+(\cos\theta)\boldsymbol{k},$$
$$\sqrt{EG-F^2}=\sin\theta.$$

したがって

$$\int_S\boldsymbol{n}\cdot\mathrm{rot}\{z\boldsymbol{i}+x\boldsymbol{j}+y\boldsymbol{k}\}dS=\int_0^{2\pi}\left\{\int_0^{\frac{\pi}{2}}(\sin\theta\cos\varphi+\sin\theta\sin\varphi+\cos\theta)\sin\theta\,d\theta\right\}d\varphi$$
$$=\int_0^{2\pi}\left\{\frac{\pi}{4}(\cos\varphi+\sin\varphi)+\frac{1}{2}\right\}d\varphi=\pi.$$

Sの縁Cのパラメータ表示は

$$\boldsymbol{r}(\phi)=(\cos\phi)\boldsymbol{i}+(\sin\phi)\boldsymbol{j}\qquad(0\leqq\phi\leqq 2\pi).$$
$$\therefore\quad\oint_C(z\boldsymbol{i}+x\boldsymbol{j}+y\boldsymbol{k})\cdot d\boldsymbol{r}=\oint_C z\,dx+x\,dy+y\,dz$$
$$=\int_0^{2\pi}\cos^2\phi\,d\phi=\pi.$$
$$\therefore\quad\int_S\boldsymbol{n}\cdot\mathrm{rot}\{z\boldsymbol{i}+x\boldsymbol{j}+y\boldsymbol{k}\}dS=\oint_C\{z\boldsymbol{i}+x\boldsymbol{j}+y\boldsymbol{k}\}\cdot d\boldsymbol{r}.$$

問2　Cのパラメータ表示は $\boldsymbol{r}(\phi)=(\cos\phi)\boldsymbol{i}+(\sin\phi)\boldsymbol{j}(0\leqq\phi\leqq 2\pi)$. したがって

（i）$\displaystyle\int_S\boldsymbol{n}\cdot\mathrm{rot}\{(x+y)\boldsymbol{i}+(y+z)\boldsymbol{j}+(z+x)\boldsymbol{k}\}dS$

$$=\oint_C\{(x+y)\boldsymbol{i}+(y+z)\boldsymbol{j}+(z+x)\boldsymbol{k}\}\cdot d\boldsymbol{r}$$

$$= \oint_C (x+y)dx+(y+z)dy+(z+x)dz = -\int_0^{2\pi} \sin^2\phi\, d\phi = -\pi.$$

（ii） $\displaystyle\int_S \boldsymbol{n}\cdot\mathrm{rot}\{(x^2+y)\boldsymbol{i}+2yz\boldsymbol{j}+(z^2-y)\boldsymbol{k}\}dS$

$$= \oint_C \{(x^2+y)\boldsymbol{i}+2yz\boldsymbol{j}+(z^2-y)\boldsymbol{k}\}\cdot d\boldsymbol{r}$$

$$= \oint_C (x^2+y)dx+2yz\,dy+(z^2-y)dz$$

$$= -\int_0^{2\pi}(\sin^2\phi+\cos^2\phi\sin\phi)d\phi = -\pi.$$

問3　次のようにパラメータ表示される曲面をSとする：

$$\boldsymbol{r}(u,v) = (\sin u\cos v)\boldsymbol{i}+(\sin u\sin v)\boldsymbol{j}+(\cos u)\boldsymbol{k}$$
$$\left(\frac{\pi}{4} \leqq u \leqq \frac{3\pi}{4}, 0 \leqq v \leqq \frac{\pi}{2}\right).$$

このとき，曲線CはSの縁になっている．したがって，ストークスの定理を適用すると

$$I = \int_S \boldsymbol{n}\cdot\mathrm{rot}\{(x+z)\boldsymbol{i}+(z-y)\boldsymbol{j}+(x+y)\boldsymbol{k}\}dS.$$

しかるに

$$\boldsymbol{n} = \boldsymbol{r}(u,v),\ \sqrt{EG-F^2} = \sin u,\ \mathrm{rot}\{(x+z)\boldsymbol{i}+(z-y)\boldsymbol{j}+(x+y)\boldsymbol{k}\} = \boldsymbol{o}.$$

ゆえに，$I=0$

（別解）　$x^2+y^2+z^2=1$ と $x+y=1$ の交線Cは，t をパラメータとして

$$C_1：\boldsymbol{r}(t) = t\boldsymbol{i}+(1-t)\boldsymbol{j}+\sqrt{2t-2t^2}\,\boldsymbol{k}\quad(0\leqq t\leqq 1),$$
$$C_2：\boldsymbol{r}(t) = t\boldsymbol{i}+(1-t)\boldsymbol{j}-\sqrt{2t-2t^2}\,\boldsymbol{k}\quad(0\leqq t\leqq 1)$$

の2つの部分の和で表わされるが，C_2 上では t は1から0へと動くようにする．このとき

$$I = \oint_C (x+z)dx+(z-y)dy+(x+y)dz$$
$$= \int_0^1\left(1+\frac{1-2t}{\sqrt{2t-2t^2}}\right)dt-\int_0^1\left(1-\frac{1-2t}{\sqrt{2t-2t^2}}\right)dt$$
$$= \int_0^1 \frac{2(1-2t)}{\sqrt{2t-2t^2}}dt = 0.$$

問4　$D=\{(x,y):x^2+y^2<1\}$ とおき，曲面Sを $S=\{(x,y,z):x+y+z=1, (x,y)\in D\}$ とする．このとき，Sのパラメータ表示は

$$\boldsymbol{r}(x,y) = x\boldsymbol{i}+y\boldsymbol{j}+(1-x-y)\boldsymbol{k}\quad((x,y)\in D).$$

これを x, y で偏微分すると，$\boldsymbol{r}_x = \boldsymbol{i}-\boldsymbol{k}$，$\boldsymbol{r}_y = \boldsymbol{j}-\boldsymbol{k}$ であるから

$$\boldsymbol{n} = \frac{\boldsymbol{r}_x\times\boldsymbol{r}_y}{|\boldsymbol{r}_x\times\boldsymbol{r}_y|} = \frac{1}{\sqrt{3}}(\boldsymbol{i}+\boldsymbol{j}+\boldsymbol{k}),\ \sqrt{EG-F^2} = \sqrt{3}.$$

したがって，ストークスの定理を用いると

$$I=\int_S \boldsymbol{n}\cdot \mathrm{rot}\{(-y^3)\boldsymbol{i}+x^3\boldsymbol{j}+z^2\boldsymbol{k}\}dS=3\iint_D (x^2+y^2)dx\,dy.$$

ここで，$x=\gamma\cos\theta$，$y=\gamma\sin\theta\ (0\leqq\gamma<1,\ 0\leqq\theta\leqq 2\pi)$ に変換すると

$$I=3\int_0^{2\pi}\left\{\int_0^1 \gamma^3 d\gamma\right\}d\theta=\frac{3}{2}\pi.$$

問5　$\boldsymbol{r}=z\boldsymbol{k}$，$d\boldsymbol{r}=(dz)\boldsymbol{k}$ であるから

$$\int_{-\infty}^{\infty}\boldsymbol{H}\cdot d\boldsymbol{r}=\frac{a^2I}{2}\int_{-\infty}^{\infty}\frac{1}{(a^2+z^2)^{3/2}}dz=\frac{a^2I}{2}\left[\frac{z}{a^2\sqrt{a^2+z^2}}\right]_{-\infty}^{\infty}$$

$$=\frac{I}{2}\left\{\lim_{z\to\infty}\frac{z}{\sqrt{a^2+z^2}}-\lim_{z\to-\infty}\frac{z}{\sqrt{a^2+z^2}}\right\}=I.$$

問6　C 上に点 P，z 軸上に点 Q をとり，$\overrightarrow{\mathrm{OP}}=\boldsymbol{r}$，$\overrightarrow{\mathrm{OQ}}=\boldsymbol{r}'$ とする．このとき

$$\boldsymbol{r}=(a\cos\theta)\boldsymbol{i}+(a\sin\theta)\boldsymbol{j}\quad(0\leqq\theta\leqq 2\pi),\quad \boldsymbol{r}'=z\boldsymbol{k}\quad(-\infty<z<\infty).$$

点 P に生ずる磁場 $\boldsymbol{H}(\mathrm{P})$ の成分を $H_x(\mathrm{P}), H_y(\mathrm{P}), H_z(\mathrm{P})$ とすると，ビオ・サバールの法則により

$$H_x(\mathrm{P})=\frac{I}{4\pi}\int_{-\infty}^{\infty}\frac{-a\sin\theta}{(z^2+a^2)^{3/2}}dz=-\frac{\sin\theta}{2\pi a}I,$$

$$H_y(\mathrm{P})=\frac{I}{4\pi}\int_{-\infty}^{\infty}\frac{a\cos\theta}{(z^2+a^2)^{3/2}}dz=\frac{\cos\theta}{2\pi a}I,$$

$$H_z(\mathrm{P})=0.$$

$$\therefore\quad \boldsymbol{H}(\mathrm{P})=\frac{I}{2\pi a}\{(-\sin\theta)\boldsymbol{i}+(\cos\theta)\boldsymbol{j}\},\quad |\boldsymbol{H}(\mathrm{P})|=\frac{I}{2\pi a}.$$

$$\therefore\quad \oint_C \boldsymbol{H}\cdot d\boldsymbol{r}=\frac{I}{2\pi a}\int_0^{2\pi}a\,d\theta=I.$$

問7　マックスウェルの方程式を用いれば

$$\nabla\cdot\boldsymbol{P}=\nabla\cdot(\boldsymbol{E}\times\boldsymbol{H})=\boldsymbol{H}\cdot(\nabla\times\boldsymbol{E})-\boldsymbol{E}\cdot(\nabla\times\boldsymbol{H})$$

$$=\boldsymbol{H}\cdot\left(-\frac{\partial\boldsymbol{B}}{\partial t}\right)-\boldsymbol{E}\cdot\left(\boldsymbol{J}+\frac{\partial\boldsymbol{D}}{\partial t}\right)$$

が成り立つ．ところで

$$\boldsymbol{E}\cdot\frac{\partial\boldsymbol{D}}{\partial t}=\varepsilon\boldsymbol{E}\cdot\frac{\partial\boldsymbol{E}}{\partial t}=\frac{1}{2}\frac{\partial}{\partial t}(\boldsymbol{E}\cdot\varepsilon\boldsymbol{E})=\frac{1}{2}\frac{\partial}{\partial t}(\boldsymbol{E}\cdot\boldsymbol{D}),$$

$$\boldsymbol{H}\cdot\frac{\partial\boldsymbol{B}}{\partial t}=\mu\boldsymbol{H}\cdot\frac{\partial\boldsymbol{H}}{\partial t}=\frac{1}{2}\frac{\partial}{\partial t}(\boldsymbol{H}\cdot\mu\boldsymbol{H})=\frac{1}{2}\frac{\partial}{\partial t}(\boldsymbol{H}\cdot\boldsymbol{B}).$$

したがって

$$\nabla\cdot\boldsymbol{P}=-\frac{\partial}{\partial t}\left\{\frac{1}{2}(\boldsymbol{E}\cdot\boldsymbol{D}+\boldsymbol{H}\cdot\boldsymbol{B})\right\}-\boldsymbol{J}\cdot\boldsymbol{E},$$

すなわち

$$\frac{\partial W}{\partial t}=-(\nabla\cdot\boldsymbol{P}+\boldsymbol{J}\cdot\boldsymbol{E}).$$

5.5　渦運動と循環

問1　渦管 $\Gamma_{\mathrm{C}}(\boldsymbol{F})$ の強さは $\oint_{\mathrm{C}} \boldsymbol{F}\cdot d\boldsymbol{r}$ で与えられる．$\Gamma_{\mathrm{C}}[\boldsymbol{F}]$ の外側にあって2曲線 C_1, C を縁にもつ滑らかな曲面の1つをSとし，Sの正の向きの単位法線ベクトルを $\boldsymbol{n}$ とする．$\Gamma_{\mathrm{C}}[\boldsymbol{F}]$ の外では渦運動はないから，ストークスの定理を用いると

$$0 = \int_{\mathrm{S}} \boldsymbol{n}\cdot\boldsymbol{\Omega}[\boldsymbol{F}]\,dS = \oint_{\mathrm{C}_1} \boldsymbol{F}\cdot d\boldsymbol{r} - \oint_{\mathrm{C}} \boldsymbol{F}\cdot d\boldsymbol{r}.$$

したがって

$$\oint_{\mathrm{C}_1} \boldsymbol{F}\cdot d\boldsymbol{r} = \oint_{\mathrm{C}} \boldsymbol{F}\cdot d\boldsymbol{r}.$$

一般に，$\Gamma_{\mathrm{C}}[\boldsymbol{F}]$ を外から n 周する閉曲線 C_n は下図のように

$$\mathrm{C}_n = \mathrm{C}_{n1} + \mathrm{C}_{n2} + \cdots + \mathrm{C}_{nn}$$

と考えてよい．したがって

$$\oint_{\mathrm{C}_n} \boldsymbol{F}\cdot d\boldsymbol{r} = \oint_{\mathrm{C}_{n1}} \boldsymbol{F}\cdot d\boldsymbol{r} + \oint_{\mathrm{C}_{n2}} \boldsymbol{F}\cdot d\boldsymbol{r} + \cdots + \oint_{\mathrm{C}_{nn}} \boldsymbol{F}\cdot d\boldsymbol{r} = n\oint_{\mathrm{C}} \boldsymbol{F}\cdot d\boldsymbol{r}.$$

問2　（i）　$\Gamma_{\mathrm{C}}[\boldsymbol{F}]$ の外では渦運動はないので，$\mathrm{rot}\,\boldsymbol{F} = \boldsymbol{O}$．したがって，$\Gamma_{\mathrm{C}}[\boldsymbol{F}]$ の外部にある単連結領域で $\boldsymbol{F}$ は保存ベクトル場になっている（§3.5，定理1）．よって，$\Gamma_{\mathrm{C}}[\boldsymbol{F}]$ の外部において積分 $\int_{\tilde{\mathrm{C}}_1} \boldsymbol{F}\cdot d\boldsymbol{r}$ は曲線 $\tilde{\mathrm{C}}_1$ のとり方に関係なく，端点O，Pだけに依存する（§4.1，定理4），すなわち，$\int_{\tilde{\mathrm{C}}_1} \boldsymbol{F}\cdot d\boldsymbol{r} = \int_{\tilde{\mathrm{C}}_2} \boldsymbol{F}\cdot d\boldsymbol{r}$．次式

$$\varphi = -\int_{\tilde{\mathrm{C}}_1} \boldsymbol{F}\cdot d\boldsymbol{r} = -\int_{\tilde{\mathrm{C}}_1} \boldsymbol{F}\cdot\boldsymbol{t}\,ds$$

（s は標準パラメータ）

で定義される φ が求めるポテンシャルであることを示そう．

$$\frac{d\varphi}{ds} = -\boldsymbol{F}\cdot\boldsymbol{t} = -(F_x, F_y, F_z)\cdot\boldsymbol{t},$$

$$\frac{d\varphi}{ds} = \frac{\partial\varphi}{\partial x}\frac{dx}{ds} + \frac{\partial\varphi}{\partial y}\frac{dy}{ds} + \frac{\partial\varphi}{\partial z}\frac{dz}{ds} = \left(\frac{\partial\varphi}{\partial x}, \frac{\partial\varphi}{\partial y}, \frac{\partial\varphi}{\partial z}\right)\cdot\boldsymbol{t}.$$

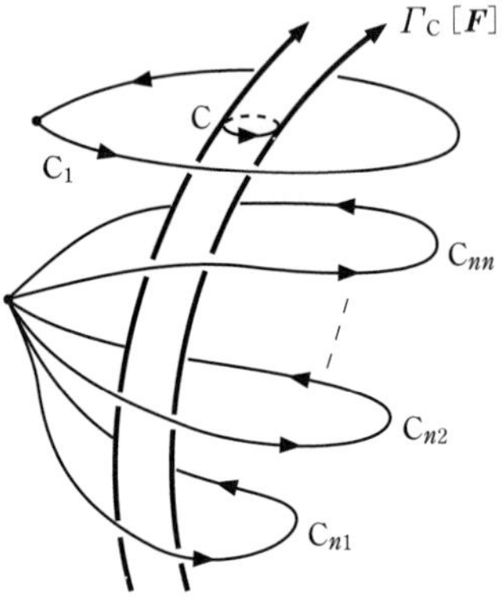

したがって，$\tilde{\mathrm{C}}_1$ の任意性により

$$\frac{\partial\varphi}{\partial x} = -F_x, \quad \frac{\partial\varphi}{\partial y} = -F_y, \quad \frac{\partial\varphi}{\partial z} = -F_z$$

を得る．すなわち，$\boldsymbol{F} = -\nabla\varphi$．

（ii）　$\psi = -\int_{\tilde{\mathrm{C}}_3} \boldsymbol{F}\cdot d\boldsymbol{r} = -\int_{\tilde{\mathrm{C}}_3} \boldsymbol{F}\cdot\boldsymbol{t}\,ds$

で定義される ψ は（i）と同様にして $\boldsymbol{F} = -\nabla\psi$ をみたすことがわかる．しかるに，問1の結果により

$$\int_{\tilde{C}_3} \boldsymbol{F}\cdot d\boldsymbol{r} = 2\oint_C \boldsymbol{F}\cdot d\boldsymbol{r} + \int_{\tilde{C}_2} \boldsymbol{F}\cdot d\boldsymbol{r} = 2\oint_C \boldsymbol{F}\cdot d\boldsymbol{r} + \int_{\tilde{C}_1} \boldsymbol{F}\cdot d\boldsymbol{r}.$$

ゆえに，（i）で求められた φ を用いると

$$\psi = \varphi - 2\oint_C \boldsymbol{F}\cdot d\boldsymbol{r}.$$

第5章の問題

1．$x = 2\cos\theta, y = 3\sin\theta \quad (0 \leqq \theta \leqq 2\pi)$ とすると

$$\oint_{\partial D} y^2\,dx + xy\,dy = \int_0^{2\pi} (-18\sin^3\theta + 18\cos^2\theta\sin\theta)d\theta$$
$$= \int_0^{2\pi} \left\{-\frac{9}{2}(3\sin\theta - \sin 3\theta) + 18\cos^2\theta\sin\theta\right\} d\theta = 0.$$

また，グリーンの定理を適用すると

$$\oint_{\partial D} y^2\,dx + xy\,dy = \iint_D (-y)dx\,dy = \int_{-3}^{3} \left\{\int_{-\frac{2}{3}\sqrt{9-y^2}}^{\frac{2}{3}\sqrt{9-y^2}} (-y)dx\right\} dy$$
$$= -\frac{4}{3}\int_{-3}^{3} y\sqrt{9-y^2}\,dy = 0.$$

2．正方形の内部をDで表すならば，グリーンの定理により

$$\oint_C y^3\,dx + 3x^2y\,dy = \iint_D (-3y^2 + 6xy)dx\,dy$$
$$= \int_{-1}^{1} \left\{\int_{-1}^{1} (-3y^2 + 6xy)dx\right\} dy = -4.$$

3．原点を中心とする半径の1の反時計まわりの円周を C_+，時計まわりの円周を C_- とし，Cと C_+ の間の領域をDとする．グリーンの定理によれば

$$\int_C \frac{-y}{x^2+y^2}dx + \frac{x}{x^2+y^2}dy + \int_{C_-} \frac{-y}{x^2+y^2}dx + \frac{x}{x^2+y^2}dy$$
$$= \iint_D \left\{-\frac{\partial}{\partial y}\left(\frac{-y}{x^2+y^2}\right) + \frac{\partial}{\partial x}\left(\frac{x}{x^2+y^2}\right)\right\} dx\,dy = 0.$$

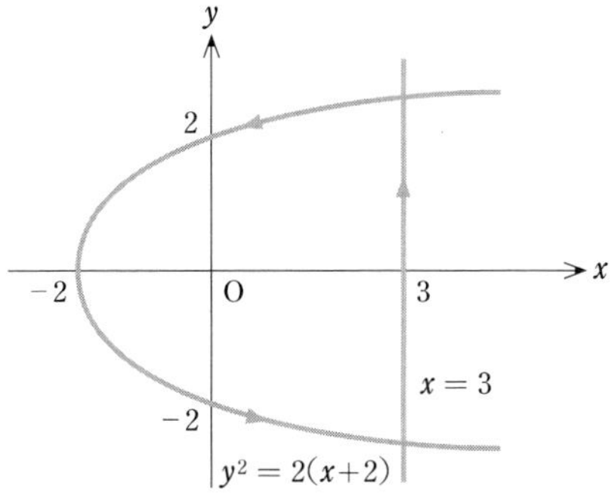

したがって，$x=\cos\theta$，$y=\sin\theta\ (0\leqq\theta\leqq 2\pi)$ とすると

$$\oint_{\mathrm{C}}\frac{-y}{x^2+y^2}dx+\frac{x}{x^2+y^2}dy=\int_{\mathrm{C}_+}\frac{-y}{x^2+y^2}dx+\frac{x}{x^2+y^2}dy$$
$$=\int_0^{2\pi}(\sin^2\theta+\cos^2\theta)d\theta=2\pi.$$

4. S の正のパラメータ表示を

$\boldsymbol{r}(u,v)=(\sin u\cos v)\boldsymbol{i}+(\sin u\sin v)\boldsymbol{j}+(\cos u)\boldsymbol{k}\quad(0\leqq u\leqq\pi,\ 0\leqq v\leqq 2\pi)$

とすると

$$\int_{\mathrm{S}}xy\,dy\wedge dz=\int_0^{\pi}\int_0^{2\pi}(\sin u\cos v)(\sin u\sin v)\frac{\partial(y,z)}{\partial(u,v)}du\,dv$$
$$=\int_0^{\pi}\left\{\int_0^{2\pi}\sin^4 u\cos^2 v\sin v\,dv\right\}du=0.$$
$$\int_{\mathrm{S}}yz\,dz\wedge dx=\int_0^{\pi}\int_0^{2\pi}(\sin u\sin v)\cos u\frac{\partial(z,x)}{\partial(u,v)}du\,dv$$
$$=\int_0^{2\pi}\left\{\int_0^{\pi}\sin^3 u\cos u\sin^2 v\,du\right\}dv=0.$$
$$\int_{\mathrm{S}}zx\,dx\wedge dy=\int_0^{\pi}\int_0^{2\pi}(\sin u\cos v)\cos u\frac{\partial(x,y)}{\partial(u,v)}du\,dv$$
$$=\int_0^{\pi}\left\{\int_0^{2\pi}\sin^2 u\cos^2 u\cos v\,dv\right\}du=0.$$

一方，ガウスの発散定理を用いると，球の内部を V，$x=r\sin u\cos v$，$y=r\sin u\sin v$，$z=r\cos u$ として

$$\int_{\mathrm{S}}xy\,dy\wedge dz+yz\,dz\wedge dx+zx\,dx\wedge dy$$
$$=\iiint_{\mathrm{V}}(x+y+z)dx\,dy\,dz$$
$$=\int_0^1\int_0^{\pi}\int_0^{2\pi}(r\sin u\cos u+r\sin u\sin v+r\cos u)\frac{\partial(x,y,z)}{\partial(r,u,v)}dr\,du\,dv$$
$$=\int_0^1 r^3\,dr\left[\int_0^{\pi}\int_0^{2\pi}(\sin^2 u\cos v+\sin^2 u\sin v+\cos u\sin u)du\,dv\right]=0.$$

5. ガウスの発散定理により

$$\oint_{\partial\mathrm{V}}\boldsymbol{F}\cdot\boldsymbol{n}\,dS=\int_{\mathrm{V}}\mathrm{div}\,\boldsymbol{F}\,dV=6\iiint_{\mathrm{V}}dx\,dy\,dz=48.$$

6. ガウスの発散定理により

$$\oint_{\partial\mathrm{V}}(x^2\boldsymbol{i}+yz^2\boldsymbol{j}+y^2\boldsymbol{k})\cdot\boldsymbol{n}\,dS=\iiint_{\mathrm{V}}(2x+z^2)dx\,dy\,dz$$
$$=\int_{-2}^{2}\left[\int_{-2}^{2}\left\{\int_{-2}^{2}(2x+z^2)dx\right\}dy\right]dz=\frac{256}{3}.$$

7. S の正のパラメータ表示を

$$\boldsymbol{r}(u,v)=(\sin u\cos v)\boldsymbol{i}+(\sin u\sin v)\boldsymbol{j}+(\cos u)\boldsymbol{k}\quad\left(0\leqq u\leqq\frac{\pi}{2},0\leqq v\leqq 2\pi\right)$$

とすると，単位法線ベクトルは $\boldsymbol{n}=\boldsymbol{r}(u,v)$ となる．$dS=\sqrt{EG-F^2}\,du\,dv=\sin u\,du\,dv$ であるから

$$\begin{aligned}&\int_S \mathrm{rot}[(x^2+2xy+z^2)\boldsymbol{k}]\cdot\boldsymbol{n}\,dS\\&\quad=\int_S\{2x\boldsymbol{i}-2(x+y)\boldsymbol{j}\}\cdot\boldsymbol{n}\,dS\\&\quad=\int_0^{\frac{\pi}{2}}\int_0^{2\pi}\{2\sin^3 u\cos^2 v-2\sin^3 u\sin v\cos v-2\sin^3 u\sin^2 v\}du\,dv=0.\end{aligned}$$

一方，Sの縁をC：$\boldsymbol{r}(\theta)=(\cos\theta)\boldsymbol{i}+(\sin\theta)\boldsymbol{j}\quad(0\leqq\theta\leqq 2\pi)$ とすると，$z=0$ であるからストークスの定理により

$$\begin{aligned}\int_S \mathrm{rot}[(x^2+2xy+z^2)\boldsymbol{k}]\cdot\boldsymbol{n}\,dS&=\oint_C(x^2+2xy+z^2)\boldsymbol{k}\cdot d\boldsymbol{r}\\&=\oint_C(x^2+2xy+z^2)dz=0.\end{aligned}$$

8．∂V の正のパラメータ表示は $\boldsymbol{r}(u,v)=(\sin u\cos v)\boldsymbol{i}+(\sin u\sin v)\boldsymbol{j}+(\cos u)\boldsymbol{k}\quad(0\leqq u\leqq\pi,0\leqq v\leqq 2\pi)$．このとき，$\boldsymbol{n}=\boldsymbol{r}(u,v)$，$dS=\sin u\,du\,dv$．したがって

（i）
$$\begin{aligned}\oint_{\partial V} f\frac{\partial g}{\partial n}dS&=\oint_{\partial V}(x+y+z)(\nabla g)\cdot\boldsymbol{n}\,dS\\&=2\int_0^{\pi}\int_0^{2\pi}(\sin^2 u\cos v+\sin^2 u\sin v+\sin u\cos u)du\,dv\\&=0.\end{aligned}$$

（ii）
$$\begin{aligned}\oint_{\partial V} g\frac{\partial g}{\partial n}dS&=\oint_{\partial V}(x^2+y^2+z^2)(\nabla g)\cdot\boldsymbol{n}\,dS\\&=\int_0^{\pi}\int_0^{2\pi}\sin u\,du\,dv=4\pi.\end{aligned}$$

9．$x=1+r\sin\theta\cos\varphi$，$y=1+r\sin\theta\sin\varphi$，$z=1+r\cos\theta\quad(0\leqq r\leqq 1,0\leqq\theta\leqq\pi,0\leqq\varphi\leqq 2\pi)$ と変換すると，$\dfrac{\partial(x,y,z)}{\partial(r,\theta,\varphi)}=r^2\sin\theta$．したがって

$$\begin{aligned}f(1,1,1)&=\iiint_V\frac{\rho}{\sqrt{(x-1)^2+(y-1)^2+(z-1)^2}}dx\,dy\,dz\\&=\rho\int_0^1\left[\int_0^{\pi}\left\{\int_0^{2\pi}r\sin\theta\,d\varphi\right\}d\theta\right]dr=2\pi\rho.\end{aligned}$$

10．Sの正のパラメータ表示は $\boldsymbol{r}(u,v)=(2\sin u\cos v)\boldsymbol{i}+(2\sin u\sin v)\boldsymbol{j}+(2\cos u)\boldsymbol{k}\quad(0\leqq u\leqq\pi,0\leqq v\leqq 2\pi)$．このとき，$dS=4\sin u\,du\,dv$．したがって $\boldsymbol{r}_0=(0,0,3)$ とおくと

$$\varphi(0,0,3)=\int_{\mathrm{S}}\frac{\rho}{|\boldsymbol{r}-\boldsymbol{r}_0|}dS=\int_0^{\pi}\int_0^{2\pi}\frac{4\rho\sin u}{\sqrt{13-12\cos u}}du\,dv$$
$$=8\pi\rho\int_0^{\pi}\frac{\sin u}{\sqrt{13-12\cos u}}du$$
$$=\frac{4\pi\rho}{3}[\sqrt{13-12\cos u}]_0^{\pi}=\frac{16}{3}\pi\rho.$$

11．$\nabla\left(\dfrac{1}{|\boldsymbol{r}|}\right)=-\dfrac{\boldsymbol{r}}{|\boldsymbol{r}|^3}$ であるから，原点Oに対するSの立体角 $\Omega(\mathrm{S}:\mathrm{O})=4\pi$ を用いると

$$\psi(0,0,0)=\sigma\int_{\mathrm{S}}\nabla\left(\frac{1}{|\boldsymbol{r}|}\right)\cdot\boldsymbol{n}\,dS$$
$$=-\sigma\int_{\mathrm{S}}\frac{\boldsymbol{r}\cdot\boldsymbol{n}}{|\boldsymbol{r}|^3}dS=-\sigma\Omega(\mathrm{S}:\mathrm{O})=-4\pi\sigma.$$

12．求めるポテンシャルを ψ とすると，$\psi=\varphi-5\oint_{\mathrm{C}}\boldsymbol{F}\cdot d\boldsymbol{r}$．（$\varphi$ は $\varphi=-\int_{\tilde{\mathrm{C}}}\boldsymbol{F}\cdot d\boldsymbol{r}$，ここで $\tilde{C}$ は $\Gamma_{\mathrm{C}}[\boldsymbol{F}]$ の外部でOからPにいたる滑らかな単純曲線の1つである）

13．$\boldsymbol{\omega}=\dfrac{1}{2}\mathrm{rot}\,\boldsymbol{v}=(0,0,2)$，$z=\dfrac{2}{g}(x^2+y^2)\qquad(x^2+y^2\leqq a^2)$．

14．$\boldsymbol{v}=-\nabla\varphi$ であるから，$T=\dfrac{\rho}{2}\int_{\mathrm{V}}\nabla\varphi\cdot\nabla\varphi\,dV$．グリーンの第一定理において $\varphi=f=g$ とすると

$$\int_{\mathrm{V}}\{\varphi\nabla^2\varphi+\nabla\varphi\cdot\nabla\varphi\}dV=\oint_{\partial\mathrm{V}}\varphi\frac{\partial\varphi}{\partial n}dS.$$

しかるに，$\nabla\times\boldsymbol{v}=-\nabla\times(\nabla\varphi)=\boldsymbol{o}$，$\nabla^2\varphi=0$ であるから

$$\int_{\mathrm{V}}\nabla\varphi\cdot\nabla\varphi\,dV=\oint_{\partial\mathrm{V}}\varphi\frac{\partial\varphi}{\partial n}dS=\oint_{\partial\mathrm{V}}\varphi(\nabla\varphi)\cdot\boldsymbol{n}\,dS.$$
$$\therefore\quad T=-\frac{\rho}{2}\oint_{\partial\mathrm{V}}\varphi\boldsymbol{v}\cdot\boldsymbol{n}\,dS.$$

15．マックスウエルの方程式により $\nabla\cdot\boldsymbol{E}=\dfrac{\rho}{\varepsilon}$（これを微分形のガウスの法則という）．よって，$\boldsymbol{E}=-\nabla\varphi$ であるから

$$\nabla^2\varphi=\nabla\cdot(\nabla\varphi)=-\frac{\rho}{\varepsilon}.$$

しかるに

$$\nabla\cdot(\varphi\nabla\varphi)=\nabla\varphi\cdot\nabla\varphi+\varphi\nabla^2\varphi=\nabla\varphi\cdot\nabla\varphi-\frac{\rho\varphi}{\varepsilon}$$

であるから

$$\rho\varphi=\varepsilon\{\nabla\varphi\cdot\nabla\varphi-\nabla\cdot(\varphi\nabla\varphi)\}.$$

ここで，電荷が分布している領域を含む十分大きな半径 r の球 V と，その球面 ∂V を考えると，ガウスの発散定理により

$$\frac{1}{2}\int_V \rho\varphi\, dV = \frac{\varepsilon}{2}\int_V \nabla\varphi\cdot\nabla\varphi\, dV - \frac{\varepsilon}{2}\oint_{\partial V}(\varphi\boldsymbol{n})\cdot\nabla\varphi\, dS.$$

電位 φ の性質により $r\to\infty$ のとき $|\varphi|$, $|\nabla\varphi|$ はそれぞれ $\dfrac{1}{r}$, $\dfrac{1}{r^2}$ のオーダで 0 に収束するから

$$\lim_{r\to\infty}\frac{\varepsilon}{2}\int_V \nabla\varphi\cdot\nabla\varphi\, dV = \frac{\varepsilon}{2}\int_{\boldsymbol{R}^3}|\boldsymbol{E}|^2\, dV,$$

$$\lim_{r\to\infty}\frac{\varepsilon}{2}\oint_{\partial V}(\varphi\boldsymbol{n})\cdot\nabla\varphi\, dS = 0.$$

$$\therefore\quad \frac{1}{2}\int_{\boldsymbol{R}_3}\rho\varphi\, dV = \frac{\varepsilon}{2}\int_{\boldsymbol{R}_3}|\boldsymbol{E}|^2\, dV.$$

第 6 章　直交曲線座標系

6.1　曲線座標系

問 1　$1 = |\boldsymbol{r}_u||\nabla u|\boldsymbol{e}_u\cdot\boldsymbol{n}_u = (|\boldsymbol{r}_u|\boldsymbol{e}_u)\cdot(|\nabla u|\boldsymbol{n}_u) = \boldsymbol{r}_u\cdot\nabla u.$

$$\boldsymbol{r}_u\cdot\nabla v = (|\boldsymbol{r}_u|\boldsymbol{e}_u)\cdot(|\nabla v|\boldsymbol{n}_v) = |\boldsymbol{r}_u||\nabla v|\boldsymbol{e}_u\cdot\boldsymbol{n}_v = 0.$$

同様にして

$$\boldsymbol{r}_v\cdot\nabla v = \boldsymbol{r}_w\cdot\nabla w = 1,$$

$$\boldsymbol{r}_u\cdot\nabla w = \boldsymbol{r}_v\cdot\nabla w = \boldsymbol{r}_v\cdot\nabla u = \boldsymbol{r}_w\cdot\nabla u = \boldsymbol{r}_w\cdot\nabla v = 0.$$

問 2　（i）　$[\boldsymbol{n}_u, \boldsymbol{n}_v, \boldsymbol{n}_w] = [\boldsymbol{e}_u, \boldsymbol{e}_v, \boldsymbol{e}_w] = 1$ であるから

$$\boldsymbol{r}_u = |\boldsymbol{r}_u|\boldsymbol{e}_u = |\boldsymbol{r}_u|\frac{\boldsymbol{n}_v\times\boldsymbol{n}_w}{|\boldsymbol{r}_u||\nabla u|[\boldsymbol{n}_u, \boldsymbol{n}_v, \boldsymbol{n}_w]} = \frac{\boldsymbol{n}_v\times\boldsymbol{n}_w}{|\nabla u|}.$$

同様に　$\boldsymbol{r}_v = \dfrac{\boldsymbol{n}_w\times\boldsymbol{n}_u}{|\nabla v|}$,　$\boldsymbol{r}_w = \dfrac{\boldsymbol{n}_u\times\boldsymbol{n}_v}{|\nabla w|}$.

（ii）　$\boldsymbol{n}_u = \boldsymbol{e}_u = \boldsymbol{e}_v\times\boldsymbol{e}_w = \dfrac{1}{|\boldsymbol{r}_v||\boldsymbol{r}_w|}\boldsymbol{r}_v\times\boldsymbol{r}_w = |\nabla v||\nabla w|(\boldsymbol{r}_v\times\boldsymbol{r}_w).$

同様に　$\boldsymbol{n}_v = |\nabla w||\nabla u|(\boldsymbol{r}_w\times\boldsymbol{r}_u)$,　$\boldsymbol{n}_w = |\nabla u||\nabla v|(\boldsymbol{r}_u\times\boldsymbol{r}_v)$.

（iii）　$[\boldsymbol{r}_u, \boldsymbol{r}_v, \boldsymbol{r}_w] = \boldsymbol{r}_u\cdot(\boldsymbol{r}_v\times\boldsymbol{r}_w) = |\boldsymbol{r}_u||\boldsymbol{r}_v||\boldsymbol{r}_w|[\boldsymbol{e}_u, \boldsymbol{e}_v, \boldsymbol{e}_w] = |\boldsymbol{r}_u||\boldsymbol{r}_v||\boldsymbol{r}_w|,$

$$[\nabla u, \nabla v, \nabla w] = \nabla u\cdot(\nabla v\times\nabla w) = |\nabla u||\nabla v||\nabla w|[\boldsymbol{n}_u, \boldsymbol{n}_v, \boldsymbol{n}_w] = |\nabla u||\nabla v||\nabla w|.$$

したがって，$|\boldsymbol{r}_u||\nabla u| = |\boldsymbol{r}_v||\nabla v| = |\boldsymbol{r}_w||\nabla w| = 1$ であるから，

$$[\boldsymbol{r}_u, \boldsymbol{r}_v, \boldsymbol{r}_w] = \frac{1}{[\nabla u, \nabla v, \nabla w]}.$$

問 3　円柱座標 (ρ, φ, z) では $dV = \rho\, d\rho\, d\varphi\, dz$ であるから

$$\int_0^2\left[\int_0^{\frac{\pi}{3}}\left\{\int_0^2 \rho\, d\rho\right\}d\varphi\right]dz = \frac{4}{3}\pi.$$

問 4　空間極座標 $(\gamma, \theta, \varphi)$ では $dV = \gamma^2\sin\theta\, dr\, d\theta\, d\varphi$ であるから

$$\int_0^{\frac{\pi}{6}}\left[\int_0^{\frac{\pi}{3}}\left\{\int_0^2 r^2\sin\theta\, dr\right\}d\theta\right]d\varphi=\frac{2}{9}\pi.$$

問 5　放物柱標 (ξ, η, z) では

$$dV=|\boldsymbol{r}_\xi||\boldsymbol{r}_\eta||\boldsymbol{r}_z|\,d\xi\, d\eta\, dz=(\xi^2+\eta^2)d\xi\, d\eta\, dz.$$

$$\therefore\quad \int_0^1\left[\int_0^2\left\{\int_0^2(\xi^2+\eta^2)d\xi\right\}d\eta\right]dz=\frac{32}{3}.$$

6.2　直交曲線座標におけるベクトルの成分

問 1　$\boldsymbol{r}_u=|\boldsymbol{r}_u|\boldsymbol{e}_u=|\boldsymbol{r}_u||\boldsymbol{r}_u||\nabla u|\boldsymbol{n}_u=|\boldsymbol{r}_u|^2|\nabla u|\boldsymbol{n}_u=|\boldsymbol{r}_u|^2\nabla u.$

$\boldsymbol{r}_v=|\boldsymbol{r}_v|\boldsymbol{e}_v=|\boldsymbol{r}_v||\boldsymbol{r}_v||\nabla v|\boldsymbol{n}_v=|\boldsymbol{r}_v|^2|\nabla v|\boldsymbol{n}_v=|\boldsymbol{r}_v|^2\nabla v.$

$\boldsymbol{r}_w=|\boldsymbol{r}_w|\boldsymbol{e}_w=|\boldsymbol{r}_w||\boldsymbol{r}_w||\nabla w|\boldsymbol{n}_w=|\boldsymbol{r}_w|^2|\nabla w|\boldsymbol{n}_w=|\boldsymbol{r}_w|^2\nabla w.$

問 2　直交（直線）座標系における $\boldsymbol{v}, \boldsymbol{a}$ の成分を (v_x, v_y, v_z)，(a_x, a_y, a_z) とすると

$$\begin{cases} v_\rho=(\cos\varphi)v_x+(\sin\varphi)v_y \\ v_\varphi=(-\sin\varphi)v_x+(\cos\varphi)v_y \\ v_z=v_z, \end{cases}\qquad \begin{cases} a_\rho=(\cos\varphi)a_x+(\sin\varphi)a_y \\ a_\varphi=(-\sin\varphi)a_x+(\cos\varphi)a_y \\ a_z=a_z. \end{cases}$$

しかるに，$x=\rho\cos\varphi$，$y=\rho\sin\varphi$，$z=z$ より

$$\begin{cases} v_x=\dfrac{dx}{dt}=\dfrac{d\rho}{dt}\cos\varphi-\rho\sin\varphi\dfrac{d\varphi}{dt} \\ v_y=\dfrac{dy}{dt}=\dfrac{d\rho}{dt}\sin\varphi+\rho\cos\varphi\dfrac{d\varphi}{dt} \\ v_z=\dfrac{dz}{dt}, \end{cases}$$

$$\begin{cases} a_x=\dfrac{d^2x}{dt^2}=\cos\varphi\dfrac{d^2\rho}{dt^2}-2\sin\varphi\dfrac{d\rho}{dt}\dfrac{d\varphi}{dt}-\rho\cos\varphi\left(\dfrac{d\varphi}{dt}\right)^2-\rho\sin\varphi\dfrac{d^2\varphi}{dt^2} \\ a_y=\dfrac{d^2y}{dt^2}=\sin\varphi\dfrac{d^2\rho}{dt^2}+2\cos\varphi\dfrac{d\rho}{dt}\dfrac{d\varphi}{dt}-\rho\sin\varphi\left(\dfrac{d\varphi}{dt}\right)^2+\rho\cos\varphi\dfrac{d^2\varphi}{dt^2} \\ a_z=\dfrac{d^2z}{dt^2}. \end{cases}$$

したがって，(v_x, v_y, v_z) を (v_ρ, v_φ, v_z) に代入すると

$$v_\rho=\frac{d\rho}{dt},\quad v_\varphi=\rho\frac{d\varphi}{dt},\quad v_z=\frac{dz}{dt}.$$

また，(a_x, a_y, a_z) を (a_ρ, a_φ, a_z) に代入すると

$$a_\rho=\frac{d^2\rho}{dt^2}-\rho\left(\frac{d\varphi}{dt}\right)^2,\quad a_\varphi=2\frac{d\rho}{dt}\frac{d\varphi}{dt}+\rho\frac{d^2\varphi}{dt^2},\quad a_z=\frac{d^2z}{dt^2}.$$

問 3　$F_x=2x$，$F_y=-y$，$F_z=3z$，$x=\rho\cos\varphi$，$y=\rho\sin\varphi$，$z=z$ であるから，$\boldsymbol{F}=F_\rho\boldsymbol{e}_\rho+F_\varphi\boldsymbol{e}_\varphi+F_z\boldsymbol{e}_z$ とすると

$$F_\rho=F_x\cos\varphi+F_y\sin\varphi=\rho(2\cos^2\varphi-\sin^2\varphi),$$

$$F_\phi=-F_x\sin\varphi+F_y\cos\varphi=-3\rho\sin\varphi\cos\varphi,$$

$$F_z = F_z = 3z.$$

$$\therefore \quad \boldsymbol{F} = \rho(2\cos^2\varphi - \sin^2\varphi)\boldsymbol{e}_\rho - 3\rho(\sin\varphi\cos\varphi)\boldsymbol{e}_\varphi + 3z\boldsymbol{e}_z.$$

問 4　$F_x = x$，$F_y = y$，$F_z = 0$，$x = r\sin\theta\cos\varphi, y = r\sin\theta\sin\varphi, z = r\cos\theta$ であるから，$\boldsymbol{F} = F_r\boldsymbol{e}_r + F_\theta\boldsymbol{e}_\theta + F_\varphi\boldsymbol{e}_\varphi$ とすると

$$F_r = F_x\sin\theta\cos\varphi + F_y\sin\theta\sin\varphi + F_z\cos\theta = r\sin^2\theta,$$

$$F_\theta = F_x\cos\theta\cos\varphi + F_y\cos\theta\sin\varphi - F_z\sin\theta = r\sin\theta\cos\theta,$$

$$F_\varphi = -F_x\sin\varphi + F_y\cos\varphi = 0.$$

$$\therefore \quad \boldsymbol{F} = (r\sin^2\theta)\boldsymbol{e}_r + (r\sin\theta\cos\theta)\boldsymbol{e}_\theta.$$

問 5　$F_\rho = 2\rho$，$F_\varphi = -3\rho$，$F_z = 1$，$x = \rho\cos\varphi$，$y = \rho\sin\varphi$，$z = z$ であるから，$\boldsymbol{F} = F_x\boldsymbol{i} + F_y\boldsymbol{j} + F_z\boldsymbol{k}$ とすると

$$F_x = F_\rho\cos\varphi - F_\varphi\sin\varphi = 2\rho\cos\varphi + 3\rho\sin\varphi = 2x + 3y,$$

$$F_y = F_\rho\sin\varphi + F_\varphi\cos\varphi = 2\rho\sin\varphi - 3\rho\cos\varphi = 2y - 3x,$$

$$F_z = F_z = 1.$$

$$\therefore \quad \boldsymbol{F} = (2x + 3y)\boldsymbol{i} - (3x - 2y)\boldsymbol{j} + \boldsymbol{k}.$$

6.3　直交曲線座標系における勾配，発散，回転

問 1　$\nabla^2\xi = \dfrac{1}{\rho}\dfrac{\partial}{\partial\rho}\left(\rho\dfrac{\partial\xi}{\partial\rho}\right) + \dfrac{1}{\rho^2}\dfrac{\partial^2\xi}{\partial\varphi^2} + \dfrac{\partial^2\xi}{\partial z^2}$．ここで

$$\frac{\partial}{\partial\rho}\left(\rho\frac{\partial\xi}{\partial\rho}\right) = e^\rho z^2\sin\varphi(\rho + 1),$$

$$\frac{\partial^2\xi}{\partial\varphi^2} = -e^\rho z^2\sin\varphi,\quad \frac{\partial^2\xi}{\partial z^2} = 2e^\rho\sin\varphi.$$

$$\therefore \quad \nabla^2\xi = \frac{\rho + 1}{\rho}e^\rho z^2\sin\varphi - \frac{1}{\rho^2}e^\rho z^2\sin\varphi + 2e^\rho\sin\varphi.$$

$$\therefore \quad \nabla^2\xi\left(1, \frac{\pi}{2}, 1\right) = 3e.$$

問 2　$G_\rho = \rho\sin\varphi, G_\varphi = \rho^2\cos\varphi$，$G_z = 0$ であるから

（i）$$\mathrm{div}\,\boldsymbol{G} = \frac{1}{\rho}\left\{\frac{\partial}{\partial\rho}(\rho G_\rho) + \frac{\partial G_\varphi}{\partial\varphi}\right\} + \frac{\partial G_z}{\partial z}$$

$$= \frac{1}{\rho}\{2\rho\sin\varphi - \rho^2\sin\varphi\} = (2 - \rho)\sin\varphi.$$

（ii）$$\mathrm{rot}\,\boldsymbol{G} = \left\{\frac{1}{\rho}\frac{\partial G_z}{\partial\varphi} - \frac{\partial G_\varphi}{\partial z}\right\}\boldsymbol{e}_\rho + \left\{\frac{\partial G_\rho}{\partial z} - \frac{\partial G_z}{\partial\rho}\right\}\boldsymbol{e}_\varphi + \frac{1}{\rho}\left\{\frac{\partial}{\partial\rho}(\rho G_\varphi) - \frac{\partial G_\rho}{\partial\varphi}\right\}\boldsymbol{e}_z$$

$$= \frac{1}{\rho}\{3\rho^2\cos\varphi - \rho\cos\varphi\}\boldsymbol{e}_z = \{(3\rho - 1)\cos\varphi\}\boldsymbol{e}_z.$$

問 3　（i）$$\nabla^2 f(r) = \frac{1}{r^2}\frac{\partial}{\partial r}\left(r^2\frac{\partial f(r)}{\partial r}\right) + \frac{1}{r^2\sin\theta}\frac{\partial}{\partial\theta}\left(\sin\theta\frac{\partial f(r)}{\partial\theta}\right)$$

$$+ \frac{1}{r^2\sin^2\theta}\frac{\partial^2 f(r)}{\partial\varphi^2}$$

$$= \frac{1}{r^2}\frac{d}{dr}\left(r^2\frac{df}{dr}\right) = \frac{2}{r}\frac{df(r)}{dr} + \frac{d^2f(r)}{dr^2}.$$

（ii）$\nabla^2 g(\theta) = \dfrac{1}{r^2}\dfrac{\partial}{\partial r}\left(r^2\dfrac{\partial g(\theta)}{\partial r}\right) + \dfrac{1}{r^2\sin\theta}\dfrac{\partial}{\partial\theta}\left(\sin\theta\dfrac{\partial g(\theta)}{\partial\theta}\right)$

$$+\frac{1}{r^2\sin^2\theta}\frac{\partial^2 g(\theta)}{\partial\varphi^2}$$

$$= \frac{1}{r^2\sin\theta}\frac{d}{d\theta}\left(\sin\theta\frac{dg(\theta)}{d\theta}\right) = \frac{\cos\theta}{r^2\sin\theta}\frac{dg(\theta)}{d\theta} + \frac{1}{r^2}\frac{d^2g(\theta)}{d\theta^2}.$$

（iii）$\nabla^2 h(\varphi) = \dfrac{1}{r^2}\dfrac{\partial}{\partial r}\left(r^2\dfrac{\partial h(\varphi)}{\partial r}\right) + \dfrac{1}{r^2\sin\theta}\dfrac{\partial}{\partial\theta}\left(\sin\theta\dfrac{\partial h(\varphi)}{\partial\theta}\right)$

$$+\frac{1}{r^2\sin^2\theta}\frac{\partial^2 h(\varphi)}{\partial\varphi^2}$$

$$= \frac{1}{r^2\sin^2\theta}\frac{d^2h(\varphi)}{d\varphi^2}.$$

問 4　$F_r = 0$，$F_\theta = 0$，$F_\varphi = \dfrac{1}{r\sin\theta}$ であるから

（i）$\operatorname{div}\boldsymbol{F} = \dfrac{1}{r^2}\dfrac{\partial}{\partial r}(r^2F_r) + \dfrac{1}{r\sin\theta}\dfrac{\partial}{\partial\theta}(F_\theta\sin\theta) + \dfrac{1}{r\sin\theta}\dfrac{\partial F_\varphi}{\partial\varphi} = 0.$

（ii）$\operatorname{rot}\boldsymbol{F} = \dfrac{1}{r\sin\theta}\left\{\dfrac{\partial}{\partial\theta}(F_\varphi\sin\theta) - \dfrac{\partial F_\theta}{\partial\varphi}\right\}\boldsymbol{e}_r + \dfrac{1}{r}\left\{\dfrac{1}{\sin\theta}\dfrac{\partial F_r}{\partial\varphi} - \dfrac{\partial}{\partial r}(rF_\varphi)\right\}\boldsymbol{e}_\theta$

$$+\frac{1}{r}\left\{\frac{\partial}{\partial r}(rF_\theta) - \frac{\partial F_r}{\partial\theta}\right\}\boldsymbol{e}_\varphi$$

$$= \frac{1}{r\sin\theta}\frac{\partial}{\partial\theta}\left(\frac{1}{r}\right)\boldsymbol{e}_r + \frac{1}{r}\left\{-\frac{\partial}{\partial_r}\left(\frac{1}{\sin\theta}\right)\right\}\boldsymbol{e}_\theta = \boldsymbol{o}.$$

第 6 章の問題

1．$\mathrm{C} = \{(t, \sqrt{5}t, 2t) : 0 \leqq t \leqq 1\}$ とおくと，$ds = \sqrt{5(t^2+1)}\,dt$ であるから

$$\int_{\mathrm{C}} ds = \int_0^1 \sqrt{5(t^2+1)}\,dt = \sqrt{5}\left[\frac{t}{2}\sqrt{t^2+1} - \frac{1}{2}\log|\sqrt{t^2+1}-t|\right]_0^1$$

$$= \frac{\sqrt{5}}{2}\{\sqrt{2} - \log(\sqrt{2}-1)\}.$$

2．$\mathrm{S}_{\theta\varphi} = \left\{(2, \theta, \varphi) : \dfrac{\pi}{4} \leqq \theta \leqq \dfrac{3\pi}{4}, \dfrac{\pi}{6} \leqq \varphi \leqq \dfrac{\pi}{3}\right\}$ とおくと，$dS_{\theta\varphi} = 4\sin\theta\,d\theta\,d\varphi$.

$$\therefore\ \int_{\mathrm{S}_{\theta\varphi}} dS_{\theta\varphi} = \int_{\frac{\pi}{6}}^{\frac{\pi}{3}}\left\{\int_{\frac{\pi}{4}}^{\frac{3\pi}{4}} 4\sin\theta\,d\theta\right\}d\varphi = \frac{2\sqrt{2}}{3}\pi.$$

3．$\mathrm{V} = \left\{(r, \theta, \varphi) : 0 \leqq r \leqq 1, \dfrac{\pi}{4} \leqq \theta \leqq \dfrac{3\pi}{4}, \dfrac{\pi}{6} \leqq \varphi \leqq \dfrac{\pi}{3}\right\}$ とおくと，
$dV = r^2\sin\theta\,dr\,d\theta\,d\varphi$.

$$\therefore\quad \int_V dV=\int_{\frac{\pi}{6}}^{\frac{\pi}{3}}\left[\int_{\frac{\pi}{4}}^{\frac{3\pi}{4}}\left\{\int_0^1 r^2\sin\theta\,dr\right\}d\theta\right]d\varphi=\frac{\sqrt{2}}{18}\pi.$$

4．rot(rot $\boldsymbol{F}$) $=\nabla(\nabla\cdot\boldsymbol{F})-\nabla^2\boldsymbol{F}$（§3.6，公式12）であるから

$$\nabla^2\boldsymbol{F}=\nabla(\nabla\cdot\boldsymbol{F})-\nabla\times(\mathrm{rot}\boldsymbol{F})=\frac{\partial}{\partial\rho}(\nabla\cdot\boldsymbol{F})\boldsymbol{e}_\rho+\frac{1}{\rho}\frac{\partial}{\partial\varphi}(\nabla\cdot\boldsymbol{F})\boldsymbol{e}_\varphi+\frac{\partial}{\partial z}(\nabla\cdot\boldsymbol{F})\boldsymbol{e}_z$$

$$-\left\{\frac{1}{\rho}\frac{\partial}{\partial\varphi}(\mathrm{rot}\,\boldsymbol{F})_z-\frac{\partial}{\partial z}(\mathrm{rot}\,\boldsymbol{F})_\varphi\right\}\boldsymbol{e}_\rho-\left\{\frac{\partial}{\partial z}(\mathrm{rot}\,\boldsymbol{F})_\rho-\frac{\partial}{\partial\rho}(\mathrm{rot}\,\boldsymbol{F})_z\right\}\boldsymbol{e}_\varphi$$

$$-\frac{1}{\rho}\left\{\frac{\partial}{\partial\rho}[\rho(\mathrm{rot}\,\boldsymbol{F})_\varphi]-\frac{\partial}{\partial\varphi}(\mathrm{rot}\,\boldsymbol{F})_\rho\right\}\boldsymbol{e}_z.$$

$$(\nabla^2\boldsymbol{F})_\rho=\frac{\partial}{\partial\rho}(\nabla\cdot\boldsymbol{F})-\left\{\frac{1}{\rho}\frac{\partial}{\partial\varphi}(\mathrm{rot}\,\boldsymbol{F})_z-\frac{\partial}{\partial z}(\mathrm{rot}\,\boldsymbol{F})_\varphi\right\}$$

$$=\frac{\partial}{\partial\rho}\left[\frac{1}{\rho}\frac{\partial}{\partial\rho}(\rho F_\rho)+\frac{1}{\rho}\frac{\partial F_\varphi}{\partial\varphi}+\frac{\partial F_z}{\partial z}\right]$$

$$-\left[\frac{1}{\rho}\frac{\partial}{\partial\varphi}\left\{\frac{1}{\rho}\frac{\partial}{\partial\rho}(\rho F_\varphi)-\frac{1}{\rho}\frac{\partial F_\rho}{\partial\varphi}\right\}-\frac{\partial}{\partial z}\left\{\frac{\partial F_\rho}{\partial z}-\frac{\partial F_z}{\partial\rho}\right\}\right]$$

$$=\frac{\partial^2F_\rho}{\partial\rho^2}+\frac{1}{\rho}\frac{\partial F_\rho}{\partial\rho}+\frac{\partial^2F_\rho}{\partial z^2}-\frac{1}{\rho^2}\left(F_\rho-\frac{\partial^2F_\rho}{\partial\varphi^2}\right)-\frac{2}{\rho^2}\frac{\partial F_\varphi}{\partial\varphi}$$

$$=\nabla^2F_\rho-\frac{1}{\rho^2}F_\rho-\frac{2}{\rho^2}\frac{\partial F_\varphi}{\partial\varphi}.$$

$$(\nabla^2\boldsymbol{F})_\varphi=\frac{1}{\rho}\frac{\partial}{\partial\varphi}(\nabla\cdot\boldsymbol{F})-\left\{\frac{\partial}{\partial z}(\mathrm{rot}\,\boldsymbol{F})_\rho-\frac{\partial}{\partial\rho}(\mathrm{rot}\,\boldsymbol{F})_z\right\}$$

$$=\frac{1}{\rho}\frac{\partial}{\partial\varphi}\left[\frac{1}{\rho}\frac{\partial}{\partial\rho}(\rho F_\rho)+\frac{1}{\rho}\frac{\partial F_\varphi}{\partial\varphi}+\frac{\partial F_z}{\partial z}\right]$$

$$-\left[\frac{\partial}{\partial z}\left\{\frac{1}{\rho}\frac{\partial F_z}{\partial\varphi}-\frac{\partial F_\varphi}{\partial z}\right\}-\frac{\partial}{\partial\rho}\left\{\frac{1}{\rho}\frac{\partial}{\partial\rho}(\rho F_\varphi)-\frac{1}{\rho}\frac{\partial F_\rho}{\partial\varphi}\right\}\right]$$

$$=\frac{\partial^2F_\varphi}{\partial\rho^2}+\frac{1}{\rho}\frac{\partial F_\varphi}{\partial\rho}+\frac{\partial^2F_\varphi}{\partial z^2}-\frac{1}{\rho^2}\left(F_\varphi-\frac{\partial^2F_\varphi}{\partial\varphi^2}\right)+\frac{2}{\rho^2}\frac{\partial F_\rho}{\partial\varphi}$$

$$=\nabla^2F_\varphi-\frac{1}{\rho^2}F_\varphi+\frac{2}{\rho^2}\frac{\partial F_\rho}{\partial\varphi}.$$

$$(\nabla^2\boldsymbol{F})_z=\frac{\partial}{\partial z}(\nabla\cdot\boldsymbol{F})-\frac{1}{\rho}\left\{\frac{\partial}{\partial\rho}[\rho(\mathrm{rot}\boldsymbol{F})_\varphi]-\frac{\partial}{\partial\varphi}(\mathrm{rot}\,\boldsymbol{F})_\rho\right\}$$

$$=\frac{\partial}{\partial z}\left[\frac{1}{\rho}\frac{\partial}{\partial\rho}(\rho F_\rho)+\frac{1}{\rho}\frac{\partial F_\varphi}{\partial\varphi}+\frac{\partial F_z}{\partial z}\right]$$

$$-\frac{1}{\rho}\left\{\frac{\partial}{\partial\rho}\left(\rho\frac{\partial F_\rho}{\partial z}-\rho\frac{\partial F_z}{\partial\rho}\right)-\frac{\partial}{\partial\varphi}\left(\frac{1}{\rho}\frac{\partial F_z}{\partial\varphi}-\frac{\partial F_\varphi}{\partial z}\right)\right\}$$

$$=\frac{\partial^2F_z}{\partial\rho^2}+\frac{1}{\rho}\frac{\partial F_z}{\partial\rho}+\frac{\partial^2F_z}{\partial z^2}+\frac{1}{\rho^2}\frac{\partial^2F_z}{\partial\varphi^2}=\nabla^2F_z.$$

5．$x=\frac{1}{2}(\xi^2-\eta^2)$，$y=\xi\eta, z=z$ に対する直交行列 T_p，および，${}^tT_p$ は

$$T_p=\begin{bmatrix}\dfrac{\xi}{\sqrt{\xi^2+\eta^2}} & \dfrac{-\eta}{\sqrt{\xi^2+\eta^2}} & 0\\ \dfrac{\eta}{\sqrt{\xi^2+\eta^2}} & \dfrac{\xi}{\sqrt{\xi^2+\eta^2}} & 0\\ 0 & 0 & 1\end{bmatrix},\quad {}^tT_p=\begin{bmatrix}\dfrac{\xi}{\sqrt{\xi^2+\eta^2}} & \dfrac{\eta}{\sqrt{\xi^2+\eta^2}} & 0\\ \dfrac{-\eta}{\sqrt{\xi^2+\eta^2}} & \dfrac{\xi}{\sqrt{\xi^2+\eta^2}} & 0\\ 0 & 0 & 1\end{bmatrix}.$$

したがって，$\boldsymbol{v}=v_x\boldsymbol{i}+v_y\boldsymbol{j}+v_z\boldsymbol{k}$，$\boldsymbol{v}=v_\xi\boldsymbol{e}_\xi+v_\eta\boldsymbol{e}_\eta+v_z\boldsymbol{e}_z$ とすると

$$v_\xi=\frac{\xi}{\sqrt{\xi^2+\eta^2}}v_x+\frac{\eta}{\sqrt{\xi^2+\eta^2}}v_y,\quad v_\eta=\frac{-\eta}{\sqrt{\xi^2+\eta^2}}v_x+\frac{\xi}{\sqrt{\xi^2+\eta^2}}v_y,\quad v_z=v_z.$$

しかるに

$$v_x=\frac{dx}{dt}=\xi\frac{d\xi}{dt}-\eta\frac{d\eta}{dt},\quad v_y=\frac{dy}{dt}=\eta\frac{d\xi}{dt}+\xi\frac{d\eta}{dt},\quad v_z=\frac{dz}{dt}.$$

ゆえに

$$v_\xi=\sqrt{\xi^2+\eta^2}\frac{d\xi}{dt},\quad v_\eta=\sqrt{\xi^2+\eta^2}\frac{d\eta}{dt},\quad v_z=\frac{dz}{dt}.$$

6．$\boldsymbol{F}=F_\rho\boldsymbol{e}_\rho+F_\varphi\boldsymbol{e}_\varphi+F_z\boldsymbol{e}_z$ とすると，$x=\rho\cos\varphi$，$y=\rho\sin\varphi$，$z=z$ である．したがって

$$\begin{aligned}F_\rho&=3x\cos\varphi+4y\sin\varphi=\rho(4\sin^2\varphi+3\cos^2\varphi),\\ F_\varphi&=-3x\sin\varphi+4y\cos\varphi=\rho\sin\varphi\cos\varphi,\\ F_z&=5z.\end{aligned}$$

$$\therefore\quad \boldsymbol{F}=\rho(4\sin^2\varphi+3\cos^2\varphi)\boldsymbol{e}_\rho+(\rho\sin\varphi\cos\varphi)\boldsymbol{e}_\varphi-5z\boldsymbol{e}_z.$$

7．$\boldsymbol{F}=F_r\boldsymbol{e}_r+F_\theta\boldsymbol{e}_\theta+F_\varphi\boldsymbol{e}_\varphi$ とすると，$x=r\sin\theta\cos\varphi$，$y=r\sin\theta\sin\varphi$，$z=r\cos\theta$ であるから

$$\begin{aligned}F_r&=x\sin\theta\cos\varphi-y\sin\theta\sin\varphi=r\sin^2\theta(\cos^2\varphi-\sin^2\varphi),\\ F_\theta&=x\cos\theta\cos\varphi-y\cos\theta\sin\varphi=r\sin\theta\cos\theta(\cos^2\varphi-\sin^2\varphi),\\ F_\varphi&=-x\sin\varphi-y\cos\varphi=-2r\sin\theta\sin\varphi\cos\varphi.\end{aligned}$$

$$\begin{aligned}\therefore\quad \boldsymbol{F}=&\,r\sin^2\theta(\cos^2\varphi-\sin^2\varphi)\boldsymbol{e}_r+r\sin\theta\cos\theta(\cos^2\varphi-\sin^2\varphi)\boldsymbol{e}_\theta\\ &-(2\gamma\sin\theta\sin\varphi\cos\varphi)\boldsymbol{e}_\varphi.\end{aligned}$$

8．$\boldsymbol{F}=F_x\boldsymbol{i}+F_y\boldsymbol{j}+F_z\boldsymbol{k}$ とすると，$x=\rho\cos\varphi$，$y=\rho\sin\varphi$，$z=z$ であるから

$$\begin{aligned}F_x&=3\rho\cos\varphi-2\rho\sin\varphi=3x-2y,\\ F_y&=3\rho\sin\varphi+2\rho\cos\varphi=3y+2x,\\ F_z&=1.\end{aligned}$$

$$\therefore\quad \boldsymbol{F}=(3x-2y)\boldsymbol{i}+(2x+3y)\boldsymbol{j}+\boldsymbol{k}.$$

9．（i）

$$J=\frac{\partial(x,y,z)}{\partial(\xi,\eta,\theta)}=\begin{vmatrix}\eta\cos\theta & \xi\cos\theta & -\xi\eta\sin\theta\\ \eta\sin\theta & \xi\sin\theta & \xi\eta\cos\theta\\ -\xi & \eta & 0\end{vmatrix}=-\xi\eta(\xi^2+\eta^2).$$

（ii）$|\boldsymbol{r}_\xi|=\sqrt{\xi^2+\eta^2}$，$|\boldsymbol{r}_\eta|=\sqrt{\xi^2+\eta^2}$，$|\boldsymbol{r}_\theta|=\xi\eta$.

（iii）$$\boldsymbol{e}_\xi=\frac{\boldsymbol{r}_\xi}{|\boldsymbol{r}_\xi|}=\frac{1}{\sqrt{\xi^2+\eta^2}}(\eta\cos\theta,\eta\sin\theta,-\xi),$$

$$\boldsymbol{e}_\eta=\frac{\boldsymbol{r}_\eta}{|\boldsymbol{r}_\eta|}=\frac{1}{\sqrt{\xi^2+\eta^2}}(\xi\cos\theta,\xi\sin\theta,\eta),$$

$$\boldsymbol{e}_\theta=\frac{\boldsymbol{r}_\theta}{|\boldsymbol{r}_\theta|}=(-\sin\theta,\cos\theta,0).$$

$$\therefore\quad \boldsymbol{e}_\xi\cdot\boldsymbol{e}_\eta=0,\quad \boldsymbol{e}_\xi\cdot\boldsymbol{e}_\theta=0,\quad \boldsymbol{e}_\eta\cdot\boldsymbol{e}_\theta=0.$$

10. $$\frac{\partial\xi}{\partial x}=\frac{|\nabla\xi|}{|\boldsymbol{r}_\xi|}\frac{\partial x}{\partial\xi}=\frac{\eta}{\xi^2+\eta^2}\cos\theta,\quad \frac{\partial\xi}{\partial y}=\frac{|\nabla\xi|}{|\boldsymbol{r}_\xi|}\frac{\partial y}{\partial\xi}=\frac{\eta}{\xi^2+\eta^2}\sin\theta,$$

$$\frac{\partial\xi}{\partial z}=\frac{|\nabla\xi|}{|\boldsymbol{r}_\xi|}\frac{\partial z}{\partial\xi}=\frac{-\xi}{\xi^2+\eta^2}.$$

$$\frac{\partial\eta}{\partial x}=\frac{|\nabla\eta|}{|\boldsymbol{r}_\xi|}\frac{\partial x}{\partial\eta}=\frac{\xi}{\xi^2+\eta^2}\cos\theta,\quad \frac{\partial\eta}{\partial y}=\frac{|\nabla\eta|}{|\boldsymbol{r}_\eta|}\frac{\partial y}{\partial\eta}=\frac{\xi}{\xi^2+\eta^2}\sin\theta,$$

$$\frac{\partial\eta}{\partial z}=\frac{|\nabla\eta|}{|\boldsymbol{r}_\eta|}\frac{\partial z}{\partial\eta}=\frac{\eta}{\xi^2+\eta^2}.$$

$$\frac{\partial\theta}{\partial x}=\frac{|\nabla\theta|}{|\boldsymbol{r}_\theta|}\frac{\partial x}{\partial\theta}=-\frac{1}{\xi\eta}\sin\theta,\quad \frac{\partial\theta}{\partial y}=\frac{|\nabla\theta|}{|\boldsymbol{r}_\theta|}\frac{\partial y}{\partial\theta}=\frac{1}{\xi\eta}\cos\theta,$$

$$\frac{\partial\theta}{\partial z}=\frac{|\nabla\theta|}{|\boldsymbol{r}_\theta|}\frac{\partial z}{\partial\theta}=0.$$

11. （i）$$\operatorname{grad} f=\frac{1}{|\boldsymbol{r}_\xi|}\frac{\partial f}{\partial\xi}\boldsymbol{e}_\xi+\frac{1}{|\boldsymbol{r}_\eta|}\frac{\partial f}{\partial\eta}\boldsymbol{e}_\eta+\frac{1}{|\boldsymbol{r}_z|}\frac{\partial f}{\partial z}\boldsymbol{e}_z$$

$$=\frac{1}{\sqrt{\xi^2+\eta^2}}\frac{\partial f}{\partial\xi}\boldsymbol{e}_\xi+\frac{1}{\sqrt{\xi^2+\eta^2}}\frac{\partial f}{\partial\eta}\boldsymbol{e}_\eta+\frac{\partial f}{\partial z}\boldsymbol{e}_z.$$

（ii）放物柱座標における $\boldsymbol{F}$ の成分を F_ξ, F_η, F_z とすると

$$\operatorname{div}\boldsymbol{F}=\frac{1}{|\boldsymbol{r}_\xi||\boldsymbol{r}_\eta||\boldsymbol{r}_z|}\left\{\frac{\partial}{\partial\xi}(F_\xi|\boldsymbol{r}_\eta||\boldsymbol{r}_z|)+\frac{\partial}{\partial\eta}(F_\eta|\boldsymbol{r}_z||\boldsymbol{r}_\xi|)+\frac{\partial}{\partial z}(F_z|\boldsymbol{r}_\xi||\boldsymbol{r}_\eta|)\right\}$$

$$=\frac{\sqrt{\xi^2+\eta^2}}{\xi^2+\eta^2}\left(\frac{\partial F_\xi}{\partial\xi}+\frac{\partial F_\eta}{\partial\eta}+\sqrt{\xi^2+\eta^2}\frac{\partial F_z}{\partial z}\right)+\frac{1}{(\xi^2+\eta^2)^{3/2}}(\xi F_\xi+\eta F_\eta).$$

（iii）$$\operatorname{rot}\boldsymbol{F}=\frac{1}{|\boldsymbol{r}_\eta||\boldsymbol{r}_z|}\left\{\frac{\partial}{\partial\eta}(F_z|\boldsymbol{r}_z|)-\frac{\partial}{\partial z}(F_\eta|\boldsymbol{r}_\eta|)\right\}\boldsymbol{e}_\xi$$

$$+\frac{1}{|\boldsymbol{r}_z||\boldsymbol{r}_\xi|}\left\{\frac{\partial}{\partial z}(F_\xi|\boldsymbol{r}_\xi|)-\frac{\partial}{\partial\xi}(F_z|\boldsymbol{r}_z|)\right\}\boldsymbol{e}_\eta$$

$$+\frac{1}{|\boldsymbol{r}_\xi||\boldsymbol{r}_\eta|}\left\{\frac{\partial}{\partial\xi}(F_\eta|\boldsymbol{r}_\eta|)-\frac{\partial}{\partial\eta}(F_\xi|\boldsymbol{r}_\xi|)\right\}\boldsymbol{e}_z$$

$$=\frac{1}{\sqrt{\xi^2+\eta^2}}\left\{\frac{\partial F_z}{\partial\eta}-\sqrt{\xi^2+\eta^2}\frac{\partial F_\eta}{\partial z}\right\}\boldsymbol{e}_\xi$$

$$+\frac{1}{\sqrt{\xi^2+\eta^2}}\left\{\sqrt{\xi^2+\eta^2}\frac{\partial F_\xi}{\partial z}-\frac{\partial F_z}{\partial \xi}\right\}\boldsymbol{e}_\eta$$

$$+\left\{\frac{\sqrt{\xi^2+\eta^2}}{\xi^2+\eta^2}\left(\frac{\partial F_\xi}{\partial \xi}-\frac{\partial F_\xi}{\partial \eta}\right)+\frac{1}{(\xi^2+\eta^2)^{3/2}}(\xi F_\eta-\eta F_\xi)\right\}\boldsymbol{e}_z.$$

12. （i）

$$P=\begin{bmatrix}\sin\theta t\cos\varphi t & \cos\theta t\cos\varphi t & -\sin\varphi t\\ \sin\theta t\sin\varphi t & \cos\theta t\sin\varphi t & \cos\varphi t\\ \cos\theta t & -\sin\theta t & 0\end{bmatrix},$$

$$\frac{dP}{dt}=\begin{bmatrix}\theta\cos\theta t\cos\varphi t-\varphi\sin\theta t\sin\varphi t & -\theta\sin\theta t\cos\varphi t-\varphi\cos\theta t\sin\varphi t & -\varphi\cos\varphi t\\ \theta\cos\theta t\sin\varphi t+\varphi\sin\theta t\cos\varphi t & -\theta\sin\theta t\sin\varphi t+\varphi\cos\theta t\cos\varphi t & -\varphi\sin\varphi t\\ -\theta\sin\theta t & -\theta\cos\theta t & 0\end{bmatrix},$$

$$\therefore\quad \Omega={}^t\!\left(\frac{dP}{dt}\right)P=\begin{bmatrix}0 & \theta & \varphi\sin\theta t\\ -\theta & 0 & \varphi\cos\theta t\\ -\varphi\sin\theta t & -\varphi\cos\theta t & 0\end{bmatrix}.$$

よって，角速度ベクトル $\boldsymbol{\omega}$ は

$$\boldsymbol{\omega}=(\varphi\cos\theta t)\boldsymbol{i}'-(\varphi\sin\theta t)\boldsymbol{j}'+\theta\boldsymbol{k}'.$$

（ii） $-2\boldsymbol{\omega}\times\boldsymbol{v}'=(6\varphi\sin\theta t+3\theta)\boldsymbol{i}'+(6\varphi\cos\theta t-4\theta)\boldsymbol{j}'$
$-(2\varphi\cos\theta t+4\varphi\sin\theta t)\boldsymbol{k}'.$

（iii） コリオリの力は $(-2m\boldsymbol{\omega}\times\boldsymbol{v}')_{t=0}=3\theta m\boldsymbol{i}'+2m(3\varphi-2\theta)\boldsymbol{j}'-2\varphi m\boldsymbol{k}'.$
遠心力は $(-m\boldsymbol{\omega}\times(\boldsymbol{\omega}\times\boldsymbol{r}'))_{t=0}=\theta m(\alpha\theta-\gamma\varphi)\boldsymbol{i}'+\beta m(\theta^2+\varphi^2)\boldsymbol{j}'-\varphi m(\alpha\theta-\gamma\varphi)\boldsymbol{k}'.$

付録 C　微分方程式

問 1 （i） $y'=2x$　（ii） $xy'-y=(2x-1)e^{2x}$　（iii） $yy'=-x$
（iv） $y''+y=0$　（v） $y''+4y=0$　（vi） $y'''=0$

問 2 （i） $2x\,dx+3y\,dy=0$ より $x^2+\frac{3}{2}y^2=c_0$　$\therefore\ 2x^2+3y^2=c.$

（ii） $\frac{dy}{y+1}-\frac{dx}{x}=0$ より $\frac{y+1}{x}=e^{c_0}=c$　$\therefore\ y=cx-1.$

（iii） $\frac{dx}{1+x^2}+\frac{dy}{1+y^2}=0$ より $\mathrm{Tan}^{-1}\,y=c_0-\mathrm{Tan}^{-1}\,x.$

$$\therefore\quad y=\tan(c_0-\mathrm{Tan}^{-1}\,x)=\frac{c-x}{1+cx}.$$

（iv） $\frac{x\,dx}{\sqrt{1+x^2}}+\frac{y\,dy}{\sqrt{1+y^2}}=0$ より $\sqrt{1+x^2}+\sqrt{1+y^2}=c.$

（v） $xe^{x^2}dx-ye^{-y^2}dy=0$ より $e^{x^2}+e^{-y^2}=c.$

（vi） $\frac{y}{x}=t$ とおくと $\frac{dy}{dx}=t+x\frac{dt}{dx}$ および $\frac{y-x}{y+x}=\frac{t-1}{t+1}.$

$\therefore\quad x\dfrac{dt}{dx}=\dfrac{t-1}{t+1}-t=-\dfrac{t^2+1}{t+1}$. よって $\dfrac{dx}{x}+\dfrac{t+1}{t^2+1}dt=0$ より

$\dfrac{1}{2}\log(t^2+1)+\mathrm{Tan}^{-1}t+\log|x|=c_0 \qquad \therefore\quad \log\sqrt{x^2+y^2}+\mathrm{Tan}^{-1}\dfrac{y}{x}=c.$

問 3　(i)　$\dfrac{\partial(2x+y^2)}{\partial y}=2y=\dfrac{\partial(2xy+3y^2)}{\partial x}$ であるから，与えられた微分方程式は完全形である．したがって，$d\varphi(x,y)=0$ を満たし，$\dfrac{\partial\varphi(x,y)}{\partial x}=2x+y^2$，$\dfrac{\partial\varphi(x,y)}{\partial y}=2xy+3y^2$ となるような関数 $\varphi(x,y)$ が存在する．このことから

$$\varphi(x,y)=\int\frac{\partial\varphi(x,y)}{\partial x}dx=\int(2x+y^2)\,dx=x^2+xy^2+f(y)=c$$

$$2xy+3y^2=\frac{\partial\varphi(x,y)}{\partial y}=2xy+f'(y)$$

$\therefore\quad f'(y)=3y^2$，$f(y)=y^3$

$\therefore\quad x^2+xy^2+y^3=c.$

(ii)　$(3x^2+6xy)dx+(3x^2+3y^2)d=0$ と変形すると，$\dfrac{\partial(3x^2+6xy)}{\partial y}=6x=\dfrac{\partial(3x^2+3y^2)}{\partial x}$ となり，与えられた微分方程式は完全形である．したがって，(i)と同様にして

$$x^3+3x^2y+y^3=c.$$

(iii)　$\dfrac{\partial(4x^2y^3-2y)}{\partial y}=12x^2y^2-2(\neq)\dfrac{\partial(3x^3y^2-x)}{\partial x}=9x^2y^2-1$ であるから，与えられた微分方程式は完全形ではない．しかし

$\dfrac{1}{3x^3y^2-x}\left(\dfrac{\partial(4x^2y^3-2y)}{\partial y}-\dfrac{\partial(3x^3y^2-x)}{\partial x}\right)=\dfrac{1}{x}$ より

$\lambda=e^{\int\frac{1}{x}dx}=e^{\log x}=x$ は積分因子

したがって，$x(4x^2y^3-2y)dx+x(3x^3y^2-x)dy=0$ は完全形となる．よって，(i)と同様にして

$$x^4y^3-x^2y=c.$$

問 4　(i)　$y=e^{\int x\,dx}\left[\int xe^{-\int x\,dx}dx+c\right]=ce^{\frac{x^2}{2}}-1.$

(ii)　$y=e^{-\int 2x\,dx}\left[\int xe^{-x^2}e^{\int 2x\,dx}dx+c\right]=\dfrac{x^2}{2}e^{-x^2}+ce^{-x^2}.$

(iii)　$y=e^{-\int\frac{3}{x}dx}\left[\int\dfrac{e^x}{x^3}e^{\int\frac{3}{x}dx}dx+c\right]=\dfrac{e^x}{x^3}+\dfrac{c}{x^3}.$

（iv）　$y = e^{-\int \frac{1}{x}dx}\left[\int (x^2+1)e^{\int \frac{1}{x}dx}dx + c\right] = \frac{x^3}{4}+\frac{x}{2}+\frac{c}{x}.$

（v）　$y = e^{-\int dx}\left[\int x^3 e^{-x}e^{\int dx}dx + c\right] = \frac{x^4}{4}e^{-x}+ce^{-x}.$

（vi）　$y = e^{-\int dx}\left[\int \sin x\, e^{\int dx}dx + c\right] = \frac{1}{2}(\sin x - \cos x) + ce^{-x}.$

問 5　（i）　$u = y^{-1}$ とおくと $u' = -y^{-2}y'$ であるから，与えられた方程式は $u' - 2xu = -x$ となる．したがって

$$u = e^{-\int(-2x)dx}\left\{\int(-x)e^{\int(-2x)dx}dx + c\right\} = e^{x^2}\left\{-\int xe^{-x^2}dx + c\right\}$$

$$= ce^{x^2}+\frac{1}{2}$$

$$\therefore\quad y = u^{-1} = \left(ce^{x^2}+\frac{1}{2}\right)^{-1}.$$

（ii）　$u = y^{-1}$ とおくと $u' = -y^{-2}y'$ であるから，与えられた方程式は $u'+u = -\sin x$ となる．したがって

$$u = e^{-\int dx}\left\{\int e^{\int dx}(-\sin x)\,dx + c\right\} = e^{-x}\left\{-\int e^x \sin x\, dx + c\right\}$$

$$= ce^{-x} - \frac{1}{2}(\sin x - \cos x)$$

$$\therefore\quad y = \left\{ce^{-x} - \frac{1}{2}(\sin x - \cos x)\right\}^{-1}$$

問 6　（i）　$\lambda^2 - 5\lambda + 6 = (\lambda-2)(\lambda-3) = 0$ より $\lambda = 2, 3$

$$\therefore\quad y = c_1e^{2x}+c_2e^{3x}.$$

（ii）　$\lambda^2+4\lambda+4 = (\lambda+2)^2 = 0$ より $\lambda = -2$（重解）

$$\therefore\quad y = e^{-2x}(c_1x+c_2).$$

（iii）　$\lambda^2+\lambda+1 = 0$ より $\lambda = -\frac{1}{2}\pm\frac{\sqrt{3}}{2}i$

$$\therefore\quad y = e^{-\frac{1}{2}x}\left(c_1\cos\frac{\sqrt{3}}{2}x + c_2\sin\frac{\sqrt{3}}{2}x\right).$$

（iv）　$\lambda^2+2\lambda+5 = 0$ より $\lambda = -1\pm 2i$　　$\therefore\quad y = e^{-x}(c_1\cos 2x + c_2\sin 2x).$

（v）　$\lambda^2+\lambda-12 = 0$ とすると $\lambda = 3, -4$．よって $y''+y'-12y = 0$ の一般解 y_1 は $y_1 = c_1e^{3x}+c_2e^{-4x}$．$y''+y'-12y = x^2$ の特殊解 y_2 を $y_2 = Ax^2+Bx+C$ とすると $A = -\frac{1}{12}$，$B = -\frac{1}{72}$，$C = -\frac{13}{864}$．よって求める解は

$$y = y_1+y_2 = c_1e^{3x}+c_2e^{-4x}-\frac{1}{12}x^2-\frac{1}{72}x-\frac{13}{864}.$$

（vi）　$\lambda^2+3\lambda+2 = 0$ とすると $\lambda = -1, -2$．よって $y''+3y'+2y = 0$ の一般解

$y_1 = c_1 e^{-x} + c_2 e^{-2x}$. $y'' + 3y' + 2y = e^{-x}$ の特殊解 y_2 を $y_2 = Axe^{-x}$ とすると $A = 1$. よって求める解は $y = y_1 + y_2 = c_1 e^{-x} + c_2 e^{-2x} + xe^{-x}$.

(vii)　$\lambda^2 + \lambda + 1 = 0$ を解いて $\lambda = -\dfrac{1}{2} \pm \dfrac{\sqrt{3}}{2} i$

∴　$y'' + y' + y = 0$ の一般解は $y_1 = e^{-\frac{1}{2}}\left(c_1 \cos \dfrac{\sqrt{3}}{2} x + c_2 \sin \dfrac{\sqrt{3}}{2} x\right)$.

次に，$y'' + y' + y = 3x$ の特殊解を求めるために，$y_2 = Ax + B$ とおくと，$A = 3$，$B = -3$. したがって特殊解は $y_2 = 3x - 3$. よって，求める一般解は

$$y = y_1 + y_2 = e^{-\frac{1}{2}}\left(c_1 \cos \frac{\sqrt{3}}{2} x + c_2 \sin \frac{\sqrt{3}}{2} x\right) + 3x - 3.$$

(viii)　$\lambda^2 + 9 = 0$ を解いて $\lambda = \pm 3i$

∴　$y'' + 9y = 0$ の一般解は $y_1 = c_1 \cos 3x + c_2 \sin 3x$.

$y'' + 9y = x^2 + 1$ の特殊解を求めるために，$y_2 = Ax^2 + Bx + C$ おくと，$A = \dfrac{1}{9}$，$B = 0$，$C = \dfrac{7}{81}$. したがって特殊解は $y_2 = \dfrac{1}{9} x^2 + \dfrac{7}{81}$. よって，求める一般解は

$$y = y_1 + y_2 = c_1 \cos 3x + c_2 \sin 3x + \frac{1}{9} x^2 + \frac{7}{81}.$$

(ix)　$\lambda^2 + \lambda - 12 = 0$ を解いて $\lambda = -4$，3

∴　$y'' + y' - 12y = 0$ の一般解は $y_1 = c_1 e^{-4x} + c_2 e^{3x}$.

次に，$y'' + y' - 12y = e^{2x}$ の特殊解は $y_2 = \dfrac{1}{D^2 + D - 12I} e^{2x} = -\dfrac{1}{6} e^{2x}$.

よって，求める一般解は $y = y_1 + y_2 = c_1 e^{-4x} + c_2 e^{3x} - \dfrac{1}{6} e^{2x}$.

(x)　$\lambda^2 - 2\lambda - 3 = 0$ を解いて $\lambda = -1$，3

∴　$y'' - 2y' - 3y = 0$ の一般解は $y_1 = c_1 e^{-x} + c_2 e^{3x}$.

次に $y'' - 2y' - 3y = xe^{3x}$ の特殊解を求めるために，$y_2 = x(Ax + B)e^{3x}$ とおくと，$A = \dfrac{1}{8}$，$B = -\dfrac{1}{16}$. したがって特殊解は $y_2 = \left(\dfrac{1}{8} x^2 - \dfrac{1}{16} x\right) e^{3x}$.

よって，求める一般解は

$$y = y_1 + y_2 = c_1 e^{-x} + c_2 e^{3x} + \left(\frac{1}{8} x^2 - \frac{1}{16} x\right) e^{3x}.$$

(xi)　$\lambda^2 + 5\lambda + 4 = 0$ とすると $\lambda = -1, -4$. よって $y'' + 5y' + 4y = 0$ の一般解 y_1 は $y_1 = c_1 e^{-x} + c_2 e^{-4x}$. $y'' + 5y' + 4y = \cos x$ の特殊解 y_2 を $y_2 = A \cos x + B \sin x$ とすると $A = \dfrac{3}{34}$，$B = \dfrac{5}{34}$. よって求める解は

$$y=y_1+y_2=c_1e^{-x}+c_2e^{-4x}+\frac{3}{34}\cos x+\frac{5}{34}\sin x.$$

（xii）$\lambda^2+4=0$ とすると $\lambda=\pm 2i$．よって $y''+4y=0$ の一般解 y_1 は $y_1=c_1\cos 2x+c_2\sin 2x$．$y''+4y=\sin 2x$ の特殊解 y_2 を $y_2=x(A\cos 2x+B\sin 2x)$ とすると $A=-\dfrac{1}{4}$，$B=0$．よって求める解は

$$y=y_1+y_2=c_1\cos 2x+c_2\sin 2x-\frac{x}{4}\cos 2x.$$

問 7　（i）$y''+5y'+6y=0$ の特性方程式 $\lambda^2+5\lambda+6=0$ より $\lambda=-2,-3$．

$y''+5y'+6y=x+1$ の特殊解は $y_1=\dfrac{1}{6}x+\dfrac{1}{36}$．

$y''+5y'+6y=e^x$ の特殊解は $y_2=\dfrac{1}{12}e^x$．

ゆえに，求める特殊解は，重ね合わせの原理により，$y=\dfrac{1}{6}x+\dfrac{1}{36}+\dfrac{1}{12}e^x$．

（ii）$y''+2y'+3y=0$ の特性方程式 $\lambda^2-2\lambda+0=0$ より $\lambda=1\pm\sqrt{2}\,i$．
$y''-2y'+3y=2e^x$ の特殊解は $y_1=e^x$．

$y''-2y'+3y=3e^{-x}$ の特殊解は $y_2=\dfrac{1}{2}e^{-x}$．

ゆえに，求める特殊解は，重ね合わせの原理により，$y=e^x+\dfrac{1}{2}e^{-x}$

（iii）$y''+2y'+3y=0$ の特性方程式 $\lambda^2+2\lambda+3=0$ より $\lambda=-1\pm\sqrt{2}\,i$．

$y''+2y'+3y=x$ の特殊解は $y_1=\dfrac{1}{3}x-\dfrac{2}{9}$．

$y''+2y'+3y=\sin x$ の特殊解は $y_2=\dfrac{1}{4}\sin x-\dfrac{1}{4}\cos x$．

ゆえに，求める特殊解は，重ね合わせの原理により，

$$y=\frac{1}{3}x-\frac{2}{9}+\frac{1}{4}\sin x-\frac{1}{4}\cos x.$$

問 8　（i）$(y+z)'-(y+z)=-2x$ を解いて $y+z=2x+2+C_{01}e^x$．
$(y-z)'+(y+z)=0$ を解いて $y-z=C_{02}e^{-x}$．ゆえに，求める解は $y=x+1+C_1e^x+C_2e^{-x}$，$z=x+1+C_1e^x-C_2e^{-x}$．

（ii）$(y-z)'+(y+z)=x-3e^{3x}$ を解いて

$$y-z=x-1-\frac{1}{4}e^{3x}+C_1e^{-x}.\quad \therefore\ y=z+x-1-\frac{1}{4}e^{3x}+C_1e^{-x}.$$

$\therefore\ z'-2z=2x-2+\dfrac{1}{2}e^{3x}+2C_1e^{-x}$．これを解くと，求める解は

$$z=-x+\frac{1}{2}-\frac{1}{2}e^{3x}-\frac{2}{3}C_1e^{-x}+C_2e^{2x},\quad y=-\frac{1}{2}-\frac{3}{4}e^{3x}-\frac{5}{3}C_1e^{-x}$$

$+C_2e^{2x}$

（iii）$y' = z-\cos x$，$z' = 2y'+\cos x$ より

$z'-2z = -\cos x$．これを解いて

$z = \dfrac{2}{5}\cos x-\dfrac{1}{5}\sin x+C_1e^{2x}$，$y = -\dfrac{3}{5}\sin x+\dfrac{1}{5}\cos x+C_2e^{2x}$．

人名年表

ケプラー	(Kepler, Johannes)	1571—1630
デカルト	(Descartes, René)	1596—1650
フック	(Hooke, Robert)	1635—1703
ニュートン	(Newton, Sir Issac)	1642—1727
ライプニッツ	(Leibnig, Gottfried Wilhelm Freiherr von)	1646—1716
ベルヌーイ	(Bernoulli, Daniel)	1700—1782
オイラー	(Euler, Leonhard)	1707—1783
クレーロー	(Clairaut, Alexis Claude)	1713—1765
クーロン	(Coulomb, Charles Augustin de)	1736—1806
ラグランジュ	(Lagrange, Joseph Louis)	1736—1816
ラプラス	(Laplace, Pierre Simon)	1749—1827
フーリエ	(Fourier, Jean Baptiste Joseph)	1768—1830
ヤング	(Young, Thomas)	1773—1829
ビオ	(Biot, Jean Baptiste)	1774—1862
アンペール	(Ampère, André Marie)	1775—1836
ガウス	(Gauss, Carl Friedrich)	1777—1855
ロンスキー	(Wronski, Höené Joseph Maria)	1778—1853
ポアソン	(Poisson, Siméon Denis)	1781—1840
ナヴィエ	(Navier, Claude Louis Marie Henri)	1785—1836
フレネル	(Fresnel, Augustin Jean)	1788—1827
コーシー	(Cauchy, Augustin Louis)	1789—1857
メービウス	(Möbius, Augustus Ferdinand)	1790—1868
ファラディ	(Faraday, Michael)	1791—1867
サバール	(Savart, Felix)	1791—1841
コリオリ	(Coriolis, Gustave Gaspard)	1792—1843
グリーン	(Green, George)	1793—1841
ヤコビ	(Jacobi, Carl Gustor Jacob)	1804—1851
ハミルトン	(Hamilton, William Rowan)	1805—1865

グラスマン	(Grassmann, Hermann Günther)	1809—1877
フルネー	(Frenet, Jean Frédéric)	1816—1868
セレー	(Serret, Joseph Alfred)	1819—1885
ストークス	(Stokes, George Gabriel)	1819—1903
ヘルムホルツ	(Helmholtz, Hermann von)	1821—1894
クロネッカー	(Kronecker, Leopold)	1823—1891
ケルヴィン	(Kelvin, Lord)	1824—1907
マックスウェル	(Maxwell, James Clerk)	1831—1879
ダルブー	(Darboux, Jean Gaston)	1842—1917
シュワルツ	(Schwarz, Hermann Amandus)	1843—1921
ポインティング	(Poynting, John Henny)	1852—1914
ローレンツ	(Lorentz, Hendrik Antoon)	1853—1928
ポアンカレ	(Poincaré, Jules Henri)	1854—1912
ヘルツ	(Hertz, Heinrich Rudol)	1857—1894
シュミット	(Schmidt, Erhaldt)	1876—1959
アインシュタイン	(Einstein, Albert)	1879—1955
エディントン	(Eddington, Sir Arthur Syonley)	1882—1944
ド・ブローイ	(de Broglie, Louis Victor)	1892—1987
ハイゼンベルク	(Heisenberg, Werner Karl)	1901—1976
ディラック	(Dirac, Paul Adrien Maurice)	1902—1984

参考文献

次にあげる文献は，著者が本書を執筆する際に参考にしたものである．読者には，書店や図書館に慣れ親しんで，自から良書に出会われることを希望する．

[1] 高木貞治：解析概論，岩波書店（改訂第3版），1961

[2] M. H. Protter-C. B. Morrey : Modern Mathematical Analysis, Addison-Wesley (5th Printing), 1972

[3] T. M. Apostol : Calculus, I, II, Blaisdell Publishing Company, 1961, 1962

[4] 藤原松三郎：行列及び行列式（岩波全書），岩波書店（改訂版），1964

[5] 佐武一郎：線形代数学，裳華房（第33版），1977

[6] 岩堀長慶：ベクトル解析，裳華房（第26版），1990

[7] 安達忠次：ベクトル解析，培風館，1961

[8] 藤本淳夫：ベクトル解析，培風館，1979

[9] 鈴木尚通：スカラー場，ベクトル場（物理数学 One Point），共立出版，1993

[10] H. P. Hsu：ベクトル解析（高野一夫訳），森北出版，1993

[11] 田代嘉宏：テンソル解析，裳華房，1981

[12] H. Flanders：微分形式の理論およびその物理科学への応用（岩堀長慶訳），岩波書店，1967

[13] 井上正雄：ポテンシャル論（共立全書），共立出版，1952

[14] 江沢洋：力学，東京図書，1991

[15] R. P. Feynman 他：ファインマン物理学―力学―（坪井忠二訳），岩波書店，1969

[16] R. P. Feynman 他：ファインマン物理学―電磁気学―（宮島龍興訳），岩波書店

[17] 加藤正昭：電磁気学，東京大学出版会，1987

[18] 後藤尚久：電磁気学，講談社，1993

[19] L. D. Landau-E. M. Lifshitz，流体力学 I（竹内均訳），東京図書，1970

[20] 大岩正芳：化学者のための数学十講，化学同人，1979

[21] C. Kittel : Introduction to Solid State Physics (2nd Edition), John Wiley & Sons, 1956

索　引

な　行

は　行

ま 行

や 行

ら 行

わ 行

吉本武史（よしもとたけし）

1943 年　大阪に生まれる

1971 年　東京都立大学大学院博士課程（数学専攻）修了

現　在　東洋大学名誉教授　理学博士

主要著書　Induced Contraction Semigroups and Random Ergodic Theorems (Dissert. Math. Warszawa 1976)

第 2 版 微分積分学－思想，方法，応用－（学術図書出版社，2008）

線形代数入門－基礎と演習－（共著，学術図書出版社，2010）

数学基礎入門－微積分･線形代数に向けて－（共著，学術図書出版社，2010）

線形代数学－理論・技法・応用－（共著，学術図書出版社，2011）

第 3 版 数理ベクトル解析

1995 年 12 月 10 日　第 1 版　第 1 刷　印刷

1995 年 12 月 20 日　第 1 版　第 1 刷　発行

1997 年 11 月 20 日　改訂版　第 1 刷　発行

2002 年 2 月 20 日　改訂版　第 2 刷　発行

2008 年 9 月 20 日　第 3 版　第 1 刷　発行

2023 年 2 月 10 日　第 3 版　第 5 刷　発行

著　者　吉本武史

発行者　発田和子

発行所　株式会社 学術図書出版社

〒113-0033　東京都文京区本郷 5-4-6

TEL 03-3811-0889　振替 00110-4-28454

印刷　中央印刷（株）

定価はカバーに表示してあります．

ISBN4-978-4-7806-0115-2

ギリシャ文字

大文字	小文字	相当するローマ字	読み方	
A	α	a, ā	alpha	アルファ
B	β	b	beta	ベータ
Γ	γ	g	gamma	ガンマ
Δ	δ	d	delta	デルタ
E	ε, ϵ	e	epsilon	エプシロン
Z	ζ	z	zeta	ゼータ(ツェータ)
H	η	ē	eta	エータ
Θ	θ, ϑ	th	theta	テータ(シータ)
I	ι	i, í	iota	イオータ
K	$\varkappa$	k	kappa	カッパ
Λ	λ	l	lambda	ラムダ
M	μ	m	mu	ミュー
N	ν	n	nu	ニュー
Ξ	ξ	x	xi	グザイ(クシー)
O	o	o	omicron	オミクロン
Π	π	p	pi	パイ(ピー)
P	ρ	r	rho	ロー
Σ	σ, ς	s	sigma	シグマ
T	τ	t	tau	タウ
Υ	υ	u, y	upsilon	ユープシロン
Φ	ϕ, φ	ph(f)	phi	ファイ
X	χ	ch	chi, khi	カイ(クヒー)
Ψ	ψ	ps	psi	プサイ(プシー)
Ω	ω	ō	omega	オメガ